Amir Zelinger
Menschen und Haustiere im Deutschen Kaiserreich

Human-Animal Studies

**Amir Zelinger**, geb. 1982, ist Gastwissenschaftler an der Boston University. Er promovierte am Rachel Carson Center in München und ist Mitglied des Forums »Tiere und Geschichte«. Er veröffentlichte mehrere Aufsätze über die Geschichte von Katzen und Hunden und ihrer literarischen Repräsentation. Sein Forschungsschwerpunkt ist die Geschichte der Zusammenhänge zwischen Tierzucht und Rassismus.

AMIR ZELINGER

# Menschen und Haustiere im Deutschen Kaiserreich

## Eine Beziehungsgeschichte

Dissertation an der Ludwig-Maximilians-Universität München

**Bibliografische Information der Deutschen Nationalbibliothek**
Die Deutsche Nationalbibliothek verzeichnet diese Publikation in der Deutschen Nationalbibliografie; detaillierte bibliografische Daten sind im Internet über http://dnb.d-nb.de abrufbar.



Umschlaggestaltung: Kordula Röckenhaus, Bielefeld
Umschlagabbildung: Prinz Wilhelm von Preußen mit Bernhardiner, Arkivi-Bildagentur
Druck: Majuskel Medienproduktion GmbH, Wetzlar
Print-ISBN 978-3-8376-3935-3
PDF-ISBN978-3-8394-3935-7

Gedruckt auf alterungsbeständigem Papier mit chlorfrei gebleichtem Zellstoff.
Besuchen Sie uns im Internet: *http://www.transcript-verlag.de*
Bitte fordern Sie unser Gesamtverzeichnis und andere Broschüren an unter: *info@transcript-verlag.de*

# Inhalt

**Danksagung** | 7

**Einleitung** | 9

Thema und Fragestellung.
Eine humanimalische Beziehungsgeschichte | 9
Forschungsstand. Posthumanistische Vorsätze | 17
Quellenkorpus und Methodik. Kleine Tiergeschichten | 23

**1. DAS NÜTZLICHE HAUSTIER. EINE MODERNE VERQUICKUNG**

Einleitungsargument.
Mehrdimensionale Mensch-Nutztier-Beziehungen | 29
Kleinnutztierhaltung im häuslichen Umfeld | 37
Selbstversorgung und die industrielle »Verhäuslichung« der Kleinnutztiere | 50
Der Wert des eigenen Nutztiers in der eigenen Wirtschaft | 59
»Zartes Fleisch, sanftes Naturell«. Das Nutzpartnertier | 70
Zukunftsvisionen intensivierter Kleinnutztierhaltung | 74
Große Wirtschaft mit kleinen Tieren. »Enthäuslichung«, Entprivatisierung
und Quälerei | 83
Unerfüllte Visionen, die Hartnäckigkeit des Haushaltes
und intensivierte Mensch-Kleinnutztier-Partnerschaftlichkeit | 94
Zusammenfassung | 113

**2. DAS KONTROLLIERTE HAUSTIER. DER BEITRAG DER BEHÖRDEN**

Einleitungsargument. Gouvernementalität und Haustierhaltung
im Kaiserreich | 115
Am Anfang war die Wut. Tollwut und die Politisierung der Hunde | 122
Aufforderung zur Pflege und Aufsicht. Behörden und Halter
im Gleichschritt | 128
Tötung, Sperre und Maulkorbzwang zwischen Liberalisierung
und »Pasteurisierung« | 134

Steuer, Zeichen, Annäherung. Gemeindeintegration und personalisierte Hundehaltung | 142
»Schlechte« Hundehaltung und klassenspezifische Hundeliebe | 149
Die Grenzen der Hundepolitik. Wirkungslosigkeit, Ungehorsam und Widerstand | 153
Zusammenfassung | 169

## 3. Das wilde Haustier. Domestikation im Alltag

Einleitungsargument. Domestikation und Wildnis in der modernen Haustierhaltung? | 171
Tiere fangen. Private Wissenschaftspopularisierung und häusliche Wildnisbildung | 181
Kindliches Fangen. Kinder als Wildtierliebhaber | 193
Natur einrichten. Die Erzeugung von Wildtierhabitaten in der bürgerlichen Wohnung | 200
Die Bändigung und Förderung von wildem Verhalten. Behandlung zwischen Nähe und Fremdheit | 211
Ökologische Praktiken der Entfremdung. Vogelschutz und Entdomestikation | 234
Vogelschutz und Katze. Ein umkämpfter Haustierstatus zwischen radikaler Domestikation und tolerierter Halbwildheit | 252
Zusammenfassung | 266

## 4. Das rassifizierte Haustier. Hundezucht und -inklusion

Einleitungsargument. Humanimalischer Rassismus und haustierliche Integration | 269
Zeitreise zu einer besser organisierten Gesellschaft. Rassehundezucht als Nostalgie | 274
Die Wiederauferstehung einer rassischen Vergangenheit | 278
Edle Hunde unter adliger Autorität. Der soziale Hintergrund und die organisatorische Struktur der Rassehundezucht | 289
Abstammung vor Körper. Hundezucht als praktische Genealogie | 311
Positive »Eugenik«. Die Zucht einer veredelten Rassehundebevölkerung | 319
Vorzügliche Freunde. Rassehunde als Partner | 332
Zusammenfassung | 343

**Schlussbemerkung. Viele verschlungene Pfade zur Haustierhaltung** | 347

**Quellen- und Literaturverzeichnis** | 353

# Danksagung

Das Schreiben einer Doktorarbeit ist keine One-Man-Show. Ihr erfolgreicher Abschluss hängt von der Unterstützung sehr vieler Menschen und Institutionen ab. Das ist umso mehr der Fall, wenn man seine Dissertation in einem fremden Land und in einer fremden Sprache schreibt – weshalb die Liste der in dieser Danksagung erwähnten Personen recht lang ist.

Ein Promotionsstipendium der Studienstiftung des Deutschen Volkes war die Grundlage für die Umsetzung des Dissertationsprojekts, das seinen Höhepunkt in der Veröffentlichung dieses Buches findet. Ich bin dankbar dafür, dass ich in das Förderprogramm der Stiftung aufgenommen wurde. Das Graduate Center der Ludwig-Maximilians-Universität München hat das Vorhaben in seiner Endphase mit einem Abschlussstipendium unterstützt.

Auf der persönlichen Ebene gilt mein größter Dank meinem Doktorvater Frank Uekötter. Als ich nach Deutschland kam, war Uekötter derjenige, der mich dazu ermunterte, hierzulande zu promovieren. Er hat seitdem das Projekt mit großer Hingabe betreut und mir stets das Gefühl gegeben, dass ich mich auf dem richtigen Weg befinde – auch wenn ich selbst viele Zweifel hatte. Sein Betreuungsstil war alles andere als hierarchisch. Während er die ersten Entwürfe der unterschiedlichen Kapitel kommentierte, gab er mir oft die Entwürfe seiner eigenen Arbeiten auch zu lesen. So entwickelte sich meine Dissertation in vielfacher Hinsicht in Interaktion mit seinem eigenen Werk.

Auch bei meinem Zweitbetreuer, Helmuth Trischler, möchte ich mich herzlich bedanken. Er hat mir geholfen, auf dem Weg zum Promotionsabschluss viele Hindernisse zu überwinden.

Dieses Werk ist im Rahmen des internationalen Promotionsprogramms »Environment and Society« des Rachel Carson Center an der Ludwig-Maximilians-Universität München entstanden. Besonders herzlich möchte ich mich bei den Koordinator/-innen des Programms, Rob Emmett, Anna Rühl und Elisabeth Zellmer für ihre Unterstützung – nicht zuletzt bei bürokratischen Schwierigkeiten – bedanken.

Ein besonderer Dank gilt denjenigen Personen, mit denen ich meinen Promotionsalltag im Doktorandenzimmer im Deutschen Museum und am Rachel Carson Center teilte, u.a. Dania Achermann, Ewald Blocher, Barbara Brandl, Julia Breittruck, Stefan Esselborn, Rebecca Hofmann, Sebastian Kistler, Oliver Liebig, Felix Mauch, Antonia Mehnert und Sarah Waltenberger. Der alltägliche Austausch mit ihnen war eine Grundtatsache meines Lebens als Doktorand und auch eine Voraussetzung für das Schreiben dieses

Buches: Ich habe sie stets mit meinen Fragereien behelligt, ob eine gewisse Formulierung oder Wortkombination normal oder doch völlig falsch klingt. Ich hoffe, ich habe es nicht übertrieben.

Nils Hanwahr, Charlotte Hölzer, Martin Meiske, Sonnja Menzel, Carmen Reichert, Verena Schardinger, Veronika Schäfer, Anna Leah Tabios Hillebrecht und Kerstin Weich haben Teile des Manuskripts korrigiert und kommentiert. Ihnen bin ich besonders dankbar, wie auch Gadi Algazi, Alexander Gall, Ulrike Heitholt, Uwe Lübken und Mieke Roscher für ihre Anregungen. Viele der in diesem Buch präsentierten Ideen habe ich während der Workshops des Forums Tiere und Geschichte entwickelt. Ich möchte mich bei den Organisator/-innen des Forums, besonders Aline Steinbrecher und Clemens Wischermann, bedanken. Die Diskussionen der Multi Species Reading Group des Rachel Carson Center haben vor allem die theoretische Konzeptualisierung dieses Buches stark beeinflusst. Dabei möchte ich besonders Etienne Benson, Veit Braun, Thom van Dooren und Ursula Münster danken. Die Doktorandenforen der Studienstiftung des deutschen Volkes haben mir eine extrem günstige Möglichkeit gegeben, die unterschiedlichen Teile der Arbeit mit anderen Promovierenden zu diskutieren. In Erinnerung bleibt mir der besonders angenehme Austausch mit Andreas Hermann Fischer, Jutta Kling, Sebastian Strehlau und Mark Wittlinger.

Zu guter Letzt möchte ich mich bei meinen Eltern, Batya Zelinger und Izhar Zelinger, sowie bei meinem Bruder, Yoash Zelinger, bedanken. Sie haben mir aus der Ferne vor allem dann Unterstützung geschenkt, wenn ich sie am meisten brauchte.

*Boston, September 2017*

# Einleitung

## Thema und Fragestellung. Eine humanimalische Beziehungsgeschichte

Die vorliegende Studie geht einer Frage nach, die vor mehr als vierzig Jahren in einer geschichtswissenschaftlichen Zeitschrift als eine Parodie gestellt wurde. In einem 1974 im *Journal of Social History* erschienenen Beitrag hat ein gewisser »Charles Phineas« (pseudonym) vorausgesagt, dass die Geschichte der Haustierhaltung bald zu einem der beliebtesten Themen der Geschichtswissenschaft werde. Die Historiker, so Phineas, würden demnächst lebhafte Diskussionen um eine Grundlagefrage führen: »[H]ow this came about«: Wie kam es dazu, dass sich die moderne Gesellschaft der Haltung von Haustieren (*pets*) massenhaft zuwendete? Mit dem Habitus eines Sozialhistorikers der 1970er Jahre wollte Phineas damals neue Forschungsfelder der Geschichtswissenschaft wie die Gender- oder die Alltagsgeschichte als absurde Trends entlarven. In einer Disziplin, die ihr Themenspektrum rückhaltlos erweitere und in der langsam alles erlaubt werde, würden bald sogar die Haustiere als legitime Forschungsobjekte gelten. Den zeitgenössischen Lesern des *Journal of Social History* war der Witz klar. Bei aller Lächerlichkeit blieb aber Phineas nicht verborgen, dass er mit seiner Fragestellung fundamentale Themengebiete der modernen Sozialgeschichte anriss. In seinem sechs Seiten langen Artikel arbeitete er heraus: Um beantworten zu können, wie die Haustierhaltung plötzlich so populär wurde, müsse der Blick auf konstitutive Phänomene der Moderne wie die Industrialisierung, die Urbanisierung, die Formierung der Klassengesellschaft und die Entfaltung des Kapitalismus gerichtet werden.[1]

Die vorliegende Arbeit wird Phineas' Frage – »Wie kam es dazu?« – ernst nehmen. Sie wird nach den Gründen für die massenhafte Verbreitung der Haustierhaltung in einer spezifischen modernen Epoche – dem Deutschen Kaiserreich – fragen. Im Gegensatz aber zu Phineas' sozialgeschichtlicher Sichtweise der 1970er Jahre wird sie die Entstehung von Mensch-Haustier-Beziehungen nicht vor der Folie der großen modernen Zäsuren erklären, die diese Epoche charakterisierten und die deren Historiographie seit vierzig Jahren dominieren. Stattdessen werden die Beziehungen selbst im Zentrum der Analyse stehen. Ich werde die Entstehung von engen Kontakten zwischen Menschen und Tieren in den alltäglichen Interaktionen nachzeichnen, in denen eine derartige Nähe zu-

1 Siehe: Charles Phineas [pseud.]: Household Pets and Urban Alienation, in: Journal of Social History 7/3 (1974), S. 338–343 (Zitat S. 338).

stande kam. Die Beziehungen selbst und nicht die größeren Prozesse, die ihre Entstehung vermeintlich bedingten, werden das Forschungsobjekt der vorliegenden Arbeit bilden. Sie erzählt eine humanimalische bzw. interspezifische Beziehungsgeschichte.[2]

Aber: Die Beziehungsgeschichte zu welchen Tieren wird hier eigentlich erzählt? Ich bin mir bewusst, dass der Begriff »Haustiere« extrem diffus ist und dass er zu jenen semantischen Konstruktionen zählt, die sich auf keine klare Entität in der Welt der tatsächlichen Dinge beziehen und trotzdem einen festen Einzug in den alltäglichen Sprachgebrauch gewonnen haben. Unter »Haustieren« kann man sehr viele unterschiedliche Tiere und Tierarten verstehen. Ich verwende den Begriff »Haustiere« weitgehend im Sinne des englischen *pets*. In den meisten Definitionen sind *pets* Tiere, die aus emotionalen, sozialen und rekreativen Gründen und weniger aus ökonomischen Interessen gehalten werden.[3] Vor allem der soziale Aspekt, der im Wesentlichen mit einer Beziehung der Nähe und Freundschaft zu tun hat, die der haltende Mensch mit dem gehaltenen Tier pflegt,[4] trifft für die Tiere zu, die in dieser Arbeit als »Haustiere« bezeichnet werden, und deren Kontakt zu den Menschen steht im Fokus der Untersuchung. Im Rahmen der Beziehungen, deren Entstehung ich erklären will, wurde ein enger Kontakt und ein großes Ausmaß an Verbundenheit zwischen Mensch und Tier entwickelt. In dieser Hinsicht fokussiert sich die Arbeit in erster Linie auf Haustiere als *companion animals*[5] – ein Begriff, der in den letzten Jahrzehnten im akademischen Diskurs das Wort *pets* mehr und mehr abgelöst hat und der auf Deutsch am geeignetsten mit »Partnertieren« übersetzt werden kann. Der Grund dafür, dass ich im Folgenden doch viel häufiger von »Haustieren« als von »Partnertieren« reden werde, ist der durchweg akademische Charakter des letzten Begriffs, der ihn besonders für eine Analyse einer profanen Tätigkeit wie die Haustierhaltung etwas unpassend macht. Eine weitere Überlegung ist, dass ein Begriff wie »Partnertiere« der idiomatischen Welt der Zeitgenossen des Deutschen Kaiserreichs äußerst fremd gewesen wäre. Seine Verwendung als der Grundbegriff unseres Untersuchungsobjekts wird daher auf eine aggressive Auferlegung von akademischen Semanti-

2 Zu »humanimalischen« und »interspezifischen« Beziehungen siehe: Rainer E. Wiedenmann: Tiere, Moral und Gesellschaft. Elemente und Ebenen humanimalischer Sozialität, Wiesbaden: VS 2009, bes. S. 56; ders.: Soziologie. Humansoziologische Tiervergessenheit oder das Unbehagen an der Mensch-Tier-Sozialität, in: Reingard Spannring/Karin Schachinger/Gabriela Kompatscher/Alejandro Boucabeille (Hg.): Disziplinierte Tiere? Perspektiven der Human-Animal Studies für die wissenschaftlichen Disziplinen, Bielefeld: transcript 2015, S. 257–286, hier S. 259.

3 Siehe z.B.: James Serpell/Elizabeth Paul: Pets and the Development of Positive Attitudes to Animals, in: Aubrey Manning/James Serpell (Hg.): Animals and Human Society. Changing Perspectives, London/New York: Routledge 1994, S. 127–144, hier S. 129.

4 Lisa Sarmicanic: Bonding. Companion Animals, in: Marc Bekoff (Hg.): Encyclopedia of Human-Animal Relationships. A Global Exploration of Our Connections with Animals. Bd. 1, Westport, CT/London: Greenwood Press 2007, S. 163–174, hier S. 164; Erin McKenna: Pets, People, and Pragmatism, New York: Fordham University Press 2013, S. 11.

5 Siehe: James Serpell: Companion Animals, in: Marc Bekoff (Hg.): Encyclopedia of Animal Rights and Animal Welfare. Bd. 1, Santa Barbara/Denver/Oxford: Greenwood Press 2010, S. 133–135.

ken der Gegenwart auf die vergangene Welt von Menschen hinauslaufen, die ihre Beziehungen zu ihren Tieren mit sehr andersartigen Konzepten deuteten.

Das bedeutet aber keineswegs, dass ich nicht nach »partnerschaftlichen« Mensch-Tier-Beziehungen im Kaiserreich suchen werde. Ganz im Gegenteil: Gerade die Positionierung der Beziehungen statt vorgegebener Kategorien im Zentrum der Analyse setzt voraus, dass wir uns mit dem konkreten Charakter der entwickelten Verhältnisse und nicht mit deren semantischen Benennungen befassen werden. Eine Beziehungsgeschichte zwischen Mensch und Tier darf sich nicht zu semantischen Essenzialismen bekennen. Auf theoretischer Ebene beruft sich die hier erzählte Beziehungsgeschichte in erster Linie auf Donna Haraways Werk zu *companion species.* Im *Companion Species Manifesto* und in *When Species Meet* hat Haraway gezeigt, dass »partnerschaftliche« Beziehungen zwischen Menschen und Tieren einen äußerst kontingenten, sogar unbestimmten Charakter hätten und dass sie nicht a priori definiert und kategorisiert werden dürften. Die Entfaltung der konkreten Beziehung geht ihrer Definition voraus. Die Menschen und die Tiere werden erst dann zu »Partnerspezies«, wenn sie in eine Beziehung zueinander treten, die wir als partnerschaftlich verstehen können.[6] Um mit Bruno Latour zu sprechen, handelt es sich bei der Entstehung dieser Partnerschaftlichkeiten um die »Schöpfung einer Verbindung, die vorher nicht da war und die beiden ursprünglichen Elemente oder Agenten in bestimmtem Maße modifiziert[e]«.[7] Das bedeutet, dass die »Haustiere«, von denen wir hier sprechen werden, nicht schon vor der herausgebildeten Beziehung mit einem Menschen Haustiere waren. Sie waren, um Haraways Jargon zu verwenden, »relational emergents«.[8] Ihr Status als Haustier hatte nichts mit zoologischer Taxonomie zu tun, er war nicht artbedingt. Sie werden in dieser Arbeit nicht deswegen als Haustiere betrachtet, weil sie etwa Hunde, Katzen oder Kanarienvögel waren. Es war die Beziehung, die sie zu Haustieren und ihre Menschen zu Haustierhaltern machte. Deswegen werden im Folgenden nicht nur diese klassischeren Haustierarten behandelt, sondern darüber hinaus eine Myriade von anderen Arten, wie beispielsweise Hühner, Krabben und sogar Bachneunaugen, mit denen die Menschen in der hier besprochenen Epoche konkrete partnerschaftliche Beziehungen aufnahmen.

Die Anlehnung an Haraway erfordert auch, dass wir die Entstehung von Haustieren und von Haustierhaltern vorwiegend in Beziehungen suchen werden, die einen sehr direkten, elementaren, körperlichen und sogar banalen Charakter haben; oder in den Worten Haraways, die sich »face-to-face [...], in the concrete and detailed situation of *here*« entfalten.[9] Obwohl inzwischen in mehreren soziologischen Arbeiten darauf hingewiesen worden ist, dass Kontakte und Freundschaften zwischen Menschen und Partnertieren nach ähnlichen Strukturen wie zwischenmenschliche Nahbeziehungen konstruiert sei-

---

6 Donna J. Haraway: The Companion Species Manifesto. Dogs, People, and Significant Otherness, Chicago: Prickly Paradigm Press 2003; dies: When Species Meet, Minneapolis: University of Minnesota Press 2008.

7 Bruno Latour: Die Hoffnung der Pandora. Untersuchungen zur Wirklichkeit der Wissenschaft, Frankfurt a.M.: Suhrkamp 2002, S. 217–218.

8 Siehe: Joseph Schneider: Conversations with Donna Haraway, in: ders.: Donna Haraway. Live Theory, New York/London: Continuum 2005, S. 114–156, hier S. 140.

9 Haraway: Species, S. 93 (Hervorhebung im Original).

en,[10] dürfen wir doch nicht vergessen, dass sich Mensch-Tier-Interaktionen anders als Mensch-Mensch-Interaktionen zum größten Teil in nonverbaler Form vollziehen. Dieser spezielle Charakter der Interspezies-Interaktionen erfordert, dass wir unsere Aufmerksamkeit weniger auf sprachliche und kognitive Formen des Austausches richten und dafür in erster Linie Beziehungen unter die Lupe nehmen werden, die von Angesicht zu Angesicht erfolgten.[11] Die hier zu erzählende Beziehungsgeschichte will mit Latour »das Soziale flach halten«.[12] Das heißt, dass hier Freundschaften einer sehr handfesten Art ins Zentrum der Analyse rücken werden. Ich interessiere mich vor allem dafür, wer wen in welcher Weise berührte; wer ließ wen in sein Zuhause und machte ihn dort zu einem seiner Lebenspartner im wortwörtlichen, nicht offiziellen Sinne; wer wurde mit wem vertraut? Ich will Freundschaften aufspüren, die sich »flesh to flesh«, »in the world« vollzogen.[13] Die menschenbezogene Freundschaftssoziologie kann nicht eins zu eins auf die humanimalische Freundschaftssoziologie übertragen werden. Partnerschaftlichkeiten zwischen Mensch und Tier können nicht »über weite Distanzen aufrechterhalten« werden. Mit dem Partnertier kann ein Mensch keine »lebhafte Korrespondenz« führen. Es ist nicht möglich, dass er »seine engsten Vertrauten« unter den nichtmenschlichen Lebewesen »niemals persönlich« kennenlernen würde. Bei den Tieren muss sich eine »wahre Freundschaft«[14] zwangsläufig auf physische Unmittelbarkeit stützen.

---

10 Siehe z.B.: Lisa Beck/Elizabeth A. Madresh: Romantic Partners and Four-Legged Friends. An Extension of Attachment Theory to Relationships with Pets, in: Anthrozoös 21/1 (2008), S. 43–56.

11 Siehe: Clinton R. Sanders: Actions Speak Louder than Words. Close Relationships between Humans and Nonhuman Animals, in: Symbolic Interaction 26/3 (2003), S. 405–426; Julie Ann Smith: Beyond Dominance and Affection. Living with Rabbits in Post-Humanist Households, in: Society and Animals 11/2 (2003), S. 181–197, hier S. 193–194; Melanie Bujok: Die Somatisierung der Naturbeherrschung. Körpersoziologische Aspekte der Mensch-Tier-Beziehung, in: Karl-Siegbert Rehberg (Hg.): Die Natur der Gesellschaft. Verhandlungen des 33. Kongresses der Deutschen Gesellschaft für Soziologie in Kassel 2006, Frankfurt a.M.: Campus 2008, S. 5116–5128. Aus historiographischer Perspektive siehe: Sandra Swart: »The Worlds the Horses Made«. A South African Case Study of Writing Animals into Social History, in: International Review of Social History 55/2 (2010), S. 241–263; Aline Steinbrecher: »They do something« – Ein praxeologischer Blick auf Hunde in der Vormoderne, in: Friederike Elias/Albrecht Franz/Henning Murmann/Ulrich Wilhelm Weiser (Hg.): Praxeologie. Beiträge zur interdisziplinären Reichweite praxistheoretischer Ansätze in den Geistes- und Sozialwissenschaften, Berlin/Boston: De Gruyter 2014, S. 29–51, bes. S. 33. Vgl. auch zu den allgemeinsoziologischen Grundlagen dieser Betrachtungsweise: Andreas Reckwitz: Grundelemente einer Theorie sozialer Praktiken. Eine sozialtheoretische Perspektive, in: Zeitschrift für Soziologie 32/4 (2003), S. 282–301.

12 Siehe: Bruno Latour: Eine neue Soziologie für eine neue Gesellschaft. Einführung in die Akteur-Netzwerk-Theorie, Frankfurt a.M.: Suhrkamp 2007, S. 286–298.

13 Siehe: Haraway: Species, S. 235, 244.

14 Siehe: Ute Frevert: Vertrauensfragen. Eine Obsession der Moderne, München: Beck 2013, S. 77.

Die meisten Interaktionen, denen wir in dieser Arbeit begegnen werden, sind dementsprechend punktuelle Interaktionen rudimentärer Natur; wir werden Halter beobachten, die z.B. ihren Hund anleinen, ihre Fische im Aquarium füttern, ihre Terrarienreptilien mittels eines Stocks zu mehr Bewegung animieren und ihren Ziegen im Hof der urbanen Wohnung den Bauch waschen. In all diesen praktischen Interaktionsformen und vielen anderen mehr werden wir die Entstehung von Mensch-Tier-Partnerschaftlichkeiten nachspüren.

Die Positionierung der Mensch-Tier-Beziehungen als das eigentliche Forschungsobjekt dieser Arbeit bedeutet auch, dass diese interspezifischen Beziehungen nicht bloß soziale Beziehungen zwischen Menschen, die im Mittelpunkt einer menschenzentrierten Geschichte des Kaiserreichs stehen würden, erklären sollen.[15] Die hier zu erzählende Geschichte wird sich nicht mit der Frage befassen, inwiefern die sich verbreitende Haustierhaltung etwa zur Kristallisierung der Klassengesellschaft beitrug. Sie wird weitgehend unthematisiert lassen, wie sich z.B. die Haustierhaltung durch bürgerliche Familien von derjenigen unterschied, die für Personen aus der Arbeiterklasse charakteristisch war; sie wird nicht an erster Stelle eine Antwort darauf geben, welche Arten von Tieren und welche unterschiedlichen Rassen von z.B. Hunden oder Kanarienvögeln einerseits die Bürger und andererseits Proletarier, Handwerker oder Bauern in größerer Zahl hielten. Sie wird die Haustiere nicht als Elemente von sozialer Distinktion thematisieren. Diese methodische Ausblendung ist nicht dadurch zu begründen, dass die genannten Themen keine forschungswürdigen Untersuchungsobjekte der Gesellschaftsgeschichte des Kaiserreichs darstellen könnten. Sie hat vielmehr damit zu tun, dass solche Fragestellungen bezüglich der Ausgestaltung der menschlichen Gesellschaft der Epoche den eigentlichen Gegenstand der humanimalischen Beziehungsgeschichte der hier vorgezogenen Art, nämlich der Haustierhaltung selbst und der Entstehung der Mensch-Tier-Partnerschaftlichkeiten, in den Hintergrund drängen würden. Diese Arbeit stellt den Versuch dar, eine posthumanistische Beziehungsgeschichte zu schreiben. Das heißt: Den Mensch-Haustier-Verhältnissen wird hier nicht bloß eine konstitutive Rolle in der Formation von Mensch-Mensch-Verhältnissen zugeschrieben; sie werden vielmehr zu dem einen Phänomen, dessen Konstituierung zu erklären ist.[16] Ich will mit ihnen eine »Tiergeschichte« erzählen und nicht bloß eine »Geschichte mit Tieren«,[17] in der rein-menschliche Themen das Hauptinteresse bleiben.

15 Zu einem Beispiel für eine Geschichte von haustierbedingten Mensch-Mensch-Sozialbeziehungen siehe: Simon Teuscher: Hund am Fürstenhof. Köter und »edle Wind« als Medien sozialer Beziehungen vom 14. bis 16. Jahrhundert, in: Historische Anthropologie 6/3 (1998), S. 347–369. Siehe auch: Pascal Eitler: Der »Ursprung« der Gefühle – reizbare Menschen und reizbare Tiere, in: Ute Frevert u.a. (Hg.): Gefühlswissen. Eine lexikalische Spurensuche in der Moderne, Frankfurt a.M./New York: Campus 2011, S. 93–119, hier S. 117.

16 Zu den Mensch-Tier-Verhältnissen als dem Hauptgegenstand der Tiergeschichte vgl. allgemein: Mieke Roscher/André Krebber: Tiere und Geschichtsschreibung, in: WerkstattGeschichte 56 (2010), S. 3–6, hier S. 3; Rainer Pöppinghege: Einleitung. Mensch und Tier in der Geschichte, in: Westfälische Forschungen 62 (2012), S. 1–8, hier S. 6–7.

17 Siehe: Mieke Roscher: Geschichtswissenschaft. Von einer Geschichte mit Tieren zu einer Tiergeschichte, in: Spannring/Schachinger/Kompatscher/Boucabeille (Hg.): Tiere, S. 75–100.

Eine Geschichte von Mensch-Tier-Beziehungen bedeutet aber gleichzeitig, dass der Mensch bzw. die menschliche Gesellschaft ein immanenter Bestandteil dieser Geschichte bleiben. Wie Cary Wolfe festgestellt hat, arbeiten posthumanistische Zugänge keineswegs »posthuman«; vielmehr ermöglichen sie es, das Menschliche mit vermehrter Genauigkeit aufzufassen, indem sie auf die zahllosen und multidimensionalen Stränge aufmerksam machen, die Menschen mit anderen Objekten und nicht zuletzt Lebewesen in ihrer Umwelt verbinden.[18] Eine derartige Rekontextualisierung der menschlichen Gesellschaft des Kaiserreichs beabsichtigt die vorliegende Arbeit zu vollziehen, indem sie auf die Verflechtungen dieser Gesellschaft mit ihren Haustieren hinweist. Es wird am Beispiel der Haustiere gezeigt, inwieweit die industrialisierte, urbanisierte und weitgehend modernisierte deutsche Gesellschaft des späten 19. und frühen 20. Jahrhunderts sich selbst auch dadurch konstituiert und verändert hat, dass sie in engste Beziehungen mit einem Wirrwarr von nichtmenschlichen Kreaturen eintrat.

Aber gerade eine Geschichte von Beziehungen zwischen Menschen und Haustieren darf nicht als eine Geschichte von Beziehungen auf Augenhöhe erzählt werden. Haraways Konzept der *companion species* ist insofern problematisch, als er ein sehr großes Gewicht auf die Reziprozität der partnerschaftlichen Beziehungen legt. Diese Reziprozität ist durch ein ständiges Hin und Her zwischen Mensch und Partnertier gekennzeichnet. Beide Parteien der Beziehung sind extrem aktive Wesen, die das Handeln ihres Gegenübers permanent mitbestimmen und dadurch einander mitgestalten (*coshape*). Mensch und Tier beeinflussen und verändern einander.[19] Im Folgenden werde ich dagegen ein Bild der Mensch-Partnertier-Beziehungen im Kaiserreich zeichnen, in denen die Menschen doch die deutlich aktivere Rolle einnehmen. Zwar werde ich Momente herausstellen, in denen das Tier dank seiner Wirkmächtigkeit, aber auch durch seine »bloße« »passive« Kopräsenz mit dem Menschen auf die Ausgestaltung der Beziehung Einfluss nahm. Dennoch war es zum größten Teil der menschliche Akteur, der aktiver handelte und eine erheblichere Transformationsmacht besaß. Ausgerechnet die Schwerpunktlegung auf die Beziehungen an sich als das Hauptforschungsobjekt macht eine derartige Relativierung der Vorstellung einer Intersubjektivität erforderlich. Denn in fast allen zu behandelnden Fällen war der Mensch derjenige, der die Entscheidung zur Anfreundung, zur Kontaktaufnahme fasste und dabei Tiere in Haustiere und sich selbst in einen Haustierhalter verwandelte.[20] Deswegen werde ich bezüglich der entstandenen Mensch-Haustier-Beziehungen hauptsächlich von einer »Integration« sprechen – eine Integration in die menschliche Gesellschaft, die viele Tiere erlebten, als sie zu Haus- und

18 Siehe: Cary Wolfe: What is Posthumanism?, Minneapolis: University of Minnesota Press 2010, S. XXV, 120–122. Vgl.: Eben Kirksey/Stefan Helmreich: The Emergence of Multispecies Ethnography, in: Cultural Anthropology 25/4 (2010), S. 545–576.

19 Haraway: Species, S. 17, 22–24, 42, 62, 208, 221, 228, 263, 287. Vgl.: Kate Wright: Becoming-With, in: Environmental Humanities 5 (2014), S. 277–281.

20 Wie Kathleen Walker-Meikle bezüglich der Geschichte der Haustierheltung im Mittelalter festgestellt hat, »[a]n Animal only becomes a pet because its human owner chooses to keep it as one. […] A ›pet‹ is […] [a] man-made category« (Kathleen Walker-Meikle: Medieval Pets, Woodbridge/Rochester, NY: Boydell & Brewer 2012, S. 1).

Partnertieren gemacht wurden. Die vorzugsweise von den Menschen initiierte Verpartnerschaftlichung lief insofern nicht zuletzt auf eine *Sozialisierung* hinaus.[21]

Die Verwendung solcher menschensoziologischen Konzepte sowie die Hervorhebung der menschlichen gegenüber der tierlichen Agency[22] bedeutet aber keineswegs, dass diese tierische Beziehungsgeschichte weniger tierisch ausgeprägt sein wird. Wie wir sehen werden, ging die angesprochene Verflechtung der menschlichen Gesellschaft mit nichtmenschlichen Kreaturen auf den – zum Teil sogar explizit ausgedrückten – Wunsch der Menschen in der wilhelminischen Epoche selbst zurück, ihre menschlichen Lebenswelten mit tierischen Elementen anzureichern. Das war nichts anderes als ein Ausdruck des Bestrebens sehr vieler Menschen im vermeintlich anthropozentrischen 19. Jahrhundert, doch mit einer Vielfalt von nichtmenschlichen Lebensformen in einer »living ecological community« vernetzt zu werden und zu bleiben.[23] Dank dieser Bindungen kamen die Tiere, die zu Partnertieren gemacht wurden, dazu, eine sehr große Rolle in der Welt der Menschen zu spielen – und zwar als Subjekte und nicht bloß Objekte.[24] Ausgerechnet die sozialisierende Verpartnerschaftlichung, in der doch die menschliche Wirkungsmacht sehr stark zur Geltung kam, war also dafür verantwortlich, dass das Leben und die Aktivitäten von Menschen und Tieren miteinander verflochten waren.

Die Relativierung des reziproken Charakters der *companion-species*-Beziehungen soll auch dafür sorgen, dass die hier zu beschreibenden Mensch-Haustier-Freundschaften nicht zwangsläufig als extrem intensive Freundschaften dargestellt werden, die immer von einer tiefen gegenseitigen Zuneigung gekennzeichnet waren. Im Folgenden werde ich behaupten, dass Haustiere im Kaiserreich von ihren Haltern nicht unbedingt leidenschaftlich geliebt wurden und dass die Liebe eines Menschen zu einem Haustier nicht immer mit einer gleich großen Zuneigung erwidert wurde. Rudimentäre, weniger emotionalisierte und zum Teil sogar etwas reservierte Mensch-Haustier-Beziehungen, im Rahmen derer eine gewisse Fremdheit zwischen beiden Seiten aufrechterhalten blieb,[25]

---

21 Vgl.: Latour: Hoffnung, S. 241–242, 249.

22 Zu Rufen zu einer größeren Fokussierung auf Tier-Agency im Rahmen einer relational ausgerichteten Tiergeschichtsschreibung siehe: Krüger, Gesine/Steinbrecher, Aline/Wischermann, Clemens: Tiere und Geschichte. Zugänge und Konzepte einer Geschichte zwischen Menschen und Tieren, in: dies. (Hg.): Tiere und Geschichte. Konturen einer Animate History, Stuttgart: Steiner 2014, S. 9–33, hier S. 12–15; Gesine Krüger: Krabben, Würmer, Schwein und Hund. Wie machen Tiere Geschichte?, in: Florian Grumblies/Anton Weise (Hg.): Unterdrückung und Emanzipation in der Weltgeschichte. Zum Ringen um Freiheit, Kaffee und Deutungshoheit, Hannover: jmb 2014, S. 26–41, hier S. 27–30.

23 Siehe: Donald Worster: Nature's Economy. A History of Ecological Ideas, Cambridge/New York: Cambridge University Press 1994, S. 179–187 (Zitat S. 187).

24 Kathy Rudy: Loving Animals. Toward a New Animal Advocacy, Minneapolis/London: University of Minnesota Press 2011, S. XII.

25 Vgl.: Sabine Obermaier: »Der fremde Freund«. Tier-Mensch-Beziehungen in der mittelhochdeutschen Epik, in: Gerhard Krieger (Hg.): Verwandtschaft, Freundschaft, Bruderschaft. Soziale Lebens- und Kommunikationsformen im Mittelalter, Berlin: Akademie 2009, S. 343–362, bes. S. 347–348, 351.

sollen auch Teil unseres Narratives werden. Wie der Ethnologe Matei Candea am Beispiel von Mensch-Erdmännchen-Beziehungen in der Kalahari-Wüste gezeigt hat, ist Distanziertheit nicht der essenzielle Gegensatz von Annäherung, sondern eher ihre permanente Begleiterin. Das Halten von Abstand ist nicht unbedingt abträglich für freundschaftliche Verhältnisse, es kann manchmal gerade eine Ergänzung und sogar eine Voraussetzung dafür sein.[26] Das trifft erst recht für Mensch-Tier-Freundschaften zu. Konkret bedeutet das in der hier zu erzählenden Beziehungsgeschichte, dass wir gleichzeitig mit der Verpartnerschaftlichung Momente der (relativen) Entfernung thematisieren werden. Menschen konnten im Kaiserreich auch dann freundschaftliche Beziehungen mit Tieren pflegen, ohne dass sie diese zu ihren beliebtesten Partnern machten. Gerade der profane Charakter der *multi-species*-Beziehungen im Sinne Haraways macht eine solche Mitberücksichtigung der weniger intensiven und emotionalisierten Mensch-Haustier-Beziehungen in der Geschichte notwendig.

Die Fokussierung auf die Beziehungen an sich als das Thema der vorliegenden Haustiergeschichte bedeutet schließlich nicht, dass jene von Phineas als Grundvoraussetzungen für den Anbruch des »Haustierzeitalters« dargestellten großen Zäsuren der Moderne keine Rolle in dieser Arbeit spielen werden. Phänomene, die im Mittelpunkt der Menschheitsgeschichte des Kaiserreichs stehen[27] – wie etwa die Industrialisierung, die Urbanisierung, die Etablierung des Obrigkeitsstaates oder die Verbreitung von rassistischen Weltanschauungen –, werden keineswegs ausgeblendet, sondern im Gegenteil stets Teil des Erzählten sein. Die hier zu erzählende Mensch-Tier-Beziehungsgeschichte wird das Bild des Kaiserreichs als eine Epoche von modernen Grundentwicklungen[28] nicht relativieren. Wir werden vielmehr sehen, wie die zeitgenössischen Mensch-Haustier-Beziehungen mit vielen der neuen Entwicklungen, die die deutsche Gesellschaft des Kaiserreichs im Allgemeinen prägten, eng verwoben waren. Wie es Brett Walker formuliert hat: »all historical and cultural contexts presuppose a particular mode of interrelation not just between certain people (classes if you will) and others, but also between human and nonhuman creatures«.[29] Die Auswirkungen der neuen historischen Entwicklungen in der Zeit des Deutschen Kaiserreichs auf die zeitgenössischen Mensch-Haustier-Beziehungen werden hier keinesfalls ignoriert. Wenn wir diese historischen Kontexte thematisieren, werden wir uns zwar nicht für Aspekte, die einer »problemorientierten historischen Strukturanalyse der deutschen Gesellschaft und ihrer Politik in den

---

26 Matei Candea: »I Fell in Love with Carlos the Meerkat«. Engagement and Detachment in Human-Animal Relations, in: American Ethnologist 37/2 (2010), S. 241–258.

27 Siehe: Hans-Ulrich Wehler: Deutsche Gesellschaftsgeschichte. Bd. 3: Von der »Deutschen Doppelrevolution« bis zum Beginn des Ersten Weltkrieges 1849–1914, München: Beck 1995, S. 513.

28 Cornelius Torp/Sven Oliver Müller: Das Bild des Deutschen Kaiserreichs im Wandel, in: dies. (Hg.): Das deutsche Kaiserreich in der Kontroverse, Göttingen: Vandenhoeck & Ruprecht 2009, S. 9–27, hier S. 17.

29 Brett L. Walker: Introduction. JAPANimals. Entering into Dialogue With Japan's Nonhuman Majority, in: ders./Gregory M. Pflugfelder (Hg.): JAPANimals. History and Culture in Japan's Animal Life, Ann Arbor: Center for Japanese Studies, University of Michigan 2005, S. 1–18, hier S. 11.

fünfzig Jahren zwischen 1871 und 1918« gehören, interessieren. Weil die Mensch-Tier-Beziehungen an sich und nicht die menschliche Gesellschaft unser Thema ist, werden wir uns nicht vornehmlich mit dem »sozialen Wandel der Gesamtgesellschaft, ihrer Gruppen und Klassen« und der »[E]rhaltung oder [V]eränderung« des »politische[n] Herrschaftssystem[s]« befassen.[30] Der Grund dafür, dass diese Aspekte im Rahmen unserer humanimalischen Beziehungsgeschichte doch *mit*berücksichtigt werden, hat nichts mit dem Versuch zu tun, die tiefen »socio-economic and political structures of German Society« aufzudecken, denen später der Nationalsozialismus entsprungen sein sollte.[31] Vielmehr wird danach gefragt, inwiefern die Hauptkomplexe der Menschheitsgeschichte der Epoche Bedingungen für die Entstehung von Mensch-Haustier-Beziehungen in massenhaftem Ausmaß stellten. Der historische Wandel wird dann aber (primär) in den alltäglichen Interaktionen selbst aufgespürt.[32] Indem die sozialen Komplexe in den Hintergrund treten, rücken die persönlichen Mensch-Tier-Verhältnisse in den Mittelpunkt der sozialen Realität, die analysiert wird. Die Strukturen und die großen »politischen Krisen und Katastrophen«[33] verschwinden aus der humanimalischen Beziehungsgeschichte keineswegs; sie werden aber ausschließlich auf ihre Kontextfunktion reduziert.

## FORSCHUNGSSTAND. POSTHUMANISTISCHE VORSÄTZE

Das Innovationspotenzial einer solcherart konzipierten humanimalischen Beziehungsgeschichte liegt darin, dass die Zahl der Arbeiten, die jene von Haraway und Latour inspirierten posthumanistischen theoretischen Ansätze[34] für eine empirische Untersuchung anwenden, immer noch äußerst gering ist. Mit Pascal Eitler können wir sagen, dass obwohl die Tiergeschichte inzwischen scheinbar zu einem ganz normalen Teilbereich der Geschichtswissenschaft herangereift ist,[35] wir doch immer noch mit der »große[n] Her-

30 Hans-Ulrich Wehler: Das Deutsche Kaiserreich 1871–1918. Einleitung, in: Bettina Hitzer/Thomas Welskopp (Hg.): Die Bielefelder Sozialgeschichte. Klassische Texte zu einem geschichtswissenschaftlichen Programm und seinen Kontroversen, Bielefeld: transcript 2010, S. 255–262, hier S. 255, 257–258.

31 Siehe: Richard J. Evans: Wilhelm II's Germany and the Historians, in: ders.: Rethinking German History. 19th-Century Germany and the Origins of the Third Reich, London u.a.: Allen and Unwin 1987, S. 23–54, hier S. 36.

32 Vgl.: Alf Lüdtke: Einleitung. Was ist und wer treibt Alltagsgeschichte, in: ders. (Hg.): Alltagsgeschichte. Zur Rekonstruktion historischer Erfahrungen und Lebensweisen, Frankfurt a.M./New York: Campus 1989, S. 9–47, hier S. 12, 25–27.

33 Bettina Hitzer/Thomas Welskopp: Einleitung der Herausgeber. Die »Bielefelder Schule« der westdeutschen Sozialgeschichte. Karriere eines geplanten Paradigmas?, in: dies. (Hg.): Sozialgeschichte, S. 13–31, hier S. 19

34 Siehe vor allem: Pascal Eitler: In tierischer Gesellschaft. Ein Literaturbericht zum Mensch-Tier-Verhältnis im 19. und 20. Jahrhundert, in: Neue Politische Literatur 54 (2009), S. 207–224; ders./Maren Möhring: Eine Tiergeschichte der Moderne. Theoretische Perspektiven, in: Traverse. Zeitschrift für Geschichte 15/3 (2008), S. 91–106.

35 David Gary Shaw: A Way With Animals, in: History and Theory 52/4 (2013), S. 1–12.

ausforderung [...] der nunmehr anstehenden Umsetzung von Vorsätzen« hadern.[36] Diese Dissonanz ist im spezifischen Fall der Haustiergeschichte vor allem darauf zurückzuführen, dass die wenigen Studien zur Entwicklung der modernen Haustierhaltung, die bislang erschienen sind, eine weitgehend menschenzentrierte Herangehensweise gewählt haben. Das heißt: Man hat in erster Linie Transformationen der menschlichen Gesellschaft, die durch die Annäherung an nichtmenschliche Kreaturen und die Haltung von Haustieren mitverursacht wurden, herausstellen wollen. Die menschliche Gesellschaft blieb hier essenziell das zu erleuchtende Untersuchungsobjekt. Das war insbesondere in Werken aus der sogenannten intellektuellen Richtung der Tiergeschichte der Fall, und zwar schon bei dem Klassiker der Disziplin, Keith Thomas' *Man and the Natural World* (1983). Wie Erica Fudge richtig behauptet, spiegelt der Untertitel des Buches, *Changing Attitudes in England*, seinen Inhalt sehr präzise, insofern als es sich bei ihm primär um Attitüden seitens der Menschen den Tieren gegenüber handelt.[37] Das gilt erst recht für die Passagen über die Haustiere: Es geht dort Thomas darum zu zeigen, mit welchen Merkmalen Menschen in England der Frühneuzeit die von ihnen konstruierte neue Kategorie der Haustiere (*pets*) ausstatteten. Er liefert dabei eine recht enge Definition: Ein Haustier sei lediglich dann ein solches gewesen, wenn es ins menschliche Zuhause eingelassen worden sei, einen individuellen Namen bekommen habe und als Nahrungsmittel tabuisiert worden sei.[38] Über darüber-, auch über die Perspektive des wahrnehmenden Menschen hinausgehende Dimensionen der historischen Beziehung zwischen »Mann« und modernem Haustier erfahren wir nichts. Wir bleiben bei der sich während der Frühen Neuzeit wandelnden Welt der Ideen der Menschen und lernen nichts Wesentliches über die Mensch-Haustier-Beziehungen an sich.

Die Problematik der Menschenvorrangigkeit hat bei den beiden bis dato bedeutendsten Werken zur Geschichte der modernen Haustierhaltung, Harriet Ritvos *The Animal Estate* (1987), der zu einem großen Teil, obwohl nicht ausschließlich Haustiere behandelt, und Kathleen Ketes *The Beast in the Boudoir* (1994), mit einer Prioritätensetzung anderer Art zu tun. Diese quellennahen Untersuchungen, in denen Tiere überwiegend als Symbole und Projektionsfläche der Menschen figurieren,[39] gehen in erster Linie der Fra-

36 Pascal Eitler: Rezension zu: Bourke, Joanna: What It Means to Be Human. Historical Reflections from 1791 to the Present/Chimaira – Arbeitskreis für Human-Animal Studies (Hg.): Human-Animal Studies. Über die gesellschaftliche Natur von Mensch-Tier-Verhältnissen/Verein für kritische Geschichtsschreibung e.V. (Hg.): tiere. in: H-Soz-Kult, 11.09.2012, URL: http://www.hsozkult.de/publicationreview/id/rezbuecher-17724 (am 16.10.2015).

37 Erica Fudge: A Left-Handed Blow. Writing the History of Animals, in: Nigel Rothfels (Hg.): Representing Animals, Bloomington/Indianapolis: Indiana University Press 2002, S. 3–18, hier S. 8.

38 Keith Thomas: Man and Natural World. Changing Attitudes in England, 1500–1800, New York: Oxford University Press 1996, S. 112–119. Zu Thomas' Herangehensweise vgl. auch: Krüger/Steinbrecher/Wischermann: History, S. 19–20.

39 Vgl.: Susan Pearson/Mary Weismantel: Gibt es das Tier? Sozialtheoretische Reflexionen, in: Dorothee Brantz/Christof Mauch (Hg.): Tierische Geschichte. Die Beziehung von Mensch und Tier in der Kultur der Moderne, Paderborn u.a.: Schöningh 2010, S. 379–399, hier S. 387. Zu einem weiteren Beispiel für eine Haustiergeschichte des 19. Jahrhunderts, in der die Tiere

ge nach, wie sich die menschliche Gesellschaft neu verstand und definierte, indem sie über ihre Tiere reflektierte. Vor allem Kete interessiert sich vorzugsweise dafür, inwiefern die Menschen im Paris des 19. Jahrhunderts die Beziehungen zu ihren Haustieren als Maßstab nahmen, um den Grad der Zivilisiertheit ihrer Gesellschaft einzuschätzen. Nicht so sehr die Tiere an sich als vielmehr die Gestalt, die sie in der »bourgeois imagination«[40] erhielten, steht hier im Mittelpunkt der Aufmerksamkeit.

In Ritvos Werk, das zu Recht inzwischen zu einem Klassiker der Tiergeschichte geworden ist, sind die Grenzen einer humanistischen Haustiergeschichtsschreibung, die vorwiegend Tierrepräsentationen und -perzeptionen unter die Lupe nimmt, sogar noch deutlicher zu erkennen. Denn da es Ritvo mehr als alles anderes darauf ankommt zu analysieren, wie die Menschen des Viktorianismus auf ihre Haustiere Vorstellungen über die sich in demselben Zeitraum kristallisierende Klassengesellschaft Englands projizierten, macht sie eine Hauptangelegenheit aus der Menschheitsgeschichte der Epoche zu dem Thema ihrer eigenen Tiergeschichte.[41] Das führt dazu, dass Ritvo, wie Kete, die aufgrund der gleichen Perspektivierung ihres Narratives in ähnlichem Sinne nicht zuletzt eine französische Bürgertumsgeschichte vorgelegt hat, mit ihren Repräsentationen doch nicht wirklich »a very new picture of the past«[42] aufzeichnet. Anstatt uns mit einem alternativen, womöglich sogar fremdartigen Bild der englischen bzw. französischen Gesellschaft des 19. Jahrhunderts zu versehen, dient die historiographische Berücksichtigung der Haustiere bloß der Verfestigung bekannter Kategorien der Menschheitsgeschichte der Epoche. Eine geschichtswissenschaftliche Abhandlung, die ein wirklich neues, ein wirklich humananimalisches Bild des sozialen Lebens in der Vergangenheit ausmalen will, darf nicht in den kognitiven Welten der Menschen Zuflucht nehmen; sie muss die eigentlichen, nicht zuletzt physischen Spuren der Tiere in den Gesellschaftskonstellationen der Vergangenheit auch berücksichtigen.[43]

In diesem Zusammenhang muss noch angemerkt werden, dass Jutta Buchner-Fuhs, die sich mehr als jede andere Historikerin mit der Tier- und nicht zuletzt der Haustiergeschichte im Deutschland des 19. Jahrhunderts bzw. des Kaiserreichs beschäftigt hat, ebenfalls primär Hauptaspekte der menschenbezogenen Sozial- und Kulturgeschichte herausgestrichen hat. Buchner-Fuhs zeigt, wie etwa Ideen des Tierschutzes und Ideologien der Rassehundezucht zu der Markierung von Klassengrenzen im öffentlichen urbanen Raum beigetragen und wie Auffassungen bezüglich der Haltung von sogenannten Luxus- und Schoßhunden zeitgenössische Klischees über die Beziehungen und Differenzen zwischen den (menschlichen) Geschlechtern genährt hätten. Wenn sie von »Kultur mit Tieren« spricht, dann tut sie das vorrangig, ähnlich wie Ritvo und Kete, in Bezug

vorwiegend die Rolle von Symbolen einnehmen, siehe: Hilda Kean: The Moment of Greyfriars Bobby. The Changing Cultural Position of Animals, 1800–1920, in: Kathleen Kete (Hg.): A Cultural History of Animals in the Age of Empire, Oxford/New York: Berg 2007, S. 25–46.

40 Kathleen Kete: The Beast in the Boudoir. Petkeeping in Nineteenth-Century Paris, Berkeley: University of California Press 1994, S. 100.

41 Harriet Ritvo: The Animal Estate. The English and Other Creatures in the Victorian Age, Cambridge, MA: Harvard University Press 1987.

42 Siehe: Fudge: Blow, S. 9.

43 Vgl.: Pearson/Weismantel: Tier.

auf das »bürgerliche[] Tierverständnis[]«.[44] Unter anderem von Bourdieu inspiriert, lag für sie die »soziale Realität historischer Tierhaltung« darin, dass »[ü]ber Mensch-Tier-Begegnungen [...] soziale Distinktionen erfahren und bewertet« würden.[45]

Die vorliegende Arbeit ist nicht zuletzt aus dem Wunsch hervorgegangen, eine Geschichte von Mensch-Haustier-Verhältnissen im Kaiserreich zu schreiben, die soziale Distinktionen und reinmenschliche Gesellschaftsauseinandersetzungen marginal, und zwar nur insoweit behandelt, als sie der Entstehung jener »Mensch-Tier-Begegnungen«, von denen Buchner-Fuhs spricht, dienten. Ich schließe mich dem Vorhaben jüngerer Historikerinnen im deutschsprachigen Raum wie allen voran Julia Breittruck und Aline Steinbrecher an,[46] eine (Haus-)Tiergeschichte zu verfassen, die im Sinne von Mieke Roscher nicht bloß eine anthropozentrische »Geschichte mit [Haus-]Tieren« sein wird. Das bedeutet keineswegs, dass Anstöße aus der menschenzentrierten Repräsentationen-Tiergeschichte ignoriert werden. Gerade weil, wie oben festgestellt, der Mensch ein integraler Bestandteil unserer humanimalischen Beziehungsgeschichte bleibt, werden menschenbezogene Elemente des Umgangs mit den Haustieren im 19. Jahrhundert, wie sie vor allem von Ritvo herausgearbeitet worden sind, in das hier Erzählte durchaus einbezogen. Aber es wird nie mein Hauptziel sein zu erläutern, was die zeitgenössischen »[a]nimals can tell us about humans«.[47] Indem eine nichtanthropozentrische Tiergeschichte es vermeidet, das Menschliche zu ihrem Schluss- oder Schlüsselpunkt zu machen, bildet sie nicht so sehr einen Kontrast der älteren Narrative als vielmehr deren Ergänzung.

Zuletzt ist noch zu erwähnen, dass die von Phineas gestellte Frage nach den Ursachen und dem Entstehungsprozess der massenhaften Haustierhaltung in der Moderne entgegen seiner Vorhersage bisher kaum thematisiert worden ist. Obwohl die Tiergeschichte, und langsam auch die Haustiergeschichte, in den letzten Jahren boomt, gibt es noch sehr wenige Studien, die sich mit dieser Grundlagefrage der modernen Mensch-Tier-Beziehungen direkt auseinandersetzen. Die meisten Arbeiten zur Geschichte der

44 Jutta Buchner: »Im Wagen saßen zwei Damen mit einem Bologneserhündchen«. Zur städtischen Hundehaltung in der Klassengesellschaft um 1900, in: Siegfried Becker/Andreas C. Bimmer (Hg.): Mensch und Tier. Kulturwissenschaftliche Aspekte einer Sozialbeziehung, Marburg: Jonas 1991, S. 119–138; dies.: Kultur mit Tieren. Zur Formierung des bürgerlichen Tierverständnisses im 19. Jahrhundert, Münster u.a.: Waxmann 1996; dies.: Das Tier als Freund. Überlegungen zur Gefühlsgeschichte im 19. Jahrhundert, in: Paul Münch (Hg.): Tiere und Menschen. Geschichte und Aktualität eines prekären Verhältnisses, Paderborn u.a.: Schöningh 1998, S. 275–294.

45 Dies.: Tiere und Klassendistinktionen. Zur Begegnung mit Pferden, Karrenhunden und Läusen, in: dies./Lotte Rose (Hg.): Tierische Sozialarbeit. Ein Lesebuch für die Profession zum Leben und Arbeiten mit Tieren, Wiesbaden: Springer VS 2012, S. 309–323, hier S. 312, 322.

46 Siehe z.B.: Aline Steinbrecher: Hunde und Menschen. Ein Grenzen auslotender Blick auf ihr Zusammenleben (1750–1850), in: Historische Anthropologie 19/2 (2011), S. 193–210; Julia Breittruck: Vögel als Haustiere im Paris des 18. Jahrhunderts. Theoretische, methodische und empirische Überlegungen, in: Buchner-Fuhs/Rose (Hg.): Sozialarbeit, S. 131–146.

47 Siehe: Fudge: Blow, S. 9.

modernen Haustierhaltung begnügen sich damit, Praktiken der Haustierhaltung und Muster von Mensch-Tier-Partnerschaftlichkeiten zu beschreiben, ohne dass sie zu erklären versuchen, wie es zu solchen Praktiken und zu solchen Partnerschaftlichkeiten überhaupt kam.[48] Die äußerst wenigen Studien, die diese Frage doch direkt stellen, bieten wiederum sehr pauschale Narrative über die Entstehung der modernen Haustierhaltung, in denen die eigentlichen, alltäglichen Beziehungen zwischen Haltern und ihren Tieren keine Beachtung bekommen. Sie befassen sich, mit anderen Worten, mit den großen Zäsuren der Moderne und nicht mit den Mensch-Haustier-Beziehungen selbst. Ritvo z.B. hat die (in der Tat sehr informative) These formuliert, dass das Aufkommen der modernen Haustierhaltung durch wissenschaftliche und technologische Entwicklungen bedingt worden sei, die die Natur menschlicher Dominanz unterworfen hätten. Erst als in der Neuzeit die Natur gezähmt und »entkrallt« worden sei, seien sehr viele Menschen, die die Tiere bisher als gefährliche Kreaturen betrachtet hätten, auf die Idee gekommen, diese in ihren Häusern zu halten. Erst als die »Bestie« gebändigt worden sei, habe die Tierliebe zutage treten können.[49] Dieses große Narrativ über die menschliche Beherrschung der Natur als eine Grundlage der Verbreitung der Haustierhaltung in der Moderne[50] wird von einer anderen, in den Human-Animal Studies sehr verbreiteten These begleitet, dass die Haustierhaltung dem modernen Menschen eine Art Kompensation für seine Entfernung von der Natur und dem Großteil des Tierreichs geboten habe. Die Entfremdung als ein modernes Grundmoment, das eben jenen Fundamentalprozessen wie der Industrialisierung und der Urbanisierung entstammte, wird hier für eine übergreifende Erklärung der an sich nicht leicht zu ergründenden Tatsache herangezogen, dass auf einmal so viele Menschen mit so vielen Tieren engen Kontakt aufzunehmen wünschten.[51]

Ohne an der Erklärungskraft dieser Metanarrative über die Entfaltung der modernen Haustierhaltung zu zweifeln, möchte ich in dieser Arbeit die Beziehungen an sich zwi-

48 Ein Hauptbeispiel hierzu ist: Katherine C. Grier: Pets in America. A History, Chapel Hill: University of North Carolina Press 2006.

49 Siehe: Harriet Ritvo: The Emergence of Modern Pet Keeping, in: Clifton P. Flynn (Hg.): Social Creatures. A Human and Animal Studies Reader, New York: Lantern Books 2008, S. 96–106. Vgl.: Kete: Beast, S. 111; Orvar Löfgren: Natur, Tiere und Moral. Zur Entwicklung der bürgerlichen Naturauffassung, in: Utz Jeggle (Hg.): Reinbek bei Hamburg: Rowohlt 1986, S. 122–144.

50 Hierzu siehe auch aus anthropologischer Perspektive: Yi-Fu Tuan: Dominance and Affection. The Making of Pets, New Haven: Yale University Press 1984.

51 Siehe z.B.: Thomas: Man, S. 119; Karen Raber: Form Sheep to Meat, from Pets to People. Animal Domestication, 1600–1800, in: Matthew Senior (Hg.): A Cultural History of Animals in the Age of Enlightenment, Oxford/New York: Berg 2007, S. 73–100, bes. S. 74; Erica Fudge: Pets, Stocksfield: Acumen 2008, S. 32; Aline Steinbrecher: Die gezähmte Natur in der Wohnstube. Zur Kulturpraktik der Hundehaltung in frühneuzeitlichen Städten, in: dies./Sophie Ruppel (Hg.): »Die Natur ist überall bey uns«. Mensch und Natur in der Frühen Neuzeit, Zürich: Chronos 2009, S. 125–142, hier S. 131–132; Margo DeMello: The Present and Future of Animal Domestication, in: Randy Malamud (Hg.): A Cultural History of Animals in the Modern Age, Oxford/New York: Berg 2007, S. 67–94, hier S. 81; dies.: Animals and Society. An Introduction to Human-Animal Studies, New York: Columbia University Press 2012, S. 81, 153.

schen Menschen und Haustieren wieder in den Fokus der Geschichte der modernen Haustierhaltung rücken. Viele Theoretiker der Human-Animal Studies tendieren dazu, die Beziehungen der Menschen mit Haustieren als oberflächliche und unauthentische Beziehungen zu betrachten, die mit Lebensweisen in modernen westlichen Konsumgesellschaften eng verbunden seien. Sie behaupten, dass die Kompensation, die die Haustiere für die »Entfremdung der Lebewesen«[52] böten, keine richtige Kompensation sei, weil das Haustier seinem Wesen nach kein richtiges Tier sei. Die Haustiere seien Kreaturen, die komplett unter menschliche Dominanz gesetzt würden und dadurch jegliche Verbindungen mit ihrer »wahren« animalischen Natur verloren hätten. Die Menschen hätten sie heillos »entkrallt« – »entanimalisiert«. Die Haustiere, lesen wir in einem unlängst erschienenen sozialtheoretischen Aufsatz, seien wie die »Phantasietiere in Kinderbüchern« oder wie Spielzeugtiere; sie hätten »eine hoch symbolische Funktion und wenig sonst«. Sie seien dementsprechend »kein Bestandteil unserer Welt und unserer Gesellschaft«, abwesend in der »lebendige[n] Erfahrung täglicher und außergewöhnlicher Interaktionen«, die wir mit richtigen Tieren hegen (sollten).[53]

Indem sich die vorliegende Arbeit auf die Beziehungen an sich fokussiert und nicht auf die größeren Prozesse und Zusammenhänge, die ihre Entstehung vermeintlich bedingten, versucht sie, die Haustiere historisch wieder in die »lebendige Erfahrung täglicher und außergewöhnlicher Interaktionen« zu integrieren. Sie geht davon aus, dass gerade weil die Haustiere in besonders großer Nähe mit den Menschen leben, sie sich hervorragend als die Objekte einer Tiergeschichte eignen, die als eine Geschichte von humanimalischer »Intimität« erzählt wird.[54] Das Ziel dieser Arbeit ist die Erklärung der Entstehung einer solchen »Intimität«.

52 Siehe: Barbara Noske: Die Entfremdung der Lebewesen. Die Ausbeutung im tierindustriellen Komplex und die gesellschaftliche Konstruktion von Speziesgrenzen, Mühlheim an der Ruhr/Wien: Guthmann-Peterson 2008.

53 Pearson/Weismantel: Tier, S. 397, 399. Zu weiteren, disziplinenübergreifenden Beispielen aus den Human-Animal Studies siehe: Jen Wrye: Beyond Pets. Exploring Relational Perspectives of Petness, in: Canadian Journal of Sociology 34/4 (2009), S. 1033–1063; Heidi J. Nast: Critical Pet Studies?, in: Antipode. A Radical Journal of Geography 38/5 (2006), S. 894–906; Richard L. Tapper: Animality, Humanity, Morality, Society, in: Tim Ingold (Hg.): What is an Animal?, London/New York: Routledge 1994, S. 47–62, hier S. 56; Thomas Macho: Lust auf Fleisch? Kulturhistorische Überlegungen zu einem ambivalenten Genuss, in: Gerhard Neumann; Alois Wierlacher/Rainer Wild (Hg.): Essen und Lebensqualität. Natur- und kulturwissenschaftliche Perspektiven, Frankfurt a.M./New York: Campus 2001, S. 157–174, hier S. 171–172; Anna Tsing: Unruly Edges. Mushrooms as Companion Species, in: Environmental Humanities 1 (2012), S. 141–154, hier S. 152; Kathleen Kete: Introduction. Animals and Human Empire, in: dies. (Hg.): History, S. 1–24, hier S. 15; Timothy Clark: The Cambridge Introduction to Literature and the Environment, Cambridge: Cambridge University Press 2011, S. 185.

54 Brett L. Walker: Animals and the Intimacy of History, in: History and Theory 52/4 (2013), S. 45–67.

## QUELLENKORPUS UND METHODIK. KLEINE TIERGESCHICHTEN

Die mangelhafte Umsetzung von posthumanistischen Vorsätzen in der Tiergeschichte ist nicht zuletzt auf eine grundlegende Quellenproblematik zurückzuführen, mit der jeder Tierhistoriker konfrontiert ist. In fast jedem theoretischen Aufsatz über die Möglichkeiten, Grenzen und Herausforderungen einer Tiergeschichtsschreibung wird festgehalten, dass die Anwendung von schriftlichen Quellen es gewissermaßen unmöglich mache, über die Perspektive des Menschen hinauszugehen und das historische Dasein der Tiere selbst in das Narrativ miteinzubeziehen.[55] Diese Problematik ist besonders gravierend für das Verfassen einer Geschichte von Mensch-Tier- bzw. Halter-Haustier-Beziehungen, denn sie bedeutet, dass im Grundsatz nur die menschliche Seite der Beziehungen in einer solchen Geschichte zur Sprache kommt. Der Vorsatz, eine Geschichte von humanimalischen Beziehungen zu schreiben, sieht aus dieser Perspektive wie eine leere Vision aus. Wir seien angeblich nicht imstande, diese Beziehungen als gegenseitige Interaktionen zu analysieren, in denen eine wirkliche Nähe zwischen Mensch und Tier entstehe. Wir befassten uns bloß mit menschlichen Vorstellungen über Tiere und über Freundschaften mit Tieren. Die Erkenntnisse, die wir aus der Analyse dieser Vorstellungen ziehen könnten, bezögen sich eher auf die Menschen und ihre Gesellschaft als auf die Menschen und ihre Tiere.

Reflexionen über diese Grundproblematik und deren Korrelation mit der entworfenen Herangehensweise einer humanimalischen Beziehungsgeschichte haben die Wahl und noch mehr als das die Lesart der Quellen in der vorliegenden Arbeit geleitet. Wie wohl jeder empirisch arbeitende Tierhistoriker behaupten würde, mangelt es keineswegs an Quellen, in denen das Leben von Tieren in vergangenen Epochen dokumentiert ist.[56] Auch der Tierhistoriker muss vielmehr mit einem Quellenüberschuss zurechtkommen. Die historischen Spuren von Tieren und ihren Beziehungen zu den Menschen sind in einer Vielfalt von Quellen aus sehr unterschiedlichen Gattungen zerstreut. Tierhistorische Quellen können nicht auf eine einzelne Gattung reduziert werden, und sie weisen keiner-

55 Siehe z.B.: Roscher: Geschichtswissenschaft, S. 80–82; dies.: Where is The Animal in this Text? Chancen und Grenzen einer Tiergeschichtsschreibung, in: Chimaira – Arbeitskreis für Human-Animal Studies (Hg.): Human-Animal Studies. Über die gesellschaftliche Natur von Mensch-Tier-Verhältnissen, Bielefeld: transcript 2011, S. 121–150, hier S. 127–130; Erica Fudge: What Was It Like to Be a Cow? History and Animal Studies, in: Linda Kalof (Hg.): The Oxford Handbook of Animal Studies, New York: Oxford University Press 2017, S. 258–278, hier S. 260. Zu einer zugespitzten Formulierung dieser Infragestellung der Möglichkeit einer posthumanistischen Tiergeschichtsschreibung vgl.: Joachim Radkau: »Ich wollte meine eigenen Wege gehen«. Ein Gespräch mit Joachim Radkau, in: Zeithistorische Forsschungen, Online-Ausgabe 9/1 (2012), URL: http://www.zeithistorische-forschungen.de/1-2012/id=4644, S. 100–107, hier S. 106 (am 25.10.2015).

56 Siehe: Steinbrecher: Geschichte, S. 276; Shaw: Way, S. 9.

lei geschlossene Einheitlichkeit auf.[57] Dieser grundsätzlichen Quellenmannigfaltigkeit der Tiergeschichte wurde auch in der vorliegenden Arbeit Rechnung getragen. Die Quellen, in denen ich nach den humanimalischen Beziehungen im Kaiserreich gesucht habe, sind u.a Archivakten, die für behördliche Zwecke verfasst wurden; Zeitschriften über die Haltung und Zucht von verschiedenen Haustierarten oder -rassen; Zeitschriften zu populärzoologischen Themen wie der Ornithologie und Herpetologie; Familienblätter wie allen voran *Die Gartenlaube*; Ratgeber-Haushaltszeitschriften sowie landwirtschaftliche Fachblätter; Gesetzessammlungen und stenographische Berichte über magistratische und parlamentarische Verhandlungen; Tageszeitungen; tierärztliche Publikationen; unterschiedliche Monographien zu den erwähnten Themen und nicht zuletzt Selbstzeugnisse.

Wie inzwischen viele Theoretikerinnen der Tiergeschichte festgestellt haben, habe die Frage nach der Realisierbarkeit einer posthumanistischen Tiergeschichtsschreibung nicht so sehr mit der Gattung der Quellen zu tun als vielmehr mit der Art und Weise, wie mit ihnen umgegangen werde. Denn auch wenn wir, wie im Fall der vorliegenden Arbeit, unsere Geschichte auf schriftlichen Texten begründen, die von Menschen zusammengestellt wurden, bedeutet es keineswegs, dass wir zwangsläufig eine menschenzentrierte Geschichte schreiben. Die Tierhistoriker/innen könnten m.E. davon profitieren, wenn sie weniger intensiv darüber sinnieren würden, wer die Quellen unter welchen Bedingungen produzierte, und ihre Aufmerksamkeit mehr der Frage widmeten, wie sie die vorhandenen Quellen am gewinnbringendsten lesen sollten. In dieser Beziehung ist es wichtig, dass eine posthumanistisch eingestellte Tierhistorikerin ihr Augenmerk stets auf die tierische Anwesenheit in dem überlieferten Text richtet. Indem sie den Akzent stets auf das – sogar marginale – Auftreten des Tiers zwischen den Zeilen des Geschriebenen legt, wird sie imstande sein, reichhaltige Informationen über ihr Leben in der historischen Vergangenheit zu gewinnen.[58] Der Historiker von humanimalischen Partnerschaftlichkeiten wiederum stöbert in den Texten konsequent nach Momenten der Kontaktaufnahme zwischen Menschen und Tieren. Die Tatsache, dass er sich in erster Linie für alltägliche und profane Beziehungen interessiert, sorgt dafür, dass gerade seine Herangehensweise hervorragend mit einer solchen Lesung der Quellen korreliert, die den Kontext weitgehend außer Acht lässt, um sich dafür in den kleinen Details des Textes zu »wälzen«. Er liest die dokumentierten Mensch-Tier-Interaktionen nicht vor dem Hintergrund großer Gesellschaftszusammenhänge; er analysiert die Beziehungen – die Kontaktaufnahmen – selbst.

Um meinem eigenen posthumanistischen Vorsatz gerecht zu werden, werde ich die verwendeten Quellen nach kleinen Geschichten der Entstehung von partnerschaftlichen Beziehungen zwischen Menschen und Tieren durchforsten. Ich werde versuchen, aus den Texten kleine Anekdoten herauslösen, in denen die Entstehung von solchen Bezie-

57 Zeb Tortorici/Martha Few: Introduction. Writing Animal Histories, in: dies. (Hg.): Centering Animals in Latin American History, Durham/London: Duke University Press 2013, S. 1–27, hier S. 19.

58 Vgl.: Fudge: Cow, S. 261; Hilda Kean: Challenges for Historians Writing Animal-Human History. What is Really Enough?, in: Anthrozoös 25/Supplement 1 (2012), S. s57-s72, hier S. s62; Brett Mizelle: »A Man Quite as Much of a Show as His Beasts«: Becoming Animal with Grizzly Adams, in: WerkstattGeschichte 56 (2010), S. 29–45, hier S. 44–45.

hungen geschildert wird.[59] Im Rahmen einer Art *close reading*[60] wird nach kleinen Momenten von Einverleibungen von Tieren als Partnertieren in die Welt ihrer menschlichen Halter gesucht. Selbst beim Lesen von Texten aus der Ratgeberliteratur oder den Gesetzessammlungen, in denen keine eigentlich vollzogenen Beziehungen, sondern ideale und erwünschte Zustände des Zusammenlebens von Mensch und Haustier geschildert werden, werde ich mich primär auf Beschreibungen von solchen kleinen Momenten konzentrieren. Egal in welcher Form: Die profanen Mensch-Haustier-Interaktionen werden stets das Phänomen darstellen, das wir zu erklären versuchen.

Diese Prioritätensetzung hat wiederum zur Folge, dass wir entgegen unserer prinzipiellen Aufgeschlossenheit dem Quellenspektrum gegenüber doch eine einzelne Quellengattung stärker als alle andere zurate ziehen werden: den Zeitschriftenaufsatz. Diese Bevorzugung liegt an der methodischen Schwerpunktlegung auf die kleinen Geschichten von Kontaktaufnahmen. In den im Kaiserreich massenhaft publizierten Zeitschriften, die sich mit unterschiedlichen Bereichen der Haustierhaltung und benachbarten Themen befassten, ist eine uferlose Anzahl an Berichten zu finden, die Haustierhalter über ihre alltäglichsten, manchmal banalsten Erlebnisse im Zusammenleben mit ihren Haustieren verfassten. Oft bestehen diese Beschreibungen aus nur wenigen Zeilen, und gerade wegen ihrer textuellen Einfachheit und des gewöhnlichen Charakters des Geschilderten sind diese kleinen Zeitschriftengeschichten für eine Eruierung von profanen Mensch-Haustier-Beziehungen besonders brauchbar. Bekanntermaßen erfuhr Deutschland in der zweiten Hälfte des 19. Jahrhunderts eine ungeheure Explosion von Spezialzeitschriften, die »jedem Interesse entgegenkam[en]«.[61] Die zeitgenössische Haustierhaltung blieb von diesem historischen Wandel nicht verschont – sehr zur Freude des zukünftigen Haustierhistorikers. So konnte ich beim Schreiben dieser Arbeit auf eine Fülle von unterschiedlichsten Journalen zurückgreifen, von der *Gefiederten Welt* über die *Zeitung des Vereins für deutsche Schäferhunde*, die *Blätter für Aquarien- und Terrarienkunde* bis hin zur

59 Zur Wichtigkeit von Anekdoten und Schilderungen von kleinen Ereignissen in der »multispecies ethnography« siehe: Dominique Lestel/Jeffrey Bussolini/Matthew Churlew: The Phenomenology of Animal Life, in: Environmental Humanities 5 (2014), S. 125–148, hier S. 128–129; Amanda Rees: Anthropomorphism, Anthropocentrism, and Anecdote. Primatologists on Primatology, in: Science, Technology & Human Values 26/2 (2001), S. 227–247; Lynda Birke: Escaping the Maze. Wildness and Tameness in Studying Animal Behaviour, in: Garry Marvin/Susan McHugh (Hg.): Routledge Hanbook of Human-Animal Studies, London: Routledge 2014, S. 39–53, hier S. 50. Zu den Möglichkeiten einer Anwendung von Anekdoten in historischen Studien als ein Mittel zur Unterminierung von konventionellen Narrativen siehe: Lionel Gossman: Anecdote and History, in: History and Theory 42/2 (2003), S. 143–168.

60 Vgl.: Tortorici/Few: Introduction, S. 4; Mizelle: Man, S. 44.

61 Wehler: Gesellschaftsgeschichte, S. 1236–1238 (Zitat S. 1238); Werner Faulstich: Medienwandel im Industrie- und Massenzeitalter (1830–1900), Göttingen: Vandenhoeck & Ruprecht 2004, S. 60–71; Sigrid Stöckel: Verwissenschaftlichung der Gesellschaft – Vergesellschaftung der Wissenschaft, in: dies./Wiebke Lisner/Gerlind Rüve (Hg.): Das Medium Wissenschaftszeitschrift seit dem 19. Jahrhundert. Verwissenschaftlichung der Gesellschaft – Vergesellschaftung von Wissenschaft, Stuttgart: Steiner 2009, S. 9–24, hier S. 13.

*Zeitschrift für Ziegenzucht*. Es ist an erster Stelle diesen Spezialzeitschriften und deren erzählfreudigen Autoren zu verdanken, dass die Geschichte des Kaiserreichs auch als eine Geschichte von alltäglichen humanimalischen Beziehungen erzählt werden kann.

Es muss hier aber noch klargestellt werden, dass mich die Zeitschriften als Quellen *nicht* in medienhistorischer Hinsicht interessieren. Ich benutze z.B. die *Gartenlaube* und die *Pfälzische Geflügel-Zeitung* nicht deswegen in (ungefähr) gleichem Ausmaß, weil beide Blätter gleichermaßen auflagenstark gewesen wären und als repräsentativ für gängige Meinungen in der besprochenen Epoche gelten könnten, sondern weil sich in beiden interessante und aussagekräftige Anekdoten über Halter-Haustier-Interaktionen finden lassen. Die Medialität und die Textualität an sich sind für mich aber doch in einer anderen Beziehung von Bedeutung: Die in den Zeitschriften dokumentierte endlose »Geschwätzigkeit« der menschlichen Zeitgenossen über ihre Tiere ist schon an sich ein Indiz für die immanente Rolle, die die Haustiere innerhalb der Gesellschaft des Kaiserreichs einnahmen, und für die Wichtigkeit, die ihnen viele Menschen beimaßen. In dieser Hinsicht dürfen wir das Erzählen der Geschichten selbst teilweise als eine Praktik der Verpartnerschaftlichung und der Assoziierung mit Tieren verstehen. In jüngster Zeit haben vor allem Tierhistoriker/innen und andere Forscher/-innen aus den Human-Animal Studies William Cronons These aufgegriffen, dass Menschen, indem sie Geschichten über die nichtmenschliche Natur erzählten, sie damit auch in eine (intensive, engagierte und einfühlsame) Beziehung mit ihnen einträten.[62] Das bedeutet, dass in den von uns zu analysierenden Geschichten, die doch nur von Menschen produziert wurden, die Tiere nicht heillos »ausgemerzt« werden. Ausgerechnet durch das Schreiben – eine überaus menschliche Praktik – wurden Tiere in die menschliche Gesellschaft integriert und als Partner von Menschen konstruiert.[63]

Die Diversität der Quellen erfordert auch eine Diversität von Themen. Da es in dieser Arbeit um humanimalische Beziehungen und nicht um eine menschenzentrierte Sozialgeschichte des Kaiserreichs geht, würde es wenig Sinn ergeben, unsere Kapitel nach humansoziologischen Themen zu gliedern, sodass sie z.B. »Haustiere und Klasse«, »Haustiere und Gender«, »Haustiere und Konsum« etc. heißen würden. Mensch-Tier-Verhältnisse entfalten sich nicht zwangsläufig nach den Regeln der menschlichen Gesellschaft. Eine chronologische Gliederung wäre wiederum auch nicht sehr plausibel, da die individuellen und alltäglichen Beziehungen zwischen Haltern und ihren Haustieren

62 William Cronon: A Place for Stories. Nature, History, and Narrative, in: Journal of American History 78/4 (1992), S. 1347–1376. Vgl.: Rudy: Loving, S. XX–XXI; Thom van Dooren: Flight Ways. Life and Loss at the Edge of Extinction, New York: Columbia University Press 2014, S. 8–10; Drew A. Swanson: Mountain Meeting Ground. History at an Intersection of Species, in: Susan Nance (Hg.): The Historical Animal, Syracuse, NY: Syracuse University Press 2015, S. 240–258, hier S. 257; Dolly Jørgensen: Muskox in a Box and Other Tales of Containers as Domesticating Mediators in Animal Relocation, in: Kristian Bjørkdhl/Tone Druglitrø (Hg.): Animal Housing and Human-Animal Relations. Politics, Practices, and Infrastructure, Abingdon/New York: Routledge 2016, S. 100–114, hier S. 101.

63 Vgl.: van Dooren: Flight, S. 10; Etienne Benson: Animal Writes. Historiography, Disciplinarity, and the Animal Trace, in: Linda Kalof/Georgina M. Montgomery (Hg.): Making Animal Meaning, East Lansing: Michigan State University Press 2011, S. 3–16.

in der Privatsphäre nicht unmittelbar von den innerepochalen Transformationen beeinflusst wurden, auf welche Menschheitshistoriker des Kaiserreichs zurückgreifen, um die Zeitspanne zwischen Reichsgründung und Erstem Weltkrieg chronologisch aufzuteilen. Wir müssen vielmehr zunächst in den Quellen und in den kleinen Geschichten selbst nach bestimmten Logiken und Wiederholungsmustern der partnerschaftlichen Kontaktaufnahme suchen, um dann unser Narrativ entlang dieser Logiken und Muster anzuordnen. Letztere können natürlich nicht erschöpfend sein und die übergreifenden Themen, die ich für die unterschiedlichen Überkapitel ausgesucht habe, repräsentieren lediglich einzelne Hauptmuster der genannten Art, die ich in den Quellen als bedeutsam für Momente der Verpartnerschaftlichung erkennen konnte. Jedes der einzelnen Überkapitel ist somit eine Variation des allgemeinen Themas, indem es eine jeweils spezifische Antwort auf die Frage nach der Entstehung von Mensch-Partnertier-Beziehungen in der behandelten Epoche bietet. Jedes Überkapitel ist gleichzeitig auch ein vielschichtiger, aus zahlreichen Verstrickungen zusammengesetzter sozialer Komplex, innerhalb dessen ein Prozess der Integration von bestimmten Tieren als Haustieren in die menschliche Gesellschaft stattfand. Die Berücksichtigung der verschiedenen und verschiedenartigen Komplexe, in denen sich Tiere in Haustiere verwandelten, trägt letztendlich der Tatsache Rechnung, dass das Kaiserreich als Ganzes eine »Epoche der Polykontextualität« war, in der kein »Feld der Gesellschaft gegenüber anderen als von besonderer Relevanz oder gar als zentral« genannt werden durfte.[64]

Das erste Kapitel zeigt gleichzeitig auch die erste komplexe Verschränkung. In ihm wird behauptet, dass ausgerechnet Praktiken der Nutztierhaltung und die Art und Weise, wie sie sich im Kaiserreich entwickelten und veränderten, einen entscheidenden Vorschub für die Entstehung von partnerschaftlichen Verhältnissen zwischen Menschen und Tieren im häuslichen Umfeld leisteten. Wir werden zunächst sehen, dass entgegen der gängigen Meinung und Allgemeinbehauptungen bezüglich der neuzeitlichen Entfernung von Nutztieren aus dem unmittelbaren Blickfeld der Menschen Wohnräumlichkeiten in Deutschland des späten 19. und frühen 20. Jahrhunderts vor solchen Tieren doch geradezu strotzten. Wir werden auch sehen, dass diese häuslichen Nutztiere nicht einfach Residuen aus älteren Zeiten waren, in welchen die Menschen vermeintlich weniger Skrupel hatten, in ihren Häusern zusammen mit Nutztieren zu leben; es waren vielmehr essenziell moderne Zäsuren wie allen voran die Industrialisierung und die Urbanisierung, die im spezifischen Fall des Deutschen Kaiserreichs dazu führten, dass bestimmte Nutztiere an das häusliche Umfeld der Menschen angenähert wurden. In den letzten Abschnitten des Kapitels wird dazu noch argumentiert, dass ausgerechnet die Modernisierung und die Vermarktwirtschaftlichung der Nutztierhaltungspraxis, die sich auf dem Weg zur Intensivhaltung befand, in sich das Versprechen von Verpartnerschaftlichung zwischen Haltern und Nutztieren barg.

Auch das zweite Kapitel verquickt die Verbreitung der Haustierhaltung in deren moderner Form mit einem Leitphänomen der Geschichte des Kaiserreichs: dem Obrigkeitsstaat. Ich werde zu zeigen versuchen, dass neuartige Mechanismen von staatlicher und städtischer Verwaltung darauf angelegt waren, aus Tieren, die von ihren Haltern schlecht

64 Siehe: Benjamin Ziemann: Das Kaiserreich als Epoche der Polykontextualität, in: Müller/Torp (Hg.): Kaiserreich, S. 51–65 (Zitat S. 61).

gepflegt wurden und frei streunten, Haus- und Partnertiere im wahrsten Sinne des Wortes zu machen. So agierten die Institutionen von Staat und Stadt, die im Kaiserreich zu machtvollen Kontrollinstanzen mutierten, als wirkmächtige Agenten der Erschaffung von Mensch-Tier-Partnerschaftlichkeiten. Gerade den politischen Autoritäten war es ein besonderes Anliegen, dass sich Halter und Haustiere eng miteinander verbinden würden.

Das dritte Kapitel rückt dagegen von den großen Ereignissen der Kaiserreichsgeschichte ab und macht dafür ein Hauptproblemfeld der Human-Animal Studies zu seinem Thema: die Domestikation. In diesem Kapitel wird die These entwickelt, dass das Interesse an wilden Kreaturen und überhaupt daran, was sich zoologiebegeisterte Zeitgenossen als die »Wildnis« vorstellten, im Deutschen Kaiserreich viele Menschen dazu motivierte, Haustierhalter zu werden. Indem sie kleine Wildtiere in ihre Wohnungen aufnahmen, passten sie diese an menschliche Habitate und an menschliche Lebensweisen an. Sie setzten die wilden Tiere einem Integrationsprozess aus, der gleichzeitig eine Voraussetzung für die Entstehung von Mensch-Wildtier-Partnerschaftlichkeiten bildete. Die Domestikation, ein multidimensionales Phänomen, über dessen Bedeutung in den Human-Animal Studies viel gestritten wird, lief insofern auch auf eine Verpartnerschaftlichung hinaus. Ein zweites Leitargument des Kapitels wird aber sein, dass die wilden Tiere, die domestiziert und als Haustiere in die menschliche Gesellschaft integriert wurden, ihre Wildheit dabei nicht gänzlich einbüßten. Wir werden sehen, inwiefern gerade die domestizierenden Haustierhalter, die zum größten Teil Bildungsbürger waren, darauf bestanden, dass sich die Tiere auch in dem neuen häuslichen Habitat weitgehend wild verhalten würden. Die Integration, die die Domestikation verkörperte, war in dieser Hinsicht auch eine Integration von Wildnis.

Im vierten Kapitel werden abschließend Formen der Verpartnerschaftlichung von Tieren mit rassistischen Ideologien in Zusammenhang gebracht. Die Fokussierung auf den Rassismus des 19. Jahrhunderts als ein ideologisches System zur Beurteilung von sozialen Umständen sorgt dafür, dass das Kapitel im Vergleich zu den anderen in größerem Ausmaß diskursgeschichtlich konzipiert ist. Es wird in ihm behauptet, dass Konzepte und Anschauungen aus dem zeitgenössischen, menschenbezogenen Rassismus auf das Feld der Rassehundezucht übertragen wurden. Diese Projektion von rassistischen Ideen auf die Hunde lief gleichzeitig auf eine Einbettung dieser Tiere in die brennendsten Sozialangelegenheiten des Kaiserreichs hinaus. Das bedeutet, dass der Rassismus, der in der modernen deutschen Menschheitsgeschichte eine, gelinde gesagt, ausschließende Kraft war, im Fall der Haustiere nicht zuletzt ein Motor der Annäherung zwischen Menschen und Tieren darstellte. Der »Hunderassismus«, der im Fokus dieses Kapitels steht, ist insofern das beste Beispiel für die im wahrsten Sinne des Wortes radikale Hybridität, in der sich die humanimalischen Beziehungen des Kaiserreichs zeigten.

In den unterschiedlichen Kapiteln soll ersichtlich werden, in welch facettenreichen Weisen Mensch-Haustier-Beziehungen im Kaiserreich zustande kommen konnten. Dass sie auch auf anderen, von mir nicht thematisierten Weisen entstehen konnten und auch entstanden, ist mir bewusst. Am Beispiel der humanimalischen Beziehungsformen, die ich im Folgenden untersuche, sollen letztendlich viele der Komplexitäten, die der manchmal zu simpel erscheinenden Geschichte der modernen Haustierhaltung anhafteten und anhaften, gezeigt werden.

# 1. Das nützliche Haustier. Eine moderne Verquickung

## Einleitungsargument. Mehrdimensionale Mensch-Nutztier-Beziehungen

In diesem Kapitel behaupte ich, dass die Entstehung der Haustierhaltung in ihrer modernen Gestalt als einer Form von sehr engen Mensch-Tier-Verhältnissen zu einem großen Teil mit Zäsuren auf dem Gebiet der Nutztierzucht zusammenhing.[1] Während der Zeit des Kaiserreichs intensivierte sich der Umgang der Menschen mit domestizierten Tieren in bis dahin unbekanntem Ausmaß. Das ist in erster Linie auf Transformationen auf dem Gebiet der Instrumentalisierung von Tieren für wirtschaftliche Zwecke zurückzuführen. Zwischen 1883 und 1913 verdoppelten sich die Mengen an tierischen Produkten, die die Deutschen verzehrten. Neben dem mäßigen, aber konstanten Zuwachs von Milch- und Eierverzehr nahm die Fleischernährung in geradezu rasantem Tempo zu: Zwischen 1870 und 1913 stieg der Fleischkonsum von etwa 25 bis 30 Kilogramm auf 45 bis 50 Kilogramm pro Kopf und Jahr an. Bis 1911 verdrängten die tierischen Produkte die pflanzlichen Speisen aus der Spitze des Nahrungsmittelverbrauchs in durchschnittlichen deutschen Haushalten. Die Viehzucht wurde damit zusammenhängend zu einem kritischen Faktor des Wachstumsgebildes nicht nur der Landwirtschaft, sondern der deutschen Volkswirtschaft insgesamt. Die Zahlen der Viehbestände im Agrarsektor erhöhten sich drastisch: Im Fall der Rinder ist eine Zunahme von fast 50 Prozent konstatierbar, die Schweine vermehrten sich gar um beinahe 200 Prozent. Eine massenhafte Eingemeindung von animalischen Elementen in das menschliche Leben war also während der Zeit des Kaiserreichs in vollem Gange.[2]

1 Schon Katherine Grier hat in ihrer Monographie über die Geschichte der Haustierhaltung in der modernen US-amerikanischen Geschichte vom »livestock pet« gesprochen; siehe: Katherine C. Grier: Pets in America. A History, Chapel Hill: University of North Carolina Press 2006, S. 201–207.

2 Hans-Ulrich Wehler: Deutsche Gesellschaftsgeschichte. Bd. 3: Von der »Deutschen Doppelrevolution« bis zum Beginn des ersten Weltkrieges 1849–1914, München: Beck 1995, S. 693–695; Thomas Nipperdey: Deutsche Geschichte 1866–1918. Bürgerwelt und starker Staat. Bd 1: Arbeitswelt und Bürgergeist, München: Beck 1993, S. 125–126, 195–196; Gustav Comberg: Die deutsche Tierzucht im 19. und 20. Jahrhundert, Stuttgart: Ulmer 1984, S. 28–

Aber bedeutet dieser beachtenswerte Wandel wirklich eine Annäherung zwischen Tieren und Menschen bzw. eine stärkere Integration von Tieren in die menschliche Gesellschaft? Oder mit anderen Worten: Hat diese Entwicklung etwas zu tun mit einer Entstehung von Haus- und Partnertieren, wie in der Kernthese des Kapitels behauptet wird? Auf den ersten Blick und aus naheliegenden Gründen scheint eine solche Fragestellung höchst problematisch zu sein. Denn das Moment der modernen Intensivierung der Nutztierhaltung steht im gängigen Diskurs der Human-Animal Studies vor allem für eine Distanzierung zwischen Menschen und nichtmenschlichen Lebewesen. Die intensivierte Nutztierhaltung der Neuzeit brachte vermeintlich eine radikale Entfremdung von denjenigen Tieren hervor, die dieser Industrie ausgesetzt wurden. Aus zeithistorischer Perspektive hat der Agrarhistoriker Frank Uekötter diesen Prozess mit der prägnanten Feststellung charakterisiert: »Von einem überschaubaren, oft mit Eigennamen versehenen Zirkel von Nutztieren führte der Weg zu den anonymen Massenställen der Gegenwart«.[3]

In den wenigen historischen Arbeiten, die sich mit diesem Thema explizit auseinandersetzen, lesen wir, dass mit dem Fortschreiten der Massentierhaltung ein unmittelbarer durch einen mittelbaren Kontakt von Menschen mit Tieren abgelöst worden sei bis hin zu einem Verschwinden des weitaus größeren Teils der existierenden Tiere aus dem menschlichen Blickfeld. Mehr noch: Der Begriff der Entfernung, mit dem bei diesen Abhandlungen vielfach operiert wird, suggeriert eine Entfernung von dem Tier als einem wahren Lebewesen. Unter dem Regime der Intensivnutztierhaltung kommt der Mensch ausschließlich mit der instrumentalisierten Form des Tiers in Berührung, während die organische Herkunft des in eine Ware transformierten Geschöpfs in Vergessenheit zu geraten droht. Vor allem die neuen Arbeitsverhältnisse in der Tierzucht stehen unter dem Zeichen eines sich graduell auflösenden Kontaktes: Nutztierzüchter, die in einer entindividualisierten Weise enorme Horden von anonymen Tieren verwalten; eine Mechanisierung, die den direkten Umgang mit dem Vieh oft lediglich Maschinen einräumt; und Verbraucher, die das Tier nur als ein totes, verarbeitetes und verpacktes Objekt kennen

---

29; Walter Achilles: Deutsche Agrargeschichte im Zeitalter der Reformen und der Industrialisierung, Stuttgart: Ulmer 1993, S. 253–258; Christoph Borcherdt/Susanne Häsler/Stefan Kuballa/Johannes Schwenger: Die Landwirtschaft in Baden und Württemberg. Veränderung von Anbau, Viehhaltung und landwirtschaftlichen Betriebsgrößen 1850–1980, Stuttgart: Kohlhammer 1985, S. 124–127; Peter Lesniczak: Alte Landschaftsküchen im Sog der Modernisierung. Studien zu einer Ernährungsgeographie Deutschlands zwischen 1860 und 1930, Stuttgart: Steiner 2003, S. 44–51, 61–62, 64, 66–68; Dietrich Saalfeld: Steigerung und Wandlung des Fleischverbrauchs in Deutschland 1800–1913, in: Zeitschrift für Agrargeschichte und Agrarsoziologie 25/2 (1977), S. 244–253; Hans Jürgen Teuteberg: Der Fleischverzehr in Deutschland und seine strukturellen Veränderungen, in: ders./Günter Wiegelmann (Hg.): Unsere tägliche Kost. Geschichte und regionale Prägung, Münster: Coppenrath 1986, S. 63–73; ders.: Der Verzehr von Nahrungsmitteln in Deutschland pro Kopf und Jahr seit Beginn der Industrialisierung (1850–1975). Versuch einer quantitativen Langzeitanalyse, in: ders./Wiegelmann (Hg.): Kost, 275–276.

3 Frank Uekötter: Die Wahrheit ist auf dem Feld. Eine Wissensgeschichte der deutschen Landwirtschaft, Göttingen: Vandenhoeck & Ruprecht 2010, S. 340.

und die mit dem Lebewesen selbst in keiner Art und Weise Kontakt aufnehmen.[4] Das sind die allzu bekannten Entfremdungsmomente, die mit der Intensivtierhaltung stets assoziiert werden.

Obwohl es sich hier zum großen Teil um philosophische Kategorien handelt, ist diese Argumentationslinie gerade für eine Beziehungsgeschichte von Menschen und Tieren von hoher Wichtigkeit, denn thematisiert werden grundlegende Fragen von Nähe und Distanz, Kontaktaufnahme und Desintegration zwischen Menschen und anderen Lebewesen. Dabei liegt aber ein fundamentales Problem dieses Distanzierungsnarrativs gerade darin, dass die Kategorien von moderner, intensiver Nutztierzucht einerseits und Entfremdung andererseits fast wie selbstverständlich in direkte Negativkorrelation gebracht werden. Es fragt sich, ob die Intensivtierhaltung als ein derart universales Phänomen der Mensch-Nutztier-Beziehung aufzufassen ist, dass sie überall dort, wo sie Fuß fasste, entfremdete Verhältnisse von Menschen und Tieren mit sich brachte. Sollte man bei einer Schreibung der Geschichte der modernen Intensivtierhaltung nicht auf Möglichkeiten der Ausdifferenzierung bedachter sein? Gab es nicht diverse Formen der Intensivtierhaltung? Gab es im Lauf ihrer Geschichte keine zeitspezifischen Elemente, die die jeweilige historische Konstellation von Mensch-Tier-Beziehungen, die sich in ihr entfalteten, stark beeinflussten und zu großem Variieren brachten? Konnte die intensive Instrumentalisierung von Tieren unter bestimmten historischen Bedingungen zu keinen anderen Verhältnissen zwischen Menschen und Nutztieren führen als den absolut entfremdeten?[5]

Innerhalb einer Geschichte der modernen Haustierhaltung besitzen solche Fragen auch auf der Metaebene der Schreibung einer solchen Geschichte große Bedeutung. Die kategoriale Fusion zwischen Instrumentalisierung und Entfremdung legt nahe, dass mit der Entfaltung der neuzeitlichen Intensivtierhaltung eine kritische Abspaltung zwischen

---

4 Barbara Noske: Die Entfremdung der Lebewesen. Die Ausbeutung im tierindustriellen Komplex und die gesellschaftliche Konstruktion von Speziesgrenzen, Mülheim an der Ruhr/Wien: Guthmann-Peterson 2008; Ariel Tsovel: Estranged Contact. Changes in the Attitude towards Animals in Great Britain and the United States from the Eighteenth to the Beginning of the Twentieth Century, in: Benjamin Arbel/Joseph Terkel/Sophia Menache (Hg.): Human Beings and other Animals in Historical Perspective, Jerusalem: Carmel 2007, S. 333–387 (auf Hebräisch); Richard W. Bulliet: Hunters, Herders and Hamburgers. The Past and Future of Human-Animal Relationships, New York: Columbia University Press 2005, S. 177–188; Margo DeMello: The Present and Future of Animal Domestication, in: Randy Malamud (Hg.): A Cultural History of Animals in the Modern Age, Oxford: Berg 2007, S. 67–94, hier S. 70–73; Adrian Franklin: Animals and Modern Culture. A Sociology of Human-Animal Relations in Modernity, London/Thousand Oaks: Sage 1999, S. 127–139.

5 Zu einem ähnlichen Ruf zu einer gründlicheren Analyse der mehrdimensionalen Komplexität der industrialisierten Intensivtierhaltung siehe: Richard Twine: Revealing the »Animal-Industrial Complex«. A Concept & Method for Critical Animal Studies?, in: Journal for Critical Animal Studies 10/1 (2012), S. 12–39. Zu einer Beurteilung, dass die Instrumentalisierung von Tieren zu menschlichen Zwecken in der gesamten Geschichte der Menschheit mit einer totalen Ausbeutung des Tiers einherging, siehe: Steven Best: The Rise of Critical Animal Studies. Putting Theory into Action and Animal Liberation into Higher Education, in: Journal for Critical Animal Studies 7/1 (2009), S. 9–52.

Haus- und Nutztieren zum Tragen kam: Die Grenze zwischen Tieren, denen gegenüber die Menschen sentimental eingestellt sind, und Tieren, die die Menschen lediglich zu materiellem Nutzen instrumentalisieren, scheint jetzt deutlicher denn je markiert worden zu sein – eine Feststellung, die auch in die bisherige Haustierhistoriographie eingedrungen ist.[6] Des Weiteren wird das Hervortreten der modernen Haustierhaltung oft als eine unmittelbare Gegenreaktion zu der durch die Intensivtierhaltung hervorgerufenen Entfremdung dargestellt. Die Haustiere figurieren hier als eine Art Kompensation für die verlorene Nähe zu den Arbeitstieren, die vermeintlich vorindustriellen Gesellschaften inhärent war.[7]

Im Folgenden will ich in ähnlicher Weise behaupten, dass die sich verbreitende Haustierhaltung im spezifischen Fall des Deutschen Kaiserreichs in vielfacher Hinsicht

6 So z.B. bei: Bulliet: Hunters, S. 10–11; DeMello: Present, S. 70; dies.: Animals and Society. Introduction to Human-Animal Studies, New York: Columbia University Press 2012, S. 89–90; Jutta Nowosadtko: Zwischen Ausbeutung und Tabu. Nutztiere in der Frühen Neuzeit, in: Paul Münch (Hg.): Tiere und Menschen. Geschichte und Aktualität eines prekären Verhältnisses, Paderborn u.a.: Schöningh 1998, S. 247–275; Karen Raber: Form Sheep to Meat, from Pets to People. Animal Domestication, 1600–1800, in: Matthew Senior (Hg.): A Cultural History of Animals in the Age of Enlightenment, Oxford/New York: Berg, 2007, S. 73–100; Harriet Ritvo: The Emergence of Modern Pet Keeping, in: Clifton P. Flynn (Hg.): Social Creatures. A Human and Animal Studies Reader, New York: Lantern Books 2008, S. 96–106, hier S. 98–100; Aline Steinbrecher: Die gezähmte Natur in der Wohnstube. Zur Kulturpraktik der Hundehaltung in frühneuzeitlichen Städten, in: dies./Sophie Ruppel (Hg.): »Die Natur ist überall bey uns«. Mensch und Natur in der Frühen Neuzeit, Zürich: Chronos 2009, S. 125–242, hier S. 126–127, 130–131; dies.: »In der Geschichte ist viel zu wenig von Tieren die Rede« (Elias Canetti). Die Geschichtswissenschaft und ihre Auseinandersetzung mit den Tieren, in: Carola Otterstedt/Michael Rosenberger (Hg.): Gefährten – Konkurrenten – Verwandten. Die Mensch-Tier-Beziehung im wissenschaftlichen Diskurs, Göttingen: Vandenhoeck & Ruprecht 2009, S. 264–286, hier S. 266; Maren Möhring: Das Haustier: Vom Nutztier Zum Familientier, in: Joachim Eibach and Inken Schmidt-Voges (Hg.): Das Haus in der Geschichte Europas: Ein Handbuch, Berlin/Boston: De Gruyter Oldenbourg 2015, S. 389–405. Vgl. auch allgemeiner: Hal Herzog: Wir streicheln und wir essen sie. Unser paradoxes Verhältnis zu Tieren, München: Hanser 2012. In seinem Buch über die Geschichte des Naturschutzes im Deutschen Kaiserreich hat Friedemann Schmoll in einer ähnlich binären Weise argumentiert: »Dieser Prozess zielt auf Eindeutigkeit, so daß sich mögliche Tierbeziehungen tendenziell um die beiden Alternativen Nutzobjekt oder emphatisch besetztes Subjekt polarisieren. […] So erträgt die Moderne auch im Hinblick auf Mensch und Tier keine Ambivalenzen und Vieldeutigkeiten, keine offenen Beziehungsmuster und vagen Einstellungen« (Friedemann Schmoll: Erinnerung an die Natur. Die Geschichte des Naturschutzes im deutschen Kaiserreich, Frankfurt a.M./New York: Campus 2004, S. 241). Zu einer Behauptung, dass die Grenze zwischen Partner- und Nutztieren bereits im Mittelalter rigoros gezogen gewesen sei, siehe: Gabriela Kompatscher-Gufler: »... nicht, um es zu töten, sondern um es zu streicheln« (Herbert von Clairvaux, 12. Jh.). Literarische Dokumente der Tierliebe im Mittelalter, in: Tierstudien 3 (2013), S. 13–23, hier S. 16–19, 21–22.

7 Das explizit bei DeMello: Present, S. 81.

von Entwicklungen im Bereich der Nutztierhaltung mit vorangetrieben wurde. Im Gegensatz zu der genannten Abspaltungsargumentation will ich jedoch behaupten, dass gerade eine Verquickung zwischen Nützlichkeit und Partnerschaftlichkeit hinter diesem Zusammenhang stand. Argumentiert wird, dass gewisse, für das Kaiserreich spezifische Prozesse innerhalb der Ökonomie der Nutztierzucht Menschen dazu bewegten, den aufgrund menschlicher Anliegen instrumentalisierten Tieren näherzukommen. Damit war die im Kaiserreich modernisierte Nutztierhaltung ausgerechnet bei der Erschaffung von Partnertieren mitbestimmend. Wie Hans Medick und David Sabean vor langer Zeit für historische Familienbeziehungen eindrucksvoll gezeigt haben, kann die Entstehung von emotionalen Bindungen mit materiellen und funktionalen Elementen wie Eigentum und wirtschaftlichem Überleben verschränkt sein. Gerade die intensive Aushandlung von materiellen Fragen vermag die Gefühlswelt einer Familie zu verdichten und emotionsreiche Beziehungen anregen.[8] Diese Erkenntnis übertrage ich auf die Betrachtung der Mensch-Tier-Beziehungen im Kaiserreich, und zwar mit dem Ziel, aus der engen Perspektive der Polarisierung zwischen Nutz- und Partnertieren auszubrechen und gerade auf die kritische materielle Grundlage der Haustierhaltungskultur des Kaiserreichs in ihrer Gesamtheit aufmerksam zu machen.

Vor allem dem Faktor der Arbeit mit den Tieren wird bei der vorliegenden Diskussion eine eingehende Betrachtung gewidmet, um die Annäherung der Menschen an die Tiere während deren Nutzanwendung gerade in der Konkretheit und Alltäglichkeit erfassen zu können. Auf diesem Weg soll nicht zuletzt vermieden werden, dass der Begriff der Nützlichkeit in essenzieller Gestalt jenseits seiner sehr spezifischen Erscheinungsformen aufgefasst wird. Die Verhältnisse zwischen Haltern und ihren Nutztieren fasse ich als Arbeitsverhältnisse auf, indem ich sie vor dem breiteren Hintergrund der menschlichen Arbeitsverhältnisse im Kaiserreich, vornehmlich innerhalb der ländlichen Gesellschaft und in der Sphäre des privaten Haushalts, analysiere.

Die historische Betrachtung von Mensch-Nutztier-Beziehungen unter dem Gesichtspunkt von Arbeitsverhältnissen ist zwar nicht neu; die bisherigen einschlägigen Werke sind jedoch stets von der Grundannahme ausgegangen, dass die moderne Geschichte mit einer zunehmenden Auflösung und Entbehrlichkeit der Tierarbeit einhergegangen sei – eine Entwicklung, die engen Mensch-Tier-Kontakten im Weg gestanden habe.[9] Auch in diesem Sinne vollzog sich vermeintlich ein Differenzierungsprozess zwischen den Haus- und den Nutztieren. Die modernen Haustiere sind in ihrer Essenz keine Arbeitstiere mehr. Ihre »Arbeitslosigkeit« ist ein Kernmerkmal ihres haustierischen Status. Die Liebe zum Tier ist dermaßen von Arbeitspraktiken abgeschieden, dass sie zuallererst als eine

---

8 Hans Medick/David Sabean: Emotionen und materielle Interessen. Überlegungen zu neuen Wegen und Bereichen einer historischen und sozialanthropologischen Familienforschung, in: dies. (Hg.): Emotionen und materielle Interessen. Sozialanthropologische und historische Beiträge zur Familienforschung, Göttingen: Vandenhoeck & Ruprecht 1984, S. 27–54.

9 Siehe zu einem höchst informativen Artikel über den verschwindenden Einsatz von Ochsen als Arbeitstiere im Rahmen einer modernisierten Feldwirtschaft im osmanischen Ägypten, der die benannte These eindrucksvoll auf den Punkt bringt: Alan Mikhail: Unleashing the Beast. Energy and the Economy of Labor in Ottoman Egypt, in: American Historical Review 118/2 (2013), S. 317–348.

abstrakte Konstruktion, nämlich als eine »intellektuelle Tierliebe« zu verstehen ist. Es gibt vermeintlich keinen anderen Bereich, in welchem die mutmaßliche Unechtheit der Mensch-Haustier-Verhältnisse deutlicher wiederzuerkennen ist als bei den ausgestorbenen Mensch-Tier-Arbeitsverhältnissen.[10]

Im Vorliegenden wird demgegenüber der Versuch unternommen, die Haustiere analytisch in die »Arbeitswelt« wiederaufzunehmen und Mensch-Haustier-Beziehungen partiell auch als Arbeitsverhältnisse zu interpretieren.[11] Dieser Versuch stützt sich auf die Argumentation, dass das enge Miteinander von Tieren und Menschen, das Historiker in den alltäglichen Arbeitsverhältnissen der vormodernen Agrargesellschaften entdeckt haben, im spezifischen Fall des Deutschen Kaiserreichs keine Auslöschung, sondern eine Intensivierung erfuhr; sodass sich gerade beim Aspekt Arbeit eine Annäherung zwischen Halter und Tier konstatieren lässt. Auch wenn die Nutztiere im Vergleich zu vergangenen Zeiten weniger als Arbeits*mittel* zum Einsatz kamen, wurden sie als Arbeits*objekte* noch stärker in Anspruch genommen. Dabei blieben die Verhältnisse zwischen den Halterinnen und diesen tierischen Objekten im Rahmen der alltäglichen Arbeitspraxis weiterhin von großer sozialer Bedeutung.

Diese Argumentation wird allerdings nicht in linearer Form dargestellt. Indem die intensivierte Instrumentalisierung von Nutztieren unter bestimmten Gesichtspunkten Menschen und Tiere zusammenrückte, entfernte sie sie in manchen anderen Aspekten gleichzeitig stärker voneinander. Diesen Komplex von Entfernung und Annäherung muss man daher äußerst differenziert untersuchen, indem jegliche zweidimensionale Vorstellungen abgelehnt werden. Das bedeutet, dass wenn im Folgenden der Entstehung von Haustieren in der Verschränkung von Nützlichkeit und Partnerschaftlichkeit nachgespürt wird, die Analyse gleichzeitig gegenüber Momenten der Entfremdung, die sich ebenfalls in der alltäglichen Arbeit mit den Nutztieren nachverfolgen lassen, aufmerksam bleiben wird. Dabei muss konstatiert werden, dass obwohl die Massentierhaltung bekanntlich erst in der Zeit nach dem Zweiten Weltkrieg zur vollen Entfaltung gelang, sich viele ihrer Wurzeln schon in Entwicklungen auf dem Gebiet der Nutztierzucht wiedererkennen lassen, die im Verlauf des 19. Jahrhunderts vollzogen worden waren. Obwohl es leider immer noch an Arbeiten mangelt, die die Geschichte der ersten Schritte der intensivierten Nutztierhaltung wirklich empirisch, sowie zeit-, orts- und artspezifisch analysieren, wird hier von einer sich schon im Kaiserreich abzeichnenden Intensivhaltung gesprochen. Dabei werde ich mich aber davor hüten, Entfremdungselemente aus der heutigen

---

10 Siehe exemplarisch: Thomas Macho: Der Aufstand der Haustiere, in: Marina Fischer-Kowalski u.a. (Hg.): Gesellschaftlicher Stoffwechsel und Kolonisierung von Natur. Ein Versuch in sozialer Ökologie, Amsterdam: G+B Verlag Fakultas 1997, S. 177–200, hier S. 192–198; ders.: Lust auf Fleisch? Kulturhistorische Überlegungen zu einem ambivalenten Genuss, in: Gerhard Neumann/Alois Wierlacher/Rainer Wild (Hg.): Essen und Lebensqualität. Natur- und kulturwissenschaftliche Perspektiven, Frankfurt a.M./New York: Campus 2001, S. 157–174, hier S. 171–172. Dagegen siehe: Donna J. Haraway: When Species Meet, Minneapolis: University of Minnesota Press 2008, S. 56–57.

11 Zu einem Ruf zur stärkeren analytischen Betrachtung von arbeitenden Partnertieren vgl.: Lynette A. Hart: Pets along a Continuum. Response to »What is a Pet?«, in: Anthrozoös 16/2 (2003), S. 118–122, hier S. 119–120.

Massentierhaltung auf den besprochenen Zeitraum zurückzuprojizieren, wie das leider in vielen Abhandlungen des Allgemeinthemas »moderner Intensivhaltung« getan wird. Es mag sein, dass im Rahmen des gegenwärtigen hegemonialen Nutztierhaltungssystems eine weitgehend einseitige Wirtschaftsorientierung vorherrscht, die jegliche alternative, auf Freundschaft gerichtete Beziehungsmuster verhindert und die die Möglichkeit einer Verquickung von Nützlichkeit und Partnerschaftlichkeit ausschließt;[12] die Quellen aus dem Kaiserreich zeigen jedenfalls ein weitaus komplexeres Bild, sodass von einer solchen Einseitigkeit der wirtschaftlichen Interessen nicht die Rede sein kann.

Die folgende Darstellung thematisiert eine Großzahl von Tieren, die über die gewöhnliche speziesbedingte Einteilung zwischen Nutz- und Haustieren hinausgeht. Nichtsdestotrotz bekommen bestimmte Kleinnutztierarten wie allen voran Nutzgeflügel (Hühner, Gänse und Enten), Ziegen und Kaninchen die größte Beachtung, weil diese Tierarten im Kaiserreich weitgehend an das häusliche Umfeld gebunden und auf eine private Selbstversorgungswirtschaft beschränkt blieben. Damit waren sie auch in geringerem Maße als das Großvieh massentierhaltungsmäßigen Ausrichtungen unterworfen, bei denen Elemente von Entfremdung doch oft zentral waren. Wie schon behauptet, waren diese Unterschiede aber mehrschichtig, und mitunter können auch einzelne Beziehungen mit Kühen, Schweinen oder auch Brieftauben so gedeutet werden, dass sie partnertierlicher Art waren. Im Fokus der Diskussion stehen insofern nicht die Haus- bzw. Nutztiere an sich, sondern die Verschränkung zwischen den Phänomenen nutzorientierter Tierzucht und Mensch-Partnertier-Beziehungen.

---

12 Siehe: Achim Sauerberg/Stefan Wierzbitza: Das Tierbild der Agrarökonomie. Eine Diskursanalyse zum Mensch-Tier-Verhältnis, in: Sonja Buschka/Birgit Pfau-Effinger (Hg.): Gesellschaft und Tiere. Soziologische Analysen zum Mensch-Tier-Verhältnis, Wiesbaden: Springer VS 2013, S. 73–96. Es muss aber festgestellt werden, dass eine solche Verquickung wohl nicht allein das Kaiserreich als eine frühe Phase der Intensivierung der Nutztierhaltung kennzeichnete. Selbst die extrem industrialisierte Massentierhaltung unserer Gegenwart hat Momente der Halter-Tier-Freundschaft, die in der alltäglichen Entfaltung der Arbeit mit den Tieren gleichzeitig mit einer eindeutigen Nutzungsorientierung der Zuchtbetriebe zusammenwachsen können, keineswegs komplett ausgemustert. Zu zentralen Arbeiten, die von der Doppelexistenz von Partnerschaftlichkeit und Wirtschaft innerhalb der Nutztierzuchtpraxis der Gegenwart sprechen, siehe: Heide Inhetveen: Zwischen Empathie und Ratio. Mensch und Tier in der modernen Landwirtschaft, in: Manuel Schneider (Hg.): Den Tieren gerecht werden. Zur Ethik und Kultur der Mensch-Tier-Beziehung, Witzenhausen: Universität Gesamthochschule Kassel 2001, S. 13–32; Karin Jürgens: Emotionale Bindung, ethischer Wertbezug oder objektiver Nutzen? Die Mensch-Nutztier-Beziehung im Spiegel landwirtschaftlicher (Alltags-)Praxis, in: Zeitschrift für Agrargeschichte und Agrarsoziologie 56/2 (2008), S. 41–56; dies.: Die Mensch-Nutztier-Beziehung in der heutigen Landwirtschaft. Agrarsoziologische Perspektiven, in: Otterstedt/Rosenberger (Hg.): Gefährten-Konkurrenten-Verwandten. Die Mensch-Tier-Beziehung im wissenschaftlichen Diskurs, Göttingen: Vandenhoeck & Ruprecht 2009, S. 215–235; B. B. Bock/M. M. van Huik/F. Kling Eveillard/A. Dockes/M. Prutzer: Farmers' Relationship with Different Animals. The Importance of Getting Close to Animals. Case Studies of French, Swedish, and Dutch Cattle, Pig and Poultry Farmers, in: International Journal of Sociology of Agriculture and Food 15/3 (2007), S. 108–125.

Das Kapitel beginnt mit der Frage, inwiefern und unter welchen sozialen und wirtschaftlichen Umständen Kleinnutztiere zusammen mit ihren menschlichen Haltern unter einem Dach oder in unmittelbarer Nachbarschaft residierten. Auf der Grundlage eines erweiterten Verständnisses des Konzepts des »Haushaltes«, im Rahmen dessen stereotypische Auffassungen bezüglich der Trennung zwischen der Wohn- und der Produktionssphären relativiert werden, wird behauptet, dass ausgerechnet fundamentale moderne Entwicklungen wie die Industrialisierung und die Urbanisierung eine gewisse »Verhäuslichung« von Kleinnutztieren erwirkten. Die Analyse fokussiert sich nicht einfach auf die gemeinsame Anwesenheit von Menschen und Nutztieren im Inneren des Hauses; vielmehr stellt das Kapitel stets die Frage, in welcher Form und aufgrund welcher Grundlagenprozesse in der wilhelminischen Gesellschaft Kleinnutztiere einer Art häuslichen »Neuansiedlung«, einer dynamischen Verlegung an das Umfeld der Wohnräume unterworfen wurden. Es wird darüber hinaus demonstriert, inwiefern das enge Zusammenwohnen mit den Nutztieren auch in partnerschaftliche Beziehungen einmündete und dabei einer Kombination von Freundschaftlichkeit und Wirtschaft zugrunde lag.

Die Quellen für die ersten Abschnitte des Kapitels bestehen weitgehend aus zeitgenössischen sozialanalytischen Beobachtungen zur Lage der Wohn- und Arbeitsverhältnisse im Deutschen Reich, wie sie allen voran der »Verein für Socialpolitik« sowie behördliche Staatsinstanzen anstellten. Die Sozialanalysen, die in vielen Fällen auf sehr minutiösen Betrachtungen beruhen, dienen dem Zweck einer detaillierten Rekonstruktion der Mensch-Kleinnutztier-»Wohngemeinschaft«, die für die besprochene Epoche charakteristisch war. Diese wird auch durch die breite Einbeziehung von Selbstzeugnissen in die Diskussion gestützt.

Die nächsten Abschnitte behandeln die Bemühungen von selbsternannten Kleinnutztierzucht-»Experten« sowie staatlichen Agenten um eine »Modernisierung« und »Rationalisierung« der Geflügel-, Ziegen- und Kaninchenhaltung, die diese in einen großen Wirtschaftszweig transformieren sollten. Ein solches Modernisierungsprojekt barg in sich aber gleichzeitig das Versprechen einer Neuausrichtung der Arbeitsverhältnisse in der Zucht auf extreme Formen der Halter-Tier-Nähe. Aus Sicht der Modernisierungsagenten sollte im Rahmen der neuen, »rationalisierten« Zuchtarbeit die Partnerschaftlichkeit zwischen Mensch und Nutztier viel stärker in den Vordergrund rücken, als es in der zeitgenössischen bäuerlichen Praxis üblich war. Diese Modernisierungsbemühungen waren vor allem zukunftsperspektivisch konzeptualisiert. Das heißt: Die Kleinnutztierexperten zeichneten in erster Linie ein Wunschbild der »idealen« Arbeits- und Wirtschaftsverhältnisse der Zucht in der »besseren« Zukunft auf. Ihre Vorhaben blieben während der Zeit des Kaiserreichs weitgehend ein diskursives Produkt, eine textuelle Erwartung an zukünftige Zeiten. Aus diesem Grund besteht der Löwenteil der Quellen, die in diesem Abschnitt zurate gezogen wurden, aus Ratgeberzeitschriftenartikeln und Monographien, die aus der Feder der Experten selbst stammten. Die Spannung zwischen einer diskursiv konstruierten Integration von Kleinnutztieren als Partnertieren in die menschliche Gesellschaft einerseits und der »weniger rosigen« Verhältnisse auf dem Boden der Zuchtpraxis andererseits wird ein weiteres Kernthema des gesamten Kapitels bilden.

## KLEINNUTZTIERHALTUNG IM HÄUSLICHEN UMFELD

1911 reiste die elfjährige Margret Boveri mit ihren Eltern, den renommierten Biologen Theodor und Marcella Boveri, nach Neapel, wo der Vater an der hiesigen Zoologischen Station tätig war. Ihre Erinnerungen an den Besuch der süditalienischen Stadt waren nicht gerade positiv; es fiel ihr insbesondere auf,

»daß in der Pension, wo wir wohnten, die Ziegen jeden Morgen die Treppen heraufkamen bis in unser Zimmer, wo die Milch für mich gemolken wurde. [...] Das war Italien vor Mussolini. Meinem Vater wurde im Tram[wagen] die Brieftasche aus der innersten Rocktasche gestohlen. Auf den Straßen saßen die Bettler mit verstümmelten Gliedern, fast so schlimm, wie ich sie 1960 in Kalkutta gesehen habe. Auf den Bürgersteigen standen die Pissoirs, schwarze eiserne Schilder, an die die Männer sich preßten mit der Hand unter dem Bauch, weithin stinkend. Für die Frauen war nicht gesorgt. So habe ich es noch täglich gesehen, 1911 auf 1912 und 1913 auf 1914«.[13]

Für das Kind der Boveris war die Präsenz der Ziegen im Inneren der Wohnsphäre assoziiert mit heruntergekommenen, vormodernen Lebensverhältnissen. Aus der Sicht der Tochter einer deutschen bildungsbürgerlichen Oberschichtsfamilie passte ein solches Zusammensein zwischen Mensch und Nutzvieh, wie es in »Italien vor Mussolini« stattfand, überhaupt nicht in die Welt, die sie kannte und die sie sich rückblickend als den deutschen Normalzustand während der Jahre unmittelbar vor dem Ersten Weltkrieg vorstellte.

Solche aus einer Autobiographie stammenden Vorstellungen bezüglich der Nichtzugehörigkeit von Nutztieren in die Wohnsphäre wurden während der Zeit des Kaiserreichs auch in wissenschaftlichen Abhandlungen zu den gegenwärtigen Wohnumständen oder zur Entwicklungsgeschichte des Wohnwesens vielfach reproduziert. Ein gängiges Gedankenmuster hat sich etabliert, nach welchem in der neuesten Zeit die Menschen ihren Wohnraum nicht länger mit dem Nutzvieh teilten. Das Zusammenwohnen mit Nutztieren war ein Phänomen der vormodernen Vergangenheit, das sich in der Gegenwart nur bei »primitiven« Kulturen finden ließ. In einem Werk über die Wohnverhältnisse von Arbeiterfamilien in Bayern hat Albert Lehr beispielsweise Folgendes behauptet:

»Die ursprünglichsten Wohnstätten der Menschen zeigten nur *einen* Raum, welcher Menschen und Haustieren als gemeinsamer Wohnraum diente. In Deutschland kommt dies zurzeit im allgemeinen nicht mehr vor; in den unteren Donauländern dagegen gibt es heutzutage noch Behausungen, in welchen Menschen und Vieh in *einem* Raume zusammenleben«.[14]

In einer anderen Schrift konkretisierte Lehr seine These bezüglich des »eine[n]« Raumes, der Mensch und Vieh in der Gegenwart mutmaßlich nicht mehr vereinte: Die Verdrängung des Viehs außer Haus sei das Ergebnis eines Kulturfortschritts, der sich in der

13 Margret Boveri: Verzweigungen. Eine Autobiographie, München: Deutscher Taschenbuch Verlag 1982, S. 39.

14 Albert Lehr: Die Wohnweise der Arbeiterfamilien in Bayern, München: Reinhardt 1911, S. 2 (Hervorhebung im Original).

Parzellierung der verschiedenen Teile des Hauses ausdrücke und in mehrere Stadien der beständigen Fortentwicklung teilen lasse:

»Gelegentlich einer Reise nach der Türkei fand ich […] in den unteren Donauländern Behausungen, in welchen Menschen und Vieh in einem Raum zusammenlebten. Mit der fortschreitenden Kultur teilten nun die Menschen den einen Raum in mehrere Räume. […] Mit der weiter fortschreitenden Kultur sondern sich die Wirtschaftsräume immer mehr von den Wohnräumen ab. Es bleiben zwar alle Räume unter einem Dach vereinigt, aber das ganze macht, von außen gesehen, schon einen getrennten Eindruck. […] Wenn Sie ein solches Haus betrachten, werden Sie von außen schon klar unterscheiden können, wo die Wohnräume und wo die Wirtschaftsräume, insbesondere die Scheunen und Ställe liegen. Mit der noch weiter vorschreitenden Kultur lösen sich allmählich die Wirtschaftsräume von den Wohnräumen ganz ab und es erscheinen Wohnhaus, Stall und Scheune als gesonderte Baulichkeiten«.[15]

Wenn die Aufenthaltsräume des Viehs in modernen Zeiten mehr und mehr von den Wohnbereichen der Menschen getrennt wurden, dann hing es für die Wohnkulturexperten des Kaiserreichs mit einer noch fundamentaleren Zersetzung zusammen, namentlich der einen holistischen Einheit, die in der vormodernen Vergangenheit Wohnen und Wirtschaft miteinander kombiniert hatte. »Der Kulturmensch«, so der Journalist Hans Rost,

»hat das dringende Bedürfnis, die Abwicklung seiner Lebens- und Wohnbedürfnisse in mehreren Räumen vollziehen zu können. Wenn in einem oder zwei Räumen die Hausfrau für Nahrung, Kleidung, Reinigung sorgt, der Mann seinen gewerblichen Beschäftigungen nachgeht, die Kinder spielen oder ihre Aufgaben neben dem Kochtopfe der Mutter oder der Heimarbeit des Vaters erfüllen, wenn die verdorbene Luft dieser ›Wohnung‹ des Nachts von den Insassen eingeatmet werden muß, so ist dies ein gesundheitswidriger Zustand, der für das körperliche Wohlsein, das sittliche Empfinden, sowie für eine geordnete Haushaltung nur die schädlichsten Wirkungen haben kann. Ein Unterschied zwischen solchen Wohnungen und den Hütten der Eskimos ist kaum festzustellen«.[16]

Einer der fundamentalen Makel dieser »eskimoischen« Gegenkultur, die in Deutschland der Jetztzeit, so Rost weiter, bedauerlicherweise hie und da noch zu treffen sei, sei, dass »die Wohnung mit den haus- und landwirtschaftlichen Räumlichkeiten zu unmittelbar verbunden ist«. In hannoverischen Dörfern etwa existierten noch wie aus der Zeit gefallene »Erdwohnungen« oder durch Exkremente und Auswürfe verpestete Häuser von armen landwirtschaftlichen Tagelöhnern, »in welche man […] nicht seine Schweine und Kühe einsperren möchte«. Somit gehöre das Nutzvieh wie selbstverständlich nicht in ei-

15 Ders.: Das Arbeiterwohnhaus. Vortrag von Direktionsassessor Lehr, gehalten in Nürnberg am 28. Januar 1910 in einer Versammlung des Architekten- und Ingenieurvereins und am 31. Januar 1910 in einer Versammlung der Baugenossenschaft Nürnberg-Rangierbahnhof, Nürnberg: Fränkische Verlagsanstalt 1910, S. 7.

16 Hans Rost: Das moderne Wohnungsproblem, Kempten/München: Kösel 1909, S. 62–63.

ne moderne, ordentlich konstituierte Wohnstätte. Ein Zusammenwohnen mit dem Vieh sei laut der inhärenten Logik der modernen Wohnzivilisation schlicht ungesund.[17]

Auf einer tieferen Ebene haben die im Kaiserreich verbreiteten Vorstellungen bezüglich der Verdrängung der Nutztiere aus der Wohnsphäre mit wirtschaftshistorischen Perzeptionen zu tun, die in einer späteren Zeit von dem Historiker Otto Brunner mit Grundbegriffen wie dem »Ganzen Haus« und Metaerzählungen wie dem Übergang von der »Alteuropäischen Ökonomik« zu der modernen Marktwirtschaft pointiert zusammengefasst worden sind. Im Zuge der Auflösung des Hauses als eines Ortes der wirtschaftlichen Tätigkeit und der Verlagerung der Wirtschaft aus dem häuslichen Bereich in den externen Betrieb fanden sich auch die Nutztiere sozusagen »außer Haus«. Wenn in vormodernen Zeiten das Pferd, das Rind, das Schaf, das Schwein und das Geflügel zu den Genossen der Hausgemeinschaft zählten, die im Rahmen der »Familienwirtschaft« vom »Wirt«, dem »Hausvater«, sorgfältig betreut und gepflegt worden waren, wurden sie jetzt zu strikt ökonomischen Wesen, die dadurch zwangsläufig nicht mehr zur Hauseinheit gehörten.[18]

In ähnlicher Weise, wie Brunners idealtypischen Konzeptualisierungen schon vor längerer Zeit aufs Schärfste kritisiert wurden,[19] lässt sich auch in den Quellen aus dem Kaiserreich kein Muster der absoluten Abspaltung zwischen Nutztieren und dem Hausleben erkennen. Von einer allumfassenden Vertreibung der Nutztiere außer Haus kann keine Rede sein.[20] Im Gegenteil: Es lässt sich für diese Epoche eine geradezu verstärkte Anbindung von bestimmten Nutztieren an das häusliche Umfeld konstatieren. Die folgenden Ausführungen zeigen die zentralen Weichenstellungen dieses Prozesses der nutztierlichen »Verhäuslichung«.

In der Zeit des Wilhelminismus reproduzierten Beobachter der Wohnsituation nicht ausschließlich die Auffassung über die Verdrängung des Viehs außer Haus. Viele von ihnen hatten keine Scheu davor, konkrete Vorkommnisse des Zusammenwohnens von Mensch und Nutztier mitten im modernen Deutschland anzusprechen und auch detailreich zu beschreiben. Aber was genau sahen Verfasser von Aufzeichnungen, in denen

17 Ebd., 102–103.

18 Otto Brunner: Das »Ganze Haus« und die Alteuropäische »Ökonomik«, in: ders.: Neue Wege der Verfassungs- und Sozialgeschichte, Göttingen: Vandenhoeck & Ruprecht 1968, S. 103–127. Zum Zusammenwohnen von Menschen und Vieh in der Frühneuzeit als Teil der »Kernidee des ganzen Hauses als Einheit von Leben, Wohnen und Arbeiten« siehe: Richard van Dülmen: Kultur und Alltag in der Frühen Neuzeit. Bd. 1: Das Haus und seine Menschen, München: Beck 1990, S. 12–23 (Zitat S. 14). Siehe auch: Virginia DeJohn Anderson: Creatures of Empire. How Domestic Animals Transformed Early America, Oxford/New York: Oxford University Press 2004, S. 76–108.

19 Claudia Opitz: Neue Wege der Sozialgeschichte? Ein kritischer Blick auf Otto Brunners Konzept des »ganzen Hauses«, in: Geschichte und Gesellschaft 20/1 (1994), S. 88–98; Valentin Groebner: Außer Haus. Otto Brunner und die »alteuropäische Ökonomik«, in: Geschichte in Wissenschaft und Unterricht 46/2 (1995), S. 69–80; Hans Derks: Über die Faszination des »Ganzen Hauses«, in: Geschichte und Gesellschaft 22/2 (1996), S. 221–242, hier: S. 234–237.

20 Vgl.: Heinz Meyer: 19./20. Jahrhundert, in: Peter Dinzelbacher (Hg.): Mensch und Tier in der Geschichte Europas, Stuttgart: Kröner 2000, S. 404–568, hier S. 410–411.

eine derartige Kohabitation zutage tritt? Um darauf antworten zu können, lohnt sich als erster Schritt ein Blick auf das Innere des beobachteten und beschriebenen Wohnhauses, um festzustellen, ob und welche Nutztiere dort aufzufinden waren.

Dabei bietet es sich an, die Umschau zunächst fern der städtisch-bürgerlichen Wohnung und dafür in Orten zu beginnen, in denen seinerzeit verhältnismäßig bedürftige rurale Zustände vorherrschten, wie es im Kaiserreich z.B. in Pommern der Fall war. In einem Aufsatz über Wohnhäuser junger Landarbeiter in Hinterpommern Mitte der 1880er Jahre lesen wir beispielsweise:

»[J]ede Familie [hat] ihren besonderen, bestimmt begrenzten Hofraum mit Dungstätte und Stallgebäude, ferner einen eigenen schmalen Vor- und größeren Hintergarten. [...] Die niedrigen [...] Fenster werden grundsätzlich niemals geöffnet. Statt ihrer stehen im Sommer mit Rücksicht auf die im allgemeinen immer noch obwaltende Sicherheit oft alle Thüren auf, Ferkel und Hühner zur Einkehr einladend«.[21]

Aus dieser Beschreibung und vielen anderen ähnlichen können wir lernen, dass unter den ärmeren Bevölkerungsschichten auf dem Land mitunter keine totale Unterscheidung zwischen der Wohnsphäre der Menschen und den Aufenthaltsräumlichkeiten der Nutztiere bestand. Das Haus stand wortwörtlich offen für das Kleinvieh. Hans Rost, der den Abstand zwischen den von ihm konzeptualisierten Wohnidealbildern und der »betrüblichen« Wohnrealität im ländlichen Deutschland eifrig ans Licht beförderte, bemängelte, dass »bei kleinen Leuten« nicht nur die Heimarbeit in den inneren Wohnräumlichkeiten verrichtet werde, sondern dass dortselbst auch vielfach »Schweine und Hühner« anzutreffen seien. Insbesondere im ländlichen Bayern müsse der Wohnraum oft auch Unterkunft für das »junge Geflügel, auch Ziegen, Kälbern und Schweinchen« bieten. Rosts Resümee: »So wohnt ein gut Teil des deutschen Volkes in seinen Räumen«.[22]

Wie selbstverständlich die Präsenz eines Nutztiers in den Wohnräumen der Menschen sein konnte, ist aus einer Anekdote aus den Lebenserinnerungen Franz Rehbeins – eines der scharfsinnigsten Beobachter der Kohabitation von Menschen und Vieh zur Zeit des Kaiserreichs – herauslesbar. Rehbein (geb. 1867), der Sohn einer armen ländlichen Handwerkerfamilie in Hinterpommern, kam während seiner Kinderjahre in den Dienst eines hiesigen Instmannes, der mit seiner Familie in sehr kärglichen Verhältnissen lebte. Das Gut des Instmannes war so konstruiert, dass der Stall mit vier Schweinen, einer Kuh, einem Kalb und etlichen Kaninchen, Hühnern und Gänsen unmittelbar an die Esskammer des Wohnhauses angebaut war. Bald nach seinem ersten Eintreffen im Gut setzte sich Rehbein mit der Instmannsfamilie zu Tisch, wo er eine interessante Beobachtung machte: »Dabei kümmerten wir uns nur wenig um das Ferkelchen, das aus der Ofenhölle hervorgekommen war und nun quiekend und grunzend seinen Anteil am Abendbrot forderte. Nur der Hauskater schien über das Borstentier erbost zu sein, wenn es ihm zufällig zu nahe kam«.[23]

---

21 Zitiert nach: Hans Jürgen Teuteberg/Clemens Wischermann: Wohnalltag in Deutschland 1850–1914. Bilder-Daten-Dokumente, Münster: Coppenrath 1985, S. 17.

22 Rost: Wohnungsproblem, S. 64, 103.

23 Franz Rehbein: Das Leben eines Landarbeiters, Hamburg: Christians 1985, S. 42.

Dennoch war die Anwesenheit der Nutztiere in der menschlichen Wohnsphäre nicht immer auf den Selbstwillen des Tiers zurückführbar wie in der Anekdote Rehbeins. Die Tiere wurden nämlich zuweilen ins Innere des Hauses von ihren menschlichen Besitzern aktiv umgesiedelt. Das erfahren wir beispielsweise in Bezug auf unbemittelte Gänsezüchter und Gutstagelöhner in Pommern, die die Brutstätten der Muttertiere »in der Kammer oder gar an einem dunklen Ort des Wohnzimmers« herrichteten.[24] Besonders verbreitet unter ländlichen Geflügelzüchtern war auch die Sitte, brütende Hennen in den warmen Wohnraum mitzunehmen. In Gemeinden des Vierlandegebiets bei Hamburg lebten beispielsweise die Hühner nicht nur in einem vom Bauernhaus selbst abgetrennten Hühnerstall, sondern sie wurden häufig auch in die Wohnung umlagert: »Eine Bruthenne pflegt die Bauerfrau mit Vorliebe in das geheizte Zimmer zu nehmen, um dort die Vierländer ›Stubenküken‹ zu ziehen«.[25] Auch Bauern in deutschsprachigen Dörfern in Böhmen sowie in Thüringen ließen Henne und Küken an der Wärme des Hauses teilhaben, indem sie ein Loch im Unterbau des Hausofens aushöhlten und die Tiere dort beherbergten.[26] In Bauernhäusern in Mecklenburg wurden in der Wohnküche Hängebretter und selbst Stroheinlagen eingebracht: »Brütende Hennen und Gänse, sowie kleine Küken und ›Gössl‹ nimmt man auch gern in die Stube«.[27] Diese häusliche Kükenzucht avancierte gar zu einer Art eigenständigem Wirtschaftszweig von kleinen Landwirten, vorwiegend im Hamburger Raum. Vor allem in der Winterzeit bot sie für ärmere Bauern einen Nebenerwerb als Ergänzung zu ihrem Hauptberuf. Im Rahmen dieser »Betriebsweise« wurden die Tiere in »ein kleines Stübchen des Hauses, oft selbst [in] die Wohnstube« übersiedelt, weshalb der Begriff »Stubenkückenzucht« in Verwendung kam.[28]

24 Joh. Ernst Brauer: Pommersche Gänsezucht und -Mästung, in: Blätter für die deutsche Hausfrau 12 (1906), S. 45–47, hier S. 46. Siehe auch: E. F. F. von Ramin: Rentabilität der ländlichen Gänsezucht, in: Blätter für die deutsche Hausfrau 19 (1906), S. 73–74, hier S. 73.

25 Julius Faulwasser: Das Gebiet der Elbemündung abwärts von Bergedorf, in: Das Bauernhaus im Deutschen Reiche und in seinen Grenzgebieten, Hannover: Schäfer 2000 (1905–1906), S. 133–145, hier S. 134.

26 Hans Lutsch: Schlesien nebst Grenzgebieten, in: Das Bauernhaus im Deutschen Reiche und in seinen Grenzgebieten, S. 245–275, hier S. 254; ders.: Thüringen, in: Das Bauernhaus im Deutschen Reiche und in seinen Grenzgebieten, S. 314–333, hier S. 321. Zum Fall eines im Dorf Wehmingen bei Hannover gehaltenen Huhnes, das seine Eier in einen Holzkasten in der Hausküche legte und dort brütete, siehe: Eine Naturbeobachtung, in: Pfälzische Geflügel-Zeitung 5/2 (1881), S. 7.

27 G. Hamman: Mecklenburg, in: Das Bauernhaus im Deutschen Reiche und in seinen Grenzgebieten, S. 194–196, hier S. 195. Vgl. auch: Roman Sandgruber: Gesindestuben, Kleinhäuser und Arbeitskasernen. Ländliche Wohnverhältnisse im 18. und 19. Jahrhundert, in: Lutz Niethammer (Hg.): Wohnen im Wandel. Beiträge zur Geschichte des Alltags in der bürgerlichen Gesellschaft, Wuppertal: Hammer 1979, S. 107–131, hier S. 115.

28 Burchard Blancke: Unser Hausgeflügel. Ein ausführliches Handbuch über Zucht, Haltung und Pflege unseres Hausgeflügels. Bd. 1: Das Großgeflügel, Berlin: Pfenningstorff 1903, S. 748. Vgl.: Theresa Roßbach: Meine landwirtschaftliche Geflügelzucht in Arwedshof, in: Deutsche landwirtschaftliche Geflügel-Zeitung 9/37 (1906), S. 552–555; Bruno Dürigen: Die Geflügelzucht nach ihrem jetzigen rationellen Standpunkt, Berlin: Parey 1886, S. 825; Otto

Eine Gesellschaftsgruppe, deren Wohnsphäre oft unmittelbar an die Aufenthaltsräumlichkeiten des Viehs angrenzte, waren die bäuerlichen Mägde und Knechte. Während richtige Stallwohnungen zur Zeit des Kaiserreichs im Großen und Ganzen nicht mehr existierten und die Bauern ein von den Ställen abgetrenntes Gebäude bewohnten,[29] musste das Gesinde seine Übernachtungsquartiere sehr häufig mit den Nutztieren teilen.[30] In einer Umfrage, die die Volkskundliche Kommission des Landschaftsverbandes Westfalen-Lippe Anfang der 1970er Jahre unter Menschen ausführte, die um die Jahrhundertwende in der Region als Knechte und Mägde tätig gewesen waren, ist die Übernachtung im Viehstall als ein allgegenwärtiger Topos erwähnt worden. Immer wieder sind dort Beschreibungen wie die folgende zu lesen: »Die Kammern der Knechte, die sogenannten ›Biürns‹ lagen an der Deele [= Tenne] über den Pferdeställen. [...] Die Betten waren noch oft mit Stroh anstelle der Matratzen gefüllt«.[31]

Zahlreiche andere Schilderungen geben ein ebenso anschauliches Zeugnis von der extremen räumlichen Nähe zwischen Mensch und Nutztier, die im Rahmen solcher Wohnkonstellationen zum Tragen kam: Von einem Kutscherknecht, der um 1910 in einem landwirtschaftlichen Gut im Bezirk Villach in Kärnten beschäftigt war, wurde beispielsweise erzählt, weil er im »Roßstall schlafen« habe müssen, sei »sein Bett [...] ganz feucht vom Atem der Pferde« gewesen.[32] Einem administrativen Bericht über Bauernhäuser im Münsterland Mitte der 1880er Jahre entnehmen wir folgende Beschreibung: »Die Schlafstellen für das Gesinde bilden vielfach Verschläge oberhalb der Viehställe, von denen sie gewöhnlich nur höchst unvollkommen abgesperrt sind«.[33] In einem 1902 verfassten statistischen Bericht über das Gesindewesen in Österreich ist Ähnliches zu lesen: »Gewöhnlich schlafen die Knechte im Stall. [...] Nur in größeren und wohlhabenderen Bauernwirtschaften gibt es ordentliche Knecht- und Mägdestuben, sonst wird überall noch der Stall als wärmste und beste Schlafstelle vorgezogen«.[34]

---

Grünhaldt: Die winterliche Mastkückenzucht, in: Der Lehrmeister im Garten und Kleintierhof 3/5 (1904), S. 74.

29 Vgl.: van Dülmen: Kultur, S. 57; Sandgruber: Gesindestuben, S. 115.

30 Jürgen Kocka: Arbeitsverhältnisse und Arbeiterexistenzen. Grundlagen der Klassenbildung im 19. Jahrhundert, Bonn: Dietz 1990, S. 155, 158–159; Gerhard A. Ritter/Klaus Tenfelde: Arbeiter im Deutschen Kaiserreich 1871 bis 1914, Bonn: Dietz 1992, S. 229–230; Therese Weber (Hg.): Mägde. Lebenserinnerungen an die Dienstbotenzeit bei Bauern, Wien/Köln: Böhlau 1985, S. 17, 21; Norbert Ortmayr: Sozialhistorische Skizzen zur Geschichte des ländlichen Gesindes in Österreich, in: ders. (Hg.): Knechte. Autobiographische Dokumente und sozialhistorische Skizzen, Wien/Köln/Weimar: Böhlau 1992, S. 297–356, hier S. 351.

31 Dietmar Sauermann: Knechte und Mägde in Westfalen um 1900. Berichte des Archivs für westfälische Volkskunde, Münster: Selbstverlag der Volkskundlichen Kommission des Landschaftsverbandes Westfalen-Lippe 1972, S. 101. Vgl. auch: ebd., S. 49, 68, 82, 112, 117, 121, 132, 139.

32 Weber: Mägde, S. 77.

33 Zitiert nach: Teuteberg und Wischermann: Wohnalltag, S. 222.

34 Zitiert nach: Sandgruber: Gesindestuben, S. 119. Zum ausgesprochen intimen Zusammenleben zwischen »Viehdirnen« und Vieh im ländlichen Oberbayern in der zweiten Hälfte des 19. Jahrhunderts siehe: Regina Schulte: Das Dorf im Verhör. Brandstifter, Kindsmörderinnen

Dabei waren die Nutztiere nicht ausschließlich in lebender, sondern auch in toter Form tief in die inneren Räumlichkeiten des Wohnhauses hineingerückt. Über das physische oder, besser gesagt, fleischliche Miteinander von Menschen und geschlachteten Tieren neben und in dem Haus gewährt uns ein Fall aus einer anderen ländlichen Region, dem Herzogtum Sachsen-Coburg, eine in seinem Detailreichtum seltene Einsicht. Die Analyse dieses Falls ermöglicht es, nicht allein die konkrete Anwesenheit von Schlachttieren in den Häusern zu veranschaulichen, sondern auch die Perzeptionen bezüglich des Status dieser Tiere als Privat- und Hausgegenstände näher zu eruieren: 1891 machten die Bezirksärzte der Ämter Sonnefeld und Königsberg das Staatsministerium in Coburg darauf aufmerksam, dass Metzger und Wirte, aber auch Privatpersonen in ihrem Bezirk die Gewohnheit hegten, das von ihnen geschlachtete Vieh vor oder an ihre Haustüre aufzuhängen und dort lange Zeit zu belassen. In den Augen der Ärzte stellte dieses Vorkommnis einen hygienischen Missstand dar. Sie behaupteten, dass das Fleisch nicht nur von Katzen und Hunden beschnuppert und beleckt und von Hühnern angepickt, sondern auch von vorbeigehenden Menschen angetastet und gedrückt werde. Ferner wurde beobachtet, dass sich Staub und Kot an den Stücken anhafteten, dass Fliegen ihre Eier auf sie legten und dass Vögel sie besudelten.

Aufgezeichnet wurde damit das Bild eines tierischen Getümmels, das rund um das tote Tier stattgefunden haben soll. Dabei scheuten sich aber die Menschen keineswegs davor, ähnlich den herumlaufenden oder -fliegenden Kreaturen mit dem toten Tier in Berührung zu kommen. Vielmehr nahmen sie einen äußerst sinnlichen Kontakt mit diesem auf, als wollten sie sich von ganz nah ansehen können, worum es sich bei diesem Gegenstand handelte. Die beiden Bezirksärzte bemerkten, dass tatsächlich gerade aus diesem Grund die Schlachtstücke von den Fleischern und Wirten draußen aufgehängt würden, nämlich zur »Reclame« und zur »Besichtigung« durch Passanten.[35] Das tote Tier sollte mitnichten versteckt sein. Im Gegenteil: Es sollte gerade möglichst sichtbar zur Schau gestellt werden. Davon, dass den Sonnefelder Passanten »der Anblick von Fleischerläden mit den Leiben der toten Tiere peinlich«[36] war, kann keine Rede sein. Die Privatschlachter, erläuterte ein Landrat nüchtern, zogen die Haustüre z.B. Hinterhöfen als Aufhängestellen vor, weil an die Haustüre »die Haken und starken Nägel besser angebracht werden können, als anderswo, denn an der Thür befindet sich bei Fachwerk-

---

und Wilderer vor den Schranken des bürgerlichen Gerichts: Oberbayern 1848–1910, Reinbek bei Hamburg: Rowohlt 1989, S. 134. Schulte spricht bezeichnenderweise von der »ständige[n] Anwesenheit [der Mägde] beim Vieh« (ebd.). Sie bemerkt ferner, dass die Mägde sehr oft die Nacht im Kuhstall verbracht hätten; siehe: dies: Peasants and Farmers' Maids. Female Farm Servants in Bavaria at the End of the Nineteenth Century, in: Richard J. Evans/W. R. Lee (Hg.): The German Peasantry. Conflict and Community in Rural Society from the Eighteenth to the Twentieth Centuries, London/Sydney: Croom Helm 1986, S. 158–173, hier S. 164.

35 Amtsphysikus Knauer in Sonnefeld an das Hohe Staatsministerium Coburg, 21.04.1891; Sanitätsrat Dr. Holger in Königsberg an das Herzogliche Staatsministerium Coburg, 23.07.1891 (StACo, Min D, Nr. 676).

36 Norbert Elias: Über den Prozess der Zivilisation. Soziogenetische und psychogenetische Untersuchungen. Bd. 1: Wandlungen des Verhaltens in den weltlichen Oberschichten des Abendlandes, Bern/München: Francke 1969, S. 161.

häusern immer ein Balken und kann hier leicht gefunden werden, während das Aufhängen eines solchen an andern Stellen immer gewisse Schwierigkeiten hat«.[37] Sehr praktische, und zwar nicht zuletzt materielle Belange bestimmten die räumliche Positionierung des toten Tieres. Mögliche »Peinlichkeitsempfindungen« (Elias) in Bezug auf die rohe Erscheinung des nackten Fleischstücks waren im Kaiserreich in Coburger Dörfern nicht zu erkennen.

Noch bemerkenswerter an dem Fall ist, dass der Königsberger Bezirksarzt, der aus gesundheitlichen Gründen für ein Verbot des Aufhängens des Fleisches an die Tür plädierte, eine Anwesenheit des geschlachteten Viehs gerade drinnen in den Häusern im Sinn hatte. In seiner Antwort an das Staatsministerium beharrte er auf nichts anderem als dem privaten und häuslichen Status der Schlachttiere:

»Jeder Bürger, welcher Vieh züchtet und zum eigenen Bedarf schlachten kann, wird wol [sic] so viel Hofraum oder Raum innerhalb des Hauses besitzen, das geschlachtete Vieh dort unterzubringen, bis es vermetzget ist. Bei einem Metzger hatte das Aushängen doch noch den Zweck, den Leuten zu zeigen, daß es frisches Fleisch gäbe, und wie das Tier beschaffen wäre; ob aber ein Privatmann geschlachtet und was er geschlachtet habe, wird den übrigen Bewohnern des Ortes wol [sic] einerlei sein«.[38]

Diese Auffassung des toten Tieres als Privateigentum, das ins Innere des Hauses gehöre, bestärkte seinerseits der Sonnefelder Arzt durch die Beobachtung, dass die Leute

»die geschlachteten Thiere überhaupt nicht vor die Häuser und an die Hausthüren hängen, sondern in den Hausflur, und zwar deswegen, weil sie das Thier [...] im Hausflur leichter beaufsichtigen und gegen Hunde, Katzen, Hühner u.s.w. bequemer schützen können. Es gibt Ortschaften im hiesigen Bezirk, in denen die Privatleute fast ohne Ausnahme bisher die geschlachteten Thiere bis zur Erkaltung im Hausflur haben hängen lassen«.[39]

Das Schlachtvieh erfuhr demnach einen Prozess der »Privatisierung«. Es wurde von störenden Faktoren im öffentlichen Raum entfernt, die seinen Status als Privateigentum zu beeinträchtigen vermochten. Interessanterweise waren diese öffentlichen Störfaktoren neben den Hühnern auch herumlaufende Hunde und Katzen. In dieser Geschichte war das Schlachttier (freilich erst in lebloser Form) in einem höheren Ausmaß ein *Haus*tier im Vergleich zu den letztgenannten Tierarten, die weniger konsequent an die häusliche Sphäre angebunden wurden.

Es waren allerdings keineswegs nur Bauern und Landbewohner, die ihre Wohnräumlichkeiten mit den Nutztieren teilten. Auch in Bezug auf städtische Wohngebiete finden wir zahlreiche Indizien für eine solche Koexistenz während der Zeit des Deutschen Kaiserreichs. Freilich gilt die Verdrängung des Viehs aus dem öffentlichen wie auch priva-

37 Das Landrathsamt Coburg an das Herzogl. S. Staatsministerium Coburg, 22.01.1892 (StACo, Min D, Nr. 676).

38 Sanitätsrat Dr. Holger in Königsberg an das Herzogliche Staatsministerium Coburg, 06.02.1892 (ebd.).

39 Amtsphysicus Knauer in Sonnefeld an das Hohe Staatsministerium Coburg, 10.02.1892 (ebd.).

ten urbanen Raum als ein Kernmoment in der Geschichte moderner Großstadtentwicklung in Europa und Nordamerika des späten 19. Jahrhunderts. Insbesondere die großen Nutztiere wurden als Störfaktoren in einem hochentwickelten Großstadtleben empfunden, wobei man ihre Anwesenheit im Idealfall auf ihre »natürlichere« Umwelt, den weniger modernisierten ländlichen Raum zu beschränken hoffte. Mit der Verdrängung der Nutztiere aus der Großstadt entstand so vermeintlich eine neue Tiergeographie der Segregation.[40]

Zumindest für das Deutsche Kaiserreich muss allerdings festgehalten werden, dass dieser Prozess der Segregation nur zögernd vonstattenging und dass es in der wilhelminischen Stadt bei weitem nicht an Erscheinungen nutztierlichen Beiseins mangelte. Ein genauer Blick in die Quellen zeigt vielmehr, dass auch die Stadt von der Intensivierung der Viehhaltung betroffen war und dass bisweilen gerade städtische Lebensweisen die Haltung von solchen Tieren begünstigten.[41]

---

40 Dorothee Brantz: The Domestication of Empire. Human-Animal Relations in the Intersection of Civilization, Evolution, and Acclimatization in the Nineteenth Century, in: Kathleen Kete (Hg.): A Cultural History of Animals in the Age of Empire, New York/Oxford: Berg 2007, S. 73–93, hier S. 83–85; Chris Philo: Animals, Geography, and the City. Notes on Inculsions and Exclusions, in: Environment and Planning D. Society and Space 13/6 (1995), S. 655–681; Joanna Dyl: The War on Rats Verses the Right to Keep Chickens. Plague and The Paving of San Francisco, 1907–1908, in: Andrew C. Isenberg (Hg.): The Nature of Cities. Culture, Landscape, and Urban Space, Rochester, NY: University of Rochester Press 2006, S. 38–61. Vgl. auch allgemeiner zum ausschließenden Effekt der Urbanisierung auf die Tiere: Jennifer R. Wolch/Kathleen West/Thomas E. Gaines: Transspecies Urban Theory, in: Environment and Planning D. Society and Space 13/6 (1995), S. 735–760.

41 Vgl.: Richard J. Evans: Tod in Hamburg. Stadt, Gesellschaft und Politik in den Cholera-Jahren 1830–1910, Reinbek bei Hamburg: Rowohlt 1990, S. 155. Andrea Gaynor, eine der wenigen Historikerinnen, die sich mit dem Thema Nutztierhaltung in der Großstadt auseinandergesetzt haben, hat errechnet, dass 1895 in Sydney laut offiziellen Zählungen 7192 Schafe, 1154 Ziegen, 5560 Schweine, 7318 Kühe und 16.922 Pferde gelebt hätten. In der Melbourner Vorstadt Brunswick hätten 40 Prozent der Haushalte Groß- und 63 Prozent Federvieh gehabt; siehe: Andrea Gaynor: Harvest of the Suburbs. An Environmental History of Growing Food in Australian Cities, Crawley: University of Western Australia Press, 2006, S. 19, 59. Zur Nichtrealisierung des modernen Traums eines nutztierfreien urbanen Wohnraums vgl. auch: dies.: Animal Agendas. Conflict over Productive Animals in Twentieth-Century Australian Cities, in: Society and Animals 15/1 (2007), S. 29–42, hier S. 31–36; dies.: Fowls and the Contested Productive Spaces of Australian Subarbia, 1890–1990, in: Peter Atkins (Hg.): Animal Cities. Beastly Urban Histories, Farnham/Burlington, VT: Ashgate 2012 S. 205–219, hier S. 205–206; Peter Atkins: Introduction, in: ders. (Hg.): Animal, S. 1–17, hier S. 1–2. Wie bereits für den US-amerikanischen Fall ausführlich dargelegt wurde, gilt das Pferd als ein Paradebeispiel für die nutztierliche Anwesenheit in der modernisierten Großstadt. Das Pferd war als ein funktionales Zugtier für Personen- und Güterverkehr ein »Motor der Urbanisierung« und für die Großstadtentwicklung geradezu unentbehrlich; siehe: Clay McShane/Joel A. Tarr: The Horse in the City. Living Machines in the Nineteenth Century, Baltimore: Johns Hopkins University Press 2007; dies.: Pferdestärken als Motor der Urbanisierung. Das Pferd in der amerikanischen

Um dies zu demonstrieren, sei hier zunächst ein quantitatives Beispiel angeführt: Laut einer Viehzählung, die 1873 in dem schon zu dieser Zeit von einem starken Urbanisierungsschub und einer markanten Bevölkerungszunahme betroffenen München vorgenommen wurde, residierten in der Stadt neben etwa 170.000 menschlichen Einwohnern insgesamt 3481 Pferde, 2614 Rinder, 1868 Schafe, 1853 Schweine und 211 Ziegen. Über die Gesamtziffern hinaus ist die Tatsache von Interesse, dass neben den von Arbeitern und Handwerkern dominierten Vorstadtvierteln Au, Haidhausen und Giesing die großbürgerlich gefärbte und vorwiegend von Beamten und Künstlern bewohnte Maxvorstadt die höchsten Viehbestände (1206 Pferde, 494 Rinder, 223 Schafe, 442 Schweine und 86 Ziegen) aufwies.[42] Wie wir unten noch sehen werden, repräsentierte diese scheinbare Münchener Kuriosität eigentlich ein allgemeines Demographiemuster, welches die städtische Präsenz des Nutztiers im Zeitalter der Urbanisierung kennzeichnete: Es waren in erster Linie die Bevölkerungsgruppen, die am deutlichsten für Großstadtlebensweisen standen, die sich Praktiken urbaner Nutztierhaltung zuwandten. Die Nutztiere in der wilhelminischen Stadt stellten keine Abnormität dar, sie waren vielmehr ein integraler Bestandteil des alltäglichen Lebens.

Das städtische Getier erlangte hin und wieder eine beachtliche Präsenz auf den öffentlichen Wegen und Straßen der Stadt. Während der 1880er Jahre gab es beispielsweise im stark urbanisierten Schwabing fünf Schafbesitzer (zwei Metzgermeister, zwei Schafhändler und ein Lohnkutscher), die ihre Tiere, jeweils zwischen 30 und 330 Stück, auf dem Gemeindeflur, zum Teil selbst auf Bauplätzen weiden ließen.[43] Um 1905 konnte sich seinerseits das Kleinkind Georg Friedrich Jünger an den vielen Tieren ergötzen, die neben der Wohnung seiner bildungsbürgerlichen Familie nahe der Stadtmitte Hannovers zu sehen waren. Auf einer dort befindlichen Wiese weidete eine Schafherde, während »Scharen von Geflügel« auf ihr herumtrieben.[44] Auch in der Textilindustriestadt Esslingen am Neckar gehörten in der zweiten Hälfte des 19. Jahrhunderts freilaufende Hühner zum üblichen Stadtbild. Es wurde dort geklagt, dass die Tiere sogar regelmäßig und »in großer Zahl« in die im Zentrum der Stadt gelegene gotische Frauenkirche zur Zeit des Gottesdienstes eingedrungen seien.[45]

---

Großstadt im 19. Jahrhundert, in: Dorothee Brantz/Christof Mauch (Hg.): Tierische Geschichte. Die Beziehung von Mensch und Tier in der Kultur der Moderne, Paderborn u.a.: Schöningh 2010, S. 39–57.

42 Gesamtergebnis der am 10. Januar 1873 in München sammt Vorstädten vorgenommenen Viehzählung (StadtAM, Statistisches Amt, Nr. 23).

43 Gemeindeverwaltung Schwabing an das Königliche Bezirks-Amt München I, 22.07.1884; Stadtmagistrat Schwabing an das Königliche Bezirks-Amt München I, 10.05.1889; Stadtmagistrat Schwabing an das Königliche Bezirks-Amt München I, 24.04.1890 (StadtAM, Schwabing, Nr. 375).

44 Georg Friedrich Jünger: Grüne Zweige. Ein Erinnerungsbuch, Stuttgart: Klett-Cotta 1978, S. 25.

45 Heilwig Schomerus: Die Wohnung als unmittelbare Umwelt. Unternehmer, Handwerker und Arbeiterschaft einer württembergischen Industriestadt 1850 bis 1900, in: Niethammer (Hg.): Wohnen, S. 211–232, hier S. 220–221.

Neben diesen sporadischen Erscheinungen fungierten als Mittelpunkte nutztierlicher Animalität in den Städten vor allem die Tier- und Viehmärkte. Während der 1900er Jahre wurden beispielsweise auf dem sonntäglichen Augsburger Kleintiermarkt, der mitten in der Stadt zwischen dem Rathaus und der St.-Peter-Kirche gehalten wurde, Hühner, Tauben und »Stallhasen« neben Hunden, Katzen, Kanarienvögeln, Papageien, Wellensittichen und anderen Haustieren feilgeboten.[46] Ein wöchentlicher Kleintiermarkt, auf welchem neben zahlreichem Kleingetier wie Hunden, Katzen und Meerschweinchen vorwiegend Nutzgeflügel und -kaninchen zu finden waren, wurde auch in der im späten Kaiserreich stark urbanisierten Stadt Pasing bei München gehalten.[47] Besonders reges Geschäft verzeichnete man auch an dem Nutz- und Schlachtkaninchenmarkt, der in Bamberg alljährlich zur Fastenzeit stattfand. Die Veranstaltung dieses Marktes wurde sogar teilweise durch die oberfränkische Regierung unterstützt.[48]

Die öffentliche Präsenz des Viehs war aber nur die eine Seite der städtischen Nutztierhaltung. Den Quellen ist zu entnehmen, dass eigentlich eine graduelle Anbindung der Nutztiere an das häusliche Umfeld ausgerechnet in der städtischen Sphäre stattfand. Der zunehmende Unmut mit der nutztierlichen Präsenz im öffentlichen urbanen Raum führte zwar nicht dazu, dass die Nutztiere aus der Stadt vertrieben wurden; aber doch dazu, dass die Nutztiere mehr und mehr (obwohl keineswegs flächendeckend) hinter den Haustüren verschwanden.

Weiterhin mit Bezug auf Schwabing sind die Ausdrucksformen einer Entwicklung erkennbar, die man als eine Anbindung der Nutztiere an die separate Sphäre der Privatwohnung des haltenden Individuums interpretieren kann. 1883 wurden dort von der hiesigen Gemeindeverwaltung Verordnungen erlassen, die die Haltung des Viehs den privaten Räumlichkeiten des Tiereigentümers zuwiesen. Unter anderem wurde es untersagt, »das Vieh außerhalb geschlossener Höfe oder anderer umfriedeter Räume ohne gehörige Aufsicht umherlaufen zu lassen«. Besondere Beachtung schenkten die Behörden dem Phänomen des Auslaufen- und Ausfliegenlassens des Geflügels, das sie verbaten. Das Verbot blieb nicht wirkungslos und wenige Jahre nach dessen Inkrafttreten wurden Beschwerden wegen Überschreitungen erhoben. Aus der polizeilichen Abwicklung dieser Fälle ist ersichtlich, inwieweit die Ausgestaltung des Nutztierhaltungsregimes in übergreifende Sichtweisen über das Privateigentum und über die physischen Grenzen zwischen den getrennten Sphären der Stadtbewohner eingebettet war. In einer der Anklagen

46 Walter Brecht: Unser Leben in Augsburg, damals. Erinnerungen, Frankfurt a.M.: Insel 1984, S. 18–19.

47 Stadtmagistrat Pasing an das kgl. Bezirksamt München, 29.02.1908; Magistrat der kgl. bayer. Stadt Pasing an das Königliche Bezirks-Amt München, 10.04.1908; Beschluss des Stadtmagistrats Pasing vom 3. Juli 1912, 06.07.1912 (StadtAM, Pasing, Nr. 902). In denselben Akten wird zudem erwähnt, dass ähnliche Märkte in Wirtshäusern in den Stadtzentren von München und Passau existierten.

48 Bericht des Tierzuchtinspektors Robert Döttl in Bamberg über Kaninchenzucht im Verbandsgebiet für das Jahr 1909; Dr. Altinger, Regierungsrat, Kgl. Landesinspektor für Tierzucht an die K. Landesregierung von Oberfranken, Kammer des Innern, 24.04.1913; Bericht des K. Tierzuchtinspektors Robert Döttl in Bamberg über Kaninchenzucht im Verbandsgebiete für das Jahr 1913 (StABa, Reg. v. Oberfranken KdI, K 3 F V a, Nr. 602/I).

hieß es nämlich: »Molkereibesitzer Zendl, welcher die Bauplätze an der Ungererstraße des Herrn Höck gepachtet hat, führte Beschwerde darüber, daß das Geflügel aus den Häusern an der Parkstraße sich stets auf den Wiesen befindet«.[49] Dem Inhalt der Beschwerde lässt sich entnehmen, dass die Behörden auf die Einsperrung des Geflügels in den eigenen Häusern deshalb insistierten, weil die Tiere bei ihrem freien Herumlaufen das Besitzrecht von anderen Personen zu verletzen imstande waren. Die Etablierung des Nutztiers als Privatgegenstand vollzog sich dabei in direkter Korrelation zu der »Vereigentümlichung« von Grundstücken im Gemeinderaum. Beides, sowohl Grundbesitz als auch Nutztier, hatten von nun an den Status eines Objekts, das über klar umrissene Grenzen verfügte und in der Öffentlichkeit nichts mehr zu suchen hatte.

Aufgrund dieser Individualität der Nutztierhaltung ist es wenig verwunderlich, dass auch in den Stadtwohnungen des Kaiserreichs nutztierliche Spuren auffindbar waren. Genauso wie in ländlichen Ortschaften hausten auch die urbanen Nutztiere gelegentlich in unmittelbarer Nachbarschaft zu den Wohnstätten der Menschen. Die Tochter eines Kaufmanns, Helene Lange, erinnerte sich beispielsweise an ihr Kindheitshaus mitten in der Oldenburger Altstadt in den 1850er Jahren: Zum Haus, einem Grundstück, gehörten »Hof, Stall und Garten«; der Stall beherbergte außer Kaninchen auch Hennen, und es kamen dort »die jungen Küchlein zur Welt«.[50] Der Hamburger Buchhändler Gustav Falke mietete 1872 in der kleinen südthüringischen Stadt Hildburghausen zwei Zimmer in einem Handwerksmeisterhaus, das vor vielen Generation ein Bauernhof gewesen war. Falkes Zimmer lagen im Hintergebäude, und er konnte zu ihnen nur über eine Empore gelangen, die sich zwischen den vorderen und hinteren Teilen des Hauses erstreckte. Unter dieser Empore »lag der mistbedeckte Hofplatz, auf dem die Hühner ihr Wesen trieben, und in dessen schmutziger, verrauchter Ecke sich ein paar Schweine wohlfühlten. Ein kräftiger, ländlicher Duft stieg von da empor«.[51] Aber nicht allein in urbanen Räumen in Thüringen, selbst in Berlin konnten Bildungsbürger in den 1870er Jahren von derartigen Impressionen berichten. Sabine Lepsius, die Tochter des Malers Gustav Graef, residierte als Kleinkind mit ihren Eltern im Vordergebäude eines Hauses im Berliner Alsenviertel (im heutigen Spreebogen gelegen). Im vorderen Teil wohnten begüterte bürgerliche Bewohner, während im hinteren zumeist kleine Handwerker beheimatet waren. Ein breiter Hof verband das Vorder- mit dem Hintergebäude, sodass beide Milieus stets in Kontakt miteinander kamen. In diesem Hof arbeiteten nicht nur die Hinterhaushandwerker, er beherbergte auch einen Pferdestall, der gerade die bürgerlichen Kinder faszinierte. Zwischen den Brettern und Balken des Hofes, auf die die Kinder kletterten, hüpften ferner Kaninchen herum.[52]

Vor diesem Hintergrund überrascht auch nicht die Tatsache, dass die in Vereinigungen organisierte Kleinnutztierzucht in erster Linie ein urbanes Phänomen war. Diese Information zieht man in aller Ausdrücklichkeit aus Aussagen der Vereinsführer selbst,

49 Note an die beiden Flurwächter, 27.05.1890 (StadtAM, Schwabing, Nr. 375).

50 Helene Lange: Lebenserinnerungen, Berlin: Herbig 1921, S. 11–14 (Zitat S. 14).

51 Gustav Falke: Die Stadt mit den goldenen Türmern. Die Geschichte meines Lebens, Berlin: Grote 1912, S. 142–143 (Zitat S. 143).

52 Sabine Lepsius: Ein Berliner Künstlerleben um die Jahrhundertwende. Erinnerungen, München: Gotthold Müller 1972, S. 11–13, 36.

denn obwohl sie selbst zum größten Teil Stadteinwohner waren, monierten viele von ihnen unverdrossen die aus ihrer Sicht im Großen und Ganzen bedauernswerte Stadtdominanz in ihrem Wirtschaftszweig. Den Gründen für diese zahlreichen Lamenti wird noch nachzugehen sein. An dieser Stelle gilt es lediglich jene urbane Vormacht an sich zu präsentieren und sie unter dem Aspekt des städtischen Zusammenwohnens mit den Kleinnutztieren zu analysieren. Die städtische Vormacht war insbesondere im Fall der Geflügelzucht sehr auffallend. Seit der 1852 in Görlitz erfolgten Gründung des ersten Geflügelzuchtvereins auf deutschem Boden blieb die organisierte Geflügelhaltung für sehr lange Zeit weitestgehend auf die Städte beschränkt. Vor allem Menschen von städtischen Berufen wie Kaufmänner, Industrielle und Akademiker profilierten sich als die Vorreiter der Szene. Die geflügelhaltenden Landwirte schlossen sich dagegen den Organisationen größtenteils nicht an.[53] Dem Unbehagen hinsichtlich der fehlenden Landbezogenheit zum Trotz verzichteten die Vereinsmitglieder keineswegs darauf, im Rahmen ihrer Ratgeberliteratur die städtische Kleinnutztierhaltung warm zu empfehlen und den Lesern Hinweise für deren Verbesserung zu geben. Die Geflügelzucht sollte aus ihrer Perspektive mitnichten eine exklusive ländliche Beschäftigung, sondern vielmehr als jedermanns Sache auch für städtische Lebensverhältnisse geeignet sein:

»In erster Linie ist es der Landmann, dem nicht genug empfohlen werden kann, sich diesem Zweige der Kleintierzucht zu widmen. [...] Aber auch für den Arbeiter, Taglöhner, Geschäftsmann, den kleinen Beamten auf dem Lande und selbst in kleineren und größeren Städten ist die Hühnerzucht nur zu empfehlen als gewinnbringende Nebenbeschäftigung«.[54]

Eine andere Autorin wollte ihre Leserinnen zu der Meinung überreden, dass »auch in der Stadt mit Vortheil die Hühnerzucht zur Eiergewinnung betrieben werden kann«. Ihre eigenen zwanzig Hühner, die sie in Krefeld auf einem »beschränkten Hofraum« hielt, hätten »fast den ganzen Winter gelegt«.[55] Für die Geschichte der urbanen Nutzgeflügelhaltung im Kaiserreich ist insbesondere die Taubenzucht, die zu Ernährungs- und Kommunikationszwecken (als Brieftaubenzucht) betrieben wurde, ein vielsagender Fall: Die relativ kleinen Tauben, die primär von Arbeitern als Nebenerwerb, aber auch von Bürgern gehalten wurden,[56] eigneten sich aus Sicht der Geflügelenthusiasten besonders gut zu ei-

53 Ulrike Heitholt: Zwischen Liebhaberei und Wirtschaftlichkeit. Die Anfänge der Geflügelzucht in Westfalen, in: Westfälische Forschungen 62 (2012), S. 219–239. Vgl. auch Informationen aus der zeitgenössischen Geflügelzuchtpresse: Blancke: Hausgeflügel, S. 796; Hans von Albert: Die Verbesserung der deutschen Landhühner. Vortrag gehalten im Landwirtschaftlichen Verein zu Coburg am 5. Februar 1912, Berlin: Pfenningstorff 1912, S. 2; Dackweiler: Die politische Tagespresse und die Geflügelzucht, in: Deutsche landwirtschaftliche Geflügel-Zeitung 9/49 (1906), S. 705–706; Die Zerrissenheit der deutschen Geflügelzucht, in: Nutzgeflügelzucht 14/43 (1912), S. 414–419, hier S. 416.

54 Wer soll Hühnerzucht betreiben?, in: Der Praktikus 4/14 (1906), S. 2.

55 Kotte: Geflügelzucht in der Stadt, in: Der Privat- und Villengärtner 2/13 (1900), S. 101–102, hier S. 101.

56 Rainer Pöppinghege/Tammy Proctor: »Außerordentlicher Bedarf für das Feldheer«. Brieftauben im Ersten Weltkrieg, in: Rainer Pöppinghege (Hg.): Tiere im Krieg. Von der Antike bis

ner Haltung in den inneren Räumen der Stadtwohnung: »Auf jedem Hausboden läßt sich ohne große Kosten ein Taubenschlag errichten. Hieraus erklärt sich auch, daß die Zahl der Taubenzüchter in den großen und größten Städten überwiegend ist«.[57]

## SELBSTVERSORGUNG UND DIE INDUSTRIELLE »VERHÄUSLICHUNG« DER KLEINNUTZTIERE

Die Nutztiere wurden also während der Zeit des Kaiserreichs vom häuslichen Umfeld nicht entfernt, sondern im Gegenteil unter bestimmten Gesichtspunkten hieran sogar aktiv angenähert. Dieser Befund galt für die gesamte wilhelminische Epoche. Wie lässt sich aber die vollzogene Anbindung der Kleinnutztiere an das eigene Haus gerade im Zeitraum der Industrialisierung und Urbanisierung erklären? Warum griffen die Bewohner von Groß- und Industriestädten auf die Nutztierhaltung zurück? Weshalb nahmen sie ferner individuellen Bezug auf ihr Kleinvieh? Um auf diese Fragen antworten zu können, müssen wir die Beschäftigung mit der Kleinnutztierzucht in den größeren Zusammenhang setzen, in dem sie zur Geltung kam, nämlich in den Rahmen der im Kaiserreich keineswegs verschwundenen Heimarbeit und Selbstversorgungshausökonomie. Es war dieser wirtschaftliche Komplex, dem der massive Druck entsprang, eine »Verhäuslichung« der Kleinnutztiere zu vollziehen.

Auf den ersten Blick scheinen jedoch Formen der Heimarbeit und der Selbstversorgung gerade für ein Phänomen wie die Nutztierzucht während der Zeit des Kaiserreichs fehl am Platz gewesen zu sein. Aus dem Blickwinkel der Geschichte des Essens gilt das Kaiserreich als eine Ära der »Nahrungsrevolution« (Teuteberg), die sich u.a. darin ausgedrückt habe, dass die Selbstproduktion von Nahrungsmitteln mehr und mehr durch industrielle Fabrikation, marktabhängigen Warenhandel und Massenkonsum abgelöst worden sei. Die Externalisierung der Produktion außer Haus, die Vermarktlichung, die Industrialisierung und gar die Verwissenschaftlichung der Herstellungsmethoden sowie die Anonymisierung der Lebensmittelproduktionskomplexe galten dabei in besonderem Ausmaß gerade für die Fleischbeschaffung. Fleischbetriebe waren bahnbrechend in der industriellen Erstellung von Speiseartikeln; eine Entwicklung, die mit der zunehmenden Umlagerung des Schlachtgeschäfts in zentrale Schlachthöfe zusammenhing. Auch die Kuhmilch wurde vermehrt in Großmolkereien gewonnen und zusammen mit ihren Nebenerzeugnissen wie Butter und Käse durch Verwertungsgenossenschaften an den Konsumenten vermarktet. Die Milchwirtschaft gilt dabei als ein Paradebeispiel für den radi-

---

zur Gegenwart, Paderborn u.a.: Schöningh 2009, S. 103–117, hier S. 106–107; Dietmar Osses: Vom Hobby zum Profisport. Brieftaubenzucht im Ruhrgebiet, in: Westfälische Forschungen 62 (2012), S. 241–250, hier S. 241–246. Laut einer zeitgenössischen Einschätzung erlebte die deutsche Brieftaubenzucht besonders seit dem Deutsch-Französischen Krieg in den Jahren 1870/71 einen markanten Aufschwung, sodass sich allein die Zahl der für Militäraufgaben trainierten Brieftauben auf 200.000 Exemplare belief; siehe: L. A.: Wie finden Brieftauben ihren Weg?, in: Der Privat- und Villengärtner 2/12 (1900), S. 93–94. Vgl. auch: Karl Ruß: Brieftaubendienst auf hoher See, in: Die Gartenlaube 51 (1893), S. 875.

57 Unsere Nutztauben, in: Nutzgeflügelzucht 14/42 (1912), S. 409.

kalen Übergang von einer haushaltsbasierten Nahrungsversorgung zu einem kommerziellen und industrialisierten Nahrungsmittelhandel.[58]

Nichtsdestotrotz gab es im Zeitalter der Industrialisierung keinen linearen Übergang von einer Selbstversorgungsökonomie zu einer Marktwirtschaft und Konsumkultur. Wie es in erster Linie Michael Prinz bereits in mehrfachen Studien herausgearbeitet hat, hätten sich Elemente von Selbstversorgung als besonders langlebig in der modernen deutschen Geschichte erwiesen. Dabei handelte es sich aber nicht bloß um Überreste vormoderner Wirtschaftsweisen, um scheinbar anachronistische Ökonomien mitten in einer durch Konsum dominierten modernen Welt. Die Entfaltung von selbstversorgerischen Wirtschaftspraktiken hing oft gerade mit industriegesellschaftlichen Entwicklungen zusammen, und sie wurde von diesen angetrieben, sodass sich Formen autarker Ökonomie und der Produktion für den Eigenbedarf unter bestimmten Umständen ausgerechnet während der Neuzeit ausbreiteten.[59]

Dies trifft in unverkennbarer Deutlichkeit für das Deutsche Kaiserreich zu. Auch wenn der Großteil der Lebensunterhaltsressourcen anhand von Geldmitteln auf dem Markt bezogen wurde, bedeutete das beileibe nicht, dass innerhalb der »schützenden vier Wände des privaten Haushaltes« (Gunilla Friederike Budde) gar nicht mehr gearbeitet und produziert wurde. In dieser Beziehung sich von anderen industrialisierten Ländern

58 Wehler: Gesellschaftsgeschichte, S. 529–530, 752; Nipperdey: Geschichte, S. 194, 200, 221, 263–265; Teuteberg: Verzehr, S. 229–230; 272–274; ders.: Zum Problemfeld Urbanisierung und Ernährung im 19. Jahrhundert, in: ders. (Hg.): Durchbruch zum modernen Massenkonsum. Lebensmittelmärkte und Lebensmittelqualität im Städtewachstum des Industriezeitalters, Münster: Coppenrath 1987, S. 1–36, hier S. 11–21; Peter Lesniczak: Derbe bäuerliche Kost und feine städtische Küche. Zur Verbürgerlichung der Ernährungsgewohnheiten zwischen 1880–1930, in: Hans Jürgen Teuteberg (Hg.): Die Revolution am Esstisch. Neue Studien zur Nahrungskultur im 19./20. Jahrhundert, Stuttgart: Steiner 2004, S, 129–147; Klaus Tenfelde: Klassenspezifische Konsummuster im Deutschen Kaiserreich, in: Hannes Siegrist/Hartmut Kaelble/Jürgen Kocka (Hg.): Europäische Konsumgeschichte. Zur Gesellschafts- und Kulturgeschichte des Konsums (18. bis 20. Jahrhundert), Frankfurt a.M./New York: Campus 1997, S. 245–266, hier S. 247–248; Roman Rossfeld: Ernährung im Wandel. Lebensmittelproduktion und -konsum zwischen Wirtschaft, Wissenschaft und Kultur, in: Heinz-Gerhard Haupt/Claudius Torp (Hg.): Die Konsumgesellschaft in Deutschland 1890–1990. Ein Handbuch, Frankfurt a.M./New York: Campus 2009, S. 28–45; Vera Hierholzer: Nahrung nach Norm. Regulierung von Nahrungsmittelqualität in der Industrialisierung 1871–1914, Göttingen: Vandenhoeck & Ruprecht 2010, S. 38–50.

59 Michael Prinz: Aus der Hand in den Mund. Geschichte und Aktualität der Selbstversorgung, in: Westfälische Forschungen 61 (2011), S. 1–20; ders.: Selbstversorgung – ein Gegenprinzip zur Moderne? Bemerkungen aus historischer Perspektive, in: Westfälische Forschungen 61 (2011), S. 279–306; ders.: Der Sozialstaat hinter dem Haus. Wirtschaftliche Zukunftserwartungen, Selbstversorgung und regionale Vorbilder: Westfalen und Südwestdeutschland 1920–1960, Paderborn u.a.: Schöningh 2012; Rita Gudermann: »Bereitschaft zur totalen Verantwortung«. Zur Ideengeschichte der Selbstversorgung, in: Michael Prinz (Hg.): Der lange Weg in den Überfluss. Anfänge und Entwicklung der Konsumgesellschaft seit der Vormoderne, Paderborn u.a.: Schöningh 2003, S. 375–411.

wie England weitgehend unterscheidend, blieb die deutsche, überwiegend weibliche Heimarbeitsindustrie, deren Wurzeln in der älteren »Protoindustrie« lagen, noch im späten Kaiserreich ein nicht unwesentlicher Zweig der Volkswirtschaft. Mehr noch: Die Gewerbeformen dieses handwerklichen Wirtschaftszweiges waren in zahlreichen Facetten mit der außerhäuslichen Fabrikindustrie verflochten. Zwar war die Hausindustrie vor allem in den ländlichen Gebieten der Mittelgebirge beheimatet, aber selbst in den Großstädten verzeichnete man eine Vermehrung der Einwohner, die in ihr zumindest Teil ihres Erwerbs fanden und dabei Wohnen und Arbeiten kombinierten, statt sich in die Fabrik als »Vollbeschäftigte« zu begeben.[60]

Innerhalb des Gesamtkomplexes der wilhelminischen Heimarbeit nahm die Nahrungsmittelherstellung für den Eigenbedarf eine zentrale Stellung ein und das wiederum vielfach auch in urbanen Arbeitermilieus. Dieser Tatsache lag ein Phänomen zugrunde, dem in den letzten Jahren eine steigende Anzahl von Historikerinnen ihre Aufmerksamkeit gewidmet haben, nämlich die Pflege von Kleinnutzgärten. Im Zuge der Industrialisierung und der Verstädterung entwickelte sich in Deutschland ein neuer sozialökonomischer Typus: der »Arbeiterbauer«, der Fabrik- und landwirtschaftliche Arbeit kombinierte. Das Aufkommen dieser Erwerbskonstellation ergab sich aus der Entstehung der industriellen Arbeiterklasse, die zum großen Teil aus in die Stadt eingewanderten ehemaligen Landbewohnern bestand. Aufgrund des extrem rapiden Tempos dieser Umwälzung, die binnen kürzester Zeit Feldbauern in Industriearbeiter verwandelte, brachte eine hohe Zahl der Neuproletarier Existenzweisen und Lebensunterhaltsformen aus ihrem agrarischen Vorleben mit in das neue Leben in der Stadt. Neben ihren Häusern pflegten sie kleine Gartenparzellen, auf denen sie Kartoffeln und Kohl oder frisches Obst in subsistenzwirtschaftlicher Weise anbauten. Diese Tätigkeit war bei weitem nicht auf Elemente der Erholung beschränkt; vielmehr galt sie als ein nicht zu unterschätzender Nebenerwerb, der zur in Krisenzeiten gar überlebenswichtigen Existenzsicherung der Arbeiter beitrug und eine beachtliche Ergänzung zum Lohneinkommen aus der Beschäftigung in der Fabrik bildete. In quantitativer Hinsicht ist die große Bedeutung dieses Phänomens unverkennbar. Insbesondere in den Hauptregionen der Bergbauindustrie wie dem Ruhrgebiet oder dem Saarland waren die Nutzgärten von der Wohnraumlandschaft nicht wegzudenken. So hatten beispielsweise zu Beginn des 20. Jahrhunderts 86 Prozent der Zechenwohnungen im Ruhrgebiet einen Garten. Verhältnismäßig präsentierten die stark industrialisierten Gegenden, wie das Rheinland, Sachsen oder Schlesien, auch den größten Anteil an Kleingartenarealen in ihren Territorien. Aber selbst in den Metropolen, wie

60 Nipperdey: Geschichte, S. 79–80, 200, 233; Ritter/Tenfelde: Arbeiter, S. 219–220, 232–240; Gunilla-Friederike Budde: Des Haushalts »schönster Schmuck«. Die Hausfrau als Konsumexpertin des deutschen und englischen Bürgertums im 19. und frühen 20. Jahrhundert, in: Siegrist/Kaelble/Kocka (Hg.): Konsumgeschichte, S. 411–440, hier S. 436; Heinz-Gerhard Haupt: Konsum und Geschlechterverhältnisse. Einführende Bemerkungen, in: Siegrist/Kaelble/Kocka (Hg.): Konsumgeschichte, S. 395–410, hier S. 402–403; Andreas Gestrich: Neuzeit, in: ders./Jens Uwe Krause/Michael Mitterauer: Geschichte der Familie, Stuttgart: Kröner 2003, S. 364–652, hier S. 450–452; Annika Boentert: Kinderarbeit im Kaiserreich 1871–1914, Paderborn u.a.: Schöningh 2007, S. 19–20; Rainer Liedtke: Die Industrielle Revolution, Köln: Böhlau 2010, S. 59–60.

im Fall des besonders detailliert erforschten Hamburg, gab es Landflächen, auf denen Arbeiter einem nebenerwerblichen Landwirtschaftsbetrieb nachgingen, in großer Dichte.

Die massive Ausbreitung von derartigen Wohnumständen lag ferner daran, dass Unternehmer sowie Stadtverwaltungen dieses bäuerliche Element im Leben ihrer Arbeiter förderten, und zwar anhand der Gründung von mit Privatgartenflächen ausgestatteten Kolonien für Arbeiter. Damit hofften sie nicht allein, die potentiellen Arbeiter aus ihrer ländlichen Heimat erfolgreicher anlocken zu können, sondern darüber hinaus aus den mobilen Proletariern sesshafte, auf ihrem eigenen Boden »verwurzelte«, stabile und erwirtschaftende »Arbeiterbürger« zu formen.[61]

Diese Agrarisierung der Industriestadt bedingte natürlich eine Anpassung des landwirtschaftlichen Betriebs an die neuen urbanen Umstände. Der Kleingarten gewann seinen Reiz dadurch, dass er unter den neuen städtischen Wohnkonditionen das weite Feld ersetzen konnte. Aus räumlicher Perspektive ist diese Entwicklung insofern von Bedeutung, als mit dem Kleingarten die Landwirtschaft unmittelbar an das Umfeld des urbanen Wohnhauses rückte. Das Gleiche galt auch für den kleinen Viehstall, der sich häufig neben dem Garten befand und das Nutzvieh beherbergte. Während auf dem zeitgenössischen Bauernhof der Stall oft klar von den Wohnräumlichkeiten des Bauers getrennt war, lag das kleine Tiergehege der städtischen Arbeiterfamilien dagegen in unmittelbarer Nähe der Wohnung. An die Stelle der großen Kuh trat dann beispielsweise eine Ziege, die aufgrund ihrer bescheidenen Größe für ein häusliches Leben im modernen urbanen Raum hervorragend passte. Die Ziegen wie auch kleinere Nutztiere, allen voran Schweine, Geflügel und Kaninchen, gehörten somit wie selbstverständlich zum Alltagsleben in den Arbeiterwohnvierteln im Ruhrgebiet und anderen Bergbauhauptstandorten in Deutschland vor dem Ersten Weltkrieg.

---

61 Prinz: Sozialstaat, S. 127, 148; Tenfelde: Konsummuster, S. 260–261; Kocka: Arbeitsverhältnisse, S. 209–210; Vera Steinborn: Arbeitergärten im Ruhrgebiet, in: Westfälische Forschungen 61 (2011), S. 41–60; Sabine Verk-Lindner: Kleingärten und Selbstversorgung. Westfalen und das Ruhrgebiet im Kontext der Gesamtentwicklung des deutschen Kleingartenwesens, in: Westfälische Forschungen 61 (2011), S. 61–80; Klaus Fehn: Arbeiterbauern im Saarland. Entstehung, Entwicklung und Auflösung einer sozialstrukturellen Konstellation, in: Westfälische Forschungen 61 (2011), S. 179–201; Clemens Zimmermann: Arbeiterbauern. Die Gleichzeitigkeit von Feld und Fabrik, in: Sozialwissenschaftliche Informationen, 27/3 (1998), S. 176–182; ders.: Vom Nutzen und Schaden der Subsistenz. Fachdiskurse über »Arbeiterbauern« vom Kaiserreich zur Bundesrepublik, in: Westfälische Forschungen 61 (2011), S. 155–178; Uffa Jensen: Der Kleingarten, in: Alexa Geisthövel/Habbo Knoch (Hg.): Orte der Moderne. Erfahrungswelten des 19. und 20. Jahrhunderts, Frankfurt a.M./New York: Campus 2005, S. 316–324; Hartwig Stein: Inseln im Häusermeer. Eine Kulturgeschichte des deutschen Kleingartenwesens bis zum Ende des Zweiten Weltkriegs. Reichsweite Tendenzen und Groß-Hamburger Entwicklung, Frankfurt a.M. u.a.: Peter Lang 1998, S. 61–87, 292; Franz-Josef Brüggemeier: Leben vor Ort. Ruhrbergleute und Ruhrbergbau 1889–1919, München: Beck 1983, S. 49–50; Jean H. Quataert: Combining Agrarian and Industrial Livelihood. Rural Households in the Saxon Oberlausitz in the Nineteenth Century, in: Journal of Family History 10/2 (1985), S. 145–162.

Wenngleich die Sekundärliteratur zur Geschichte des Kleingartens, des Bergbaus und des Arbeiterlebens die Tierzucht nur am Rande thematisiert, kann man den darin enthaltenen Informationen geradezu verblüffende Zahlen in Bezug auf das Vorhandensein von Tieren in den Industriestädten entnehmen: Die Zechenwohnungen der Bergbauarbeiter im Ruhrgebiet verfügten um die Jahrhundertwende z.B. zu 96 Prozent über einen Stall, in dem zum größten Teil Kleinvieh gehalten wurde. Von großer Bedeutung für die hier angeführte Argumentation ist die Tatsache, dass das Fleisch, die Milch und die Eier, die diese Tiere lieferten, für den Verzehr im eigenen Haushalt bestimmt waren. Selbst der Dünger aus den Exkrementen wurde nicht veräußert, sondern kam dem Gemüse im eigenen Nutzgarten zugute. Es war also ausgerechnet die Industrialisierung, die eine enge Anbindung von Nutztieren an den privaten Haushalt verursachte.[62]

Die tierspezifischen Quellen geben sehr konkretes Zeugnis davon, dass die Zuwendung zur häuslichen Kleinnutztierzucht in der Tat eng mit der Industrialisierung und der Entstehung der Arbeiterklasse zusammenhing. Ein administrativer Bericht über den Stand der Ziegenzucht in Oberfranken im Jahr 1908 brachte diese Korrelation auf den Punkt: Während die hauptberuflichen Landwirte die Ziegen abschafften und ihre Betriebe auf die ertragreichere und stärker auf Großhandel orientierte Rinderzucht reduzierten, wendeten sich die in der Industrie Beschäftigten umso intensiver dem anderen Milchtier zu:

»Der Stamm der bleibenden Ziegenzüchter dürfte auch in hiesiger Gegend sicher nicht in der ausschließlich Landwirtschaft treibenden Bevölkerung zu suchen sein, sondern vielmehr im Kleinhandelwerk, Fabrikbetrieb, deren räumliche und sonstige Verhältnisse die Aufstellung von Großvieh verbieten«.[63]

62 Prinz: Hand, S. 15; Steinborn: Arbeitergärten, S. 43–46, 49; Verk-Lindner: Kleingärten, S. 71; Fehn: Arbeiterbauern, S. 183–185; Stein: Inseln, S. 292–293; Teuteberg: Arbeiter, S. 70; Brüggemeier: Leben, S. 49, 298; Dorit Grollmann: »... für tüchtige Meister und Arbeiter rechter Art«. Eisenheim – die älteste Arbeitersiedlung im Ruhrgebiet macht Geschichte, Köln/Pulheim: Rheinland-Verlag 1996, S. 30.

63 Tierzuchtinspektor Döttl: Bericht über den Stand der Ziegenzucht pro 1908, 01.01.1909 (StA-Ba, Reg. v. Oberfranken KdI, K 3 F V a, Nr. 3648/I). Zur Bevorzugung der Ziegen gegenüber dem Rindvieh unter saarländischen Bergbauarbeitern vgl.: David Blackbourn: Marpingen. Apparitions of the Virgin Mary in Bismarckian Germany, Oxford/New York: Oxford University Press 1993, S. 70–72. Auch rein zahlenmäßig ging die Ära der Industrialisierung mit einem goldenen Zeitalter der Ziegenhaltung einher: Reichsweit wurden 1913 3.548.000 Ziegen gezählt, im Vergleich zu lediglich 2.326.000 Tieren, die in der Viehzählung von 1873 vorkamen. Das entsprach ferner eine deutliche Zunahme der Ziegenbestände im Verhältnis zur menschlichen Einwohnerzahl (Wehler: Gesellschaftsgeschichte, S. 695; Harald Winkel: Wirtschaftliche Voraussetzungen der tierischen Produktion, in: Comberg: Tierzucht, S. 84–101, hier S. 93; Helene Albers: Die stille Revolution auf dem Lande. Landwirtschaft und Landwirtschaftskammer in Westfalen Lippe 1899–1999, Münster: Landwirtschaftskammer Westfalen-Lippe, 1999, S. 115). Im Regierungsbezirk Oberfranken z.B. stieg die Ziegenzahl laut einem zeitgenössischen Bericht zwischen 1810 und 1907 von 11.408 auf 57.890 Exemplare (Tierzuchtinspektor Miller-Bayreuth: Bericht pro 1909 über den Stand der Ziegenzucht

Das Zitat legt nahe, dass sich die »industrielle Verhäuslichung« der Kleinnutztiere im Kaiserreich in spezieller Eindeutigkeit im Fall der Ziegen zeigte. Aus sozialdemographischem Blickwinkel betrachtet war die Ziege das Industrietier Nummer eins. Dass die Ziege insbesondere zu den Wohn- und Lebensverhältnissen der modernen Arbeiterfamilien taugte, war für die Zeitgenossen beinahe schon eine Binsenweisheit. Ein sehr beliebter rhetorischer Topos unter Kleintierzuchtexperten lautete, dass die Ziege »die Kuh des kleinen Mannes« sei. Der Arbeiter, dessen Wohn- und Arbeitsumstände ihn an der Zucht von Großvieh hinderten, dem aber der Sinn zur landwirtschaftlichen Beschäftigung keineswegs abhandengekommen war, fand gerade in der Ziege ein ideales Objekt, um seine Bedürfnisse bezüglich einer agrarischen Subsistenzwirtschaft in seiner eigenen Privatsphäre zu befriedigen: Die Ziege ist »mit recht dem kleinen Manne lieb geworden, der gern ein Nutztier mit bescheidenem Aufwand von Kosten erwirbt, um dadurch, daß er die Produkte desselben alle selbst verwerten kann, sich den Kampf ums Leben etwas zu erleichtern«.[64] »Die Ziegenzucht bringt nämlich die Haushaltungen unserer kleinen Beamten, Handwerker, Hofbesitzer, Arbeiter, hoch«.[65] Für einen schlesischen Veterinärrat stand fest, »daß die Ziegen im industriereicheren und wohlhabenderen Westen stärker vertreten sind, als im ackerbautreibenden Osten«.[66] Auch der soeben gegründete »Reichsverband deutscher Ziegenzucht-Vereinigungen« hob 1908 in erster Linie die »privatwirtschaftliche« Bedeutung seiner Bemühungen hervor, denen auch in »sozialpolitischer« Hinsicht eine hohe Aufmerksamkeit gegönnt werden müsse, weil sie den Haushaltungen der »durchweg kleine[n] und arme[n] Leute« zugutekämen. Nach Anschauung des Verbands besaß die Ziege die »größte Bedeutung« für »die mit gar keinem Eigentum oder nur mit Kleineigentum angesessenen Arbeiterkreise«; die Ziegenzüchter seien vornehmlich »in der Industrie beschäftigt«, weswegen das Tier primär im Westen als »das Haustier von sozialer Bedeutung« bezeichnet werden könne.[67] Ein Leipziger Verlag, der eine Monographie zur »praktischen Ziegenzucht« auf den Markt brachte, fasste eine sehr genaue Leserzielgruppe ins Auge, die er auch mithilfe des Preußischen Landwirtschaftsministeriums zu erreichen hoffte: »Auf diese Weise wird es den industriereichen Gegenden möglich sein, mit Hilfe des billigen Buches die Ziegenzucht und

---

(StABa, Reg. v. Oberfranken KdI, K 3 F V a, Nr. 3648/I)). In Baden und Württemberg wurde zwischen 1883 und 1913 eine Ziegenbestandszunahme von 119 Prozent registriert. Eine ausgesprochen überdurchschnittliche Steigerung zeigte sich dabei in den industriestarken Gebieten und in den größeren Städten, so im Raum Mannheim/Heidelberg, in Karlsruhe, Pforzheim, Heilbronn, Stuttgart und Reutlingen; siehe: Borcherdt et al.: Landwirtschaft, S. 86, 128, 169).

64 Galen: Über die Krankheiten der Ziege, in: Der Lehrmeister im Garten und Kleintierhof 3/13 (1904), S. 197–198, hier S. 197.

65 Friedrich Barth: Ziegenzucht, in: Haus, Hof und Garten 22/5 (1900), S. 33–34, hier S. 34.

66 Veterinärrat Gückel an Sr. Excellenz den Herrn Staatsminister für Landwirtschaft, Domänen und Forsten in Berlin, 01.03.1911 (GStA PK, I. HA Rep. 87 B, Nr. 22072).

67 Reichsverband deutscher Ziegenzucht-Vereinigungen an das Ministerium für Landwirtschaft, Domänen und Forsten Berlin, 01.12.1908; Reichsverband deutscher Ziegenzuchtvereinigungen an Sr. Exzellenz dem Herrn Kaiserlichen Staatssekretär des Innern, 30.05.1909 (ebd.).

somit auch indirekt die Volkswohlfahrt zu heben, sowie den Kindern der Arbeiter billige, gesunde Ziegenmilch zu geben«.[68]

Es ist zwar ratsam, an die zeitgenössischen Schilderungen der Kleinnutztierzucht mit einer guten Portion Vorsicht heranzugehen: Viele von ihnen wurden von externen und doch in politischer Beziehung involvierten Beobachtern verfasst, denen die nicht selten schwärmerische Hervorhebung der Bedeutung der proletarischen Gartenpflege und Kleintierzucht für die Sozialfürsorge besonders am Herzen lag. Nüchternere Aussagen bestätigen allerdings viele ihrer gesellschaftsrelevanten Informationen hinsichtlich des Sozialgefüges der Besitzer sowie der wirtschaftlichen Verhäuslichung der Kleinnutztiere. Eine sachliche Beschreibung des Haushalts einer Karlsruher Arbeiterfamilie aus dem späten Kaiserreich lautet etwa wie folgt:

»Die jetzt 31jährige Frau war nach der Schulzeit in Haushaltung und Landwirtschaft der Eltern bis zur Verheiratung mit 22 Jahren beschäftigt. […] Sie bewirtschaftet allein 70 a Ackerland und 3 a Garten und hält Geflügel und 2 Schweine. […] Sie besorgt alle Arbeiten im Feld und und [sic] Stall. […] Aus der eigenen Wirtschaft werden verbraucht täglich 4 Eier, jährlich 4 Hühner, 8 Gänse, 1 Schwein, ferner Kartoffeln, Roggen, Gemüse«.[69]

In einem Bericht eines Tierzuchtinspektors über die Verfassung der Kaninchenhaltung in Oberfranken wurde festgestellt: »[W]eniger der Landwirt, wie der Fabrik- und Heimarbeiter befaßt sich mit der rationellen Kaninchenzucht«.[70] Auch der »Verein für rationelle Kaninchenzucht zu Gotha« zählte zu seinen Mitgliedern vorwiegend Personen »aus den unteren Schichten des Volkes«, denen die Kaninchenhaltung die Gelegenheit gewähren sollte, »ihren Fleischbedarf wenigstens theilweise auf billigem Wege zu beschaffen«.[71] Als das Preußische Ministerium für Landwirtschaft die Landwirtschaftskammern in den preußischen Provinzen Ende der 1910er Jahre beauftragte, Untersuchungen zum Stand der Ziegenzucht vorzunehmen, erwies sich die Ausführung eines solchen Projekts gerade aufgrund des Sozialgebildes der Züchter und des privaten Charakters des Betriebs als eine kaum zu erledigende Aufgabe. Die Kammer in Westpreußen bat etwa um einen Zu-

---

68 Richard Carl Schmidt & Co. an das Königliche Ministerium für Landwirtschaft, Domänen und Forsten Berlin, 14.11.1901 (ebd.).

69 Hans Seufert: Arbeits- und Lebensverhältnisse der Frauen in der Landwirtschaft in Württemberg, Baden, Elsass-Lothringen und Rheinpfalz, Jena: Gustav Fischer 1914, S. 170–171.

70 Tierzucht-Inspektor Miller: Jahresbericht über den Stand der Kaninchen-Zucht für das Jahr 1909 (StABa, Reg. v. Oberfranken KdI, K 3 F V a, Nr. 602/I). Aus einem Verzeichnis des »Vereins für Geflügel-, Kaninchen und Ziegenzucht« im oberfränkischen Einberg geht hervor, dass von insgesamt 29 Mitgliedern 17 Fabrikarbeiter waren; siehe: Robert Aulwurm, Schriftführer: Mitglieder Verzeichnis des Geflügel, Kaninchen u. Ziegenzucht Vereins Einberg pro 1902, 24.05.1903 (StACo, LRA Co, Nr. 642).

71 Verein für rationelle Kaninchenzucht zu Gotha an das Königl. Preuß. Landwirthschaftsministerium Berlin, 01.12.1901 (GStA PK, I. HA Rep. 87 B, Nr. 22131). Vgl. eine ähnliche Beschreibung der Zielgruppe eines Kaninchenzuchtvereins aus dem Ruhrgebiet: Eugen Pohl, Drogist, I. Vors. des Kaninchenzüchtervereins für Gelsenkirchen und Umgegend an den Minister für Landwirtschaft, 03.05.1898 (ebd.).

schuss für die mit den Untersuchungen verbundenen Reisekosten, und zwar aus folgendem Grund: »Da die Ziegenzucht fast ausschliesslich in den Händen der kleinsten Besitzer liegt, so war es mit grossen Schwierigkeiten verknüpft, die dazu bereiten und geeigneten Stellen ausfindig zu machen und es waren zu diesem Zweck häufigere Reisen notwendig«.[72] Der Versuchsstation für Molkereiwesen im Posener Wreschen »war es trotz aller Bemühungen nicht möglich«, eine ausreichende Menge von Milch und Butter von den Ziegenzüchtern der Provinz für die Erhebungen aufzutreiben, da die Züchter behaupteten, »nur Milch für ihren eigenen Bedarf zu besitzen«.[73]

Wenn man darüber hinaus hauptsächlich die physischen Einzelheiten der Schilderungen unter die Lupe nimmt, geht daraus zum Teil ein Bild von äußerst animalischen Verhältnissen hervor, die etwa in den Mietskasernen des Ruhrgebiets vorherrschten:

»Die Höfe [der gewöhnlichen Mietshäuser] sind in der Regel sehr unsauber. Abfallstoffe, Asche, Papier usw. liegen umher. [...] Die normalerweise auf dem Hofe vorhandenen Stallungen für Schweine, Hühner und Gänse tragen ihr Teil zur Beschmutzung des Hofes bei. [...] Der Boden ist mit festen und flüssigen – tierisch wie menschlichen – Abfallstoffen durchsetzt, deren Menge er nicht zu verdauen vermag«.[74]

Wenngleich letztere Aussage auf eine Denunzierung der Anwesenheit der Nutztiere im häuslichen Umfeld hinauslief, ging sie doch oft auf Initiativen der Industriellen selbst zurück. Ein Direktor von Zementwerken im württembergischen Nürtingen erzählte in einer Sitzung eines Ziegenzuchtvereins stolz davon, wie das Unternehmen die Ziegenzucht der Arbeiter praktisch eingeleitet habe:

»Wir haben im letzten Jahre eine Anzahl Arbeiterhäuser erstellt, bei denen Rücksicht darauf genommen wurde, den Bewohnern dieser Häuser auch den nötigen Raum für Ziegenhaltung zu bieten. Dann haben wir im vergangenen Frühjahr [...] 43 rehfarbige Schwarzwaldziegen gekauft und diese [...] an unsere Arbeiter abgegeben. [...] Der Zweck meiner Ausführungen ist es nun, die Anregung zu geben, unsere gesamte Industrie für diese gute Sache zu interessieren«.[75]

---

72 Ministerium für Landwirtschaft, Domänen und Forsten an sämtliche Landwirtschaftskammern, 16.05.1908; Landwirtschaftskammer für die Provinz Westpreußen an den Herrn Minister für Landwirtschaft, Domänen und Forsten Berlin, 17.06.1910 (GStA PK, I. HA Rep. 87 B, Nr. 22072).

73 Landwirtschaftskammer für die Provinz Posen an den königlichen Herrn Staatsminister und Minister für Landwirtschaft, Domänen und Forsten Berlin, 16.04.1909 (ebd.).

74 Aus dem »Bericht über Mängel im Wohnungswesen in den Mietshäusern im [westfälischen] Industriegebiet« (1913); zitiert nach: Teuteberg/Wischermann: Wohnalltag, S. 236.

75 Die Industrie als Förderin der Ziegenzucht, in: Zeitschrift für Ziegenzucht 10/6 (1909), S. 76–77, hier S. 76. Ein Referent des Preußischen Landwirtschaftsministeriums behauptete 1914, dass die »Förderung der Kleintierzucht im westfälischen Industriegebiete [...] fast ausschließlich industriellen Interessen« diene (Ministerium für Landwirtschaft, Domänen und Forsten an den Herrn Minister für Handel und Gewerbe, 16.04.1914 (GStA PK, I. HA Rep. 87 B, Nr. 22246)).

Neben solchen Aufzeichnungen, die größtenteils aus der Feder behördlicher Instanzen, vorderer Zuchtvereinsmitglieder und der sogenannten Kathedersozialisten stammten, ist die Selbstverständlichkeit, mit der sich Industriearbeiter für eine Kleinnutztierzucht in ihrer Wohnumgebung engagierten, auch aus proletarischen und handwerklichen Selbstzeugnissen herauslesbar. Franz Sinzingers Eltern, die gegen Ende des ersten Jahrzehnts des 20. Jahrhunderts in einem Bahnwärterhaus in Niederösterreich wohnten, erwarben sich beispielsweise kurz nach ihrem Umzug dorthin »zwei sogenannte ›Eisenbahnerkühe‹, d. h. Ziegen«. Als Teil der Haushaltsarbeit war die Pflege der Tiere dem zehnjährigen Kind Franz anvertraut. Dabei besaß diese Arbeit keine unwesentliche wirtschaftliche Bedeutung: »Die Ziegen lieferten uns die nötige Milch und meine Eltern brauchten keine zu kaufen«.[76] Lovis Corinths Elternhaus in der ostpreußischen Kleinstadt Tapiau verfügte wiederum über einen Hof, auf dem es von »schnatternde[n] Enten und gackernde Hühner[n] wimmelte«. Der kleine Tierzuchtbetrieb bildete eine Nebenbeschäftigung seines Vaters, der hauptberuflich Gerber war.[77] Ein handfestes Beispiel liefert Franz Dahlem, der als späterer Aktivist der Arbeiterbewegung den materiellen Lebensumständen seiner proletarischen Eltern in seinen Jugenderinnerungen sehr große Aufmerksamkeit widmete. Dahlems Vater, der wie die Mutter bäuerlicher Herkunft war, wurde als Bahnarbeiter 1905 aus dem lothringischen Dorf Vic-sur-Seille in die städtischere Gemeinde Saaralben versetzt. Dort bezog die Familie ein Mehrfamilienhaus in einer Siedlung der Eisenbahnarbeiter, die im Zusammenhang mit der Errichtung des Saaralbener Bahnhofs 1896 gegründet wurde. Neben den Häusern fanden sich Ställe und Gartenland, die unter den verschiedenen Familien verteilt wurden und in denen sie eine Eigenwirtschaft, in erster Linie für den Selbstbedarf, betrieben. Für Dahlems Familie bedeutete diese Möglichkeit der Nebenbeschäftigung einen wahren ökonomischen Auftrieb. Innerhalb dieser Struktur spielten die eigenen Nutztiere eine immanente Rolle. Ihre Eingliederung in die neue Selbstversorgungskonstellation erfolgte ohne weiteres:

»Mit dem Umzug nach Saaralben hatten sich in vielerlei Hinsicht unsere Lebensumstände verbessert. Die Wohnung war geräumiger, und außerhalb des Hauses gab es günstigere Möglichkeiten, einen erheblichen Teil unseres täglichen Lebensbedarfs selbst zu erwirtschaften. Schon in den ersten Wochen erwarb Vater ein paar Kaninchen, und später wurden noch eine Ziege sowie Hühner gekauft. Etwas Milch, Eier, Fleisch und dazu Gemüse, Kartoffeln und Beerenobst, dann auch Zwetschgen, Kirschen und Äpfel kamen aus der eigenen ›Wirtschaft‹. [...] ›Feierabendbauern‹ nannte man damals solche Familien, die neben der tagtäglichen Lohnarbeit einen erheblichen Teil ihres Lebensunterhaltes durch landwirtschaftliche Tätigkeit erwirtschafteten. Das ermöglichte uns schließlich später auch, alljährlich ein Schwein aufzuziehen und zu Beginn des Winters zu schlachten. Solche Verhältnisse waren für viele Arbeiterfamilien in Lothringen typisch«.[78]

---

76 Therese Weber (Hg.): Häuslerkindheit. Autobiographische Erzählungen, Wien/Köln: Böhlau 1984, S. 274. Vgl. ferner: ebd., S. 255.

77 Lovis Corinth: Selbstbiographie, Leipzig: Hirzel 1926, S. 2–3.

78 Franz Dahlem: Jugendjahre. Vom katholischen Arbeiterjunge zum proletarischen Revolutionär, Berlin: Dietz 1982, S. 91–92. Der aus der Selbstversorgung gewonnene materielle Rückhalt der Eltern erwies sich insbesondere während des Ersten Weltkriegs als unentbehrlich. Als er von der Ostfront nach Saaralben 1918 zurückkehrte, kam es Dahlem vor, als ob es den

## DER WERT DES EIGENEN NUTZTIERS IN DER EIGENEN WIRTSCHAFT

Die Wiederholung von Begrifflichkeiten wie »selbst zu erwirtschaften«, »aus der eigenen Wirtschaft«, »selbst zu erzeugen« etc. in Dahlems Aufzeichnungen macht auf den hohen Stellenwert aufmerksam, den seine Eltern Elementen wie Autonomie, Autarkie und individueller Produktion im Gegensatz zum außerhäuslichen Konsum beimaßen. Die Eigenwirtschaft als Prinzip und die Unabhängigkeit des häuslichen Unternehmens von äußerlichen Instanzen waren in der Tat ein Kernmoment der Heimarbeit und des Kleinnutzgartenbaus. Individualistische Konzepte des Privateigentums und des Besitzes von Grund und Boden bildeten den Mittelpunkt hausindustrieller und selbstversorgerischer Visionen. Das Selbstproduzierte, so glaubten viele Verfechter des Kleingartenwesens, erwecke unter den nichtbürgerlichen Gartenbesitzern einen Eigentumssinn, ein Gefühl für den Besitz dessen, was einer mit den eigenen Händen erzeugte und ihm daher unentfremdbar gehörte. In der Kombination mit einem weiteren Element, nämlich dem Zurückziehen ins private Haus, wurde diese individualistische Anschauung zu einer Grundnuance der Selbstversorgungsideologie.[79] Vor demselben Hintergrund muss auch die Qualität der Halter-Kleinnutztier-Verhältnisse im Wohnumfeld gesehen werden. In dem individualitätsbezogenen Amalgam von Häuslichkeit, Arbeit und Eigenökonomie spielten die Tiere eine wesentliche Rolle im Hausleben ihrer Besitzer. Die Mensch-Haustier-Beziehungen, die aus einem solchen Zusammensein heranwuchsen, erhielten ihren besonderen Charakter gerade aus dieser mehrschichtigen Verquickung.

Es ist zwar schwer, in den Quellen zur selbstversorgerischen Kleinnutztierzucht die Trennlinien zwischen ideologisierten Wunschbildern und realeren Mensch-Tier-Interaktionen exakt zu markieren, aber auch hier gewähren gerade die sehr sinnlichen Darstellungen des räumlichen Beisammenseins und Zusammenagierens von Halterinnen und

Eltern merkwürdigerweise ziemlich gut gehe. Wieder einmal kam den Tieren ein hoher Stellenwert in der familialen Eigenökonomie zu, die den Arbeiter-Bauern vermeintlich eine größere Widerstandsfähigkeit als anderen Schichten der deutschen Bevölkerung im Kampf gegen die Hungernot ermöglichte: »Tatsächlich zahlte es sich in dieser Notzeit aus, daß Mutter immer darauf gedrungen hatte, möglichst viel für unseren Lebensunterhalt selbst zu erzeugen. [...] Vater hatte den Stall auf dem Hof ausgebaut. Dort grunzte jetzt neben der Ziege, die wir schon früher besaßen, ein Schwein, während geräucherte Speckseiten von dessen ›Vorgänger‹, der im Winter geschlachtet worden war, in der Speisekammer hingen. Jedenfalls bestand die erste Mahlzeit, die ich nach meiner Ankunft in der Eisenbahnsiedlung in Saaralben zu mir nahm, aus einem großen Glas frischer Ziegenmilch [...] und einem reichlich gefüllten Teller mit gebratenen Eiern. Alles schien hier wie früher zu sein. [...] Allerdings waren die Lebensbedingungen hier wie fast überall auf dem Lande selbstverständlich erheblich günstiger als in den Proletariervierteln der Großstädte und Industriereviere. Einmal besaßen meine Eltern und viele andere Familien, die ihren Lebensunterhalt vorwiegend durch Lohnarbeit zu bestreiten hatten, etwas Land und Möglichkeiten, sich Vieh zu halten, außer der Ziege und dem Schwein auch Kaninchen sowie ein paar Hühner« (ebd., S. 597–598).

79 Gudermann: Bereitschaft; Stein: Inseln, S. 73–75; Ritter/Tenfelde: Arbeiter, S. 237–239; Jensen: Kleingarten, S. 323.

Nutztieren Einblick in die konkreteren Dimensionen der Kontakte. Die Arbeit mit den Tieren, die in der Regel auf eine Instrumentalisierung der Ressource bzw. des Werkzeugs Tiers hinauslief, wies nicht selten Facetten der Partnerschaftlichkeit auf. Zu der Entstehung einer derartigen Partnerschaftlichkeit verhalf die Verbindung von Häuslichkeit und Zusammenarbeit, die Halterin/Heimarbeiterin auf der einen und Einzelnutztier auf der anderen Seite veranlasste, eine merkliche Nähe untereinander zu pflegen. In der praktischen Entfaltung einer solchen Nähe legten die Besitzerinnen häufig explizit partnertiermäßige Beziehungen zu ihren Tieren an den Tag.

Die freundschaftliche Disposition der Halter den gehaltenen Tieren gegenüber hatte ihren Ausgangspunkt in der Verknüpfung der Kleinnutztierzucht mit der selbstbezogenen Heimarbeitsaktivität. Die individualistische Bezugnahme auf den selbstständigen und hausgebundenen eigenwirtschaftlichen Betrieb schlug sich auch in der Kontaktaufnahme mit den Tieren nieder. Das Kleinnutztier pflegte man selbst, zog es groß und verzehrte es schließlich auch. Es war eine Kreatur und ein Arbeitsobjekt, das von der Lohnarbeit und der Marktwirtschaft unberührt blieb und das eigene Haus nie verließ. Ein Loblied auf die häusliche Ziegenhaltung hat gerade dieses Moment der Autnomie der Halter hervorgehoben:

»Ich gehe von dem Gedanken aus, daß die Besitzer von Villen- und Privatgärten im allgemeinen dahin bestrebt sind, sich in Bezug auf ihre häuslichen Bedürfnisse eine möglichst große Selbstständigkeit zu schaffen, d. h. nur selbstgebautes Gemüse, selbstgebaute Gartenfrüchte aller Art und die daraus gewonnenen Kompotte, Säfte Fruchtweine u. s. w. zu verwenden, kurz, Haus und Küche mit *eigenen*, schönen und frischen Gartenerzeugnissen zu versorgen, um nicht auf die verwelkte kraft- und saftlose, unansehnlich gewordene Marktwaare angewiesen zu sein. [...] [Eine selbstversorgte Ziegenmilch ist] unverfälscht und stets frisch. Ein guter Kaffee mit Ziegenmilch ist ein ungleich höherer Genuß als solcher mit Kuhmilch, und wir wissen immer was wir genießen und brauchen uns nicht mit zweifelhafter Waare vom Milchhändler zu begnügen«.[80]

Der Stolz auf die Eigenständigkeit gegenüber den größeren industriellen Arbeitsverhältnissen, und zwar selbst dann, wenn diese Eigenständigkeit in nur sehr bescheidenem Umfang ausgelebt werden konnte, deckte sich mitunter mit dem Privatbesitz des kleinen, einzelnen, für den Eigenbedarf gehaltenen Nutztieres. Folgende Aufzeichnung der Einstellungen und materiellen Zustände von ländlichen Heimwirkern im Bezirk Balingen in Schwaben führt diesen Zusammenhang deutlich vor Augen:

»Die Scheu der Bevölkerung vor dem geschlossenen Betrieb mit seinem Beaufsichtigungssystem ist ein für die Erhaltung des decentralisierten Betriebes stark ins Gewicht fallendes Moment. Wir wollen nicht ins ›Zuchthaus‹, kann man oft als Motiv des Überganges zum selbständigen Wirker hören. Die Maschinen [...] sind Eigentum der Wirker. [...] Die Klasse der Einzelwirker zählt zu den ärmeren Bewohnern der Gemeinden; außer dem Rundstuhl, vielleicht einem kleinen Stück

80 Lebrecht Wolff: Die Vortheile der Ziegenhaltung, in: Der Privat- und Villengärtner 1/6 (1899), S. 41–42 (Hervorhebung im Original).

Land, das eben noch imstande ist, ein Stück Kleinvieh zu ernähren, [...] nennt der Wirker nur in wenigen Fällen etwas sein eigen«.[81]

Solch eine Einordnung der Kleintiere in den größeren Zusammenhang der respektablen, eigenständigen Hausökonomie ist auch in Erinnerungen der Betroffenen selbst nachweisbar. In Anton Stoikes Aufzeichnungen seines Kindheitshaushalts im ländlichen Westpreußen der 1880er Jahre (der Vater war ein kleiner Handwerker und Landarbeiter) gehörten die Tiere zu einem wirtschaftlichen Leben, in dem großer Wert auf die materiellen Aspekte der geschlossenen Selbstversorgungseinheit gelegt wurde. Das eigene Land, der eigene Garten, die eigenen Gänse und das eigene Fleisch waren alle Teile einer gemeinschaftlichen Entität:

»Wir hatten Land, und wir hatten Wald. [...] Alles, was eben ging, machten wir selber, ob klein oder groß. Jeder hatte seine Arbeit. [...] Wir hatten Vieh, Gänse, sechzig Stück: darauf mußten die Kleinen aufpassen auf dem Land. [...] Jeder hatte sein Stückchen Garten vor dem Haus. Das mußte alles bearbeitet werden. [...] Wir hatten Schafe; wir hatten Gänse und wir hatten eine Kuh. Später haben wir noch die Ziege dazugenommen: Alles konnte man gebrauchen. Wir haben nichts verkauft. Das brauchten wir alles selbst. [...] Im Sommer, da war das mit den Gänsen, da wurden sie fett gefüttert. Sie wurden nicht verkauft, das war alles für uns. Das war unser Fleisch. Auch das Schaf«.[82]

In seiner neuen Heimat in der Industriearbeitersiedlung Eisenheim in Oberhausen setzte der erwachsene Stoike diese Selbstversorgungstradition aus dem rustikalen Elternhaus in kleinerem Maßstab in seinem »Stückchen Garten« fort.[83]

Zu jenen Vorkommnissen von bäuerlichem und proletarischem Beharren auf die Unabhängigkeit von externen Instanzen in Arbeit und Konsumtion kann eine bürgerliche Familiengeschichte zugesellt werden, die die Bedeutung der Kleinnutztierhaltung in der Struktur der Häuslichkeit und ihre Funktion in den Widerstandsbemühungen gegen die »Enthäuslichung« des Lebensunterhalts in deren ganzen mehrdimensionalen Komplexität aufzeigt: 1865 konnte Marie Kaulbach, die Frau des renommierten Malers Friedrich Kaulbach, ihr erkranktes Kleinkind Anton aufgrund einer Schwäche, die sie plagte, nicht stillen. Da der Junge Flaschenmilch nicht vertragen konnte, bezog die Familie, damals in einer Villa in einem grünen Stadtteil von Hannover wohnhaft, eine alternative Milchquelle:

»[Es] wurden zwei weiße Ziegen angeschafft, damit der Kleine stets unverfälschte, frische Milch bekam. Mein Großvater riet jedoch, wie er es von Anfang an getan hatte, dringend zu einer gesun-

81 O. Reinhard: Die württembergische Trikot-Industrie mit specieller Berücksichtigung der Heimarbeit in den Bezirken Stuttgart (Stadt und Land) und Balingen, in: Hausindustrie und Heimarbeit in Deutschland und Österreich. Bd. 1: Süddeutschland und Schlesien, Leipzig: Duncker & Humblot 1899, S. 1–77, hier S. 55–56.

82 Zitiert nach: Janne Günter: Mündliche Geschichtsschreibung. Alte Menschen im Ruhrgebiet erzählen erlebte Geschichte, Mülheim an der Ruhr: W.G. von Westarp-Verlag 1982, S. 26–27.

83 Ebd., S. 88.

den, kräftigen Amme. Aber meine Mutter weigerte sich, eine Amme zu nehmen, weil sie wußte, welche Abneigung mein Vater dagegen besaß. Anfangs gedieh das Kind bei der Ziegenmilch, und die Mühe, die diese Tiere bereiteten, schien sich zu lohnen«.[84]

In dieser Notsituation entschied sich die Familie, eine Ziege zu erwerben, weil man nicht bereit war, die Milch einer fremden Amme bzw. einer fremden Kuh zu vertrauen. Den außerhäuslichen Produkten waren aus der Perspektive der Familie einem Dauerverdacht der »Falschheit« unterworfen. Ein fast selbstverständliches Grundprinzip beim Umgang mit den Nahrungsmitteln scheint dabei gewesen zu sein, dass man sie stets unter der eigenen Kontrolle wissen wollte. Aber der elterliche Antagonismus gegenüber den außerfamilialen Interventionen erhielt hier eine zusätzliche Dimension mit dem resoluten Widerstand des Vaters gegen die Möglichkeit der Einbeziehung einer Amme. Die Nutztiere fungierten damit nicht nur als Lieferanten von unmittelbar bezogener Milch, sondern auch als bessere Alternative zu der familienfremden Amme. Oder anders formuliert: Dank der eigenen Ziege, die frische Milch für den eigenen Bedarf gab, blieb das Kind unversehrt im Schoß seiner eigenen Familie – vor externen Bedrohungen geschützt. Während die eigentliche Familienmutter ihrer Aufgabe nicht gerecht werden konnte, ermöglichte es die Hausziege, das familienbürgerliche Ideal des Selbststillens[85] wider die Gefahr aufrechtzuerhalten, das Kind fremden Händen anvertrauen zu müssen.

Marie Kaulbach erzählte weiter über ihre Erlebnisse mit den Ziegen des Hauses:

»Oft war bei den sieben Kindern so viel zu schaffen, daß die [Dienst-]Mädchen nicht mit ihrer Arbeit fertig wurden. In solchen Fällen ging ich selbst in den Stall, um die Ziegen zu melken. Ich hatte es in dieser Zeit gelernt. Und als die Ziegenfamilie sich vergrößerte, stand ich täglich um vier Uhr auf, um alle Tiere zu versorgen. Doch war meine Freude groß, als ich sah, daß der Junge sich sichtlich erholte«.[86]

Die heimgebundene Tierhaltung, die im Interesse der Selbstbezogenheit der Familie praktiziert wurde, erforderte von der Familienmutter, dass sie sich mit dem Nutztier intensiv beschäftigte. Als Ergebnis des intensivierten Umgangs mit der Ziege lernte Kaulbach laut ihrem eigenen Zeugnis das Arbeitsobjekt Tier auch wirklich kennen. Das Selbstversorgersystem, das hier in einen radikalen Unwillen einmündete, die Grenzen des Familienuniversums für die Außenwelt zu öffnen, führte dazu, dass die Ziege eine zentrale Stellung im alltäglichen Leben der Familie erlangte. Die Freude über das Gedeihen der eigenen Familie war nicht von der mühseligen, aber erfolgreichen und daher zufriedenstellenden Arbeit mit dem eigenen Nutztier getrennt.

---

84 Isidore Kaulbach: Friedrich Kaulbach. Erinnerungen an mein Vaterhaus, Berlin: Mittler 1931, S. 90.

85 Zur ab Anfang des 19. Jahrhunderts aufsteigenden Wertschätzung des Selbststillens unter bürgerlichen Familien siehe: Anne-Charlott Trepp: Sanfte Männlichkeit und selbständige Weiblichkeit. Frauen und Männer im Hamburger Bürgertum zwischen 1770 und 1840, Göttingen: Vandenhoeck & Ruprecht 1996, S. 328–337.

86 Zitiert nach: Kaulbach: Friedrich Kaulbach, S. 90.

Die intensive Arbeit brachte damit eine ebenso intensive Annäherung an das gehaltene Tier mit sich. Zumindest was physische Kontakte anging, ist in Bezug auf Heimarbeit in vielen Fällen nicht eine Entfernung von dem Lebewesen, aus dem materieller Nutzen gezogen werden sollte, sondern gerade eine Vertraulichkeit mit ihm feststellbar. Davon, wie sich eine solche materielle Vertraulichkeit unter armen ländlichen Familien entwickeln ließ, legte der hinterpommersche Schneidersohn Franz Rehbein im Rahmen seiner Erinnerungen an seine Kindheitszeit in den 1870er Jahren ein handfestes Zeugnis ab: Nach Rehbeins Ausführungen standen Ziegen im Mittelpunkt des ökonomischen Lebens in seinem Heimatsdorf in der Nähe von Neustettin. Rehbein erzählte, dass kein anderes Thema die Gedankenwelt der lokalen Familien intensiver beschäftigt habe wie fundamentale Wirtschaftsfragen: »Die Sorge um den Lebensunterhalt hält die Gedanken der ärmeren Familien dann auch sozusagen Tag und Nacht wach. Nahrung und Feuerung, darum dreht sich alles. Zunächst hieß es: Wie beschaffen wir die nötigen Kartoffeln?«[87] In dieser überlebenswichtigen Frage der Kartoffelbeschaffung spielte die Ziege eine enorm wichtige Rolle. Die Kartoffeln wurden nämlich von Rehbeins nichtbäuerlicher Familie sozusagen »ausgepflanzt«. Das heißt: Es wurde ein Tauschgeschäft mit den »Ackerbürgern« abgeschlossen: Letztere, die nur über einen beschränkten Viehbestand verfügten, waren für ihren Landbau auf externe Quellen des Düngerbezugs angewiesen. Eine solche Außenquelle existierte in Gestalt des Kleinviehs der ärmeren, landlosen Haushaltungen des Dorfes. Der Dünger wurde auf die Felder der Bauer gestreut und im Gegenzug wurden den Besitzern der Kleintiere, aus deren Körpern das hochwertige Material stammte, eine kleine Parzelle des Landes überwiesen, auf der sie ihre eigenen Kartoffeln oder Roggen anbauen durften. Diese Absprache war außerdem in relationaler Form arrangiert: Je reicher die Düngermengen waren, die die Handwerkerfamilien den Bauern ablieferten, umso mehr Feldfrüchte durften sie »auspflanzen«: »Unter diesen Umständen ist es begreiflich, daß jeder ›Auspflanzer‹ möglichst viel Dung zusammenzuklauben sucht. Je mehr er davon hat, desto mehr Kartoffeln kann er bauen«.[88] Im Zyklus dieser Tausch- und Subsistenzwirtschaft war die Ziege, die Hauptdüngerlieferantin, ein unerlässliches Zwischenglied, das besondere Aufmerksamkeit verdiente. Um die Ziege drehte sich alle Tätigkeit, man kümmerte sich um sie fast pausenlos und scheute keine Anstrengungen, um ihren Ansprüchen gerecht zu werden:

»Wir brachten es nur zu einer Ziege, deren Fürsorge hauptsächlich mir anvertraut war. Da galt es, im Sommer das nötige Futter heranzuholen, damit das Tierchen nicht ›auftrocknete‹. Nun, darauf war ich bald geeicht, ohne daß der Feldwächter mich beim Wickel kriegte. Aber auch die erforderliche Streu mußte herbeigeschafft werden, sonst gab's ja nicht genügend Dung. Auch das wußte ich zur Zufriedenheit der – Ziege – zu besorgen. […] Auch Moos und Fichtennadeln aus den umliegenden Holzungen schleppte ich zu diesem Zweck zusammen. […] War im Spätherbst kein Gras und Kraut mehr zu pflücken, so wurde die Ziege mit Kartoffelschalen und Wrucken (Kohlrüben) gefüttert«.[89]

87 Rehbein: Leben, S. 9.

88 Ebd.

89 Ebd., S. 9–10.

Die Tatsache, dass die Ziege ein materielles Fundamentalobjekt der Familie war, bewegte das Kind zu einer Vertiefung in eine Art »Ziegenkunde«. Es lernte ganz genau, wie das Tier in seinen Essgewohnheiten »tickte«, was notwendig war, um das gewünschte Funktionieren des Körpers zu garantieren. Die intensive Arbeit, die intensive Annäherung ließ Vertrautheit entstehen.

Die tiefgehende Bekanntschaft mit den animalischen Elementen gehörte aber nicht allein zum Erlebnisspektrum armer Dorfkinder, sondern auch zur »guten« bürgerlichen Küche. Um abermals das Thema der Fleischwarenbeschaffung aufzugreifen: In vielen Ratgeberwerken zur Haushaltsarbeit wurde der Selbstschlachtung des Geflügels gegenüber der Möglichkeit eines Ankaufs eines verarbeiteten Produkts in aller Ausdrücklichkeit der Vorzug gegeben. Die ins Detail gehenden Ratschläge suggerieren, dass das Schlachten von Kleintieren unlösbarer Bestandteil der Küchenaufgaben sein sollte. Der Grund hinter dieser Empfehlung war die Anforderung einer intimen Vertrautheit mit den werdenden Lebensmitteln, die an einen rational durchgeführten Küchenbetrieb gestellt wurde. Zwar wird in Arbeiten zur Geschichte des Essens vielfach behauptet, dass der moderne Verbraucher das von ihm verzehrte Tier nur in seiner toten und aufgrund weitgehender Verarbeitung verzerrten Form kenne. Die Vorgänge der Tötungs- und der Schlachtarbeit sowie der Fleischzubereitung »verschwanden hinter den Kulissen« der modernen Schlachthöfe, das tatsächliche Tier rückte weg aus dem Bewusstsein des ihn verzehrenden Menschen; oder lapidarer formuliert: »Das Fleisch kam aus einem Verkaufsgeschäft – mehr wollte man eigentlich gar nicht mehr wissen«.[90]

Im 19. Jahrhundert mag dieser Entfremdungsschub für die riesigen Zentralschlachtanlagen für Rinder und Schweine in Cincinnati und Chicago gegolten haben. Dort verzerrte vielleicht das mechanisierte Töten den lebenden Tierorganismus vollkommen und schloss jegliche Vertrautheit zwischen Mensch und Tier von Anfang an aus.[91] Die bürgerlichen Haushaltsratgeber im Deutschen Kaiserreich scheinen dagegen von dieser Praxis des entfremdeten Schlachtens nicht informiert gewesen zu sein. Wenn sie die Angelegenheit der Geflügelfleischbeschaffung anrissen, dann empfahlen sie ihrer Frauenleserschaft keineswegs, den »Kontakt mit dem Tod aus dem Leben«[92] zu verdrängen. Im Gegenteil: Sie regten an, einen derartigen Kontakt massiv zu intensivieren. Dieser intensive Kontakt hatte schon mit dem noch lebenden Tier zu beginnen: Selbst wenn die Tiere nicht aus der eigenen Hauswirtschaft stammen konnten, wurde beim Einkaufen die Entwicklung einer nahen Vertrautheit mit den körperlichen Eigenschaften erwartet: Die Hausfrau sollte beim Erwerben des »lebende[n] Geflügel[s]« ihr Augenmerk darauf richten, dass die Tiere

90 Jakob Tanner: Modern Times. Industrialisierung und Ernährung in Europa und den USA im 19. und 20. Jahrhundert, in: Felix Escher/Claus Buddeberg (Hg.): Essen und Trinken zwischen Ernährung, Kult und Kultur, Zürich: vdf Hochschulverlag an der ETH Zürich 2003, S. 27–52 (Zitate S. 40). Vgl: Elias: Prozess, S. 163.

91 Sigfried Giedion: Die Herrschaft der Mechanisierung. Ein Beitrag zur anonymen Geschichte, Frankfurt a.M.: Europäische Verlagsanstalt 1982, S. 238–277.

92 Ebd., S. 272.

»nicht aufgeblasen und schmutzig aussehen. Bei alten und schlecht genährten Tieren sind Gesicht und Füße eingeschrumpft, der Schnabel hart. Junge Hühner und Hähnchen haben längere Beine und zarteren Knochenbau, zartere Krallen und glänzendere Schuppen als alte. Die Haut ist weich, und die Federn lassen sich leicht ausreißen. Drückt man auf den Brustknochenkamm, so giebt er elastisch nach. Die Schuppenhaut an den Füßen läßt sich leicht einreißen«.[93]

Das Gebot des hautnahen Prüfens der Lebensmittel konnte in der Tat zu einer regelrecht intimen Kontaktaufnahme mit dem zuzubereitenden Tier führen. Bei der Speisevorrichtung sollte die »gute« Hausfrau großen Aufwand mit der Behandlung des Tierkörpers betreiben. Für die primär dank ihres populären Kochbuches berühmt gewordene Haushaltungsliteraturautorin Henriette Davidis gehörte ein solches aufwendiges Eingreifen in den Tierkörper zum elementarsten Aufgabenspektrum der hausfraulichen Küchenarbeit im frühen Kaiserreich: Die Hausfrau, der das Eigenschlachten des Federviehs wie selbstverständlich oblag, hatte zunächst dem Tier die Flügel zusammenzubinden, es dann an den Beinen aufzuhängen und mit einem Messer die Gurgel durchzuschneiden, und zwar in der Weise, dass das Messer so lange am Hals gehalten wurde, bis das Tier »gänzlich verblutet ist«. Der Gans sollte gar »auf einer kahl gerupften Stelle des Hinterkopfes [...] in die Hirnschale gestochen, das Blut in einem Töpfchen [...] aufgefangen und danach das Loch mit einem glühenden Eisen zugebrannt« werden. Mit der an das Rupfen anschließenden Ausweidung nahm der leibliche Eingriff sogar noch interventionistischere Züge an:

»Man legt dasselbe [das Geflügel] auf die Rückseite, zieht die Haut am Halse stramm, schneidet sie der Länge nach etwas auf, wobei der Kropf nicht verletzt werde, den man, mit einem Finger in die bemerkte Oeffnung greifend, löst, ihn nebst der Gurgel herauszieht. [...] Nachdem werden die Beine im Kniegelenk abgeschnitten, Augen und Ohren [...] ausgestochen, die Haut von Kamm und Schnabel gezogen und die Zunge entfernt. Sodann macht man hinten am Bauch einen kleinen Querschnitt, greift behutsam mit zwei Fingern hinein [...] und nimmt das Eingeweide heraus«.[94]

Es ist natürlich unmöglich, die Berührungen, die der gewalttätige Akt des Schlachtens erforderte und die in Davidis' Beschreibung des Schlachtens in aller Detailliertheit dargestellt werden, als partnerschaftliche Beziehungen zu begreifen. Und dennoch: Die physische Annäherung, die die Haushaltsarbeit benötigte, wurde in vielen Fällen auch von einer mentalen Annäherung begleitet. Der Auslöser von Partnerschaftlichkeitsverhältnissen war dabei sehr häufig die häusliche Nutzungserwartung, die an die Partnertiere in spe geknüpft wurden. Die Freundschaft mit den Kleinnutztieren war keine »reine«, entmaterialisierte Freundschaft zwischen zwei interessensfreien Partnern, die sich vor-

93 J. von Wedell: Im Haus und am Herd. Praktischer Ratgeber in allen Gebieten der Haushaltung für Frauen und Mädchen, nebst einem vollständigen Kochbuch, Stuttgart: Levy und Müller o.J. [1897], S. 154–157, 254, 260 (Zitat S. 155).

94 Henriette Davidis: Die Hausfrau. Praktische Anleitung zur selbstständigen und sparsamen Führung von Stadt- und Landhaushaltungen. Eine Mitgabe für angehende Hausfrauen, Leipzig: Seemann 1870, S. 268–270.

behaltlos liebten.[95] Sie war vielmehr eine Nutzfreundschaft »älteren Stils«,[96] im Rahmen derer das Ökonomische im Vordergrund stand und mit partnerschaftlichen Elementen verflochten wurde.

Eine solche Konstruktion der Nutzfreundschaft war im Kleinnutztierzüchterdiskurs des Kaiserreichs ein Grundsatzelement. Im *Lehrbuch der Nutzgeflügelzucht*, verfasst von einem der führenden Experten der Geflügelhaltung im späten Kaiserreich, W. Cremat, wurde beispielsweise »das Interesse für die Geflügelindustrie« mit der Tierliebe begründet: Unter der Überschrift »Der Geflügelzüchter und sein Beruf« war dort zu lesen, dass da »[v]iele Männer und Frauen [...] eine ihnen angeborene Liebe für irgend ein Haustier [...] besitzen«, sie sich als eine Folge dieses Sentiments dem Geflügelgeschäft widmeten. Aus Liebe würden sie zu »vorzügliche[n] Tierzüchter[n]«.[97] In zahlreichen Schriften aus der Vereinsszene wurde dementsprechend der einfache, Selbstversorger-Züchter als ein Tierfreund und die von ihm gepflegten Nutztiere korrelativ als seine »Lieblinge« dargestellt. In einem Geflügelzuchtfachorgan war z.B. von den »Lieblinge[n] des kleinen Landmannes« die Rede, »der mit ihnen sein Frühbrod, sein Mittagessen und Abendbrod teilt und lieber selbst ein wenig Not leidet, als er diesen etwas abgehen ließe«.[98] Der Landwirt sollte folgerichtig »Lust und Liebe für sein Federvieh« empfinden.[99] Eine führende Geflügelhalterin wurde in der Zeitschrift *Nutzgeflügelzucht* dafür gelobt, dass »[a]bgesehen davon, daß diese Dame eine große Geflügelfreundin ist, [...] es ihr vor allem darauf an[kommt], stets frische Eier für ihren Haushalt [...] zu haben, denn was man [...] in den Läden als Trinkeier kauft, ist oft recht anrüchig«.[100] Im selben Fachblatt positionierte eine andere Frau die gezüchteten Kaninchen inmitten des annehmlichen Familienlebens: Da die nützliche Zuchtarbeit, an der alle Familienmitglieder als Kollektiv teilnähmen, den innerfamilialen Beziehungen einen positiven Vorschub zu leisten vermöge, wurde auch das Tier in dieses Kollektiv aufgenommen. Das Nutztier wurde zu einem »Hausgenosse[n]«:

»Mancher wird über die Nützlichkeit unseres kleinen, anspruchslosen Hausgenossen erstaunt sein und sicherlich zur Zucht schreiten. Mit dieser nützlichen Beschäftigung in der freien Zeit wird auch dem idealen Wert der Familie, dem häuslichen Frieden, sehr gedient. Eine Kaninchenzucht bietet

95 Vgl.: Haraway: Species, S. 215.

96 Siehe: Ronald G. Ash: Freundschaft und Patronage zwischen alteuropäischer Tradition und Moderne. Frühneuzeitliche Fragestellungen und Befunde, in: Bernadette Descharmes/Eric Anton Heuser/Caroline Krüger/Thomas Loy (Hg.): Varieties of Friendship. Interdisciplinary Perspectives on Social Relationships, Göttingen: V&R Unipress 2011, S. 265–286.

97 W. Cremat: Lehrbuch der Nutzgeflügelzucht, Groß-Lichterfelde: Verlag der Zeitung »Nutzgeflügelzucht« 1907, S. 52–53.

98 Ch. Mohr: Gedanken über Vereine und Ausstellungen zur Förderung der Geflügelzucht, in: Pfälzische Geflügel-Zeitung 5/51 (1881), S. 227.

99 Kalman Zdeborsky: Zur Geflügelzucht-Frage, in: Oesterr.-ung. Blätter für Geflügel- und Kaninchenzucht 1/6 (1878), S. 61–62, hier S. 61.

100 Margarete Preuße: Entgegnung an Frau Handrick, in: Nutzgeflügelzucht 14/3 (1912), S. 22–23, hier S. 23.

soviel des Interessanten, daß die ganze Familie sich ihrer widmet und hat schon manches gestörte Familienleben wieder hergestellt«.[101]

Die Verortung des Objekts Nutztiers in eine derart zentrale Position im Dickicht der Familienbeziehungen führte häufig zu einem nahezu exzessiven Umgang mit ihm. Ausgehend von der Nähe, die er und seine Frau zu einer brütenden Henne im Inneren ihrer Wohnung in einer oberpfälzischen Kleinstadt verspürten, ging ein Lehrer und Teilzeitgeflügelzüchter dazu über, in idealisierter Sprache seiner ebenso intimen Kenntnis mit den natürlichen Mechanismen des Geflügelorganismus Ausdruck zu verleihen:

»Die Glucke brütete vorzüglich und saß getreulich ihre 21 Tage auf den Eiern. Schon am letzten Tage sah meine Frau öfter nach, ob vielleicht ein vorwitziges Küchlein die Hülle gesprengt, aber keine Spur. Wir warteten einen Tag um den andern, aber immer noch kein Anzeichen von Leben. In diesen Tagen trat Witterungswechsel ein. Liebliche, linde Frühlingslüfte drangen durch die Ritzen meines Hauses und es war, als ob die große Schafferin in der Natur, die Wärme, nun auch endlich in den Eiern unter der Glucke Leben hervorbringen wollte. Als die Eier nun 24 Tage bebrütet waren, schlüpfte das erste Küchlein heraus. Bis zum 28. Tage hatten alle Küchlein die Schale verlassen. Das Resultat der Brut war [...] ein recht gutes. Dasselbe ließ sich so erklären, daß die Wärme nicht ausreichte, um das im Ei schlummernde Leben zur Vollendung zu bringen, sie reichte aber hin, den Lebenskeim vor dem Verderben zu schützen. Nach Eintritt milderer Witterung reichte die Körperwärme der Glucke aus, das Brutgeschäft zu Ende zu führen«.

Die Lektion, die er aus diesem in wirtschaftlicher Hinsicht erfolgreichen Erlebnis zog, war, dass Geflügelhalter ihren Tieren eine erhöhte Aufmerksamkeit schenken sollten: »[E]s genügt daher nicht, erst nach Ablauf der Brutzeit die Bruteier genauer zu kontrollieren, sondern es ist unbedingt nötig, während der ganzen Brutzeit ein wachsames Auge auf dieselben zu haben«.[102]

Mit diesen Worten stimmte der oberpfälzische Lehrer mit zahlreichen normativen Schriften in der zeitgenössischen Geflügelzuchtliteratur überein, die in der Wohnungshaltung gerade den Vorteil der stetigen Nähe zu den Nutztieren erkannt haben wollten:

»Es kommt nicht selten vor, daß eine Glucke bald nach dem Auslaufen der Küken stirbt. [...] In diesem Falle muß ihnen die Hausfrau helfen, indem sie sie in die Stube nimmt, ihnen in einem flachen Korb Heu unter legt, sie hinein setzt, und mit einem wollenden Tuche zudeckt. [...] Ins Freie dürfen sie nur unter schützender Aufsicht gebracht werden. [...] Die Aufzucht ohne Glucke ist zwar mühsam, aber für die pflegende Hausfrau auch belohnend, durch die Zahmheit und Anhänglichkeit der Kleinen an ihre Pflegerin«.[103]

101 Bleynemann, Fr.: Rationelle Kaninchenzucht. Fortsetzung u. Schluß, in: Nutzgeflügelzucht 14/4 (1912), S. 36.

102 Grams: Einwirkung der Witterungsverhältnisse auf das Brutgeschäft, in: Blätter für die deutsche Hausfrau 10 (1905), S. 38.

103 Reisserts Katechismus der verbesserten Landhühnerzucht. Eine Geldquelle für verständige Landfrauen, Rinteln: Bösendahl 1882, S. 20.

Neben solchen fachmännischen Schriften, in denen die Neigung zu verzerrten Idealbildern bisweilen allzu deutlich ist, bezeugen auch sachbezogenere Quellen von einer zumindest ansatzweisen partnerschaftlichen Einstellung der Halterin dem Nutztier gegenüber. Diese partnerschaftliche Einstellung stand mit dem Arbeitsverhältnis und dem materiellen Nutzen in direktem Zusammenhang. Über »die Bäuerin« in zwei südbadischen Dörfern (Wolfenweiler und St. Märgen) und ihre Beziehung zu den Rindern wurde z.B. in einer Sozialstudie berichtet:

»Ihre Sorge für den Gesundheitszustand und das Wohlergehen aller Hausgenossen [erstreckt sich] auch auf die Tiere im Stall. Die Bäuerin in Wolfenweiler ist die nächste Instanz bei Krankheitsfällen und unnormalen Zuständen des Viehes, sie hilft mit tatkräftiger Sorge nach und verhütet schlimmeres. Auch die Arbeit und Aufzucht des Jugendviehs, die viel Sorgfalt und Mühe erfordert, fällt ihr zu; die Bäuerin wählt und behält jeweils diejenigen Tiere von dem Jungvieh im Stall, die ihr zur Zucht geeignet erscheinen. Sie kennt das Muttertier, dessen Eigenschaften und Leistungen und beurteilt danach die jungen Tiere. [...] Den trächtigen und gebärenden Tieren wendet sie stetige Aufmerksamkeit und Pflege zu. Ist es Zeit, daß eine Kuh kalbt, so steht sie oft in der Nacht auf, um nach der Kuh zu sehen und, wenn nötig, helfend zuzugreifen. Wenn die Kuh gekalbt hat, so muß sie eine Zeit lang individuell behandelt werden. [...] Jedes kleine, hilflose Tier wird Gegenstand liebevoller Fürsorge, sein Wachsen und Gedeihen wird eifrig beobachtet; die Frauen haben Freude an den ungelenken Lebensäußerungen, dem Springen mit den steifen dünnen Beinen, dem Stoßen und Lecken; oft bleibt die Bäuerin im Stall bei den kleinen Tieren stehen, schaut ihnen zu und zeigt sie mit Stolz und Freude. Wenn sie hereinwachsen, bekommt ein jedes seinen eigenen Namen und seine Glocke. Die Bäuerin kennt die Tiere jedes in seiner Individualität; sie sieht, wenn sie in den Stall tritt und die Tiere die Köpfe nach ihr drehen, sogleich ob sie in Ordnung und alle gesund sind«.[104]

Bemerkenswert an dieser Beschreibung ist nicht die Tatsache, dass die Kühe und Kälber Eigennamen bekamen und individuell betreut wurden, sondern wie nahtlos der Knoten zwischen einerseits auf materieller Produktionsarbeit basierender Sorgfalt und andererseits »liebevoller« Pflege der Einzeltiere war. Die Sorge um das Wohlgedeihen und die Gesundheit der Jungtiere, die aus wirtschaftlichen Gründen veranlasst wurde, verwandelte sich fast unbemerkt in den Wunsch, dass es den geliebten Tieren gut gehe. Selbst das Moment der direkten Kommunikation, zu dem auch der Akt der Namensgebung gehörte, hing mit den ökonomischen Zuständen zusammen: Anhand der freundschaftlichen Beziehung und der individuellen Vertrautheit konnte die Bäuerin feststellen, ob alles im Stallbetrieb in Ordnung sei, und so war es gerade dieses Verlangen nach Wissen, das sie dazu anspornte, die enge Interaktion aufzunehmen. Die Art von Freundschaft, die in diesem Fall aufkeimte, hatte wenig mit überschwänglichen Emotionen zu tun. Vielmehr verwandelten sich die alltäglichen Arbeitsverrichtungen fast spontan in partnerschaftliche Interaktionen, die sich anschließend auf beiden Seiten, menschlicher wie tierischer, manifestierten. Die Arbeit an sich, in ihrer konkreten Entfaltung, ließ die Partnerschaft-

104 Marta Wohlgemuth: Die Bäuerin in zwei badischen Gemeinden, Karlsruhe: Braun 1913, S. 33, 36–37.

lichkeit hervortreten. Die Mensch-Nutztier-Freundschaft war im Wesentlichen eine Arbeitsfreundschaft.

Diese Arbeitsfreundschaft mit dem Nutztier wurde besonders von einer sozialen Gruppe gepflegt, deren ganzer Status durch die Arbeit definiert war: den Knechten und Mägden. Gerade für das besitzlose Gesinde stand die Arbeit an sich – die praktische Tätigkeit, die sie auf dem Bauernhof leisteten – im Zentrum ihres Lebens. Nicht Eigentum oder Lohn, sondern die von ihnen alltäglich verrichtete Arbeit war es, die sie in die jeweilige Bauernhofgemeinschaft und in den Haushalt, in welchem sie tätig waren, integrierte. Es nimmt insofern kein Wunder, dass auch die Objekte jener Arbeit, mit denen sie in tagtäglichen Kontakt kamen, einen ebenso zentralen Stellenwert in ihrem Leben einnahmen. Die Pflege des ihnen anvertrauten Viehs war für sie mitunter das Allerwichtigste: »Für einen guten Dienstboten war es Ehrensache, sich nicht nur für die Menschen des Hofes, sondern auch für das Vieh einzusetzen und es gemeinsam zu pflegen«.[105] Geschichten über das enge Knecht- oder Magd-Nutztier-Verhältnis wiederholen sich in fast archetypischer Form in der Umfrage, die die Volkskundliche Kommission des Landschaftsverbandes Westfalen-Lippe über das Gesindeleben um die Jahrhundertwende durchführte. Die Gesindeleute, die oft von einem fürsorglichen Pflichtgefühl besessen waren, waren nach eigenen Aussagen ständig ganz nah bei den Nutztieren, bereit, ihnen zur Seite zu springen und jede benötigte Pflegearbeit zukommen zu lassen: »Erwartete man über Nacht ein Fohlen, hielten die Knechten nachts stundenweise Wache. [...] Waren kleine Ferkel da, wurde in den ersten Nächten von einem Mädchen aufgepasst, daß die kleinen Tierchen nicht von der Sau beim Aufstehen erdrückt wurden«.[106]

Interessanterweise führte diese Arbeitsnähe sehr oft auch dazu, dass die Mägde und Knechte die Tiere als Kreaturen betrachteten, die ihnen persönlich und nicht den Gutsbesitzern gehörten. Die aktive Fürsorge verwandelte sich auf der mentalen Ebene in eine Auffassung des Tiereigentums: »In guten und schlechten Zeiten wurde das Vieh gehegt. Die Magd sagte: ›Dat sind muine Kögge [= Kühe]!‹ und der Knecht: ›Dat sind muine Piar [= Pferde]!‹. Darin war alle Liebe zum Vieh ausgedrückt und auch die Pflicht, es wie ein Eigentum zu hegen und zu pflegen, bei Tag und auch bei Nacht«; der Großknecht »war der Gespannführer, der die Pferde zu führen und zu betreuen hatte. Er war darüber sehr stolz und sprach nur von *seinen* Pferden, denen er jede mögliche Pflege zukommen ließ«.[107] Gerade weil die Knechte und Mägde diejenigen waren, die sich aktiv um das Nutztier kümmerten und mit ihm tatsächlich Kontakt aufnahmen, wurden sie in ihren eigenen Augen zu den eigentlichen Tierbesitzern. Das Tier als Partner und zugleich Eigentum einer spezifischen Person war ein Phänomen, das während der Zeit des Kaiserreichs nicht zuletzt von den Knechten und Mägden konstruiert wurde.

105 Sauermann: Knechte, S. 97.

106 Ebd. Vgl. ferner: ebd., S. 122–123, 128–129, 145–146, 157.

107 Ebd., S. 65, 74 (Hervorhebung im Original). Vgl. auch: ebd., 104, 145.

## »ZARTES FLEISCH, SANFTES NATURELL«. DAS NUTZPARTNERTIER

Das Ineinandergehen von Arbeit und Partnerschaftlichkeit bedeutete, dass es bei der häuslichen Nutztierhaltung nicht auf zwei antithetische Dimensionen, sondern auf ein einheitliches Unternehmen hinauslief, in dem keine eindeutigen Grenzen zwischen den Aspekten von Nutzung und Freundschaftlichkeit feststellbar waren. In dieser Beziehung unterscheidet sich meine Argumentation in gewissem Maße von anderen Abhandlungen der Kleinnutztierzucht als Teil der Selbstversorgungsökonomie, die in erster Linie den multiperspektivischen Charakter der Phänomene in den Fokus rücken. Andrea Gaynor z.B. argumentiert in ihren zahlreichen Werken zur autarken Lebensmittelproduktion im modernen Australien, dass das dortige Kleingartenwesen von einem sehr breiten Facettenreichtum gekennzeichnet gewesen sei: Strikte wirtschaftliche Elemente hätten *neben* freizeitlichen Antrieben der Popularisierung von privaten Kleingärten den Boden bereitet. Erst seit etwa 1920 habe dieses vielfältige Gemisch allmählich begonnen sich aufzulösen, und zwar dadurch, dass eine uniforme, arbeitsfreie Kleingartenkultur der Rekreation die ökonomischen Bedürfnisse, einschließlich der Nutztiere, mehr und mehr ins Abseits gedrängt habe. Gaynor betont, dass die Halter-Nutztier-Beziehungen in der ursprünglichen Kleingartenkultur »not strictly instrumental« gewesen seien. Neben der Erwartung der Selbstversorger, dass Ziegen Milch und Hühner Eier lieferten, hätten diese Tiere *gleichzeitig* Eigennamen bekommen, sie seien von ihren Haltern zu Gesprächspartnern gemacht und innig geliebt worden.[108]

Im Folgenden behaupte ich dagegen, dass im Kaiserreich nicht eine multidimensionale Kleinnutztierzucht, sondern ein ganzheitliches Haltungsgefüge existierte, in dem die Grenzlinien zwischen Partnerschaftlichkeit auf der einen und Ökonomie auf der anderen Seite nahezu gänzlich verschwammen. Dieser Erklärungsansatz ist allerdings etwas eng gefasst, insofern, als er sich fast ausschließlich auf zeitgenössische Perzeptionen zumeist bürgerlicher Züchter aus der organisierten Vereinsszene bezieht. In ihren Berichten über ihre Erfahrungen im eigenen Tierzuchtbetrieb tendiert das Moment von gemütlicher Häuslichkeit sehr stark in den Vordergrund zu rücken. Das hat zur Folge, dass die materielle Seite der Zucht in geringerem Ausmaß mit eigener Bedeutung aufgeladen wird, als dies bei den bäuerlichen und proletarischen Selbstzeugnissen der Fall ist. Nichtsdestotrotz sind diese Perzeptionen als ein weiterer Bestandteil der allgemeinen Kleinnutztierzuchtkultur zu betrachten, in der Mensch-Tier-Annäherungen mit Elementen materieller Nützlichkeit stark verquickt waren.

Eine sorgfältige Lesung der relevanten Berichte, die größtenteils aus den Gartenbau- und Kleintierzuchtzeitschriften entnommen sind, führt zu der Erkenntnis, dass hier sich keine Differenzierung zwischen einerseits einem Nützlichkeits- und andererseits einem

108 Gaynor: Harvest; dies.: Animal; dies.: Fowl; dies.: From Chook Run to Chicken Treat. Speculation on Changes in Human-Animal-Relationships in Twentieth-Century Perth, Western Australia, in: Limina 5 (1999), S. 26–39. Vgl. ein weiteres Beispiel dieser historiographischen Argumentation hinsichtlich der Multiperspektivität der Kleinnutztierhaltung: Jenny Marie: For Science, Love, or Money. The Social Worlds of Poultry and Rabbit Breeding in Britain, 1900–1940, in: Social Studies of Science 38/6 (2008), S. 919–936.

Freundschaftsaspekt identifizieren lässt. In einer 1904 veröffentlichten Propagandaschrift zur Ausbreitung der Truthahnzucht in Deutschland finden wir z.B. folgende Aussage eines führenden Experten auf dem Gebiet:

»Ich bin ein großer Tierfreund und hänge an dem Geflügel, und eben deshalb liegt mir daran, Tiere zu ziehen und ziehen zu sehen, die so beschaffen sind, daß sie ihr Dasein nicht als Last oder als fortwährendes Ringen mit dem Tode empfinden, sondern sie sollen so beschaffen sein, daß sie sich ihres Lebens freuen«.[109]

Auf den ersten Blick ist es verwunderlich, eine derartige Äußerung in diesem Aufsatz zu finden, denn derselbe beginnt mit den Worten: »Zur Fleischproduktion ist die Truthühnerzucht einer der rentabelsten Zweige der Geflügelzucht«. Der Leser wird sogar mit der Meinung konfrontiert, dass die deutsche Truthahnproduktion neu ausgerichtet werden solle, und zwar nach einem Industriemodell, das laut dem Verfasser großbetriebliche Zuchtbetriebe in Nordamerika kennzeichne, in denen Hunderte Exemplare zusammen gehalten würden und einen wesentlichen Reingewinn abwürfen.[110] Augenscheinlich haben wir es hier mit einer scharfen Dissonanz zwischen freundlicher Sentimentalität einerseits und wirtschaftlicher Instrumentalität andererseits zu tun. Die zwei gegensätzlichen Elemente scheinen in einem zwiespältigen Text zu koexistieren. Es ist aber darauf zu achten, dass der Züchter, wenn er sich selbst als gefühlsvollen Tierfreund bezeichnete, dem das Wohl der gehaltenen Tiere an erster Stelle stehe, er die Truthühner vornehmlich aus einer materiellen Perspektive betrachtete: Am wichtigsten war ihm die, vom Halter determinierte, körperliche Beschaffung der Tiere – wie die Hühner »beschaffen sein« sollten. Die physische Gestalt der Kreatur blieb das Maß aller Dinge. Auf sie stützte sich das Wohlbefinden, das wiederum die partnerschaftliche Attitüde des Halters seinen Tieren gegenüber attestierte. Das Physische verwandelte sich in das Freundschaftliche und vice versa.

Ähnliche Darstellungen, in denen das Materielle und das Partnerschaftliche nahezu ein und dasselbe Phänomen bilden, sind in der zeitgenössischen Kleintierzuchtliteratur überall zu finden. Mitunter sind die Übergänge zwischen beiden Dimensionen dermaßen unumwunden dargestellt, dass jeglicher Abstand zu verschwinden scheint; so beispielsweise in folgender Beschreibung einer aus den Vereinigten Staaten importierten Hauptnutzhühnerrasse, der Wyandotte:

»Diese ist die jüngste der amerikanischen Rassen und haben sich bei uns in Deutschland schon allgemein eingeführt und sich als ausgezeichnete Wirtschafts- und namentlich als gute Legehühner bewährt. Dieselben liefern sehr gutes und zartes Fleisch, haben ein sanftes, zutrauliches Naturell und lassen sich leicht mästen. Die Wyandottes werden bis 3½ Kilogramm schwer, legen pro Jahr 170–200 Eier im Gewichte von 55 bis 65 Gramm und gelber Farbe. In der Mast werden die Hähne 5 bis 6 Kilogramm schwer«.[111]

---

109 P. Jung: Truthühnerzucht, in: Der Lehrmeister im Garten und Kleintierhof 3/18 (1904), S. 277–278, hier S. 278.

110 Ebd., S. 277.

111 Weiße Wyandottes, in: Der Praktikus 4/13 (1906), S. 3.

Obwohl die Nutzorientierung sehr deutlich ausgedrückt wurde, was nicht zuletzt auf die Bezeichnung der körperlichen Maßeinheiten zurückzuführen ist, sind die partnerschaftlichen Aspekte ebenso explizit benannt. In einem einzelnen Satz, der allein durch ein Kommazeichen geteilt wird, ist sowohl von der toten-instrumentalisierten als auch von der lebenden-freundschaftlichen Erscheinungsform des Huhns die Rede. Das zarte Fleisch und das zutrauliche Naturell scheinen eins zu sein und zu einem monotonen, weder rein materiellen noch rein geselligen »Lohn« der Zuchtarbeit zusammenzugehören.[112]

Ähnlich diesem einheitlichen Lohn hing für einen anderen Hühnerzüchter die Zufriedenheit und Freude an den eigenen Tieren mit zwei miteinander korrespondierenden Elementen, die im selben Atemzug erwähnt werden, zusammen: »In einzelnen Fällen ist man mit den kleinen, hübschen Thierchen zufrieden und erfreut sich an ihrem munteren, geschäftigen Umhertreiben, sowie an den wohlschmeckenden, etwa 25 g schweren Eierchen«.[113] Im gleichen Sinne waren »meine Enten« für eine adelige Frau sowohl Kameraden, die jedem »Geflügelfreund« großes Vergnügen bereiteten, als auch Nutzobjekte, die die Züchterin nicht zuletzt aufgrund ihrer guten wirtschaftlichen Beschaffenheit, wie aus dem Ende des Zitates ersichtlich ist, sehr zu erfreuen vermochten:

> »Es war mir eine tägliche Freude, sie auf meinem großen, von Bäumen eingefaßten Weiher zu beobachten, und die anfangs scheu davon schwimmenden oder tauchenden Tiere gewöhnten sich bald an mich und ließen mich schließlich ganz nahe an sie herankommen. [...] Kaum haben sie das Ei verlassen, so sind sie lebhafte, mit ihren schwarzen Augen intelligent aussehende, kleine Gesellen, die dem Geflügelfreund nur unendlich viel Spaß bereiten können. [...] Meine Enten sind fleißige Legerinnen, gut im Fleisch und genügsam«.[114]

Jene einförmige Geisteshaltung der Kleintierzüchter schlug sich mitunter auch in der praktischen Behandlung der Tiere nieder. Ein Kaninchenhalter schilderte beispielsweise, wie er mit den Tieren seines bescheidenen Zuchtbetriebs umging: »Ich ließ eine Häsin 70x17, 14½ Pfd. schwer, 18 Monate alt, im Spätherbste [...] decken. Diese warf nun Mitte November 8 Stück schöne Junge, zwei Stück tötete ich sofort, weil deren mir zu viel waren«. Bald danach erkrankte aber das Mutterkaninchen an Durchfall: »Ich ließ sie bei guter Streu liegen, und beobachtete sie von meinem Zimmerfenster aus. Denn ich habe meine Stallung so eingerichtet, daß ich jedes Tier von meinem Zimmer aus im Au-

---

112 Vgl. eine ähnliche Beschreibung: »[D]ie alten Tiere geben eine gute Suppe, die Junghähne bald einen guten Braten, sie sind nicht scheu, werden im Gegenteil bei guter Behandlung recht zutraulich und sind auch auf kleinem Raum, wenn ihnen geeignetes Futter, besonders genügend Grünfutter verabreicht wird, recht produktiv« (Julius Schröder: Leichte oder schwere Rassen?, in: Der Lehrmeister im Garten und Kleintierhof 3/14 (1904), S. 214–215, hier S. 215).

113 Das Nutzhuhn unter den Zwergrassen. Vom federfüßigen englischen Zwerghuhn, in: Haus, Hof und Garten 22/7 (1900), S. 49–50, hier S. 49.

114 Gräfin von Preising: Kreuzung von Wildenten mit Hausenten, in: Der Lehrmeister im Garten und Kleintierhof 3/6 (1904), S. 89.

ge habe um meine Liebe zu den Tieren mehr zu befriedigen«.[115] Die Zärtlichkeit, mit der Hintzen, der hier zur Rede kommende Kaninchenzüchter, sich der Pflege der Tiere hingab, steht in keinerlei Konfliktrelation zu der einleitenden Bezeichnung der Häsin anhand der quantitativen Maßgaben ihres Körpers. Auch die Tötung der Jungtiere, explizit aufgrund utilitaristischer Überlegungen praktiziert, »weil deren mir zu viel waren«, verträgt sich problemlos mit einem ästhetischen Hinweis auf dieselben Geschöpfe, wie aus der scheinbar anomalen Formulierung »8 Stück schöne Junge« zu ersehen ist. Dass der »Tiertotschläger« Hintzen darüber hinaus eine befriedigungsbedürftige Liebe zu seinen Tieren spürte, ist ohnehin mitnichten problematisch.

Somit war die Anfreundung mit dem abschließend zu tötenden und zu essenden Tier eine durchaus plausible Möglichkeit. Der gewalttätige Akt, der die Beziehung endgültig beenden sollte, beeinträchtigte in keinerlei Weise die Freundschaftsverhältnisse während der alltäglichen Zuchtarbeit. Selbst wenn diese Beziehung extrem kurz dauerte und das fatale Schlachten unmittelbar bevorstand, bedeutete es nicht, dass man sich die Mühe ersparen durfte, seine Schlachttiere in Freunde umzuwandeln: »Enten sind sehr scheu und furchtsam; deshalb muß man seine Pfleglinge durch ruhiges Verhalten zutraulich zu machen suchen. [...] Ein guter Braten von ca. 5 Pfund wird der Erfolg unserer Bemühung sein, wenn wir 10 bis 12 Wochen alte Enten nach geeigneter Mästung der Hausfrau in die Küche liefern«.[116] Züchter, die sich als eingefleischte Tierfreunde stilisierten, hatten keinerlei Skrupel, die von ihnen geübten Gewaltaktionen gegen ihre Nutztiere in aller Ausführlichkeit darzustellen. Unter der Überschrift »Bewährte Rathschläge eines Geflügelfreundes« erzählte z.B. ein Hühnerhalter von seiner Methode, Hähne am Aufpicken von Eiern zu hindern: Zunächst schnitt dieser selbsternannte »Geflügelfreund« dem Tier die Schnabelspitze gänzlich ab, dann gab er dem unversehrten Teil des Schnabels mittels einer Feile eine runde Form, stach anschließend mit einem Nagel die Flügel durch und band sie fest zusammen – all das, um jeglicher Gefährdung für die geschäftlichen Aussichten seines Geflügelhaltungsbetriebs vorzubeugen: »Der so hergerichtete Hahn wird es wohlweislich bleiben lassen die Legekörbe zu besuchen, und wird dadurch unbeschadet seinen Zweck als Hahn dennoch erfüllen«.[117]

Die Gewalt am Partnertier, die Beschädigung seines Körpers scheint ein ganz normales Verfahren gewesen zu sein, das keine weiteren Erläuterungen, geschweige denn Rechtfertigungen erforderte. Im Rahmen der alltäglichen Zuchtarbeit konnte sich die Freundschaft einfach so in eine Tötung verwandeln, ohne dass diese Tötung als ein einschneidender Moment in der Beziehungslaufbahn wahrgenommen werden musste. Die Tötung war nicht dermaßen bedeutungsvoll, dass sie sich in Gegensatzverhältnissen zur Partnerschaftlichkeit fand. Im Kaiserreich konnte das nützliche Haustier gleichzeitig ein Schlachtpartnertier sein.

115 Paul Hintzen: Pekingenten, in: Der Lehrmeister im Garten und Kleintierhof 3/2 (1904), S. 24–25.

116 Ebd., S. 25.

117 A. Wensauer: Bewährte Rathschläge eines Geflügelfreundes, in: Oesterr.-ung. Blätter für Geflügel- und Kaninchenzucht 2/8 (1879), S. 129.

## ZUKUNFTSVISIONEN INTENSIVIERTER KLEINNUTZTIERHALTUNG

1884 überreichte der berühmte Ornithologe Karl Ruß dem Preußischen Minister für Landwirtschaft ein Exemplar seines eben erschienenen Buches, *Das Huhn als Nutzgeflügel für die Stadt- und Landwirthschaft.*[118] Ruß hoffte mit diesem Geschenk, den Minister auf den bedauerlichen Zustand aufmerksam zu machen, in welchem sich die deutsche Geflügelzucht vermeintlich befand. In dem Buch, so Ruß in seinem Anschreiben an den Minister,

»habe ich einerseits all' die tief eingreifenden Schäden, an denen jetzt die Bestrebungen zur Hebung der Geflügelzucht in Deutschland so schwer kranken und in denen es offenbar begründet liegt, daß die Idee der Geflügelzucht nach zwanzigjährigem Streben noch keineswegs im ganzen Volke Fuß fassen konnte, rückhaltlos klargelegt, andrerteils habe ich mich bemüht oder es doch wenigstens versucht, darin einen Weg vorzuzeichnen, auf welchem die Hühnerzucht in Deutschland wirklich praktisch nutzbar gemacht werden könnte. Sollte das Buch Er. Excellenz Beachtung finden und vielleicht gar bei der ferneren Gestaltung der Staatshilfe für das an sich so hochwichtige und nur infolge obwaltender, absonderlicher Verhältnisse verfehlte und auf Irrwege gerathene Streben von Nutzen sein, so wäre mein höchster Wunsch in dieser Hinsicht erfüllt«.[119]

Angesichts des bislang in diesem Kapitel aufgezeichneten Bildes der wilhelminischen Kleinnutztierhaltung sollte es nicht Wunder nehmen, dass sich jemand wie der populäre Ornithologe Ruß, der sich vornehmlich dank seiner Werke über die Vogelliebhaberei, die Stubenvogelhaltung, die Pflege von Kanarienvögeln, von Papageien und von Wellensittichen einen Namen machte, nebenher auch dem »Nutzgeflügel« widmete. Dabei war aber der in textueller Hinsicht extrem aktive und von seiner Schriftstellerei lebende Ruß auch in einer anderen Beziehung eine repräsentative Figur des wilhelminischen Kleinnutztierhaltungsexpertenkreises: Weit davon entfernt, eine schmale, schriftlich zurückhaltende Nische zu bilden, zeichnete sich die Szene der organisierten Kleinnutztierzucht im Kaiserreich durch eine extrem große textuelle »Geschwätzigkeit« aus. Den Historikerinnen zukünftiger Generationen, die sich je an das Thema trauen sollten, hinterließen die Kleinnutztierzüchter eine ungeheure Masse an Publikationen zu den verschiedensten Geschichtspunkten ihrer Tätigkeit.[120] Die Quantität war dabei von einer weitgehenden Diversität begleitet: Die Diskursgemeinschaft der Kleintierhalter legte eine große Mannigfaltigkeit der Anschauungen und der angesprochenen Themen an den

118 Karl Ruß: Das Huhn als Nutzgeflügel für die Stadt- und Landwirthschaft, Magdeburg: Creutz 1884.

119 Dr. Karl Ruß an das Ministerium f. Landwirthschaft, Domänen und Forsten, 04.10.1884 (GStA PK, I. HA Rep. 87 B, Nr. 22075).

120 Schon die Zeitgenossen nahmen diese publizistische Massenhaftigkeit wahr und reflektierten darüber; siehe z.B. folgende charakteristischen, dennoch nicht ganz billigenden Worte aus einem Artikel in der Zeitschrift Deutsche landwirtschaftliche Geflügel-Zeitung: »Auf dem Gebiete der Geflügel-Literatur herrscht offenbar Ueberproduktion. Die Zahl der Bücher und Broschüre ist eine fast unübersehbare« (Dackweiler: Tagespresse, S. 706).

Tag. Zahlreiche Protagonisten aus den Dachverbänden wie auch aus den kleinsten und entferntesten Ortsvereinen berichteten unermüdlich über ihre eigenen Erfahrungen und brachten ihre individuellen Auffassungen bezüglich der günstigsten Methoden der Zucht immer wieder zum Ausdruck. Der in der Überschrift von Ruß' Werk enthaltene Doppelblick auf die »Stadt- und Landwirthschaft« ist nur ein einzelnes Beispiel für diese Vielfältigkeit der Horizonte. Eine Monokultur des Kleintierdiskurses gab es genauso wenig wie eine Monokultur der praktischen Zucht.

Ruß' Mitteilungen an den Minister zeugen dennoch gleichzeitig von einem einzelnen Element, der wie ein roter Faden den zeitgenössischen Kleinnutztierdiskurs in seiner Gesamtheit durchzog: eine Zukunftsorientierung. Ein allgegenwärtiger Topos dieses Diskurses war eine fundamentale Unzufriedenheit mit dem Jetztzustand, die von dem Wunsch nach einer Neuausrichtung der Haltung entlang strenger profitbezogener Linien begleitet war. Jedem, der das Hauptkorpus der Expertenschriften zur Kleintierzucht im Kaiserreich überblickt, wird schnell klar, dass der in diesem Kapitel bislang präsentierte Komplex einer haushaltsorientierten Beschäftigung, in deren Rahmen das Element des wirtschaftlichen Nutzens nicht unbedingt an der Spitze der Unternehmung gestellt wurde und mit anderen Aspekten untermischt war, keineswegs unangefochten blieb. Vielmehr vertrat die Diskursgemeinschaft der Züchter eine Grundhaltung des Unmuts hinsichtlich der gegenwärtigen Verhältnisse, die innerhalb ihres ambitionierten Geschäftszweiges vorherrschten. Dieser Unmut entsprang gerade dem Eindruck, dass die Kleintierhaltung immer noch unter dem Verdacht der ökonomischen Bedeutungslosigkeit stand, insofern, als in ihr andere Elemente als die Nutzorientierung den Ton angaben. Zuchtexperten veröffentlichten in den besagten Zeitschriften immer wieder Klagelieder über die marginale wirtschaftliche Signifikanz ihres Herzensanliegens. Solche Jeremiaden sind in den frühesten Schriften zu dem Thema aus der Zeit des Kaiserreichs zu finden, und sie steigerten sich im Laufe der Jahre und mit der Intensivierung der Bemühungen um eine expertenbedingte Verbesserung der Tierzucht auch ständig. Die Klagelieder verfolgten eine sehr klare Logik: Es wurde in ihnen moniert, dass sich die deutsche Geflügel-, Kaninchen- oder Ziegenzucht in rückständiger Verfassung befinde und deswegen weit hinter ihrem eigentlichen Rentabilitätspotenzial hinterherhinke. Anstatt die in ihnen schlummernden Kapazitäten zur vollen Entfaltung zu bringen, bleibe das Geschäft mit diesen Tieren nicht viel mehr als eine Spielerei.[121] Um aus dieser ökonomischen Bedeutungslosigkeit auszubrechen, müsse sich die Kleinnutztierzucht neu ausrichten, und zwar dahingehend, dass sie vorbehaltloser auf Nutzziehung orientiert werde.

121 »Möge auch hier das Urteil bald schwinden, Kaninchenzucht ist kein Kinderspiel«; so die Schlussworte eines Versammlungsprotokolls eines westdeutschen Kaninchenzuchtvereins; siehe: Johann Hinzen: Vereinsnachrichten (Wevelinghoven), in: Der Praktikus 4/14 (1906), S. 6. Vgl. auch: Bund Deutscher Kaninchenzüchter, Sitz Chemnitz i. Sa. an das Hohe Staatsministerium Koburg, 07.03.1907 (StACo, Min D, Nr. 4089); Oberfränkischer Kreis-Kaninchenzüchter-Verein (Sitz Bamberg) an den landwirtschaftlichen Kreißausschuß für Oberfranken, (ohne Datum [1905]) (StABa, Reg. v. Oberfranken KdI, K 3 F V a, Nr. 602/I); C. G. Schietinger: Licht und Schattenseiten der Geflügelzucht, in: Nutzgeflügelzucht 14/41 (1912), S. 396–398.

Wie wir in diesem und den folgenden Abschnitten sehen werden, bargen die Intensivierungsvisionen die Aussicht auf eine gründliche Umwandlung der Züchter-Kleinnutztier-Verhältnisse in sich. Eine solche Umwandlung lief aber nicht zwangsläufig auf Aspekte hinaus, die eine Dekomposition der Einbettung von Partnerschaftlichkeits- und Nutzungskomponenten in der Kleinnutztierhaltung bedeuteten. Freilich zeichnet sich das Moment des wirtschaftlichen Nutzens in manchen Schriften dermaßen klar ab, dass in ihnen jede Vorstellung von freundschaftlichen Beziehungen unweigerlich erlischt. Solche Schriften plädierten für Haltungsweisen, in denen durchaus Züge erkannt werden können, welche die zu einem viel späteren historischen Zeitpunkt tatsächlich aufgetretene Massentierhaltung quasi antizipierten. Auf der anderen Seite verkörperte aber ausgerechnet die Neuausrichtung auf Profitsteigerung die Aussicht auf eine parallele Steigerung der Freundschaftsbeziehung zwischen Halterin und Nutztier. Die Intensivierung der Haltung schloss eine gleichzeitige Intensivierung des partnerschaftlichen Kontakts ein. Die Formen, die diese doppelte Intensivierung in den Zukunftsvisionen einnahm, sind das Thema der folgenden Ausführungen.

Zunächst muss aber der Intensivierungsdiskurs in den sehr spezifischen Kontext gestellt werden, dessen Bestandteil er auch aus Sicht der Zeitgenossen selbst war. Um diesen Kontext zu eruieren, soll als erster Schritt folgende Frage gestellt werden: Wie war aus Sicht der Kleintierexperten die heraufbeschworene Intensivierung zu erzielen und welche Vorbilder schwebten ihnen vor Augen, als sie die Intensivierung zum Hauptziel ihrer Bemühungen erklärten? In einer 1900 erschienenen Untersuchung zum Stand der Eierproduktion im Deutschen Reich finden sich in der Einleitung folgende vielsagenden Zeilen:

»In den letzten Jahrzehnten hat unsere Landwirthschaft auf allen Gebieten Fortschritte gemacht. Eine intensivere Bearbeitung des Bodens hat das Erträgniß der Scholle erheblich erhöht. [...] Das Genossenschaftswesen ermöglicht es dem Einzelnen, sich auf dem Wege des Zusammenschlusses Errungenschaften der modernen landwirthschaftlichen Technik zu Nutze zu machen. Wo früher mit primitiven Gerätschaften gearbeitet wurde, haben moderne Maschinen die harte Arbeit des Landwirthes wesentlich erleichtert. Dank aller dieser Umstände blühen und gedeihen heute fast sämmtliche Zweige des landwirthscaftlichen Erwerbslebens. Dies alles vorausgeschickt, zeigt es sich aber, daß die Geflügelzucht verhältnismäßig vernachlässigt worden ist. Sie ist seither bei der landwirthschaftlichen Bevölkerung das Stiefkind gewesen«.[122]

Wenn die Kleintierexperten das Wort »Modernisierung« in den Mund nahmen, taten sie das stets mit Blick auf die größeren Verhältnisse der zeitgenössischen Landwirtschaft. Ähnlich zu den jüngsten Entwicklungen in den anderen, eindeutiger wirtschaftlichen Zweigen der Landwirtschaft hatte sich auch die Kleinnutztierhaltung zu erneuern.[123] Das

122 Georg Hartmann: Die Eierproduktion. Eine Studie, Frankfurt a.M.: Rupert Baumbach 1900, S. 3.

123 Neben der Beteiligung an den Modernisierungsmaßnahmen bedeutete der Anschluss an die Landwirtschaft auch, dass die Geflügel- und Kaninchenhaltung zunehmend die Stadt verlassen und sich aufs Land konzentrieren sollte: »Wenn Hühner irgendwo mit Nutzen gehalten werden können, so ist es auf dem Lande« (Cremat: Lehrbuch, S. 63). »Nie der Städter», sondern der

hieß, sie sollte beweisen, dass sie Schritt zu halten vermochte, dass sie ebenfalls imstande sei, sich zu dem Status eines seriösen ökonomischen Zweiges zu erheben.[124] Die Kleintierzüchter müssten von nun an aufhören, Bestandteile, die der reinen Wirtschaftlichkeit fremd seien, zu tolerieren.

Wie sahen die Erneuerungsmaßnahmen der Landwirtschaft zur Zeit des Kaiserreichs aus, an denen sich die Kleinnutztierzüchter so sehnsuchtsvoll beteiligen wollten? Diese Frage ist von immanenter Bedeutung für die hier präsentierte Diskussion, insofern, als das, was die Kleintierexperten in der zeitgenössischen Landwirtschaft erkannten oder zu erkennen glaubten, die Art und Weise bestimmte, wie sie sich die erneuerten Mensch-Kleinnutztier-Verhältnisse ausmalten. Die Geschichte der Landwirtschaft und besonders der Intensivierung der Landwirtschaft im Kaiserreich ist natürlich ein riesiges Forschungsfeld, das sehr viele unterschiedliche, dicht miteinander zusammenhängende Faktoren umfasst. Im Folgenden konzentriere ich mich daher lediglich auf diejenigen Teilaspekte dieser Geschichte, die für den Zusammenhang Intensivlandwirtschaft-Intensivkleintierhaltung von besonderer Relevanz sind.

Das zentrale Betrachtungsobjekt, in welchem jene Modernisierungstendenzen nachverfolgt werden, bilden hier erneut die *Arbeitsverhältnisse.*[125] Wie oben dargestellt, war die Verquickung von Partnerschaftlichkeit und Nutzen die Konsequenz einer haushaltsgebundenen Arbeitskonstellation, in der sich Halterin und Nutztier alltäglich begegneten. Genauso wie die Modernisierung der Landwirtschaft eine neue Arbeitsverfassung hervortreten ließ, drohte die intensivierte Nutztierhaltung gerade die Mensch-Nutztier-Arbeitsverhältnisse zu transformieren und dabei jene Verquickung zu zersetzen.

Interessanterweise wurde dieser Zusammenhang zwischen den Mensch-Nutztier-Arbeitsverhältnissen und den allgemeineren ländlichen Arbeitsverhältnissen schon in einem Werk aus dem Kaiserreich selbst hergestellt: Max Webers 1892 im Auftrag des »Vereins für sociale Politik« veröffentlichte Studie, *Die Verhältnisse der Landarbeiter im ostelbischen Deutschland*, die die Auflösung der älteren bäuerlichen Arbeitsverfassung als Folge der Modernisierung der Landwirtschaft zum Thema hat, schenkt gerade

---

Landwirt war demgemäß die Zielperson der Kleintierzucht-Intensivierungsmaßnahmen; siehe: ders.: Aufruf der Deutschen Geflügel-Herdbuch-Gesellschaft an die Deutschen Landwirte und deren Frauen, 1903 (GStA PK, I. HA Rep. 87 B, Nr. 22078). Vgl. auch: Carl Scholz: Wie wird der Sinn des Landwirthes für Geflügelzucht geweckt?, in: Blätter für Geflügelzucht 12/1 (1878), S. 4; Die Geflügelzucht als Erwerbsquelle für den deutschen Landwirt, in: Deutsche Landwirtschaftliche Geflügel-Zeitung 9/37 (1906), S. 532.

124 Eine Vorbedingung zur ertragreichen Kaninchenzucht sei, so lesen wir in einer Haushaltungszeitschrift (1912), »moderne[r] Geschäftssinn«: »[D]as Wahrnehmen jeglichen Vorteils, das Anknüpfen guter Geschäftsverbindungen, das Heraussuchen der besten Absatzgelegenheiten usw.« (M. Krug: Die Angorakaninchenzucht. Ein aussichtsreicher Frauennebenerwerb, in: Daheim 49/11 (1912), S. 25).

125 Zum Faktor »Arbeit« als Kernthema der Geschichte der Modernisierung der Landwirtschaft siehe: Clemens Zimmermann: Ländliche Gesellschaft und Agrarwirtschaft im 19. und 20. Jahrhundert. Transformationsprozesse als Thema der Agrargeschichte, in: ders./Werner Troßbach/Peter Blickle (Hg.): Agrargeschichte. Positionen und Perspektiven, Stuttgart: Lucius & Lucius 1998, S. 137–163, hier S. 139–145.

dem Motiv der Abschaffung der selbstständigen Viehhaltung von kleinen Bauern besonders große Aufmerksamkeit. Die Entfernung von der eigenständig gehaltenen Kuh ist darin ein Schlüsselmoment in der allgemeineren Entfernung des zum Tagelöhner verwandelten Kleinbauers von seinem eigenen Boden. In allen Unterkapiteln des Werkes, das auf Umfragen unter lokalen Landwirten basierte, tritt als Leitmotiv die Frage auf: Wie gestalten sich die Viehbesitzverhältnisse?[126] Somit hat bereits der 28-jährige Privatdozent Weber die Auflösung des engen Verhältnisses zwischen Züchter und Nutztier in den Mittelpunkt seines Narratives über die Zersetzung althergebrachter Sozialbeziehungen auf dem Land gestellt. Im Sinne des jungen Webers werde ich argumentieren, dass die landwirtschaftlich inspirierte Modernisierung der Kleinnutztierzucht im Grundsatz einen entfremdenden Effekt auf die humanimalischen Arbeitsverhältnisse ausübte oder, richtiger formuliert, auszuüben schien. Das ist die Hauptschlussfolgerung, die aus der folgenden Kontextualisierung der zeitgenössischen Kleinnutztierzucht in der allgemeinen, menschenbezogenen Agrargeschichte des Kaiserreichs gezogen werden soll.

Thomas Nipperdey hat die Geschichte der Landwirtschaft im Kaiserreich als eine »Geschichte von Modernisierung, Krisen und Selbstbehauptung« prägnant zusammengefasst.[127] Obschon die Agrarproduktion in den Jahrzehnten zwischen Reichsgründung und Erstem Weltkrieg von einem regelrechten Modernisierungsschub erfasst wurde, wodurch sich diese Ära als eine sogenannte Sattelzeit auf dem Weg zur Intensivlandwirtschaft betrachten lässt, kann ihre Geschichte in der Tat keineswegs als eine geradlinige Fortschrittsentwicklung erzählt werden. Das hat nicht zuletzt damit zu tun, dass sie durch ein immerwährendes Pendeln zwischen Idealvorstellungen erfolgreicher Intensivierung und real existierenden Zuständen auf dem Land, die nicht immer von einer wirklichen Intensivierung der Agrarproduktion sprechen ließen, gekennzeichnet war. In dieser Beziehung erfolgte die vielfach heraufbeschworene Intensivierung der Landwirtschaft des Kaiserreichs vor allen Dingen auf der Ebene der Wissensproduktion. Es war zuvorderst der agrarische *Forschungsdiskurs*, der zur damaligen Zeit präzedenzlose Dimensionen erreichte. In gewisser Hinsicht führten die wissenschaftsbasierten Intensivie-

126 Max Weber: Die Verhältnisse der Landarbeiter im ostelbischen Deutschland (Preußische Provinzen Ost- und Westpreußen, Pommern, Posen, Schlesien, Brandenburg, Großherzogtümer Mecklenburg, Kreis Herzogtum Lauenburg), Leipzig: Duncker & Humblot 1892. Insbesondere Joachim Radkau hat die Wichtigkeit der Viehbesitzfrage in Webers Studie hervorgehoben und auf ihren Zusammenhang mit Webers Gefallen an selbstversorgerischen Landwirtschaftsformen hingewiesen; siehe: Joachim Radkau: Max Weber. Die Leidenschaft des Denkens, München/Wien: Hanser 2005, S. 137–140. Vgl. auch: Gerd Vonderach: Landarbeiterfrage im ostelbischen Deutschland, in: ders. (Hg.): Landbewohner im Blick der Sozialforschung. Bemerkenswerte empirische Studien in der Geschichte der deutschen Land- und Agrarsoziologie, Münster: Lit 2001, S. 43–53, hier S. 49. Zu einer Diskussion der Transformation der Arbeitsverhältnisse unter Miteinbeziehung von Webers Beobachtungen siehe: Jens Flemming: Fremdheit und Ausbeutung. Großgrundbesitz, »Leutenot« und Wanderarbeiter im wilhelminischen Deutschland, in: Heinz Reif (Hg.): Ostelbische Agrargesellschaft im Kaiserreich und in der Weimarer Republik. Agrarkrise – junkerliche Interessenpolitik – Modernisierungsstrategien, Berlin: Akademie 1994, S. 345–360.

127 Nipperdey: Geschichte, S. 192.

rungsträume ihr eigenes, von der Praxis der Bauern unabhängiges Leben. Als die Experten das intensive Wissen produzierten, hofften sie zwar durchaus, dass der Landwirt sich an ihren professionellen Geboten wirklich halten würde. Aber die Bauern auf dem Feld blieben doch sehr häufig von den Predigten der Wissenschaftler unbeeindruckt. Von einer lückenlosen Intensivierung der agrarischen Praxis kann für diesen spezifischen Zeitraum also keine Rede sein. Vielmehr blieb sie weitgehend eine Erwartung an die Zukunft.[128]

Das heißt aber noch lange nicht, dass die Landwirtschaft des Kaiserreichs gar keine tatsächliche Intensivierung erfuhr. Nipperdey spricht von einem »außerordentliche[n] Fortschritt der Produktionstechnik und der Produktion«.[129] Dieser Fortschritt war in der verstärkten Nutzung des Bodens, der Vermehrung der Ernten aus den bewirtschafteten Ackerflächen und der Umsetzung von »rationalisierten«, effektiveren Produktionsverfahren erkennbar, die allesamt ein reales Wachstum der agrarischen Erträge nach sich zogen. All diese Intensivierungs- und Fortschrittskomponenten lassen sich wiederum unter die Überschrift »Industrialisierung« der Landwirtschaft subsumieren. Ein spezifisches Kernmerkmal jener Industrialisierung war die Mechanisierung der landwirtschaftlichen Arbeit. Im Verlauf der Zeit nahm der Einsatz von Dresch-, Drill-, Ernte- und Hackmaschinen auf dem Feld immer mehr zu.[130] Für die hier präsentierte Argumentation bezüglich der Tierhaltung ist diese Mechanisierung im Zusammenhang mit der Tatsache von großer Bedeutung, dass sie die Arbeitsverhältnisse im Agrarbetrieb grundlegend veränderte.[131] Gerade in der Technisierung zeichnete sich die Gefahr von »zersetzten Arbeitsverhältnissen« und »aufgelöstem sozialem Kontakt« konkret ab: Wenn Maschinen menschliche Arbeitskräfte ersetzten,[132] hatte das zur Folge, dass im Rahmen der alltäglichen Arbeit weniger Menschen und zunehmend technische Geräte mit den organischen Objekten der Arbeit in Berührung kamen. Die neuen Geräte fungierten sozusagen

128 Uekötter: Wahrheit, S. 133–181; ders.: Die Chemie, der Humus und das Wissen der Bauern. Das frühe 20. Jahrhundert als Sattelzeit einer Umweltgeschichte der Landwirtschaft, in: Andreas Dix/Ernst Langthaler (Hg.): Grüne Revolutionen. Agrarsysteme und Umwelt im 19. und 20. Jahrhundert, Innsbruck: StudienVerlag 2006, S. 102–128; Volker Klemm: Die Agrarwissenschaften und die Modernisierung der Gutsbetriebe in Ost- und Mitteldeutschland (Ende des 19./Beginn des 20. Jahrhunderts), in: Reif (Hg.): Agrargesellschaft, S. 173–190; Elisabeth B. Jones: Gender and Rural Modernity. Farm Women and the Politics of Labor in Germany, 1871–1933, Farnham/Burlington, VT.: Ashgate 2009, S. 29.

129 Nipperdey: Geschichte, S. 192.

130 Ebd. S. 192–196; Wehler: Gesellschaftsgeschichte, S, 685–693; Achilles: Agrargeschichte, S. 240–252; Albers: Revolution, S. 106; Jones: Gender, S. 27; J. A. Perkins: The Agricultural Revolution in Germany 1850–1914, in: Journal of European Economic History 10/1 (1981), S. 71–118, hier S. 78, 108–109, 114–117.

131 Zur grundlegenden Auswirkung der Mechanisierung auf die Arbeitsverfassung siehe: Paul Erker: Der lange Abschied vom Agrarland. Zur Sozialgeschichte der Bauern im Industrialisierungsprozess, in: Matthias Frese/Michael Prinz (Hg.): Politische Zäsuren und gesellschaftlicher Wandel im 20. Jahrhundert. Regionale und vergleichende Perspektiven, Paderborn u.a.: Schöningh 1996, S. 327–360, hier S. 341.

132 Nipperdey: Geschichte, S. 197; Kocka: Arbeitsverhältnisse, S. 178.

als Vermittlungsinstanzen, die einen Keil zwischen den Körper des Arbeiters und den Körper der Pflanze bzw. des Tieres trieben. Wenn z.B. das Getreide traditionell in Handarbeit mithilfe der Sense gemäht und anhand des Flegels gedroschen wurde, übernahmen diese Aufgabe jetzt immer mehr die Ernte- und Dreschmaschinen, was zur Folge hatte, dass die Bauern die vegetativen Wesen in geringerem Ausmaß anfassen mussten.[133] Eine äquivalente Entwicklung in Bezug auf animalische Substanzen trat am maßgeblichsten in der Milchwirtschaft ein. Mit dem Siegeszug der Milchzentrifuge ab 1870 wurde die Milchverarbeitung fast völlig mechanisiert. Die Milchzentrifuge sorgte dafür, dass das langwierige manuelle Hantieren mit den rohen Milchmaterialien zunehmend verschwand. Um die Jahrhundertwende tauchten in Deutschland auch erste Vorboten des Übergangs von einem händischen zu einem maschinellen Melken auf. Die wohl gängigste Gelegenheit einer intimen Kuhberührung im Rahmen der alltäglichen bäuerlichen Arbeit drohte damit ein Phänomen der Vergangenheit zu werden.[134]

Ein anderer Aspekt der Modernisierung der Landwirtschaft hatte noch tiefgreifendere Auswirkungen auf die Arbeitsverfassung: die Vermarktwirtschaftlichung der Agrarbetriebe. Die wachsende Einbeziehung in den Markt und die Abhängigkeit von den besonderen marktwirtschaftlichen Mechanismen hatte zur Folge, dass die Betriebe in geringerem Umfang nach innen orientiert waren. Sie produzierten weniger für den Eigenbedarf und zunehmend für den fremden Handel, der ihre Produkte mehr und mehr auf entfernten, zum Teil ausländischen Märkten absetzte. Im Gegenzug bezogen eben jene Betriebe ihre Produktionsmittel und Rohgüter gegen Entgelt von kommerziellen Händlern, während gleichzeitig die Bauern selbst zu Konsumenten von Lebensmitteln wurden. Und sie gingen weniger häufig hausindustriellen Gewerbeformen nach.[135] Diese marktwirtschaftlich bedingte Orientierung nach außen übte einen großen transformativen Einfluss aber gerade auf die Arbeitsverhältnisse im Inneren der agrarischen Wirtschaftseinheit aus. Eine grundlegende Entwicklung war dabei die Verwandlung der Beschäftigungsformen. Die Bauernhofs- und Gutsbesitzer griffen jetzt vermehrt auf die Anstellung von besoldeten Arbeitskräften zurück. Damit setzte ein Prozess ein, in dessen Rahmen die an den Betrieb fest gebundenen Arbeiter allmählich durch angestellte, freie Lohnarbeiter abgelöst wurden. Aus traditionellen Gutsangehörigen wurden typische Arbeitnehmer.

Im ersten Teil des Kapitels haben wir gesehen, welche substanzielle Rolle die im alten Landwirtschaftssystem am stärksten an den Bauernhof gebundenen Arbeiter – die Knechte und Mägde – in der Arbeit-Partnerschaftlichkeit-Konstellation der Mensch-Nutztier-Beziehungen einnahmen. Im Zuge der Modernisierung der Landwirtschaftsbetriebe sah sich gerade diese Existenzweise einer Reduzierungswelle ausgesetzt, die sich

133 Albers: Revolution, S. 119, 122.

134 Nipperdey: Geschichte S. 194, 200; Albers: Revolution, S. 111; Thomas Schürmann: Milch – zur Geschichte eines Nahrungsmittels, in: Helmut Ottenjann/Karl-Heinz Ziessow (Hg.): Die Milch. Geschichte und Zukunft eines Lebensmittels, Cloppenburg: Museumsdorf Cloppenburg 1996, S. 19–51, hier S. 20–26, 35–39; Klaus Hermann: Vom Röhrchen zum Roboter. Die Geschichte der Melkmaschine, in: Ottenjann/Ziessow (Hg.): Die Milch, S. 75–90, hier S. 77–80.

135 Nipperdey: Geschichte, S. 200–202; Erker: Abschied, S. 335; Perkins: Revolution, S. 116–117; Alois Seidl: Deutsche Agrargeschichte. Mit Exkurs zur Geschichte des »Grünen Zentrums« Weihenstephan, Freising: Abraxas 1995, S. 220.

nicht ausschließlich in dem Abbau von Gesindestellen, sondern auch in der Ausdünnung der Spannbreite ihrer sozialen Verhältnisse auf dem Bauernhof ausdrückte. An der Stelle der engen, zeitlebens andauernden Bindung an den Betrieb traten jetzt vermehrt vertrágliche Lohnverhältnisse, die eine »Verselbständigung aus dem Haushalt« (Kocka) bedeuteten. Die Mägde und Knechte ähnelten mehr und mehr Wanderarbeitern, die von dem einen Gut zu dem anderen auf der Suche nach einem neuen temporären Arbeitsplatz pendelten. Ein Hauptmerkmal der Zersetzung des Status der Mägde und Knechte als »Haushalts-Arbeiter« war die Auflösung eines Systems, in dem ihr Einkommen großteils aus Naturalien aus der Betriebsökonomie bestand. Anstatt ihren Lebensunterhalt durch die direkte Teilnahme an den Gutsbeständen und deren Produktionsmitteln – u.a. den Arbeits- und Nutztieren – zu bestreiten, erhielten sie für ihre Arbeit von nun an Geld, was sie in Marktkonsumenten verwandelte. Ihr intimer Kontakt mit eben diesen Naturalien wurde damit einer grundlegenden Umwandlung unterworfen. Es war letztlich das Lohngeld, das den gordischen Knoten zwischen Knecht/Magd und Nutztier durchhaute.[136]

Schon Max Weber hat auf den Zusammenhang zwischen der »Verlohnarbeiterung« und der neuen Beziehung der Landarbeiter zum Nutzvieh hingewiesen: Der Lohnarbeiter, so ist in der thesenartigen Schlussbetrachtung seiner ostelbischen Studie zu lesen, »fragt nicht mehr danach, ob Frost und Hagel die Ernte schädigen, ob Seuchen das Vieh decimieren. [...] Das sind Sorgen, welche die Herrschaft plagen mögen, – er erhält sein ›Festes‹ vom Gut«.[137] Wenn früher das Interesse des Arbeiters und der Arbeiterin für das Wohlbefinden des Viehs in dessen materiellen Nutzen verwurzelt gewesen war, war das jetzt nicht länger der Fall. Der Arbeiter verbrauchte nicht mehr die tierischen Naturalien, sondern das mittelbare Geld des Arbeitgebers und eigentlichen Tierbesitzers und damit entfiel die Grundlage für seine Rücksicht auf das Tier selbst. Von einem Viehpfleger wurde er zu einem Gehaltsempfänger und Konsumenten.[138]

Diese Narrative über die Modernisierung und die Intensivierung der Landwirtschaft als Entwicklungen, die eine zersetzende Auswirkung auf die Arbeitsverhältnisse ausübten, dürfen dennoch nicht überschätzt werden. Denn die Agrargeschichte des Kaiserreichs war mehr als alles andere eine Geschichte der Ambivalenzen. Die Rationalisierung der Produktionsmethoden, die Marktintegration, die Mechanisierung und auch die Umstellung der Arbeitsverfassung waren weitgehend reale Begebenheiten mit schwerwiegenden Folgen, aber sie setzten sich nicht flächendeckend und auf jeden Fall nur sehr zögerlich durch. Eine universelle Transformation der gesamten Landwirtschaft in Deut-

136 Nipperdey: Geschichte, S. 196–199; Kocka: Arbeitsverhältnisse, S. 154–219 (Zitat S. 170); Perkins: Revolution, S. 93, 103–108; René Schiller: Vom Rittergut zum Grossgrundbesitz. Ökonomische und soziale Transformationsprozesse der ländlichen Eliten in Brandenburg im 19. Jahrhundert, Berlin: Akademie 2003, S. 57, 70–80; Georg Stöcker: Agrarideologie und Sozialreform im Deutschen Kaiserreich. Heinrich Schonrey und der Deutsche Verein für ländliche Wohlfahrts- und Heimatpflege 1896–1914, Göttingen: V&R Unipress 2011, S. 30–40.

137 Weber: Verhältnisse, S. 780.

138 Zu den marktwirtschaftlichen Transformationstendenzen auf dem Gebiet der Rindviehwirtschaft vgl.: Borcherdt et al.: Landwirtschaft, S. 82–87; Teuteberg: Problemfeld, S. 15; Comberg: Tierzucht, S. 103.

schland konnten sie bei weitem nicht herbeiführen. Vielmehr existierten sie in Mischverhältnissen mit vielen traditionellen und »vormodernen«, gar »rückständigen« Formen der Produktion und der wirtschaftlichen Orientierung, die eine große Beharrungskraft aufwiesen und eine ganzheitliche Entfaltung des »agrarindustriellen Komplexes« verhinderten. Nipperdey spricht deshalb in dieser Beziehung von allenfalls »gebremster Modernisierung« und stellt zutreffend fest: »Das Unmoderne und Modernere stehen nebeneinander und sind ineinander verschränkt«.[139]

Der mehrschichtige Charakter der Modernisierung ist vor allem deswegen für die vorliegende Diskussion von besonderer Relevanz, weil in ihrem Verlauf hauswirtschaftliche Betriebsstrukturen keineswegs verschwanden. Die Beharrlichkeit der hauswirtschaftlichen Strukturen neben marktorientierten Agrarbetrieben hatte zur Folge, dass die oben präsentierten Zersetzungskräfte einen nur beschränkten Transformationseffekt auf die Arbeitsverhältnisse ausüben konnten. Vor allem in West- und Süddeutschland war die in den ostelbischen Großbetrieben allmählich verschwindende Teilhabe der Arbeitskräfte an den Betriebsgütern weniger wirksam. Hier, im Westen und im Süden, waren die Betriebe großteils Kleinwirtschaften, die sich in traditioneller Weise auf die Eigenarbeit der Familien- und Haushaltsmitglieder beschränkten. Eine Entfremdung der tatsächlich Arbeitenden von den Produktionsmitteln und den Arbeitserträgen trat dabei nicht wirklich in Erscheinung. Für den Ostelbienforscher Max Weber hat es bekanntermaßen in diesen *anderen* deutschen Regionen, in denen selbstständige, Grund, Boden und Vieh besitzende Landarbeiter lebten, »keine ›ländliche Arbeiterfrage‹« gegeben. Mehr noch: Die Beschäftigung als Lohnarbeiter ging nicht zwangsläufig mit einer Entfremdung von den Produktionsmitteln und den Arbeitsgegenständen einher. Wer Arbeiterin auf einem fremden Gut war, leistete im Rahmen ihrer gesamten wirtschaftlichen Tätigkeit nicht ausschließlich Arbeit, die unter Lohnverhältnissen organisiert war. Sehr viele von den in der Landwirtschaft angestellten Personen komplementierten ihre Einkünfte aus der Beschäftigung bei einem fremden Grundbesitzer durch eine kleine landwirtschaftliche Unternehmung oder Eigentum einer Selbstversorgungseinheit.[140]

Diese Mischexistenzen von fremder und eigener Arbeit, Geld und Naturalien, bedeutet, dass die kapitalistische Modernisierung der Landwirtschaft eine dermaßen breite Palette an potenziellen Arbeitsverhältnissen bildete, die es verbietet, die mit ihr zusammenhängenden Entwicklungen allein unter dem Zeichen von Entfremdung oder sozialen Zersetzung zu betrachten. Kocka hat auf derselben Grundlage die tückische Schwierigkeit angesprochen, die mutierten Landarbeiter als Mitglieder einer wahrhaftig homogenen *Klasse* zu erfassen.[141] Diese Erkenntnis korrespondiert mit der im Folgenden darzulegenden Argumentation, dass die Schritte auf dem Weg zu einer intensivierten Kleintierzucht aus Hühnern, Kaninchen und Ziegen keineswegs eine einförmige Klasse von

139 Nipperdey: Geschichte, S. 208, 225 (Zitat); Achilles: Agrargeschichte, S. 249; Uekötter: Wahrheit, S. 134, 157, 168–170; Erker: Abschied, S. 335; Albers: Revolution, S. 120; Stöcker: Agrarideologie, S. 33; Hubert Kiesewetter: Industrielle Revolution in Deutschland. Regionen als Wachstumsmotoren, Stuttgart: Steiner 2004, S. 158–159.

140 Kocka: Arbeitsverhältnisse, S. 183, 190–195, 199–202, 208–210, 217; Borcherdt et al.: Landwirtschaft, S. 102–114.

141 Kocka: Arbeitsverhältnisse, S. 211–219.

unterjochten Nutztieren erschuf. Vielmehr oszillierten die Arbeitsverhältnisse zwischen »rationalisierten« Züchtern und instrumentalisierten Kleintieren zwischen sehr vielfältigen Beziehungsmustern, die mal in die Richtung von Entfremdung, mal von Annäherung wiesen. Dass jene Verhältnisse ebenso viel zwischen Realität und Vision changierten, war dabei ein weiteres Merkmal ihrer Mehrdimensionalität.

## GROSSE WIRTSCHAFT MIT KLEINEN TIEREN. »ENTHÄUSLICHUNG«, ENTPRIVATISIERUNG UND QUÄLEREI

Die Kleinnutztierexperten stellten ihr Licht nicht unter den Scheffel. Wenn sie über ihr Spezialgebiet zu sprechen kamen, und das passierte ja oft, wollten sie einander, den Landwirtschaftskammern und dem Gesamtpublikum einreden, dass dieses Gebiet von gravierender wirtschaftlicher Bedeutung sei. Aussagen wie die, dass die Kleintierzucht »als Lebensfrage für unsere gesammte Landwirtschaft« zu betrachten sei,[142] stellten keine Seltenheit dar. Man dürfte aus Sicht der Experten keinesfalls auf die Idee kommen, bei der Kleinnutztierhaltung handele es sich um eine unseriöse Spielerei, die nichts mit Wirtschaft im eigentlichen Sinne zu tun habe. Gerade aber aufgrund dieses Grundverdachts der Bedeutungslosigkeit bewegte sich die explizite, unumwundene Semantik in extrem hohen Sphären der Selbstprofilierung. Etwaige Hemmungen vor einer schreienden Angeberei waren hier Fehlanzeige. Cremat hatte so keine Skrupel, in seinem *Lehrbuch der Nutzgeflügelzucht* zu verkünden: »Es gibt keinen Zweig der Landwirtschaft, welcher sich so gut bezahlt macht, wie Geflügelzucht, wenn sie richtig verstanden und durchgeführt wird«.[143]

Dieser Hang zum Großen beschränkte sich aber nicht auf die Eigenperspektive der Experten. Er schlug sich vielmehr auch in ihren konkreten Visionen nieder: Diese Visionen waren derart konzeptualisiert, dass sie sich auf die größtmöglichen Dimensionen bezogen. Die Vereinsmitglieder und andere Sympathisanten der Kleinnutztierzucht stellten diese ständig als ein Phänomen (potenziell) gewaltiger Verhältnisse dar. Es war nicht die einzelne, kleine und wirtschaftlich eher unbedeutende Einheit des Zuchtnebenbetriebs, die ins Visier genommen werden sollte, sondern die breitesten Verhältnisse des Gesamtgewerbes im ganzen Reich. Hier lag die sozial relevante Präge- und Transformationskraft des Hangs zum Großen und zum Allgemeinen: Er hatte zur Folge, dass die Intensivierung der Kleintierzuchtwirtschaft eine fundamentale Gefahr gerade für den häuslichen Charakter des Phänomens darstellte. Die Großvisionen, die die Kleintierexperten entwarfen, sahen die Übernahme der Geflügel- und der Kaninchenzucht durch Großbetriebe vor, die die Zucht zu nichts weniger als einem Hauptzweig der gesamten Volkswirtschaft erheben sollten.[144] Die neue Blickrichtung auf das große Geschäft mit den

---

142 Hubert Otto an das Ministerium für Landw., Dom. u. Forsten, 01.02.1902 (GStA PK, I. HA Rep. 87 B, Nr. 22078).

143 Cremat: Lehrbuch, S. 61.

144 Als der Kaninchenzuchtverein Fortuna in München 1913 den hiesigen Stadtmagistrat um Stiftung eines Ehrenpreises für eine oberbayerische Kreiskaninchenausstellung einreichte, begründete er sein Gesuch mit dem Hinweis auf die »große[] Bedeutung der Kaninchenzucht für

kleinen Tieren lief auf einen Bedeutungsverlust der Sphäre des privaten Haushalts als Drehpunkt des Gewerbes hinaus. Mehr als eine reine wirtschaftliche Angelegenheit war somit die antizipierte Vermarktwirtschaftlichung der Kleinnutztierzucht ein sozialer Prozess der »Enthäuslichung« von Kleinnutztieren. Sie drohte, ihnen den Status eines *Haus*tiers zu entziehen.

Aufgrund der sozialen Relevanz dieses Prozesses ist es wichtig, diese Verwandlung einer Haus- in Finanzwirtschaft nicht idealtypisch zu rekapitulieren, sondern detailgenau zu beobachten, also den Blick auf die basalen Mechanismen ihres Funktionierens zu richten. Nur auf diesem Weg kann die Frage beantwortet werden: Welche praktischen Konsequenzen hatte eine solche Verwandlung für die Konstitution der Halter-Tier-Beziehungen? Gerade in den »banalen« Elementen der Transformation liegt die Quintessenz der neu konstituierten Beziehungen. Ein Kernbestandteil der neuen Wirtschaft war dabei ganz einfach der Verkaufsfaktor. Auf der diskursiven Ebene schlug er sich darin nieder, dass in den einschlägigen Texten mehr und mehr von freiwirtschaftlichen Begriffen Gebrauch gemacht wurde. Dieser Perspektivwechsel bedeutete, dass der Blick das häusliche Umfeld verließ und immer mehr nach draußen, auf die *Absatz*orte gerichtet wurde. An die Stelle der Verarbeitung des Tierkörpers und der Essenszubereitung in der eigenen Küche trat jetzt der Verkauf auf dem außerhäuslichen Markt. Ein Landwirtschaftslehrer monierte beispielsweise 1904 die Tatsache, dass bis vor zwei Jahrzehnten »[d]ie bäuerliche Geflügelzucht [...] nebensächlich behandelt [wurde], zum Teil der Frauen überlassen, die wohl großes Interesse an derselben hatten, aber ein zu geringes Verständnis der eigentlichen Zucht entgegen bringen konnten«; heutzutage dagegen, stellte er optimistisch fest, seien die Züchter dank der Bemühungen der professionellen Vereine darauf bedacht, »einen guten Absatz für die Produkte zu erzielen«.[145] Die Verfasser eines Entwurfs zu einer Gründung von großen »Geflügelfarmen« in den »Ansiedlungsgebieten« in Posen und Westpreußen legten ihr Augenmerk auf einen gleichfalls großen Absatzort, nämlich den »für frische Eier die höchsten Preise zahlenden Berliner Markt«.[146]

Auch in der Kaninchenzucht war ein gleichartiger Trend zur Fokussierung auf die *Veräußerlichung* der »Industrie«-Produkte erkennbar. Die Kaninchenzuchtvereine verfolgten kein geringeres Ziel verfolgt, als aus dem Kaninchenfleisch ein Volksnahrungsmittel zu machen. »Kaninchenfleisch soll Volksnahrung sein«, war ein Schlagwort, das

---

die Volkswirtschaft«. Die Ausstellung sollte dem »Wohle des Volkes« dienen. (Die Ausstellungsleitung der 6. oberbayr. Kreisausstellung 1914 an den Stadt-Magistrat der Kgl. Haupt u. Residenzstadt München, 13.11.1913; B. Treutinger, I. Vors. und Ausstellungs-Leiter an den Stadtmagistrat der Kgl. Haupt u. Residenzstadt München, 20.11.1913 (StadtAM, Ausstellungen und Messen, Nr. 697)).

145 Fechner: Deutsche Nutzgeflügelzucht, in: Der Lehrmeister im Garten und Kleintierhof 3/12 (1904), S. 180–181. Vgl. auch: Heino Spieß: Die Kückenmast auf dem Lande, in: Praktischer Ratgeber für Landwirtschaft 3 (1913), o.S.

146 Freiherr von Reibnitz an das Ministerium für Landwirtschaft, Domänen und Forsten, 22.05.1912 (GStA PK, I. HA Rep. 87 B, Nr. 22080).

zu einem regelrechten Motto der gesamten Kaninchenzuchtbewegung wurde.[147] Ein Vertreter der brandenburgischen Landwirtschaftskammer fasste 1901 die »einheimische[n] Pelzfirmen« im Rahmen seiner Bemühungen um eine Förderung der Kaninchenzucht in seinem Regierungsbezirk ins Auge. Er wollte dem Preußischen Landwirtschaftsminister aber vor allem zur Kenntnis bringen, dass etwa in Paris jede Woche 200.000 Kaninchen verzehrt würden, sodass auch der deutsche Landwirt »einen hübschen Gewinn« aus der Zucht dieses Tiers erzielen könne. Das umso mehr, als bekanntlich »die Nachfrage nach Kaninchenbraten [...] eine derartig grosse [ist], dass sie nicht annähernd befriedigt werden« könne.[148] Ein privater Kaninchenzüchter fasste das Geschäftspotenzial einer »Rationelle[n] Kaninchenzucht« nicht bescheidener auf: »Das Fleisch ist das Hauptprodukt der Kaninchenzucht und deswegen treiben wir dieselbe auch. Wir wollen damit [...] überzählige Tiere als Schlachttiere [...] verkaufen«.[149]

Damit sollte die Schwerpunktlegung auf den Verkauf in eine Entfernung der Tiere und der Zuchtaktivität aus der Hauswirtschaft gipfeln. Das Haus wurde im Rahmen dieses Diskurses zu einer fast antagonistischen Entität. In manchen Fällen war der Angriff auf die einfache häusliche Kleintierhaltung ganz frontal konzeptualisiert: Die verschiedenen Aspekte, die diese »ambitionslose« Zucht im Kleinen charakterisierten, gerieten unter Beschuss. Burchard Blancke z.B. hat die »Hausfrau«, die auch dann zufriedengestellt sei, »[w]enn auf dem Bauernhofe [nur] eine oder zwei Hennen brüten«,[150] zur Hauptzielscheibe seiner Denunzierungen gemacht. Als unangemessen wurde dabei gerade die unmittelbare Verbindung zwischen der Zuchtunternehmung und der häuslichen Konsumtion dargestellt:

> »Wie will jemand nun annähernd einen Gewinn oder Verlust für seine Geflügelhaltung angeben, wenn er, wie es ihm gerade die Verhältnisse bieten, in die Eierschüssel greift, um eine ganz beliebige Anzahl von Eiern zur Mahlzeit in den Tiegel zu schlagen, sie wohl gar direkt aus den Legenestern entnimmt! Wer will streiten, daß nach dieser Manier die meisten Bauernfrauen verfahren?«[151]

---

147 Tierzuchtinspektor Robert Döttl: Bericht über Kaninchenzucht im Verbandsgebiete Bamberg für das Jahr 1911 (StABa, Reg. v. Oberfranken KdI, K 3 F V a, Nr. 602/I); Jean Bungartz: Das Kaninchen und seine Zucht, Berlin/Leipzig: Hillger 1906, S. 11–12; Paul Waser: Die Kaninchenzucht als ein praktisches Mittel zur Linderung des Notstandes der unteren Klassen. Eine Weihnachtsbitte an alle Deutsche, Ilmenau: Aug. Schröter 1877.

148 Landwirtschaftskammer für die Provinz Brandenburg an den königlichen Staatsminister und Minister für Landwirtschaft, Domänen und Forsten Herrn von Podbielski Excellenz Berlin, 06.10.1901 (GStA PK, I. HA Rep. 87 B, Nr. 22131).

149 Rationelle Kaninchenzucht. Schluß, in: Der Praktikus 4/3 (1906), S. 4.

150 Burchard Blancke: Künstliche Brut und Aufzucht des Geflügels. Eine Anleitung wie dieselbe gewinnbringend zu betreiben ist, Berlin: Pfenningstorff 1901, S. 2.

151 Ders.: Hausgeflügel, S. 779–780. Auch für Karl Ruß konnte die Geflügelhaltung nicht »Frauensache« bleiben, wenn sie eine »Zucht im Großen« werden sollte; siehe: Auszug aus Die Post, 08.12.1887 (GStA PK, I. HA Rep. 87 B, Nr. 22075)).

Für Cremat wiederum hing der wirtschaftliche Erfolg eines Geflügelzuchtbetriebs davon ab, »daß er nicht mehr von der Hausfrau und der Wirtin besorgt« werde. Anstelle der Frau habe der Landwirt einen externen Arbeiter anzustellen, der diese Arbeit komplett übernehme.[152] Gemäß der Grundprinzipien dieser Argumentation durfte die Fleischproduktion ferner nicht mit nutzungsfreien Elementen des häuslichen Lebens kombiniert werden. Rekreative Hauswirtschaft war plötzlich tatsächlich eine Anomalie: »Vor allen Dingen ist es notwendig«, lässt sich einem Handbuch zur Kaninchenzucht entnehmen, »daß man sich zunächst darüber schlüssig wird, ob man für den Fleischbedarf oder nur zur Liebhaberei züchten will«.[153]

Die neue marktwirtschaftliche Orientierung kam besonders deutlich in den vielen Fällen zum Vorschein, in denen die Zuchtexperten die deutsche Kleinnutztierhaltung einem Vergleich mit den Zuständen in anderen Ländern unterzogen. Schon die elementare Motivation hinter diesen Gegenüberstellungen entstammte der finanzwirtschaftlichen Geisteshaltung der Experten: Sie klagten mehrfach, dass durch den Import ausländischer Eier oder Kaninchenfelle der deutschen Nationalökonomie jährlich Hunderte Millionen Mark abhandenkämen.[154] Damit wollten sie suggerieren, dass der fehlende Wirtschaftsstatus der Kleintierzucht doch durchaus eine wirtschaftliche Bedeutung besitze, obgleich auf die falsche Art und Weise: Die unnötigen Importe aus fremden Volkswirtschaften glichen einer massenhaften Geldverschwendung, und sie erteilten der ökonomischen Autarkie, einem der größten Ziele der wilhelminischen Landwirtschaft, einen herben Dämpfer.[155] Das Heilmittel der Experten gegen diesen Missstand war aber keineswegs Marktentzug und Entfaltung von Eigenwirtschaften. Der Kommerz durfte auf keinen Fall über Bord geworfen werden. Vielmehr sollten die Einfuhren durch eine andere Art von Handel, nämlich Binnenhandel (und im Idealfall auch Exporthandel), abgelöst werden. Nach dieser Logik sollten die deutschen Kleintierzüchter ihre Augen nicht vor den Geschäftsformen in den Hauptimportländern Frankreich, Belgien oder Dänemark verschließen, sondern sich an ihnen ein Beispiel nehmen.[156] Georg Hartmann, der schon zi-

152 Cremat: Lehrbuch, S. 62.

153 Bungartz: Kaninchen, S. 55.

154 W. Cremat: Aufruf der Deutschen Geflügel-Herdbuch-Gesellschaft an die Deutschen Landwirte und deren Frauen, 1903 (GStA PK, I. HA Rep. 87 B, Nr. 22078); Osk. Natthes: Geflügelzucht und Geflügelzuchtvereine, Auszug aus Der Tag vom 09.03.1905 (ebd.); Victor von Podbielski an die sämtlichen Landwirtschaftskammern, 07.10.1904 (GStA PK, I. HA Rep. 87 B, Nr. 22079).

155 »Das planlose Halten einer Menge Federvieh, das keinen Ertrag liefert«, sei nicht bloß »für den Züchter selbst« unrentabel, war in einer Gartenbau- und Kleintierzuchtzeitschrift kurz nach der Jahrhundertwende zu lesen; es schadet darüber hinaus auch »den allgemeinen Bestrebungen nach Versorgung des Vaterlandes mit eigenen Produkten« (C. Küster: Die Buchführung in der Geflügelzucht, in: Der Lehrmeister im Garten und Kleintierhof 3/9 (1904), S. 135–136, hier S. 135).

156 Unterschiede in der Geflügelzucht und Haltung bei Deutschland und Dänemark, in: Deutsche Landwirtschaftliche Geflügel-Zeitung 9/4 (1905), S. 50. Zu den französischen Wurzeln der deutschen organisierten und »rationellen« Kaninchenzucht siehe: Alois Schlögl (Hg.): Bayer-

tierte Untersucher der Eierwirtschaft, schilderte z.B. 1901 in einem Anschreiben an das Preußische Landwirtschaftsministerium in großer Begeisterung die handelsfördernden Maßnahmen der französischen Regierung auf dem Gebiet der Geflügelzucht: »Man ist von dieser Seite aus fortgesetzt bestrebt, die Anstrengungen der Nutzgeflügelzüchter zu unterstützen, um es ihnen möglich zumachen [sic] die heimischen Märkte zuversorgen [sic] sowie dahin zuwirken [sic] dass ein Export von Eiern und Tafelgeflügel, nach dem Auslande stattfinden kann«. Derart gestaltet besitze die Geflügelzucht in Frankreich ihren Reiz nicht in der Möglichkeit, die eigene Familie mit frischen Eiern zu versorgen, sondern in der monetären Aussicht: »Der Ansporn [...] liegt in dem lohnenden Absatz, den diese Producte an dem Pariser Markte finden, woselbst wie an keinem Orte der Welt, für feinste Erzeugnisse [...] der Geflügelzucht erstaunlich hohe Preise erzielt werden«.[157]

Trotz des bisher Erzählten sollte man nicht denken, dass solche Visionen allein auf dem Papier oder in Realform nur im Ausland existierten. Es gab im Kaiserreich durchaus Versuche, Großanlagen vor allem für die Geflügelzucht einzurichten. Das ist nicht zuletzt durch eine Vielzahl von Anschreiben belegt, die dem Preußischen Landwirtschaftsministerium zugeschickt wurden und in denen Züchter um eine Gewährung von finanziellen Beihilfen für die Gründung von solchen Betrieben nachsuchten. Neben dem

---

ische Agrargeschichte. Die Entwicklung der Land- und Forstwirtschaft seit Beginn des 19. Jahrhunderts, München: Bayerischer Landwirtschaftsverlag 1954, S. 323–325.

157 Georg Hartmann an das Kgl. Ministerium für Landwirtschaft und Forsten zu Berlin, 14.12.1901 (GStA PK, I. HA Rep. 87 B, Nr. 22078). Aus Frankreich, aus Belgien und aus Dänemark (und in geringerem Umfang auch aus Russland) kam die Hauptmasse an eingeführten Geflügel- und Kaninchenprodukten auf den deutschen Markt. Ein anderes Land wurde aber zu einem Hauptexporteur von Visionen, die deutsche Kleinnutztierzüchter in ihrem Bann hielten, nämlich die USA. Vor allem die Hühnerzuchtexperten schielten ständig über den Atlantik. Gerade in »Amerika« glaubten sie optimale Zustände einer etablierten Großwirtschaft auf ihrem Lieblingsgebiet wiedergefunden zu haben. So entwickelten sich die Vereinigten Staaten, mit denen die deutschen Geflügelhändler in keinerlei geschäftlicher Beziehung standen, zu einem immer wiederkehrenden Topos, wenn es um die potenzielle, traumhafte Vergrößerung des Geschäfts mit dem Federvieh ging; siehe als ein einzelnes Beispiel die Ausführungen von Cremat in seinem Lehrbuch der Nutzgeflügelzucht: »Welchen ungeheuren Umfanges die Geflügelzucht fähig ist, zeigt Amerika. Wo im Jahre 1900 auf 5,096,252 Farmen [...] 250,681,988 Stück Geflügel gehalten wurden. Der Wert der von diesen erzeugten Produkte betrug 1250 Millionen Mark und wurde im Jahre 1910 auf 3000 Millionen geschätzt. Dagegen mußte Deutschland im Jahre 1909 dank [...] der Abneigung der deutschen Landwirte gegen Geflügelzucht für 210 Millionen Mark Geflügelprodukte vom Auslande kaufen« (Cremat: Lehrbuch, S. 53–54). Den Behauptungen der deutschen Experten zum Trotz blieb die real exisitierende Geflügelzucht in den Vereinigten Staaten bis in die 1930er Jahre ein bescheidenes und haushaltsorientiertes Geschäft, das erst viel später begann, Züge einer Massentierhaltung anzunehmen; siehe: Grier: Pets S. 195–203; Roger Horowitz: Putting Meat on the American Table. Taste, Technology, Transformation, Baltimore: Johns Hopkins University Press 2006, S. 106–107; Jimmy M. Skaggs: Prime Cut. Livestock Raising and Meatpacking in the United States, 1607–1983, College Station: Texas A&M University Press 1986, S. 76.

diesen Anträgen innewohnenden Wunsch, die Großvisionen einer massenhaften Haltung tatkräftig zu realisieren, legen sie Zeugnis auch von der beinahe megalomanischen Gesinnung ab, die die wilhelminischen Kleintierzuchtszene in ihrer Gesamtheit durchzog. Diese Gesinnung ist in den Anträgen sogar noch deutlicher erkennbar als in den publizistischen Werken. Weil sie unmittelbar praktische Maßnahmen nach sich zu ziehen hatten, wurden hier jegliche Hemmungen vor einer möglichst rosigen Darstellung der Umstände fallen gelassen. Ein unmissverständliches Selbstprofilieren war hier quasi vorprogrammiert. Ein gewisser Carl Dubusc prahlte beispielsweise vor dem Minister damit, dass er es dahin gebracht habe, Hennen hochzuzüchten, die nicht wie das durchschnittliche deutsche Landhuhn 70 bis 90, sondern nicht weniger als 230 Eier jährlich legten.[158] Dubusc, der die Hühnerzucht nebenberuflich als Ergänzung zu seiner Hauptbeschäftigung als Amtsgerichtsrat in Andernach am Rhein betrieb, wollte seine Errungenschaften nicht in der Abgeschiedenheit seines privaten Zuchtbetriebs belassen. Seine Ziele waren die allgemeine Wirtschaft und die große Welt: »Ich bin bis jetzt mit meinen Erfahrungen und Erfolgen nicht an die Öffentlichkeit getreten. Jetzt ist es höchste Zeit dazu. Ich beabsichtige, nunmehr über meine Erfahrungen schriftstellerisch tätig zu werden, und meine Geflügelzucht sehr erheblich zu vergrößern«. Um das vielversprechende Projekt zu realisieren, wollte er sehr viel Geld, nämlich 200.000 Mark, in seine Anlage investieren. Hierfür hoffte er – aufgrund der unumstrittenen allgemeinen Bedeutung der Angelegenheit – auf Unterstützung von staatlicher Seite.[159]

Ein anderer Geflügelzüchter, Heinrich Brauers, antizipierte 1902 die Errichtung einer »Geflügelnutzungs-Kolonie« auf seinem Rittergut in Urbach bei Köln. Das Unternehmen versprach laut dem Gesuchsteller die Erzielung eines jährlichen Gewinns von 80.000 bis 100.000 Mark. In seinem Antrag beim Ministerium machte aber Brauers klar, dass ihn nicht die Aussicht auf Vermehrung seines eigenen Wohlstands zu dem Vorhaben motiviert habe, sondern die Hoffnung, der deutschen Bevölkerung in ihrer Gesamtheit einen großen Dienst zu leisten: »Nicht persönliche Interessen veranlassen mich zu diesem Schreiben. Ich will nur der gemeinnützigen Sache fördern und der deutschen Landwirthschaft nützlich sein«. Seine Hoffnung ging dahin, dass sich nicht nur einzelne, sondern »alle größeren oder Mittelgüter« in Deutschland seine Kolonie zum Vorbild nähmen und auf ihren Anwesen ähnlich große Geflügelzuchthöfe anlegen würden. Sollte das geschehen, »dann wäre die Eier- und Geflügeleinfuhr schon überfällig«, weswegen Brauers sein Gesuch nicht allein beim Preußischen Ministerium, sondern bei »allen Landwirtschafts-Kammern des Reiches« vorlegte.[160]

---

158 Um des Vergleiches willen: Erst in den 1970er Jahren, also in der »Glanzzeit« der Massengeflügelhaltung erreichten westdeutsche Legehennen eine durchschnittliche Legeleistung von über 200 Eiern pro Jahr pro Tier. Noch 1960 lag die Durchschnittsziffer unter 150. 1913 legten Hennen in der Tat im Durchschnitt etwa 80 Eier jährlich; siehe: Comberg: Tierzucht, S. 73.

159 Dr. Karl Dubusc an Seiner Excellenz den Herrn Minister für Landwirtschaft, Domänen und Forsten Berlin, 24.08.1905 (GStA PK, I. HA Rep. 87 B, Nr. 22079).

160 Heinrich Brauers an die Landwirtschafts-Kammer für den Reg.-Bezirk Wiesbaden, 24.07.1902; Heinrich Brauers, Landwirth an das Ministerium für Landwirtschaft, Domänen und Forsten, Berlin, 03.08.1902 (GStA PK, I. HA Rep. 87 B, Nr. 22078). Zu weiteren Beispielen siehe: Hermann Schneider, Landwirtschaftsinspektor an Sr. Exzellenz Herrn

Ein weiteres Feld, auf dem sich die Allgemeinheitdisposition in der Praxis der Zucht zur Geltung kommen sollte, war die Vereinsszene. Die im Kaiserreich fast uferlos entstandenen Vereine und Verbände zur Geflügel-, Kaninchen- und Ziegenzucht verfolgten nicht allein das Ziel, die Zucht der jeweiligen Tiere wirtschaftlicher umzugestalten, sondern darüber hinaus sämtliche Züchter unter ihre Schirmherrschaft zu bringen. Eine solche Zusammenschließung unter eine obere Autorität konnte und sollte zur Folge haben, dass die Zuchtaktivität weniger durch die einzelnen Züchter in ihrem eigenen Betrieb und mehr durch fremde Instanzen gesteuert wurde. Mit anderen Worten: Die Kleinnutztierhaltung hatte aufzuhören, Privatsache zu sein, sie sollte in gewisser Hinsicht eine »Entprivatisierung« erfahren. Der Endzweck der Modernisierung des Gesamtgewerbes, nämlich dessen wahrhaftige Verwirtschaftlichung zugunsten der gesamten Nationalökonomie konnte in den Augen der Experten allein mittels einer Desintegration der Haltung von den zerstreuten Privatsphären und einer Verallgemeinerung derselben nach festen einheitlichen Prinzipien erreicht werden. Hubert Otto etwa sah das Eintreten in eine von ihm anvisierte »Central-Genossenschaft«, in der sich »sämtliche Geflügelzüchterkreise« Deutschlands zu vereinigen hätten, als unumgängliche »Ehrenpflicht« jedes Einzelhalters im Reich: »Niemand darf zurückstehen, darf sich ausschließen wollen, alle müssen geschlossen wie ein Mann vorgehen, alle. Alle für Einen! und Einer für Alle! Es gilt eine nationale, sozial-politische und volkswirtschaftlich hochwichtige Aufgabe zu lösen«.[161]

Was die Vereinheitlichungsbemühungen angeht, waren aber weniger die Vereine an sich und deren Entstehungsgeschichte von zentralem Interesse, sondern dafür eher deren Zweigorganisationen wie Züchtungs-, Verwertungs- und Versicherungsgenossenschaften, die die Verallgemeinerungswünsche in die Praxis der Haltung zu implementieren versuchten. Die Aussicht auf eine reale Umsetzung der Maßnahmen dieser Organisationen war umso größer, als sie nicht selten das Wohlwollen der staatlichen Behörden gewannen bzw. von diesen selbst mitinitiiert wurden. Die Behörden gingen freilich auf die Anliegen privater Antragsteller eher ungern ein; Projekten hingegen, die von Anfang an allgemein- und nicht privatwirtschaftlich konzipiert wurden, brachten sie geringere Abneigung entgegen. Die von den Genossenschaften gegründeten Zuchtstationen verfolgten u.a. den Zweck, leistungsfähigere Tiere hochzuzüchten, die dann unter den Landwirten verteilt werden sollten.[162] Mit dieser Maßnahme sollte die Züchtungstätigkeit aus den

---

Staatsminister, 13.02.1908 (GStA PK, I. HA Rep. 87 B, Nr. 22079); Otto Kohs an den Minister für Landwirthschaft, Domänen und Forsten General von Podbielski, 06.03.1906 (ebd.); Wilhelm Horenburg, Kaninchenzüchter an ein Königl. Kaiserliches Ministerium, 24.06.1877 (GStA PK, I. HA Rep. 87 B, Nr. 22131); Otto Grünhaldt an Ew. Majestät, Kaiser und König, 08.05.1878 (GStA PK, I. HA Rep. 87 B, Nr. 22075).

161 Hubert Otto: Aufruf an Deutschlands Geflügelzüchter zur Gründung einer »Centrale für Geflügel-Zucht u. Verwertung in Deutschland« (e. G. m. b. H.), Januar 1902 (ebd.) (Hervorhebungen im Original). Zu einem ähnlichen Ruf bezüglich der Kaninchenzucht vgl.: Maß und Ziel in der Kaninchenzucht, in: Der Praktikus 4/10 (1906), S. 5.

162 Provinzial-Verband der Geflügel- und Kaninchenzüchter und Vogelschutz-Vereine, Posen; Ornithologischer Verein zu Posen: 16. Wander-Verbands-Geflügel-, Tauben-, Kaninchen- und Vogelschutz-Ausstellung, Juni 1911 (GStA PK, XVI. HA Rep. 30, Nr. 954); Wilhelm Gutsel; Joh. Georg Hofmann: Statuten des Vereins zur Hebung der Geflügel und Kaninchenzucht zu

Händen der privaten Züchter genommen und fremden Zentralinstanzen überlassen werden:[163] »Das bessere Huhn [...] kann sich der Landwirt nicht etwa selber heranzüchten, dazu fehlen ihm Zeit, Mittel und Kenntnisse des Züchtens, sondern die [Landwirtschafts-]Kammer und ihre Anstalten und Zuchtstationen müssen es«.[164] Die Ankurbelung von oben hatte damit alle Aspekte einer Kleinnutztierzuchteinheit zu bestimmen. Abweichungen von den Leitsätzen, die von den Genossenschaften verschrieben wurden, hätten nicht auftreten dürfen: »Es ist [...] darauf hinzuwirken, daß dies [= die Hebung der Geflügelzucht in den Anstalten der einzelnen Züchter] in Übereinstimmung mit Maßnahmen und Zielen geschieht, die zur Förderung dieses Produktionszweigs von den berufenen Organen als richtig erkannt worden ist [sic]«.[165]

Vor allem die Verwertungsgenossenschaften enthielten den Privathaltern einzelne Bestandteile der Haltung vor. Die Genossenschaften waren Agenten der Vermarktwirtschaftlichung,[166] und zwar nicht allein deshalb, weil sie die Verantwortung für den Verkauf der Waren übernommen hatten. Sie erachteten ihre Hauptfunktion in der Verbesserung der Absatzzustände[167] und bewirkten gleichzeitig eine Entfernung zwischen dem Züchter und den Früchten seiner Arbeit und als Folge dessen ein weiteres Voranschreiten auf dem Weg zu einer »Enthäuslichung« der Kleinnutztiere.[168] Damit hatten die Verwertungsgenossenschaften ihren Sinn nicht zuletzt in der Transformation einer Haus-

---

Sonnefeld, 11.03.1875 (StACo, LRA Co, Nr. 782); Landwirtschaftlicher Kreis-Ausschuss von Oberfranken an die Regierung von Oberfranken, Kammer des Innern, 23.02.1904 (StABa, Reg. v. Oberfranken KdI, K 3 F V a, Nr. 113/I).

163 Genau dieser Traum von dem Autonomieverlust der privaten Züchter war einer der Hauptgesichtspunkte der Massengeflügelzucht der Nachkriegszeit; siehe: Franklin: Animals, S. 138; Horowitz: Putting, S. 113.

164 Auszug aus der Kölnischen Zeitung, 30.06.1906 (GStA PK, I. HA Rep. 87 B, Nr. 22079).

165 Adolf Wermuth im Namen des Reichskanzlers an den Herrn Minister für Landwirtschaft, Domänen und Forsten, 10.02.1908 (ebd.).

166 Zur Rolle der Genossenschaften in der marktwirtschaftlichen Neuausrichtung der agrarischen Betriebe im Kaiserreich siehe: Stephan Merl: Das Agrargenossenschaftswesen Ostdeutschlands 1878–1928. Die Organisation des landwirtschaftlichen Fortschritts und ihre Grenzen, in: Reif (Hg.): Agrargesellschaft, S. 287–322.

167 Der 1896 ins Leben gerufene »Klub deutscher Geflügelzüchter, Sitz Berlin« erblickte »seine erste Aufgabe darin«, so Blancke, »der ländlichen Geflügelzucht bessere Absatzverhältnisse für Eier und andere Erzeugnisse ihrer Zucht zu verschaffen« (Blancke: Hausgeflügel, S. 797). Siehe auch: Nutzgeflügel-Zucht- u. Verwertungsgenossenschaft für Deutschland an den königlichen Staatsminister für Landwirthschaft, Domänen und Forsten Herrn von Podbielski, 27.08.1902 (GStA PK, I. HA Rep. 87 B, Nr. 22078).

168 »Die Mitglieder [einer Eierverkaufsgenossenschaft] sind verpflichtet«, stellte Blancke eher wunschdenkend fest, »sämtliche in der eigenen Wirtschaft gewonnenen Eier [...] an die Genossenschaften abzuliefern«; »unter Umständen lohnt es sich auch für die Landwirte einer Gemeinde oder benachbarter Gemeinden, auf genossenschaftlichem Wege eine gemeinsame Mastanstalt einzurichten, an welche sie alles Schlachtgeflügel abliefern« (Blancke: Hausgeflügel, S. 744, 787).

in eine Marktwirtschaft, die einen erheblichen Einfluss auf den Umgang der Menschen mit den Objekten ihrer Arbeit haben sollte:

»Wir leben in einer Zeit, in der einerseits die Teilung der Arbeit immer mehr fortschreitet, andererseits zu gemeinsamer Verwertung der Erzeugnisse ihrer Arbeit sich immer die Schwachen genossenschaftlich zusammenschließen. Das wird auch in der Geflügelzucht mehr und mehr der Fall sein. Wie der Bauer heute nicht mehr sein Brot selbst backt, wie er seine Milch zur Verarbeitung in die Molckerei schickt, so wird er künftighin seine Eier [...] in die Brutanstalt schicken, deren es sicher in der Folge auf jedem Dorfe einen geben wird, und er wird vielleicht die Aufzucht selbst solchen Leuten überlassen, welche dieselbe gewerbsmäßig betreiben«.[169]

Ein ähnliches Moment der Entfernung zwischen Halter und Tier verursachten auch die Versicherungsgenossenschaften, die im Fall der Kleintiere primär für die Ziegenzucht gegründet wurden. Mit dem Eintreten in den Versicherungsverein verlor der Züchter die ausschließliche Eigentümerschaft seines Tiers. Ein schon 1872 projektierter Ziegenversicherungsverein in der Coburger Ortschaft Wildenheid schrieb z.B. in seinen Statuten vor, dass in Fällen, in denen eine versicherte Ziege erkrankte oder verunglückte, der Besitzer verpflichtet sei, sofort bei einem Taxator des Vereins Anzeige zu machen. Dieser Taxator sollte sodann nach eigenem Ermessen anordnen, ob das betreffende Tier getötet und geschlachtet werden sollte. Die Bestimmung des Taxators durfte der Halter nicht mehr anfechten. Das heißt: Aufgrund der einseitigen Betrachtung des Tiers als eines nach geldwirtschaftlichen Maßstäben einzuschätzenden Objekts sollte der Züchter die exklusiven Besitzverhältnisse zwischen ihm und seiner Ziege aufgeben und die Ziege der Entscheidungsmacht fremder Instanzen überlassen. Solange ihn finanzielle Kriterien leiteten, bestimmte nicht er, sondern die Vereinsoberagenten das Schicksal seines Tiers. Die wirtschaftlich motivierte Einwirkung der Versicherungsgenossenschaft auf die Entfremdung zwischen Halter und Nutztier sollte aber in noch anderer Weise zur Geltung kommen: Nicht nur der Taxator, sondern auch alle Vereinsmitglieder wurden in die Pflicht genommen, Zuwiderhandlungen seitens anderer Züchter beim Vorstand anzuzeigen. Mit dieser allgegenwärtigen Querüberwachung innerhalb der Ziegenhaltergemeinschaft konnte der Ziegenzuchtbetrieb nicht mehr eine private Angelegenheit bleiben.[170]

Die Entfernung zwischen Halter und Kleintier zeigte sich aber nicht lediglich in der »Enthäuslichung« der Tiere und in der Entprivatisierung der Haltung. Die Neuausrichtung auf strengere wirtschaftliche Nutzziehung konnte oft auch in unverkennbar unfreundliches Verhalten des Züchters seinem Tier gegenüber münden. Dem Anschein nach war das nur eine logische, quasi unausweichliche Folge der Verwirtschaftlichung der Betriebe. Jetzt sollte das Tierwesen angeblich als reines Nutzobjekt betrachtet werden, und alle anderen Faktoren der Haltung mussten dem ausschließlichen wirtschaftlichen Moment weichen. Der »rationelle« Züchter sollte sich beim Umgang mit dem Kleintier einzig und allein die Frage stellen: Wie könnte ich von ihm größeren Nutzen

169 Ders.: Brut, S. 6–7.

170 Statuten über den zu Wildenheid zu gründenden Ziegenversicherungsverein, 20.05.1872 (StACo, LRA Co, Nr. 1140). Vgl. auch: Statuten für die Ziegenversicherung der Ziegenzuchtgesellschaft Einberg, 15.06.1908 (StACo, LRA Co, Nr. 642).

erzielen? Das hatte zur Folge, dass der Nutzen grundsätzlich zu einem reinen Nutzen wurde, dass es von mancher für die Wirtschaft irrelevanten Komponente, wie u.a. der Freundschaft mit dem Tier, nicht mehr »kontaminiert« war.

Diese Ablösung der Freundschaft spiegelte sich in den alltäglichen Arbeitsverhältnissen zwischen Halter und Tier wider, die sich die Modernisierungsexperten vorstellten. In diesen Vorstellungen kann man durchaus erkennen, wie einem aggressiven, quälerischen Umgang mit den gezüchteten Tieren Tür und Tor geöffnet wurde. So empfahl z.B. ein Experte zur Haltung von Truthennen, die er als »lebende Brutmaschinen« pries, die gezüchteten Tiere zur Produktionssteigerung erforderlichenfalls gewaltsam zu nötigen: »Die Truthenne brütet ziemlich zu jeder Jahreszeit und tut sie es nicht freiwillig, so wird sie einfach dazu gezwungen, indem sie in einen Brutkorb oder in eine Kiste mit verstellbarem Deckel gebracht wird. [...] [M]it 20 Truthühnern [sind] 800 bis 1200 Kücken jährlich zu ziehen«.[171]

Solche tierquälerischen Methoden, in denen das Tier wortwörtlich aus dem Blickfeld seines Halters verschwand, wurden aber natürlicherweise primär auf dem Gebiet der Zucht zur Fleischproduktion angewendet. Vor allem die Geflügelmästung, während der Zeit des Kaiserreichs ein durchaus übliches Verfahren, ließ einseitige Nutzorientierungen deutlich zum Ausdruck kommen. Wir haben oben gesehen, dass quälerische Handlungsweisen, zu denen Halter aus Nutzungserwartung zurückgriffen, von partnertierlichen Komponenten durchaus begleitet werden konnten; in den expliziten Beiträgen zum Mästen fehlen freundschaftliche Elemente dagegen fast ausnahmslos. Es ist, als ob bei dieser auf radikale Produktionssteigerung gerichteten Operation die Züchter doch Skrupel hatten, die zwei Aspekte Freundschaft und Nutzen in einem Atemzug zu nennen. Diese einseitige Nutzperspektive kommt beispielsweise in folgender Beschreibung der Prozedur »schön« zum Ausdruck:

> »Entenzucht und Entenmast bringt bei einigem Verständnis eine recht nennenswerte Einnahme. Große Enten [...] erreichen in der Mast ein Gewicht von 7–9, ja sogar 10–12 Pfund. Eine gute Fleischmast bewirkt man bei den Enten durch reichliche Fütterung mit einem aus Malz, Gerste, Maismehl oder Maisschrot, gekochten Kartoffeln und Talggrieben bestehenden, bröckligen Teig nebst klein geschnittenen Rüben und Grünzeug. [...] Die Absperrung der zur Mast bestimmten Tiere hat allmählich zu geschehen, da man sonst keinen Erfolg merkt. Anfangs kann man mehrere in einen Stall bringen und diese beenge man allmählich und tue die Tiere schließlich in Einzelkäfige«.[172]

In dieser Darstellung erfolgt die Fokussierung auf die wirtschaftsrelevanten Komponenten des Tierkörpers ohne jegliche Bezugnahme auf darüberhinausgehende Gesichtspunkte. Das Tier ist bei weitem kein Freund, sondern ein reines Objekt der Nutzenökonomie. Bemerkenswert ist ferner, dass auch der physische Kontakt zwischen Züchter und Tier, der sich ja selbst in dieser Haltungsform in der einen oder anderen Art vollziehen muss-

171 P. Jung: Truthühnerzucht. Schluß, in: Der Lehrmeister im Garten und Kleintierhof 3/20 (1904), S. 310. Zu Hühnern als »reine[n] Lege-Automaten« vgl. auch: Wieviel Eier legt ein Huhn, in: Haus, Hof und Garten 22/18 (1900), S. 137–138.

172 Entenmast, in: Der Praktikus 4/1 (1906), o.S.

te, sich auf der textlichen Ebene völlig verflacht. Der Verfasser bezieht sich etwa auf die Fütterung, meidet aber jegliche Bezeichnung der praktischen Ausführung. Der Blick richtet sich nicht auf den physischen Akt des Fütterns, nämlich des Essenseinreichens mit der Hand, sondern allein auf die Bestandteile der Nahrungsgegenstände. Auch die Absperrung geschah so, als ob man mit den Tieren nicht in Berührung kommen sollte. Aufgezeichnet wurden lediglich die einfachsten Tätigkeiten (»Bringen«, »Beengen«, »Tun«), die für die Abwicklung dieser Aktion nötig sind und die körperliche Fettzunahme der Tiere anspornen sollten.[173]

Neben der Mästung wurde der kompromisslos »rationelle« Züchter auch zu einem professionellen Tiervernichter. Gemeint ist dabei weniger das Schlachten zum Zweck des Fleischbezugs – ein übliches Arbeitsverfahren, das ja auch in traditionellen, nicht einseitig wirtschaftlich ausgerichteten Betrieben unumgänglich war –, sondern mehr die Dezimierung von »schädlichen« Exemplaren des Tierbestands. Solche Ausleseoperationen gegen die »wertlosen« Einzeltiere wurden im Modernisierungsdiskurs zu einem Kerngebot der »rationellen« Zucht. »Manchmal kommt es vor«, mahnte z.B. ein Taubenzüchter, »daß das eine oder andere Tier während der Brut seine Pflicht mangelhaft oder gar nicht erfüllt. Eine solche Taube muß ausgemerzt werden; denn sie kann auf die Bezeichnung Nutztaube nicht im geringsten Anspruch erheben. Sie ist weiter nichts als eine Drohne, d. h. ein Müßiggänger und ein unnützer Futterfresser«.[174] Ein ähnlich gesinnter Hühnerzüchter wollte seinen Tieren eine ebenso schwerwiegende Unsitte abgewöhnen:

»Das Anpicken und Verzehren der Eier ist eine Unart, die öfters bei den Hühnern vorkommt und wandte ich in meinem Geflügelhofe folgende einfache Mittel mit bestem Erfolge dagegen an: Man schneide dem betreffenden Huhn mittelst eines scharfen Federmessers die äußerste Kornspitze des Schnabels vorsichtig ab, wodurch es ihm unmöglich wird, das Ei anzupicken. [...] Ist ein Huhn unverbesserlich, so schlachte man es lieber, als daß die anderen das Eierpicken noch von ihr [sic] lernen«.[175]

Neben den inhaltlichen Anweisungen für die Zuchtpraxis zeigt sich in solchen Ausführungen ein neues Tierbild: Das Tier habe bloß seine Nutzfunktion zu erfüllen, tue es das nicht, verliere es seine Existenzrecht und werde getötet. Somit wurde das Nutzungselement in eindeutiger Weise umrissen und abgegrenzt. Gleichzeitig besaß aber auch die

173 Blancke empfahl das Mästen u.a. deswegen, weil es »ohne schwere körperliche Arbeit bewerkstelligt werden kann« (Blancke: Hausgeflügel., S. 767). Vgl. auch: Dürigen: Geflügelzucht, S. 833.

174 P. Mahlich: Was ich von meinen Nutztauben verlange, in: Der Lehrmeister im Garten und Kleintierhof 3/10 (1904), S. 151–152, hier S. 152.

175 r.: Beantwortung der Anfragen, in: Pfälzische Geflügel-Zeitung 5/13 (1881), S. 54. Vgl. auch die lakonische Aussage eines kompromisslosen Nutzhühnerzüchters: »Über 3 Jahre alte Hennen werden abgeschafft, weil sie sich dann als Leger nicht mehr bezahlt machen« (P. Hohmann: Die brauchbarsten Nutzhühner. Ihre Pflege, Zucht und Rassekennzeichen, in: Der Lehrmeister im Garten und Kleintierhof 3/4 (1904), S. 59). Siehe auch: ders.: Ausmerzen der alten Hennen, in: Der Lehrmeister im Garten und Kleintierhof 3/2 (1904), S. 31.

Tötung klarere Konturen, die sie von alternativen, angeblich todesfremden Gesichtspunkten »bereinigen«: Man könnte mit einer guten Portion Zynismus sagen, dass erst hier der Tod des Kleinnutztiers zu seinem vollen Recht kam. Das heißt, er wurde endlich zu einem »richtigen« Tod, zu einer durch und durch grausamen Aktion. Im Gegensatz zu den oben diskutierten Tötungen des Nutzpartnertiers gehörte der Tötungsakt des »rationell« gehaltenen Tiers nicht wie selbstverständlich zu der alltäglichen Arbeitspraxis im Zuchtbetrieb. Jetzt wurde über die Kluft zwischen Partnerschaftlichkeit und Wirtschaft, zwischen Leben und Tod bewusst nachgedacht. Das Tier gehöre dem Tod allein deswegen, weil es durchweg unnütz sei – weil die Taube der »Bezeichnung Nutztaube« nicht mehr gerecht sei und weil das eierverzehrende Huhn den Betrieb mit seiner »Unart« infiziere. Das Tier sterbe nicht als eine bloße Kontinuität der Freundschafts-Nutz-Beziehung zwischen Halterin und Arbeitsobjekt, sondern weil es unnütz sei für ein profitorientiertes Geschäft. Wäre es in lebendiger Form von Nutzen, würde es das Todesurteil nicht verdienen – und zwar ganz egal, ob er einen »guten Partner« ausmache oder nicht.

## UNERFÜLLTE VISIONEN, DIE HARTNÄCKIGKEIT DES HAUSHALTES UND INTENSIVIERTE MENSCH-KLEINNUTZTIER-PARTNERSCHAFTLICHKEIT

Die Modernisierung der Kleinnutztierhaltung im Kaiserreich darf nicht bloß deswegen als eine Zukunftsvision bezeichnet werden, weil sie aus der subjektiven Perspektive der Experten eine Erwartung an die Zukunft war. Sie war auch deswegen ihrem Wesen nach futuristisch, weil sie im Kaiserreich größtenteils nicht realisiert wurde. Wie wir sehen konnten, antizipierten viele der Vorstellungen der Kleintierzüchter wenigstens ansatzweise Betriebsformen, die der Massentierhaltung, wie sie sich primär in der Zeit nach dem Zweiten Weltkrieg entwickelte, ähnelten. Bekanntlich war die Geflügelzucht eine der revolutionärsten Führungsbranchen in der jüngsten Entfaltung des Massentierhaltungsregimes,[176] was gerade dem Fall der wilhelminischen Vordenker aus der Kleinnutztierzuchtszene eine gewisse Pikanterie verleiht. Im Kaiserreich selbst war das alles aber noch bloße Zukunft. Aus der Perspektive der wilhelminischen Gegenwart waren diese Visionen nichts weiter als ein Papiertiger, der es nie vermochte, zu einem wirklichen

176 Andrew Johnson: Factory Farming, Oxford/Cambridge, MA: Blackwell 1991, S. 24, 27; William Boyd: Making Meat. Science, Technology, and American Poultry Production, in: Technology and Culture 42/4 (2001), S. 631–664; Roger Horowitz: Making the Chicken of Tomorrow. Reworking Poultry as Commodities and as Creatures, 1945–1990, in: Susan R. Schrepfer/Philip Scranton (Hg.): Industrializing Organisms. Introducing Evolutionary History, New York: Routledge 2004, S. 215–235. Spezifisch zu Deutschland siehe: Hans-Wilhelm Windhorst: Die sozialgeographische Analyse raum-zeitlicher Diffusionsprozesse auf der Basis der Adoptorkategorien von Innovationen. Die Ausbreitung der Käfighaltung von Hühnern in Südoldenburg, in: Zeitschrift für Agrargeschichte und Agrarsoziologie 27/2 (1979), S. 244–266; Helene Albers: Zwischen Hof, Haushalt und Familie. Bäuerinnen in Westfalen-Lippe (1920–1960), Paderborn u.a.: Schöningh 2001, S. 85–86.

Raubtier heranzureifen. Im Gesamtkomplex der zeitgenössischen Landwirtschaftsmodernisierung war die Kleinnutztierzucht in der Tat eines der offenkundigsten Beispiele für den Abstand zwischen intensiviertem Wissen und »rückständiger« bäuerlicher Praxis. Ihr Dasein als eine rein textliche Zukunftserwartung konnten die großbetrieblichen Traumbilder bis auf Ausnahmen nicht überschreiten. Die tatsächliche Kleinnutztierhaltung blieb bis zum Ende der besprochenen Epoche alles andere als Massentierhaltung, und sie blieb ununterbrochen auf den häuslichen und nebenerwerblichen Bereich beschränkt. Die engen Arbeitsverhältnisse zwischen Halter und Tier wurden durch die Pläne der Modernisierungspropheten nicht wirklich gefährdet. Die Kleinnutztiere blieben im Kaiserreich weitgehend unversehrte *Haus*tiere.

Von einer Auflösung der Kleinnutztierzucht als Haustierhaltung kann aber nicht nur deswegen keine Rede sein, weil sich die Modernisierung am Ende als ein misslungenes Großprojekt entpuppte. Eine sorgfältige Lektüre der Intensivierungstexte offenbart, dass selbst hier die kategorialen Oppositionen zwischen Nutzung und Partnerschaftlichkeit keineswegs fest markiert wurden. Im Gegenteil: Allzu oft stellen die Texte eine explizite Verknüpfung zwischen diesen beiden Dimensionen her. Die Intensivierung der Produktion sollte aus der hegemonialen Perspektive der Experten die Freundschaft zwischen Halter und Tier nicht zunichtemachen. Vielmehr versprach sie, jene Freundschaft zu einem bis dahin unerreichten Ausmaß an Intensität zu verhelfen. »Rationelle« Zucht war gleichzeitig kameradschaftliche Haltung. Diese doppelte Entwicklung – einerseits die Nichtrealisierung von entfremdeten Verhältnissen aufgrund gescheiterter Modernisierungsvorhaben und andererseits die antizipierte Intensivierung der Beziehung zwischen Halter und Nutztier – ist das Thema folgender Ausführungen.

Eine kleine Anekdote aus der Feder von Margarete Preuße, der Betreiberin einer Großgeflügelfarm in Niederschlesien, gewährt einen raren Einblick hinter den Deckmantel der geläufigen Selbstverherrlichungen der dominanten Geflügelzüchter des Kaiserreichs: Nachdem sie einem Gast in ihrer Zuchtanlage ein Loblied auf eine andere Branchenführerin der schlesischen Geflügelzucht, eine gewisse Frau Handrick, gesungen hatte, erntete sie von diesem eine ungläubige Reaktion: »Auch Frau Handrick kocht nur mit Wasser!«, erwiderte der unbeeindruckte Gast. Darauf sah sich Preuße veranlasst, dem Lästermaul leider Recht zu geben: »Man ist auf jedem Gebiet ein Stümper, aber das scheint mir ganz besonders bei der Hühnerzucht«.[177]

Die wilhelminische Kleinnutztierzuchtszene litt in der Tat an einem nahezu akuten Glaubwürdigkeitsproblem. Viel von dem, was die rhetorisch gewandten Geflügelzüchter über ihre großartigen Erfolge erzählten, entsprach offensichtlich nicht der weitaus schlichteren Realität. Preußes Anekdote, in der renommierten Zeitschrift *Nutzgeflügelzucht* veröffentlicht, zeugt zudem davon, dass die argwöhnischen Stimmen nicht selten den federführenden Personen der Szene selbst gehörten. Das heißt, dass der kleinnutztierliche Modernisierungsdiskurs zu einem gewissen Grade ein selbstreflexiver Diskurs war. Vielen war es durchaus bewusst, dass die Schaffensfreude auf dem schriftlichen Feld nicht von einer entsprechenden Produktivität in der Praxis der Landwirte begleitet war. Oder anders ausgedrückt: Den Experten blieb es nicht verborgen, dass ihre Wissensfabrikate in den Schriften abgekapselt blieben, wobei sie dieser Zustand, dieses

177 Preuße: Entgegnung, S. 22.

Wissen über die Machtlosigkeit ihres Wissens sehr schmerzte: »Wir [haben] 200 Geflügelzuchtvereine, unzählige Fachblätter«, ist in einem eben jener Fachblätter zu lesen,

»und doch keine einträgliche, auf vernünftiger Grundlage beruhende ländliche Geflügelzucht. Der Großgrundbesitz mit wenigen Ausnahmen sieht das Geflügel als nothwendiges Uebel an, als ›Frauensache‹. Der kleine Landwirth, der Bauer, hat gar kein Verständniß dafür und verhält sich zu Belehrungen, die er scheinbar mit Interesse anhört [...] ablehnend«.[178]

Die Experten waren zwar unerschütterliche Visionäre, die offen und vorbehaltlos von den grenzenlosen Erfolgsaussichten ihres Fachgebiets sprachen; defätistische Neigungen waren ihnen aber gleichzeitig keineswegs fremd: »Wenn man gar glaubt«, liest man z.B. in der *Deutschen landwirtschaftlichen Geflügel-Zeitung*, »durch Produktion von Schlachtgeflügel der sogenannten Fleischnot entgegen zu arbeiten, so sind das offenbar Trugschlüsse des grünen Tisches. Niemals wird der deutsche Arbeiter das Rind- und Schweinefleisch mit Geflügelfleisch vertauschen«.[179] Jener Defätismus hatte auch zur Folge, dass eine Grundeinstellung der Ungläubigkeit gegenüber übertrieben rosigen Erfolgsdarstellungen dem kleinnutztierlichen Diskurs fast genauso fest wie der optimistische Blick auf die glorreiche Zukunft der wirtschaftlichen Großmächtigkeit anhaftete. Mit der Ungläubigkeit drang in den Diskurs auch eine nicht unerhebliche Portion von Selbstironie ein. Auf die an sie gerichtete Frage: »Ist es möglich, in Deutschland durch Hühnerzucht schnell reich zu werden?«, reagierte etwa die Redaktion der *Blätter für die deutsche Hausfrau* mit dem Abdruck folgender Burleske, die sie wiederum keinem anderen als dem satirischen Magazin *Kladderadatsch* entlehnte:

»Aber sicherlich. [...] Nach den Berechnungen eines Hühnerzüchters wirft jedes Huhn einen Reinertrag von 3 M. ab. Wollten die Landwirte sich auf die Hühnerzucht legen, statt Brotkorn zu bauen, das keinen Preis mehr hat, so würden sie es in ihrer Hand haben, ihrem Einkommen eine beliebige Höhe zu geben. Hält ein Gutsbesitzer sich z.B. 100000 Hühner, so bringen ihm diese einen Reingewinn von etwa 300000 M. jährlich. Bei 10 Millionen Hühnern, die auf einem großen Gut sehr leicht untergebracht werden können, wenn man nur genug Stangen zum Sitzen für sie anbringt, steigt der Gewinn auf 30000000 M., und der Gutsbesitzer hat es nicht mehr nötig, Liebesgaben anzunehmen«.[180]

Der Skeptizismus und die Kleingläubigkeit gegenüber den Großvisionen wurden dabei nicht zuletzt durch die Einstellung der Behörden genährt. Die reservierte Reaktion der Behörden auf die von den Großzüchtern in spe gerichteten Bittschriften ist ein vielsagendes Beispiel für die gescheiterte »Vergrößerung« der Kleinnutztierzucht. Obwohl die staatlichen Instanzen im Grundsatz eine Modernisierung der Zucht durchaus wünschten, leitete sie in der Regel eine Grundhaltung, die der Kleinnutztierzucht die großwirtschaftliche Kompetenz absprach. Entgegen der Visionen der Experten war aus Sicht der Be-

---

178 Nationale Hühner, in: Haus, Hof und Garten 22/16 (1900), S. 122–123, hier S. 123.

179 Dackweiler: Tagespresse, S. 706.

180 D.: Fragekasten. Einträglichkeit der Hühnerzucht, in: Blätter für die deutsche Hausfrau 13 (1906), S. 52.

hörden die Haltung von Geflügel, Kaninchen und Ziegen ihrem Wesen nach ein kleines Gewerbe, das auf den nebenberuflichen Bereich beschränkt bleiben sollte. Das Preußische Ministerium für Landwirtschaft lehnte z.B. 1903 einen Vorschlag der Landwirtschaftskammer der Provinz Sachsen zur Errichtung einer großen staatlichen Geflügelzüchterschule mit der Begründung ab, dass eine solche Anstalt »die Gefahr mit sich bringen [würde], daß eine größere Anzahl von Personen sich in der Hoffnung auf einen späteren Broterwerb einem Berufe widmen würde, welcher nur sehr wenigen die Aussicht auf eine gesicherte Lebensstellung bietet«.[181] Die Abneigung der Behörden, den Anträgen stattzugeben, hing in der Regel damit zusammen, dass sie gerade die großangelegten Projekte kritisch sahen. Sporadische Lehrveranstaltungen, die den kleinen Bauern die Prinzipien einer besseren Zucht vermittelten, vermochten sie gutzuheißen; Zuchtbetrieben, in denen eine Massenproduktion anvisiert worden war, brachten sie jedoch sehr wenig Verständnis entgegen. Die projektierte Entenzuchtgroßanlage des Landwirtschaftsinspektors Hermann Schneider aus dem Saalkreis verfehlte z.B. deswegen die Gunst des Preußischen Landwirtschaftsministeriums, weil ihm »die Rentabilität derartiger Anlagen großen Styles [...] recht zweifelhaft« erschien.[182] Dass die kleinen Tiere in absehbarer Zukunft in massenhaften Beständen gezüchtet würden, konnten sich die Vertreter der Staatsmacht bei aller Einbildungskraft einfach nicht vorstellen. Eine nationale, volkswirtschaftliche und gesamtgesellschaftliche Bedeutung würden jene bescheidenen Tierarten nie besitzen können.

Ein solcher Widerwille ist vielfach in den internen Korrespondenzen der Behörden dokumentiert, in denen den Kleintiervisionären und ihren Projekten in unumwundener Ausdrücklichkeit jegliche Seriosität abgestritten wurde. Am eindeutigsten war das in der Bearbeitung des Antrags von Carl Dubusc der Fall, also jenem Amtsgerichtsrat aus Andernach am Rhein, der dem Preußischen Minister gegenüber prahlte, er habe es geschafft, Hennen hochzuzüchten, die 230 Eier jährlich legten. Sein Gesuch um eine Gewährung von 200.000 Mark für eine Vergrößerung seiner Anlage wollten die Behörden nicht einfach deswegen nicht billigen, weil sie rein sachlich an der Wichtigkeit des Unternehmens zweifelten, sondern vielmehr weil sie Dubusc und seine Visionen gleich dem Reich der Fantasien zuordneten: Auf Nachfrage des Preußischen Landwirtschaftsministeriums antwortete ein Mayener Landrat: »Dubusc soll an der fixen Idee leiden, daß der Sport der Hühnerzucht grundlos bislang nicht die ihm zukommende Anerkennung erfahre, obwohl er dem Pferde- und Hundesport gleichwertig sei«. Die Zuweisung der Hühnerzucht in den Bereich des »Sports« war aber noch nicht alles; aus der Korrespondenz geht hervor, dass Dubusc, der zugegebenermaßen eine »besondere Leidenschaft für die Hühnerzucht« ausstrahlte, seit einer Weile an einer Geisteskrankheit litt und stationär behandelt wurde:

---

181 Ministerium für Landwirtschaft, Domänen und Forsten an die Landwirtschaftskammer für die Provinz Sachsen zu Halle a./S., 10.11.1903 (GStA PK, I. HA Rep. 87 B, Nr. 22078).

182 Ministerium für Landwirtschaft, Domänen und Forsten an des Kaisers und Königs Majestät, 14.03.1908; Ministerium für Landwirtschaft, Domänen und Forsten an den Landwirtschafts-Inspektor Herrn Schneider zu Dieskau bei Halle a./S., 30.04.1908 (GStA PK, I. HA Rep. 87 B, Nr. 22079).

»Vorläufig sind seine Bestrebungen nicht weiter ernst zu nehmen, er befindet sich zur Zeit in der Nervenanstalt. […] Auch die Landwirtschaftskammer legt der Wirksamkeit des im krankhaften Zustande befindlichen Mannes auf dem Gebiete der Hühnerzucht keine Bedeutung zur Zeit bei«.[183]

Das Misslingen der Modernisierungsagenten, eine Unterstützung von Staatsinstanzen zu gewinnen, wurde ergänzt durch die ebenso große Erfolglosigkeit, die zahlreichen einzelnen Kleinnutztierzüchter im Reich für ihre Vereinheitlichungsbestrebungen zu mobilisieren. Aus vielen Schriften der Vereine selbst und deren Organe geht hervor, dass gerade die Betreiber von kleineren Tierzuchtwirtschaften eine tiefe Abneigung hatten, sich den Vereinigungen anzugliedern und ihre Betriebe der oberen, einheitlichen Verwaltung zu unterwerfen. Die Vereine träumten von großangelegten Zusammenschließungen sämtlicher Züchter; die Privathalter, also diejenigen, in deren Händen die eigentliche Zucht lag, wollten sich aber nicht fügen. Sie zogen es vielmehr vor, privat zu bleiben. Im sächsischen Sebnitz lösten sich z.B. alle sieben um 1900 gegründeten Ziegenzuchtvereine kurze Zeit später wieder auf, weil vor allem die kleinen und ärmeren Ziegenzüchter sich nicht beteiligten:

»Die Gründung von Ziegenzuchtgenossenschaften scheiterte hauptsächlich an der Armut und der Abneigung der Interessenten, meistenteils in entlegenen Gebirgsdörfern weitab vom Weltverkehr wohnend, denen allen Neuerungen und ganz besonders genossenschaftlichem Zusammenschluß […] abhold sind«.

Für die Vereinsführer war der Misserfolg, sich bei diesen Inhabern von »Wirtschaftsbetriebe[n] allerkleinsten Ausmaßes« Gehör zu verschaffen, ein besonders wunder Punkt, denn gerade diesen kam ihres Erachtens nach eine große »volkswirtschaftliche Bedeutung« zu. Dagegen verzeichneten die Genossenschaften größeren Erfolg in denjenigen wohlhabenden Gegenden des Bezirks, »wo die Ziege weit weniger verbreitet ist« und daher keine genuine wirtschaftliche Relevanz besaß. Ein Vereinsvorsitzender stellte klar, dass das Scheitern trotz der regen, wirklich intensiven und professionellen Tätigkeit der Organisationen eingetreten sei: »Wenn bisher nicht alles erreicht worden ist, was zu wünschen wäre, so dürfte dies weit mehr auf die Teilnahmslosigkeit der Interessenten zurückzuführen sein, als auf die bestehenden Einrichtungen [der Vereine] selbst«.[184] In

183 Landrat Kasselkaul an den Regierungspräsidenten in Coblenz, 18.10.1905; der Regierungsrat in Coblenz an den Minister für Landwirtschaft, Domänen und Forsten, Berlin, 26.10.1905 (ebd.).

184 V. Littrow: Zur Gründung eines Landesverbandes der Ziegenzüchtervereine im Königreich Sachsen, in: Zeitschrift für Ziegenzucht 10/12 (1909), S. 161–166, hier S. 163–165. Zu weiteren Quellen, aus denen hervorgeht, dass sich der Hauptteil der Privathalter den jeweiligen lokalen Genossenschaften nicht anschloss, siehe: G.: Aus den Vereinen und Verbänden. Verband der Ziegenzuchtvereine des Kreises Hoya, in: Zeitschrift für Ziegenzucht 11/23 (1910), S. 366–367; Oberfränkischer Kreisziegenzuchtverband an den landwirtschaftlichen Kreisausschuss der Kgl. Regierung von Oberfranken, 25.04.1911; Landw. Bezirksausschuss Stadtsteinach an die k. Regierung von Oberfranken, Kammer des Innern, 11.08.1912 (StABa, Reg. v. Oberfranken KdI, K 3 F V a, Nr. 3648/I); Internistische Leitung der geeinigten Geflügelzüch-

dieser Hinsicht führten die Vereine eine Art Scheinexistenz. Sie gaben sich sehr viel Mühe und agitierten engagiert, am Ende konnten sie aber die real existierenden Verhältnisse der Zucht nicht im Geringsten beeinflussen. Sie waren Organisationen, die allein auf der organisatorischen Ebene existierten, nicht aber in dem Bereich, für dessen Verbesserung sie sich organisiert hatten.

Das Fernbleiben der Privatzüchter bedeutete nicht nur für die Vereine selbst geringe Mitgliederzahlen und dadurch Machtlosigkeit. Es führte auch dazu, dass diese Organisationen es weitgehend verfehlten, die eigentliche Kleinnutztierhaltung im Inneren des Zuchtbetriebs entsprechend ihrer Prinzipien zu transformieren. Wie schon angedeutet wurde, blieb der Großteil der Kleinnutztierzuchtbetriebe bis zum Ende des Kaiserreichs zahlenmäßig sehr bescheidene Unternehmungen, die von der Hauswirtschaft nicht abgekoppelt wurden. Von einer großbetrieblichen Neuausrichtung waren sie meilenweit entfernt. Aus den Informationen, die die Vereine selbst erstellten, geht hervor, dass in den jeweiligen Betrieben im Normalfall nur sehr wenige Tiere pro Betrieb gezüchtet wurden. Die meisten organisierten Ziegenzüchter, also ausgerechnet jene, die sich offiziell den Modernisierungsmaßnahmen der Vereine fügten, verfügten gegen Ende des besprochenen Zeitraums im Durchschnitt nur über ein einziges bis drei Tierexemplare.[185] Obwohl Kaninchen und Geflügel logischerweise in größeren Zahlen je Zuchtbetrieb gehalten wurden, blieb gewöhnlich auch ihre Haltung auf sehr überschaubare Größenverhältnisse (zehn bis zwanzig Stück) beschränkt.[186]

Aber nicht nur in quantitativer, sondern auch in qualitativer Hinsicht blieb die Kleintierhaltung bescheiden und häuslich. Nehmen wir als Beispiel eine Beschreibung des Standes der Geflügelzucht im Jahr 1905 im ostpreußischen Poduhren, die aus der Feder von Martha Behrend, einer Gutsbesitzerin und der Mutter der später als Schriftstellerin bekannt gewordenen Dora Eleonore Behrend, entstammte. In ihrem Schreiben an das Preußische Landwirtschaftsministerium ging Behrend, die laut eigener Aussage viele Jahre mit einer Geflügelhaltung großen Ausmaßes auf ihrem Gut experimentierte, auf

---

ter-Vereine im Herzogtum Coburg an das Herzogliche Ministerium zu Coburg, 20.08.1892 (StACo, Min D, Nr. 4089).

185 X.: Aus den Vereinen. Massenbuchhausen, in: Zeitschrift für Ziegenzucht 10/7 (1909), S. 92–93, hier S. 92; M.: Aus den Vereinen und Verbänden. Schöningen, in: Zeitschrift für Ziegenzucht 11/24 (1910), S. 380–381, hier S. 381; Sp.: Aus den Vereinen und Verbänden. Laudenbach, in: Zeitschrift für Ziegenzucht 11/24 (1910), S. 382; Paul Ehrenberg: Die Spielwarenindustrie des Kreises Sonneberg, in: Verein für Socialpolitik (Hg.): Hausindustrie und Heimarbeit in Deutschland und Österreich. Band III: Mittel und Westdeutschland, Österreich, Leipzig: Duncker & Humblot 1899 S. 215–278, hier S. 249–250; Tierzuchtinspektor Robert Döttl: Bericht über Ziegenzucht im Verbandsgebiete für das Jahr 1909; Oberfränkischer Kreisziegenzuchtverband an den landwirtschaftlichen Kreisausschuss der Kgl. Regierung von Oberfranken, 25.04.1911; K. Tierzuchtinspektor Robert Döttl: Bericht über Ziegenzucht im Verbandsgebiete für das Jahr 1911 (StABa, Reg. v. Oberfranken KdI, K 3 F V a, Nr. 3648/I). Vgl. auch: Seufert: Lebensverhältnisse, S. 320.

186 Siehe beispielsweise: Wohlgemuth: Bäuerin, S. 39; Jahresbericht des Vereins oberf. Kaninchenzüchter 1909 (StABa, Reg. v. Oberfranken KdI, K 3 F V a, Nr. 602/I). Vgl. auch: Jones: Gender, S. 33.

Propagandaschriften ein, in denen das Ministerium für eine Ausweitung der Hühnerzucht unter führenden Gutsbesitzern plädierte. Behrend behauptete vorbehaltslos, dass das Ministerium mit solch wohlmeinender Werbung die Augen vor den eigentlichen Verhältnissen vor Ort verschließe. Denn, so Behrend, die potenziellen Massenzüchter der Zukunft würden ausgerechnet mit dem »kleinen Manne« nie konkurrieren können. Während den Besitzern der großen Güter in ihren vergrößerten Anlagen sehr hohe Kosten für die Bebauung und Heizung der Gebäude, für die Anstellung von Arbeitern und für die Anpflanzung von Futtermitteln erwuchsen, brachte der Kleinzüchter Geflügelprodukte auf den Markt, deren Herstellung »ihm fast garnichts kosten«. Dieser Ausgangsvorteil des »kleinen Mannes« beruhte gerade auf der Einfachheit und Häuslichkeit seines Geschäfts:

»Sobald Arbeiter oder Arbeiterin nur eigen warmen Raum haben halten sie Hühner. [...] Die Hühner leben im Wohnzimmer, das gewöhnlich auch das Schlafzimmer und Küche des ländlichen Arbeiters ist. Sie wohnen auf dem Ofen, unter demselben oder selbst unter dem Bett. Den jungen Kücken wird im Bett das Nest eingeräumt. Am Futter bekommen sie alles, was vom Tisch der Leute abfällt, Kartoffelreste, Fleischreste, den Bodensatz der Milch und Mussschüsseln, Mehl und Teigabfälle beim Backen. [...] Die Hühner sind also in so ausserordentlich günstiger Lebenslage, dass sie eigentlich den ganzen Winter über Eier legen, so dass die Leute schon im Februar anfangen können brüten zu lassen, ohne dass es ihnen irgend welche Kosten verursacht. Diese Frühbrut-Kücken werden dann im April und Mai mit 40 Pfenning pro Stück an Handelsfrauen abgegeben«.[187]

Ausgerechnet in der häuslichen Zucht und dem engen Beisammensein mit den Nutztieren im Inneren des Hauses lag also die wirtschaftliche Bedeutsamkeit des Geschäfts. Nicht die imaginierten Großzüchter, sondern die kleinen Halter und deren nebenerwerbliches Unternehmertum in der eigenen Wohnsphäre bewahrten die Kleinnutztierhaltung vor der ökonomischen Bedeutungslosigkeit.

Wie man aus Behrends plastischer Beschreibung schließen kann, entzog sich der ostpreußische »kleine Mann«, der ihr vor Augen schwebte, keineswegs dem Markt. Sein hausindustrielles Unternehmen war durchaus auf Gelderwerb mittels außerhäuslichen Handels ausgerichtet, obwohl jene *Veräußerung* gleichzeitig gerade zur Attraktivität des hausbasierten Geschäfts beitrug. Die Aussicht auf einen Verkauf spornte die Arbeiter an, Geflügel zuhause zu halten. Hausindustrie und Marktorientierung bedingten sich gegenseitig. Es gibt in den Quellen in der Tat zahlreiche Belege dafür, dass die Einbeziehung der Kleinnutztierzucht in die Marktgeschehnisse ausgerechnet über die heimischen Kleinbetriebe erfolgte. Die meisten Betriebe waren nicht rein auf Selbstversorgung aus-

187 Frau M. Behrend – Arnau – Poduhren geb. Oppenheim an das Ministerium für Landwirtschaft, Domänen und Forsten, 31.04.1905 (GStA PK, I. HA Rep. 87 B, Nr. 22079). Vgl. ähnliche Gegenüberstellungen von Groß- und Kleinbetrieben in der Geflügelzucht: Dürigen: Geflügelzucht, S. 718; Schmidt: Förderung der Geflügelzucht als landwirtschaftlichen Nebenbetriebes. Vortrag gehalten auf der 11. Hauptversammlung der Landwirtschaftskammer für die Provinz Brandenburg am 30. und 31. Januar 1905 zu Berlin, Prenzlau: A. Mieck, 1905, S. 3.

gelegt. Sie brachten ihre Produkte (auch) auf den Markt.[188] Die wilhelminische Kleinnutztierhaltung ist damit nichts weniger als ein Paradebeispiel für eine moderne Verzahnung von Hausökonomie und Marktwirtschaft.

Die Kombination von kleiner Wirtschaft und außerhäuslichem Handel konnte zuweilen fast »bizarre« Züge annehmen. Erich Kästner (geb. 1899) erzählt z.B. in seiner Kindheitsautobiographie von den drei Brüdern seiner Mutter, Ida Augustin, die als kleine Jungen in einem sächsischen Dorf der 1870er Jahre anstatt in die Schule zu gehen, sich eifrig mit Kaninchenzucht beschäftigten. Ausgehend von einer scheinbar kindischen Spielerei machten sie ihren Betrieb binnen kurzem zu einem wahren Geschäft:

»Aber in der Hauptsache taten sie, statt in der Dorfschule zu hocken, eines: Sie handelten mit Kaninchen! [...] [D]ie drei Brüder fanden das nötige Futter. Ich vermute, daß sie es nicht einmal bezahlten. Wer billig einkauft, kann billig verkaufen. Das Geschäft blühte. Die Gebrüder Augustin versorgten Kleinpelsen und Umgebung so lange und so reichlich mit Kaninchen, bis der Ruhm der Firma das Ohr meines Großvaters erreichte«.[189]

Kästners literarische Darstellung, obwohl humoristisch überzogen, weist doch auf einen wichtigen Aspekt der wilhelminischen Kleinnutztierzucht in ihrer Gesamtheit hin. Unternehmertum und spielerische Belanglosigkeit konnten in diesem Rahmen sehr nah beieinanderliegen. Es war mitunter gerade ihre geringfügige Grundlage, die ihr das Tor zur Geschäftswelt öffnete. Der florierende Kaninchenhandel in Kleinpelsen kam zu seinem Ende, als die Schwester ihre älteren Brüder beim Vater verpetzte. Die Ergründung, die Kästner für die Aktion seiner Mutter etwa achtzig Jahre später bot, sollte man in dieser Beziehung ebenso wenig als eine schlichte Humoreske abtun: »Wären die drei Lausejungen brave, musterhafte Knaben, so hätte die kleine Ida sie nicht verklatschen müssen. Aber der Geschäftsgeist steckte ihnen im Blut. Der Vater handelte mit Pferden. Sie handelten [...] mit Kaninchen«.[190] Auch der Zeitgenosse Erich Kästner erkannte: Im Kaiserreich konnte die Kaninchenzucht durchaus sowohl kindlich als auch unternehmerisch sein.[191]

---

188 Zu aussagekräftigen Beispielen siehe: Sauermann: Knechte, S. 148; Wohlgemuth: Bäuerin, S. 33; Spieß: Kückenmast; J. S.: Ist der Züchter durchaus auch Händler?, in: Blätter für Geflügelzucht 12/1 (1878), S. 4.

189 Erich Kästner: Als ich ein kleiner Junge war, München: Deutscher Taschenbuch Verlag 2003, S. 28–29.

190 Ebd., S. 30.

191 Helene Lange zeichnet ein ähnliches Bild von kindlicher Kaninchenzuchtunternehmung auf, die ihre Brüder in der Oldenburger Wohnung der kaufmännischen Familie während der 1850er Jahre betrieben und die von einer äußerst regen Marktumtriebigkeit gekennzeichnet war: »Mit den Kaninchen wurde ein regelrechter Handel betrieben. Von Zeit zu Zeit erschienen von unbekannter Hand Kreideinschriften an den auf die Staulinie führenden Gartentüren: Mittwoch, den soundsovielten [sic], nachmittags 3 Uhr, Kaninchenmarkt auf dem grünen Flecken. [...] Der Markt war meistens nur von den Jungens beschickt; ihre Böcke und Seken unter dem Arm oder in Lattenkäfigen, handelten und tauschten sie dort wie die Alten« (Lange: Lebenserinnerungen, S. 14).

Wenn man die Geschichte der Intensivierung der Kleinnutztierzucht aus dieser Perspektive erzählt, dann sieht sie weniger wie eine Geschichte der Erfolglosigkeit aus. Es wurde oben schon erwähnt, dass die Anzahl der Ziegen reichsweit in der Tat eine beträchtliche Vermehrung während der Zeit des Kaiserreichs erfuhr und dass diese Entwicklung vornehmlich auf die Gründung von wohnungsnahen Ziegenzuchtanlagen von städtischen Industriearbeitern zurückzuführen ist. Es ist zwar schwer, eine äquivalente Einschätzung der Geflügel- und Kaninchenstatistik greifbar zu machen, da diese Nutztiere im Gegensatz zur Ziege erst spät und sporadisch (Geflügel) bzw. gar keinen (Kaninchen) Eingang in die staatlichen Viehzählungen fanden, die sich selbstverständlich primär dem Großvieh widmeten (Binnenstöcke, allerdings nicht einzelne Bienen, wurden ebenfalls regelmäßig gezählt). Aber auch hinsichtlich des Geflügels und der Kaninchen sollte man sich davor hüten, vorschnell von einer verfehlten Intensivierung zu reden. Ähnlich dem Schweinefleisch und der Kuhmilch avancierte auch das Hühnerei seit dem späten 19. Jahrhundert und vor allem im ersten Jahrzehnt nach der Jahrhundertwende zu einem Hauptnahrungsmittel, und zwar vor allem bei den Unterschichten. Diese Entwicklung basierte zwar nicht auf einer dramatischen Erhöhung der Legeleistungen der gehaltenen Hühnerrassen, dagegen aber (neben der Etablierung von Importgeschäften) durchaus auf einer Steigerung der Gesamtzahl der gehaltenen Tierexemplare im Reich.[192]

Dass die Kleinnutztierzucht überwiegend *kleinbetrieblich* blieb, hieß insofern nicht, dass sie essenziell auch *klein* war. Gerade auf dem Gebiet der hauswirtschaftlichen Kleinbetriebe erfuhr sie eine Vergrößerung, auch wenn diese Vergrößerung nicht mit einer Entfernung der Tiere außer Haus einherging, ja eher im Gegenteil:[193] »Es fehlt [...] immer noch an Züchtern«, ist in einer zeitgenössischen Veröffentlichung zur Kaninchenzucht zu lesen, »die jährlich etwa 50–60 Stück für Schlachtzwecke abgeben können«; von einer Modernisierung der Kaninchenzucht könnte aber im selben Atemzug und trotz der Nichtrealisierung der Vision des Kaninchenfleisches als Volksnahrungsmittel doch die Rede sein, sobald der Blick auf den Haushalt gelenkt wird:

> »Die Kaninchenzucht hat in den letzten 10 Jahren in Deutschland große Fortschritte gemacht und gewinnt noch immer mehr und mehr an Ausdehnung. [...] Diese Wendung zum besseren ist im volkswirtschaftlichem Interesse nur lebhaft zu begrüßen, weil dadurch den Familien der Züchter ein billiges und dabei gutes Nahrungsmittel zu Gebote steht«.[194]

Eine Intensivierung der Kleinnutztierhaltung gab es schließlich nicht allein auf dem Papier, sie existierte in gewissem Ausmaß auch in der züchterischen Praxis. Nur, diese reale Intensivierung wurde nicht durch die Großvisionen der Modernisierungsexperten, sondern durch Entwicklungen auf der Ebene der privaten und hauswirtschaftlichen

192 Die Geflügelzucht in der Politik, Auszug aus Nutzgeflügelzucht 6, 1906 (GStA PK, I. HA Rep. 87 B, Nr. 22079); Comberg: Tierzucht, S. 34–35, 73; Teuteberg: Verzehr, S. 274–275; Lesniczak: Landschaftsküchen, S. 51, 68.

193 Zur Lokalisierung der landwirtschaftlichen Intensivierung im Kaiserreich (in Sachsen) gerade in den Kleinbetrieben siehe: Jones: Gender, S. 26–35.

194 G.: Etwas über die Kaninchenzucht, in: Der Praktikus 4/14 (1906), S. 4.

Zucht angetrieben, die nur in einem minimalen Grade mit einer Steuerung von oben und mit den sorgfältig entworfenen Intensivierungsprogrammen der schriftstellerischen Zuchtexperten zu tun hatten.

In gewisser Hinsicht nahmen aber die Experten an der tatsächlichen Intensivierung der häuslichen Zucht doch teil, und zwar wiederum auf der theoretischen Ebene: Die Modernisierer waren zwar großwirtschaftlich orientiert und sie wünschten eine massenhafte Entnahme von Kleintieren aus dem häuslichen Umfeld und eine Versetzung in die Wirkungsbereiche des Marktes. Wir haben gesehen: In ihren radikalsten Ankündigungen stellten sie das Haus und die Häuslichkeit als die größten Hindernisse dar, die im Namen der Modernisierung überwunden werden müssten. So paradox es aber auch klingen mag: Ihre Schriften wimmelten gleichzeitig von Würdigungen, ja gar Glorifizierungen des häuslichen Charakters der Haltung. Denn auch wenn sie immer wieder von einer Zukunft der Großbetrieblichkeit sprachen, kündeten sie gleichermaßen unverdrossen an, dass die Kleinnutztierhaltung unzertrennlich mit der kleinen häuslichen Sphäre verbunden sei und dass jegliche Verbesserung der Haltung unumgänglich gerade dort anzusetzen habe. Die Vermarktwirtschaftlichung begann für sie im Haus und in der Tätigkeit des einzelnen Züchters.[195] Damit entwickelten die Kleinnutztierzuchtexperten einen Diskurs, der nichts weniger als eine Infragestellung der sauberen Opposition zwischen dem reproduzierenden Haushalt und dem produzierenden Arbeitsplatz bildete.

Bruno Dürigen, der bis in die Gegenwart als der Urvater der sogenannten Geflügelzuchtlehre in Deutschland in den einschlägigen Expertenkreisen verehrt wird, identifizierte charakteristischerweise gerade die Kleinbetriebe als diejenigen Orte, in denen die massenhafte Vermehrung der gesamten Geflügelpopulation im Reich veranlasst werden sollte: Die Federviehzucht biete

> »für den mittleren und kleinen Landwirt, Ackerbürger und Gärtner einen lohnenden Nebenerwerb, ebenso können sich Häusler, Handwerker und selbst die Tagelöhner auf dem Lande [...] dadurch einen Nebenerwerb verschaffen, da sie doch wohl den Hühnern etc., die tagsüber nach Nahrung suchend umherschweifen, ein Nachtquartier und den erforderlichen Futterzuschuß zu bieten imstande sind. Und wenn in dieser Weise die wirthschaftliche Geflügelzucht an Ausdehnung gewinnt, wenn sie allgemein Eingang findet, wenn auf jedem Wirthschaftshofe nur einige Hühner etc. mehr als bisher gehalten werden, können jene Millionen, welche jetzt immer noch für Schlachtgeflügel, Eier und Federn ins Ausland wandern [...] unserem Lande erhalten bleiben«.[196]

Das heißt: Nur wenn sie klein bliebe, könnte die Geflügelzucht groß werden. Anstatt im Zuge der Modernisierung jene Elemente, die mit der Zucht in deren häuslicher Gestalt verbunden waren, über den Haufen zu werfen, hatte man gerade hier die Keime des Fortschritts zu suchen und zu nähren.

---

195 Siehe: Cremat: Lehrbuch, S. 1.

196 Dürigen: Geflügelzucht, S. 718–719. Vgl. weitere Beispiele: Hans Attinger: Die wirtschaftliche Bedeutung der Kaninchenzucht, in: Landwirtschaftliches Jahrbuch für Bayern 1/15 (1911), S. 901–924; Die Zerrissenheit der deutschen Geflügelzucht, in: Nutzgeflügelzucht 14/43 (1912), S. 414–419, hier S. 416.

Die Idolisierung des Haushalts ging mit einem zusätzlichen Element einher, das dem Fall des kleinnutztierlichen Diskurses im Kaiserreich einer noch größeren Bissigkeit verleiht. Die Wissensgesellschaft der agrarischen Modernisierung im Kaiserreich war bekanntlich großenteils »frauenblind«. Abgesehen von den oberflächlichen Bemerkungen, die in klischeehafter Manier die Frauen den Aufgabebereichen der nunmehr weniger erwerbsrelevanten Haushaltsarbeit auf dem Bauernhof zuordneten, weigerten sich die Autoritäten des Fachs, den Arbeiterinnen einen Platz in ihrem Intensivierungsnarrativ einzuräumen. Trotz der Tatsache, dass in der Arbeitspraxis die zeitgenössische Landwirtschaft eine weitgehende Feminisierung erfuhr, in deren Folge sich die Größenverhältnisse zwischen männlichen und weiblichen Arbeitskräften zugunsten Letzterer einpendelten, waren die Frauen im Diskurs der Intensivierung fast durchgehend abwesend. Der Schwerpunkt wurde stets auf das geschäftsorientierte und professionell verwaltende männliche Oberhaupt des Bauernhofs gelegt, während die mit der Hausökonomie betraute Bauersfrau von der kapitalwirtschaftlichen Umwälzung der Agrarbetriebe abgekoppelt wurde.[197]

Die Historikerin Elizabeth Jones stellt dennoch fest, dass der hegemoniale Diskurs nicht immer so hartnäckig auf der stereotypischen Genderdichotomie beharrt habe. Vereinzelte Stimmen, die die »innerwirtschaftliche« Arbeit der Frauen als einen nennenswerten Bestandteil der Intensivierungsbestrebungen zu würdigen gewusst hätten, hätten sich hie und da auch vernehmen lassen. Insbesondere sei dabei die Zucht und vor allem die Aufzucht der Nutztiere als eine spezielle Aufgabe der bäuerlichen Frauen erwähnt worden.[198] Im spezifischen Fall der Zucht der Kleinnutztiere kam die Würdigung der hauswirtschaftlichen Arbeit der Frauen noch deutlicher zum Ausdruck. »Die deutsche Frau ist und bleibt die Förderin der Geflügelzucht, die wirkliche Pflegerin der vaterländischen Geflügelwirtschaft« proklamierte z.B. das *Rheinische Volksblatt* 1905.[199]

Diese Würdigung der Frauenarbeit war in mancher Hinsicht doch eine Reproduktion der Ideologie der polarisierten Genderrollen: Der Sinn zur hingebungsvollsten Pflege der Kleintiere und vor allem deren Nachwuchs stecke den Landfrauen sozusagen in den Adern, eine Folge des mütterlichen Instinkts, der sich auf den weiblichen Umgang mit der Tierwelt ausdehne.[200] Die Assoziation zwischen häuslicher Mütterlichkeit und Kleinnutztierpflege wurde noch stärker dadurch untermauert, dass in vielen Beiträgen idealtypisch neben der Frau auch ihre Kinder beim Arbeiten im Kleintiergehege zu finden waren. Die Pflege der menschlichen Schützlinge setzte sich quasi unmittelbar in der Versorgung der zum Haushalt gleichfalls gehörenden tierischen Kreaturen fort.

---

197 Jones: Gender, S. 18, 31, 37, 50–51; Uekötter: Wahrheit, S. 103. Anke Sawahn: Die Frauenlobby auf dem Land. Die Landfrauenbewegung in Deutschland und ihre Funktionärinnen 1898 bis 1948, Frankfurt a.M.: DLG Verlag 2009, S. 66.

198 Jones: Gender, S. 37–40.

199 Die deutsche Frau bei der Geflügelzucht, in: Rheinisches Volksblatt vom 15.04.1905.

200 Zu dieser Ideologie siehe allgemein: Jacqueline Milliet: A Comparative Study of Women's Activities in the Domestication of Animals, in: Mary J. Henninger-Voss (Hg.): Animals in Human Histories. The Mirror of Nature and Culture, Rochester, NY: University of Rochester Press 2002, S. 363–385.

Aber die diskursive Frauenglorifizierung bedeutete auch, dass die Kleintierexperten Elemente der sorgsamen Pflege des Tiers als Teil der alltäglichen Arbeit im Zuchtbetrieb zu honorieren wussten. »Die Ziegenzucht, speziell die Pflege derselben, liegt zumeist den Frauen ob«, stellte z.B. ein schlesischer Veterinärrat 1911 fest: »Im wohlhabenderen Westen scheuen die Frauen nicht die geringen Mühen der Ziegenzucht, sie widmen sich derselben mit großen Hingebung«.[201] Noch expliziter beschrieb Cremat diese »angeborene« Eignung der Frauen für die Pflege der Tiere:

»Die Geflügelzucht gehört so recht in die Domäne der Frauen, denn alle Anforderungen, welche man an denjenigen stellen muß, welcher mit wirklichem Erfolge Geflügelzucht betreiben will, nämlich peinlichste Sauberkeit, Unermüdlichkeit und unendliche Geduld, besitzen die Frauen meist in so hohem Grade, daß sie für die Geflügelzucht, deren Kern ja in der Kückenaufzucht besteht, geradezu wie geschaffen sind. Und aus meiner nun schon zwölfjährigen Tätigkeit als Herausgeber der Zeitung ›Nutzgeflügelzucht‹ ergibt sich die unbestreitbare Tatsache, daß Frauen meist auch bei weitem erfolgreicher in der Geflügelzucht sind als Männer, denen es eben an der nötigen Geduld, welche die Aufzucht der Kücken beansprucht, vielfach gebricht«.[202]

Cremats Worten, die höchst repräsentativ für eine hegemoniale Denkart des größtenteils von Männern geführten Kleinnutztierzuchtdiskurses waren, stellten insofern die Ideologie der polarisierten Geschlechterrollen just in dem Moment infrage, in dem sie sich eines Kerntopos eben jener Ideologie bedienten. Ausgerechnet die Zuweisung der Halterinnen in den Bereich der weiblichen Reproduktion, in die essenzielle Welt der Mütterlichkeit, verlieh ihnen eine Hauptrolle in der Sphäre der Produktion. Die Verwirtschaftlichung der Kleinnutztierhaltung sollten keine anderen als die vom mütterlichen Instinkt gesteuerten Frauen herbeiführen.[203]

---

201 Veterinärrat Gückel an Sr. Excellenz den Herrn Staatsminister für Landwirtschaft, Domänen und Forsten in Berlin, 01.03.1911 (GStA PK, I. HA Rep. 87 B, Nr. 22072). Zu weiteren Beispielen siehe: Dürigen: Geflügelzucht, S. 2; Wohlgemuth: Bäuerin, S. 33, 40–41; Seufert: Lebensverhältnisse, S. 288. Die Einstufung etwa der Geflügelhaltung als Frauenarbeit war allerdings keine moderne Innovation. Schon in der frühneuzeitlichen Hausväterliteratur wurde den Frauen die Pflege des Geflügels zugewiesen, im Gegensatz zu den Männern, die die Feldarbeit leisten sollten; siehe: Marion W. Gray: Productive Men, Reproductive Women. The Agrarian Household and the Emergence of Separate Spheres during the German Enlightenment, New York/Oxford: Berghahn Books 2000, S. 63.

202 W. Cremat: Die Frau in der Geflügelzucht, in: Nutzgeflügelzucht 14/9 (1912), S. 76. Auch die Zuchtvereine und die Genossenschaften öffneten ihre Türe in der Regel für weibliche Mitglieder. Siehe als einziges Beispiel folgende Formulierung im Statut des »Oberlauterer Vereins der Kaninchenzüchter« im Herzogtum Sachsen-Coburg: »Mitglied des Vereins kann jede unbescholtene Person über 18 Jahre werden, ohne Unterschied des Standes, Wohnortes oder Geschlechtes« (Statut des Vereins für Kaninchenzüchter für Oberlauter, 01.04.1897 (StACo, LRA Co, Nr. 912)).

203 Es nimmt insofern nicht Wunder, dass auch manche der bedeutendsten Projekte zur Gründung von großen Kleinnutztierzuchtanstalten auf Initiativen von Frauen zurückgingen; siehe als ein vielsagendes Fallbeispiel die Geschichte einer dieser Pionierinnen, Annemarie Schultz, die

Mit dem Thema der sorgsamen Pflege finden wir uns natürlich wieder mit der Frage des partnertierlichen Status des Kleinnutztiers konfrontiert. Es wurde oben gezeigt, wie die Intensivierung der Zucht die instrumentalisierten Tiere einer extremeren Quälerei aussetzte und die Entstehung von entfremdeten Verhältnissen zwischen Haltern und Nutztieren begünstigte. Der Misserfolg der Vereine und der Experten, die Handlungsweisen im Inneren des Zuchtbetriebs entsprechend ihrer »rationellen« Prinzipien neu auszurichten, bedeutete, dass solche entfremdeten Verhältnisse nur bedingt eintreten konnten. Die gewöhnliche Geflügelzüchterin war eben nicht bereit, gleich ihre Henne zu töten, sobald das Tier seine Nutzkapazitäten verlor. Nur selten drangen die Anweisungen der Experten in die bescheidene Zuchtanstalt der ländlichen Hausfrau, und selbst dann schenkte diese den wohlmeinenden Ratschlägen nur minimale Aufmerksamkeit. Den Tieren selbst, die dank des Misstrauens ihrer Halterinnen dem Regime der einseitigen Wirtschaftlichkeit nicht unterworfen wurden, kam das grundsätzlich zugute. Ein Geflügelzuchtexperte erzählte z.B. 1906 bei einer Versammlung des »Clubs Deutscher Geflügelzüchter« davon, was ihm einmal sein Nachbarlandwirt in einem ländlichen Gebiet Schlesiens gesagt habe:

»›Ich weiß bloß, […] daß bei mir auf dem Hofe die Eier teurer sind, als wenn sie meine Frau in Bunzlau auf dem Wochenmarkt kauft.‹ Als ich mir darauf sein Geflügel ansah und auf die erste beste alte Henne hindeutete, welche schon längst in den Kochtopf gehört hätte, erwiderte er: ›Die Henne wollen Sie schlachten? Da bekommen Sie es mit meiner Frau zu tun.‹ Bei einer zweiten Henne, welche infolge ihres hohen Alters kein Ei mehr legte, wohl aber täglich Futter fraß, entgegnete der Herr: ›Die frißt ja meiner Tochter aus der Hand‹«.[204]

Die Frauen schonten die Hennen, weil sie nicht bereit waren, die Tiere durch die enge Perspektive einer Einnahmen-Ausgaben-Kalkulation zu betrachten. Die nicht sehr »rationellen« Frauen bildeten so vermutlich das letzte Bollwerk vor der Entfremdung des Kleinnutztiers.

Aber nicht nur der weibliche Ungehorsam verhinderte die Entfremdung. Elemente der Mensch-Tier-Partnerschaftlichkeit durchdrangen vielmehr den Modernisierungsdiskurs in seiner Gesamtheit. Wie konnte das sein? Kommen wir zunächst zum Thema Quälerei zurück: Der gesteigerten Tierquälerei lagen, wie erwähnt, Produktionsformen wie die Zwangsmast zugrunde, die einzig um des Profit willens gewählt wurden. Um ein ganzheitliches Bild zu präsentieren, muss jedoch hinzugefügt werden, dass obschon die Modernisierungsexperten grundsätzlich zu einer Ausdehnung solcher Methoden plädier-

---

»Freundin des Federviehs«: Anke Sawahn: Wir Frauen vom Land. Wie Couragierte Landfrauen den Aufbruch wagten, Frankfurt a.M.: DLG-Verlag 2010, S. 90–103. Zu einem ähnlichen Fall von Frauenpionierarbeit im Dienste der Modernisierung der Geflügelzucht vgl.: Joanna Bourke: Women and Poultry in Ireland, 1891–1914, in: Irish Historical Studies 25/99 (1987), S. 293–310.

204 W. Schweckendieck: Die Geflügelzucht als Nebenerwerb jedes landwirtschaftlichen Betriebes. Ausführliche Berechnungen über zielgemäß betriebene Geflügelzucht bei intensiver Ausnutzung aller Geflügel-Produkte, in: Deutsche landwirtschaftliche Geflügel-Zeitung 9/40 (1906), S. 597–598, hier S. 598.

ten, sie diese doch als eine höchst problematische Angelegenheit betrachteten. In keinem anderen Punkt kommt die Widersprüchlichkeit des Modernisierungsdiskurses stärker zur Geltung als bei der Zwangsmast. Denn sosehr sie die Zwangsmast aus der engen Perspektive der Profitsteigerung empfahlen: Wenn die Modernisierer auf dieses Thema zu sprechen kamen, nahmen sie einen Schritt zurück und relativierten ihre Anweisungen im Sinne der Tiergerechtigkeit – als wenn ihnen die Vorstellung einer Behandlung von Tieren als puren Instrumenten für ausschließlich finanzielle Interessen letzten Endes zu abwegig war.

Ein aussagekräftiges Beispiel für eine Relativierung dieser Art ist ein 1900 in der Zeitschrift *Der Privat- und Villengärtner* veröffentlichter Artikel zur Aufzucht von jungem Geflügel. Bezeichnenderweise war der Beitrag ein Abdruck aus einer agrarwissenschaftlichen Zeitschrift – der *Ostpreußischen landwirtschaftlichen Zeitung*. Nachdem der Verfasser unterschiedliche Methoden zur gewinnbringenderen Haltung angeführt hatte, wendete er sich dem Gänsestopfen zu. Seine beratenden Ausführungen waren rein sachlich – eine unverblümte Beschreibung des technischen Vorgehens und von dessen finanziellen Vorteilen. Die Perspektive des Tiers und dessen Wohlbefinden wurden komplett außen vor gelassen, diese Aspekte waren für das eigentliche Thema – Rentabilitätssteigerung durch »rationelle« Methoden – schlichtweg irrelevant: »Die Gänse werden genudelt [gestopft] und bereitet man Nudeln aus je einem Drittel feinem Mais-, Gersten- und Haferschrot. [...] Es wird täglich 6 mal genudelt und steigert sich die Nudelgabe um 6 zu Anfang bis 10 bei Beendigung der Mast«. Die Herausgeber des *Privat- und Villengärtners* brachten es aber nicht übers Herz, die sachliche Beschreibung der quälerischen Zwangsernährung der Gänse in derer ursprünglichen Form, wie sie in der agrarwissenschaftlichen Zeitschrift zu lesen war, zu belassen. Für sie war die Zwangsmast diskussionsbedürftig: Dem Wort »genudelt« fügten sie deswegen ein Sternchen bei, das auf folgende Anmerkung hinwies: »[W]ir verwerfen das sog. Nudeln, da diese Prozedur eine große Thierschindelei ist. (Die Redaktion)«.[205] Es entstand somit ein zweideutiger Text, der einerseits den Lesern die profitsteigernde Prozedur der Zwangsmast vor Augen führte, andererseits eine zu große Tierquälerei (»Thierschindelei«) ablehnte. Gewinnsteigerung war für die Kleintierzuchtexperten ein hohes, jedoch kein absolutes Ziel. Dass sie mit Tierquälerei zusammenhing, war eine Tatsache, die die Experten im Großen und Ganzen akzeptierten. Aber dieser Zusammenhang durfte nicht »unbemerkt«, unreflektiert bleiben. Denn der Profit war ein Zweck, der nicht alle Mittel heiligte. Er stand im Modernisierungsdiskurs neben anderen Elementen – nicht zuletzt der Tierfreundlichkeit.

In mancher Hinsicht waren es somit ausgerechnet die Modernisierungsbefürworter, die explizite Elemente des Tierschutzes in den kleinnutztierlichen Diskurs einführten. Das ist auf die Tatsache zurückzuführen, dass, überspitzt formuliert, erst die gesteigerte Tierquälerei, die die Intensivhaltung mit sich brachte, das Elend des Kleinnutztieres wirklich zu einem Kernthema machte. Mit anderen Worten: Die Vision der einseitigen Nutzhaltung rückte das Leiden fester in das Bewusstsein und gleichzeitig ließ sie das Gegenteil der Quälerei, den Tierschutz, stärker in den Vordergrund treten. Vor diesem

205 Verwendung von Molkerei-Rückständen bei der Aufzucht und Mast von Geflügel, in: Der Privat- und Villengärtner 2/15 (1900), S. 116–117, hier S. 117.

Hintergrund sind die vielen Beiträge zu lesen, in denen die Verfasser darauf bestanden, dass gerade die moderne Form der Kleinnutztierzucht dem Wohlbefinden des Tieres in höherem Maße gerecht werde. Man sollte solche Behauptungen nicht als einen derben Euphemismus abtun. Sie reflektierten vielmehr eine Idee, die in gewisser Hinsicht eine folgerichtige Konsequenz der Vorstellung der einseitigen Nutzzucht war.

Ein gutes Beispiel für eine solche Argumentationslinie ist ein 1905 in der *Deutschen landwirtschaftlichen Geflügelzeitung* erschienener Artikel zu »modernen Geflügelmastanstalten«. Der anonyme Autor des Artikels begann mit einem Zugeständnis, dass die Neuausrichtung der Zucht auf erhöhten Profit eine gleichmäßige Erhöhung der Quälerei der Tiere hervorbringe: »Die rationelle Zucht [...] ist jüngeren Datums, und die menschliche Intelligenz ist fortwährend bemüht, den Ertrag, namentlich aus Fleisch und Fett, zu erhöhen. Daß diese Erhöhung des Ertrages meist auf Kosten des Wohlbefindens des Tieres geschieht, ist leider nicht umzugehen«. Nach diesen deutlichen Worten kehrte er die Argumentation aber um und beteuerte, dass eine maßlose Quälerei eigentlich vor allem in den »antiquierten« Betrieben der Kleinbauer einzutreffen sei und dass sich deren Minderung gerade von dem modernen, großangelegten Zuchtgeschäft erhoffen lasse:

> »Aber auch hier hat die neuere Zeit viele Verbesserungen im Interesse des Tieres gebracht. Früher und auch jetzt noch in den kleinbäuerlichen Betrieben hat die Hab- und Selbstsucht der Menschen sich Grausamkeiten, namentlich gegen die Gans, zu Schulden kommen lassen, durch ein unnatürliches Mastverfahren und durch häufiges und unmäßiges Rupfen. Durch die gewaltsame Einführung der Nahrungsmittel mit der Hand [...] wird die Gans in einen krankhaften Zustand versetzt. Am grausamsten ist die Mast zur Erzeugung der unnatürlich großen Leber. [...] Heute ist schon [...] darin vieles anders und besser geworden, seitdem die groß angelegte Mast kaufmännisch betrieben wird«.[206]

Der Kleinbauer sei demnach derjenige, der keine Rücksichtnahme auf das Leiden des Tiers nehme und seine kleinlichen wirtschaftlichen Interessen unter grober Missachtung des Tierwohls verfolge. Erst der große Kaufmann in seiner großen Zuchtanstalt beschäftige sich mit der Sache, dass seine Geschäfte dem Tier Qualen zufügten. Der »rationelle« Züchter sei derjenige, der die Tierquälerei und damit auch den Tierschutz zum Thema mache.[207]

---

206 Moderne Geflügelmastanstalten, in: Deutsche landwirtschaftliche Geflügel-Zeitung 9/4 (1905), S. 43.

207 Zu weiteren Beispielen zur Verortung des Tierschutzes in der »rationellen« Zucht siehe: Dürigen: Geflügelzucht, S. 751; W. Dackweiler: Thierschutz und Geflügelzucht, in: Pfälzische Geflügel-Zeitung 5/11 (1881), S. 42–43; F. van Esta-Tjallingii: Geflügelmastanstalt für Großbetrieb, in: Deutsche landwirtschaftliche Geflügel-Zeitung 9/9 (1905), S. 103; S.: Ueber Puten, in: Deutsche landwirtschaftliche Geflügel-Zeitung 9/10 (1905), S. 121; Zieske-Kopaschin: Das Anfassen und Tragen des Geflügels, in: Allgemeine Tier-Börse 3 (1913), o.S. Die tierschützerischen Überlegungen mögen vielleicht der Grund dafür gewesen sein, dass Vorhaben zur Gründung von Massenmastanstalten während der Zeit des Kaiserreichs meistens nicht realisiert wurden. Daran glaubten jedenfalls die zeitgenössischen Zuchtexperten selbst; siehe: Dürigen: Geflügelzucht, S. 836–837; Becker: Wie produziere ich billigst das feinste Tafel-

Die Tierschutzelemente im Modernisierungsdiskurs sorgten dafür, dass die Intensivierung der Zucht nur zögerlich ein erhöhtes Maß an Quälerei mit sich brachte. Im Rahmen dieses Diskurses waren Intensivierung einerseits und freundlicher Umgang mit dem Nutztier andererseits zwei Gegensätze. Man war eben ein Tierfreund, *obwohl* man »rationelle« Zucht betrieb. Aber die Modernisierer gingen mit ihrer Tierfreundlichkeit noch einen Schritt weiter. Sie glaubten daran, dass gerade die neue, intensive Form der Zucht eine äquivalente Intensivierung der partnerschaftlichen Beziehungen zwischen Halter und Kleinnutztier herbeizuführen versprach. Eine größere Fokussierung auf die Wirtschaftlichkeit war aus dieser Perspektive nicht nachteilig für freundschaftliche Verhältnisse zwischen Mensch und Tier, sondern im Gegenteil: Die Intensivierung fördere die Partnerschaftlichkeit sogar noch. Diese Überzeugung der Experten hatte damit zu tun, dass im Zuchtbetrieb der Zukunft, wie ihn sich die Modernisierungsagenten vorstellten, in der Tat eine gesteigerte Nähe zwischen dem Züchter und seinen Nutztieren erwartet wurde. Für die Experten bedeutete moderne Haltung vor allem eine energische Hinwendung zum Tier – eine Hinwendung zum Nutz- und Arbeitsobjekt. Denn zu einer »rationellen« und wirklich gewinnbringenden Zucht, so glaubten sie, gehöre die ständige und sorgsamste Pflege der gezüchteten Tiere.

Diese Hinwendung zum Nutztier drückt sich dann am deutlichsten aus, wenn die anvisierten Haltungsformen der Zukunft traditionellen Zuchtpraktiken gegenübergestellt werden. In der Vorstellungswelt der Modernisierer war der »nichtrationelle« Züchter und Kleinbauer ein Tierhalter, der diese Bezeichnung nicht verdient habe, denn er habe seine Tiere sträflich vernachlässigt. Die meisten Kleinnutztierzüchter im Reich, also jene Modernisierungsverweigerer, die auf ihren traditionellen Herangehensweisen im kleinen häuslichen Zuchtbetrieb beharrten, kümmerten sich demnach viel zu wenig um das Tier. Besonders gängig war hier das Bild der gemeinen Landhenne, die auf dem Bauernhof oder gar auf den Dorfstraßen unbeaufsichtigt herumlaufe, sich von auf dem Boden liegenden Körnerresten ernähre, die sich selbst putze, ihre Eier in einer versteckten Ecke lege, brüte und dann die Küken allein und ohne jegliche Unterstützung von ihrem menschlichen Besitzer großziehe. In der bedauernswerten »jetzigen Art der Hühnerhal-

geflügel? Populäre Anleitung für eine erfolgreiche Zucht und Mast von Winterkücken nebst einfachem Verfahren zum Kapaunen der Hähne, Leipzig: Alfred Michaelis 1905 S. 7–12; Burchard Blancke: I. Mastgeflügel- und Eier-Ausstellung am 2. und 3. Dezember im Landes-Ausstellungspalast zu Berlin, veranstaltet von der Deutschen Geflügel-Herdbuch-Gesellschaft, in: Deutsche landwirtschaftliche Geflügel-Zeitung 9/10 (1905), S. 114–115, hier S. 114; Die Erzeugung von Tafelgeflügel und Eiern. Fortsetzung, in: Deutsche landwirtschaftliche Geflügel-Zeitung 9/26 (1906), S. 342–343, hier S. 343. Im Gegensatz zu Deutschland war die Mästung von Geflügel z.B. in England im selben Zeitraum bereits ein beachtlicher Wirtschaftszweig; siehe: B. A. Holderness: Intensive Livestock Keeping, in: E. J. T. Collins (Hg.): The Agrarian History of England and Wales. Bd. 7: 1850–1914, Cambridge: Cambridge University Press 2000, S. 487–494, hier S. 492. England war dabei eines der wichtigeren Exportländer, die den Bedarf an Geflügelprodukten im Deutschen Reich deckten. Insofern lässt sich sagen, dass Deutschland die Kleintierquälerei eher exportierte als verhinderte. Das ändert aber natürlich nichts daran, dass die einheimischen Arbeitsverhältnisse zwischen Züchter und Kleinnutztieren weniger auf Quälerei ausgerichtet waren.

tung«, die laut dem Verfasser der folgenden Zeilen von der Hühnerhaltung zur Zeit Karls des Großen nicht abweiche, schreie die Teilnahmslosigkeit der Halterin am Leben ihrer Hühner zum Himmel:

»Man schafft sich z. B. zum Beginne eines Haushaltes irgend eine Zahl junger oder alter Hühner an, läßt diese im Hofe [...] einige Tage herumlaufen, [...] dann bleibt Hausthor, Garten etc. offen, die Hühner recognosciren [= auskundschaften] die Umgebung und machen dann oft recht weite Spaziergänge, von denen sie zu Abend zurückkehren. [...] Die Wahl der Schlafstelle liegt in ihrem Belieben. [...] Mit einem Worte, das Geflügel hat die dankbar möglichste Freiheit das zu thun, was ihm eben beliebt und steht in dieser Beziehung mit dem Cultus der Spatzen so ziemlich im gleichen Verhältnisse«.

Wie die freilebenden Spatzen seien die Hühner keine Haus-, geschweige dann Partnertiere. Desinteresse charakterisiere die Beziehung ihrer Halterin zu ihnen. Deren individuellen Eigenschaften seien ihr fremd, sie habe nicht einmal eine Ahnung, wie viele Exemplare in ihrem Stall lebten, und wenn einige es vorzögen, im Hof eines fremden Hauses zu bleiben, werde der Verlust gar nicht wahrgenommen. Von persönlichen Mensch-Tier-Beziehungen könne unter diesen Umständen beileibe keine Rede sein. Solange das Geflügel derart wenig mit seinen menschlichen Halterinnen zu tun habe, solange sich die Menschen in die »inneren Angelegenheiten« der Hühner nicht hineinmischten, brächten die Tiere keinen Nutzen.

Der Autor des 1881 veröffentlichten Beitrags äußerte die Hoffnung, dass sich eine »gesteigerte Sorgfalt für das Geflügel« zukünftig doch Bahn brechen würde.[208] Die Zukunft hat ihm nicht recht gegeben. Auch noch Jahrzehnte später klagten die Kleinnutztierexperten unverdrossen über die mangelhafte Pflege der Hühner durch den durchschnittlichen Züchter im Reich. In Blanckes *Deutscher Landwirtschaftlicher Geflügel-Zeitung* führte ein anonymer Verfasser 1905 in einem ähnlich düsteren Ton wie sein Vorgänger 1881 den Zusammenhang zwischen dem Alleinlassen der Tiere und mangelnder Produktivität vor Augen:

»Wo das Geflügel völlig sich selbst überlassen ist und keine Pflege findet, wo es auch in ungünstiger Jahreszeit all sein Futter sich selber suchen muß, wo es ihm am reinen Trinkwasser mangelt, so daß es seinen Durst nur aus Pfützen oder gar von der abfließenden Jauche stillen kann, [...] da freilich kann von einem Ertrage keine Rede sein, da ist es kein Wunder, daß die Hühner wenig legen. [...] [O]hne Mühe und Aufmerksamkeit kein Ertrag. [...] Wie kann man also von den Hühnern Ertrag verlangen, wenn man ihnen keine Aufmerksamkeit schenkt?«[209]

208 J. G.: Erinnerungen aus der »guten alten Zeit« der Geflügelzucht, in: Pfälzische Geflügel-Zeitung 5/23 (1881), S. 103–104. Vgl.: Friedrich Bibra: Können denn Hühner einen Nutzen bringen?, in: Oesterr.- ung. Blätter für Geflügel- und Kaninchenzucht 1/1 (1878), S. 2–4, hier S. 2, 4.

209 Einträglichkeit der Geflügelzucht, in: Deutsche landwirtschaftliche Geflügel-Zeitung 9/37 (1906), S. 531–532, hier S. 532. Vgl. ferner: Burchard Blancke: Zucht auf Leistung, in: Deutsche landwirtschaftliche Geflügel-Zeitung 9/4 (1905), S. 41–42; Karl Mohr: Allgemeine

Auch wenn diese Denunzierungen am Ende ins Leere liefen, waren sie doch mit einer sehr kühnen Vision verbunden – der Vision von extrem engen Mensch-Nutztier-Beziehungen. Der Verfasser des Artikels von 1881 drückte sehr deutlich aus, was sein Ziel war und wie für ihn eine korrekte Geflügelhaltung aussah. In zahlreichen Briefen an seine Eltern, einfache Bauer in einem thüringischen Dorf, wies er sie in die Grundsätze der »rationellen« Zucht ein, um zu erreichen, so schrieb er, »daß meinen Schützlingen [den Hühnern] größere Sorgfalt zugewendet und sie mit mehr Liebe gepflegt« würden.[210] Auch das war eine Hauptkomponente der modernen Transformation des kleinen Zuchtbetriebs: eine gesteigerte Liebe und Freundschaft zum Nutztier.[211]

Die erhoffte Annäherung zwischen Mensch und Kleinnutztier galt vorwiegend für die physischen Beziehungen. Nur derjenige Züchter, so waren sich die Experten gewiss, der den Körper seiner Tiere intim kenne, sei imstande, aus ihnen wahren Nutzen zu ziehen. Was die Modernisierer auf der Grundlage dieser Ansicht empfahlen, war in mancher Hinsicht wirklich extrem: ein ununterbrochenes Hantieren mit dem Tierkörper, das das Befühlen auch der intimsten Organe beinhaltete. Um z.B. das Eierverstecken der Hühner zu verhindern, wurde der »rationelle« Züchter dazu ermahnt, beim morgentlichen Freilassen der Tiere aus dem Stall den hinteren Körperteil jeder einzelnen Henne anzufassen, um die Kloake auf bald zu schlüpfende Eier zu kontrollieren. Wie eine Züchterin, die jeden Morgen ihre achtzig Legehennen befühlte, herausstellte, führte eine solche physische Intimität zu Vertraulichkeit: »[D]ie Hühner haben sich [...] so daran gewöhnt, daß die sich auch jeder Zeit greifen lassen«.[212] Der »moderne« und »rationel-

Betrachtungen über Geflügelzucht. Krankheiten der Hühner, in: Der Privat- und Villengärtner 1/5 (1899), S. 37–38.

210 J. G.: Erinnerungen, S. 104.

211 Vgl. weitere Beispiele: Blancke: Hausgeflügel, S. 539; ders.: Woran erkennt man, daß ein Huhn krank ist?, in: Deutsche landwirtschaftliche Geflügelzeitung 9/5 (1905), S. 55–56; Cremat: Lehrbuch, S. 63; Bungartz: Kaninchen, S. 55; von Ramin: Rentabilität, S. 73; Leo Pribyl: Bedeutung des Geflügels im Weltverkehre, in: Oesterr.- ung. Blätter für Geflügel- und Kaninchenzucht 1/1 (1878), S. 1–3; M. J. Schuster: Ein Blick auf die Kaninchenzucht, in: Oesterr.-ung. Blätter für Geflügel- und Kaninchenzucht 1/2 (1878), S. 17–18; F. Withum: Badens Geflügelzucht auf dem Lande, in: Pfälzische Geflügel-Zeitung 5/48 (1881), S. 211–212; S. M.: Stete Ueberwachung der Tiere, in: Praktischer Ratgeber für Landwirtschaft 1 (1913), o. S. Bei der Ziegenzucht waren es nicht zuletzt die Versicherungsvereine, die eine intensive Pflege der Tiere propagiert haben, indem sie schlechte Behandlung seitens der Halter mit einer Mitgliedschaftskündigung bestraften; siehe u.a.: Statuten über den zu Wildenheid zu gründenden Ziegenversicherungsverein, 20.05.1872 (StACo, LRA Co, Nr. 1140). In ihrer eindrucksvollen Studie über die Vermarktwirtschaftlichung von Molkereien im US-amerikanischen Bundesstaat New York in der zweiten Hälfte des 19. Jahrhunderts stellt Sally Ann McMurry fest, dass im Zuge der Modernisierung der Betriebe »cows were beginning to receive the kind of attention usually reserved for human babies« (Sally Ann McMurry: Transforming Rural Life. Dairying Families and Agricultural Change, 1820–1885, Baltimore: Johns Hopkins University Press 1995, S. 199).

212 Z. C. C.: Meinungs-Austausch, in: Deutsche landwirtschaftliche Geflügel-Zeitung 9/5 (1905), S. 56. Sehr sachlich beschrieb ein anderer Geflügelzüchter die alltägliche Prozedur der

le« Kleinnutztierzüchter wird in manchen Ratschlägen zu einem regelrechten »Tiergrapscher«. Angesichts folgender Anweisungen zur Nutzungssteigerung der Ziegenhaltung aus der Feder eines hessischen Kreistierarztes fragt man sich etwa, ob es nicht eigentlich modernisierte Formen der Nutztierzucht waren, die zu zoophilischen Praktiken ermuntern konnten:

»Den Böcken selbst müssen zur Zeit der Brunst oder zweckmäßig schon vorher die Haare an dem Bauch, der Unterbrust und den Vorderbeinen abgeschoren werden. Mindestens zweimal in der Woche muss sodann eine Waschung der unteren Körperhälfte des Bockes [...] erfolgen. [...] Auch ist es zweckmäßig, wenn der hintere Körperteil der gedeckten Ziegen nach dem Deckakt [...] abgewaschen wird«.[213]

Die durch die Intensivierung angeregte physische Annäherung war zumindest auf der diskursiven Ebene auch von einer mentalen Annäherung des Halters an sein Nutztier begleitet. Die Experten waren sich einig darin, dass nur derjenige Züchter, der seine Tiere in ihren individuellen Eigenschaften kenne, imstande sei, aus der Arbeit mit ihnen einen bedeutenden Gewinn zu erzielen. Dabei drehte es sich keineswegs nur um die körperlichen Eigenschaften des Tierorganismus. Die mentalen oder im sprachlichen Idiom der Zeitgenossen »seelischen« Wesenszüge der Tiere waren ebenso wichtig. Bei der Auslese von Kaninchen für die Nachzucht, so wurde schon 1867 in einem staatlichen Dokument zur Hebung der deutschen Kaninchenhaltung angewiesen, sollte man nicht allein den Fleisch- und Fellgehalt der Tiere, sondern ebenso ihre Charaktereigenschaften in Betracht ziehen, die sich erst durch eine genaue Beobachtung deren sozialen Lebens erkennen ließen: »Als Männchen wählt man solche, die zugleich möglichst munter und fromm sind, denn es gibt oft böse Männchen, so böse, daß sie die ihnen zum Belegen zugesellten Weibchen tödten«.[214] Ein anderer Experte stellte fest: »Es ist für jeden praktischen Kaninchenzüchter vor gewiß nicht zu verkennendem Vorteil, wenn er genau unterrichtet ist von den individuellen Eigenschaften, den Lebensgewohnheiten und besonderen Eigentümlichkeiten im Seelenleben seiner Zuchttiere«.[215] Auch die Fähigkeit eines Huhns, möglichst viele Eier zu legen, hing nicht allein von der guten Kondition seiner Körperorgane ab. Nicht weniger wichtig war die Zutraulichkeit des Tiers mit seinem Halter, die

---

Berührung des Hinterteils der Legehenne: »[M]orgens vor dem Hinauslassen [werden] die Tiere einer Untersuchung unterzogen. [...] Das fertige Ei ist zwei hervorstehenden Konchen des Afters von außen leicht zu fühlen« (C. Küster: Entenzucht in den Marschgegenden, in: Blätter für die deutsche Hausfrau 2 (1905), S. 5–6, hier S. 5); siehe weitere Beispiele: Reisserts Katechismus der verbesserten Landhühnerzucht, S. 23; Cremat: Lehrbuch, S. 271; Karl Ekleiz: Auf welche Weise können wir die Legetätigkeit unserer Hühnerrassen fördern?, in: Der Lehrmeister im Garten und Kleintierhof 3/16 (1904), S. 245–246; B.: Wie lange darf eine Henne das Nest verlassen?, in: Nutzgeflügelzucht 14/40 (1912), S. 385.

213 Der Kgl. Kreistierarzt an die Landwirtschaftskammer für den Regierungsbezirk Wiesbaden in Wiesbaden, 04.11.1910 (GStA PK, I. HA Rep. 87 B, Nr. 22072).

214 Ueber die Nutzung zahmer Kaninchen in Frankreich, 09.01.1867 (GStA PK, I. HA Rep. 87 B, Nr. 22131).

215 Charakterzüge des Kaninchens, in: Der Praktikus 4/19 (1906), S. 5.

nur eine hingebungsvolle Pflege hervorzubringen vermochte. Blancke argumentierte so, dass die stete Kontrolle der Hennen nicht allein dem Sammeln der Eier dienen sollte:

»Ein weiterer nicht gering zu veranschlagender Vorteil ist der, daß man seine Tiere in ihrer Individualität kennen lernt, die Tiere [...] werden überaus zahm und zutraulich. [...] Dieser ständige Umgang des Züchters mit den wertvollsten seiner Lieblinge bildet für ihn selbst nicht nur eine wachsende Befriedigung in seiner Tätigkeit, sondern ist auch die Ursache mancher schönen züchterischen Erfolge, die nur durch fortwährende Sorgfalt für die Tiere zu erreichen sind«.[216]

Der »rationelle« Züchter verspüre »Lust und Liebe zu den Tieren, die ihn zu genauer Beobachtung ihrer Eigentümlichkeiten und freundlicher Behandlung drängt«.[217] Wer bei seiner alltäglichen Tätigkeit im Zuchtbetrieb seine »Schützlingen« alleine lasse und nicht zu seinen Partnern mache, könne keinen großen Gewinn erwarten. Das Objekt der »rationellen« Kleinnutztierwirtschaft war unumgänglich und seinem Wesen nach ein Partnertier.

## ZUSAMMENFASSUNG

Ziel des Kapitels war es, eine zeitspezifische Konstellation aufzuzeigen, in der eine Integration von Tieren in die menschliche Gesellschaft ausgerechnet instrumentalistischen Mensch-Tier-Verhältnissen entsprang. Von einer genuinen Integration kann die Rede sein, weil die Instrumentalisierung das Tier an sich nicht zum Verschwinden brachte, sondern im Gegenteil in das Spektrum menschlicher Praktiken eng einband.[218] Erst viel spätere Entwicklungen in der Intensivhaltung führten eine wahre Entfernung des Lebewesens aus dem Blickfeld des Halters und des Konsumenten herbei.

Die Nähe zum Kleinnutztier im Kaiserreich begann zuhause. Die Kleinnutztiere, die im unmittelbaren häuslichen Umfeld, selbst in der städtischen Wohnung residierten und ein omnipräsentes Arbeitsobjekt ihrer selbstversorgenden Halter waren, stellten keine »Persistenzkerne bäuerlicher Kultur« in einer modernen Welt dar.[219] Sie waren nicht bloß Teil einer Hausgemeinschaft, die die vormoderne Gesellschaften charakterisiert hatte und während der Zeit des Kaiserreichs hie und da *immer noch* existierte. Vielmehr wurden die Kleinnutztiere, im Gegensatz zum Großvieh, gerade in der Ära der Industrialisierung und der Urbanisierung an das häusliche Umfeld angenähert. Von Grund auf moderne Zäsuren, die im Mittelpunkt jeder Geschichte des Kaiserreichs stehen, spornten ihre Integration in das Haus an. Die Zeit des Kaiserreichs als das Zeitalter der Industrialisierung und der Urbanisierung war gleichzeitig auch das Zeitalter des häuslichen Kleinnutztiers.

216 Blancke: Hausgeflügel, S. 651.

217 Ebd., S. 619. Vgl. auch: Cremat: Lehrbuch, S. 274.

218 Vgl.: Haraway: Species, S. 74, 207.

219 Siehe: Robert Hettlage: Über Persistenzkerne bäuerlicher Kultur im Industriesystem, in: ders./Christian Giordano (Hg.): Bauerngesellschaften im Industriezeitalter. Zur Rekonstruktion ländlicher Lebensformen, Berlin: Reimer 1989, S. 287–333.

Der enge physische Umgang mit den Nutztieren, der im Rahmen der Hauswirtschaft zum Tragen kam, schlug sich auch in der Entwicklung emotionaler Partnerschaftlichkeitsattitüden nieder. Medick und Sabean haben die Verquickung von Emotionen und materiellen Interessen in Familienverhältnissen lokalisiert. Es sollte hier keineswegs suggeriert werden, dass die intensiven emotionalen Bindungen, die grundsätzlich Familienverhältnisse kennzeichnen, eins zu eins auf die Mensch-Nutztier-Beziehungen übertragen werden dürfen. Wenn aber die Emotionsgeschichte nicht nur die größten Gefühle, sondern auch eher moderatere Gefühle in ihre Perspektive einbezieht, dann eröffnet sich die Möglichkeit, die hier präsentierten Verhältnisse zwischen Halterinnen und ihren Tieren auch als Freundschaftsbeziehungen zu begreifen. Nicht extreme Emotionen, sondern sehr simple Arbeitspraktiken mit einer bescheidenen Nutzungserwartung lagen der Entwicklung von partnerschaftlichen Gesinnungen zugrunde. Die praktische Arbeit im Hausalltag kombinierte Partnerschaftlichkeit und Nutzen, Zutraulichkeit und Instrumentalisierung und selbst Liebe und Schlachten in einer bemerkenswert einheitlichen Konstellation von Mensch-Tier-Beziehungen.

Wie schon betont, war das historische Moment von immanenter Bedeutung für die hier erzählte Geschichte: Fälle von bäuerlicher Tierliebe, die Hand in Hand mit der Instrumentalisierung des Viehs gingen, sind für sämtliche historische Zeiträume seit der neolithischen Revolution belegbar. Was in den hier präsentierten Praktiken und Texten epochenspezifisch ist, ist der durch und durch moderne Hintergrund, vor dem sich die engen Mensch-Nutztier-Verhältnisse abspielten. Das ist vor allem in den letzten drei Abschnitten des Kapitels deutlich geworden. Bei den Großvisionen der Kleinnutztierexperten handelte es sich um den Versuch, die Zucht in ein bewusst modernes System zu versetzen. Die Experten waren selbsternannte Modernisierer. Sie betrachteten sich selbst als die Agenten eines radikalen Übergangs von einer »traditionellen« in eine »moderne« Form der Tierhaltung. Es ist an sich verblüffend, dass diese Modernisierung die Verquickung von Wirtschaft, häuslicher Arbeit und Mensch-Nutztier-Partnerschaftlichkeit noch weiter avancieren ließ. Die Arbeitsverhältnisse, die sich die Experten erträumten und für die Zukunft der Zucht empfahlen, waren von Vorstellungen extremer Nähe zwischen Mensch und Tier durchsetzt. Es waren ausgerechnet jene marktwirtschaftlich gesinnten Zuchtexperten, die die eventuell radikalste Vision einer Verwandlung von Tieren in genuine Partner der (modernen und fortschrittsorientierten) Menschen entwarfen, die die wilhelminische Epoche kannte.

Freilich führten die Partnerschaftlichkeitsvisionen der Experten vor allem eine Papierexistenz. Und dennoch: Die hier aufgezeichnete Geschichte führt zu der Erkenntnis, dass die historische Suche nach Haus- und Partnertieren im Kaiserreich bei den Nutztieren keinen Halt machen darf, ja in mancher Beziehung hat sie gerade bei ihnen anzusetzen. Im Kaiserreich existierte keine zweidimensionale Teilung oder »Ambivalenz« zwischen Haus- und Nutztieren; die Zeitgenossen haben die Tiere nicht einfach *entweder* gegessen *oder* gestreichelt. Die wilhelminischen Kleinnutztiere haben es uns gezeigt: Der Komplex Nutztier-Haustier ist weit vielschichtiger, als er auf den ersten Blick erscheint.

# 2. Das kontrollierte Haustier. Der Beitrag der Behörden

## Einleitungsargument. Gouvernementalität und Haustierhaltung im Kaiserreich

Dass es möglich und zuweilen auch geboten ist, Haustiere und Politik zusammen zu betrachten, hat die Geschichtswissenschaft bereits gezeigt. Aber auch wenn die Autoren früherer Arbeiten sich nicht davor gescheut haben, die Zusammenhänge zwischen diesen zwei Themenkomplexen, die auf den ersten Blick nur wenig miteinander zu tun haben, zu eruieren, haben sie den Fokus stets auf die Bedeutung von Haustieren für Hauptschwerpunkte der Politikgeschichte wie Nationalismus, Imperialismus oder Herrschaftsrepräsentation gerichtet.[1] Man hat es dagegen vernachlässigt, nach den Auswirkungen der Politik und der behördlichen Verwaltung auf das Leben der Haustiere und auf deren Beziehungen zu ihren menschlichen Haltern zu fragen.[2] Im vorliegenden Kapitel soll genau dies nachgeholt werden. Wie wir sehen werden, war die Haustierhaltung im Deutschland des Kaiserreichs alles andere als eine politikfreie Zone. Vielmehr gingen viele Entwicklungen, die wir mit der Haustierhaltung in ihrer modernen Form assoziieren, wie allen voran die Personalisierung und Intimisierung der Verhältnisse zwischen Halter und Tier, weitgehend auf Maßnahmen zurück, die staatliche Behörden und Stadtverwaltungen in dieser Epoche politischen Aktionismus mit dem Ziel ergriffen, die gesellschaftlichen Zustände zu reglementieren und zu »normalisieren«. Mit anderen Worten: Die Entstehung der modernen Haustierhaltung lief, zumindest im deutschen Fall,

---

1 Siehe z.B.: Helena M. Pycior: Hunde im Weißen Haus. Warren G. Hardings Laddie Boy und Franklin D. Roosevelts Fala, in: Dorothee Brantz/Christof Mauch (Hg.): Tierische Geschichte. Die Beziehung zwischen Mensch und Tier in der Kultur der Moderne, Paderborn: Schöningh 2010, S. 79–102; Amy Nelson: Laikas Vermächtnis. Die sowjetischen Raumschiffhunde, in: Brantz/Mauch: Geschichte, S. 103–122; Aaron Herald Skabelund: Empire of Dogs. Canines, Japan, and the Making of the Modern Imperial World, Ithaca: Cornell University Press 2011.

2 Als Ausnahmen siehe neben den zahlreichen Aufsätzen von Aline Steinbrecher, die unten vielfach zitiert werden, insbesondere: Hermann Kaiser: Ein Hundeleben. Von Bauernhunden und Karrenkötern. Zur Alltagsgeschichte einer geliebten und geschundenen Kreatur, Cloppenburg: Museumsdorf Cloppenburg 1993; Michaela Laichmann: Hunde in Wien. Geschichte des Tieres in der Großstadt, Wien: Wiener Stadt- und Landesarchiv 1998.

nicht zuletzt auf die Herstellung einer *Haustierordnung* durch staatliche und kommunale Behörden hinaus. Staat und Kommune griffen tief in den Privatbereich der Verhältnisse von Menschen und Haustieren ein und hinterließen dort sichtbare Spuren.

Nüchtern betrachtet ist es eigentlich gar nicht so überraschend, dass wilhelminische Regierungsinstanzen einen dermaßen großen Einfluss auf die Haltung von Haustieren ausübten. Die deutsche Geschichte der zweiten Hälfte des 19. Jahrhunderts stand ja nicht zuletzt im Zeichen des Aufstiegs des Obrigkeitsstaates und der städtischen Leistungsverwaltungen, die möglichst viele Lebensbereiche ihrer Bürger zu steuern begannen. Im Zuge der Urbanisierung, der Industrialisierung, des rasanten Bevölkerungswachstums und der Etablierung der Marktwirtschaft entstand das Bedürfnis, das Gesellschaftsleben stärker und intrusiver als je zuvor in der Vergangenheit einer Regulation zu unterziehen. Wenn sich die kommunale Verwaltungsarbeit traditionell eher auf die Bewahrung vorgegebener Ordnungen beschränkt hatte, verwandelte sich die Stadtadministration während der Zeit des Kaiserreichs mehr und mehr in eine *Eingriffsverwaltung*, die in die Vorgänge der Gesellschaft lenkend und transformierend intervenierte. Eine Folge davon war, dass die professionalisierten und bürokratisierten Apparate der Kommunalpolitik begannen, einen immer größer werdenden Einfluss auf die Lebens- und Verhaltensweisen der Stadteinwohner zu nehmen. Dieses behördliche Eingreifen beschränkte sich nicht auf infrastrukturelle Maßnahmen, die allein auf eine Umgestaltung der materiellen Rahmenbedingungen und der äußeren Umgebung abzielten. Vielmehr gelangte die eingreifende Hand der Behörden bis ins innere Gewebe der sozialen Verhältnisse und des Alltags- und Privatlebens der Bürger, sodass historisch tatsächlich von einem »Versuch eines umfassenden Umbaus der Gesellschaft« (Langewiesche) gesprochen werden kann.[3]

Wie wir gleich sehen werden, blieb auch der an sich sehr private Bereich der Beziehungen zwischen Halter und Haustier von diesem Einmischungsdrang nicht unberührt. In dem Zusammenhang reformierten die modernen Behörden auch die Haustierhaltung. Wenn sie eine neue Gesellschaft konstruierten, dann eine solche, die auch von neuartigen Mensch-Haustier-Beziehungen gekennzeichnet war.

3 Wolfgang Krabbe: Munizipalsozialismus und Interventionsstaat. Die Ausbreitung der städtischen Leistungsverwaltung im Kaiserreich, in: Geschichte in Wissenschaft und Unterricht 30/5 (1979), S. 265–283; ders.: Die Entfaltung der kommunalen Leistungsverwaltungen in deutschen Städten des späten 19. Jahrhunderts, in: Hans Jürgen Teuteberg (Hg.): Urbanisierung im 19. Jahrhundert. Historische und geographische Aspekte, Köln: Böhlau 1983, S. 373–391; Jürgen Reulecke: Geschichte der Urbanisierung in Deutschland, Frankfurt a.M.: Suhrkamp 1985, S. 49–50, 123–127, 130–131; Dieter Langewiesche: »Staat« und »Kommune«. Zum Wandel der Staatsaufgaben in Deutschland im 19. Jahrhundert, in: Historische Zeitschrift 248/3 (1989), S. 621–635 (Zitat S. 624); Thomas Nipperdey: Deutsche Geschichte 1866–1918. Bürgerwelt und starker Staat. Bd. 2: Machtstaat vor der Demokratie, München: Beck 1992, S. 109–166; Hans-Ulrich Wehler: Deutsche Gesellschaftsgeschichte. Bd. 3: Von der »Deutschen Doppelrevolution« bis zum Beginn des ersten Weltkrieges 1849–1914, München: Beck 1995, S. 28–35.

Die Geschichtsschreibung des Obrigkeitsstaates und der Leistungsverwaltung hat eine lange Tradition und sie gehört seit geraumer Zeit zu den Hauptschwerpunkten der Historiographie des Kaiserreichs. Die These, dass Staat und Kommune nicht nur Infrastruktur und soziale Makroprozesse, sondern auch alltägliche Lebenswelten und private Beziehungsmuster grundlegend beeinflussten, bekam jedoch gerade kürzlich einen großen theoretischen Vorschub: In einem Aufsatz über »das Soziale in der Sozialgeschichte« hat Patrick Joyce dafür plädiert, die Wechselbeziehungen zwischen Staat und Gesellschaft in der modernen Geschichte neu zu denken und stärker hervorzuheben. Joyce geht es vor allem darum, die Engmaschigkeit der Relationen zwischen diesen zwei voneinander nur scheinbar klar abgesonderten Entitäten herauszustellen. Der Staat, so Joyce, sei keine erhabene Institution, die über die Gesellschaft hinausrage und von einer autonomen Position heraus die sozialen Begebenheiten »da unten« steuere. Eine »Sozialgeschichte des Staates«, wie Joyce sie entworfen hat, fragt vielmehr nach all jenen Momenten, in denen der Staat mit all seiner Macht mit dem alltäglichen Leben der Gesellschaft verwoben ist. Erst wenn man das »Monstrum« »Staat« in die einzelnen operativen Tätigkeiten zerstückelt, die dafür sorgen, dass die Staatsapparate selbst in den »marginalsten« Lebenssphären von Individuen und Familien (fast) immer präsent sind, kann seine Wirkungsmächtigkeit in der Regulierung und Reformierung der Gesellschaft wirklich geschätzt werden. Den Staat derart zu betrachten heißt schließlich, ihn wieder ins Zentrum der (neu gedachten) Sozialgeschichte zu rücken.[4]

Mittels solcher gewöhnlichen Tätigkeiten wie des Einsperrens von Hunden während Tollwutepidemien, der Verpflichtung zum Maulkorbtragen oder der Erstellung von Hundezeichen nach erfolgter Steuerentrichtung wurden die Behörden auch in der Sphäre der Haustierhaltung enorm präsent. Es wird im Folgenden in erster Linie danach gefragt, inwiefern sich diese im Grunde genommen banalen Instrumente und Praktiken auf die Ausgestaltung der Haustierhaltung auswirkten. Wie Foucault, auf den sich Joyce beruft, im Rahmen seiner Gouvernementalitätstheorie festgestellt hat, sei die Macht der politischen Herrschaft gerade in solchen alltäglichen Banalitäten zu suchen: »Der Staat ist eine Praxis. Der Staat kann nicht vom Ensemble der Praktiken getrennt werden, die tatsächlich bewirkt haben, dass der Staat eine Art und Weise des Regierens, eine Handlungsweise und ebenso eine Art und Weise des Zur-Regierung-in-Beziehung-Stehens geworden ist«.[5] Vor allem die polizeiliche Machtausübung, so Foucault, verwalte und steuere das Gemeinwesen permanent. Die neuzeitliche Polizei, die als der Hauptapparat moderner Staatskunst zu betrachten sei, beeinflusse im Gegensatz zur vormodernen *Policey* das gesamte Zusammenleben der Menschen. All das, was zwischen den Menschen zirkuliere, werde zum Objekt polizeilicher Regulierung. Es sei in erster Linie die Polizei, die sich auf der Straße eine neue (und geordnete) Gesellschaft schmiede.[6]

4 Patrick Joyce: What is the Social in Social History?, in: Past and Present 236/1 (2010), S. 213–248, hier S. 237–245; ders.: The State of Freedom. A Social History of the British State since 1800, Cambridge: Cambridge University Press 2013.

5 Michel Foucault: Sicherheit, Territorium, Bevölkerung. Geschichte der Gouvernementalität I. Vorlesung am Collège de France 1977–1978, Frankfurt a.M.: Suhrkamp 2004, S. 400. Vgl.: Joyce: State, S. 16–17, 27.

6 Foucault: Sicherheit, S. 52, 70–71, 104, 114–116 158–165, 377, 400–401, 459, 469.

Aber wie es Foucault deutlich macht, verwalte der Staat nicht lediglich die Menschen. Die »Bevölkerung«, die die Hauptzielscheibe der gouvernementalen Verwaltung darstelle, bestehe aus menschlichen wie auch aus nichtmenschlichen Komponenten. Die Gesamtbindungen, die gesteuert werden sollten, erfassten einen ausgeweiteten Sozialkomplex von Menschen und anderen Objekten nicht zuletzt materieller Art, die Foucault verallgemeinert »Dinge« nennt. Die Gouvernementalität sei eine Regierung von Dingen.[7] Das ist besonders relevant für unser Thema, denn wie wir sehen werden, waren aus Sicht der wilhelminischen Obrigkeiten jene zu regierenden Dinge u.a. auch die Haustiere, ihre eigentlichen Körper sowie nicht zuletzt ihre Beziehungen zu ihren Haltern.

Wenn Foucault und Joyce derart Staat und Gesellschaft zusammenführen, behaupten sie gleichzeitig, dass bei aller Omnipräsenz die Regierungsorgane im Leben der modernen Menschen auch diese am Gouvernementalitätsgefüge als vollwertige Individuen teilnähmen. Die Objekte der Regierung würden gleichzeitig in Subjekte verwandelt, die selber und aus eigener Kraft die regierende Macht trügen und ausübten. Um die neue Qualität der modernen Gouvernementalität herauszustellen, zeigt Foucault, wie die Behörden der Frühen Neuzeit – des älteren Stils – ihren Untertanen komplett vorschrieben, wie sie sich verhalten mussten – z.B. zu Zeiten von Pestausbrüchen:

> »Es handelt sich bei diesen Pestverordnungen darum, die Regionen, die Städte, in denen die Pest herrscht, buchstäblich mit einem Kontrollnetz zu überziehen, mit Regelungen, die den Leuten zeigen, wann und wie sie ausgehen können, zu welcher Uhrzeit, was sie bei sich zu Hause tun müssen, welche Art von Nahrung sie verwenden müssen, die ihnen diese oder jene Kontakte untersagen, sie zwingen vor Inspektoren zu erscheinen und ihr Haus den Inspektoren zu öffnen. Man kann sagen, daß hier ein System vom disziplinarischen Typus vorliegt«.[8]

Diese allumfassende Verwaltung von Individuen, Privatsphären und Sozialverhältnissen kann noch nicht als eine voll elaborierte gouvernementale Regierungskunst verstanden werden, da den regierten Menschen überhaupt keine Entscheidungsmacht eingeräumt wurde. Die eigentliche Gouvernementalität funktioniert anders. Seit etwa dem 18. Jahrhundert, so Foucault, zwängen die Regierenden den Regierten keine absoluten Vorschriften mehr auf. Vielmehr werde jetzt gerade aus der Perspektive der Behörden die Freiheit der Bürger zu einem unentbehrlichen Mittel der Regulierung der Gesellschaft. Die Staatsmacht werde entgrenzt: Die Mitglieder der regierten Bevölkerung würden selbst zu Agenten der Regierung. Anstatt sie zu einem vorschriftsmäßigen Verhalten zu zwingen, wirkten die Behörden auf die regierten Subjekte in einer Weise ein, dass diese sich selbst, aus eigenem Willen heraus und bei einer »richtigen« Erkenntnis der sozialen Realität und ihrer »wünschenswerten« Fortentwicklung sich dazu entschieden, regelkonform zu handeln. Mit dieser Entscheidungsfreiheit würden sie zu vollwertigen

7 Ebd., S. 146–150. Vgl.: Joyce: State, S. 10, 19–20, 31–32; Mieke Roscher: Tiere und Politik. Die neue Politikgeschichte der Tiere zwischen Zóon Alogon und Zóon Politikon, in: Gesine Krüger/Aline Steinbrecher/Clemens Wischermann (Hg.): Tiere und Geschichte. Konturen einer Animate History, Stuttgart: Steiner 2014, S. 171–197, hier S. 174.

8 Foucault: Sicherheit, S. 25.

Staatsbürgern. Die gouvernementale Herrschaft könne ohne die freie Handlung selbstständiger Menschen gar nicht funktionieren. Es seien paradoxerweise die aktiv und autonom handelnden Individuen, die den Einfluss der Behörden auf ihr privates Leben geltend machten. Sie verpflichteten, verordneten, verwalteten sich selbst. Ihre alltäglichsten und persönlichsten Tätigkeiten hätten eine staatliche Dimension:

»Was soll die Polizei also konkret sein? Nun, sie soll alles als Mittel bereitstellen, was hinreichend und notwendig dafür ist, daß diese Aktivität des Menschen auf wirksame Weise in den Staat, in seine Kräfte, in die Entwicklung seiner Kräfte integriert wird, und sie soll so handeln, daß der Staat umgekehrt diese Tätigkeit anregen, bestimmen und ausrichten kann, und zwar auf eine Weise, die für den Staat nützlich ist. Mit einem Wort, es geht um die Schaffung des staatlichen Nutzens auf der Grundlage und anhand der Tätigkeit der Menschen, um die Schaffung des öffentlichen Nutzens aufgrund der Beschäftigung, der Tätigkeit, aufgrund des Tuns der Menschen«.[9]

Die Makro- und die Mikromacht kämen gemeinsam zur Geltung.

In der konkreten historischen Zeit des 19. Jahrhunderts kam ein derartiges gouvernementales Herrschaftsgefüge vor allem in der Form einer hegemonial werdenden *liberalen* Politik zum Ausdruck. Wie aus der Geschichtsschreibung des Liberalismus bekannt ist, war er entgegen der gängigen Meinung seit seinem Erscheinen in England der 1830er Jahre mit einer Ideologie der staatlichen Intervention eng verbunden. Die zunehmend liberaldemokratisch geführten Regierungen in Europa des 19. Jahrhunderts setzten es sich zum Ziel, eine neue, an die moderne Zeit angepasste und stabiler organisierte Gesellschaft zu konstruieren. Gerade im liberalen Verständnis waren so der Staat und seine Apparate beinahe missionarische Institutionen, die darauf aus waren, die Menschen zu veredeln und die soziale Unordnung zu bekämpfen. Der Staat hatte den Zweck, autoregulierende Individuen-Bürger zu erziehen, die durch die Regierung ihres eigenen Selbst eine Verbesserung der Gesellschaft in ihrer Gesamtheit herbeiführen würden. Die Hauptfunktion des Staates lag so in Charakterbildung. Wenn der Staat sich nicht zu tief in die Angelegenheiten der Individuen einmischen durfte, dann nur deshalb, weil diese sich in Selbstregierung und Selbstbeherrschung trainieren mussten. Das Individuum gewann seine »Freiheit« in dem Moment, als es in ein sich »normal« verhaltendes Subjekt verwandelte. Das liberale Regime, dessen Devise »Regierung durch Freiheit« war, zielte so auf die »Normalisierung« der Individuen und der Gesellschaft ab, wobei sich diese »Normalisierung« nicht zuletzt in der Welt der alltäglichen Handlungen zu vollziehen hatte.[10]

---

9 Ebd., S. 67–71, 78–79, 143, 371–377, 395–401, 420–421, 460–472, 504–507, 510–514 (Zitat S. 464).

10 Jonathan Parry: The Rise and Fall of Liberal Government in Victorian Britain, New Haven/London: Yale University Press 1993; Robert D. Storch: The Policeman as Domestic Missionary. Urban Discipline and Popular Culture in Northern England, 1850–1880, in: R.J. Morris/Richard Rodger (Hg.): The Victorian City. A Reader in British Urban History 1820–1914, London/New York: Longman 1993, S. 281–306; Patrick Joyce: The Rule of Freedom. Liberalism and the Modern City, London/New York: Verso 2003; ders./Tony Bennett/Francis Dods-

Wie wir im Folgenden sehen werden, lief die Auswirkung der behördlichen Praxis auf die Haustierhaltung im Deutschen Kaiserreich darauf hinaus, dass die regierenden Organe ihre »normalisierten Bürger« auch in verantwortungsvolle Haustierhaltersubjekte zu verwandeln wünschten.[11] Die Haustierhalter neuer, liberaler Art sollten ihre Tiere »gut« pflegen und so aus eigener Kraft und schon durch ihre Tätigkeit in der Privatsphäre haustierbezogenen Missständen, oder wie sie im zeitgenössischen Idiom der Behörden hießen – »Kalamitäten« – vorbeugen.

Zu diesem Komplex der Herstellung einer Haustierordnung in der Gesellschaft gehörte, dass eine liberale Politik im Deutschland der Gründer- und Kaiserzeit primär auf der Ebene der Gemeindepolitik zur Geltung kam. Angesichts ihrer Misserfolge auf der Reichsebene konzentrierten die Liberalen ihre Bemühungen um eine Politik der sozialen Reformen auf das Gebiet der Stadtverwaltungen. In der Kommune schafften sie es tatsächlich, sich auf Dauer als die Gemeindevorsteher zu etablieren und eine ordnungschaffende Politik der *Selbstverwaltung* der *Stadtbürger* durchzusetzen. In der Stadt wurden die Behörden zu wahrhaftigen »Verwalter[n] der Gesellschaft« (Reulecke). Hier war eine von oben eingeleitete Verhaltensrevolution der Individuen keine bloße Utopie, sondern ein regelrecht praxisorientiertes Projekt, das in der urbanen Öffentlichkeit in ein wohlgeordneteres und harmonisch verlaufendes Miteinander zwischen den unterschiedlichen Teilen der Bevölkerung bzw. der »Bürgergemeinde« münden sollte.[12]

Einer der Bereiche, in denen das liberale »Licht« der normalisierten Sozialverhältnisse eindringen sollte, war das Miteinander zwischen dem Stadtbürger und seinem eigenen Haustier. Die Behörden hofften, die Beziehung der Halter zu ihren Haustieren so zu gestalten, dass diese animalischen Elemente des urbanen Universums keine »Störfaktoren« mehr darstellen würden – dass der »Fluss der Dinge« in der Stadt durch sie nicht

---

worth: Introduction. Liberalisms, Government, Culture, in: Cultural Studies 21/4–5 (2007), S. 525–548.

11 Vgl.: Joyce: State, S. 28–29.

12 Krabbe: Munizipalsozialismus, S. 266–270; ders.: Entfaltung, S. 390–391; Reulecke: Geschichte, S. 17–19, 32–33, 62–67, 131–139; ders.: Stadtbürgertum und bürgerliche Sozialreform im 19. Jahrhundert in Preußen, in: Lothar Gall (Hg.): Stadt und Bürgertum im 19. Jahrhundert, München: Oldenburg 1990, S. 171–197; Nipperdey: Geschichte, S. 119–120, 125, 136, 140–141, 154, 159; Wehler: Gesellschaftsgeschichte, S. 539; Langewiesche: Staat, S. 627, 630–631; ders.: Liberalismus in Deutschland, Frankfurt a.M.: Suhrkamp 1988, S. 7–11, 30, 85–226; ders.: Kommunaler Liberalismus im Kaiserreich. Bürgerdemokratie hinter den illiberalen Mauern der Daseinsvorsorge-Stadt, in: Detlef Lehnert (Hg.): Kommunaler Liberalismus in Europa. Großstadtprofile um 1900, Köln/Weimar/Wien: Böhlau 2014, S. 39–71; James Sheehan: Liberalism and the City in Nineteenth-Century Germany, in: Past and Present 51/1 (1971), S. 116–137; Wolfgang Hardtwig: Großstadt und Bürgerlichkeit in der politischen Ordnung des Kaiserreichs, in: Gall (Hg.): Stadt, S. 19–64; Rüdiger vom Bruch: Bürgerlichkeit, Staat und Kultur im Kaiserreich, Stuttgart: Steiner 2005, S. 95, 101; Daniel Watermann: Städtischer Liberalismus im deutschen Kaiserreich 1871 bis 1914. Strukturen gesellschaftlicher und politischer Selbstorganisation, in: Jahrbuch zur Liberalismus-Forschung 28 (2016), S. 205–227.

mehr beeinträchtigt werde. Wie bereits Joyce erkannt hat, lag diese Aufgabe der Ordnungschaffung vorwiegend in den Händen der Halter selbst – der eigentlichen »Herrscher« der Haustiere, die ihrerseits selbst zu Objekten der Sozialisierung wurden:

»Self-mastery involved controlling one's animals. […] The creation of liberal networks involved the conscription of the animal world, so that this world was humanised and involved in similar disciplinary routines to the human one: for example, ›canine madness‹ was met not by the killing of dogs (as had earlier been the case) but by recourse to the disciplinary rehabilitation of the dog pound. Rendering the unacceptable parts of the natural world invisible was accompanied by making the acceptable parts human (for instance, in the form of the pet). The undisciplined subject had an undisciplined dog, the disciplined one a pet. The pet was social, the dog remained in the natural world«.[13]

In einer Linie mit Joyce werde ich im Folgenden argumentieren, dass wie auf anderen Gesellschaftsgebieten der Eingriff des Obrigkeitsstaates und der Leistungsverwaltung auch in die Privatsphäre der Haustierhaltung nicht wirklich unterdrückend, sondern geradezu konstruktiv und fördernd war.[14] Wie Joyce behauptet, hat die behördlich eingeleitete Disziplinierung der Haustiere und der Haustierhalter eine Integration eben jener Tiere in die menschliche Gesellschaft der reformierten Stadt gewirkt. Staat und Stadtverwaltung erwiesen sich im Zuge dieses Prozesses als Agenten der »Verhäuslichung« und der Verpartnerschaftlichung von Tieren, die nunmehr enger in das Leben ihrer menschlichen »Patronen« inkorporiert wurden.

Die Diskussion dieses Integrationsprozesses wird sich bis auf eine einzelne Ausnahme am Ende des Kapitels auf die Regulierung der Haltung der Hunde beschränken, da Hunde den absoluten Mittelpunkt der interventionistischen Haustierordnungspolitik der wilhelminischen Behörden darstellten. Eine weitere, räumliche Beschränkung auf München und Bayern hat wiederum mit der Quellenlage zu tun – eine besonders reichhaltige Dokumentierung von Einzelfällen in Bayern und seiner Hauptstadt ermöglicht es, den Prozess der zunehmenden Regulierung der Haustierhaltung in großer Präzision nachzuverfolgen.

Es werden im Folgenden in erster Linie gesetzliche Verfügungen, außerordentliche Vorschriften, parlamentarische Verhandlungen sowie nicht zuletzt Handhabungen von tatsächlichen »Hundekalamitäten« in der praktischen Vollziehung der Kontrolle analysiert. Im Fokus der Untersuchung stehen dabei nicht die staatlichen und kommunalen Organe selbst. Vielmehr werden die Mensch-Haustier-Beziehungsmuster, die in den rechtlichen Texten angeordnet und durch die administrative und die polizeiliche Kontrolle aktiv gefördert wurden, unter die Lupe genommen. Der inhaltliche Teil des Kapitels ist in sechs Abschnitte gegliedert: Die ersten drei Abschnitte diskutieren Maßnahmen der Tollwutbekämpfung. Mit der Tollwut muss jede Diskussion der Geschichte der Hundepolitik im 19. Jahrhundert begonnen werden, da diese Krankheit dafür verantwort-

---

13 Joyce: Rule, S. 88.

14 Zu dieser Argumentation bezüglich eines anderen Gebiets der urbanen Gesellschaft siehe: Chris Otter: The Victorian Eye. A Political History of Light and Vision in Britain, 1800–1910, Chicago/London: The University of Chicago Press 2008.

lich war, dass diese Tiere überhaupt erst ins Visier der Behörden gerieten und zum Objekt intensiver Gesetzgebungsarbeit nach allen Regeln der Kunst moderner und liberaler Politik wurden.

Nachdem auf diese Weise das ursprüngliche Moment der *Politisierung* der Haustiere beleuchtet wurde, werde ich im vierten Abschnitt die in Bayern 1876 eingeführte Hundesteuer diskutieren. Wie zu zeigen sein wird, wurde die Hundesteuer zum Dreh- und Angelpunkt der behördlichen Intervention in den Privatbereich der Haustierhaltungspraxis. Am Fall der Hundesteuer lässt sich am deutlichsten demonstrieren, wie die Regulierung der Haustierhaltung eine Individualisierung und Intimisierung der Beziehung zwischen Halter und Tier nach sich zog. Abschließend wird noch behauptet, dass die Einmischung der Staats- und der Kommunalbehörden in die Sphäre der privaten Halter-Haustier-Verhältnisse letztendlich an Grenzen stieß und eine Ordnung der Haustiere trotz aller gouvernementalen Reformvisionen nur begrenzt hervorbrachte. Der facettenreichen und von vielen Widersprüchen »geplagten« Geschichte der Berührungspunkte zwischen den Behörden und der Haustierhaltung im Kaiserreich wird erst dann gerecht werden, wenn auch die Verfehlungen und partielle Wirkungslosigkeit der liberalen Kontrollpolitik berücksichtigt werden.

## AM ANFANG WAR DIE WUT. TOLLWUT UND DIE POLITISIERUNG DER HUNDE

Am 27. August 1852 wurde im Münchener Vorort Haidhausen ein brauner Dachshund beobachtet, der sich aggressiv benahm. Nachdem das Tier einen anderen Hund, der einem hiesigen Tischler gehörte, angegriffen hatte, begab er sich auf die benachbarte Rosenheimer Straße und raufte dort mit zwei weiteren Hunden, die einem Ökonomen bzw. einem Viehführer gehörten. Danach lief er weiter zur Ortschaft Ramersdorf, wo er dem Ziegelarbeiter Nikolaus Kiniggl begegnete. Als dieser versuchte, das »schöne[] Tier« zu streicheln, wurde er von demselben gebissen. Verärgert über diese Unfreundlichkeit, erschlug Kiniggl den Hund sofort und setzte der Geschichte ein vorläufiges Ende.[15]

Schon die Tatsache, dass es uns heute möglich ist, die Streifzüge dieses Dackels aus München der 1850er detailgenau zu rekonstruieren, ist ein Zeichen für die enorme Aufmerksamkeit, die die zeitgenössischen Polizeibehörden Hunden schenkten, die sie als gefährlich einstuften. Wenn ein Hund in den Verdacht geriet, die Gesundheit der Stadteinwohner zu beeinträchtigen, wurde er sofort zu einem Objekt der polizeilichen Überwachung. Über alles, was er ab jetzt tat – der Weg, den er zurücklegte, die Kontakte mit Menschen und anderen Tieren, die er aufnahm – mussten die Behörden informiert sein. Sofort nachdem ein lokaler Gendarm die erste Nachricht übermittelt hatte, begann die Gemeindeverwaltung zusammen mit dem königlichen Landesgericht weitere Informationen zu sammeln. Sie wollten ganz genau wissen, woher der Hund gekommen war und wo er sich sonst aufhielt. Es galt, die genaue Identität des Tiers zu ermitteln – »von wel-

15 Brigade Haidhausen an das Kgl. Landgericht München, 27.08.1852 (StadtAM, Ramersdorf, Nr. 32).

cher Farbe, Art und Größe er gewesen, ob und welches Zeichen, mit welcher Nummer und wo gelöst, der getödtete Hund an sich hatte«.[16]

Die Geschichte des kranken Dackels aus Haidhausen der Jahrhundertmitte zeigt, welche Wirkungsmacht die Tollwut auf die Behörden ausübte, als diese sich entschieden, die Hunde zu Objekten ihrer Herrschaft zu machen. Aber nicht nur der Hund an sich – der absolute Protagonist der Geschichte der Polizeiprotokolle – wurde zum Objekt der behördlichen Kontrolle. Neben der Identität des Tiers war für die Behörden eine weitere Information enorm wichtig: die Identität seines Besitzers. Das Zeichen am Halsband des Tiers sollte den Behörden Information über seine Zugehörigkeit geben – seine Affiliation mit einem spezifischen Menschen.

Die Ermittlung beschränkte sich aber nicht auf den einzelnen Dackel und seinen Halter. Auch andere Personen und Tiere sind ins Visier der Behörden geraten. Das Münchener königliche Landesgericht hat noch am Tag des Geschehens den Gerichtsarzt beauftragt, Kiniggl – dem vom Hund gebissenen Ziegeleiarbeiter – einen Besuch abzustatten und einen Bericht über die Art seiner Verletzung »baldmöglichst anher bekanntzugeben«.[17] Die Gemeindeverwaltung Ramersdorf wurde ihrerseits in die Pflicht genommen, »den Eigenthümer des besagten wuthverdächtigen Hundes auszumitteln. [...] Falls durch denselben noch mehrere Menschen und Hunde gebissen worden sein sollen, ist solches schleunigst hierorts anzuzeigen«.[18] Die Behörden interessierten sich für Beziehungen: den Kontakt von Tierindividuen mit anderen Tierindividuen sowie mit menschlichen Individuen. Und was Beziehungen anging, begnügten sich die Behörden nicht mit Informationen. Sie schritten auch gleich zur Tat und gaben unmissverständliche Anweisungen, wie die Hundebesitzer in den betroffenen Gemeinden mit ihren Tieren umgehen sollten:

»[A]lle Hunde [in Haidhausen und Ramersdorf sind] in den Hofräumen oder in den Häusern einstweilen auf die Dauer von drei Wochen an den Ketten zu legen, sodaß sie weder mit Menschen noch mit Thieren in Berührung kommen können. [...] [Es] wird schließlich bemerkt, daß freilaufende Hunde vom Wasenmeister getödtet und die Eigenthümer überdieß mit einer Geldstrafe von 5 fl. oder entsprechender Arreststrafe belegt werden«.[19]

In der Geschichte der Politisierung der Hundehaltung war die Tollwutgefahr ein Urmoment. Sie gab den Behörden den Anlass, sich in die Haltung selbst – in deren Privatsphäre – einzumischen. Die früheste umfangreiche Verordnung über die Hundehaltung in Bayern, in der auch zum ersten Mal die Hundevisitation – eine tierärztliche Untersuchung aller in einer Gemeinde gehaltenen Hunde – vorgeschrieben wurde, begann beispielsweise mit folgender Erklärung:

»Die in jüngster Zeit häufig vorgekommenen Fälle ausgebrochener Hundswuth veranlaßen die unterfertigte Stelle wegen der nöthigen Schärfung der Aufsicht auf die Hunde und zur möglichsten

16 Das Kgl. Landgericht München an den Gerichtsdienergehilfen Übellacker, 27.08.1852 (ebd.).

17 Das Kgl. Landgericht München an das K. Landg. Au, 27.08.1852 (ebd.).

18 Das Kgl. Landgericht München an die Gemeinde-Verwaltung Ramersdorf, 27.08.1852 (ebd.).

19 Ebd.

Verhütung von Unglücken, welche aus der Verbreitung der Hundswuth hervorgehen, die bestehenden Vorschriften in dieser Beziehung zu prüfen, und [...] nachstehende Anordnungen zu treffen«.[20]

Die Auseinandersetzung mit der Tollwut, die Hunde und ihrer Beziehung zu ihren haltenden Menschen zu Objekten der Staatsgewalt mutieren ließ, muss vor dem Hintergrund der vor allem in der zweiten Hälfte des 19. Jahrhunderts expandierten medizinalpolizeilichen Einmischung der Behörden in das Leben der Bevölkerung betrachtet werden. Zu dieser Zeit wurden Sauberkeit und Gesundheit zu öffentlichen Faktoren, um die sich die politischen Organe, vermeintlich im Dienst des Allgemeinwohls, zu kümmern begannen. In den Städten war die Hygiene eine Hauptkulisse für die Entfaltung der Leistungsverwaltung. Die zweite Hälfte des 19. Jahrhunderts war die Epoche der Assanierungsgroßkampagnen: der Schwemmekanalisation, der organisierten Müllabfuhr, der Kontrolle der Lebensmittel, der Anlegung von öffentlichen Schwimmbädern. Die hygienischen Reformen bezweckten eine grundlegende Transformation der urbanen Umgebung, die von nun an weniger schmutzig und weniger stinkend aussehen und riechen sollte.

Bei dieser Hygienisierung der Stadt ging es aber nicht allein um eine Verbesserung der äußeren Umwelt. Die Assanierung als ein Gesamtprojekt zur Umgestaltung des urbanen Raums hatte auch eine soziale Dimension. Die Ingenieure, Ärzte und Kommunalbeamten wollten mit der Verwandlung der materiellen Umgebung die Grundlage auch für eine Verbesserung der sozialen Umstände schaffen. Für sie waren die Hygieneprojekte auch eine Gesellschaftsreform. In den Augen von führenden Hygienikern wie Max von Pettenkofer in München, Rudolf Virchow in Berlin und Georg Varrentrapp in Frankfurt, hing die Misere der hygienischen Zustände in den Großstädten untrennbar mit den ungesunden Lebensweisen der ärmeren Bevölkerungsschichten zusammen, die angeblich nicht hygienebewusst waren und auf ihre Sauberkeit zu wenig achteten. Assanierung bedeutete demgemäß nicht nur die Reinigung von Straßen, sondern auch eine gesamtgesellschaftliche Verbreitung von bürgerlichen Tugenden wie Reinlichkeit und Ordnungsliebe, die eher in der häuslichen Sphäre zur Geltung kamen. Die Hygieniker schufen eine Konstellation, in der soziale Probleme wie Armut und prekäre Existenz unmittelbar mit Schmutz und Gestank zusammenhingen. Wollte man die Lebensqualität von armen Menschen heben, musste man ihnen hygienische Verhaltensweisen beibringen. Die Gesundheit und Sauberkeit des einzelnen Bürgers wurden so zu einer politischen Angelegenheit, der die Behörden im Namen der »Volksgesundheit« enorme Beachtung schenkten.[21]

---

20 Königliche Regierung von Oberbayern – Kammer des Innern: Die Aufsicht auf die Hunde betreffend (30.03.1840), in: Beilage zum Intelligenzblatte der Königlichen Regierung von Oberbayern 15 (1840), S. 1–16, hier S. 1. Siehe hierzu: Angela von den Driesch: Geschichte der Tiermedizin. 5000 Jahre Tierheilkunde, München: Callwey 1989, S. 193.

21 Wehler: Gesellschaftsgeschichte, S. 527–530; Reulecke: Geschichte, S. 127–129; Anne I. Hardy: Ärzte, Ingenieure und städtische Gesundheit. Medizinische Theorien in der Hygienebewegung des 19. Jahrhunderts, Frankfurt a.M./New York: Campus 2005; Manuel Frey: Der reinliche Bürger. Entstehung und Verbreitung bürgerlicher Tugenden in Deutschland 1760–

Es ist keineswegs verwunderlich, dass diese Hygienisierung der Gesellschaft auch die Hunde und die Halter-Hund-Beziehungen einbezog. Menschen, die in ihren Häusern Hunde hielten, kamen ja in sehr engen, alltäglichen Kontakt mit tierischen Kreaturen. Gleichzeitig waren die Hunde aber auch im öffentlichen Raum sehr präsent. Sie begleiteten ihre Halter im Spazierengehen[22] oder auch ins Restaurant, wo sie mit weiteren Menschen in Berührung kamen. Als Tiere, die mit der Stadtbevölkerung so eng zusammenlebten, konnten gerade sie dem langen Arm der Medizinalpolizei nicht ausweichen. Dass diese Entwicklung dazu noch zu einer Zeit stattfand, in der die Frage der Übertragung von Tierkrankheiten auf die Menschen innerhalb der Hygienebewegung auf der Tagesordnung stand,[23] machte die Hunde umso interessanter für die Hygieniker in politischen Ämtern. Jetzt, mehr als je in der Vergangenheit, interessierten sich die Behörden dafür, wie der einzelne Hundehalter mit seinem Hund umging und wie seine Kontakte zu ihm aussahen. Wenn sie es überhaupt irgendwann gewesen war, hörte jetzt die Hundehaltung endgültig auf, eine Privatangelegenheit zu sein.

Gegen Ende der ersten Hälfte des 19. Jahrhunderts begannen die bayerischen Behörden eine Reihe von Verordnungen zu erlassen, die den Hundehaltern sehr genau vorschrieben, wie sie sich um ihre Tiere kümmern sollten. Immer stand die Tollwut im Mittelpunkt der Verordnungen. Im März 1840 verabschiedete die Oberbayerische Regierung einen Erlass, der Hundehalter dazu ermahnte, stets zu überprüfen, ob ihre Hunde Krankheitserscheinungen zeigten. Falls das Verhalten eines Hundes den Verdacht einer Tollwutansteckung nahelegte, stand der Halter in der Pflicht, das Tier zu einer Untersuchung einem beamteten Tierarzt zu übergeben und darüber hinaus »der Lokal-Polizeybehörde [...] ungesäumt hierüber Anzeige zu machen«.[24] Als kurze Zeit später in Bayern zwei Menschen an Tollwut verstarben, gab die Regierung bekannt, dass die Verstorbenen die Schuld für ihren eigenen Tod trügen. Entgegen der Vorschriften hatten sie keine ärztliche Hilfe aufgesucht und es auch versäumt, sich bei der Polizei zu melden. Die Regie-

---

1860, Göttingen: Vandenhoek & Ruprecht 1997, S. 264–267, 286–300; Richard J. Evans: Tod in Hamburg. Stadt, Gesellschaft und Politik in den Cholera-Jahren 1830–1910, Reinbeck bei Hamburg: Rowohlt 1990; Jörg Vögele: Sozialgeschichte städtischer Gesundheitsverhältnisse während der Urbanisierung, Berlin: Duncker & Humblot 2001; Peter Münch: Stadthygiene im 19. und 20. Jahrhundert. Die Wasserversorgung, Abwasser- und Abfallbeseitigung unter besonderer Berücksichtigung Münchens, Göttingen: Vandenhoek & Ruprecht 1993, S. 27–33, 57–67, 123–150. Vgl. allgemeiner: Patrick E. Carroll: Medical Police and the History of Public Health, in: Medical History 46/4 (2002), S. 461–494.

22 Hierzu siehe allgemein: Aline Steinbrecher: Eine praxeologisch performative Untersuchung der Kulturtechnik des Spaziergangs (1750–1850), in: Tierstudien 2 (2012), S. 13–24. Vgl. auch: Gudrun M. König: Eine Kulturgeschichte des Spazierganges. Spuren einer bürgerlichen Praktik 1780–1850, Wien: Böhlau 1996, S. 117.

23 Hardy: Ärzte, S. 230.

24 Königliche Regierung von Oberbayern – Kammer des Innern: Die Aufsicht auf die Hunde betreffend (30.03.1840), S. 9, 11–12. Siehe auch: Königl. Regierung von Oberbayern – Kammer des Innern: Vorsichtsmaßregeln gegen wuthverdächtige Thiere betreffend (16.09.1841), in: Intelligenzblatt der Königlichen Regierung von Oberbayern 39 (1841), S. 1059–1061, hier S. 1060.

rung brachte diese Information an die Öffentlichkeit, um sie daran zu erinnern, dass »der genaueste Vollzug der […] erlassenen Anordnungen […] zur strengsten Pflicht gemacht« werde.[25]

Solche Verordnungen waren kein Lippenbekenntnis seitens sprachlich agiler Behördenvertreter. Die zeitgenössischen Vollzugskörper des Staates legten sehr großen Aktionismus an den Tag, wenn es um die Umsetzung der Tollwutvorschriften ging. Sie verfolgten in der Tat krankheitsverdächtige Hunde einzeln und sammelten genaue Informationen über ihre Aufenthaltsorte.[26] Der Dachshund aus Haidhausen ist auch in dieser Beziehung ein einschlägiges Beispiel. Unmittelbar nachdem das Tier getötet worden war, wies das Münchener Landesgericht die Vorsteher der Gemeinde Ramersdorf an, die Halter der anderen Hunde, die gebissen worden waren, zu verpflichten, ihre Tiere dem

25 Königliche Regierung von Oberbayern – Kammer des Innern: Die Aufsicht auf die Hunde betreffend (03.05.1840), in: Intelligenzblatt von Oberbayern 19 (1840), S. 558.

26 Siehe beispielsweise den Fall eines tollwütigen Hundes in der Ortschaft Sendling Mitte der 1860er Jahre, wo es galt, »nachzuforschen, ob nicht weitere Hunde abgerauft wurden. […] Sämtliche auf diese Weise ausfindig gemachte Hunde sind namentlich zu verzeichnen u. von denselben anzugeben, was geschehen ist. Auch ist nachzuforschen, wem obiger Hund gehörte. Nach Gendarmerieanzeige soll er einem Wächter vom Wirthshause zu Solln gehört haben« (Koenigl. bayer. Bezirksamt Muenchen links d.I. an die Gemeinde-Verwaltung Sendling, 08.02.1867 (StadtAM, Untersendling, Nr. 70)). Vgl. einen anderen Fall aus derselben Gemeinde: »In der Nacht vom 13. auf 14 dß. ist dem Pächter Theodor Wagner […] ein Hund entlaufen. Am 15. dß. Vormittags wurde […] in Hohenschäftlarn ein Hund der nach der Beschreibung ganz mit dem entlaufenen übereinstimmt erschossen und derselbe war dem Thierarzte Steger in Wolfratshausen als wuthverdächtig erklärt. Der Vorsteher erhält nun den Auftrag, sofort den Besitzer des Hundes zu näheren Angaben über den […] Hund zu veranlaßen, eine genaue Beschreibung […] den Gemeindevorstehern von [den benachbarten Ortschaften] Solln, Pullach, Großhadern, Neuried u. Forstenried mithzutheilen u. im Benehmen mit denselben zu recherchieren, wo der bezeichnete Hund in der kritischen Zeit gesehen wurde, ob dieser andere Hunde abgerauft oder irgendwo Menschen oder Thiere gebissen hat« (Königl. Bayer. Bezirksamt München links der Isar an den Gemeindevorsteher Sendling, Februar 1869 (ebd.)). Vgl. ferner folgende detailreiche Informationen über einen besonders umtriebigen tollwütigen Hund, die eine Lokalbehörde zu einem sehr genauen Gesamtbild zusammenfügen konnte: »Wahrscheinlich lief er […] über Unterbiberg, kam nach Winning und Potzham, dann Unterhaching, und wurde in Putzbrun erschoßen. In Rammersdorf hat er einen jungen Hund des Maierbauers gestreift, in Potzham den Knecht des Müllers gebißen, beim Kirmaier daselbst soll er den Hund gebißen, in Unterhaching die beyden Hunde des Müllers Kothmüller, in Putzbrun die Hunde der Bauern Augustin Urle und Balthasar Gering abgerauft haben. Man vermuthet, daß noch mehrere Hunde gebißen wurden. Die Vorsteher der Gemeinde Rammersdorf, Unterbiberg, Unterhaching, Taufkirchen und Putzbrun haben sogleich von Haus zu Hause die sorgfältigste Nachfrage zu halten, ob der beschriebene Hund gesehen wurde, ob er nicht Menschen oder Thiere gebißen, oder abgerauft habe« (Königliches Landgericht München an den Gemeindevorsteher Ramersdorf, 02.06.1840 (StadtAM, Ramersdorf, Nr. 7)).

Wasenmeister zur Untersuchung zu überbringen.[27] Und man schaffte es tatsächlich, diese Hunde, die den Tatort ja längst verlassen hatten, zu ermitteln. Von einem dieser Hunde konnte die Ramersdorfer Verwaltung sehr genau berichten, dass »sein Herr [ihn] wieder mit sich nach Egmating [südöstlich von München] genommen hat«.[28] Über einen weiteren Hund, der sich kurze Zeit später in Ramersdorf und Perlach mit anderen Hunden raufte und daraufhin erschossen wurde, wussten die Vertreter der Lokalbehörde auch sehr Genaues zu erzählen:

»Genanter [sic] trieb sich schon am 11ten ds. Mts. im Orte Berg am Laim und Trudering herum wo er ebenfalls mit die [sic] dortigen Hunde [sic] raufte. Nach gemachter Erfahrung soll dieser Hund Ziegelmeistersohn Ludwig Seidl von Rammersdorf gehören. Da er ihn vor einigen Tagen erst gekauft und [der Hund] ihm wieder entlofen sein soll«.[29]

Die Kontrolle schritt zuweilen in noch drastischerer Weise ein. Als 1872 der Hund eines Wirtes namens Joachim Betz aus Bogenhausen infolge des Tollwutverdachts getötet wurde, ordnete das Königliche Bezirksamt München unverzüglich an: »Das Hundehaus, in welchem der als wuthverdächtig befundene Hund lag, sowie der ganze Behalt desselben, wie Stroh etc. sind zu vernichten«.[30] Selbst die Leichen von getöteten Hunden durften nicht mehr im Besitz ihrer Halter bleiben: »Die Kadaver wuthkranker oder wuthverdächtiger Hunde sind unter Leitung des Thierarztes zu vergraben und mit einer Schichte von gebranntem Kalke zu bedecken; von solchen Thieren dürfen weder die Haut, noch andere Theile benützt werden«.[31] Wenn ein Haustier tollwütig wurde, war sein Körper sogleich der Staatsgewalt ausgesetzt. Nicht sein eigener Halter, sondern die gefahrabwendenden und sicherheitgewährleistenden Behörden bestimmten von nun an über sein Schicksal.

Die zitierten Verordnungen und Ermittlungsprotokolle mögen den Eindruck erwecken, dass die tollwutbedingte Politisierung der Hundehaltung einer radikalen Disziplinierung von Hunden, Menschen und Halter-Hund-Beziehungen glich. Mutmaßlich kranke Hunde wurden von Vertretern der Staatsgewalt ständig konfisziert, inspiziert und getötet. Besitzern wurde diktiert, wie sie ihre eigenen Tiere zu behandeln hatten und was sie mit ihnen machen sollten. All das erinnert stark an jene »Sozialdisziplinierung«, der (vermutlich) das absolutistische Regime der vorangegangenen Jahrhunderte seine Untertanen unterworfen hatte. Hier wie dort finden wir eine »reglementierte Haltung und Handlung auch des einfachen Untertanen«, eine »klare Ordnung« und »Zucht«, die

27 Kgl. Landesgericht München an die Gemeinde-Verwaltung Ramersdorf, 28.08.1852 (StadtAM, Ramersdorf, Nr. 32).

28 Kgl. Landesgericht München an die Gemeinde-Verwaltung Ramersdorf, 28.08.1852 (ebd.).

29 Gendarm Grunwald von der Brigade Haidhausen an das Koenigl. Landgericht München, 13.09.1852 (ebd.).

30 K. Bezirksamt München, Hundswuthverdacht in Bogenhausen betr., 11.02.1872 (StadtAM, Bogenhausen, Nr. 41).

31 Staatsministerium des Innern: Bekanntmachung. Die Maßregeln zur Verhinderung des Ausbruches oder der Verbreitung der Wuthkrankheit unter den Hunden betr. (03.08.1869), in: Königlich-bayerisches Kreisamtsblatt 72 (1869), S. 1625–1632, hier S. 1631.

»durch Befehl und Gehorsam« herrschen sollten – »Regulierungen und Vorschriften für das tägliche Leben«, die »tief ins Privatleben« eindrangen. Wir sind versucht zu denken, dass jene »Fundamentaldisziplinierung« des Absolutismus zumindest bezüglich der Hunde im 19. Jahrhundert noch nicht verschwand; dass sie vielmehr »eine Voraussetzung« auch »für [...] [das] bürgerlich-demokratische Gemeinwesen[], für den modernen Staat und seine Gesellschaft« bildete.[32]

Das mag stimmen, und wir können dazu noch die Disziplinierung der Hunde mit dem Regime von medizinalpolizeilichen Kontrollen vergleichen, dem im Laufe des Jahrhunderts das Großvieh in den Zentralschlachthöfen unterworfen wurde. Ähnlich den Rindern und Schweinen kurz vor der Verarbeitung zu Lebensmitteln wurden die Hunde aufgrund tiermedizinischer Überlegungen einer minutiösen Kontrolle unterzogen, die eine sehr eindringliche Inspektion ihrer Körper und ihrer gesundheitlichen Befindlichkeit beinhaltete. Der Umgang mit den krankheitsverdächtigen Hunden war nicht deutlich anders als derjenige mit den großen Nutztieren in den Schlachthäusern, wo Massenausrottungen, Isolationen und Quarantänen beliebte Mittel der Seuchenbekämpfung waren.[33] Aber wie wir im folgenden Abschnitt sehen werden, war die Politisierung der Hunde eine weitaus komplexere Geschichte, die weit über bloße Disziplinierung hinausging. Denn die aggressiven Maßnahmen der Medizinalpolizei zielten in Wirklichkeit auf eine konstruktive Verbesserung der privaten Haustierhaltung ab.

## AUFFORDERUNG ZUR PFLEGE UND AUFSICHT. BEHÖRDEN UND HALTER IM GLEICHSCHRITT

Die Tollwut ist nun keineswegs eine Epidemie, die erst im 19. Jahrhundert politische Behörden beschäftigte. Jedoch gewann sie in jenem Jahrhundert eine erhöhte Aufmerksamkeit gerade im öffentlichen Leben. In England der 1820er Jahre z.B. lösten mehrere Tollwutausbrüche allgemeine Panik aus. Die Ereignisse des Sommers 1830 in London, die in das kollektive Gedächtnis der Stadt als die *Era of Canine Madness* eingingen, waren besonders traumatisch: Die zahlreichen wütenden Hunde, die in der Stadt frei her-

---

32 Siehe: Gerhard Oestreich: Strukturprobleme des europäischen Absolutismus. Otto Brunner zum 70. Geburtstag, in: Vierteljahrschrift für Sozial- und Wirtschaftsgeschichte 55/3 (1968), S. 329–347, Zitate S. 331, 341–345.

33 Siehe: Dorothee Brantz: Animal Bodies, Human Health, and the Reform of Slaughterhouses in Nineteenth-Century Berlin, in: Food and History 3/2 (2005), S. 193–215; dies.: »Risky Business«. Disease, Disaster, and the Unintended Consequences of Epizootics in Eighteenth- and Nineteenth-Century France and Germany, in: Environment and History 17/1 (2011), S. 35–51, hier S. 46–50; Joanna Swabe: Animals, Disease, and Human Society. Human-Animal Relations and the Rise of Veterinary Medicine, London/New York: Routledge 1999, S. 85–117; Anne Hardy: Pioneers in the Victorian Provinces. Veterinarians, Public Health, and the Urban Animal Economy, in: Urban History 29/3 (2002), S. 372–387; Paul Laxton: This Nefarious Traffic. Livestock and Public Health in Mid-Victorian Edinburgh, in: Peter Atkins (Hg.): Animal Cities. Beastly Urban Histories, Farnham/Burlington, VT: Ashgate 2012, S. 107–171.

umliefen, riefen das Bild eines heillos verwilderten urbanen Raums hervor.[34] Die Tollwut war im 19. Jahrhundert ein Schreckgespenst. Sie symbolisierte die Angst der bürgerlichen Gesellschaft vor den Kräften der unbändigen Natur, die drohten, eines Tages wieder auszubrechen und alle Fortschritte der modernen Zeit zunichte zu machen.[35] Um sie in Schach zu halten und – was noch wichtiger war – die apokalyptischen Vorstellungen des Publikums zu dämmen, ergriffen die Behörden sehr konkrete Maßnahmen, die die eventuelle Epidemie, noch ehe sie sich zu einer realen Gefahr entwickeln konnte, im Keim ersticken sollten.

Was waren diese Maßnahmen und inwiefern standen sie für eine neue Ära in der Geschichte der Tollwutbekämpfung? Um eine Antwort auf diese Frage zu geben, lohnt es sich zunächst, einen kurzen Blick auf die fernere Vergangenheit zu werfen – auf die typischen Methoden der Tollwutbekämpfung in der Frühen Neuzeit und bis zum Beginn des 19. Jahrhunderts. Verallgemeinert ist festzustellen, dass in Europa der Frühneuzeit die gängigste Maßnahme gegen die Tollwut darin bestand, die wütenden oder nur krankheitsverdächtigen Hunde zu töten. In Städten des 16., 17. und 18. Jahrhunderts beauftragten die Behörden insbesondere während der heißen »Hundstage« des Sommers Hundefänger damit, die im jeweiligen Administrationsgebiet streunenden Hunde zu erschlagen.[36] Der Oldenburgische Magistrat ordnete z.B. 1782 die Vernichtung aller her-

34 Neil Pamberton/Michael Worboys: Mad Dogs and Englishmen. Rabies in Britain, 1830–2000, Basingstoke/New York: Palgrave Macmillan 2007, S. 9–11, 26–33.

35 Harriet Ritvo: The Animal Estate. The English and Other Creatures in the Victorian Age, Cambridge, MA: Harvard University Press 1987, S. 168–202; Kathleen Kete: The Beast in the Boudoir. Petkeeping in Nineteenth-Century Paris, Berkeley: University of California Press 1994, S. 97–114; Joanna Swabe: Folklore, Perceptions, Science, and Rabies Prevention and Control, in: Arthur H. King (Hg.): Historical Perspective of Rabies in Europe and the Mediterranean Basin, Paris/Weybridge: World Organisation for Animal Health 2004, S. 311–323.

36 Jutta Nowosadtko: Milzbrand, Tollwut, Wölfe, Spatzen und Maikäfer. Die gesellschaftliche Verteilung von Zuständigkeiten bei der Bekämpfung von Viehseuchen und schädlichen Tieren in der frühen Neuzeit, in: Katharina Engelken (Hg.): Beten, Impfen, Sammeln. Zur Viehseuchen- und Schädlingsbekämpfung in der Frühen Neuzeit, Göttingen: Universitätsverlag Göttingen 2007, S. 79–98, hier S. 81, 91–92; Stefan Winkle: Geisseln der Menschheit. Kulturgeschichte der Seuchen, Düsseldorf: Artemis & Winkler 1997, S. 916–920, 1339–1342; Lise Wilkinson: History, in: Alan C. Jackson/William H. Wunner (Hg.): Rabies, Amsterdam/Boston: Academic Press 2002, S. 1–22, hier S. 9; Aline Steinbrecher: Eine Stadt voller Hunde. Ein anderer Blick auf das frühneuzeitliche Zürich, in: Informationen zur modernen Stadtgeschichte 40/2 (2009), S. 27–40, hier S. 36–37; Christian Presche: Vergnügung, Schutz und Ausrottung. Tiertötungen im Spiegel hessischer Bild- und Schriftquellen des 17. und 18. Jahrhunderts, in: Alexis Joachimides/Stephanie Milling/Ilse Müllner/Yvonne Sophie Thöne (Hg.): Opfer – Beute – Hauptgericht. Tiertötungen im interdisziplinären Diskurs, Bielefeld: transcript 2016, S. 165–188, hier S. 182–183. Spezifisch zu München siehe: Jutta Nowosadtko: Scharfrichter und Abdecker. Der Alltag zweier »unehrlicher Berufe« in der Frühen Neuzeit, Paderborn: Schöningh 1994, S. 147. Zur Situation im Mittelalter vgl.: Wolfgang Herborn: Hund und Katz im städtischen und ländlichen Leben im Raum Köln während des ausgehenden Mittelalters und der frühen Neuzeit, in: Günther Hirschfelder/Dorothea Schnell/Ade-

renlos herumlaufenden Hunde an, um diese »einfach aus der Welt zu schaffen«.[37] In Wien war diese »Dezimierungsmethode« noch während der ersten Hälfte des 19. Jahrhunderts das beliebteste Mittel gegen die Tollwut.[38] Die aggressiven Maßnahmen der Behörden gingen oft auf tierärztliche Empfehlungen zurück. In einer deutschsprachigen Abhandlung über die Tollwut aus medizinalpolizeilicher Perspektive wurde noch 1848 »die gänzliche Vertilgung des Hundes als etwas für die gesamte cultivierte Menschheit Nützliches« empfohlen.[39] Auch die schrecklichen Erfahrungen während der *Era of Canine Madness* 1830 in England ließen solche Vorschläge an Popularität gewinnen. Im Zuge der Epidemie wurden zahlreiche Hunde auf den Straßen von London erschossen bzw. mit einer Axt niedergeschlagen.[40] Wenn die Diener der Staatsgewalt doch zögerten, die Hunde zu Zeiten der Tollwut zu töten, fanden sie doch andere Wege, die Tiere, und vor allem ihre Körper, zu beeinträchtigen. Besonders geläufig war die Methode, den Hunden am Hals einen »Knüppel« anzuhängen, wodurch sie sich nicht so

---

lheid Schrutka-Rechtenstamm (Hg.): Kulturen, Sprachen, Übergänge. Festschrift für H. L. Cox zum 65. Geburtstag, Köln/Weimar/Wien: Böhlau 2000, S. 397–413, hier S. 409. Nicht nur bei Tollwutausbrüchen, auch zu Zeiten der Pest wurden Hunde massenhaft vernichtet; siehe: Mark Jenner: The Great Dog Massacre, in: William Naphy/Penny Roberts (Hg.): Fear in Early Modern Society, Manchester: Manchester University Press 1997, S. 43–61.

37 Kaiser: Hundeleben, S. 51–53.

38 Laichmann: Hunde, S. 10–11, 14–16.

39 Zitiert nach: Aline Steinbrecher: Zur Kulturgeschichte der Hundehaltung in der Vormoderne. Eine (Re)Lektüre von Tollwut-Traktaten, in: Schweizer Archiv für Tierheilkunde 152/1 (2010), S. 31–36, hier S. 33.

40 Diese Maßnahme wurde sogar von der »Society for the Prevention of Cruelty to Animals« (SPCA) begrüßt; siehe: Pamberton/Worboys: Dogs, S. 43, 52. Im 1836 in New York City stattgefundenen dog war wurden über achttausend Hunde getötet. Die New Yorker Kommunalverwaltung hoffte damals, alle streunenden Hunde der Stadt zu beseitigen; siehe: Catherine McNeur: Taming Manhattan. Environmental Battles in the Antebellum City, Cambridge, MA/London: Harvard University Press 2014, S. 20. Massenvernichtungen von Hunden ereigneten sich auch während der Choleraepidemie in Hamburg in den 1830er Jahren (Evans: Tod, S. 333), in Paris im 19. Jahrhundert (Kete: Beast, S. 98) und im kolonialen Kontext auf noch kompromisslosere Art und Weise – etwa im frühen Amerika (Virginia DeJohn Anderson: Creatures of Empire. How Domestic Animals Transformed Early America, Oxford/New York: Oxford University Press 2004, S. 95–96), in Kapstadt zu Beginn des 19. Jahrhunderts (Kirsten McKenzie: Dogs and the Public Sphere. The Ordering of Social Space in Early Nineteenth-Century Cape Town, in: Lance van Sittert/Sandra Swart (Hg.): Canis Africanis. A Dog History of Southern Africa, Leiden/Boston: Brill 2008, S. 90–110, hier S. 96–97, 106–108) oder in Bombay unter der britischen Kolonialherrschaft (Jesse S. Palsetia: Mad Dogs and Parsis. The Bombay Dog Riots of 1832, in: Journal of the Royal Asiatic Society 11/1 (2001), S. 13–30, hier S. 14, 25–26).

schnell bewegen konnten. Mit demselben Ziel schlug man Hunden im Salzburger Land im 17. und 18. Jahrhundert sogar ein Bein ab.[41]

Es lässt sich zusammenfassen, dass in der Frühen Neuzeit und noch während der ersten Jahrzehnte des 19. Jahrhunderts die Behörden äußerst drakonische Maßnahmen[42] gegen die Tollwut ergriffen. Ordnung und Sicherheit sollten auf Kosten des Lebens und der körperlichen Unversehrtheit der Hunde – der Träger der Seuche – gewährleistet werden. Wie andere Epidemien auch wurde die Tollwut im Ancien Régime anhand zahlreicher Regulierungen mit untersagendem und präventivem Charakter bekämpft.[43] Diese drakonischen Maßnahmen verfehlten aber meistens ihr Ziel: Sie wirkten sich auf die Hunde und ihre Körper destruktiv aus, nicht aber auf die Tollwut.[44]

Im Vergleich dazu war die Gesetzgebung sowie die polizeiliche Behandlung der Tollwutgefahr in Bayern und in München zwischen 1840 und 1914 deutlich facettenreicher. Vor allem unterschied sie sich von den früheren Verordnungen darin, dass die Behörden jetzt in deutlich geringerem Maße vernichtende Maßnahmen ergriffen. Ganz im Gegenteil: Ihre Interventionen hatten oft einen konstruktiven Charakter. Anstatt im Zuge der Tollwutbekämpfung das Leben der Hunde zu verletzen, werteten sie es auf. In der oben zitierten Verordnung zur Verhinderung der Verbreitung der Tollwut von 1840 wurde z.B. angemerkt, dass »der Zweck der gegenwärtigen Anordnung zunächst dahin gerichtet ist, durch sorgsame Pflege und Aufsicht auf die Hunde dem Entstehen der Hundswuth […] entgegen zu wirken«. Hier erkennt man die Umkehrung der alten Logik: Gegen die Tollwut helfe nicht die Tötung, sondern die Pflege der Hunde. Und diese Pflege sollten in erster Linie die Halter gewährleisten:

»[S]o wird der nöthigen Belehrung wegen bemerkt, daß […] strenge Kälte und große Hitze, Mangel an frischem Wasser, ungesunde Nahrung, besonders der Genuß von faulem Fleische, Fette und Blut, zu starke Erhitzung, wie nicht minder selbst unmäßige Züchtigung und Unreinlichkeit […] zu den gewöhnlichen Ursachen der entstehenden Hundswuth gehören«.[45]

---

41 Norbert Schindler: Hundekonflikte und Menschenrechte. Zur Wahrnehmung politischer Willkür am Ende des Ancien Régime, in: Gerhard Ammerer/Alfred Stefan Weiß (Hg.): Die Säkularisation Salzburgs 1803. Voraussetzungen, Ereignisse, Folgen, Frankfurt a.M.: Peter Lang 2005, S. 84–119. Vgl. auch: Kaiser: Hundeleben, S. 47–49; Winkle: Geisseln, S. 919–920, 1339, 1341–1342; Jutta Nowosadtko: Die policierte Fauna in Theorie und Praxis. Frühneuzeitliche Tierhaltung, Seuchen- und Schädlingsbekämpfung im Spiegel der Policeyvorschriften, in: Karl Härter (Hg.): Policey und frühneuzeitliche Gesellschaft, Frankfurt a.M.: Klostermann 2000, S. 297–340, hier S. 336–338.

42 Vgl.: Steinbrecher: Kulturgeschichte, S. 32.

43 Vgl.: Andrea Iseli: Gute Policey. Öffentliche Ordnung in der Frühen Neuzeit, Stuttgart: Ulmer 2009, S. 50–55. Nowosadtko spricht bezeichnenderweise von »drastischen Eingriffe[n] in die private Tierhaltung« (Nowosadtko: Fauna, S. 313).

44 Von den Driesch: Geschichte, S. 192; Wilkinson: History, S. 7, 10; Susan D. Jones: Valuing Animals. Veterinarians and Their Patients in Modern America, Baltimore/London: Johns Hopkins University Press 2003, S. 130.

45 Königliche Regierung von Oberbayern – Kammer des Innern: Die Aufsicht auf die Hunde betreffend (30.03.1840), S. 8–9. Vgl.: Königliche Regierung von Oberbayern – Kammer des In-

Die neue Ära der Tollwutbekämpfung beinhaltete eine bessere Behandlung der Hunde. Der Halter war derjenige, der der Tollwut vorbeugte, indem er sein Tier angemessen pflegte. Die Behörden schärften den Haltern ein, dass sie ihren Hunden nicht mehr schlechtes Futter geben, sie draußen in der Kälte anketten, sie schlagen dürften. Was der Halter im Privaten mit seinem Tier machte, hatte jetzt allgemeine Bedeutung: Er musste dazu beitragen, die Gesundheit im Land oder in der Stadt zu bewahren. Erst wenn es den Hunden zuhause gut gehe, würden sie in der Öffentlichkeit keine Gefahr darstellen: »Die gut gehaltenen Tiere belästigen die Öffentlichkeit nicht so sehr [...]. Ein gut gepflegter und rein gehaltener Hund ist auch hygienisch nicht anfechtbar«.[46]

Als sorgsamere Halter ihrer Tiere sollten die Hundebesitzer zu Dienern des Staates werden. Sie wurden sozusagen in die Pflicht genommen, in eigener Regie und im Umgang mit ihren privat gehaltenen Tieren quasipolizeiliche Aufgaben wie Aufsicht und Ordnungsbewahrung zu erledigen. Der Staat wollte sie für einen öffentlichen Zweck instrumentalisieren, aber gleichzeitig auch in wahre Haustierhalter verwandeln, die sich um ihre Tiere hingebungsvoll kümmerten. Das bedeutete, dass im Vergleich zu früheren Zeiten der Staat jetzt eigentlich einen Schritt zurückging, und die Hundebesitzer wurden zu den eigentlichen Subjekten der Kontrolle und der Machtausübung. Laut einer polizeilichen Bekanntmachung im Münchener Vorort Laim 1879 war es die Aufgabe der Halter, durch ausreichende »Beaufsichtigung von Hunden [...] Gefährdung oder Beschädigung von Menschen« zu verhindern.[47] Der Staat war nicht derjenige, der überwachte. Der Staat regte andere, Privatpersonen, dazu an, zu überwachen. Das Auge des Halters wurde zu jenem des Staates. Aber just in diesem Moment richtete sich das Auge des Halters auch stärker auf den eigenen Hund. Wenn die Behörden die Verantwortung zur Tollwutvorbeugung an die Hundebesitzer delegierten, »versprachen« sie, Halter an ihre Tiere enger zu binden.

Das war eine revolutionäre Vorstellung. In der Frühen Neuzeit hatten Tierärzte gerade in den engen Beziehungen zwischen Haltern und ihren Hunden einen Hauptgrund für Ausbrüche von Tollwutepidemien gesehen. Sie hatten behauptet, dass Hunde, die sich viel zuhause, in der Wohnung aufhielten, leichter an Tollwut erkrankten und leichter die Menschen ansteckten: Von dem Hund des Wohnzimmers, der eng mit den Menschen zusammenlebe, und nicht von demjenigen, der auf der Straße frei herumlaufe, drohe Gefahr.[48] Diese Vorstellung hielt sich auch im 19. Jahrhundert lange.[49] Henry Bouley, Professor an der renommierten Hochschule für Tiermedizin im französischen Alfort, schrieb in einem 1863 im Oberbayerischen Kreisamtsblatt erschienenen Artikel über die Anzei-

---

nern: Oberpolizeiliche Vorschriften. Die Maßregeln zur Verhinderung des Ausbruches oder der Verbreitung der Wuthkrankheit unter den Hunden betr. (Zu Artikel 142 Absatz 3 des Polizei-Strafgesetzbuches) (05.04.1864), in: Königlich-Bayerisches Kreisamtsblatt von Oberbayern 37 (1864), S. 913–919, hier S. 919.

46 Plenarsitzung des Magistrats vom 8. Juni 1911, in: Münchener Gemeinde-Zeitung vom 12.06.1911, S. 879–893 S. 883.

47 Die Gemeindeverwaltung Laim: Bekanntmachung, 24.06.1879 (StadtAM, Laim, Nr. 47)

48 Steinbrecher: Kulturgeschichte, S. 34.

49 Siehe: Ritvo: Estate, S. 180–186; Kete: Beast, S. 107–111; Swabe: Folklore, S. 320–321.

chen von Tollwut, dass diese Krankheit aus dem »Zusammenleben des Menschen mit dem Hunde« entspringe. Er beklagte dabei gerade die »Anhänglichkeit und Zuneigung«, die viele Hundehalter zu ihren Tieren hätten. Eine zu große Zuneigung zum eigenen Haustier vergrößere nicht nur die Ansteckungsgefahr, indem Halter und Hunde in engen körperlichen Kontakt kämen. Sie führe auch dazu, dass Halter die Anzeichen der Tollwut nicht früh genug erkennten, denn sie wollten nicht glauben, dass sich ihre Lieblinge in wütende Kreaturen verwandelten. Die Liebe zum Haustier sei gefährlich. Sie hindere die Menschen daran, böse Tiere, wie es tollwütige Hunde nun einmal seien, als solche zu sehen. Dagegen empfahl Bouley, mit dem Hund »stets auf der Hut« zu sein, d.h. ein grundsätzliches Misstrauen gegenüber dem eigenen Haustier. Wenn der Hund an Tollwut leide, seien jegliche Freundschaftsbekundungen, die er noch zeige, eine schlichte Täuschung:

»Der Herr des Hundes ist schwer zu dem Glauben zu bewegen, daß dieses zur Zeit so sanfte, gehorsame und zutrauliche Thier, welches ihm die Hände beleckt und ihm durch so ausdrucksvolle Zeichen seine Anhänglichkeit zu erkennen gibt, schon den Keim der furchtbarsten Krankheit, welche wir kennen, in sich birgt. [...] Man kann es den Leuten nicht tief genug einprägen und nicht oft genug wiederholen: Mißtrauet dem Hunde, der anfängt krank zu werden; [...] der allzu liebreich wird, der Euch durch sein fortwährendes Lecken anzuflehen scheint. ›De cet ami si cher craignez la trahison‹ «.[50]

All das klingt wie ein frontaler Angriff gegen die innigen Beziehungen zwischen Halter und Hund. Aber Bouleys Misstrauen galt erst den Hunden, die erkrankt waren. Er lehnte nicht sämtliche Mensch-Hund-Beziehungen ab. In mancher Hinsicht tat er genau das Gegenteil: Er wollte diese Beziehungen derart verbessern, dass sie von Anfang an die Möglichkeit ausschließen würden, dass der Hund an der Tollwut erkranken und so zu einer verachtenswerten Kreatur werde. Auch ein Hundeskeptiker wie Bouley wollte jetzt die Prävention der Epidemie innerhalb und nicht außerhalb der Verhältnisse zwischen Mensch und Hund beginnen. Die private Beziehung zum Hund wurde von der Ursache der Epidemie zu ihrem besten Vorbeugemittel. Deswegen wollte Bouley gerade dem Publikum der Hundebesitzer das Wissen über die Tollwut beibringen: Eine Verbreitung der »Erkenntnis der Krankheit in die weitesten Kreise« sei effektiver in der Seuchenbekämpfung und diene besser »dem öffentlichen Wohle [...] als alle Zwangsmaßregeln, welche der Gesundheitspolizei zu Gebote stehen«.[51] Im Umgang mit dem Haustier in der eigenen Wohnung wurde jeder Hundehalter zu einem Arzt, der dem Staat in seinen Bemühungen unterstützte, verbesserte Gesundheitsverhältnisse im Land herbeizuführen.

50 Henry Bouley: Ueber die Erkenntnis der Wuthkrankheit bei dem Hunde, in: Königlich-Bayerisches Kreisamtsblatt von Oberbayern 116 (1863), S. 2333–2360, hier, S. 2340–2341.

51 Ebd. S. 2336, 2357.

## TÖTUNG, SPERRE UND MAULKORBZWANG ZWISCHEN LIBERALISIERUNG UND »PASTEURISIERUNG«

Die Tatsache, dass die privaten Halter nun an die Spitze des Kampfes gegen die Tollwut gestellt wurden, bedeutete, dass ihre Anliegen als Hundebesitzer viel stärker als in der Vergangenheit in der Gesetzgebung berücksichtigt werden mussten. Massenhafte Vernichtungen, die viele Besitzer ihrer Tiere beraubten, waren nicht mehr akzeptabel. Wenn die Prävention zuhause, in der Beziehung beginnen musste, durften die Behörden nicht mit aller Macht einschreiten und zwischen Halter und Hund trennen. Sie mussten ja das Gegenteil machen: den Kontakt zwischen beiden verstärken. Das bedeutet jedoch nicht, dass die drakonischen, destruktiven Maßnahmen der Vergangenheit jetzt auf einmal verschwunden waren. Auch in der zweiten Hälfte des 19. Jahrhunderts standen sie durchaus noch auf der Tagesordnung der Behörden, wenn es galt, die Verbreitung einer schon ausgebrochenen Epidemie schnell zu stoppen. Aber gerade bezüglich der drakonischen Maßnahmen zeigt sich am deutlichsten ein Prozess der allmählichen Liberalisierung der Gesetzeslage. Die folgende Analyse der graduellen Transformationen in der rechtlichen Handhabung von drei der drakonischsten, und umstrittensten, Maßnahmen – Tötung, Sperre und Maulkorbzwang – soll demonstrieren, inwieweit die neue Ära der Tollwutbekämpfung eine immer größer werdende Beachtung der Bedürfnisse der Hundehalter mit sich brachte.

Anders als die frühneuzeitlichen Obrigkeiten ging der Gesetzgeber in Bayern der zweiten Hälfte des 19. Jahrhunderts mit der Möglichkeit einer organisierten Tötung von krankheitsverdächtigen Hunden sehr zurückhaltend um. Diejenigen Tiere z.B., die 1852 vom schon erwähnten Dachshund aus Haidhausen gebissen worden waren, wollte man ursprünglich, so ist in einem vorläufigen Entwurf eines Schreibens des Landesgerichts München an die Gemeindeverwaltung Ramersdorf zu lesen, erschießen. Aber in der revidierten Version des Schreibens, die schließlich nach Ramersdorf versandt wurde, ist das Wort »Tötung« plötzlich gestrichen. Der Text wurde so umgeschrieben, dass die Hunde lediglich dem Wasenmeister zur Aufbewahrung gegeben werden sollten.[52] Der Gerichtsarzt, der mit dem Fall beauftragt war, hob in einem anderen Brief hervor, dass die »contumazirten Hunde [...] vorläufig nicht zu tödten sind«.[53] Ein anderer Hund, der 1872 in Bogenhausen von einem tollwütigen Hund gebissen und ursprünglich ebenfalls getötet werden sollte, durfte am Ende doch weiterleben, da die Behörden es seinem Besitzer erlaubten, ihn als Alternative zu einer sechswöchigen Quarantäne zu übergeben.[54]

---

52 »Die abgerauften Hunde sind schleunigst dem Wasenmeister Kuißl zur Tötung zu übergeben [hinzugefügt:] und zur Sicherheit aufzubewahren« (Kgl. Landesgericht München an die Gemeinde-Verwaltung von Ramersdorf, 27.08.1852 (StadtAM, Ramersdorf, Nr. 32)). Siehe auch in Bezug auf denselben Fall: »Diese Hunde sind sofort strengstens zu überwachen und bei der geringsten Zweifelhaftigkeit zu tödten [stattdessen hinzugefügt:] weitere Anzeige zu erstatten« (Kgl. Landesgericht München an den Waasenmeister Kuißl, 28.08.1852 (ebd.)).

53 Dr. Kaltdorff, K. Gerichtsarzt an das K. Lg. München, 29.08.1852 (ebd.) (Hervorhebung im Original).

54 Hundswuthverdacht in Bogenhausen betr., 11.02.1872 (StadtAM, Bogenhausen, Nr. 41).

Eine solche Distanzierung von drakonischen Maßnahmen gegen Hunde, die sich mutmaßlich angesteckt hatten, lässt sich auch auf der Ebene der Gesetzgebung selbst nachverfolgen. In einer oberbayerischen Verordnung vom 1840 wurde z.B. noch gnadenlos diktiert:

»[A]lle mit chronischen Krankheiten behafteten, als besonders bissig bekannte, und wie immer der Sicherheit gefährliche, oder zu Besorgnißen gegründete Veranlaßung gebende namentlich schon zu alte Hunde, deren sorgsame Pflege und sichere Bewahrung nicht gehörig verbürgt erscheint, [sind] dem Wasenmeister sogleich zur Tödtung übergeben werden«.[55]

Hier war der Hundebesitzer noch ein Untertan, der den Befehlen der Obrigkeit Folge leisten musste. In späteren Zeiten durfte er dagegen mitentscheiden, wenn die Tötung seines Hundes zur Diskussion stand. Wenn von nun an der Besitzer derjenige war, der durch seine eigene Tätigkeit die öffentliche Sicherheit gewährleisten musste, dann stand es ihm auch zu, selbst dafür zu sorgen, dass sein der Krankheit verdächtige Hund die Gesundheit der Bevölkerung nicht gefährdete. Laut einer 1851 verabschiedeten Verordnung konnten so die Besitzer von gebissenen Hunden die Auslieferung ihrer Tiere an den Wasenmeister vermeiden, wenn sie für eine sichere Einsperrung selbst aufkommen konnten. Mehr noch: Der Wasenmeister durfte jetzt die an ihn übergebenen Hunde erst mit Erlaubnis des Gerichtstierarztes töten.[56] Die Kompetenz des Wasenmeisters, des Scharfrichters, wurde beschränkt. Selbst der tollwutverdächtige Hund war jetzt eine Kreatur, die nicht ohne weiteres vernichtet werden durfte.

In einer 1864 erlassenen Verordnung fiel wiederum die Pflicht zur Übergabe des Tiers an den Wasenmeister komplett aus: »Wenn bei einem Hunde die Wuth ausbricht, [...] so hat der Eigenthümer [...] denselben sogleich entweder zu tödten, oder *auf andere Weise* unschädlich zu machen«.[57] Auch die Einsperrung war keine absolute Pflicht mehr. Der Besitzer entschied selbst, auf welcher Weise er die Unschädlichkeit seines Tiers garantierte. Und selbst der Akt der Tötung – falls er sie selbst vollziehen wollte – wurde an

55 Königliche Regierung von Oberbayern – Kammer des Innern: Die Aufsicht auf die Hunde betreffend (30.03.1840), S. 6. Vgl. hierzu folgenden Fall, der sich 1843 in Ramersdorf ereignete: »Der Hund des Viehhändlers Franz von der Lüften ist als wuthverdächtig befunden und auf die Wasenstätte gebracht worden. Derselbe hat [...] die Hunde des Steinführers Hartl, des Schmidmeisters Andreas Niggl, des Wagners Kasper Müller von der Lüften, des Brandmetzgers in Perlach und den zweiten Hund des Viehhändlers Franz abgerauft, und erhielt deshalb der Wasenmeister den Auftrag diese Hunde sämmtlich einzufangen und abzuschlagen« (Königliches Landgericht München an den Gemeinde-Vorsteher in Ramersdorf, 03.06.1843 (StadtAM, Ramersdorf, Nr. 7)).

56 Königl. Regierung von Oberbayern – Kammer des Innern: Die Hundswuth betr. (04.08.1851), in: Intelligenzblatt der Königlichen Regierung von Oberbayern 34 (1851), S. 1071–1074, hier S. 1073.

57 Königliche Regierung von Oberbayern – Kammer des Innern: Oberpolizeiliche Vorschriften (05.04.1864), S. 913, 915 (eigene Hervorhebungen). Es handelte sich dabei um eine bayernweite Verordnung; siehe: Polizeistrafgesetzbuch für das Königreich Bayern vom 26. Dezember 1871, Würzburg: Stahel 1872, S. 20.

ihn delegiert. Der Wasenmeister verschwand aus dem Bild. Er verlor sein Monopol als Hinrichter. An seiner Stelle trat der Privatbesitzer immer stärker in den Vordergrund. In einer 1869 vorgenommenen Revision der Verordnung wurde ergänzt, dass die Besitzer von tollwutkranken Hunden diejenigen waren, die die Verpflichtung dafür trugen, die Tiere »tödten zu lassen«, wenn es keine anderen Alternativen mehr gab.[58] Es sind derartige Formulierungen, in denen der Besitzer stets als die aktive und bestimmende Instanz hervortritt, die eine Ahnung davon geben, inwieweit sich die Behörden im letzten Drittel des 19. Jahrhunderts dagegen wehrten, als aufzwingende Strafvollzieher zu erscheinen. Stattdessen hoffte man immer, den Halter selbst mit seinem freien Willen zu mobilisieren.

Eine weitere Maßnahme, auf die die Behörden bei Tollwutausbrüchen oft zurückgriffen, war die »Hundesperre«. Auch bezüglich der Hundesperre lässt sich ein gradueller Prozess der Liberalisierung der Verordnungen, die mit einer Erweiterung der Handlungsfreiheit der Hundebesitzer einherging, chronologisch aufzeichnen. In der Verordnung von 1840 wurde vorgeschrieben, dass alle Hunde einer Gemeinde, in der ein tollwütiger Hund beobachtet wurde, die Häuser ihrer Besitzer mindestens 14 Tage lang nicht verlassen dürften, es sei denn, sie würden an der Leine geführt.[59] 1851 erfolgte eine gewisse Verhärtung der Vorschrift, als die Erlaubnis zur Leineführung entfiel.[60] Durch die allgemeine Sperre sollte verhindert werden, dass die Hunde einer Gemeinde miteinander, mit anderen Tieren und mit Menschen in Kontakt kommen würden. Um die Verbreitung der Epidemie aufzuhalten, wollte man die Hunde von anderen Lebewesen im Gemeinderaum abschotten:

»[A]lle Hunde [sind] in den Hofräumen oder in den Häusern einstweilen auf die Dauer von drei Wochen an den Ketten zu legen, sodaß sie weder mit Menschen noch mit Thieren in Berührung kommen können. [...] [F]reilaufende Hunde [werden] vom Wasenmeister getödtet und die Eigenthümer überdieß mit einer Geldstrafe von 5 fl. oder entsprechender Arreststrafe belegt«.[61]

Die Verordnung zur Totalsperre war aber nur kurzlebig. Schon 1864 war es Besitzern wieder erlaubt, die Hunde an der Leine zu führen. Anstatt den Haltern die Mitnahme ihrer Hunde ins Freie zu verbieten, zog es der Gesetzgeber jetzt vor, sie zu ermahnen, bei

58 Staatsministerium des Innern: Bekanntmachung. Die Maßregeln zur Verhinderung des Ausbruches oder der Verbreitung der Wuthkrankheit unter den Hunden betr. (03.08.1869), in: Königlich-bayerisches Kreisamtsblatt von Oberbayern 72 (1869), S. 1625–1632, hier S. 1627.

59 Königliche Regierung von Oberbayern – Kammer des Innern: Die Aufsicht auf die Hunde betreffend (30.03.1840), S. 13.

60 Königl. Regierung von Oberbayern – Kammer des Innern: Die Hundswuth betr. (04.08.1851), S. 1073.

61 Das Kgl. Landgericht München an die Gemeinde-Verwaltung Ramersdorf, 27.08.1852 (StadtAM, Ramersdorf, Nr. 32).

Tollwutausbrüchen »auf ihre Hunde aufmerksamer [zu] werden«.[62] Einmal mehr war es der Besitzer, der mit seinem eigenen Verhalten seinem Tier gegenüber die Epidemie bekämpfen sollte. Wenn die Besitzer zu ihrer Verantwortung standen und auf ihre Tiere achteten, gab es keinen Anlass mehr, die Hunde komplett wegzusperren. Als fünf Jahre später die Sperrfrist auf nur sechs Wochen reduziert wurde, entfiel sogar die absolute Leinenpflicht: Wenn Hunde stattdessen Maulkörbe trugen, durften sie selbst in Epidemiezeiten im Gemeinderaum frei herumlaufen.[63] Was einst drakonisch geregelt worden war, verdiente jetzt kaum noch die Bezeichnung »Sperre«. Die Tendenz war klar: Statt mehr und mehr Verbote anzuordnen, machten die Behörden mehr und mehr Zugeständnisse an die Bewegungsfreiheit der Hunde. Ihre Besitzer waren für sie jetzt wie Patrone, die durch ihre eigene Aufsicht ihnen ein Leben jenseits der Zwänge des Staates ermöglichten.

In der letztzitierten Verordnung von 1869 wurde die Sperre aber nicht nur durch die Aufsicht des Besitzers ersetzt, sondern auch durch den Maulkorb. Der Maulkorb ist aber natürlich kein befreiendes, sondern ein zwingendes Instrument. Er hindert den Hund daran, Gebrauch von einem seiner wichtigsten Organe zu machen. Sein Zweck ist körperliche Beeinträchtigung. Und noch schlimmer: Er gibt dem Hund ein befremdendes Aussehen, das auf Gefahr hindeutet und anderen Menschen nahelegt, dass sie vom Tier lieber Abstand halten sollten. Wie die irische Tierschutzaktivistin Frances Power Cobbe (1822–1904) festgestellt hat, bringe der Maulkorb die Menschen dazu, »to regard with suspicion, dread, and finally hatred animals whose attachment to mankind has been a source of pure and humanizing pleasure to millions, and which has formed a link [...] between our race and all other tribes of earth and air«.[64]

Gerade weil der Maulkorb eine dermaßen große Bedrohung für die Nähe zwischen Mensch und Hund darstellte, waren die Münchener und bayerischen Behörden während des hier besprochenen Zeitraums eher abgeneigt, ihn in ihre Tollwutbekämpfungsmaßnahmen aufzunehmen. So wurde bereits 1840 verordnet, dass lediglich »bissige Hunde«, Hunde »größerer Gattung« sowie speziell »Fang- und Metzger-Hunde« mit einem Maulkorb versehen werden müssten.[65] Ansonsten durften die Hunde selbst in Zeiten von Epidemieausbrüchen maulkorbfrei herumlaufen. Nichtsdestotrotz wurde in München 1855 ein übergreifender Maulkorbzwang eingeführt, und zwar für »Hunde aller Gattun-

---

62 Königliche Regierung von Oberbayern – Kammer des Innern: Oberpolizeiliche Vorschriften, (05.04.1864), S. 916–917. Vgl. hierzu: Distriktspolizeiliche Anordnungen aus Anlaß des Auftretens der Hundewuth erlassen, 25.02.1869 (StadtAM, Untersendling, Nr. 70).

63 Staatsministerium des Innern: Bekanntmachung (03.08.1869), S. 1630–1631. Vgl. hierzu: K. Bezirksamt München, Hundswuthverdacht in Bogenhausen betr., 11.02.1872 (StadtAM, Bogenhausen, Nr. 41); K. Bezirksamt München r./I. an die Gemeinde-Verwaltung Berg a./L., 17.12.1874 (StadtAM, Berg am Laim, Nr. 251).

64 Zitiert nach Pemberton/Worboys: Dogs, S. 142. Zu Cobbes' Tätigkeit in der britischen Antivivisektionsbewegung siehe: Mieke Roscher: Ein Königreich für Tiere. Die Geschichte der britischen Tierrechtsbewegung, Marburg: Tectum 2009, S. 145–157.

65 Königliche Regierung von Oberbayern – Kammer des Innern: Die Aufsicht auf die Hunde betreffend (30.03.1840), S. 10.

gen und jeder Größe«.[66] Das neue Gesetz, dessen Nichteinhaltung laut der Polizei »unnachsichtliche Bestrafung zur Folge haben« müsse,[67] kam beim Münchener Publikum sehr schlecht an. 1858 veröffentlichte die populäre Satirezeitschrift *Punsch* eine Parodie, in der sich ein Hund namens »Waldl« über die Feindseligkeit der Menschheit seinen Artgenossen gegenüber, die am stärksten in den Tollwutgesetzen zum Ausdruck kam, beklagte: »[D]ie Menschheit regiert uns recht praktisch, indem sie uns Maulkörbe gibt, uns unter polizeilicher Aufsicht hält und jeden, der nur verdächtig ist, daß er einmal in Wuth geraten könnte, beseitigt«. Aus der Perspektive der Hunde hatte der Maulkorbzwang nur eine einzige Konsequenz: »Uns aber, in unserer Stellung bleibt nichts anders, als Menschenhaß ohne Reue«.[68]

Die Mahnung Waldls stieß nicht auf taube Ohren: Schon 1859 schaffte es der Münchener Tierschutzverein, den Stadtmagistrat dazu zu bewegen, den Maulkorbzwang aufzuheben[69] – eine Entwicklung, die vom *Punsch* als ein Triumph des liberalen Geistes gefeiert wurde: »Um 12 Uhr [...] [b]eginnt die neue Aera für – die Hunde. Denn Recht behält der vielgefei'rte [Ignaz] Perner [Begründer des Münchener Tierschutzvereins]: Kein Maulkorb mehr, die Schnauz wird frei und baar. So siegte stets, und triumphiert auch ferner, [w]as lange leidender Gehorsam war«.[70]

Nichtsdestotrotz stand gerade der Maulkorb für eine bedeutende Zäsur in der Geschichte der Tollwutbekämpfung – das aber zunächst nicht auf der Ebene der Politik, sondern im Zusammenhang mit medizinwissenschaftlichen Entwicklungen. Diese Zäsur ist mit dem Namen eines der Hauptprotagnisten der modernen Medizingeschichte verbunden: Louis Pasteur, und sie hat mit den Entdeckungen zu tun, die der französische Chemiker im Rahmen seiner Tollwutuntersuchungen Mitte der 1880er machte. Der tierärztliche Tollwutdiskurs des 19. Jahrhunderts drehte sich nicht zuletzt um die Frage, ob die Seuche durch eine Spontanzeugung entstehe, die vor allem mit Umweltfaktoren zusammenhänge, oder ob sie dagegen eine kontagiöse Krankheit sei, die durch die Übertragung von »Mikroorganismen«, in diesem Fall »Viren« erregt werde. Die Mehrzahl der oben zitierten Vorschriften wurde in Übereinstimmung mit der ersten Hypothese verfasst, was darauf zurückzuführen ist, dass die Theorie der Spontanzeugung bis etwa 1870 große Popularität genoss. Die zahlreichen Anweisungen an die Hundebesitzer, ihre Tiere sorgfältig zu pflegen, waren in der Prämisse begründet, dass äußere Faktoren wie etwa große Hitze, Mangel an Bewegung oder schlechte Ernährung die Entstehung der Krankheit verursachten. Die Anhänger dieser Hypothese, die sogenannten Miasmatiker, lehnten hingegen in der Regel Maßnahmen ab, die sich auf eine Beeinträchtigung des

---

66 Königl. Polizei-Direktion München: Die Aufsicht auf Hunde in München betr. (16.03.1855), in: Königlich Bayerischer Polizei-Anzeiger für München 23 (1855), S. 246.

67 Königl. Polizei-Direktion München: Das Verbot des Mitnehmens der Hunde auf die Straßen ohne Verwahrung derselben mit einem Maulkorb betreffend (30.09.1855), in: Königlich Bayerischer Polizei-Anzeiger für München 77 (1855), S. 927.

68 Waldl [pseud.]: Verwahrung, in: Münchener Punsch 11/15 (1858), S. 116–117.

69 Königl. Polizei-Direktion München: Tragen von Maulkörben der Hunde betr. (18.03.1859), in: Königlich Bayerischer Polizei-Anzeiger für München 24 (1859), S. 261.

70 Pimplhuber [pseud.]: Prost Neujahr!, in: Münchener Punsch 12/1 (1859), S. 2–3, hier S. 2.

Hundekörpers und seiner Beweglichkeit hinausliefen. Maulkorbzwang und Sperre würden ihrer Ansicht nach die Verbreitung der Krankheit nicht nur nicht verhindern, sie würden sie sogar noch beschleunigen.

Auf dem anderen Ende des Tollwutdisputs riefen die »Kontagionisten« immer wieder zu scharfen Sanktionen gegen die Hunde. Die Anhänger der Ansteckungstheorie wollten trennen und isolieren: Je weniger die Hunde imstande seien, miteinander in Kontakt zu kommen, sich zu raufen und zu beißen, desto seltener würden sie sich gegenseitig anstecken und die Epidemie verbreiten.[71] So schloss z.B. Bouley, der wie erwähnt ein Gegner der engen Mensch-Hund-Beziehung und gleichzeitig auch ein überzeugter Kontagionist war, sein Tollwuttraktat mit einem Loblied auf den Maulkorb ab.[72] Die größte medizinische Autorität in der Tollwutdebatte im viktorianischen England, George Fleming – ebenfalls ein eingefleischter Kontagionist – plädierte seinerseits unablässig für Massenvernichtungen von Hunden und als die zweitbeste Alternative für den Maulkorbzwang.[73]

Den endgültigen Ausschlag zugunsten des Kontagionismus schien dann 1885 Pasteur gegeben zu haben. Seine Entdeckungen auf dem Feld der Tollwutforschung und vor allem sein Erfolg in der Herstellung eines Impfstoffes hatten weitreichende Bedeutung nicht bloß für die Medizinwissenschaft. Jetzt, dank Pasteurs Erkenntnisse, war die Tollwut auch in gesellschaftlicher – und in machtpolitischer – Hinsicht zu einer neuen Krankheit geworden. 1881 schaffte es Pasteur, im Speichel von tollwutkranken Hunden einen mikrobischen Organismus zu entdecken, den er dann auf andere Tiere übertrug, die dadurch ebenfalls erkrankten. Damit schien Pasteur, der bereits mit seinen Milzbrandexperimenten einige Jahre zuvor der Geltendmachung der Keimtheorie einen maßgeblichen Vorschub gegeben hatte, den kontagiösen Charakter der Krankheit endgültig bewiesen zu haben. Vier Jahre später verkündete er den nächsten Großerfolg: Es war ihm gelungen, eine Tollwutimpfung zu entwickeln. Dieser Erfolg verband die Krankheit für immer mit dem Namen des französischen Chemikers. Die zeitgenössischen Populärmedien feierten seine Errungenschaft als eine der größten Sensationen in der modernen Krankheitsforschung. Die Tollwut war jetzt »Pasteurs Krankheit«: Alles, was über sie behauptet wurde, egal ob aus wissenschaftlicher, staatlicher oder gesellschaftlicher Perspektive, stand von nun an im Zeichen der »Pasteurisierung« der Epidemie.[74]

71 Pemberton/Worboys: Dogs, S. 19–26, 60–66, 84–99; Wilkinson: History; S. 14; Kete: Pets, S. 103–110; Karen Brown: Mad Dogs and Meerkats. A History of Resurgent Rabies in Southern Africa, Athens: Ohio University Press 2011, S. 27–31.

72 Bouley: Erkenntnis, S. 258–260.

73 Ritvo: Estate S. 187–188; Pemberton/Worboys: Dogs, S. 86–89, 136. Bezeichnenderweise widmete Fleming sein aufsehenerregendes Buch Rabies and Hydrophobia keinem anderen als seinem französischen Gleichgesinnten Bouley; siehe: George Fleming: Rabies and Hydrophobia. Their History, Nature, Causes, Symptoms, and Prevention, London: Chapman and Hall 1872, S. v.

74 Pemberton/Worboys: Dogs, S. 102–132; Bert Hansen: America's First Medical Breakthrough. How Popular Excitement about a French Rabies Cure in 1885 Raised New Expectations for Medical Progress, in: American Historical Review 103/2 (1998), S. 373–418; Rosemary Wall: Bacteria in Britain, 1880–1939, London: Pickering & Chatto 2013, S. 87.

Was bedeutete die »Pasteurisierung« der Tollwut für die Hunde selbst? Zunächst nichts Gutes. Pasteur entwickelte einerseits eine Impfung gegen die schlimmste Krankheit, unter der die Hunde seit Jahrtausenden litten. Er war, gerade aus der Perspektive der Nachwelt, ein Hunderetter (das ungeachtet der Tatsache, dass er im Rahmen seiner Experimente unzählige Hunde tötete).[75] Aber Pasteur war auch derjenige, der den kontagiösen Charakter der Tollwut feststellte und damit schärfere Maßnahmen gegen die Hunde – die Hauptträger und -überträger der Krankheit – zu rechtfertigen schien. Pasteur, mehr als jeder andere, machte die Hunde zu Opfern der Bakteriologie und der mikropathologischen Wende des späten 19. Jahrhunderts. Wie andere krankheitserregende Mikroorganismen wurden jetzt die Tollwut-»Viren« als Gefährder der menschlichen Gesundheit ausgemacht – als sehr konkrete Feinde, denen man den Krieg erklären sollte, die schonungslos vernichtet werden mussten.[76] Und der Weg zu diesen Feinden führte leider über die Körper der Hunde.

Weltweit mussten viele Hunde erfahren, was diese »Pasteurisierung« der Tollwutmaßnahmen für ihr Leben bedeutete. In der südafrikanischen Hafenstadt Port Elizabeth fand 1893 ein regelrechter *Canicide* statt, in dessen Zuge die hiesigen Hunde wahllos vernichtet wurden. Die Behörden in Port Elizabeth ignorierten dabei die Bitten gut situierter Bürger, zumindest ihre Tiere, die zuhause ja ordentlich gepflegt würden, zu schonen.[77] Im pasteurschen Zeitalter der Hundebekämpfung galt die Pflege durch die privaten Hundebesitzer nicht mehr als ein ausreichendes Präventionsmittel gegen die Epidemie. Es war aber in erster Linie der Maulkorb, der dank Pasteur eine präzedenzlose Beliebtheit genoss. In England begann 1886 eine knapp zwanzig Jahre währende

75 Gerald L. Geison: Pasteur, Louis, in: Charles Coulston Gillespie (Hg.): Dictionary of Scientific Biography. Bd. 10, New York: Charles Scribner 1974, S. 350–416, hier S. 402; Roy Porter: Die Kunst des Heilens. Eine medizinische Geschichte der Menschheit von der Antike bis heute, Heidelberg/Berlin: Spektrum Akademischer Verlag 2000, S. 438–439.

76 Hardy: Ärzte, S. 345–372, 380–385; Bruno Latour: The Pasteurization of France, Cambridge, MA: Harvard University Press 1988; K. Codell Carter: The Rise of Casual Concepts of Disease. Case Histories, Burlington, VT: Ashgate 2003, S. 62–128; Nils Roll-Hansen: Pasteur, Louis, in: Noretta Koertge (Hg.): New Dictionary of Scientific Biography. Bd. 6, Detroit: Thomson Gale 2008, S. 21–30; Silvia Berger: Bakterien in Krieg und Frieden. Eine Geschichte der medizinischen Bakteriologie in Deutschland 1890–1933, Göttingen: Wallstein 2009, S. 80–81; Christoph Gradmann: Die kleinsten, aber gefährlichsten Feinde der Menschheit. Bakteriologie, Sprache und Politik im Deutschen Kaiserreich, in: Stefanie Samida (Hg.): Inszenierte Wissenschaft. Zur Popularisierung von Wissen im 19. Jahrhundert, Bielefeld: transcript 2011, S. 61–82.

77 Brown: Dogs, S. 38–60; Lance van Sittert: Class and Canicide in Little Bess. The 1893 Port Elizabeth Rabies Epidemic, in: ders./Swart (Hg.): Canis, S. 111–143. Auch in Istanbul des frühen 20. Jahrhunderts wurden Straßenhunde im Namen der Verwestlichung und »Zivilisierung« des Stadtbildes massenhaft massakriert bzw. auf eine verlassene Insel deportiert; siehe: Catherine Pinguet: Istanbul's Street Dogs at the End of the Ottoman Empire. Protection or Extermination, in: Suraiya Faroqhi (Hg.): Animals and People in the Ottoman Empire, Istanbul: Eren 2010, S. 353–371, hier S. 366–369.

»Maulkorbära« – eingeläutet von der *Rabies Order*, die den Lokalbehörden das Recht zusprach, einen Maulkorbzwang nach eigenem Ermessen zu verhängen.[78] Auf der anderen Seite des Atlantiks bewegten Pasteurs Entdeckungen das Department of Health von New York City dazu, striktere Maßnahmen der Hundekontrolle zu ergreifen, in deren Rahmen ein allumfassender Maulkorbzwang mehrmals vorgeschrieben wurde – auch gegen den Widerstand der »American Society for the Prevention of Cruelty to Animals«.[79]

Während aber die große Welt in eine neue, pasteursche Ära der Hundekontrolle aufbrach, blieb man in Bayern und in München unbeeindruckt. Bemerkenswerterweise nahm hier die Anzahl der neu verabschiedeten Tollwutgesetze im letzten Viertel des 19. Jahrhunderts merklich ab. Das hat zum einen eine recht einfache Erklärung: 1880 wurde das Reichsviehseuchengesetz verabschiedet. Das Gesetz bezog sich nicht nur auf das »Vieh« im engeren Sinne, sondern auch auf den Umgang mit Haustieren wie Hunden und Katzen. Unter anderem wurden die Tollwutregelungen für das gesamte Reichsgebiet vereinheitlicht. Die Tollwutparagraphen im Reichsviehseuchengesetz, insbesondere in der revidierten Fassung von 1894, tragen eine unverkennbare kontagionistische Handschrift. Zum Beispiel schrieb das Gesetz vor, dass alle von einem tollwütigen Tier gebissenen Hunde und Katzen sofort zu töten waren.[80]

Aber vor diesem Hintergrund ist es sogar noch bemerkenswerter, dass die Zahl der Ad-hoc-Dekrete, die bei Epidemieausbrüchen z.B. eine Hundesperre oder Maulkorbzwang anordneten, stark zurückging. Dementsprechend finden wir in den Quellen, nach einer vorübergehenden Verschärfung der Kontrolle in den 1870er Jahren,[81] kaum mehr Fälle, in denen die Polizei gegen Hundebesitzer entschlossen einschritt und etwa die Tötung von kranken oder gebissenen Haustieren vorschrieb. Es scheint, als ob die Hundeparagraphen des Reichsviehseuchengesetzes die eigentlichen Kontrollaktionen der Polizeibehörden in München und in Bayern zu einem sehr begrenzten Ausmaß bestimmten.

Wie ist diese Abnahme der Kontrolle zu erklären? Paul Schueder, der in seinem 1903 erschienenen Buch *Die Tollwut in Deutschland und ihre Bekämpfung* zwischen

78 Pemberton/Worboys: Dogs, S. 120–121, 133–162; Ritvo: Estate, S. 190–196; John K. Walton: Mad Dogs and Englishmen. The Conflict over Rabies in Late Victorian England, in: Journal of Social History 13/2 (1979), S. 219–239.

79 Jessica Wang: Dogs and the Making of the American State. Voluntary Association, State Power, and the Politics of Animal Control in New York City, 1850–1920, in: Journal of American History 98/4 (2012), S. 998–1024, hier S. 1009–1017.

80 Gesetz, betreffend die Abwehr und Unterdrückung von Viehseuchen (23.06.1880), in: Reichs-Gesetzblatt 16, 1880, S. 153–168, hier S. 161, 166; Gesetz, betreffend die Abwehr und Unterdrückung von Viehseuchen (01.05.1894), in: Reichs-Gesetzblatt 19 (1894), S. 410–426, hier S. 419, 424.

81 Siehe zu einzelnen Fällen: Königliches Bezirksamt München links der Isar an die Gemeinde-Verwaltung Sendling, 11.05.1875 (StadtAM, Untersendling, Nr. 70); Königl. Polizei Direction München an das Königl. Gendarmarie-Compagnie-Commando der Haupt- und Residenzstadt, 20.12.1875 (StadtAM, Polizeidirektion, Nr. 234); Königliches Bezirksamt links der Isar an den Herrn Bürgermeister der außenbenannten Gemeinde, 15.03.1876 (StadtAM, Neuhausen, Nr. 64).

den Tollwutverhältnissen in den verschiedenen Regionen des Reichs verglich, wies darauf hin, dass die Tollwut in Bayern ab ungefähr Mitte der 1870er Jahre so gut wie ausgestorben sei. Er lieferte für diese erfreuliche Entwicklung eine interessante und für unsere Diskussion hochrelevante Erklärung: Das Verschwinden der Tollwut, so Schueder, sei eine direkte Folge der in Bayern 1876 eingeführten Hundesteuer.[82] Schueder war nicht der einzige Zeitgenosse, der diese Annahme traf. Der prominente Mediziner Otto Bollinger, Leiter des Pathologischen Instituts an der Tierarzneischule in München,[83] stellte kurz nachdem Pasteur mit seiner Tollwutimpfung an die Öffentlichkeit getreten war, nüchtern fest, dass die Errungenschaften des »genialen französischen Forscher[s]« sehr wenig für die Volksgesundheit in Bayern bedeuteten. Denn auch ohne Pasteurs Hilfe sei die Tollwut im hiesigen Königreich »dem Verschwinden nahe« – der neun Jahre zuvor eingeführten Hundesteuer sei Dank. Nicht die medizinische Prophylaxe Pasteurs, so Bollinger – der selbst ein unbeirrter Kontagionist war – sei für Bayern ein Segen gewesen, sondern vielmehr die »staatliche Prophylaxis der Wuthkrankheit [= die Hundesteuer]«. Es war die Hundesteuer, die »das Uebel an der Wurzel anfasste«, und dabei »ihren Zweck so vollständig wie möglich erreicht« hatte.[84]

Wieso war die Hundesteuer so effektiv in der Ausrottung der Tollwut und inwiefern unterschied sie sich von den drakonischen Maßnahmen der Tötung, der Sperre, und des Maulkorbzwangs? Diese Fragen werden im nächsten Abschnitt beantwortet. Wir werden vor allem sehen, wie mit der Steuer – einem der wichtigsten Interventionsmittel des modernen, starken Staates – die lange Tradition der liberalen Hundekontrolle in Bayern ihren Höhepunkt erreichte.

## STEUER, ZEICHEN, ANNÄHERUNG. GEMEINDEINTEGRATION UND PERSONALISIERTE HUNDEHALTUNG

»Kein Thier der Erde ist der Freundschaft und Liebe des Menschen würdiger als der Hund«.[85] So beginnt der Bericht eines Ausschusses der Bayerischen Kammer der Abgeordneten, der 1876 zur Beratung über den Gesetzentwurf zur »Erhebung einer Abgabe für das Halten von Hunden« zusammengerufen worden war. Die im ersten Satz pathetisch geäußerte Hundefreundlichkeit ist irreführend: Die Hundesteuer hatte das erklärte

---

82 Paul Schueder: Die Tollwut in Deutschland und ihre Bekämpfung, Hamburg/Leipzig: Leopold Voß 1903, S. 42–43.

83 Werner Hueck: Bollinger, Otto von, in: Neue Deutsche Biographie 2, 1955, S. 432–433. URL: http://www.deutsche-biographie.de/pnd116236566.html (am 21.12.2012).

84 Otto Bollinger: Pasteur: Résultats de l'application de la méthode pour prévenir la rage après morsure, in: Münchener Medicinische Wochenschrift 33/9 (1886), S. 178–179; ders.: Pasteur: Sur les résultats de l'application de la méthode de prophylaxie de la rage après morsure, in: Münchener Medicinische Wochenschrift 33/16 (1886), S. 291; ders.: Zur Prophylaxis der Wuthkrankheit, in: Münchener Medicinische Wochenschrift 33/12 (1886), S. 201–203.

85 Verhandlungen der Kammer der Abgeordneten des Bayerischen Landtages im Jahre 1875/76. Stenographische Berichte. Beilagen-Band II, Beilage 41, München, 1876, S. 363.

Ziel, die Zahl der Hunde im Königreich zu verringern. »Der Zweck des Gesetzes«, war man sich im Gesetzesausschuss einig, sei die »Verminderung des Uebermaßes der bestehenden Hundezahl und der hieraus für die menschliche Gesellschaft hervorgehenden Gefahren«.[86] »Die Einführung der Hundeabgabe«, führte man fort, sei »vorzugsweise aus sanitätspolizeilichen Gründen« notwendig, denn: »Jeder Hund [...] [bildet] eine Gefahr für Leben und Gesundheit des Menschen«.[87] Es galt, den »Kampf gegen die Bestie« zu erklären.[88] Die »Sicherheit der Person« und das »Interesse der Menschlichkeit« ließen das Wohl des Hundes in die Zweitrangigkeit zurückfallen und den »Zwang nothwendig« erscheinen.[89]

Die hundefeindliche Botschaft des Gesetzgebers kam beim Publikum durchaus an. Die Einführung der Steuer wurde von vielen Hundebesitzern als eine gewaltsame Einmischung in ihre Privatrechte empfunden, wie aus zahlreichen Beschwerden, die unmittelbar nach Steuererhöhungen beim Münchener Stadtmagistrat landeten, hervorgeht.[90] Auch die lokale Presse zweifelte nicht daran, dass die Hundesteuer einen Angriff auf die Hundehaltung darstelle. Während die *Münchener Neuesten Nachrichten* das neue Gesetz für seinen »mindernden Einfluß« auf die Hundebevölkerung der Stadt lobten,[91] erfand die satirische Wochenschrift *Fliegende Blätter* den »ersten Hundetag« – eine fiktive Hundeversammlung, die anlässlich der Einführung der Steuer »gehalten« wurde. In den Augen aller Teilnehmer des »Hundetages« stellte das neue Gesetz eine akute Bedrohung für »unsere Freiheit und unsere Existenz« dar. Die Hunde waren sich sicher: Die Steuer veranlasse manchen Besitzer dazu, sein Tier totzuschlagen oder auf anderem Weg loszuwerden. Sie war nichts als der traurige Höhepunkt eines Prozesses der Ausgrenzung. Der Tag sei nicht mehr fern, da verschwinde ihre Spezies komplett aus dem Stadtbild:

> »Durch tausenderlei polizeiliche Vorschriften hat man längst die Freiheit unserer Bewegung nahezu aufgehoben, an allen öffentlichen Orten ist uns der Zutritt versagt und gäbe es nicht noch immer Menschen, die sich um ihre Mitmenschen nicht bekümmern, so könnten wir weder Bier- noch Kaffeehäuser, weder öffentliche Vergnügungsplätze noch Anlagen mehr besuchen«.[92]

---

86 Verhandlungen der Kammer der Abgeordneten des Bayerischen Landtages im Jahre 1875/76. Stenographische Berichte I. Band, 2. öffentliche Sitzung, München, 30.09.1875, S. 9. Vgl.: Max von Seydel: Bayerisches Staatsrecht. Bd. 2, Freiburg/Leipzig: Mohr 1896, S. 514.

87 Verhandlungen der Kammer der Abgeordneten des Bayerischen Landtages im Jahre 1875/76. Stenographische Berichte. Beilagen-Band II, Beilage 5, München, 1876, S. 2.

88 Verhandlungen der Kammer der Abgeordneten des Bayerischen Landtages im Jahre 1875/76. Stenographische Berichte. I. Band, 24. öffentliche Sitzung, München, 04.04.1876, S. 355.

89 Verhandlungen der Kammer der Abgeordneten des Bayerischen Landtages im Jahre 1875/76. Stenographische Berichte. I. Band, 7. öffentliche Sitzung, München, 15.10.1875, S. 87–88.

90 Siehe als ein einzelnes Beispiel: Verein zur Züchtung reiner Hunderassen in Süddeutschland a.V. an die Vorstandschaft des Gemeinde-Bevollmächtigten Collegiums der k. Haupt- u. Residenzstadt München, 15.08.1896 (StadtAM, Veterinäramt, Nr. 161).

91 Lokalbericht, in: Münchener Neueste Nachrichten vom 04.02.1877.

92 Der erste Hundetag, in: Fliegende Blätter 64/1594 (1876), S. 41–43, hier S. 41–42.

Die Teilnehmer des »Hundetages« bzw. die Satiriker der *Fliegenden Blätter* irrten in vielfacher Hinsicht. Die Hundesteuer drohte nicht so sehr, die Hunde aus München auszugrenzen. Im Gegenteil: Sie versprach, sie in die Stadtgemeinde zu integrieren, und zwar auf radikale Art und Weise. Die Hundesteuer hatte einen paradoxen Charakter: Einerseits machte es die Abgabenpflicht vielen Einwohnern schwer bis unmöglich, einen Hund zu halten. Andererseits gab sie der Hundehaltung eine rechtliche Autorisierung, die sie zu einem festen Bestandteil des geordneten Lebens in der modernen Stadt machte. Um das zu verstehen, müssen wir uns vor Augen halten, dass die Hundesteuer keine reine finanzielle Angelegenheit war. Die Zahlung eines Geldbetrags durch die Hundebesitzer war nur ein Teil eines Verfahrens, der zwei weitere Hauptprozeduren beinhaltete: eine tierärztliche Untersuchung der zur Besteuerung geführten Hunde und die Erstellung eines Hundezeichens. Diese zwei anderen Aspekte der »Hundevisitation«, wie sie in der damaligen Zeit hieß, waren wiederum keine Erfindungen der pasteurschen Epoche der Hundekontrolle. Sie reichten vielmehr bis in die erste Hälfte des 19. Jahrhunderts zurück – und sie hatten schon damals einen klaren liberalen Charakter, der durch die Einführung der Steuer noch stärker akzentuiert wurde.

In der oben zitierten Verordnung über die »Aufsicht auf die Hunde« von 1840 wurde zum ersten Mal eine Visitation sämtlicher in Bayern gehaltener Hunde vorgeschrieben. Nach der medizinischen Untersuchung wurden die Tiere in ein Verzeichnis eingetragen, in welchem der Name jedes Hundeindividuums, seine »Rasse«, Beschreibung und Alter sowie der Name, der »Stand« und die Adresse des Besitzers standen. Mit der Eintragung erhielt der Besitzer ein Zeichen, das er an das Halsband seines Tiers zu hängen hatte und auf dem die entsprechende Eintragsnummer im Visitationsverzeichnis zu lesen war.[93] So konnten die Polizeibehörden im Bedarfsfall die Identität des Besitzers eines irgendwie verdächtigen Hundes ermitteln. Ohne das Identitätszeichen durfte kein Hund in der Öffentlichkeit herumlaufen. Das Königliche Landgericht forderte die Gemeindevorsteher ausdrücklich auf, dafür Sorge zu tragen, »daß die Hunde richtig vorgestellt werden und [dass] kein Hund verborgen bleibe«.[94]

Der bürokratische Geist hinter dieser Registrierung und Markierung von Hundeindividuen ist unübersehbar. Mit der Visitation unterwarf der Staat die Hunde seinem Überwachungsregime. Nur wenn sie dem Staat bekannt waren, durften die Hunde weiter existieren. Lief ein Hund ohne Zeichen, d.h. ohne Identität, herum, hatte der Staat Interesse daran, ihn zu vernichten. Aber die Markierung der Hunde hatte auch eine andere Bedeutung: Wenn der Staat die Hunde in Überwachungsobjekte verwandelte, konstruierte er sie gleichzeitig auch als Subjekte mit individuellen Identitäten – fast als Personen. Auf den Blättern der Visitationsregister erhielten die Hunde etwas, das sie von allen anderen

93 Siehe z.B.: Königl. Polizei-Direktion München: Bekanntmachung. Die zweite Hundevisitation und Zeichenlösung im Jahre 1866 betr. (24.03.1866), in: Münchener Amtsblatt 25 (1866), S. 298–299; König Ludwig II: Gesetz, die Erhebung einer Gebühr für das Halten von Hunden betr. (02.06.1876), in: Gesetz- und Verordnungs-Blatt für das Königreich Bayern 23 (1876), S. 353–356.

94 Das königliche Landgericht München an den Gemeindevorsteher Ramersdorf, 18.05.1842 (StadtAM, Ramersdorf, Nr. 7).

Tierarten unterschied: eine offizielle Anerkennung ihrer Mitgliedschaft – als Individuen und nicht als eine große Maße anonymer Kreaturen – in einer menschlichen Gemeinde. Wenn hier eine Ordnung geschaffen wurde, in dessen Rahmen unangemeldete und in den Augen des Staates identitätslose Hunde als rechtlos erklärt und von den Polizeiorganen getötet wurden, dann schrieb die Meldepflicht umgekehrt jene Tiere, deren Existent dokumentiert war, als offizielle Mitglieder der Gemeinde fest. Diese Selektion zwischen zeichenhabenden und zeichenlosen, identifizierten und unidentifizierten Hunden lief schließlich auf die Reduzierung der Hundepopulation auf ihre »personalisierten« Teile hinaus. Es sollten zukünftig in einer Gemeinde nicht bloß Hunde, sondern (lediglich) Hunde-»Personen« leben.

Mit der Anknüpfung an die Erhebung einer Steuer bekam diese Mitgliedschaft der Hunde an der Menschengemeinde eine noch größere Bedeutung. Als »Steuerzahler« waren die Hunde plötzlich Kreaturen, die der Staat nicht ohne weiteres wegschaffen durfte, denen er in gewisser Hinsicht etwas schuldig war – nach dem liberalen »Prinzip von Leistung und Gegenleistung«.[95] Unter den ersten, die diese seltsame Folge der Hundesteuer erkannten, waren, was nicht gerade überrascht, die Editoren der lokalen Satirezeitschriften. In der bereits zitierten »Hundetag«-Persiflage teilten nicht alle Teilnehmer die Meinung, dass die Hundesteuer die endgültige Ausgrenzung ihrer Tierart aus der Stadt nach sich ziehe. Nachdem ein paar Redner als Protestmaßnahme ein massenhaftes Beißen von Menschen vorgeschlagen hatten, ergriff ein achtbarer Jagdhund das Wort: »Es darf nicht gebissen werden, sonst ist unsere Sache ganz verloren. [...] Ich bin für eine Hundesteuer, denn dann steigen wir in Werth und bekommen eine bessere Behandlung«.[96] Wie der fiktive Jagdhund verstand, bedeutete die Hundesteuer für die Hunde eine Aufwertung ihres Lebens unter den Menschen. Dank der Steuer waren sie keine beißenden »Bestien« mehr, die den Menschen lästig waren. Jetzt hatten sie in den Augen der Menschen Wert, sie wurden zu vollwertigen Mitgliedern ihrer Gesellschaft. Sie nahmen an dem zivilisierten Leben in der modernen Stadt teil.[97]

14 Jahre später waren die Satiriker der *Fliegenden Blätter* noch deutlicher in ihrer Interpretation der Bedeutung der Hundesteuer für die Hunde (Abb. 1). In der Karikatur scheint der Besitzer des angriffslustigen Hundes ganz genau verstanden zu haben, welche Wertsteigerung sein Tier durch die Entrichtung der Steuer erfuhr: Der Hund war kein »miserabler Köter« mehr. Er war zu einem gleichberechtigten Mitglied der Gemeinde geworden, »gerade so gut wie Sie!« Statt unterdrückend zu wirken, bezog die Hundesteuer das tierische Element in das menschliche Universum ein. Der anthropomorphisierende Akt, der die Hundesteuer seinem Wesen nach war, hatte gleichzeitig tief-

95 Siehe: Langewiesche: Kommunaler Liberalismus, S. 43. Die liberalen Kommunalpolitiker haben sich an die Maxime gehalten, dass »nur wer in der Gemeinde eine Steuer zahle, dem stünden auch die Gemeinderechte zu« (ebd., S. 45).

96 Der erste Hundetag, S. 42–43.

97 Eine ähnliche Interpretation bietet Aline Steinbrecher bezüglich der in Zürich schon 1812 eingeführten Hundesteuer; siehe: Steinbrecher: Stadt, S. 38–39. Zur Verquickung von Hundemarkierung und -personalisierung (in diesem Fall in Frankfurt a.M. gegen Ende des 18. Jahrhunderts) siehe auch: dies.: Fährtensuche. Hunde in der frühneuzeitlichen Stadt, in: Traverse. Zeitschrift für Geschichte 15/3 (2008), S. 45–58.

greifende Konsequenzen für den gesellschaftlichen Status der Tiere, deren Zahl er zu vermindern bezweckte.

*Abbildung 1: Gleichberechtigung. Quelle: Fliegende Blätter 93 (2348), 1890, S. 33.*

Die Annäherung des Hundes an den Menschen, die die Visitation, die Markierung und die Besteuerung veranlassten, war aber nicht nur auf der Ebene des Gemeindelebens, sondern auch im Bereich der persönlichen Beziehungen zwischen Halter und Tier konstatierbar. Der Hundebesitzer in der *Fliegende-Blätter*-Karikatur hatte in einem Punkt natürlich Unrecht: Es war nicht sein Hund, der die Steuer zahlte, sondern er selbst als der Besitzer des Hundes. Das ist selbstverständlich, aber diese einfache Tatsache hatte eine fundamentale Bedeutung für die Art der von der Steuer veranlassten Integration der Hunde in die Menschengemeinde. Es war nämlich die Zugehörigkeit zu einer bestimmten Person, die dem Hund diese Integration ermöglichte. Die Hunde, die durch die Steuer gegenüber allen anderen Tierarten privilegiert wurden, waren nur diejenigen, die von Menschen besessen wurden – die »Herren« hatten. Es war die Obhut eines Menschen, die dem Hund dieses Privileg gab. Der Hund war bloß der Anhang eines menschlichen Subjekts, der die eigentliche Rechtsperson darstellte. Das bedeutet, dass die Behörden sich eigentlich nicht so sehr für individuelle Hunde interessierten. Was sie wirklich ins Auge fassten, waren Mensch-Hund-Affiliationen. Sie wollten über jeden individuellen Hund wissen, zu welchem individuellen Menschen er gehörte. Die Informationen auf dem Hundezeichen und in den Visitationsregistern sollten ihnen in erster Linie »Anhaltspuncte zur Ermittlung des Eigenthümers« geben. Diese Person musste der einzige Besitzer des Hundes sein. Das System der Hunderegistrierung und -steuer setzte voraus, dass jeder einzelne Hund in der Stadt einer einzelnen Person gehörte. War der Hund nicht mit einem Menschen affiliiert, war er nicht zugehörig, durfte er im Gemeindegebiet nicht leben. Die Einführung der Steuer sollte gewährleisten, dass nur Hunde mit Besitzern, nur *gehaltene* Hunde existierten.

Die Hundezeichen und -verzeichnisse waren somit »bureaucratic materialities«,[98] die bei all ihrer physischen Einfachheit eine neue soziale Ordnung produzieren sollten – die der lückenlosen Assoziierungen von Menschenindividuen und Hundeindividuen. Das war das Ziel der Hundeanmeldung: sicherzustellen, dass jeder einzelne Hund in der Gemeinde einem einzelnen Besitzer gehörte. Was die Hunde betraf, waren die Behörden nicht bereit, ungeklärte Besitzverhältnisse zu tolerieren. Ein Hund musste das Eigentum einer bestimmten Person sein, er durfte nicht plötzlich in andere Hände gelangen. Was aber, wenn ein Hund das doch tat, wenn er aus eigenem Willen oder aus welchen Gründen auch immer einer »fremdem« Person zugelaufen war? Aus Sicht der Behörden waren zugelaufene Hunde besonders problematisch. Sie drohten, das System der lückenlosen Identifikation zwischen einzelnen Hunden und einzelnen Besitzern infrage zu stellen. Deswegen schenkte ihnen der Gesetzgeber besonders große Aufmerksamkeit. Die Verordnung von 1840 schrieb z.B. vor, dass »[j]eder, dem ein fremder Hund zuläuft«, verpflichtet sei, sich unverzüglich bei der Ortspolizeibehörde mit dem Tier zu melden, das dann seinem ursprünglichen Eigentümer zurückgegeben werden musste.[99] Das bedeutete konkret, dass ein »Fremder« nicht einfach einen beliebigen Hund halten durfte, mit dem er zufällig in Kontakt gekommen war. Die Ordnung der klaren, registrierten Assoziationen zwischen Haltern und Hunden war heilig. Untreue Hunde durften sie nicht aufs Spiel setzen.

---

98 Siehe: Joyce: Social, S. 244. Laut Joyce sei z.B. ein anderes bürokratisches System des modernen Staats, die Post, »conducive to the growth of privacy and the individuation of the subject«, insofern, als sie Personen mit festen Nummern und Adressen ausgestattet habe (Joyce: Rule, S. 22). Die Markierung der Hunde muss in dieser Beziehung überhaupt als eine Übertragung von in der gleichen Epoche verfeinerten Techniken der behördlichen Kennzeichnung von Menschen auf die Tierwelt betrachtet werden. Nicht viel anders als das Hundezeichen und das Hundeverzeichnis sollten auch der Personalausweis, der Reisepass, das Bürger- oder auch das Vorstrafenregister feste und personalisierte Identitäten konstruieren. Nach Andreas Fahrmair hätten sich die Staatsregierungen, als sie begonnen hätten, Pässe zu erstellen, in »guardians of individual personal and social Identity« verwandelt (Andreas Fahrmair: Governments and Forgers. Passports in Nineteenth-Century Europe, in: Jane Caplan/John Trophy (Hg.): Documenting Individual Identity. The Development of State Practices in the Modern World, Princeton: Princeton University Press 2001, S. 218–234, hier S. 230). Vgl. auch: Jane Caplan: »This or That Particular Person«. Protocols of Identification in Nineteenth-Century Europe, in: dies./Trophy (Hg.): Documenting, S. 49–66; Jens Jäger: Erkennungsdienstliche Behandlung. Zur Inszenierung polizeilicher Identifikationsmethoden um 1900, in: Jürgen Martschukat/Steffen Patzold (Hg.): Geschichtswissenschaft und »performative turn«. Ritual, Inszenierung und Performanz vom Mittelalter bis zur Neuzeit, Köln/Weimar/Wien: Böhlau 2003, S. 207–228.

99 Königliche Regierung von Oberbayern – Kammer des Innern: Die Aufsicht auf die Hunde betreffend (30.03.1840), S. 11. Vgl. hierzu: Kgl. Aufschlageinnahmerei an die Gemeinde-Verwaltung Berg am Laim, 25.07.1891 (StadtAM, Berg am Laim, Nr. 251); Martin Lochner, Bahnwärter in Neu-Zamdorf Posten 2 an die Aufschlageinnahmerei Pasing, 02.04.1905 (ebd.).

Nun waren aber Besitzwechsel von Hunden schon im Kaiserreich keine Seltenheit. Gerade eine liberale Gesetzgebung musste ja den Menschen die Möglichkeit lassen, ihre Hunde – ihr persönliches Eigentum – an andere Personen abzugeben oder zu verkaufen. Hunde wechselten doch ihre »Herren«, und die Behörden mussten einen Weg finden, diese Besitzwechsel auf eine Art und Weise in ihre Verordnungen aufzunehmen, die das Prinzip »Ein Hund, ein Besitzer« nicht gefährdeten. Ihre Lösung hierfür war abermals eine bürokratische: Viele Gemeindeverwaltungen forderten die Hundebesitzer auf, bei der Visitation das Hundezeichen des Vorjahres und möglicherweise des Vorbesitzers vorzulegen (diese Regelung galt natürlich nur für erwachsene Tiere).[100] Wenn sie es nicht konnten, fielen ihre Tiere in der Visitation durch, und sie durften grundsätzlich nicht mehr gehalten werden. Die Verwaltungen wollten mit dieser Regelung einer Situation vorbeugen, in welchem Hunde sozusagen aus dem Nichts heraus erschienen, ohne dass sie eine dokumentierte Besitzergeschichte vorweisen könnten. Ein Hund musste eine feste Identität haben, die von der Identität eines besitzenden Menschen abhängig war. Falls es da plötzlich einen Hund gab, der keine dokumentierte Identität hatte, der offiziell niemandem gehörte, verlor er sein Existenzrecht: Er durfte kein Zeichen bekommen, und es war ihm somit vorenthalten, ein anerkanntes Mitglied der Gemeinde zu werden.

Zugegebenermaßen gingen die Behörden gegen die Besitzer von Hunden, denen das Zeichen vom Vorjahr fehlte, nicht dermaßen streng vor, dass sie diese gleich abschafften. Sie bestanden aber darauf, vom Besitzer ganz genau zu erfahren, wie er in den Besitz des Hundes gekommen war und ob dieser früher etwa in einer anderen Gemeinde angemeldet und versteuert worden war. Diese Information hatte für sie übergeordneten Wert, und sie gaben sich große Mühe, sie zu erlangen. Folgendes Schreiben der Gemeindeverwaltung Berg am Laim an das Münchener Hauptzollamt ist geradezu symptomatisch für die Akribie der Behörden in der Frage der Besitzergeschichte. Es handelte sich dabei um einen in der Visitation vorgeführten Hund, dessen Vorgeschichte etwas ominös anmutet:

»[Es] wurde durch den Taglöhner Blasius Rieger, Haus No 7¾ in Baumkirchen, ein Hund männlichen Geschlechtes, angeblich 2 Jahre alt, Rattenfängerbastard, grau mit schmutzig hellgelben Abzeichen zur Versteuerung angemeldet und die Gebühr mit 3 Mk hiefür entrichtet. Blasius Rieger will den Hund von einem gewissen Romaner, Haus No 18 neben der alten Kirche in Haidhausen erhalten haben und soll dieser Hund vom Letzteren im Jahre 1891 in München mit 15 Mk besteuert worden sein. Quittung hiefür konnte nicht vorgezeigt werden, weshalb man das an der Hundsbinde befindliche Zeichen, auf welchem die Nummer sehr unleserlich ist und wahr-

100 Siehe: K. Hauptzollamt München II, Steuerhebestelle an die Gemeindeverwaltung Berg a/Laim, 28.02.1906 (StadtAM, Berg am Laim, Nr. 251). Vgl. auch folgende Formulierung einer entsprechenden Vorschrift: »Wer in den Besitz eines Hundes, der über vier Monate alt ist, gelangt, hat dieses, gleichviel ob die Hundeabgabe bereits entrichtet ist oder nicht, binnen 14 Tagen nach der Besitzerlangung unter Angabe seines und des Vorbesitzers Vor- und Zunamens, Standes und Wohnung dem Magistrat anzuzeigen« (Magistrat der K. Haupt- und Residenzstadt München: Ortspolizeiliche Vorschrift zur Sicherung und Überwachung der Hundeabgabe, in: Münchener Gemeinde-Zeitung 40, 20.12.1911, S. 590).

scheinlich 6140 heißen soll, zu Amtshanden nahm. Da man sich nun in Zweifel befindet, ob das broncirte Zeichen ächt oder gefälscht ist, so wird deshalb hiemit zur höheren Verfügung im [sic] Vorlage gebracht«.[101]

In Sachen Hundezugehörigkeit und -registrierung waren die Behörden nicht bereit, sich mit Halbwahrheiten zufrieden zu geben. Sie insistierten auf der exakten Feststellung der Identität jedes einzelnen Hundes, was zum einen durch Bezugnahme auf die genauen Kennzeichen des Tiers selbst und zum anderen durch die Ermittlung seiner Zugehörigkeit zu einer bestimmten Person möglich gemacht werden musste. Gerade wenn ein Hund den Besitzer wechselte, wenn es eine Bewegung im System der Affiliationen gab, durften die Besitzverhältnisse nicht im Dunkeln verborgen bleiben. Das bürokratische Wissen über die Besitzer-Haustier-Verbindungen und ihre Veränderungen musste vollständig sein.

## »Schlechte« Hundehaltung und klassenspezifische Hundeliebe

Der Fokus auf die Zugehörigkeit von bestimmten Hunden zu bestimmten Personen hatte auch große Bedeutung für die Frage der Pflege. Wir haben oben gesehen, dass die Tollwutverordnungen die Hundehalter dazu bringen sollten, ihre Tiere besser zu pflegen und so aus eigener Hand die Epidemiegefahr zu verhindern. Die Registrierung und die Steuer verfolgten dasselbe Ziel: Mithilfe des Zeichens konnten die Behörden die Besitzer von verdächtigten Hunden ermitteln und sie zur Verantwortung ziehen bzw. zur sorgsameren Behandlung ihrer Tiere auffordern.[102] Die Markierung und die Herstellung einer

---

101 Die Gemeindeverwaltung Berg am Laim an das Kgl. Haupt-Zoll-Amt München, 21.1.1892 (StadtAM, Berg am Laim, Nr. 251). Vgl. auch folgenden Fall, ebenfalls aus Berg am Laim: »Laut Hundeverzeichnis pro 1902 wurde am 22. Januar lfd. Js. von dem Schäfer Johann Kreimer ein Schafhund, 1¼ Jahr alt, männlich, schwarz, gelbe Abzeichen zur hiesigen Hundevisitation vorgeführt. Derselbe gab an, fraglichen Hund im Vorjahr bei der Gemeindeverwaltung Unterhaching versteuert zu haben. Jenseitige Gemeindeverwaltung wird nun ersucht, auf Gegenwärtigen anher mitteilen zu wollen, ob die voraufgeführten Angaben auf Wahrheit beruhen, gegebenen Falls die Nummer des Hundeverzeichnisses sowie des Hundezeichens noch anzugeben« (Die Gemeindeverwaltung Berg a./Laim an die Gemeindeverwaltung Unterhaching, 29.03.1902 (ebd.)).

102 Siehe: Königliche Regierung von Oberbayern – Kammer des Innern: Die Aufsicht auf die Hunde betreffend (30.03.1840), S. 10–11. Vgl. hierzu: Gend. Station Berg a/Laim an die Gemeinde Verwaltung Berg a/Laim, 21.10.1912 (StadtAM, Berg am Laim, Nr. 251). Zur juristischen Verankerung der Tierhalterhaftung im Reichsstrafgesetzbuch (1872) und im Bürgerlichen Gesetzbuch (1900) siehe: Sammlung von Gesetzen, Verordnungen und Ministerialerlassen strafrechtlichen Inhalts für Bayerische Polizeiorgane. Vom kgl. Staatsministerium des Inneren für die Gendarmerie angeschafft, München: J. Scweitzer 1897, S. 74; Dieter Werkmüller: Tierhalterhaftung, in: ders./Adalbert Erler/Ekkehard Kaufmann (Hg.): Handwörterbuch zur deutschen Rechtsgeschichte. Bd. 5, Berlin: Erich Schmidt 1998, S. 231–237, hier S. 235–236.

Mensch-Hund-Affiliation hingen für die Behörden immer mit einer verbesserten Pflege zusammen. Das Zeichen sollte nicht nur verraten, von wem »der fragl. Hund gehalten« wurde, sondern auch, »wer für seine Verpflegung zu tragen hat«, wie es in einem Schreiben des Münchener Hauptzollamts an die Verwaltung einer Ortsgemeinde hieß.[103] Pflege und Verantwortung waren die andere Seite der Bürokratie und der Kontrolle.[104]

Die Steuer sollte ein weiterer Garant dafür sein, dass die Halter ihre Hunde besser pflegten. Die Behörden gingen von der Annahme aus, dass die finanzielle Belastung die Besitzer anspornen würde, ihre Tiere höherzuschätzen und mehr auf ihr Wohlbefinden zu achten. Für Schueder beispielsweise führte die Hundesteuer dazu, dass »die von ihren Besitzern nicht beaufsichtigten und verwahrlost sich umhertreibenden Hunde verschwinden. Die Hundebesitzer werden durch die infolge der Hundesteuer auferlegten Kosten veranlaßt, ihre Hunde besser zu beaufsichtigen und sie möglichst von einer Infektion zu schützen«.[105] Ein Münchener Gemeindebevollmächtigter begründete 1911 seine Forderung nach einer Erhöhung der Steuersätze mit der Behauptung, dass die Maßnahme die Hundehalter dazu veranlasse, »ihre Tiere sorgsam zu pflegen und dafür Sorge zu tragen, daß die [...] Schäden und Gefahren möglichst vermieden werden«.[106] Der Zweck der Hundesteuer war also nicht unbedingt eine Verminderung der Hundepopulationen. Teilweise sollte sie ganz im Gegenteil gerade eine Verbesserung der Hundehaltung zur Folge haben. Wie es Philipp Brunner, Zweiter Bürgermeister von München, im selben Jahr formulierte, lag das eigentliche Ziel einer Verschärfung der Steuerkontrolle in einer Hebung des Lebensstandards der Hunde, wovon gerade die Menschen profitieren sollten:

> »[I]ch lege Wert darauf, daß die Kontrolle verstärkt wird, denn ich bin überzeugt, [...] daß etwa nur reichlich die Hälfte [der Münchener Hunde] zur Versteuerung, Anmeldung und Kontrolle gebracht wird, während die anderen unkontrolliert herumlaufen; und diese vernachlässigten Hunde sind in jeder Beziehung unangenehm, gefährdend und als nicht gepflegt sicher auch im Interesse der Öffentlichkeit tunlichst einzuschränken«.[107]

---

103 K. Hauptzollamt München II an die Gemeindeverwaltung Berg am Laim, 14.05.1906 (StadtAM, Berg am Laim, Nr. 251).

104 In einem Artikel über die Hundekontrolle im viktorianischen England behauptet Philip Howell, dass das Zeichen eigentlich kein disziplinierendes Instrument, sondern eher eine liberale Alternative zum Maulkorb darstelle, die zur Bildung von verantwortungsbewussten Hundebesitzer-Subjekten beigetragen habe: »Again we come back to the responsibilization of dog owners rather than to the direct restriction of their animals: the construction of dog owning citizens in a liberal city«; »it is the dog-lover that emerges victorious in this struggle« (Philip Howell: Between the Muzzle and the Leash. Dog-Walking, Discipline, and the Modern City, in: Peter Atkins (Hg.): Animal Cities. Beastly Urban Histories, Farnham/Burlington, VT: Ashgate 2012, S. 221–241, Zitate S. 236, 240).

105 Schueder: Tollwut, S. 42.

106 Plenarsitzung des Magistrats vom 8. Juni 1911, S. 883.

107 Ebd., S. 884.

Die Zahl der Hunde, die von ihren Haltern angemessen gepflegt wurden, war nicht zu vermindern, sondern, umgekehrt, zu vermehren. Das war die Botschaft der Hundesteuer in der bayerischen Landeshauptstadt.

Das ist aber nur die halbe Wahrheit. Eine Verbesserung statt Einschränkung, eine Förderung statt Restriktion – das sollte es nur bei einem Teil der hundeliebenden Stadtbevölkerung geben. Wenn der Bürgermeister Brunner von den »unangenehmen« und »vernachlässigten« Hunden sprach, konstruierte er, zusammen mit zahlreichen anderen Münchener Stadtpolitikern im Kaiserreich, das Gegenbild der kontrollierten, »guten« Hundehaltung, nämlich die »schlechte« oder »unangemessene« Hundehaltung.[108] Diese »andere« Hundehaltung, die die liberalen Gemeindeführer mit ihren Verordnungen auszumerzen wünschten, glaubten sie vorwiegend unter Menschen aus nichtbürgerlichen Gesellschaftsgruppen zu finden. Die Beseitigung der »Hundekalamitäten« sollte in dieser Beziehung nicht nur durch eine Verbesserung der Haltungsgewohnheiten der Besitzer errungen werden, sondern gleichzeitig auch durch eine Verringerung der Zahl der Hunde, die in den Häusern von »unqualifizierten« Haltern wohnten. Mit anderen Worten: Die Vermehrung der Zahl, oder des Prozentsatzes, der »gut« gehaltenen Hunde wurde von einer Ausgrenzung der »schlechten« Besitzer aus der Hundehaltergemeinschaft und einer Vernichtung ihrer »unhaltbaren« Tiere begleitet. Eine Verminderung der Hundezahl sei dort »auf directem Wege« zu erwirken, steht es in der Verordnung von 1840, »wo Hunde von Personen gehalten werden, deren Vermögensverhältnisse es zweifelhaft machen, ob den Hunden zureichende Nahrung und ordentliche Aufsicht verschafft werde«.[109] Gerade das Ziel einer Verbesserung des Lebens der Hunde in der Stadt machte die Ausmerzung der Tiere armer Leute erforderlich.[110]

---

108 Zur »unangemessenen« Hundehaltung als historisches Thema vgl.: Barbara Krug-Richter: Hund und Student. Eine akademische Mentalitätsgeschichte (18.–20. Jahrhundert), in: Jahrbuch für Universitätsgeschichte 10 (2007), S. 77–104, bes. S. 95–101.

109 Königliche Regierung von Oberbayern – Kammer des Innern: Die Aufsicht auf die Hunde betreffend (30.03.1840), S. 13. Die Visitationen liefen unter diesem Gesichtspunkt in der Tat auf eine schlichte Überwachungsmaßnahme zur Ermittlung von »unfähigen« Haltern und kranken Tieren hinaus, wie schon aus der Vorschrift von 1840 klar wurde: »Entdeckt sich bei den jährlichen Visitationen, oder sollte es sonst notorisch seyn, daß Hunde-Eigenthümer ihre Hunde in der Aufbewahrung oder in Bezug auf Nahrung vernachläßigen, so ist denselben das Sicherheitszeichen zu verweigern, und die Districtspolizey-Behörden haben derlei Eigenthümern einen Termin von 14 Tagen vorzusetzen, binnen welchen sie sich ihrer Hunde zu entledigen, oder zu gewärtigen haben, daß sie dem Wasenmeister zur Tödtung übergeben werden« (ebd., S. 8). In den Dienstanweisungen für die Tieraufseher in München (1911) wurden diese aufgefordert, Vorkommnisse »auffallende[r] Vernachlässigung derselben [= der Hunde] von Seite ihres Besitzers« zur Anzeige zu bringen (Stadtrat München: Dienstvorschriften für die städtischen Tieraufseher, 23.12.1911 (StadtAM, Veterinäramt, Nr. 99)).

110 Zur Geschichte der Stigmatisierung von Personen aus der Unterschicht als schlechten Haustierhaltern vgl.: Pemberton/Worboys: Dogs, S. 26–37; van Sittert: Class, S. 131–133, 137, 141; John Campbell: »My Constant Companion«. Slaves and their Dogs in the Antebellum American South, in: Larry E. Hudson Jr. (Hg.): Working toward Freedom. Slave Society and

Mit der Einführung der Hundesteuer hofften die bayerischen Gesetzgeber, die Hundehaltung zu einer exklusiven Domäne der begüterten Bevölkerungsschichten zu machen. Ausschließlich Personen, für die die finanzielle Belastung nicht zu erdrückend war, sollten Hunde halten.[111] Dieses Ziel äußerten die liberalen Kommunalpolitiker in München unumwunden. Als die Stadt 1911 eine Erhöhung der Steuer in Betracht zog, sprach ein Magistratsmitglied die Hoffnung aus, dass »insbesondere jene Hundebesitzer, welche nicht in der Lage sind, dem Hund einen von den Aufenthaltsräumen der Familienmitglieder getrennten Unterschlupf einzuräumen«, ihre Tiere abschaffen würden.[112] Ein anderer Kommunalpolitiker, der sozialdemokratische Gemeindebevollmächtigte Georg Mauerer, behauptete sogar, dass die Hundeliebe ein Privileg von wohlhabenden Personen sein sollte. Er empörte sich zwar allgemein über Menschen, bei denen die Liebe zum Haustier »bis ins innerste Seelenleben verwächst«. Diese Tierliebe lastete aber nur auf den finanzschwachen Familien, weswegen sie, der Steuer sei Dank, zu einem Luxus der Reichen werden sollte: »Ich meine nun, daß es weit richtiger wäre, wenn eine arme Familie die 15 oder 20 *M* [für die Hundesteuer] ihren Kindern zum Zwecke besserer Ernährung zuführen würde. Wohlhabende Leute werden sich aber den Luxus, einen Hund zu halten, wohl auch ohnehin leisten können«.[113]

In diesen und vielen anderen Auslassungen über arme Leute, die »ihre Hunde mehr als Familienmitglieder betrachten«, obwohl sie »das Geld oft dazu nicht haben« und ihre Kinder vernachlässigten,[114] verrieten die Münchener Kommunalpolitiker ihre anthropozentrische Einstellung, die sich davor hütete, die Tier- vor die Menschenliebe zu stellen. In dieser Beziehung unterschieden sie sich vielleicht von jenen Personen aus der Unterschicht, die sie so gerne als schlechte Hundehalter anprangerten, aber die mutmaßlich ihren Hunden mehr gaben als ihren Kindern. Aber selbst wenn wir diesen grundsätzlichen Anthropozentrismus des kommunalen Liberalismus im München des Kaiserreichs in Betracht ziehen, dürfen wir nicht vergessen: Aus Sicht der Kommunalpolitiker war die Hundesteuer für die *Gesamt*verhältnisse der Hundehaltung in der Stadt förderlich, und zwar gerade in ihrer Form als eine Maßnahme, die einzelne soziale Klassen diskriminierte. Die Steuer sollte dazu führen, dass ausschließlich »fähige« Tierhalter Hunde hiel-

---

Domestic Economy in the American South, Rochester, NY: University of Rochester Press 1994, S. 53–77, hier S. 53–54, 63–70.

111 Vgl.: van Sittert: Class, S. 116, 122.

112 Plenarsitzung des Magistrats vom 8. Juni 1911, S. 882.

113 Sitzung des Gemeindebevollmächtigtenkollegiums vom 14. Juni 1911, in: Münchener Gemeinde-Zeitung 40, 12.06.1911, S. 906–919, hier S. 916–917. Zur bürgerlich-liberalen Orientierung der Münchener Sozialdemokratie im späten Kaiserreich siehe: Anneliese Kreitmeier: Zur Entwicklung der Kommunalpolitik der bayerischen Sozialdemokratie im Kaiserreich und in der Weimarer Republik unter besonderer Berücksichtigung Münchens, in: Archiv für Sozialgeschichte 25 (1985), S. 103–135, hier S. 111, 121, 135; Merith Niehuss: Parteien, Wahlen, Arbeiterbewegung, in: Friedrich Prinz/Marita Krauss (Hg.): München – Musenstadt mit Hinterhöfen. Die Prinzregentenzeit 1886 bis 1912, München: Beck 1988, S. 44–53, hier S. 44–49.

114 Sitzung des Gemeindebevollmächtigtenkollegiums vom 14. Juni 1911, S. 916–918.

ten. Von diesen – bürgerlichen – Hundehaltern wurde erwartet, dass sie ihre Tiere gut und kompetent, wenn auch nicht unbedingt liebevoll pflegten. Gute Pflege und gutes Leben – das sollte das Schicksal aller zukünftig in der Stadt lebenden Hunde sein. Wenn die liberalen Kommunalbehörden im München des Kaiserreichs eine Politik »nach bürgerlichen Vorstellungen und Maßstäben« betrieben,[115] dann sollten davon auch die Hunde profitieren.

## Die Grenzen der Hundepolitik. Wirkungslosigkeit, Ungehorsam und Widerstand

Die Historiker, die über den Kommunalliberalismus im Kaiserreich forschen, sind sich weitgehend einig, dass die liberalen Stadtverwaltungen eine äußerst wirkungsvolle Politik betrieben hätten, die immens zur Modernisierung der deutschen Gesellschaft beigetragen habe. Der Erfolg ihrer Politik kann nicht überschätzt werden: Ihre Leistungen auf dem Gebiet der Daseinsvorsorge veränderten die Lebensumstände der Stadteinwohner radikal. Die Kommunalpolitiker waren genuine Sozialreformer, die dem Sozialstaat den Weg bereiteten. Was sie erreichten, hatte großen Einfluss auf die Ordnung der Gesellschaft und auf die Gestaltung des Lebens von Millionen von Menschen.[116]

Es ist schwierig, der liberalen Hundepolitik eine gleichmäßige Wirksamkeit zuzusprechen. Wir haben zwar gesehen, dass die Behörden sich große Mühe gaben, ihre hundebezogenen Regelungen umzusetzen und einen Zustand der lückenlosen Besitzer-Hund-Affiliationen hervorzurufen. Ihr selbstgesetztes Ziel – die Herstellung von geordneten, sicheren und kontrollierten Hundehaltungsverhältnissen in den Gemeinden – nahmen sie sehr ernst. Die Einführung der Anmeldepflicht und später der Steuer bewirkte eine fundamentale Änderung des rechtlichen und sozialen Status der (nicht herrenlosen) Hunde in der Stadt, eher zum Besseren als zum Schlechteren, wie hier dargestellt wurde. Aber es wäre falsch zu behaupten, dass die liberale Hundepolitik es schaffte, die Hundehaltung und die Beziehungen zwischen Besitzer und Hund komplett nach den neuen, von ihr definierten Maßstäben umzuorganisieren. Die Eindringlichkeit, mit der die zahlreichen Vorschriften und Verordnungen verabschiedet und verkündet wurden, darf nicht darüber hinwegtäuschen, dass es sich bei ihnen oft um Gesetze handelte, »die nicht durchgesetzt« wurden.[117] Die gouvernementale Hundepolitik war nicht allmächtig. Sie schaffte es nicht, das Verhalten sämtlicher Hundebesitzer zu transformieren. Sie verwandelte nicht alle von ihnen in ordnungsliebende Hundehalter-Subjekte, die bei ihrem Umgang mit ihren Tieren stets die öffentliche Sicherheit vor Augen hatten. Und sie erschuf keine neue Hundepopulation, die lediglich aus Kreaturen bestand, die bestens

115 Karl Heinrich Pohl: Ein sozialliberales »Modell«? München vor dem Ersten Weltkrieg, in: Lehnert (Hg.): Liberalismus, S. 169–189, hier S. 183.

116 Siehe: Langewiesche: Kommunaler Liberalismus, S. 55, 61; George Steinmetz: Regulating the Social. The Welfare State and Local Politics in Imperial Germany, Princeton: Princeton University Press 1993.

117 Siehe: Jürgen Schlumbohm: Gesetze, die nicht durchgesetzt werden. Ein Strukturmerkmal des frühneuzeitlichen Staates?, in: Geschichte und Gesellschaft 23/4 (1997), S. 647–663.

gepflegt wurden und deren Existenz komplett von derjenigen ihrer menschlichen Besitzer abhing.

Die Schwäche der Hundepolitik fand ihren deutlichsten Ausdruck im Steuerverhalten der Hundebesitzer. Während der Zeit des Kaiserreichs beschwerten sich Münchener Kommunalpolitiker immer wieder darüber, dass im Stadtbezirk eine extrem hohe Zahl von Hunden lebte, für die keine Steuer bezahlt werde. Etlichen Schätzungen zufolge blieb etwa die Hälfte der eigentlich in München lebenden Hunde unversteuert.[118] Die Situation war dermaßen dramatisch, dass man im Münchener Gemeindebevollmächtigtenkollegium 1896 ernüchternd feststellte, dass die Hundesteuer praktisch »schon begraben« sei.[119] Schuld daran war in den Augen vieler die vermeintlich viel zu laxe Steuerkontrolle, die laut mancher Bevollmächtigten nur in den seltensten Fällen gegen Straftäter vorging. Darüber hinaus sollten die Visitationstermine in jeder Beziehung dermaßen schlecht organisiert gewesen sein, dass eine Erfassung und Identifizierung aller vorgeführten Tiere gar nicht stattfinden konnte.[120]

Ein Blick auf die Visitationsverzeichnisse bestätigt den Eindruck der Zeitgenossen, dass die Kontrolle fast nie mit Bestrafung verbunden war. In den Registern gibt es so gut wie keine Beanstandungen bezüglich des gesundheitlichen Zustandes der vorgeführten Hunde. Normalerweise wurden sämtliche Hunde vom Tierarzt als gesund erklärt, sodass sie gehalten werden konnten.[121] Das Bestrafen – das Konfiszieren und Töten von privat gehaltenen Hunden –, wie es die Verordnungen teilweise vorsahen, war nicht wirklich an der Tagesordnung.

Die Abneigung der Kontrollorgane, gegen die straffälligen Hundebesitzer einzuschreiten, ist in den Quellen vielfach dokumentiert. Was die Hundeverordnungen anging, war das Missachten des Gesetzes die Regel, und die Polizei vor Ort schien nicht

118 Siehe beispielsweise: Verhandlungen der Kammer der Abgeordneten des Bayerischen Landtages im Jahre 1876. Stenographische Berichte. Beilagen-Band III, Beilage XLVII, München, 1876, S. 335.

119 32. Sitzung des Gemeinde-Kollegiums vom 27. August 1896, in: Münchener Gemeinde-Zeitung 25 vom 07.09.1896, S. 986–995, hier S. 989. Vgl.: Gemeinsame Sitzung beider Gemeindecollegien vom 18. Februar, in: Münchener Gemeinde-Zeitung 7 vom 21.02.1878, S. 157–161, hier S. 159–160; Sitzung der Gemeindebevollmächtigten vom 1. Mai, in: Münchener Gemeinde-Zeitung 7 vom 05.05.1878, S. 407–411, hier S. 407

120 Plenarsitzung des Magistrats vom 8. Juni 1911, S. 884; Ausserordentliche Sitzung der Gemeindebevollmächtigten vom 8. Januar 1877, in: Münchener Gemeinde-Zeitung 6 vom 11.01.1877, S. 21–27, hier S. 22; Magistrat der k. Haupt- und Residenzstadt München an das Collegium der Herren Gemeinde-Bevollmächtigten dahier, 16.04.1878 (StadtAM, Veterinäramt, Nr. 161); Amtstierarzt Dr. Friedrich Schuh an den Herrn städt. Bezirks- u. Obertierarzt Schneider, 26.10.1912 (StadtAM, Veterinäramt, Nr. 99). Auch im viktorianischen England gab es massenhaft Hundesteuerhinterziehung; siehe: Walton: Dogs, S. 221; Pemberton/Worboys: Dogs, S. 79.

121 Als einzelnes Beispiel eines in dieser Beziehung typischen Visitationsprotokolls siehe: K. Bezirksamt München II: Ordentliche Hundevisitation pro 1900 (07.03.1900), in: Münchener Amtsblatt 28 (1900), S. 160.

sonderlich motiviert, die Situation zu ändern und die Hundebesitzer an ihre Pflichten zu erinnern. Die Ortspolizisten sahen es offensichtlich nicht als ihre Aufgabe, verantwortungsbewusste Hundehalter-Subjekte zu bilden. In München zeigte sich das am deutlichsten im Verhältnis zwischen den Polizisten und den sogenannten Tieraufsehern. Die Tieraufseher, die für die Handhabung von hundebezogenen Ordnungswidrigkeiten verantwortlich waren, waren in Bayern seit 1912 Angestellte der Gemeindeverwaltungen und nicht der Polizeidirektionen.[122] Das bedeutet, dass sie nicht befugt waren, Straftaten selbst zu verfolgen. Wenn sie Gesetzesübertretungen beobachteten, mussten sie einen Polizisten heranziehen, der dann gegebenenfalls gegen den Übeltäter einschritt. In dieser Konstellation waren die Hundeaufseher ziemlich machtlos, wenn es darum ging, die Vorschriften durchzusetzen und delinquente Hundebesitzer zur Rechenschaft zu ziehen. So fühlte sich z.B. an einem Septembertag 1913 der Hundeaufseher Georg Baur, als er im bekannten Wirtshaus »Mathäser« in der Münchener Ludwigsvorstadt einen Gast anwies, seinen Dachshund der Vorschrift gemäß aus den Räumlichkeiten des Lokals zu entfernen. Der Besitzer des Hundes war aber alles andere als bereit, sich zu fügen, und begann, derbe zu schimpfen: »Was willste du, habe mir gleich gedacht, dass du ein Hundefänger bist, du bist mir viel zu dumm, dass ich dir meinen Namen sage«. Dem erbosten Baur gelang es weder, den Namen des Hundebesitzers zu erfahren, noch die Angaben auf dem Hundezeichen zu ermitteln. Er musste sich geschlagen geben und den Ort verlassen. Dem Magistrat, seiner zuständigen Behörde, gegenüber lamentierte er: »Diese Fälle wiederholen sich in letzter Zeit sehr oft, sowohl bei mir als auch bei den anderen Aufsehern und zwar in der gleichen Weise und niemals war es einem Aufseher möglich die betreffenden zur Namensangabe zwingen zu können«.[123]

Es gab in München kurz vor dem Ersten Weltkrieg einige Hundeaufseher, die wie Baur ihre Aufgabe durchaus ernst nahmen und die Hundekontrolle mit vollem Einsatz umzusetzen versuchten. Ihr Problem war jedoch, dass sie wenig Gehör bei ihren Kollegen, den Polizisten, die die eigentliche Strafe verhängen sollten, fanden. In der Regel zeigten Polizisten minimale Bereitschaft, auf die Anforderungen der Aufseher einzugehen und gegen die Hundebesitzer einzuschreiten. Mehr noch: Oft zogen sie es vor, sich auf die Seite der Besitzer und nicht auf diejenige der Aufseher zu stellen. Das erfuhr auf besonders schmerzliche Weise ein Aufseher, der 1913 eine Hundehalterin daran hindern wollte, ihr Tier ins Münchener Hofbräuhaus mitzunehmen. Obwohl der Aufseher mit einer Anzeige drohte, winkte ihm die Frau ab und bemerkte, dass sich im Innenraum der Gaststätte sowieso jede Menge Hunde aufhielten. Als sie ein paar Stunden später mit dem Hund wieder herauskam, folgte der Aufseher den beiden und zeigte sie einem Streifenpolizisten an. Dieser konnte aber nicht verstehen, wieso er die Frau bestrafen sollte. Er fragte den verblüfften Aufseher, ob der Hund im Hofbräuhaus etwa die anderen Gäste belästigte oder ob sich diese vielleicht durch seine Unreinlichkeit gestört fühlten. Falls

---

122 Siehe: Luitpold, Prinz von Bayern, des Königreichs Bayern Verweser: Hundeabgabengesetz (14.08.1910), in: Gesetz- und Verordnungsblatt für den Freistaat Bayern 48 (1910), S. 604–608, hier S. 608; K. Polizeidirektion München: Hundepolizei, 28.12.1911 (StadtAM, Veterinäramt, Nr. 99).

123 Georg Baur, Aufseher, an den Magistrat der Königlichen Haupt- u. Residenzstadt München, 06.09.1913 (ebd.).

dem nicht so sei, erklärte er, könne er bei einer solch »geringfügigen Übertretung« gegen die Frau nichts unternehmen. Auch in diesem Fall blieb dem Aufseher keine andere Möglichkeit, als gedemütigt nachzugeben und das Weite zu suchen.[124] Die Polizisten, die eigentlichen Vertreter der Staatsgewalt, waren offensichtlich abgeneigt, ihre Macht gegen die Hundebesitzer zu verwenden. Die städtischen Hundeaufseher, die keine polizeiliche Autorität besaßen, blieben machtlos. Sie betrieben eine Hundekontrolle, die in München des späten Kaiserreichs zunehmend »entpolizeilicht« wurde.

Diese Situation, in der hundebezogene Ordnungswidrigkeiten nicht mehr Polizeisache waren, nutzten viele Hundebesitzer, um sich einen sehr lässigen Umgang mit dem Gesetz anzueignen. Nicht nur die frechen Reaktionen der zwei Wirtshausbesucher auf die Forderungen der Tieraufseher, ihre Hunde draußen zu lassen, zeugen davon, dass der Respekt der Münchener vor den Hundegesetzen nicht allzu groß war. Es gibt auch andere Indizien dafür, dass viele Münchener vor allem dann ihre Pflichten als gesetzestreue Bürger vergaßen, wenn es um die Beachtung der Hundevorschriften ging. Die massenhafte Hundesteuerhinterziehung ist hierfür ein Paradebeispiel. Es ging bei ihr nicht bloß um finanzielle Entlastung, sondern um ein viel umfassenderes Muster des Umgehungsverhaltens, das drohte, die von den Behörden herbeigewünschte Ordnung von registrierten und an bestimmten Besitzern affiliierten Hunden zunichte zu machen. Denn wenn sie die Steuer hinterzogen, versäumten die Hundebesitzer auch die gesamte Visitationspflicht. Das hieß: Ihre Hunde waren nicht nur unversteuert, sie wurden auch nicht angemeldet und blieben den Behörden unbekannt.

Wenn Übeltäter ermittelt werden konnten und ihr Versäumnis erklären mussten, dachten sie sich jede Menge Ausreden aus, warum sie den Visitationstermin nicht wahrnehmen konnten. Neben Zeitmangel, der in den Visitationsprotokollen immer wieder auftaucht, gaben viele Hundehalter z.B. an, dass ihre Tiere zum Zeitpunkt der Visitation krank bzw. dass ihre Hündinnen läufig waren.[125] Ein gewisser Johann Humplmaier ging mit dieser Strategie noch einen Schritt weiter: Kurze Zeit vor dem Visitationstermin für das Jahr 1900 suchte er mit seinem angeblich kranken Hund den städtischen Tierarzt auf und erklärte anschließend, dass er »damit die Sache für erledigt« hielt und davon ausgehe, dass er zur eigentlichen Visitation und Steuerentrichtung nicht mehr erscheinen müsse. Neuhundehalter erklärten ihrerseits oft, dass sie die Hundevorschriften nicht kannten. Andere, die ihren Hund kürzlich von einer anderen Person erworben hatten, dachten laut eigener Aussage, dass schon der Vorbesitzer die Steuer gezahlt habe. Sie wussten anscheinend nichts von ihrer Pflicht, den Besitzwechsel zu melden.[126]

Gerade das letztgenannte Versäumnis stellte die Behörden vor große Schwierigkeiten. Wir haben oben gesehen, wie wichtig es für sie war, über mögliche Besitzwechsel

124 Städtische Amtsstelle für Hundeabgabe und Hundepolizei an den Magistrat der Kgl. Haupt- und Residenzstadt München, 27.08.1913; Haver Menter, Schutzmann an den Obern Maier, 09.09.1913 (StadtAM, Veterinäramt, Nr. 99).

125 Siehe z.B: K. Bezirksamt München II: Hundevisitation (07.03.1900); vgl.: Schueder: Tollwut, S. 44.

126 Gemeindeverwaltung Berg a./Laim an das Kgl. Hauptzollamt München, 23.03.1900 (StadtAM, Berg am Laim, Nr. 251).

von Hunden informiert zu werden. Wenn sie die Spuren von Hunden, die von der einen Person an eine andere abgegeben wurden, nicht mehr hätten verfolgen können, wäre die ganze Ordnung der klaren Besitzer-Hund-Affiliationen gefährdet. Die Behörden wären nicht mehr imstande zu wissen, wem ein bestimmter Hund eigentlich gehörte, ihre Anmeldeverzeichnisse hätten die Realität der Hundehaltung in der Gemeinde nicht mehr widergespiegelt. Es war schlimm genug, dass viele Hundehalter den Besitzwechsel nicht meldeten. Wirklich katastrophal war für die Behörden die Tatsache, dass viele Hundehalter die Besitzwechsel und die Unklarheit, die sie erzeugten, für ihre Umgehungsmethoden ausnutzten. Um die Steuer nicht zahlen zu müssen, behaupteten viele, dass ein Tier, das vermeintlich ihnen gehörte, eigentlich das Eigentum einer anderen Person, eines *Fremden*, sei. Damit taten sie genau das, was die Behörden von ihnen *nicht* erwarteten: Sie wiesen ihre Tiere von sich. Sie waren nicht bereit, die volle Verantwortung zu übernehmen, zu richtigen Hundehalter-Subjekten zu werden. Sie zogen es vor, kleinkarierte Menschen zu bleiben, die von ihrer bürgerlichen Pflicht, auf eine Steigerung der öffentlichen Sicherheit selbst hinzuarbeiten, nie gehört hatten. Als in München 1911 eine Differenzierung der Steuersätze in Erwägung gezogen wurde, sodass Hundebesitzer für jedes weitere Tier eine sukzessiv erhöhte Gebühr hätten zahlen müssen, meinten mehrere Magistratsmitglieder, dass eine solche Regelung nicht realistisch sei:

»Bei dieser Maßnahme [...] wäre dem Schwindel Tür und Tor geöffnet. Ich halte zum Beispiel zwei Hunde, davon gehört einer mir und der andere meinem Sohne oder meiner Tochter, auf diese Weise können die unglaublichen Geschichten gemacht werden«.[127]

»Ein [...] Mann meldet einen Hund an als nicht ihm, sondern seinem Sohne gehörig, [...] oder als Eigentum seines Bedienten oder Hausmeisters. Daß dies in manchen Fällen vorkommen wird, bestreite ich nicht«.[128]

Diese Befürchtungen waren nicht unbegründet. Wenn Hundehalter mit dem Vorwurf einer Steuerhinterziehung konfrontiert wurden, behaupteten sie in der Tat sehr oft, dass der in Rede stehende Hund eigentlich das Tier einer anderen Person sei. Falls es sich um Tiere handelte, die zum ersten Mal angemeldet wurden und bei denen die Behörden den Verdacht einer früheren Steuerhinterziehung – womöglich seitens des Vorbesitzers – äußerten, bemühten sich die Besitzer darum, die Spuren ihrer Vergangenheit so weit wie möglich zu verwischen. Sie sagten z.B., dass sie überhaupt keine Ahnung davon gehabt hätten, wem die fraglichen Tiere früher gehört hätten und wie sie zu ihnen gekommen seien. In den meisten Fällen sei ihnen das Tier einfach zugelaufen. Andere konnten sich wiederum nicht daran erinnern, wie die vorherigen Eigentümer hießen und wo sie wohnten. Falls die Behörden die gewünschten Informationen doch erlangten und daraufhin die Vorbesitzer kontaktierten, erwiderten diese häufig, dass sie nur wenige Tage im Besitz des Hundes gewesen seien, bevor sie ihn dann hätten weiterziehen lassen. Sie hatten vermeintlich nur eine temporäre Beziehung mit ihm gehabt; keine von der Art, die an-

127 Plenarsitzung des Magistrats vom 8. Juni 1911, S. 883.

128 Sitzung des Gemeindebevollmächtigtenkollegiums vom 14. Juni 1911, S. 915.

meldepflichtig war – eine regelrechte Verbindung zwischen Halter und Haustier, wie es die Behörden für alle Hunde der Gemeinde wünschten.[129]

Dazu muss allerdings bemerkt werden, dass Besitzer nicht unbedingt logen, wenn sie darauf bestanden, dass sie einfach nicht wussten, wer die Vorbesitzer ihres Hundes waren. Aus den Visitationsverzeichnissen geht hervor, dass Besitzwechsel von Hunden in München der Jahrhundertwende eher die Regel als die Ausnahme waren. In den Verzeichnissen wurde für eine enorme Zahl von Hunden notiert, dass sie im Vorjahr einen anderen Besitzer gehabt hatten und erst kurz vor der Visitation in die Hände ihres jetzigen Halters gelangt waren. Diese Hundetransfers waren so zahlreich, dass viele Tiere immer wieder von neuem verkauft und weiterverkauft wurden, und zwar innerhalb von sehr kurzen Zeiträumen. Sie konnten im Laufe ihres Lebens und sogar in einem einzelnen Jahr einer außergewöhnlich großen Zahl von verschiedenen aufeinanderfolgenden Haltern gehören.[130] Angesichts dieser vielen Wechsel klingt es eigentlich ziemlich plausibel, wenn viele Besitzer meinten, dass sie nicht mehr wüssten, wer die Besitzer ihrer Hunde in der Vergangenheit gewesen waren. Mehr noch: Man konnte ihnen glauben, wenn sie behaupteten, ein bestimmter Hund sei nicht wirklich ihr Tier, er halte sich bei ihnen nur vorübergehend auf, bevor sie ihn an jemandem anderen weitergäben.[131] Hunde im München des Kaiserreichs waren ausgesprochen mobile Kreaturen. Es war unmöglich, ihre Vergangenheit als Individuen mit klarer Biographie und klarer Identität lückenlos zu rekonstruieren.[132] Aus Sicht der Behörden war das die schlimmste Erkenntnis. Wenn die Hundehalter einfach gelogen hätten, um die Steuer nicht zahlen zu müssen, hätte das bloß finanzielle Konsequenzen gehabt – ein Verlust für die Staatskasse. Wenn sie aber die Wahrheit sagten, wenn sie in der Tat nicht wissen konnten, woher genau ein bestimmter Hund zu ihnen kam und wem er zuvor gehört hatte, und wenn viele Hunde tatsächlich zwischen den Häusern vieler unterschiedlicher Menschen pendelten, sodass es gar nicht mehr möglich war, mit Sicherheit zu sagen, wer ihr »wahrer« Besitzer

---

129 Siehe beispielsweise: Gemeindeverwaltg. Poing an die Gemeindeverwaltung Berg a./L., 08.04.1902; Die Gemeindeverwaltung Berg a./Laim an das K. Hauptzollamt München II, Steuerhebestelle, 02.03.1906 (StadtAM, Berg am Laim, Nr. 251).

130 Siehe z.B: Königliches Hauptzollamt München II, Steuerhebestelle an die Gemeindeverwaltung Berg a./Laim, 28.02.1906 (ebd.).

131 Zu dieser Form von vorübergehender Haltung und schneller Weitergabe siehe folgenden Fall eines Bahnwärters in Berg am Laim, der einen bestimmten Hund nur »10–12 Tage im Besitz hatte«, bevor er ihn an einen Arbeitskollegen verkaufte. Er selbst bekam das Tier laut eigener Aussage von einer nicht näher definierten »Holzsammlerin, der er sich auf dem Weg anschloß«. Mehr war über die Vorgeschichte des Hundes nicht bekannt; siehe: Kgl. Hauptzollamt II an die Gemeindeverwaltung Trudering; Die Gemeindeverwaltung Trudering an das Kgl. Hauptzollamt München II, 02.06.1905 (ebd.).

132 Zur Menschenmobilität als Problem für das bürokratische Registrierungssystem des modernen Staates vgl.: Jon Agar: Modern Horrors. British Identity and Identity Cards, in: Caplan/Torpey (Hg.): Documenting, S. 101–120, hier S. 105.

war,[133] bedeutete das, dass es eine Ordnung der klaren Besitzer-Hund-Affiliationen, wie sie die Behörden herzustellen wünschten, nur in sehr begrenztem Ausmaß gab.

Diese mangelhafte Realisierung der Hundehaltungsordnung schmerzte die Vertreter der Staatsgewalt durchaus. Wir haben zwar oben gesehen, dass die Polizei nicht sehr danach trachtete, die straffälligen Hundebesitzer zu rügen und zu bestrafen. In der Münchener Stadtverwaltung gab es aber durchaus Instanzen, die nicht bereit waren, sich mit dem Ungehorsam des Hundehalterpublikums abzufinden. In der Zeit nach 1900 machte der Magistrat einen erneuten Versuch, die Kontrolle zu verschärfen und zu intensivieren. Man wollte jetzt endlich erreichen, dass »sich im Bezirke keine Hunde befinden«, »für welche die gesetzliche Abgabe nicht entrichtet worden ist«. Die Hundeaufseher wurden gerufen, für den »strengsten Vollzug der [...] Polizeivorschriften« und für eine »sofortige Abstellung von Übertretungen [...] unter genauer Anzeigeerstattung« zu sorgen.[134]

Diese verschärfte Kontrolle galt vor allem bei Missständen in der Öffentlichkeit und Verstößen gegen Verbote räumlicher Art. Alte, eher für die Frühe Neuzeit typische Vorschriften, wie beispielsweise das Verbot des Mitnehmens von Hunden in Kirchen, Theater, auf Friedhöfe, Märkte und allen voran in Wirtshäuser,[135] wurden nun zumindest versuchsweise zu neuem Leben erweckt.[136] Ein anderer öffentlicher Raum, in dem die Anwesenheit der Hunde untersagt wurde, war die in München 1895 in Betrieb genommene elektrische Straßenbahn. Das Verbot, Hunde in die Trambahn mitzunehmen, war ein Ausdruck des Widerwillens vieler Behördenvertreter und Einwohner, den Hunden einen Platz in ihrer zunehmend modernisierten Stadt einzuräumen. Die Kontrolle galt jetzt eher den Tieren selbst als ihren Besitzern. Die Behörden versuchten jetzt nicht mehr, den Besitzern die Grundelemente einer »guten« und gesunden Hundehaltung beizubringen. Sie wollten einfach sicherstellen, dass die Hunde nicht mehr da waren, wo sie die öffentliche Ordnung in der Stadt zu beeinträchtigen drohten. Im Umgang mit den Besitzern

133 Zur »Propertisierung« als einem grundlegenden Element moderner Gesellschaftsordnungen siehe: Hannes Siegrist: Die Propertisierung von Gesellschaft und Kultur. Konstruktion und Institutionalisierung des Eigentums in der Moderne, in: ders. (Hg.): Entgrenzung des Eigentums in modernen Gesellschaften und Rechtskulturen, Leipzig: Leipziger Universitäts-Verlag 2007, S. 9–52.

134 Magistrat der K. Haupt und Residenzstadt München, Bürgermeister Dr. von Borscht: Dienstvorschriften für die städtischen Tieraufseher, 23.12.1911 (StadtAM, Veterinäramt, Nr. 99). Um die Steuerhinterziehung zu bekämpfen, wurden im selben Jahr an sämtliche Hausbesitzer der Stadt Fragebogen verteilt, die sie mit Informationen darüber ausfüllen sollten, ob sie, »in ihrem Hause wohnende[] Angehörigen, Mieter, Untermieter, Schlafgänger und dergl.« einen Hund hielten (Magistrat der K. Haupt- und Residenzstadt München: Ortspolizeiliche Vorschrift zur Sicherung und Überwachung der Hundeabgabe, in: Münchener Gemeinde-Zeitung 40 vom 20.12.1911, S. 590).

135 Siehe: Polizeistrafgesetzbuch für das Königreich Bayern. Mit leichtfaßlichen Anmerkungen für den Bürger und Landmann, Würzburg: Stahel 1862 S. 33; Polizeistrafgesetzbuch für das Königreich Bayern (1872), S. 23; Königl. Polizei-Direktion München: Bekanntmachung. Die zweite Hundevisitation und Zeichenlösung im Jahre 1866 betr. (24.03.1866), S. 299.

136 Siehe: Magistrat der K. Haupt und Residenzstadt München, Bürgermeister Dr. von Borscht: Dienstvorschriften für die städtischen Tieraufseher, 23.12.1911.

blieb die Kontrolle liberal: Die Hundeaufseher wurden angewiesen, »[i]m Verkehr mit dem Publikum […] ein besonnenes und höfliches Benehmen zu beobachten und bei Ausübung ihres Dienstes mit tunlichster Schonung des Publikums« vorzugehen. Dafür mussten sie die Tiere selbst stärker ins Visier nehmen. Ihre Aufgabe war es, Raufereien, Verletzungen und all jene Vorkommnisse, in denen »durch sie [= die Hunde] die öffentliche Ruhe gestört wird«, zu unterbinden.[137] Die Kontrollbehörden interessierten sich nun für die Hunde als Störfaktoren und nicht für ihre Beziehungen mit ihren Besitzern. Wo der Hund in der Stadt störte, musste er beseitigt werden. Darum sollten sich die Behörden kümmern; nicht um die Art und Weise, wie sein Halter mit ihm in seiner Wohnung umging.

Mit diesem Rückzug aus den Beziehungen zwischen Halter und Tier und aus der Privatsphäre als dem Ort, wo diese Beziehungen stattfanden, hörten die Behörden auch auf, ihr Ideal der »guten« und verantwortungsvollen Hundehaltung zu propagieren. In liberaler Hinsicht bedeutete das, dass sie jetzt bereit waren, auch solche Formen der Hundehaltung zu akzeptieren, die die von ihnen konstruierten Prinzipen der »vernünftigen« Halter-Hund-Verhältnisse nicht entsprachen. Mehr noch: Sie integrierten diese »alternativen« Formen der Hundehaltung, die vor allem bei den Unterschichten verbreitet waren, in ihre Gesetzgebung. Das kam in einer umfassenden Revision vieler Hundegesetze zum Ausdruck, die die Bayerische Staatsregierung 1910 und 1911 vornahm. In den neuen, umgeschriebenen Gesetzen war das Modell der personalisierten und individualisierten Beziehungen zwischen Halter und Hund und mit ihm das Prinzip »Ein Besitzer, ein Tier« so gut wie verschwunden.

Vor allem im Rahmen des revidierten Hundeabgabengesetzes war jetzt der Gesetzgeber bereit anzuerkennen, dass Beziehungen zwischen Hunden und Menschen großen Fluktuationen ausgesetzt waren. So war dort plötzlich die Rede davon, dass »im Orte oder in der Art der Hundehaltung eine Änderung« eintreten könne. Die Möglichkeit, dass ein Hund ein neuer Besitzer bekam und in eine neue Adresse oder gar in eine neue Gemeinde zog, war für die Behörden kein Problem mehr – sie wurde im neuen Gesetz explizit angesprochen und damit sanktioniert. Es ergab jetzt auch für den Gesetzgeber Sinn, dass sich Beziehungen zwischen Menschen und Hunden so schnell auflösten, wie sie zustande gekommen waren, und dass an ihrer Stelle neue Kontakte mit anderen Hunden und mit anderen Menschen entstanden. Die Regelmäßigkeit der Hundetransfers wurde als normal erklärt. Die Mobilität der Hunde war jetzt Teil des Gesetzes. Sie durften jetzt unter Umständen sogar keinen festen Wohnsitz haben. Sie konnten etwa »umherziehende[n] Gewerbetreibenden«, wie »Karussellbesitzer[n]«, gehören und sie bei ihren ständigen Reisen begleiten.[138] Das Gesetz erkannte das an, und im gleichen Atemzug

137 Stadtrat München: Dienstvorschriften für die städtischen Aufseher, 23.12.1911 (StadtAM, Veterinäramt, Nr. 99). Siehe auch: Amtstierarzt Schuh an das Referat X, 09.12.1912 (ebd.) Die Gemeindeverwaltung Nymphenburg: Ortspolizeiliche Vorschrift, 20.07.1896 (StadtAM, Nymphenburg, Nr. 191). Vgl. zu einem ähnlichen Muster der Verdrängung von Hunden aus öffentlichen Bereichen in der frühneuzeitlichen Stadt: Steinbrecher: Stadt, S. 35–36.

138 Luitpold, Prinz von Bayern, des Königreichs Bayern Verweser: Hundeabgabengesetz (14.08.1910), S. 605. Vgl. auch: K. Staatsministerium des Innern: Oberpolizeiliche Vorschrift

inkorporierte es diese ungewöhnliche Form der Hundehaltung in das staatliche Steuersystem.

Das Gesetz erkannte jetzt auch ein weiteres Phänomen an, das es in früheren Zeiten vehement bekämpft hatte: den multipersonellen Hundebesitz. Wenn die Verordnungen in früheren Zeiten immer nur von einem einzelnen »Hundebesitzer« gesprochen hatten, der die alleinige Verantwortung für ein bestimmtes Individuum getragen haben sollte, tauchten in der Neufassung des Hundeabgabengesetzes plötzlich gewisse »Nießbraucher«, »Pfandgläubiger«, »Mieter«, »Verwahrer«, »Hinterleger« etc. auf. Das waren alles Kategorien, die angesichts der realen Umstände der Hundehaltung eine gesetzliche Verankerung benötigten. Der »eigentliche« »Besitzer« war jetzt nicht mehr zwangsläufig derjenige, der mit dem Hund wirklich zusammenlebte und der sich um ihn kümmerte. Aus rein rechtlicher Sicht war er schlicht derjenige, der dem Staat die Abgabengebühr schuldig war. Mit dieser Reduzierung des »Besitzers« auf eine bloß für finanzielle Angelegenheiten relevante Person erreichte der Prozess des Rückzugs der Behörden aus der Beziehung zwischen Halter und Hund seinen Höhenpunkt. Dem Staat war es jetzt egal, ob ein Hund von seinem tatsächlichen Halter, mit dem er wirklich lebte, »gut« gepflegt wurde. Die Hauptsache war, der »Besitzer« zahlte seine Steuer. Nach Ansicht der Behörden konnten Menschen sogar eine »Fernbeziehung« mit »ihren« Hunden hegen, etwa wenn »jemand in der Stadt wohnt und auf einem entfernten Landgut einen Hund halten« ließ.[139] Das war natürlich sehr weit entfernt von dem früheren Ziel der Behörden, Besitzer und Hund fester aneinander zu binden.

---

zur Sicherung und Überwachung der Hundeabgabe (13.06.1911), in: Gesetz- und Verordnungsblatt für das Königreich Bayern 42 (1911), S. 907–909, hier S. 908; ders.: Vollzugsanweisung zum Hundeabgabengesetze (13.06.1911), in: Gesetz- und Verordnungsblatt für das Königreich Bayern 42 (1911), S. 910–928, hier S. 912–913, 915, 919. In den 1876 geführten Debatten über die Einführung der Hundesteuer wurden solche »nomadischen« Haltungsformen noch scharf verurteilt. Ein Landtagsabgeordneter behauptete z.B., dass »gerade herumziehende Ausländer häufig schlecht genährte Hunde mit sich herumführen, welche dem Lande zur Plage sind« (Verhandlungen der Kammer der Abgeordneten des Bayerischen Landtages im Jahre 1875/76. Stenographische Berichte. Beilagen-Band II, Beilage 41, München, 1876, S. 365). Es war dabei auch von einer besonderen »Species der Hunde […] der fahrenden Leute«, der »Zigeunerbanden«, die Rede, die »wirklich schauerlichen Köter« mit sich geführt hätten (Verhandlungen der Kammer der Abgeordneten des Bayerischen Landtages im Jahre 1875/76. Stenographische Berichte. I. Band, 24. öffentliche Sitzung, München, 04.04.1876, S. 354; ebd., 25. öffentliche Sitzung, München, 05.04.1876, S. 372). Der niederbayerische Gutsbesitzer Franz Xaver von Hafenbärdl schlug dementsprechend vor, dass es lediglich Personen, die »einen festen Besitz oder einen stabilen Wohnsitz« hätten, erlaubt sein solle, einen Hund zu halten (ebd., S. 356). Zu den vielen »Zigeunern«, »Landstreichern« und überhaupt mobilen Menschen der Unterschichten, die im damaligen München vermeintlich »herumzogen« und zur Hauptzielscheibe polizeilicher Überwachungskräfte gemacht wurden, siehe: Eva Strauß: »Die vielen excessiven Elemente…«. Aspekte Polizeilicher Tätigkeit, in: Prinz/Krauss (Hg.): München, S. 142–145.

139 Luitpold, Prinz von Bayern, des Königreichs Bayern Verweser: Hundeabgabengesetz (14.08.1910), S. 604.

Das Halter-Hund-Band wurde in mehrere Schichten zerlegt: Ein Hund durfte mit mehreren Menschen gleichzeitig affiliiert sein. Die Kategorie der »Mitbesitzer« wurde erfunden: »Abgabenpflichtige Mitbesitzer eines Hundes (z. B. mehrere Miteigentümer) sowie mehrere abgabenpflichtige Besitzer, die im Laufe des Kalenderjahres aufeinanderfolgen, sind [...] Gesamtschuldner der Abgabe«. Denn es könne vorkommen, räumte das Gesetz ein, dass »ein steuerbarer Hund im Januar von A, von da ab von B«, ja »nacheinander von mehreren Besitzern – teils in Bayern, teils anderwärts« gehalten werde.[140] Der Hund war demzufolge nicht zwangsläufig ein persönlicher Gefährte eines einzigen, unverwechselbaren Besitzers. Er war ein mobiles Objekt geworden, das ständig zwischen unterschiedlichen Haltern pendelte. Der singuläre Besitzer entpuppte sich auch für die Behörden als eine unrealistische Wunschvorstellung.

In diesen Paragraphen des neuen Hundeabgabengesetzes schafften es die Unterschichten sozusagen, für ihre besonderen, nicht ganz »vernünftigen« Formen der Hundehaltung eine offizielle Anerkennung zu gewinnen. Dass es so weit kam, war u.a. darauf zurückzuführen, dass es selbst innerhalb des politischen Establishments Personen gab, die für das Recht von armen Menschen, Hunde zu halten, gekämpft hatten. Diese Advokaten der unbemittelten Hundehalter und derer nonkonformistischen Haltungsformen hatten dafür gesorgt, dass die anvisierte Ordnung der Hundehaltung nicht nur an der Resignation der Behörden selbst scheiterte, sondern auch an einem aktiven Widerstand, den bestimmte bayerische und Münchener Politiker aus Gründen der Sozialgerechtigkeit geleistet hatten. Bereits während der Verhandlungen um die Einführung der Steuer 1876 im Bayerischen Landtag gab es Stimmen, die einem solchen Widerstand im Namen der Armen Ausdruck verliehen. Karl Crämer, Mitbegründer der »Deutschen Fortschrittspartei« und einer der herausragendsten Führungsfiguren des bayerischen Liberalismus des 19. Jahrhunderts,[141] verspottete z.B. den Bericht des Gesetzesausschusses, indem er ihn als eine Manifestation von vorgetäuschter Armenfürsorge parodierte:

»[D]enken Sie sich in die Lage eines Mannes, [...] der fängt nun an [den Bericht] zu lesen: ›Kein Thier der Erde ist der Freundschaft und Liebe des Menschen würdiger, als der Hund.‹ [...] Was wird sich der Mann denken, wenn er dies liest? Er wird denken: das ist wieder so eine hyperhumanistische Geschichte, das geht darauf hinaus, Hundeasyle zu errichten, für die Hunde im Alter zu sorgen, ihre Wohnungen zu verbessern, zu sorgen, daß sie besser genährt werden u. dgl. Wenn er aber weiter liest, so wird er finden, daß von all' diesen humanistischen Dingen keine Spur vorhanden ist; Steuer muß der Hund zahlen, und wenn er die Steuer nicht zahlt, wird er todtgeschlagen«.

Wie Crämer aber feststellte, drohe die Steuer nur die Hunde einer sehr spezifischen Gesellschaftsgruppe zu eliminieren: »[D]ie Hunde werden vermindert werden. Ja. Wo denn meine Herren? Allerdings beim geringen Manne; [...] wer aber Geld hat, nun, der behält

140 Ebd. Vgl.: K. Staatsministerium des Innern: Vorschrift (13.06.1911), S. 908; ders.: Vollzugsanweisung (13.06.1911), S. 911, 914–915.

141 Craemer, Karl, in: Rudolf Vierhaus (Hg.): Deutsche Biographische Enzyklopädie (DBE). Bd. 2, München: Saur 2005, S. 425.

seinen Hund«.[142] Dieses Argument war klassisch linksliberal: Crämer stellte die Hundesteuer als eine repressive Maßnahme dar, die die Privatrechte nicht aller Bürger, sondern nur derjenigen ohne Geld und politische Stimme verletze. Nur ihnen gelte die Staatsgewalt, nur ihre Hunde würden grausam erschlagen. Der Staat habe demnach kein Recht darauf, schutzlosen Menschen vorzuschreiben, wie sie ihr Leben zu führen hatten, welche Tiere sie bei sich halten oder nicht halten dürften.

Im München des späten Kaiserreichs wurde der linksliberale Widerstand gegen die Hundesteuer von keinem Geringeren als dem späteren Friedensnobelpreisträger Ludwig Quidde weitergeführt. Quidde ist vor allem für sein Werk *Caligula. Eine Studie über römischen Cäsarenwahnsinn* (1894) bekannt – in Wahrheit eine Satire auf den deutschen »Cäsarenwahnsinn« Wilhelm II., die ihm den Vorwurf der Majestätsbeleidigung einbrachte. 17 Jahre später erwies er sich erneut als kompromissloser Kritiker des politischen Establishments, indem er der Hundesteuer den Kampf ansagte. Als der Münchener Stadtmagistrat 1911 eine Erhöhung der Steuer in Betracht zog, protestierte Quidde, der im hiesigen Gemeindebevollmächtigtenkollegium die linksliberale »Fortschrittliche Volkspartei« vertrat, gerade gegen das erklärte Ziel der Maßnahme, arme Menschen von der Hundehaltung abzubringen. Statt einer pauschalen Erhöhung der Steuer schlug Quidde vor, ein progressives Steuersystem einzuführen, in dessen Rahmen die Höhe des zu entrichtenden Betrags von der Vermögenssituation des jeweiligen Besitzers, etwa von »der Lage oder Beschaffenheit der Wohnung« abhängen sollte. Das war natürlich genau das Gegenteil dessen, was der Magistrat beabsichtigt hatte: Eine Erhöhung der Steuer würde es den Armen schwerer machen, einen Hund zu besitzen; eine progressive Steuer würde sie dagegen entlasten. Sie würde ihnen die Möglichkeit einräumen, weiterhin Hunde bei sich zu haben. Quidde kämpfte damit gegen das große Ziel der Behörden, die Hundehaltung zu einer exklusiven Domäne der vermögenden Stadtbewohner – der Bürger – zu machen. Die Beziehung zum Hund durfte nicht zu einem Privileg des Bürgers werden:

> »Die Hundehaltung [...] hat sich in München stark eingebürgert, in allen Kreisen, wie Sie aus dem großen Hundereichtum Münchens sehen. Es gibt viele Personen in allen Schichten der Bevölkerung und in allen Einkommensverhältnissen, die sich an die Haltung eines Hundes gewöhnt haben«.[143]

Nicht umsonst sprach hier Quidde nicht nur von den »viele[n] Personen in allen Schichten der Bevölkerung«, die Hunde hielten, sondern auch von »dem großen Hundereichtum Münchens« selbst. Wenn Quidde die Hundesteuer bekämpfte, verteidigte er nicht nur das Recht von armen Menschen, so zu leben, wie sie wollten, sondern auch das Leben ihrer Hunde, die als eine Konsequenz der Steuererhöhung totgeschlagen werden sollten. Wie sein Schüler, der Tierschutzaktivist Magnus Schwantje, ihn einst nannte,

---

142 Verhandlungen der Kammer der Abgeordneten des Bayerischen Landtages im Jahre 1875/76. Stenographische Berichte. I. Band, 24. öffentliche Sitzung, München, 04.04.1876, S. 352–353.

143 Sitzung des Gemeindebevollmächtigtenkollegiums vom 14. Juni 1911, S. 914–915 (Zitate), 917.

war Quidde ein »gesamtethischer« Sozialkämpfer[144] – er kämpfte für das Wohlergehen sowohl von marginalisierten Menschen als auch für das gequälte Tier. Denn er tat sich auch als ein Tierschützer hervor. Seine größte Leistung auf diesem Feld war die Gründung des »Münchener Vereins gegen die Vivisektion und sonstige Tierquälerei«, die er, zusammen mit seiner Frau Margarete 1896 ins Leben rief.[145] Als er 15 Jahre später der Hundesteuer den Kampf ansagte, tat er das nicht nur als Advokat der armen Menschen, sondern auch als Beschützer der zu Tode verurteilten Hunde. Die Erhöhung der Steuer, so Quidde, werde vor allem eine Katastrophe für die Tiere selbst sein. Es ging ihm um die Frage des Zusammenlebens der Hunde mit den Menschen. Die Steuer hatte zum Zweck, die Zahl der Hunde, die neben und mit den Menschen in der Stadt lebten, zu verringern. Quidde vertrat den Standpunkt, dass eine solche Verringerung gar nicht nötig sei, denn die Hunde stellten keine dermaßen große Gefahr für die menschliche Gesellschaft dar, wie es die medizinalpolizeilichen Instanzen mit ihren Horrorszenarien behaupteten:

»Wir sollen uns auch nicht ins Bockshorn jagen lassen durch die Ausführungen über Bakteriengefahr. Diese wird nicht größer oder geringer, ob 18000 oder 20000 Hunde herumlaufen. Ich bin überhaupt der Meinung, daß die Art, wie heute mit Bakterienfurcht gearbeitet wird, für die künftige Zeit so komisch sein wird wie für uns heute die frühere Sitte bei jedem Anlass zu Ader zu lassen. Wenn die bloße Berührung mit Bakterien uns umbrächte, könnten wir überhaupt nicht mehr existieren, ob wir nun mit einer Milliarde mehr oder weniger in Berührung kommen. [...] Dadurch sollten wir uns nicht einschüchtern lassen«.[146]

Gerade weil er nicht nur ein Linksliberaler und Tierschützer, sondern dazu noch, wie aus obigen Zeilen hervorgeht, ein Hygieneskeptiker war, der sich weigerte, die Bakterien als fürchterliche Feinde zu betrachten, kämpfte Quidde mit seinem Verein auch gegen die aus dieser Perspektive übertriebene Kontrolle der Hunde. Die Tollwutgefahr sei, wie man in unterschiedlichen Veröffentlichungen des »Münchener Vereins gegen die Vivisektion und sonstige Tierquälerei« lesen kann, nicht dermaßen groß, dass sie eine Massenvernichtung von Straßenhunden rechtfertige. Eine Stadt ohne Hunde helfe nieman-

144 Magnus Schwantje: Ludwig Quidde als Vivisektionsgegner. Zu seinem 70. Geburtstage, in: Mitteilung des Bundes für radikale Ethik 17 (1928), S. 2–8, hier S. 4.

145 Zu Quidde als Tierschützer siehe: Miriam Zerbel: Tierschutz und Antivivisektion, in: Diethart Krebs/Jürgen Reulecke (Hg.): Handbuch der deutschen Reformbewegungen 1880–1933, Wuppertal: Hammer 1998, S. 35–46, hier S. 41; Karl Holl: Ludwig Quidde (1858–1941). Eine Biografie, Düsseldorf: Droste 2007, S. 57, 75–77, 83–88, 126–130, 136–141, 152; Renate Brucker: Tierrechte und Friedensbewegung. »Radikale Ethik« und gesellschaftlicher Fortschritt in der deutschen Geschichte, in: Brantz/Mauch (Hg.): Geschichte, S. 268–285, hier S. 281.

146 Sitzung des Gemeindebevollmächtigtenkollegiums vom 14. Juni 1911, S. 915. Vgl.: Ludwig Quidde: Antrag an das Collegium der Gemeindebevollmächtigten, 14.06.1911 (StadtAM, Veterinäramt, Nr. 161).

dem. Die getöteten Hunde seien unnötige Opfer – genau wie die Kreaturen, die im Labor des Vivisektionisten »gefoltert« würden.[147]

Mit seinem dezidierten Antivivisektionismus vertrat Quidde eine radikale Strömung des zeitgenössischen Tierschutzes, die der etablierten, bürgerlichen Tierschutzbewegung des Kaiserreichs den Rücken kehrte. Quiddes radikaler Tierschutz drückte sich vor allem in seiner »gesamtethischen« Weltanschauung aus: Anders als die bürgerlichen Tierschützer, die vorwiegend Personen der Unterschicht als Tierquäler ins Visier nahmen, scheute Quidde nicht davor, Gewalt gegen Tiere in Zusammenhang mit sozialen Ungerechtigkeiten gegenüber verarmten Menschen zu setzen.[148] Seine ganze Einmischung in die Hundesteuerfrage lief so auf einen gezielten Affront gegen jede Form staatlicher Unterdrückung von »geschundenen Kreaturen« hinaus. Sowohl Hundehalter als auch Hunde müssten vor der Aggressivität des Staates geschützt werden. Als ein anderer Gemeindebevollmächtigter behauptete, dass viele arme Hundebesitzer mit ihren Tieren in viel zu engen physischen Kontakt kämen, was ihre Gesundheit gefährde, reagierte Quidde mit einem Zwischenruf: »Das kann durch die Steuer nicht verhindert werden«.[149] Wie die Menschen ihre Beziehungen zu ihren Tieren ausgestalteten, war ihre eigene Sache, nicht die des Staates als Schulmeister.[150] Für Quidde war die Haltung eines Hundes eine

147 Abteilung München des Weltbundes gegen die Vivisektion: Anleitung zur Verständigung über die Vivisektionsfrage, München: Stägmeyr 1898; Verein gegen die Vivisektion und sonstige Tierquälerei in München: Experimentelle Tierquälerei an medizinischen Instituten Bayerns (1900–1909). Mit einem Anhang: Versuche an Menschen in Krankenhäusern, München: A. Buchholz 1910. Zur Geschichte des deutschen Antivivsektionismus siehe: Andreas Holger-Maehle: Organisierte Tierversuchsgegner. Gründe und Grenzen ihrer gesellschaftlichen Wirkung, 1879–1933, in: Martin Dinges (Hg.): Medizinkritische Bewegungen im Deutschen Reich (ca. 1870-ca. 1933), Stuttgart: Steiner 1996, S. 109–127; ders./Ulrich Tröhler: Anti-Vivisection in Nineteenth-Century Germany and Switzerland. Motives and Methods, in: Nicolaas A. Rupke (Hg.): Vivisection in Historical Perspective, London u.a.: Croom Helm 1987, S. 149–187; Carola Sachse: Von Männern, Frauen und Hunden. Der Streit um die Vivisektion im Deutschland des 19. Jahrhunderts, in: Feministische Studien 24/1 (2006), S. 9–28.

148 So vor allem in: Ludwig Quidde: Arme Leute in Krankenhäusern, München: Stägmeyr 1900. Zur Voreingenommenheit der zeitgenössischen bürgerlichen Tierschutzbewegung gegen die Unterschichten siehe: Miriam Zerbel: Tierschutz im Kaiserreich. Ein Beitrag zur Geschichte des Vereinswesens, Frankfurt a.M.: Peter Lang 1993, S. 59–63, 95–152; Frank Uekötter/Amir Zelinger: Die feinen Unterschiede. Die Tierschutzbewegung und die Gegenwart der Geschichte, in: Herwig Grimm/Carola Otterstedt (Hg.): Das Tier an sich. Disziplinenübergreifende Perspektiven für neue Wege im wissenschaftsbasierten Tierschutz, Göttingen: Vandenhoeck & Ruprecht 2012, S. 119–134, hier S. 122–126; Jutta Buchner: Kultur mit Tieren. Zur Formierung des bürgerlichen Tierverständnisses im 19. Jahrhundert, Münster: Waxmann 1996, S. 29–33; Pascal Eitler: Der Ursprung der Gefühle. Reizbare Menschen und reizbare Tiere, in: Ute Frevert u.a. (Hg.): Gefühlswissen. Eine lexikalische Spurensuche in der Moderne, Frankfurt a.M./New York: Campus 2011, S. 93–119, hier S. 113–117.

149 Sitzung des Gemeindebevollmächtigtenkollegiums vom 14. Juni 1911, S. 917.

150 Wie Quidde an anderer Stelle feststellte, sei staatlicher Aktionismus immer mit einem grundsätzlichen Misstrauen zu begegnen: »Wir sind keine Freunde des Verlangens nach neuen

sehr unspektakuläre Freizeitbeschäftigung. Es war völlig unnötig, sie zum Objekt einer von oben gesteuerten Reformpolitik zu machen, die die Menschen über die Prinzipien eines gesunden Zusammenlebens mit dem Haustier aufklärte. Man sollte die Leute (und ihre Hunde) einfach machen lassen. Die Hundehaltung war ihrem Wesen nach kein *feines* Unterfangen: »So lange man unbemittelten Leuten den Luxus gönnt, im Tage ein oder mehrere Glas Bier zu trinken, muß man ihnen auch gönnen, sich einen Hund zu halten«.[151]

Die Münchener Hunde hatten es nötig, dass jemand wie Quidde, ein Mensch, in ihrem Namen kämpfte. Aber es gab im späten Kaiserreich auch Tiere, die selbst, aus eigener Kraft, gegen die haustierbezogene Kontrollpolitik der Behörden Widerstand leisteten – wenn auch nicht willentlich.[152] Das waren allerdings keine Hunde, sondern Katzen. Wie wir im nächsten Kapitel sehen werden, war die Katze im Verständnis der wilhelminischen Zeitgenossen ein äußerst kontroverses Tier, und es überrascht daher wenig, dass die politischen Behörden ihre »Machenschaften« durch Gesetze und Vorschriften zügeln wollten. Die Katze ist allerdings nur ein halbdomestiziertes Tier, was jeder Versuch, sie menschlichen Kontrollmechanismen zu unterwerfen, zu einem mehr als gewagten Experiment macht. Dass die Münchener und auch etliche andere Stadtverwaltungen im Kaiserreich sich tatsächlich zum Ziel setzten, die Katzen in ihr Rechtssystem einzubeziehen, war wohl der extremste Ausdruck des kommunalen Aktionismus in dieser Zeit.[153]

Als in München 1911 über eine mögliche Erhöhung der Steuersätze für die Haltung von Hunden debattiert wurde, warfen einige Gemeindebevollmächtigten die Frage auf, ob es denn nicht geboten sei, auch die Katzenhalter zur Kasse zu bitten. Wie im Fall der Hunde standen vor allem hygienische Überlegungen hinter dem Vorstoß. Die anvisierte Steuer sollte dementsprechend zu einer Verringerung der Zahl der in der Stadt lebenden

Strafgesetzen, die einem besonderen, neu auftauchenden Bedürfnisse sozusagen auf den Leib geschnitten werden, um eine bisher vorhandene wirkliche oder vermeintliche Lücke des Gesetzbuches auszufüllen« (Quidde: Leute, S. 24). Zu Quiddes kompromisslosem Liberalismus siehe: Holl: Quidde, S. 81, 84, 124–126.

151 Sitzung des Gemeindebevollmächtigtenkollegiums vom 14. Juni 1911, S. 917.

152 Zur Frage nach der Möglichkeit eines Widerstands von Tieren siehe: Chris Wilbert: Anti-This – Against-That. Resistances along a Human-Non-Human Axis, in: Joanne P. Sharpe/Paul Routledge/Chris Philo/Ronan Paddison (Hg.): Entanglements of Power. Geographies of Domination/Resistance, London/New York: Routledge 2000, S. 238–255; ders./Chris Philo: Animal Spaces, Beastly Places. An Introduction, in: dies. (Hg.): Animal Spaces, Beastly Places. New Geographies of Human-Animal Relations, London/New York: Routledge 2000, S. 1–35, hier S. 14–23.

153 Zu Bemühungen um die Einführung einer Katzensteuer in deutschen Städten im späten Kaiserreich siehe: Katzensteuer, in: Ornithologische Monatsschrift 27/7 (1902), S. 291–292; Koepert: Zur Katzensteuer, in: Ornithologische Monatsschrift 28/2 (1903), S. 114; Karl Haenel: Der Vogelschutz in Bayern organisiert von der staatlich autorisierten Kommission (dem Landesverband) für Vogelschutz nach den von Freiherrn von Berlepsch aufgestellten Grundsätzen, München: Carl Gerber 1913, S. 59.

Katzen führen. Aber – ebenfalls wie die Hunde – sollten auch die (nicht herrenlosen) Tiere selbst von der Maßnahme profitieren:

»[V]iele Katzenbesitzer [sind] der Ansicht, daß es eine Wohltat für die Katzen wäre, wenn sie registriert und besteuert werden würden. Es würden dann die besteuerten Tiere gut gehalten und die streunenden wilden Katzen ausgerottet, sodaß vor allen Dingen eine Vermischung der wilden Katzen mit den durch häusliche Erziehung veredelten, und damit das Heranwachsen eines entarteten Katzengeschlechts vermieden würde. [...] Herrenlose Katzen, die niemand gehören, welche wild heranwachsen, können sich nur dadurch halten, daß keine Katzensteuer existiert«.[154]

Aus behördlicher Sicht sollte die Steuer die Katzen zu richtigen Haustieren machen. Das wollte man durch eine strikte Abgrenzung (Entmischung) zwischen den Hauskatzen und ihren vermeintlich streunenden Artgenossen erreichen – abermals wie bei den Hunden. Eine Versteuerung der Katzen bedeutete nicht zuletzt deren »Verhundung«: Auch sie sollten zu legitimen Mitgliedern der Stadtgemeinde werden, aber eben erst dadurch, dass sie an Menschen affiliiert und in das Hausleben voll integriert würden.

In den Augen vieler Gemeindebevollmächtigten war dennoch die Idee, dass die Politik sich mit den Katzen befassen sollte, ziemlich absurd. Als die Katzensteuer im Gemeindebevollmächtigtenkollegium zum ersten Mal zur Debatte stand, brachen viele in »fröhliches Gelächter« aus. Einige Sitzungsteilnehmer spaßten, dass »schließlich auch noch die Montagskater mitversteuert werden« müssten.[155] Manche Gemeindebevollmächtigten fanden es offensichtlich schwer, Katzen als ein würdiges Objekt der Kommunalpolitik zu betrachten. Das ist zwar ein Indiz für die marginale Stellung der Katze in der menschlichen Gesellschaft des Kaiserreichs. Aber die mit der Katzensteuer verbundenen Schwierigkeiten hatten auch mit der Natur des Tiers selbst zu tun, die sich einer flächendeckenden Kontrolle, wie sie die Behörden schon den Hunden auferlegt hatten, einfach nicht unterwerfen ließ.

Die größte Schwierigkeit hatte gleich mit dem im Mittelpunkt des Steuersystems stehenden Element zu tun: die Markierung und Identifizierung der einzelnen Tiere. Nämlich, »in welcher Weise bei Katzen am besten die Identifizierungsmarke angebracht und die sonstige Kontrolle gehandhabt werden kann«.[156] Alles hing vom Identitätszeichen ab. Nur wenn es realistisch wäre, alle Katzenhalter der Stadt zu verpflichten, ihren Tieren ein Zeichen mit ihren persönlichen Informationen anzuhängen, würde die Einführung einer Katzensteuer Sinn ergeben. Aber gerade wegen des Zeichens stieß »die Durchführung [der Katzensteuer] [...] auf bisher unüberwindliche Schwierigkeiten«, wie es bereits in der Gemeindebevollmächtigtensitzung hieß. Das Problem lag gerade an der ungebundenen Lebensweise der Katze: Man könne die Katzen nicht so leicht wie die

154 Sitzung des Gemeindebevollmächtigtenkollegiums vom 14. Juni 1911, S. 916–917. Siehe auch: 44. Sitzung des Gemeindebevollmächtigtenkollegiums vom 19. Oktober 1911 nachm., in: Münchener Gemeinde-Zeitung 40 vom 26.10.1911, S. 1451–1455, hier S. 1454; Gemeindebevollmächtigten-Collegium an den Magistrat, 14.06.1911 (StadtAM, Veterinäramt, Nr. 161).

155 Sitzung des Gemeindebevollmächtigtenkollegiums vom 14. Juni 1911, S. 914.

156 Ebd.

Hunde, so lautete es in der Sitzung, zum Tragen eines Halsbands mit dem Zeichen zwingen. Das Halsband sei problematisch vor allem angesichts des »lebhaften Kletterbestreben[s]« der Katze. Wenn es sich an einem Ast verfängt und hängenbleibt, wird es lebensgefährlich für das Tier.[157]

Dieses Problem kreierte die Katze natürlich selbst – mit ihrer Art und Weise, sich frei im Raum und in der Natur zu bewegen, auch weitab des Hauses ihres Besitzers. Wie ein anderer Kommunalpolitiker aus einer westpreußischen Gemeinde, in der zur gleichen Zeit auch über die Einführung einer Katzensteuer diskutiert wurde, feststellte, machte gerade das unabhängige Leben der Katze die Versteuerung undurchführbar: »[F]reiwillig bezahlt niemand gern Steuern, und nichts will leichter sein als die Umgehung der Steuer auf ein Haustier, das nicht durch Anhänglichkeit seinen Herrn verrät und das auch nicht durch Anlegung der Steuermarke als Steuerobjekt kenntlich gemacht werden darf«.[158] Gerade der unklare Status der Katze als eines Partnertiers unter Vorbehalt machte sie also unversteuerbar. Wie es selbst die für eine Reduzierung von Katzenpopulationen immer wieder plädierenden Vogelschützer im Jahr 1911 auf einem Vogelschutztag zugeben mussten: »Eine Katzensteuer wird schwer durchführbar sein, [...] [da] die Leute einfach leugnen würden, daß die in ihrem Anwesen herumstreichende Katze die ihrige sei«.[159]

Aber diese Unabhängigkeit, diese *Unkontrollierbarkeit* der Katze[160] musste natürlich auch von den Behörden anerkannt und respektiert werden. In dieser Beziehung war die ganze Episode der Katzensteuer in München, die am Ende zu nichts führte, recht repräsentativ für die Haustierpolitik im Kaiserreich: Sie zeigt am deutlichsten die liberale Seite dieser Politik, die bei aller Eingriffs- und Kontrolllust oft auch den Fuß vom Gas nahm und es vermied, alle Aspekte des Zusammenlebens von Mensch und Haustier zu regulieren. Sie zeigt letztendlich auch den verhältnismäßig tierfreundlichen Charakter dieser Politik. Wie man es in der Gemeindebevollmächtigtensitzung ganz explizit sagte: Eine »Kennzeichnung der versteuerten Katzen durch Halsband und Marke verbiete« sich

157 Ebd.

158 Stadtrat Twistel-Zoppot. Katzensteuer-Vogelschutz, in: Berliner Tagesblatt vom 30.07.1912.

159 Abschrift: Sonderausdruck aus der Allgemeinen Forst- und Jagdzeitung: Der zweite Vogelschutztag in Stuttgart und seine Beschlüsse zur Katzenfrage (ohne Datum [1911]) (GStA PK, I. HA Rep. 87 B, Nr. 20037).

160 Zur Unkontrollierbarkeit von Katzen als ein Problem für Bemühungen um die Rationalisierung des urbanen Raumes siehe: Adelheid von Saldern: Katzen unerwünscht. Sozialrationalisierung in Frankfurter Neubausiedlungen (1925–1932), in: Clemens Wischermann (Hg.): Von Katzen und Menschen. Sozialgeschichte auf leisen Sohlen, Konstanz: UVK 2007, S. 155–172. In New York City des frühen 20. Jahrhunderts bezeichnete man die vielen Katzen der Stadt als die »outlaws of the modern city« (Jones: Animals, S. 22). Wie aber Joyce festgestellt hat, wurden die Katzen auch deswegen von der Kommunalpolitik ignoriert, weil sie, anders als die Hunde, »a quasi-society of their own« hatten, »so that the monitoring of cats was not required«; siehe: Joyce: Rule, S. 88.

gerade »vom Standpunkt des Tierschutzes aus«.[161] Die Politik, die die Behörden in München und in Bayern zur Zeit des Kaiserreichs betrieben, war in sehr vielen Hinsichten widersprüchlich. Eine gnadenlose Unterdrückung von Tieren und Mensch-Tier-Beziehungen stand auf jeden Fall nicht auf ihrer Agenda.

## ZUSAMMENFASSUNG

In den vielen Gesetzen und Polizeiberichten, die in diesem Kapitel diskutiert wurden, verwandelt sich die moderne Haustierhaltung von einer abstrakten Vorstellung in einen politischen Imperativ. Das ist das Schöne an den rechtlichen und administrativen Quellen: In ihnen wird Alltagsgeschichte zu einem politischen Programm. Die Entstehung von Mensch-Haustier- und Mensch-Partnertier-Beziehungen ist plötzlich eine von oben gesteuerte Reform von Sozialverhältnissen. Sie wird nicht mehr imaginiert, sondern vorgeschrieben. Das bildet natürlich auch die Hauptschwäche des Narrativs: Wenn die Haustierhaltung als das Resultat bürokratischer Maßnahmen betrachtet wird, droht die reale Erfahrung der Beziehung zwischen Halter und Haustier in den Hintergrund zu rücken. Und dennoch: Die Gesetze und Verordnungen gaben dieser praktizierten Haustierhaltung oder wenn man will den erlebten Beziehungen zwischen Haltern und ihren Haustieren einen konkreten Rahmen. Mit ihnen kreierten die Behörden des 19. Jahrhunderts so etwas wie die Infrastruktur der Mensch-Haustier-Verhältnisse.

Die Installation dieser Infrastruktur begann mit dem Urmoment fast jeder modernen Hundepolitik: der Bekämpfung der Tollwut. Der Effekt der neuen Politik der Tollwutbekämpfung seit Mitte des 19. Jahrhunderts darf nicht unterschätzt werden. Mit ihren minutiösen Ausführungen über die Wichtigkeit der »guten« Pflege des eigenen Hundes machten die Verordnungen die Person des Besitzers zum Vorkämpfer im Krieg gegen die Tollwut – eine Epidemie, die die soziale Ordnung in einer zivilisierten Stadt zu zerstören drohte. Die große soziale Verantwortung änderte seine soziale Stellung. Der Hundebesitzer war jetzt ein echter Stadtbürger mit all den Pflichten, aber auch den Rechten, die einer Person mit einem solchen Status zukamen. Er war in dieser Hinsicht ein Konstrukt der Behörden – ein Hundehalter-Subjekt, der eine feste Rolle im Leben der Gesellschaft einnahm. Er war jemand, der einen Hund pflegte, und indem er das tat, beteiligte er sich an der Gewährleistung der öffentlichen Sicherheit. Das gab ihm und vor allem seiner Beziehung mit seinem Tier soziale Relevanz. Die Behörden konstruierten Hundebesitzer und Besitzer-Hund-Beziehungen als Entitäten mit sozialer Bedeutung.

Diese Konstruktion wurde noch wirkmächtiger mit der Einführung der Hundesteuer. Mit der Steuer und der Registrierung bekam die personalisierte Bindung von Besitzer und Haustier eine formelle Anerkennung. Der Zwang zur Steuerzahlung und die Pflicht

161 Sitzung des Gemeindebevollmächtigtenkollegiums vom 14. Juni 1911, S. 917; 29. Siehe auch: Sitzung des Gemeindebevollmächtigtenkollegiums vom 28. Juni 1911, in: Münchener Gemeinde-Zeitung 40 vom 05.07.1911, S. 955–960, hier S. 955; 45. Sitzung des Gemeindebevollmächtigtenkollegiums vom 26. Oktober 1911, in: Münchener Gemeinde-Zeitung 40 vom 03.11.1911, S. 1467–1480, hier S. 1468; Etwas von der Katzensteuer (ohne Datum [1911]) (StadtAM, Veterinäramt, Nr. 149).

zum Tragen eines Personalausweises gehören zu den Hauptelementen fast jedes Systems moderner Staatlichkeit. Daraus leitet sich die immanente Bedeutung der Hundesteuer und des Hundezeichens für eine Geschichte der Wechselbeziehungen zwischen den politischen Behörden und der Haustierhaltung ab. Mit ihnen wurden die Hunde und ihre Beziehungen zu ihren Besitzern Teil des politischen Systems – der Versuche, die sich ändernde Gesellschaft zu regulieren und zu ordnen. Die Staatsgewalt nahm sie auf, sanktionierte sie, machte sie zu einem Bestandteil ihrer Sozialreform und beeinflusste sie damit eher konstruktiv und fördernd als destruktiv und unterdrückend. Das ist das Grundparadox der Geschichte der behördlichen Regulierung der Hundehaltung im Kaiserreich: Die Zudringlichkeit, die staatliche Gewalt, die auf die Privatbeziehungen zwischen den Haltern und ihren Hunden lastete, förderte die Kristallisierung eben jener Privatbeziehungen.

Die Tatsache, dass diese Gewalt manchmal nicht ganz mächtig war, dass der Eingriff der Behörden in das Leben der Halter und der Hunde oft an seine Grenzen stieß, trägt in dieser Hinsicht umso mehr zur Widersprüchlichkeit des Bildes bei, das wir von der Hundepolitik im Kaiserreich haben. Staatsintervention bedeutete eine Förderung des Privaten. Manchmal war aber diese Intervention zu schwach, um eine richtige Förderung der privaten Beziehungen zu bewirken. So passten die Grenzen der Hundepolitik nahtlos zum Gesamtkomplex der Einbettung von Hundehaltung und Gouvernementalität, von Ordnung und Unordnung, der diese sehr spezifische Politikgeschichte des Kaiserreichs kennzeichnete.

Dieses Kapitel hatte schließlich nicht zum Ziel, die engen Mensch-Hund-Beziehungen in Deutschland des Kaiserreichs als das Ergebnis einer ausgeklügelten Instrumentalisierung von ahnungslosen Haustierhaltern für die Interessen der Behörden und der modernen Bürokratie darzustellen. Das hier Erzählte sollte Narrative über die Personalisierung und Individualisierung der Haustierhaltung nicht aushöhlen, sondern, im Gegenteil, substanziieren: Die Umlenkung des Blicks auf die Behörden und ihre akribischen, wirklich ins Detail gehenden Regierungstechniken können den genannten Narrativen, die in manchen Abhandlungen über die Geschichte der Haustierhaltung zu abstrakt beschrieben werden, mehr Greifbarkeit verleihen. Behörden und Bürokratie sind vielleicht nicht die aufregendsten historischen Themen. Mit den gefühlsbetonten Mensch-Haustier-Beziehungen scheinen sie nicht viel gemein zu haben. Und trotzdem: Sie geben diesen Beziehungen eine feste Struktur, oder, geschichtswissenschaftlich gesprochen, einen Kontext. Das ist der große Beitrag der Behörden zur Geschichte der Haustierhaltung: eine handfeste Kontextualisierung.

# 3. Das wilde Haustier. Domestikation im Alltag

## Einleitungsargument. Domestikation und Wildnis in der modernen Haustierhaltung?

Wilde Haustiere im Deutschen Kaiserreich? Diese Formulierung klingt widersprüchlich. Können Haustiere überhaupt wild sein? Kann es sein, dass die industrialisierte und urbanisierte Gesellschaft des Kaiserreichs eine Vorliebe für wilde Kreaturen hegte? Es wird hier zusammengebracht, was scheinbar nicht zusammengehört. Im Fokus dieses Kapitels steht aber doch eine reiche Auswahl von im biologischen sowie kulturellen Sinne *wilden* Tieren. Denn solche Tiere wurden im besprochenen Zeitraum doch in großer Zahl als Haustiere gehalten. Gemeint sind vor allem kleine Wildtiere, nämlich diverse Vogel-, Fisch-, Reptilien-, Amphibien- und Gliederfüßerarten, die besonders in bürgerlichen Wohnungen äußerst willkommene Gäste waren. Mit diesen Tieren erweitern wir das Spektrum unseres Untersuchungsobjekts und zeigen die eher außergewöhnlichen Seiten der wilhelminischen Haustierhaltung. Aber indem wir Wild- mit Haustieren vereinigen, wollen wir die erwähnte Widersprüchlichkeit nicht unter den Teppich kehren. Im Nachstehenden werden wir sehen, dass gerade die Paradoxität der Haltung von Wildtieren im eigenen bürgerlichen Heim das war, was dieser Praxis ihren besonderen Charakter verlieh. Die häusliche Wildtierhaltung war gleichzeitig eine wilde Haustierhaltung: ein Amalgam von unkonventionellen Mensch-Tier-Interaktionen, in denen die Grenze zwischen Tierischem und Menschlichem oft überschritten wurde. Anstatt die Wildheit der von uns thematisierten und von den Zeitgenossen zu Haustieren gemachten Wildtiere zu ignorieren, machen wir sie in ihrer ganzen Multiperspektivität zum Kernpunkt unserer Analyse.

Die Grundfrage des Kapitels lautet: Wie wurden im Kaiserreich wilde Tiere zu Haustieren? Anders als in den vorausgegangenen Kapiteln haben wir es hier mit einer einzelnen, obwohl sehr übergreifenden Praktik zu tun, die für die Integration der Tiere als Haustiere in die Lebenswelt ihrer Besitzer verantwortlich war: Domestikation. Weil sie die Grundlage des von uns beobachteten Phänomens darstellt, müssen wir zunächst diese Praktik einer kurzen theoretischen Eruierung unterziehen, ehe wir die verschiedenen Erscheinungsformen einer wilden Haustierhaltung im Kaiserreich näher untersuchen. Das Thema Domestikation scheint zu einer Arbeit, die die Integration von Tieren als Haustiere in die menschliche Gesellschaft analysiert, wie selbstverständlich zu gehören.[1] Domestikation ist, vereinfacht gesagt, »[a] process in which tame or semitame wild animals [are] gradually brought under increasing levels of human control«.[2] Das bedeutet, dass die Domestikation, vielleicht mehr als jedes andere Phänomen, einen Prozess der Annäherung von Tieren an Menschen darstellt. Im Laufe jenes Prozesses werden nichtmenschliche Kreaturen an menschliche Lebensweisen angepasst, sie werden buchstäblich in *Haustiere* verwandelt. Die dem Kapitel zugrunde liegende These, dass die Domestikation eine grundlegende Entwicklung nicht allein in der allgemeinen Geschichte der Menschheit[3] und derjenigen der Mensch-Tier-Beziehungen,[4] sondern darüber hinaus auch in der Geschichte der Mensch-Haustier-Beziehungen war, scheint fast selbsterklärend zu sein.

Dennoch ist Domestikation ein schwieriger Begriff, der die Komplexitäten einer Schreibung einer humanimalischen Beziehungsgeschichte in der hier bestrebten Manier erst recht hervortreten lässt. Als analytisches Konzept bezieht sich Domestikation im Grunde genommen auf die langzeitige Evolution der Anatomie und das Verhalten von Organismen.[5] Sie bietet sich demnach eher für die Arbeit eines Morphologen, eines Ethologen oder höchstens eines Archäozoologen. Als ein evolutionsbiologisches Phänomen scheint sich die Domestikation in Sphären ereignet zu haben, die dem Blickfeld der modernen Geschichtswissenschaft sehr fernliegen: zum einen im Naturuniversum der organischen Geschehnisse und zum anderen in der urgeschichtlichen Welt der neolithischen Revolution. In einer historiographischen Untersuchung, die sich auf einen Zeitraum von nur 44 Jahren bezieht und die der Entfaltung von alltäglichen Beziehungen von Menschen und Tieren nachspürt, ist die Domestikation mutmaßlich fehl am Platz.

Neue interdisziplinäre Werke, die ihren Ausgangspunkt nicht zuletzt bei den Human-Animal Studies haben, versuchen trotzdem, dem Begriff einen dynamisierenden Schub zu verleihen und seine Stärke gerade in dessen unbestimmter Beschaffenheit zu lokalisieren. Die Domestikation als ein grundlegendes Moment der Zusammenkunft von Menschen und Tieren ist demzufolge vor allem deswegen interessant, weil sie biologische

---

1 Zum Zusammenhang zwischen Domestikation und der Entstehung von Mensch-Haustier-Beziehungen in der Geschichte vgl.: Juliana Schiesari: Beasts and Beauties. Animals, Gender, and Domestication in the Italian Renaissance, Toronto/Buffalo/London: University of Toronto Press 2010, S. 6–7.

2 James Serpell: Domestication, in: Marc Bekoff/Carron A. Meaney (Hg.): Encyclopedia of Animal Rights and Animal Welfare, Westport, CT: Greenwood Press 1998, S. 136–138, hier S. 137.

3 Alfred W. Crosby: Ecological Imperialism. The Biological Expansion of Europe, 900–1900, New York: Cambridge University Press 2004, S. 19–34; Edmund Russell: Evolutionary History. Uniting History and Biology to Understand Life on Earth, Cambridge: Cambridge University Press 2011, S. 54–56, 162.

4 Richard W. Bulliet: Hunters, Herders and Hamburgers. The Past and Future of Human-Animal Relationships, New York: Columbia University Press 2005, S. 46; Nerissa Russell: The Wild Side of Animal Domestication, in: Society and Animals 10/3 (2002), S. 285–302, hier S. 285.

5 Ebd., S. 286.

und soziale Aspekte in sich vereint. Sie bietet sich sehr gut für Studien an, die die Dichotomie von Natur und Kultur zu zerschlagen und soziale Kollektive in ausgeweiteter Form, nämlich in deren Zusammensetzung aus menschlichen und nichtmenschlichen Komponenten zu betrachten streben.[6] Gerade weil die Domestikation in ihrem Kern auf eine Integration von tierischen und pflanzlichen Elementen in menschliche Lebenswelten hinausläuft, ist sie besonders dazu geeignet, die Evolution analytisch in die menschliche Gesellschaft zurückzuholen und auf die zahlreichen Verquickungen zwischen dem Sozialen und dem Biologischen aufmerksam zu machen.[7] Sie hilft uns, sowohl das Soziale als auch das Biologische neu zu vermischen.

Domestikation ist nach diesem Verständnis vor allem eines: Vergesellschaftung. Sie bezieht nichtmenschliche Elemente in das Leben der Menschen ein, sie macht Tiere und Pflanzen zum Bestandteil der menschlichen Gesellschaft. In seinem Buch *Evolutionary History* – eine Synthese zwischen Geschichte und Biologie – stellt Edmund Russell diese enorme soziale Transformationskraft der Domestikation heraus, indem er zeigt, wie soziale und kulturelle Entwicklungen in der Geschichte der Menschheit evolutionäre Veränderungen von Tier- und Pflanzenarten verursacht haben. Domestikation ist die stärkste Manifestation der sogenannten anthropogenen Evolution – der von Menschenhand herbeigeführten Evolution.[8] Wie lässt sich aber über eine Domestikation sprechen, die nichts mit Evolution zu tun hat und sich auf die kurze Zeitspanne des Kaiserreichs bezieht? Auch hier geben die neuen Domestikationstheorien eine Antwort: In ihnen wird die Domestikation nicht mehr nur als ein großes Ereignis verstanden, das seit dem Neolithikum die Grundstrukturen der Formation der Organismen bestimmt. Im neuen Verständnis kann Domestikation auch ein »loose collection of practices« sein,[9] die sich auf den unterschiedlichsten Ebenen vollziehen. Domestikation ist nicht nur die über viele Generationen hinweg dauernde Veränderung der genetischen Konstitution von Arten. Sie bezieht sich ebenso auf die Maßnahmen, die heutige Haustierhalter ergreifen, um etwa die Kratzgelüste ihrer Katzen zu bändigen. Domestikation als Vergesellschaftung drückt sich hier in alltäglichen Aktionen der Aneignung des Verhaltens einzelner Tiere an die Wünsche ihrer Besitzerin aus. Diese domestikatorischen Aktionen sind, wie es Vinciane Despret formuliert hat, in kleinen »anecdotes«, in »little stories« über »living adventures« im Umgang eines Menschen mit einem Tier zu entdecken.[10]

---

6 Ebd.; dies.: The Domestication of Anthropology, in: Rebecca Cassidy/Molly Mullin (Hg.): Where the Wild Things are Now. Domestication Reconsidered, Oxford/New York: Berg 2007, S. 27–48; Rebecca Cassidy: Introduction. Domestication Reconsidered, in: dies./Mullin (Hg.): Things, S. 1–25; Jean-Pierre Digard: Relationships between Humans and Domesticated Animals, in: Interdisciplinary Science Reviews 19/3 (1994), S. 231–236; Kay Anderson: A Walk on the Wild Side. A Critical Geography of Domestication, in: Progress in Human Geography 21/4 (1997), S. 463–485.

7 Russell: History.

8 Ebd., S. 5, 9, 13–14, 53, 70–84, 128, 137–139, 153.

9 Cassidy: Introduction, S. 12.

10 Vinciane Despret: Domesticating Practices. The Case of Arabian Babblers, in: Garry Marvin/Susan McHugh (Hg.): Routledge Handbook of Human-Animal Studies, London: Routledge 2014, S. 23–38 (Zitate S. 30, 32).

Die theoretische Öffnung der Domestikation ist für eine haustierliche Beziehungsgeschichte unter einem weiteren Gesichtspunkt von großer Bedeutung. Wenn wir Domestikation als Integration verstehen wollen, dann müssen wir zunächst die Frage stellen, welche Art von Integration in ihr vollbracht wird. Die naheliegendste Antwort darauf ist für eine Studie von Mensch-Tier-Partnerschaftlichkeiten nicht vielversprechend. In der oben zitierten Definition ist von »increasing levels of human control« über die Tiere, die domestiziert werden, die Rede. »[A] domesticated animal« ist, so lesen wir in einer zoologischen Begriffserklärung, ein Tier, »that has been bred in captivity, for purposes of subsistence or profit, in a human community that maintains complete mastery over its breeding, organization of territory, and food supply«.[11] Diese und ähnliche Wortlaute heben insbesondere den Aspekt der menschlichen Dominanz in Verhältnissen zwischen Menschen und domestizierten Tieren hervor. Die Domestikation ist hier ein im Prinzip rationelles Unterfangen, sie dient den engen Interessen von menschlichen Gesellschaften. Für die Biologin Juliet Clutton-Brock sind es z.B. lediglich die Menschen, die »benefit from the association« zwischen Menschen und domestizierten Tieren.[12]

Die Formel vom Profit der Menschen und Ausbeutung der Tiere macht es schwer, die Domestikation mit einem Prozess der Schaffung von Partnertieren zu verknüpfen. Die um das eigene (materielle) Wohl besorgte Person betreibt Domestikation nicht etwa, um mit dem nichtmenschlichen Tier in freundliche Beziehungen der Gegenseitigkeit einzutreten, sondern um es zu verdinglichen und zu unterjochen. Domestikation, gerade in der modernen Epoche, ist ihrem Wesen nach ein hyperhumanes Projekt, das eine Aushöhlung, keineswegs eine Anreicherung der Kontakte zwischen Mensch und Tier hervorbringt.[13] Die Domestikation, die die Tiere, die zu Haustieren werden, erfahren, ist in

11 Juliet Clutton-Brock: The Unnatural World. Behavioural Aspects of Humans and Animals in the Process of Domestication, in: Aubrey Manning/James Serpell (Hg.): Animals and Human Society. Changing Perspectives, London/New York: Routledge 1994, S. 23–35, hier S. 26. In einem späteren Artikel spricht Clutton-Brock von einer »totalen menschlichen Kontrolle und Dominanz«, die zwangsläufig im Domestikationsprozess zum Tragen komme (dies.: Domestication. The Domestication Process. The Wild and the Tame, in: Marc Bekoff (Hg.): Encyclopedia of Human-Animal Relationships. A Global Exploration of Our Connections with Animals. Bd. 2, Westport, CT/London: Greenwood Press 2007, S. 639–643, hier S. 641).

12 Clutton-Brock: World, S. 27.

13 Russell: Domestication, S. 31; dies.: Side, S. 287–288; Digard: Relationships, S. 231, 233; Richard L. Tapper: Animality, Humanity, Morality, Society, in: Tim Ingold (Hg.): What is an Animal?, London/New York: Routledge 1994, S. 47–62, hier S. 52–53; Margo DeMello: Animals and Society. An Introduction to Human-Animal Studies, New York: Columbia University Press 2012, S. 36–37, 88–89, 148. Eine Deutung dieser Art scheint darüber hinaus speziell zu Domestikationsformen moderner Epochen zu passen. Die eklatanten Domestikationspraktiken der Moderne, die im 20. und 21. Jahrhundert in Verfahren wie der genetischen Manipulation von Organismen oder Schauplätzen der extremen Kontrolle wie der Massennutztierhaltung kulminierten, lassen die diskursive Platzierung von Domestikation neben Begriffe wie Abhängigkeit, Dominanz, Ausbeutung und Versklavung am angemessensten erscheinen; siehe: Bulliet: Hunters, S. 174–188; DeMello: Animals, S. 90–95; dies.: The Present and Future of

diesem Sinne eine *radikale Domestikation*. Diese Tiere werden einer totalen menschlichen Dominanz unterworfen. Was zunächst wie ein selbstverständlicher Zusammenhang von Domestikation und Haustierintegration erschienen ist, entpuppt sich am Ende als eine sozialtheoretische Sackgasse.

An diesem Punkt sind wir wieder beim Thema Wildheit angelangt. Das Antonym zu »domestiziert« ist traditionell »wild«. Im allgemeinen Verständnis läuft der Prozess der Domestikation von Tieren auf eine Auflösung derer wilden Eigenschaften hinaus. In der radikalen Domestikation der modernen Haustierhaltung tritt dieses Moment der Entwilderung umso deutlicher hervor. Indem die Haustiere in extremer Art und Weise an die Lebensgewohnheiten ihrer menschlichen Besitzer angepasst werden, werden ihre wilderen Verhaltensformen mutmaßlich vollkommen ausgemerzt. Das moderne Haustier ist laut dieser Interpretation ein Haustier im wahrsten Sinne des Wortes, da jegliche Spuren seines wilden, prädomestizierten Ursprungs verwischt wurden.[14] Die Dichotomie zwischen dem Domestizierten und dem Wilden gipfelt in soziokulturellen Haustierhaltungstheorien, die den modernen Haustieren den tierischen Status gänzlich absprechen. Die modernen Haustiere sind dermaßen von Menschen gesteuert, gestaltet und gebändigt, dass sie nicht mehr richtige Tiere, sondern eher Quasimenschen bzw. Artefakte sind:

»The pet is either sterilized or sexually isolated, extremely limited in its exercise, deprived of almost all other animal contact, and fed with artificial foods. This is the material process which

Animal Domestication, in: Randy Malamud (Hg.): A Cultural History of Animals in the Modern Age, Oxford: Berg 2007, S. 67–94; Dorothee Brantz: The Domestication of Empire. Human-Animal Relations at the Intersection of Civilization, Evolution and Acclimatization in the Nineteenth Century, in: Kathleen Kete (Hg.): A Cultural History of Animals in the Age of Empire, Oxford: Berg 2007, S. 73–93, hier S. 92. Angesichts solcher Erscheinungen ist es auch nicht verwunderlich, dass manche Strömungen der jüngsten Tierethik die Domestikation zur Hauptzielscheibe ihrer Kritik von Gegenwartszuständen gemacht haben. Für viele radikale Tierethiker erfordert eine konsequente ethische Haltung der Menschen den Tieren gegenüber eine Abschaffung aller domestikatorischen Verhältnisse, sprich eine vollständige Einstellung von Domestikationspraktiken und das Aussterbenlassen sämtlicher domestizierter Tiere. Dieses »abolitionistische« Prinzip läuft auf eine vollständige Desintegration bzw. Entsozialisierung (oder Entfremdung) der Tiere von der Welt der Menschen hinaus; siehe: Sue Donaldson/Will Kymlicka: Zoopolis. Eine Politische Theorie der Tierrechte, Berlin: Suhrkamp 2013, S. 171–175, 191–192; Lori Gruen: Ethics and Animals. An Introduction, Cambridge/New York: Cambridge University Press 2011, S. 130–162. Zu einer besonders radikalen Konzeptualisierung des abolitionistischen Standpunkts siehe: Gary L. Francione: Introduction to Animal Rights. Your Child or the Dog?, Philadelphia: Temple University Press 2000, S. 153–154. Vgl. auch: Karl Jacoby: Slaves by Nature? Domestic Animals and Human Slaves, in: Slavery and Abolition 15/1 (1994), S. 89–99.

14 Clutton-Brock: World, S. 30.

lies behind the truism that pets come to resemble their masters or mistresses. They are creatures of their owner's way of life«.[15]

Das Haustier ist demnach nichts mehr als eine Tierkarikatur. Mit richtigen Tieren kommt der moderne Haustierbesitzer nicht in Berührung, er ist von diesen schonungslos entfremdet. Das bedeutet, dass die rasante Zunahme der Haltung von Haustieren in der Neuzeit keineswegs eine Integration von Tieren in die menschliche Gesellschaft repräsentiert. Vielmehr ist sie exemplarisch ausgerechnet für die eintretende Distanzierung der Menschen von der tierischen Welt, für eine Desintegration des Animalischen. Wenn die Haustiere nichts mehr Tierisches in sich haben, wenn sie durch die menschliche Macht komplett entwildert werden, dann ist ihre radikale Domestikation eine Art Sozialisierung, die in Wahrheit eine Separierung ist.[16]

Solche theoretischen Überlegungen über die Entwilderung der Haustiere macht die Rede von einer Integration unter einem weiteren Gesichtspunkt noch problematischer. In der traditionellen Gegenüberstellung von Wildem und Domestiziertem gilt Ersteres nicht nur als außermenschlich, sondern darüber hinaus auch als außergesellschaftlich. In den Worten des Anthropologen Philippe Descola ist die Wildnis der Ort der »ungeselligen Temperamente, die sich der Disziplin des sozialen Lebens widersetzen«. In der Wildnis gibt es keine Gesellschaft und keine sozialen Regeln. In dieser theoretischen Struktur ist Domestikation Gesellschaftsbildung: der Prozess, in dem die »ungeselligen Temperamente« (nämlich auch Tiere und andere nichtmenschliche Elemente) gebändigt und in das Sozialgefüge der zivilisierten menschlichen Welt einbezogen werden.[17] Wenn, nach dieser Logik, die lineare Polarisierung zwischen Domestiziertem und Wildem von einer parallelen Polarisierung zwischen dem Sozialen und dem Nichtsozialen begleitet wird, dann stellt sich die Vergesellschaftung von nichtmenschlichen Tieren unweigerlich als ein Prozess der Entanimalisierung dar. Daraus folgt, dass im Zuge der Domestikation das Wilde schonungslos ausradiert wird, dass eine Integration des Wilden nicht möglich ist, denn es erlöscht in dem Moment, in dem er in die menschliche Gesellschaft einbezogen wird.[18]

Diese Auffassung setzt allerdings voraus, dass wir uns bei der Eruierung der Domes-

---

15 John Berger: Vanishing Animals, in: New Society 39 (1977), S. 664–665, hier S. 664. Vgl. auch: Keith Thomas: Man and the Natural World. Changing Attitudes in England, 1500–1800, New York: Oxford University Press 1996, S. 119.

16 Zur Domestikation des Haustiers als Entwilderung siehe: Kari Weil: Thinking Animals. Why Animal Studies Now?, New York: Columbia University Press 2012, S. 53–62; Gary Varner: Pets, Companion Animals, and Domesticated Partners, in: David Benatar (Hg.): Ethics for Everyday, Boston: McGraw-Hill 2002, S. 450–475, hier S. 456–462. Zur Auffassung, dass Haustiere falsche Tiere seien, siehe historiographisch: Kathleen Kete: The Beast in the Boudoir. Petkeeping in Nineteenth-Century Paris, Berkeley: University of California Press 1994, S. 111.

17 Philippe Descola: Jenseits von Natur und Kultur, Berlin: Suhrkamp 2011, S. 86–95 (Zitat S. 86).

18 Siehe: Anderson: Walk, S. 471–473; Bulliet: Hunters, S. 38.

tikation an einer abendländischen Denktradition festhalten, in deren Rahmen mit klaren Vorstellungen der in Rede stehenden Gegensätze hantiert wird. Das Tier ist *entweder* wild *oder* domestiziert, animalisch oder vermenschlicht;[19] jede transformierende Kontaktaufnahme des Menschen mit dem Tier löst das Animalische sofort auf. Das Tier bleibt Tier nur, solange es mit dem Menschen nicht in Berührung kommt, d.h. desintegriert gelassen, in das Leben der Menschen nicht involviert wird.[20] Auch hier kann man sich aber zu einem dynamischeren Verständnis von Domestikation bekennen – sobald man auch das »Wilde« anders versteht. Wie William Cronon in seinem klassischen Aufsatz »The Trouble with Wilderness« argumentiert hat, sei die Wildnis, die im westlichen Diskurs seit dem 19. Jahrhundert verehrt wurde, eigentlich immer domestiziert gewesen. Cronon zeigt, wie der Umdeutung der als Wildnis definierten unberührten Natur, die er in Werken von US-amerikanischen Autoren wie z.B. John Muir oder Frederick Jackson Turner nachverfolgt, paradoxerweise eine Domestizierung eben jener Wildnis vorausgegangen sei. Während in früheren Zeiten kolossale, fern dem menschlichen Wirkungsbereich gelegene Naturerscheinungen wie Berge oder Gipfel als Orte der Bedrohung und des Grauens wahrgenommen worden seien, seien sie in den neuen Wildnisschriften zu erhabenen Stätten der Erholung geworden. Die Wildnis habe sich von unerträglich in komfortabel, von menschenfeindlich in menschenfreundlich transformiert. Das heißt, dass der Wunsch, die unmenschliche Natur unmittelbar zu erfahren, ausgerechnet mit einer Art Vermenschlichung eben dieser Natur, mit einer Annäherung der quasi menschenleeren Wildnis an die menschliche Kultur einhergegangen sei. Dialektischerweise sei es demzufolge die Domestikation der Wildnis, die es ermöglicht habe, mit der Wildnis, also mit dem Undomestizierten, in Berührung zu kommen. Ohne jene Domestikation wäre es den (modernen) Menschen vorenthalten geblieben, ihre Passion für die Wildnis auszuleben. Die Wildnis, die in gewisser Hinsicht doch tatsächlich existiert, sei also nicht das *big outside*. Sie sei vielmehr von menschlicher Schaffungskraft, wie sich eine solche in Domestikationspraktiken manifestiert, geradezu durchdrungen.[21]

Eine Relativierung des Dualismus Domestizierten-Wilden wird mit ähnlichen Konsequenzen auch in den neuen Domestikationstheorien unternommen. Lapidar gesagt wird Domestikation heutzutage zu einem geringeren Ausmaß als domestikatorisch betrachtet. Das heißt, dass die These, die Domestikation sei eine Offenbarung der menschlichen Herrschaft über die natürliche Welt, ihre Hegemonie zunehmend einbüßt. Die konkrete Domestikation von Tieren, also jener Prozess, in dessen Zuge sich die Eigenschaften von bestimmten Tierarten und bestimmten Tieren an menschliche Lebenskonditionen anpassen, wird nicht mehr als die Folge eines von wirtschaftlich motivierten Menschen entworfenen Plans zur Knechtung von anderen Lebewesen begriffen. Die

19 Siehe: Brantz: Domestication, S. 76–81, 88; Gruen: Ethics, S. 156.

20 Tim Ingold: From Trust to Domination. An Alternative History of Human-Animal Relations, in: Manning/Serpell (Hg.): Animals, S. 1–22.

21 William Cronon: The Trouble with Wilderness; or, Getting Back to the Wrong Nature, in: ders. (Hg.): Uncommon Ground. Rethinking the Human Place in Nature, New York: W. W. Norton 1995, S. 69–90. Vgl.: Harriet Ritvo: How Wild is Wild?, in: Christof Mauch/Libby Robin (Hg.): The Edges of Environmental History. Honouring Jane Carruthers, RCC Perspectives 1 (2014), S. 19–24.

Domestikation, selbst in ihrer neolithischen Hochzeit, war vielmehr ein weitgehend unbeabsichtigt eintretender Prozess, in dessen Rahmen sowohl Tier als auch Mensch die Handlungsmacht ergriffen, wobei die Interessen beider wechselhaft bedient (bzw. beeinträchtigt) wurden. Domestikation wird jetzt als ein weitgehend gegenseitiger Adaptionsprozess verstanden, in welchem sich Menschen und nichtmenschliche Kreaturen aneinander gewöhnen: ein Gewirr von »complex relations of dependency and interdependence« (Anna Tsing). Diese »Koevolution« sorgt dann dafür, dass die Domestikation hinter der Genese einer wahrhaftigen »Interessengemeinschaft« stehen kann oder, mit anderen Worten,[22] dass sie für die Erschaffung von Partnertieren oder alternativ »Partnerspezies« höchst förderlich sein kann.[23]

Die koevolutionäre Domestikationsthese suggeriert gleichzeitig, dass im Prozess der Domestikation die (ohnehin immer relative) Wildheit des Tiers nicht kompromisslos verschwindet. Es gibt kein endgültig domestiziertes Tier und kein endgültig sozialisiertes Tier. Die in den domestikatorischen Praktiken zutage tretenden Verhältnisse sind dermaßen offen und variabel, dass sie nicht unbedingt mit einer machtvollen Vernichtung der animalischen Eigenschaften eines passiven Tiers einhergehen müssen, dass sie genauso gut jene Wildheit bzw. jene »ungeselligen Temperamente« von Descola in sich aufnehmen können. Wie bei Cronon ist auch hier die Wildnis Bestandteil der Domestikation und – folglich – des sozialen Lebens.[24]

Die der nachstehenden Analyse zugrunde liegende These, dass die deutsche Gesellschaft des ausgehenden 19. und beginnenden 20. Jahrhunderts vor Domestikationspraktiken durchzogen war, in deren Zuge Vorkommnisse der Sozialisierung von wilden Partnertieren eintraten, mag aber selbst nach dieser Durchmischung der Kategorien aus einem anderen Grund seltsam klingen. Jene Gesellschaft war ja Teil einer westlichen Zivilisation, die just in dieser Epoche, da würden sowohl Cronon als auch Descola zustimmen, den Dualismus von Wildem und Domestiziertem zu einer Kulmination brachte. Mehr noch: Diese westliche Zivilisation entwickelte, wie man in vielen Studien lesen

---

22 Russell: History, S. 54–70, 161; ders.: Coevolutionary History, in: American Historical Review 119/5 (2014), S. 1514–1528, hier S. 1519–1521; Anderson: Walk, S. 465, 478–479; Bulliet: Hunters, S. 89–90; Cassidy: Introduction, S. 2–3; Despret: Practices; Anna Tsing: Unruly Edges. Mushrooms as Companion Species, in: Environmental Humanities 1 (2012), S. 141–154 (Zitat S. 144); James Serpell: Pet-Keeping and Animal Domestication. A Reappraisal, in: Juliet Clutton-Brock (Hg.): The Walking Larder. Patterns of Domestication, Pastoralism, and Predation, London/Boston: Unwin Hyman 1989, S. 10–21; T. P. O'Connor: Working at Relationships. Another Look at Animal Domestication, in: Antiquity 71/1 (1997), S. 149–156.

23 Donna J. Haraway: The Companion Species Manifesto. Dogs, People, and Significant Otherness, Chicago: Prickly Paradigm Press 2003, S. 27–30; dies.: When Species Meet, Minneapolis: University of Minnesota Press 2008, S. 206–208; Kathy Rudy: Loving Animals. Toward a New Animal Advocacy, Minneapolis/London: University of Minnesota Press 2011, S. XIV–XV.

24 Russell: Domestication, S. 30, 40–41; Digard: Relationships, S. 232–233; O'Connor: Working; Lynda Birke: Escaping the Maze. Wildness and Tameness in Studying Animal Behaviour, in: Marvin/McHugh (Hg.): Handbook, S. 39–53.

kann, eine grundsätzliche Aversion gegenüber wilden Tieren, die sich praktisch in mehreren Massakern an besonders verachteten wilden Arten äußerte.[25] Wenn wir nach Prozessen domestikationsbedingter Partnertiererschaffung suchen, in denen sich eine wirkliche Aufhebung der Dichotomie wild-domestiziert attestieren lässt, dann sollten wir das für Domestikationspraktiken tun, die charakteristisch für außereuropäische Gesellschaften sind, die den Urmoment der neolithischen Revolution nie vollzogen haben. Nicht zuletzt ausgehend von der Frage nach den Unterschieden zwischen westlichen und nichtwestlichen Haustierhaltungsformen, haben schon zahlreiche Forscher Praktiken des Fangens und Zähmens von Tieren in Gesellschaften von Jägern und Sammlern herausgestellt. In dieser Art von Mensch-Tier-Beziehungen scheint die Domestikation an Grenzen zu stoßen. So handelt es sich für Descola bei der unter amerindianischen Völkern weitverbreiteten Praxis der Zähmung von Wildtieren nicht um eine »vollendete Domestizierung«. Da die Lebensweisen dieser Gesellschaften nie neolithisiert wurden, ist in ihrer Vorstellungswelt die kategoriale Polarität zwischen Wildem und Domestiziertem nie entstanden. Die nichtmenschlichen Elemente und die Flächen jenseits des bebauten Gebiets wurden nie als kategorisch anders, d.h. der menschlichen Gemeinschaft »wildfremd« empfunden. Der Dschungel und die ihn bevölkernden Tiere blieben immer Teil der menschlichen Kollektive. Jeder Eingriff in die Topographie des Urwaldes und in das Leben der wilden Tiere und Pflanzen lief deswegen nicht auf eine substanzielle Veränderung dieser Elemente hinaus. Der Eingriff machte sie nicht menschlicher, nicht domestizierter: »Den Wald zu kultivieren, und sei es durch Zufall, bedeutet zwar, seine Spuren in der Umwelt zu hinterlassen, nicht jedoch, sie dergestalt zu verändern, daß in der Organisation der Landschaft das Erbe der Menschen auf Anhieb ablesbar ist«. Eine Durchmischung des Menschlichen und Nichtmenschlichen, des »Domestizierten« und »Wilden« gehört für Descola zu der Welt jener Völker, die die in der westlichen Zivilisation tiefverwurzelte Grenzziehung zwischen Kultur und Natur »nicht geteilt haben«. Die (westliche) Domestikation dagegen ist eine totale, vermenschlichende Transformation, in deren Zuge »nichts an die Unordnung unbebauter Zonen [mehr] erinnert«.[26]

Indem allerdings die neuen Theorien gezeigt haben, dass die Domestikation nicht zwangsläufig mit menschlicher Dominanz einhergeht, ist es ihnen gelungen, die prinzi-

---

25 Siehe als einzelne Beispiele: Andrew C. Isenberg: The Wild and the Tame. Indians, Euroamericans, and the Destruction of the Bison, in: Mary Henninger-Voss (Hg.): Animals in Human Histories. The Mirror of Nature and Culture, Rochester, NY: University of Rochester Press 2002, S. 115–143; Yuka Suzuki: Putting the Lion Out at Night. Domestication and the Taming of the Wild, in: Rebecca/Mullin (Hg.): Things, S. 229–247. Siehe dagegen zur Bewunderung von wilder Megafauna in Deutschland in der Zeit des Kaiserreichs: Bernhard Gißibl: A Bavarian Serengeti. Space, Race, and Time in the Entangled History of Nature Conservation in East Africa and Germany, in: ders./Sabine Höhler/Patrick Kupper (Hg.): Civilizing Nature. National Parks in Global Historical Perspective, New York: Berghahn Books 2012, S. 102–119, hier S. 110.

26 Descola: Jenseits, S. 73–80, 549–554 (Zitate S. 77, 80, 98). Zur begrenzten Domestikation in der »Neuen Welt« vgl. aus historischer Perspektive: Crosby: Imperialism, S. 19–21; Marcy Norton: The Chicken or the Iegue. Human-Animal Relationships and the Columbian Exchange, in: American Historical Review 120/1 (2015), S. 28–60, bes. S. 51, 54–57.

pielle Unterscheidung zwischen eurasischen und amerindianischen Domestikationskulturen zu relativieren. Insofern als die Domestikation selbst in ihrer neolithischen Variante als ein breites Spektrum von diversen Praktiken, aus denen offene und mannigfaltige Mensch-Tier-Beziehungsmuster hervorgehen konnten, betrachtet wird, müssen westliche, selbst moderne Domestikationsprozesse nicht unbedingt anders gestaltet werden als die nichtwestlichen. Auch in westlichen landwirtschaftlichen Gesellschaften sind domestikatorische Verhältnisse imstande, symbiotische Züge anzunehmen und eine unversehrte Kontinuität zwischen dem Menschlichen und dem Animalischen zu manifestieren.[27] Es ist nicht ausgeschlossen, dass wir auch in modernen Haustierhaltungsformen Momenten der Symbiose sowie der Einbeziehung des Animalischen in menschliche Kollektive begegnen würden.

Sollten wir diese Perspektive einnehmen, kommen wir auch dazu, moderne Domestikationspraktiken nicht ohne weiteres als entwildernd zu verstehen. Indem Cronon auf den grundlegenden Zusammenhang zwischen Domestikation und Wildnis hinweist, lenkt er unsere Aufmerksamkeit auch auf »the wildness in our own backyards«. Insofern als die moderne Wildnis von Anfang an nicht »da draußen« und menschenleer war, als sie vielmehr das Resultat menschlicher Aktionen ist, dürften sogar die von uns scheinbar flächendeckend kontrollierten Naturelemente in unseren eigenen Wohnungen, diejenigen also, die uns am nächsten sind, durchaus wild bleiben.[28] Das bedeutet, dass auch das radikal domestizierte Haustier im Mittelklasseheim des ausgehenden 19. Jahrhunderts ein Maß an Wildheit beibehalten konnte. Die Domestikationspraktiken, die die Haustierhaltungspraxis in Deutschland des Kaiserreichs kennzeichneten, konnten sehr wohl wilde Partnertiere entstehen lassen.

Um dies zu belegen und auf die Frage antworten zu können, inwieweit die Domestikationspraktiken bürgerlicher Wildhaustierhalter aus dem Kaiserreich der Dialektik der Wildnis-Domestikation »gerecht wurden« und partnerschaftlichen Beziehungen mit wilden Tieren Platz einräumten, halte ich in erster Linie nach der Qualität der entstandenen Verhältnisse Ausschau. Das bedeutet, dass ich bei der Untersuchung der einzelnen Praktiken, die, um mit Despret zu sprechen, in Episoden und Anekdoten aus den gemeinsamen Lebensgeschichten von Haltern und ihren Haustieren auffindbar gemacht werden, immer den Grad der menschlichen Dominanz bzw. der Aufrechterhaltung einer wilden Dimension in den sich entfaltenden Verhältnissen zu messen versuchen werde. Es wird berücksichtigt und analysiert, in welchem Maße die Übernahme eines Wildtiers unter die Schirmherrschaft eines menschlichen Pflegers oder Pflegerin die eher unmenschlichen Eigenschaften und Verhaltensweisen des zu domestizierenden Tiers abstellte bzw. abzu-

27 Samantha Hurn: Humans and Other Animals. Cross-Cultural Perspectives on Human-Animal Interactions, London/New York: Pluto Press 2012, S. 56–65; Serpell: Pet-Keeping, S. 14; ders.: Pet-Keeping in Non-Western Societies. Some Popular Misconceptions, in: Anthrozoös 1/3 (1987), S. 166–174. Dagegen siehe: David R. Harris: Domesticatory Relationships of People, Plants, and Animals, in: Roy Ellen/Kastuyoshi Fukui (Hg.): Redefining Nature. Ecology, Culture, and Domestication, Oxford/Washington: Berg 1996, S. 437–463, hier S. 451–458. Vgl.: Descola: Jenseits, S. 553.

28 Cronon: Trouble, S. 85–90.

stellen intendiert war; oder alternativ, inwieweit Wiederholungsmuster von Domestikationspraktiken eine lediglich eingeschränkte vermenschlichende Transformation des nichtmenschlichen Wesens offenbarten, d.h. inwieweit in ihnen der Wunsch feststellbar ist, die reale oder imaginierte Animalität des Tiers gleichfalls zur Geltung kommen zu lassen.

Das Kapitel ist zunächst nach den Allgemeinpraktiken, die ich als die wesentlichen Stufen im Rahmen eines charakteristischen Domestikationsprozesses von wilden Haustieren im Kaiserreich erkannt habe, untergegliedert. Den dreifachen domestikatorischen Praktiken »Fangen«, »Einrichten« und »Behandeln« folgt eine gegensätzliche Praktik, nämlich »Entdomestizieren« bzw. Verwildern. Da, wie schon vorausgeschickt, viele der domestikatorischen Praktiken auf eine lediglich unvollendete Domestikation hinausliefen, würde eine Beschreibung des mehrstufigen Domestikationsprozesses lückenhaft bleiben, sollte man die Entdomestikation als eine ergänzende und zum Teil ultimative Praktik des Gesamtprozesses nicht mitberücksichtigen. Das bedeutet aber nicht, dass ich dabei besagte Dialektik aufgebe und wieder auf eine saubere Teilung zwischen Domestikation und Wildnis zurückgreife. Wenn in den Domestikationspraktiken immer wieder auch nach wilden Dimensionen gesucht werden wird, werden umgekehrt im Unterkapitel der Entdomestikation mitunter auch gleichzeitige domestikatorische Momente herausgestellt. Der letzte Abschnitt wird wiederum einer einzelnen Tierart, nämlich der Katze, gewidmet. Obwohl wir hier vordergründig mit einem im Vergleich zu den meisten anderen Tierprotagonisten des Kapitels klassischeren Haustier zu tun haben, werden wir sehen, dass gerade die Katze die ungeklärte Beschaffenheit jedes Domestikationsbemühens wie kein anderes Tier verkörpert. Mit ihr lässt sich das Wildnis-Domestikation-Kapitel besonders adäquat abschließen.

## TIERE FANGEN. PRIVATE WISSENSCHAFTSPOPULARISIERUNG UND HÄUSLICHE WILDNISBILDUNG

Descola schreibt:

> »In ganz Amazonien leben die Amerindianer in völliger Harmonie mit zahlreichen vertrauten Tierarten. Hierbei handelt es sich um die Jungtiere des bei der Jagd getöteten Wilds oder um aus dem Nest genommene kleine Vögel, die man mitnimmt und füttert und die auf diese Weise erhalten, was die Ethologen eine ›Ersatzprägung‹ nennen, aufgrund deren sie sich so stark an ihre Herren binden, daß sie ihnen freiwillig überallhin folgen. [...] Wenn sie früh genug mit dem Menschen vertraut geworden sind, sind alle diese Tiere im allgemeinen fügsam und ertragen die Gefangenschaft gut«.[29]

Die Mensch-Tier-Kollektive, die der französische Ethnologe im Amazonas aufspürte, haben ihre Ursprünge in einem Akt des Fangens. Die Praxis der Einbeziehung nichtmenschlicher Kreaturen in die menschliche Gesellschaft setzt mit einer prinzipiell gewalttätigen Maßnahme seitens der Menschen an, die die zu integrierenden Tiere aus ih-

29 Descola: Jenseits, S. 548.

ren alten Lebenswelten entwurzelt und sie in eine neue, menschlichere Umgebung verlegt. Den amerindianischen Völkern der zweiten Hälfte des 20. Jahrhunderts nicht unähnlich, waren auch zahlreiche Menschen in Deutschland des Kaiserreichs an Fangaktionen beteiligt. Auch im deutschen Fall war das Fangen der erste Schritt auf dem Weg zu einem engen Zusammenleben von Menschen und Wildtieren. Viele wilhelminische Wohnungen wimmelten von einer Vielfalt wilder Tierarten – von ehemals freilebenden Sing- bzw. Seevögeln über Kriechtiere und Raubfische bis hin zu Säugetieren wie Igeln oder Maulwürfen.

Sehr oft waren es die Besitzer selbst, die diese Tiere in ihren natürlichen Biotopen eingefangen respektive gesammelt oder herausgefischt hatten. Wie wir unten anhand zahlreicher Einzelbeispiele sehen werden, ging dieses Fangen von Tieren für die Haltung im Haus oft auf den Wunsch der Fänger zurück, Elemente der Wildheit in ihre häuslichen Privatsphären einzubeziehen. Darin unterschieden sie sich von Descolas Amerindianern: Sie fingen wilde Tiere ein, weil sie eine klare Vorstellung des Wilden und des Domestizierten hatten. Sie wollten das Wilde – das Fremde – in das Domestizierte – das Bekannte – integrieren. Ihr Fangen beruhte ganz klar auf der Binarität von Natur und Kultur. Nichtsdestotrotz kam es auch im wilhelminischen Tierfangen hie und da zu einer Aufhebung dieser Gegensätzlichkeit. Das Fangen beraubte die wilden Tiere ihrer Freiheit. Aber ihre vermeintliche Wildheit ging dabei nicht zwangsläufig verloren. Das Fangen war imstande, domestizierte Wildpartnertiere entstehen zu lassen. Diese dialektische Bewegung von einerseits Wildnisabstellung und andererseits Wildnisaufrechterhaltung, die das Fangen verkörperte, ist Thema der folgenden Ausführungen.

Die hier zu analysierenden Fangpraktiken werden hauptsächlich in zwei unterschiedlichen sozialen Komplexen lokalisiert: in der im Haus praktizierten Amateurwissenschaft und in durch Kinder getätigten Fängen. Um der zeitgenössischen Vorstellungs- und Diskurswelt gerecht zu werden, müssen wir aber zunächst vorausschicken, dass das Fangen durch Amateurwissenschaftler und Kinder im Schatten eines weitaus prominenteren Fangkomplexes stand. Wenn man im 19. Jahrhundert vom Fangen von Wildtieren sprach, dann tat man das in erster Linie in einem kolonialen Zusammenhang. Wildtierfänger – das waren zuallererst die waghalsigen Abenteurer, die in die Urwälder Afrikas und Asiens aufbrachen, um dort in Karawanen großen Stils exotische, dem Blickfeld des durchschnittlichen Europäers enthobene Kreaturen zu erbeuten. Diese Tiere gelangten anschließend in die Menagerien und später Zoologischen Gärten der Großstädte des alten Kontinents. Als Unternehmungen, die namhafte finanzielle Interessen mit grausamen Überfällen auf Herden großer Tiere kombinierten, waren diese Tierfangkampagnen eine Demonstration menschlicher Macht. Der Triumph über die wilden Tiere war dabei eine Spiegelung der kolonialen Hegemonie und der Bezwingung der außereuropäischen Völker.[30]

30 Ritvo, Harriet: The Animal Estate. The English and Other Creatures in the Victorian Age, Cambridge, MA: Harvard University Press 1987, S. 243–288; Nigel Rothfels: Savages and Beasts. The Birth of the Modern Zoo, Baltimore: Johns Hopkins University Press 2002, S. 44–80. Dass der Tierfang zum Teil unmittelbar mit einer Tiertötung zusammenhing, unterstreicht nicht zuletzt die Tatsache, dass das Einfangen von überwiegend jungen Tierexemplaren eine

Wildtierfänger waren aber im besprochenen Zeitraum nicht nur in den kolonisierten Urwäldern unterwegs. Während der Zeit des Kaiserreichs konnte man ihnen ebenso gut innerhalb der weitaus bescheideneren Wälder und Sumpfgebieten der deutschen Heimat begegnen.[31] Ausgerüstet mit einer Leimrute oder einem Fangnetz durchstreiften die Fänger die Gefilde in der Nähe ihrer Wohnorte auf der Suche nach einer reizenden Beute aus der heimischen Tierwelt. Diese alltäglichen Fangzüge waren sehr oft – wie ihre Äquivalente in den Kolonien – ökonomische Unternehmungen. Die erbeuteten Tiere wurden an Tierhalter bzw. -esser veräußert oder an Tierhändler geliefert, wodurch sie den vorwiegend ländlichen Unterschichten angehörigen Fängern ein nicht zu unterschätzendes Zusatzeinkommen brachten.[32] Weniger wirtschaftlich motiviert waren hingegen die Fanggewohnheiten vieler Tierenthusiasten, die zum größten Teil aus bürgerlichen bzw. bildungsbürgerlichen Kreisen stammten. Diese Hobbyisten schlichen sich an Singvögel, Laubfrösche, Süßwasserkrabben oder Raubfische heran, um diese Lebewesen für ihre Zimmerkäfige und Hausaquarien oder -terrarien zu gewinnen.[33] Diese Entwurzelung der Tiere aus der freien Wildbahn war der erste Schritt eines Domestikationsprozesses, der in eine häusliche Wildtierhaltung und die Entstehung von Halter-Partnertier-Beziehungen münden sollte. Die im Fangen verkörperte Entwilderung der Tiere lief insofern auch auf eine Annäherung seitens der menschlichen Plünderer an die von ihnen begehrten Wildtiere hinaus.

Wer waren die bildungsbürgerlichen Hobbyisten, die den Wildtierfang in Deutschland dermaßen eifrig betrieben? Welche sozialen Kräfte standen hinter der Tatsache, dass das Fangen zu einem Hauptfaktor in der Gesamtkonstellation der wilhelminischen Haustierhaltung wurde? Eine Sozialgruppe, die das heimatliche Fangen in nahezu massenhaftem Umfang betrieb, bestand aus autodidaktischen Ornithologen bzw. Herpetologen.

---

vorausgehende Tötung der Erwachsenen bedingte. Damit entwickelten sich die Fangkarawanen nicht selten zu wahren Blutbädern, wo ganze Herden vernichtet wurden; siehe: ebd.: S. 60–65. Zur imperialistischen Jagd als Symbol für die menschliche Dominanz über die Wildtierwelt siehe auch: Kathleen Kete: Introduction. Animals and Human Empire, in: dies (Hg.): A Cultural History of Animals in the Age of Empire, Oxford/New York: Berg 2007, S. 1–24, hier S. 12–15. Speziell zum deutschen Kolonialismus siehe: Ulrike Kirchberger: Imagined Spaces? Maßnahmen zum Wildschutz in Deutsch-Ostafrika 1890–1914, in: Winfried Speitkamp/Stephanie Zehnle (Hg.): Afrikanische Tierräume. Historische Verortungen, Köln: Rüdiger Köppe 2014, S. 129–145, hier S. 129–130.

31 Vgl.: Friedemann Schmoll: Kulinarische Moral, Vogelliebe und Naturbewahrung. Zur kulturellen Organisation von Naturbeziehungen in der Moderne, in: Rolf Wilhelm Brednich/Annette Schneider/Ute Werner (Hg.): Natur-Kultur. Volkskundliche Perspektiven auf Mensch und Umwelt. 32. Kongress der Deutschen Gesellschaft für Volkskunde in Halle vom 27.9. bis 1.10.1999, Münster/New York: Waxmann 2001, S. 213–227, hier S. 213.

32 Zu diesem Phänomen siehe exemplarisch: Julius Stengel: Vogelfang auf Helgoland, in: Monatsschrift des Deutschen Vereins zum Schutze der Vogelwelt, 3/3–4 (1878), S. 77–79.

33 Zur Haltung von zumeist heimatlichen Wildtierarten z.B. in den Hausaquarien vgl.: Isabel Kranz: »Parlor oceans«, »crystal prisons«. Das Aquarium als bürgerlicher Innenraum, in: Thomas Brandstetter/Karin Harrasser/Günther Freisinger (Hg.): Ambiente. Das Leben und seine Räume, Wien: Turia + Kant 2010, S. 155–174, hier S. 164.

Diese Menschen erkannten in der Möglichkeit, die Objekte ihrer Wissensbegierde einzufangen und in ihren eigenen Wohnungen zu halten, einen besonders praktischen und günstigen Weg, ihren leidenschaftlich gehegten Wildtierenthusiasmus intensiv ausleben zu können.[34] Sie begriffen schnell, dass sie keine großen Weltreisen unternehmen mussten, um Unmengen von Exemplaren einer bestimmten Wildtierart gratis zu erlangen.[35]

Was der Fall der fangenden Hobbyzoologen am ausdrücklichsten demonstriert, ist, inwieweit die Hauswildtierhaltung im Kaiserreich mit zeitgenössischen Entwicklungen in den Naturwissenschaften zusammenhing.[36] Zur Zeit des Kaiserreichs wurde Deutschland zu einem naturwissenschaftlichen Imperium, das dank zahlreicher Großerrungenschaften prominenter Starwissenschaftler eine unangefochtene Vorrangstellung innerhalb des internationalen Wissenschaftsestablishments eroberte. Diese »naturwissenschaftliche Revolution« erfolgte vornehmlich auf einer institutionellen Ebene. Ihre Schauplätze waren Universitäten und andere Forschungsinstitute wie diejenigen der 1911 gegründeten »Kaiser-Wilhelm-Gesellschaft zur Förderung der Wissenschaften«.[37] Jüngere Studien

34 Zum wissenschaftsorientierten Fangen von Aquarientieren vgl.: Thomas Brandstetter/Christina Wessely: Einleitung. Mobilis in mobili, in: Berichte zur Wissenschaftsgeschichte 36/2 (2013), S. 119–127, hier S. 122.

35 »Ueberall, wo es waldige Berggegenden gibt«, versicherte z.B. ein Wiesbadener Reptilienliebhaber den Lesern einer populären Naturkundezeitschrift, »ist dieses hübsche, bunte Thierchen [der Feuersalamander] anzutreffen. In den feuchten, waldigen Gebirgsthälern bei St. Goarshausen habe ich den Salamander in den Dämmerstunden zu Dutzenden gefangen. [...] Im Taunus z.B. finden sie sich nach einem Abendregen massenhaft. [...] Da ihre Bewegung in einem langsamen, schwerfälligen Kriechen besteht, [...] so sind sie leicht zu erlangen« (A. Harrach: Das Fangen, Tödten und Aufbewahren der Reptilien und Amphibien. Fortsetzung, in: Isis. Zeitschrift für alle naturwissenschaftlichen Liebhabereien 4/12 (1879), S. 94–95, hier S. 94). Anders, in mancher Hinsicht, als die Singvogel- oder Zierfischhaltung, die zum großen Teil auf kostspieligen Importen exotischer Arten von Übersee basierte, war die Haltung von Amphibien und Reptilien in Terrarien ein weithin demokratisches Hobby – gerade aufgrund der Einfachheit des Erlangens dieser Tiere. Der oben zitierte Wiesbaener Reptilienliebhaber führte aus, wie leicht es sei, ein Terrarienhalter zu werden: »Die Ausrüstung zum Fange der genannten Thiere ist ziemlich einfach: ein Sack von mäßiger Ausdehnung, zur Aufnahme von Schlangen, Blindschleichen und Eidechsen bestimmt, eine Botanisirbüchse und ein Fangsack [...] machen die Werkzeuge des Sammlers aus. [...] Ein rascher Griff mit der Hand macht sie [die Blindschleiche] zu unserer Gefangenen« (ders.: Das Fangen, Tödten und Aufbewahren der Reptilien und Amphibien, in: Isis. Zeitschrift für alle naturwissenschaftlichen Liebhabereien 4/1 (1879), S. 4–5).

36 Zur Wissenschaftsgeschichte als eine Beziehungsgeschichte von Menschen und Tieren siehe: Mitchell G. Ash: Tiere und Wissenschaft. Versachlichung und Vermenschlichung im Widerstreit, in: Gesine Krüger/Aline Steinbrecher/Clemens Wischermann (Hg.): Tiere und Geschichte. Konturen einer Animate History, Stuttgart: Steiner 2014, S. 267–291.

37 Thomas Nipperdey: Deutsche Geschichte 1866–1918. Bürgerwelt und starker Staat. Bd. 1: Arbeitswelt und Bürgergeist, München: Beck 1993, S. 602–605; Hans-Ulrich Wehler: Deutsche Gesellschaftsgeschichte. Bd. 3: Von der »Deutschen Doppelrevolution« bis zum Beginn des

haben jedoch gezeigt, dass der florierende Wissenschaftsbetrieb in vielfältiger Weise mit der Privatsphäre verschränkt gewesen sei. In der zweiten Hälfte des 19. Jahrhunderts wurde Wissenschaft nicht ausschließlich im abgeschotteten Institutslabor betrieben. Sie war oft auch Teil des Haus- und des Familienlebens. Berufliche Erfolge herausragender Wissenschaftler hingen oft von Verwandtschaftsbeziehungen ab, und bahnbrechende Thesen waren bisweilen auch das Resultat des alltäglichen Ideenaustauschs des Wissenschaftlers mit seiner Ehepartnerin oder anderen Familienmitgliedern. Selbst die sich im Sog der Familienbeziehungen entfaltenden Emotionen konnten einen Einfluss auf die Generierung von wissenschaftlichem Wissen ausüben. Auch das naturwissenschaftliche Experimentieren war im Heim des Naturwissenschaftsgelehrten keineswegs eine unbekannte Praxis. Viele der renommiertesten Biologen, Physiker oder Chemiker unternahmen Forschungsversuche im eigenen Haus, in dem es zudem nicht selten einen Laborraum gab. Auch im späten 19. Jahrhundert waren viele Naturwissenschaftler unter anderem »Hauswissenschaftler«.[38] Ein besonders prominentes Beispiel ist Charles Darwin, dessen Thesen in *Über die Entstehung der Arten* und in *Der Ausdruck der Gemütsbewegungen bei dem Menschen und den Tieren* nicht zuletzt auf Experimenten und Beobachtungen in seinem Down House basierten. Oft waren seine Forschungsobjekte seine Kinder sowie der Familienhund. Sie waren »häusliche Forschungsobjekte«, mit denen der große Wissenschaftler besonders enge Beziehungen pflegte.[39]

Die wilhelminischen Hobbyzoologen, die in ihren Häusern wilde Tiere hielten, verkörperten diesen Typus von Hauswissenschaftlern, der in der zweiten Hälfte des 19. Jahrhunderts so verbreitet war. Anders als Darwin waren sie aber regelrechte Amateurwissenschaftler – Vertreter der damals in Deutschland blühenden Wissenschaftspopularisierung.[40] Ihr reges, autodidaktisches Interesse am Tier- und Pflanzenreich konnten

Ersten Weltkrieges 1849–1914, München: Beck 1995, S. 1223, 1230–1232; Beate Althammer: Das Bismarckreich 1871–1890, Paderborn u.a.: Schöningh 2009, S. 180–189; Denise Phillips: Reconsidering the Sonderweg of German Science. Biology and Culture in the Nineteenth Century, in: Historical Studies in the Natural Sciences 40/1 (2010), S. 136–147, hier S. 137–138.

38 Staffan Bergwik: An Assemblage of Science and Home. The Gendered Lifestyle of Svante Arrhenius and Early Twentieth-Century Physical Chemistry, in: Isis 105/2 (2014), S. 265–291; Deborah R. Coen: The Common World. Histories of Science and Domestic Intimacy, in: Modern Intellectual History 11/2 (2014), S. 417–438.

39 Paul White: Darwin's Emotions. The Scientific Self and the Sentiment of Objectivity, in: Isis 100/4 (2009), S. 811–826, bes. S. 812, 823; Gillian Feeley-Harnik: »An Experiment on a Gigantic Scale«. Darwin and the Domestication of Pigeons, in: Cassidy/Mullin (Hg.): Things, S. 147–182; David Allan Feller: Das Erbe der Hunde. Der Einfluss von Jagdhunden auf Charles Darwins Theorie der Selektion, in: Dorothee Brantz/Christof Mauch (Hg.): Tierische Geschichte. Die Beziehung von Mensch und Tier in der Kultur der Moderne, Paderborn u.a.: Schöningh 2010, S. 227–244; Philip Howell: At Home and Astray. The Domestic Dog in Victorian Britain, Charlottesville: University of Virginia Press 2015, S. 102–124.

40 Alfred Kelly: The Descent of Darwin. The Popularization of Darwinism in Germany, 1860–1914, Chapel Hill: University of North Carolina Press 1981; Kurt Bayertz: Spreading the Spirit of Science. Social Determinants of the Popularization of Science in Nineteenth-Century Germany, in: Terry Shinn/Richard Whitley (Hg.): Expository Science. Forms and Functions of

sie durch die Haustierhaltung oder die Blumentopfpflege befriedigen. Gerade weil sie mit Praktiken, die man zuhause leicht ausführen konnte, verbunden war, wurde die Biologie zur »Vorzeigedisziplin der Wissenschaftspopularisierung« (Angela Schwarz). Mit der Populärbiologie drang die wissenschaftliche Praxis in den Mittelpunkt des Hauslebens vieler bürgerlichen Familien ein.[41]

Nachdem sie gefangen worden waren, folgten die wilden Tiere diesem Eindringen der Wissenschaft in die Privatsphäre. In ihren Berichten über ihre Fangzüge, die in den ornithologischen und herpetologischen Populärzeitschriften zahlreich zu finden sind, stellten die Hobbywissenschaftler klar, dass das Fangen mit ihrem Wunsch zusammenhänge, sich an das Tierleben anzunähern – sich in das Leben von nichtmenschlichen Kreaturen zu versenken.[42] Diese intime Annäherung hatte eine klare wissensorientierte Grundlage: Die bildungsbürgerlichen Wildtierliebhaber fingen Tiere als Teil eines durchdachten intellektuellen Unternehmens ein. Durch das Fangen wollten sie ihren Wissensdurst über die Lebensgewohnheiten der wilden Tiere stillen: »Ein prüfender Blick auf den [eben im Freien entdeckten] Salamander«, berichtete z.B ein Amphibienfänger,

> »und ich wußte, daß ich eine Vertreterin [...] der Species [...] vor mir hatte, und diese Entdeckung veranlaßte mich zur Gefangennahme des hübschen Tiers. Ich hatte mir nämlich schon längst vorgenommen die Entwicklung desselben einmal mit eigenen Augen zu verfolgen. Also richtete ich der Salamandra eine ihr [...] durchaus behagliche Wohnung zurecht«.[43]

In den Berichten tauchen damit die Fänge ständig in Verbindung mit einer Bezugnahme auf Themen der Tierkunde auf. Man hat ein Tier gefangen, um ein naturwissenschaftli-

---

Popularization, Dordrecht/Boston/Lancaster: Reidel 1985, S. 209–227; Andreas Daum: Wissenschaftspopularisierung im 19. Jahrhundert. Bürgerliche Kultur, naturwissenschaftliche Bildung und die deutsche Öffentlichkeit 1848–1914, München: Oldenbourg 1998; Angela Schwarz: Der Schlüssel zur modernen Welt. Wissenschaftspopularisierung in Großbritannien und Deutschland im Übergang zur Moderne (ca. 1870–1914), Stuttgart: Steiner 1999; Lynn K. Nyhart: Modern Nature. The Rise of the Biological Perspective in Germany, Chicago: University of Chicago Press 2009.

41 Daum: Wissenschaftspopularisierung, S. 104–105, 431–432; Schwarz: Schlüssel, S. 117, 128–129. Speziell zur Aquaristik siehe: Mareike Vennen: »Echte Forscher« und »wahre Liebhaber«. Der Blick ins Meer durch das Aquarium im 19. Jahrhundert, in: Alexander Kraus/Martina Winkler (Hg.): Weltmeere. Wissen und Wahrnehmung im langen 19. Jahrhundert, Göttingen: Vandenhoeck & Ruprecht 2014, S. 84–102, hier S. 88–91. Zur Begeisterung der wilhelminischen Gesellschaft für die Meereswissenschaft, die als eine Grundlage der Entfaltung der Aquarienhaltung zu betrachten ist, siehe: Franziska Torma: Wissenschaft, Wirtschaft und Vorstellungskraft. Die »Entdeckung« der Meeresökologie im Deutschen Kaiserreich, in: Kraus/Winkler (Hg.): Weltmeere, S. 25–45, hier S. 39–44.

42 Siehe: Anna Tsing: Arts of Inclusion, or, How to Love a Mushroom, in: Australian Humanities Review 50 (2011), S. 5–21, hier S. 19.

43 K. G. Lutz: Mein Feuersalamander, in: Die Gartenlaube 21 (1898), S. 344–346, hier S. 344.

ches Rätsel zu lösen. Kausalsätze wie »Da ich den Kukuk in Bezug auf seine Lebensweise in der Gefangenschaft näher kennen zu lernen wünschte«,[44] leiten stets die Fangerzählungen ein. »Kein eigenartiger Geschmack«, erklärte ein Amphibienliebhaber 1904, veranlasse zur Krötenhaltung, »sondern nur das notwendige naturwissenschaftliche Interesse«.[45] Die Aneignung von Wissen ging mit einer Inbesitznahme von wilden Tieren für das eigene Heim einher.

Gelegentliches Wildtierfangen und fachwissenschaftliches Gelehrtentum konnten dabei sehr leicht ineinander übergehen. In einem Artikel über ein 1878 in einem Harzer Wald gefangenes Individuum einer für Deutschland raren Drosselart (Schwarzkehldrossel) schrieb der promovierte Ornithologe August Müller:

»Herr Förster Burckhardt in Beyernaumburg bei Sangershausen [sic] brachte bei Gelegenheit eines Besuches […] ein Exemplar genannter Species zur Bestimmung und gab an, solches […] auf dem Dohnensteige […] gefangen zu haben. Nach den von mir zum Vergleiche benutzten flüchtigen Diagnosen glaube ich in besagtem Exemplare ein noch nicht ausgefärbtes ♂ vermuthen zu müssen«.[46]

Der Fang der Wildtiere war so stets mit »Diagnosen« verknüpft. Die Geschöpfe, die man einfing, waren Objekte einer intellektuellen Reflexion, ohne die es an der Motivation zum Fangen gefehlt hätte. Die gefangen gehaltenen Wildtiere waren in dieser Konstellation »wissenschaftliche Haustiere«. Ein Aquarianer aus dem Ruhrgebiet erzählte in ähnlicher Manier, aus welchem sehr konkreten Grund er sich in den Besitz von Bachneunaugen setzte:

»Auf einem Spaziergang kam ich im Frühlinge des Jahres 1909 an einen Bach, der nördlich von Recklinghausen fliesst und bei Haltern in die Lippe mündet. Als ich dort sass und mit meinem Stocke den Bodengrund aufwühlte, gewahrte ich im Wasser aalartige, dem sandigen Grunde gleichgefärbte Tiere. […] Mit einiger Mühe fing ich eins der Tierchen, das ich als Bachneunauge […] erkannte. Da ich wusste, dass […] Meerneunauge oder Lamprete sich an lebende Fische ansaugen und mit ihren Zähnen Stücke davon abraspeln, nahm ich an, dass dies auch beim Bachneunauge der Fall sei. Ich nahm darum zu genaueren Beobachtungen drei Neunaugen mit nach Hause und setzte sie dort in ein Aquarium. […] Im ›Lehrbuch der Zoologie‹ von Prof Dr. Schmeil hatte ich

44 Karl Bartels: Der Kukuk als Stubenvogel, in: Monatsschrift des Deutschen Vereins zum Schutze der Vogelwelt, 9/10 (1884), S. 252–253, hier S. 252. Ein Hobbyherpetologe, der »während eines Spaziergangs« Würfelnattern einfing, wünschte schon immer diese Tiere »meinem Terrarium einzuverleiben, um mich über das Leben dieses Reptils in der Gefangenschaft näher zu unterrichten« (A. Thiel: Tropidonotus tesselatus in der Gefangenschaft, in: Blätter für Aquarien- und Terrarienkunde 13/14 (1902), S. 157–158, hier S. 157).

45 Sch.: Kröten im Komposthaufen, in: Der Lehrmeister im Garten und Kleintierhof 3/16 (1904), S. 253.

46 August Müller: Turdus artigularis wiederholt in Deutschland gefangen, in: Ornithologisches Centralblatt 5/2 (1880), S. 12. Vgl. einen Bericht mit ähnlicher Bedeutung: C. F. Wiepken: Ornithologische Notizen, in: Ornithologisches Centralblatt 5/2 (1880), S. 12.

schon von einem Anraspeln der Fische durch Meer- und Flussneunauge gelesen; darum bliess ich häufiger abends das Licht aus, um das Leben der Tiere im Aquarium daraufhin zu beobachten«.[47]

Das Fangen ermöglichte dem Herpetologen das, was ihm vorenthalten geblieben wäre, sollte das Wildtier in seinem natürlichen Habitat in Ruhe gelassen werden: die genaue Beobachtung, die exakte Unterrichtung in die Lebensgewohnheiten des aquatischen Lebewesens. Es überrascht insofern wenig, dass die Amateurwissenschaftler ihre häuslichen Beobachtungen mit großen Fragen der zeitgenössischen Zoologie in Verbindung brachten. Ihre privaten und subjektiven Beobachtungen verstanden sie keineswegs als eine Wissenschaft zweiten Grades, sondern als ein höchst seriöses Unternehmen, das profunde intellektuelle Antworten auf wichtige zoologische Fragen zu liefern imstande war.[48] »Mit Aufblühen der Aquarienpflege«, stellte ein besonders anspruchsvoller Hobbyherpetologe 1906 in der *Gartenlaube* fest, »ist auch die Erforschung mannigfacher Fischkrankheiten […] weit fortgeschritten. Auch auf diesem Gebiet haben wissenschaftlich gebildete Aquarienfreunde der Wissenschaft große Dienste geleistet. Das sachgemäß eingerichtete Aquarium erfüllt eine […] erzieherische Mission«. Es waren für ihn nicht zuletzt die »naturwissenschaftlichen Liebhabereien« und die »Beschäftigung mit der Natur« im »Privatleben«, die der aquatischen Forschung einen wichtigen Vorschub leisteten.[49]

Wurden aber die wilden Tiere, die in die Wohnungen der Menschen gelangten, von ihren Haltern auch als Freunde betrachtet und behandelt? Inwiefern waren die »wissenschaftlichen Haustiere« auch Partnertiere? Um diese Frage zu beantworten, müssen wir den Blick auf die Haltungspraktiken richten, die dem Akt des Fangens unmittelbar folgten. Auch hier ist die Wissenschaft der zentrale Punkt: Wenn die Wissenschaft das war, was die Menschen von Anfang an dazu motivierte, wilde Tiere einzufangen, war sie auch der wichtigste Faktor, der den Umgang der Menschen mit diesen Tieren bestimmte, sobald sie sie in ihren Wohnungen als Haustiere hielten. Die wissenschaftliche Grundlage der Haltung gab den Tieren einen sehr hohen Status in den Augen ihrer Halter. Die wilden Haustiere waren besondere Haustiere. Sie dienten einem der wichtigsten Ideale im Leben ihrer Halter: dem Streben nach Bildung.[50] Als Objekte des Bildungserwerbs

47 Walter Kuhlmann: Beobachtungen am Bachneunauge, in: Blätter für Aquarien- und Terrarienkunde 23/32 (1912), S. 521.

48 Vgl.: Christian Reiß: Gateway, Instrument, Environment. The Aquarium as a Hybrid Space between Animal Fancying and Experimental Zoology, in: NTM 20/4 (2012), S. 309–336, hier S. 318.

49 Max Hesdörffer: Das Zimmeraquarium sonst und jetzt, in: Die Gartenlaube 47 (1906), S. 998–1001, hier S. 1001. Vgl.: H. Vogt: Das Aquarium. Seine Geschichte, Bedeutung und Einrichtung, in: Der Privat- und Villengärtner 2/12 (1900), S. 89–90.

50 Zum Bildungsideal der bürgerlichen Gesellschaft im 19. Jahrhundert siehe: Rudolf Vierhaus: Bildung, in: Otto Brunner/Werner Conze/Reinhart Koselleck (Hg.): Geschichtliche Grundbegriffe. Historisches Lexikon zur politisch-sozialen Sprache in Deutschland. Bd. 1, Stuttgart: Ernst Klett 1972, S. 508–551; M. Reiner Lepsius: Das Bildungsbürgertum als ständische Vergesellschaftung, in: ders.: (Hg.): Bildungsbürgertum im 19. Jahrhundert. Bd. 3: Lebensfüh-

ähnelten sie Gegenständen, mit denen ehrgeizige Bildungsbürger eine Erweiterung ihres Wissensschatzes erstrebten. Sie waren wie Bücher – »geistliche Güter«, dessen Besitz den sozialen Status ihrer Besitzer steigerte. Die Haltung selbst war wiederum wie eine Lektüreeinheit. In den oben zitierten Fangberichten haben wir gesehen, dass der Akt des Fangens manchmal dem Lesen von zoologischen Werken folgte. Man stieß in einem Fachbuch auf ein interessantes Phänomen, also ging man in den Wald und fing sich das fragliche Tier ein, um sich selbst ein Bild von der zoologischen Angelegenheit zu machen. Die Wildhaustierhaltung wuchs sozusagen aus der Bücherlektüre heraus.

An die wilden Haustiere wurden somit intellektuelle Ansprüche geknüpft. Das beeinflusste die Verhältnisse, die ihre Halter mit ihnen hegten. Wie sahen diese Verhältnisse aus? Ein Fallbeispiel soll uns helfen, das zu eruieren: Es handelt sich um den Schriftsteller Gustav Falke, der als ein junger Mann Ende der 1870er Jahre in Hamburg lebte. Eines Tages wurde er auf der Straße von einem Kaufmann angesprochen, der ihn in seine Wohnung einlud. Der Kaufmann wollte Falke seine Hauptleidenschaft präsentieren: die Herpetologie. In der Wohnung des Kaufmanns sah Falke eine große Zahl von verschiedenen Reptilien, Amphibien und Gliederfüßern und neben ihnen auch »Ketscher [= Kescher] verschiedener Größe« sowie eine »grüne Botanisiertrommel«. Dem etwas verblüfften Falke versuchte der Kaufmann sein Hobby dadurch zu erklären, dass er die Aquarien- und Terrarienhaltung als eine typische Aktivität eines (angehenden) Bildungsbürgers beschrieb:

»›[I]ch bin Kaufmann sehr wider meinen Willen, aber ich bin es nun einmal und finde mich damit ab. In meinen Mußestunden aber suche ich nach einem Ausgleich. Für die Musik, so sehr ich sie liebe, fehlt mir jede Begabung. Aber meine Bibliothek enthält eine Menge guter Bücher, die ich mir zur Belehrung und Unterhaltung nach und nach angeschafft habe. Ein wenig beschäftige ich mich mit Naturwissenschaft, und ich habe allerlei Sammlungen.‹ [...] [Falke:] Er führte mich in ein anderes Zimmer und zeigte mir seine Sammlungen. An den Wänden hingen zwei kleinere Kästen mit aufgespießten Schmetterlingen; ein größerer, unter dessen Glas eine wahre Orgie von Farben leuchtete, stand auf einem Pult vor dem einen Fenster, ein Aquarium vor dem anderen, etwas abseits davon ein Terrarium. Alles aufs Beste ausgestattet und aufs Reichste bevölkert«.[51]

Die Funktion der eingefangenen Tiere als kulturelles Kapital ist in dieser Geschichte eines widerwilligen Wirtschaftsbürgers, der sich als ein Bildungsbürger inszeniert, unübersehbar. Für den Kaufmann ist die Tierhaltung Bestandteil einer gelebten Bildung, die ihn mit einem Nachweis der Zugehörigkeit zu der Gesellschaft der Gebildeten ausstattet. Er ist wie ein »Autodidakt[] alten Stils«, den »seine Ehrfurcht gegenüber Bildung [...] im

---

rung und ständische Vergesellschaftung, Stuttgart: Klett-Cotta 1990, S. 8–18; Peter Lundgreen: Bildung und Bürgertum, in: ders. (Hg.): Sozial- und Kulturgeschichte des Bürgertums. Eine Bilanz des Bielefelder Sonderforschungsbereichs (1986–1997), Göttingen: Vandenhoeck & Ruprecht 2000, S. 173–194; Michael Schäfer: Geschichte des Bürgertums. Eine Einführung, Köln/Weimar/Wien: Böhlau 2009, S. 92–105.

51 Gustav Falke: Die Stadt mit den goldenen Türmen. Die Geschichte meines Lebens, Berlin: Grote 1912, S. 269–272.

tiefsten kennzeichnet[]«.[52] Diese mechanische Bildungsschwärmerei unterwirft die Tiere einer starken Objektivierung. Sie sind bloß eine Fortsetzung der Bücherlektüre und -zurschaustellung – eben mit anderen Gegenständen. Das Zimmer mit den Aquarien und den Terrarien ist ein Ebenbild der Hausbibliothek, die der Kaufmann Falke anschließend zeigte. Die Tiere, oder genauer gesagt die Behälter, in denen sie ihr Leben fristeten, unterscheiden sich kaum von den anderen »Lieblingen« des Gastgebers, die er »mit einer gewissen Zärtlichkeit« aus dem Regal herausholte und Falke zeigte: »Dantes Göttliche Komödie, als Kellers Grüner Heinrich. Sein Geschmack nötigte mir Respekt ab; neben Goethe und Schiller standen Scott und Dickens und ein paar französische Romane« sowie »eine ganze Reihe naturwissenschaftlicher und geographischer Werke«. Angesichts dieser Exponate war Falke klar: Der Kaufmann sei kein »Banause«. Seine Bücher waren »wie nach Schnur in Reih und Glied« an den Wand eingereiht – eine »Pedanterie«, die Falke auch im Zimmer mit den Tieren erkannte, wo »eine peinliche Ordnung und Sauberkeit« herrschte.[53] Bücher und Tiere unterschieden sich nicht, weil sie demselben Zweck dienten. Beide sollten das hohe Bildungsniveau ihres Besitzers suggerieren.

Plötzlich begannen aber die Gegenstände im herpetologischen Zimmer des Kaufmanns sich zu bewegen: Eine Schildkröte kroch durch das Zimmer und wurde von Falke fast getreten; der Gast machte »unwillkürlich einen Schritt zurück«, als er sah, wie sich an einer anderen Ecke eine Schlange freischlich. Er wunderte sich sogar noch mehr, als der Kaufmann die Schildkröte, »Peter«, mit seinen Händen aufhob

> »und auf sie einredete. Sie streckte ihren langen Hals aus dem Panzer heraus und sah ihn an, als ob sie ihn verstünde, wobei sie langsam den feinen Kopf hin und her bewegte. [...] [Der Kaufmann] schien zu allem diesem Wurmzeug ein persönliches Verhältnis zu haben. [...] Er nannte mir die Namen aller dieser Geschöpfe, erzählte, wann und wo er sie gefangen und belehrte mich dann gleicherweise vor dem Aquarium, wo allerlei Wassergetier sich durcheinander bewegte«.[54]

Durch dieses »persönliche[] Verhältnis« unterschieden sich die Aquarien- und Terrarientiere doch von den anderen Wissenselementen, die die Wohnung des Kaufmanns beherbergte. Schildkröte Peter war ein Bildungsobjekt, mit dem der Bildungsbürger eine intensivere und physischere Beziehung pflegte als mit seinen Büchern. Der Kaufmann streichelte die Schildkröte, er sprach sie an. Er ließ sie aus ihren Behältnissen herauskriechen. Sein Verhältnis zu ihr war dadurch anders als zu Virgil oder dem Grünen Heinrich. Die Terrarienhaltung ermöglichte es dem Bildungsbürger, sein Ethos wirklich auszuleben – mit all seinen Sinnen.

Dieses erlebte, sinnliche Wissen charakterisierte die Verhältnisse vieler Fänger/Amateurwissenschaftler mit ihren wilden Tieren. Wir haben oben gesehen, dass von dem Tier erwartet wurde, dass es Lösungen zu zoologischen Rätseln lieferte. Diese Erwar-

---

52 Pierre Bourdieu: Die feinen Unterschiede. Kritik der gesellschaftlichen Urteilskraft, Frankfurt a.M.: Suhrkamp 1987, S. 148.

53 Falke: Stadt, S. 272–273.

54 Ebd., S. 270–271.

tung bedingte eine unermüdliche Beschäftigung des menschlichen Halters mit seinem tierischen Forschungsobjekt, die sich vor allem in einer einzelnen, dem wissenschaftlichen Ethos des 19. Jahrhunderts inhärenten Praktik ausdrückte: Beobachtung.[55] Immer wieder erzählten die Liebhaber in ihren Berichten, wie sie sich nach dem Fangen vor das Aquarium, das Terrarium oder den Käfig setzten, um die Tiere – ihre Anatomie und ihr Verhalten – stundenlang zu beobachten. Ein Schweizer Ornithologe erzählte z.B.: »Ich besitze in einem Flugkäfig [...] einen Birkenzeisig, [...] der vor einigen Jahren im hiesigen Jura [...] gefangen wurde. [...] [S]tundenlang stehe ich vor dem Käfige, um mich an seiner Beweglichkeit zu erfreuen«.[56] Ein anderer Vogelfreund fing laut eigener Aussage einen Eisvogel deswegen ein, weil er »denselben Alles ablauschen« – sich über die Lebensgewohnheiten des Tiers unterrichten wollte: »Das herrliche Bild des Wasserwälzens, das Schwimmen und Tauchen, konnte ich nun täglich sehen, und mancher Vogelfreund, welcher mich zu der Zeit besuchte, sah mit mir stundenlang diesem Treiben zu«.[57] Ein Reptilienliebhaber hat ebenfalls »oft stundenlang vor dem Terrarium gesessen, die prächtig grünschillernden Eidechsen beobachtet und mich an den pfeilschnellen und gewandten Bewegungen derselben ergötzt«.[58]

Dieses Ergötzen am Treiben des Tiers unterscheidet sich sehr stark von dem wissenschaftlichen Ethos, die die professionelle Wissenschaft mit der Beobachtung verband. Die zweite Hälfte des 19. Jahrhunderts war die Hochzeit der Objektivität als ein Grundprinzip der wissenschaftlichen Tätigkeit. Wie Lorraine Daston und Peter Galison gezeigt haben, ging die Suche nach objektiven, »wirklich wissenschaftlichen« Wahrheiten mit einer strikten Ablehnung jeglicher subjektiven Einstellung seitens des forschenden Wissenschaftlers einher. Objektivität bedeutete eine distanzierte, unpersönliche Haltung den Forschungsobjekten gegenüber. Der Wissenschaftler durfte nicht in die Beobachtung sein Selbst, seine eigene Person einmischen, er musste von den Beobachtungsgegenständen in dieser Hinsicht fernbleiben. Er durfte nur sachlichen Kontakt mit ihnen aufnehmen. Er durfte auf keinen Fall ihnen mit Emotionen begegnen, geschweige denn in ihrem Leben schwelgen.[59] Die Empathielosigkeit, die den Umgang des Laborwissenschaftlers mit dem Versuchstier gerade während dieser Epoche zu kennzeichnen begann, war eine direkte Folge dieses Objektivitätsideals.[60]

55 Siehe: Lorraine Daston: On Scientific Observation, in: Isis 99/1 (2008), S. 97–110.

56 Emil A. Göldlin: Ueber eine sonderbare Gewohnheit von Fringilla linaria in Gefangenschaft, in: Ornithologisches Centralblatt 5/15 (1880), S. 114–115, hier S. 114.

57 Arthur Herrmann: Meine Wasserschmätzer, in: Ornithologische Monatsschrift 18/1 (1893), S. 34–39, hier S. 34, 37. Vgl.: G. Vallon: Abnorme und seltene Gäste. 1: Gemeiner Star (Sturnus vulgaris), in: Monatsschrift des Deutschen Vereins zum Schutze der Vogelwelt 9/12 (1884), S. 298–299.

58 Terrarienliebhaber. Die Samargadeidechse (Lacerta viridis), in: Haus, Hof und Garten 22/43 (1900), S. 340.

59 Lorraine Daston/Peter Galison: Objectivity, New York: Zone Books 2007, S. 196–203, 241–242.

60 Siehe: Paul White: Sympathy under the Knife. Experimentation and Emotion in Late Victorian Medicine, in: Fay Bound Alberti (Hg.): Medicine, Emotion, and Disease, 1700–1950, Basingstoke: Palgrave Macmillan 2006, S. 100–124. Vgl.: Sven Dierig: Wissenschaft in der Maschi-

In ihren Beobachtungen eigneten sich die amateurwissenschaftlichen Haustierhalter eine genau umgekehrte Haltung an. Anstatt sich von ihren tierischen Studienobjekten zu distanzieren, versuchten sie, an diese so nah wie möglich zu kommen. Sie begegneten ihnen nicht als kalte Wissenschaftler. Sie ließen sich von ihnen faszinieren, und sie hofften, sie in ihr Leben so eng wie möglich zu inkorporieren. Die Freude auf die wissenschaftlichen Erkenntnisse verknüpfte sich mit einem Gefühl der Bindung an die Objekte eben jener Erkenntnisse. Die beobachtenden Amateurzoologen verkörperten mitten im Zeitalter der wissenschaftlichen Objektivität das alte Ideal der *vie intime scientifique*.[61]

Das hatte gerade mit der Frage der Domestikation zu tun. An die eingefangenen Tiere wurde die Erwartung geknüpft, dass sie sich binnen kurzem zu domestizierten Partnern ihrer Halter entwickeln würden. Der professionelle, objektive Wissenschaftler wollte das von ihm studierte Tier entdomestizieren, das heißt von seinem eigenen, menschlichen Universum fernhalten. Das Tier der professionellen Wissenschaft war seinem Wesen nach kein Haus- und Partnertier. Für den Hobbyzoologen war eine radikale Domestikation des beobachteten Tiers – eine fast totale Einverleibung in seine persönliche Welt – dagegen oberstes Diktum. Er erwartete, dass das eingefangene Tier sich an seine neuen Lebensumstände so schnell wie möglich anpassen würde. »Vor längerer Zeit hatte ich das Glück«, erzählte z.B. ein Hobbyzoologe, »in der Spree unweit der Oberbaumbrücke in Berlin [...] eine Schildkröte zu erbeuten. Das Tier, welches bald zahm und zutraulich wurde, durfte sich in der Wohnung [...] frei bewegen«.[62] Immer wieder schilderten die Amateurwissenschaftler, wie die Tiere den ersten Schock des Fangens überwältigten und sich allmählich an die neue Umgebung gewöhnten. Sie erzählten mit großer Freude, dass das gefangene Tier etwa sein Futter aus der Hand seines Halters zu nehmen und die Gegenstände seines Käfigs oder Terrariums zu verwenden begann. Zeichen von Zufriedenheit und guter Laune wurden schwärmerisch registriert. Ein Ornithologe, der 1881 in der Nähe von Görlitz acht noch nicht flügge Wasserrallen aus einem Nest plünderte, freute sich beispielsweise darüber, dass sich diese nach dem Fangen schnell erholten: »Zu Hause angekommen bereitete ich ihnen ein warmes Nest. Am anderen Morgen frassen sie begierig die vorgehaltenen Mehlwürmer. [...] Sie wurden sehr schnell zahm und sobald sie meine Stimme hörten, gaben sie sofort Antwort. [...] [Ihr] Ton scheint Freude und Wohlbehagen anzudeuten«.[63]

---

nenstadt. Emil Du Bois-Reymond und seine Laboratorien in Berlin, Göttingen: Wallstein 2006.

61 Siehe: Daston/Galison: Objectivity, S. 204.

62 Baumgardt: Angriff einer Ratte auf eine Schildkröte, in: Blätter für Aquarien- und Terrarienkunde 13/21 (1902), S. 248.

63 Louis Tobias: Bemerkungen über Rallus aquaticus, in: Ornithologisches Centralblatt 6/21 (1881), S. 157–158. Vgl. auch folgende Beschreibung aus der Feder des Vorsitzenden des »Deutschen Vereins zum Schutze der Vogelwelt«, August Wilhelm Thienemann, der eine Waldschnepfe einfing: »Heute ist die Schnepfe munter und frisch, befindet sich anscheinend ganz wohl, und ist so zahm, daß sie sofort zum Futter kommt, wenn ich welches bringe. Die Schnepfe frißt auffallend viel, und stöbert in einem Napf voll feuchter Erde mit Regenwürmern mit ihrem langen Schnabel fortwährend herum« (W. Thienemann: Die Waldschnepfe

Das war eben eine Voraussetzung für eine erfolgreiche zoologische Beobachtung. Der Amateurwissenschaftler musste das Tier so nah wie möglich an sich bringen, um ihm sein Leben am effektivsten »ablauschen« zu können. Je intensiver die wissenschaftliche Beobachtung wurde, desto näher musste das Tier an seinen Beobachter kommen:

»Nach sechs Tagen befreite ich die Vorderseite des Käfigs von der Leinwand [...] und belauschte nun den Vogel durch eine Thürspalte. Ich sah, wie selbiger durch das Wasser huschte, sich dann auf den Stein setzte und sein Gefieder putzte. [...] Ich ließ nunmehr die Thür zu meinem Wohnzimmer auf, denn der Vogel sollte sich allmählich auch an uns gewöhnen. [...] Zwölf Tage lang war der Vogel im Zimmer geblieben, in welcher Zeit er hübsch zahm geworden war und Mehlwürmer aus der Hand nahm«.

Binnen kurzem wurde die Wasseramsel (in der damaligen Zeit als »Wasserschmätzer« bekannt), von der hier die Rede ist, so schrieb der Hobbywissenschaftler, zu »mein[em] mir so lieb gewordene[n] Vogel«. Die Freundschaft war aber nicht das Hauptziel der Haltung. Sie wurde vielmehr in den Dienst der Wissenschaft gesetzt: »Der Vogel war inzwischen ganz zahm geworden und ich konnte demselben alles ablauschen«.[64]

## KINDLICHES FANGEN. KINDER ALS WILDTIERLIEBHABER

Die Amateurzoologen bildeten aber nicht die einzige soziale Gruppe, die im Kaiserreich massenhaftes Wildtierfangen unternahm. Eine zweite Gruppe, deren Mitglieder von der Möglichkeit begeistert waren, wilde Tiere aus ihren natürlichen Habitaten herauszureißen und in ihre eigenen Wohnräume zu versetzen, waren die Kinder. Schon Zeitgenossen fiel auf, dass vor allem Jungen (von Mädchen war in dieser Beziehung fast nie die Rede) eine Hauptrolle auf dem Feld des Wildtierfangens einnahmen. In Vogelschutzschriften z.B. wurde vielfach beklagt, dass die deutschen Kinder durch ihre bübchenhaften Fangeskapaden eine akute Gefahr für den heimischen Singvogelbestand darstellten. In einem Vogelschutzratgeber aus dem späten Kaiserreich wurde beispielsweise ermahnt:

»Leider haben die Singvögel auch viel unter den Nachstellungen durch den Menschen [zu leiden] – einzelne Sänger mittelst Schlagnetz oder Leimruten wegfangende Vogelsteller oder Nester suchen-

---

(Scolopax rusticula) in der Volière, in: Monatsschrift des Deutschen Vereins zum Schutze der Vogelwelt 7/5 (1882), S. 135). Über einen anderen von ihm eingefangenen Wildvogel sagte Thinemann explizit: »Seine Zahmheit ist erfreulich. Schon nach mehrtägiger Gefangenschaft liess es sich mit der Hand ergreifen, ohne Gebrauch von seinen Flügeln zu machen« (W. Thienemann: Das Tüpfelsumpfhühnchen (Gallinula porzana), in: Ornithologisches Centralblatt 5/12 (1880), S. 89–91, hier S. 91). Zu einem eingefangenen, »schöne[n]« Seeadler, der »sich gut in die Gefangenschaft zu gewöhnen scheint«, siehe: F. Beyschlag: Ein gefangener Meeradler, in: Die gefiederte Welt 2/4 (1873), S. 27.

64 Herrmann: Wasserschmätzer, S. 36, 38. Vgl. auch: Passow: Einiges über den Wasserschmätzer, in: Ornithologische Monatsschrift 18/9 (1893), S. 313–318.

de Buben. Die Herren [...] Aufseher der Gartenanlagen werden deshalb dringend gebeten, [...] zwecklos in den Gärten herumlungernde Buben [...] nicht zu dulden«.[65]

Die Rede von den »herumlungernde[n] Buben« deutet darauf hin, dass das Fangen durch Kinder einen anderen Charakter als dasjenige durch die Amateurwissenschaftler hatte. Die fangenden Kinder waren nicht durch den Wunsch motiviert, wissenschaftliche Rätsel zu lösen und ihr Bildungskapital zu erhöhen. Sie waren bloß »freche« Jungen, die im Freien spielten und gelegentlich Tiere fingen. In einem Punkt aber unterschieden sie sich nicht von ihren erwachsenen Pendants: die Gesellschaftsklasse, der sie gehörten. Die das Fangen bekämpfenden Vogelschützer wiesen immer wieder darauf hin, dass es vor allem Kinder »aus den gebildeteren Familien« seien, die Singvögel fingen. Als Bildungsbürgertumskinder hatten auch sie ein ausgeprägtes Interesse an der Welt der Natur, das sie dazu bewegte, zahlreiche Forschungsexkursionen zu unternehmen: »Da bleibt kein Baum unerklettert, auf dem sich ein Nest entdecken läßt und die Mutter daheim wundert sich dann, wie oft der jugendliche Naturforscher mit zerrissenen Hosen [...] nach Hause kommt«.[66]

Dieses Bild von zahllosen Kindern, die wilden Tieren in ihren Brutstätten und Wohnröhren nachstellten, wird in vielen Erinnerungen über die Zeit des Kaiserreichs bestätigt. Kinder tauchen in ihnen immer wieder als leidenschaftliche Wildtierfänger und Wildtierhalter auf. Diese Tatsache steht im Widerspruch zu vielen geschichtswissenschaftlichen Werken, die die Haustierhaltung durch Kinder im 19. Jahrhundert als ein sehr »zahmes« Phänomen darstellen. Laut diesen Studien, die vorwiegend Schriften des Tierschutzes und der Kindheitsliteratur zurate ziehen, diente die kindliche Haustierhaltung in erster Linie didaktischen Zwecken. Sie war ein Instrument zur Indoktrination von »guten« bürgerlichen Tugenden. Die hingebungsvolle Pflege von wehrlosen Kreaturen sollte den Kindern einen Vorgeschmack auf ihre spätere Rolle als verantwortungsvolle Eltern sowie ein Gespür für soziale Hierarchien geben. Fürsorge, Selbstdisziplin und Sanftmut waren dabei die wichtigsten Merkmale. Sie stellten »human domestic fantasies« (Pearson) dar, die in den idealen Kind-Haustier-Beziehungen verkörpert waren.[67]

Im Kontext des Fangens scheint die kindliche Haustierhaltung des Kaiserreichs deutlich weniger »tugendhaft« gewesen zu sein. Um von Begriffen der heutigen Kindheits-

---

65 E. Will: Anleitung zur Ausübung eines erfolgreichen Vogelschutzes, Posen: Posener Neueste Nachrichten o.J., S. 2–3.

66 Julius Stengel: Dürfen Schulknaben Eiersammlungen anlegen?, in: Monatsschrift des Deutschen Vereins zum Schutze der Vogelwelt 7/6 (1882), S. 138–141, hier S. 138–139.

67 Kete: Introduction, S. 4; Susan J. Pearson: The Rights of the Defenseless. Protecting Animals and Children in Gilded Age America, Chicago/London: University of Chicago Press 2011 (Zitat S. 38); Katherine C. Grier: Pets in America. A History, Chapel Hill: University of North Carolina Press 2006, S. 98, 130–132, 140–142; Jennifer Mason: Civilized Creatures. Urban Animals, Sentimental Culture, and American Literature, 1850–1900, Baltimore: Johns Hopkins University Press 2005, S. 14; Harriet Ritvo: Noble Cows and Hybrid Zebras. Essays on Animals and History, Charlottesville/London: University of Virginia Press 2010, S. 29–49.

soziologie Gebrauch zu machen:[68] Die wilhelminischen Kinder, die wilde Tiere fingen, ließen sich nicht einfach von fürsorglichen Erwachsenen sozialisieren, die sie auf den Weg ins geregelte Bürgerleben führen wollten.[69] Indem sie wilde Kreaturen, darunter auch solche, die im bürgerlichen Tierverständnis nicht gerade als attraktiv galten, einfingen und in die Häuser ihrer Eltern brachten, handelten sie als eigenständige Akteure, die fremde, in gewisser Hinsicht unpassende Elemente in die menschliche Welt einführten.

Die naturliebenden Kinder[70] des Kaiserreichs fingen ständig wilde Tiere ein. Sie taten das als eine ganz einfache Freizeitaktivität, die keine großen Vorkehrungen benötigte und die nicht durch eine Reflexion über den Unterschied zwischen dem Wilden und Domestizierten motiviert wurde. Die Schlichtheit, mit der z.B. der junge Joachim Ringelnatz (geboren als Hans Bötticher) diese Tätigkeit während eines Familienurlaubs in Thüringen in den 1880er Jahren ausführte, kennzeichnete fast alle Fangexkursionen von Kindern im Kaiserreich: »Auch durften wir allein umhertummeln, Wolfgang [= der Bruder] Steine sammelnd, ich Insekten, Schlangen und Eidechsen fangend«.[71] Das Fangen gehörte wie selbstverständlich zur kindlichen Mußezeit: »Um die Jahrhundertwende«, so der in München aufgewachsene Dichter Eugen Roth, war es »der Stolz eines jeden Buben [...], einen Kasten voller Schwalbenschwänze, Ordensbänder oder gar Totenköpfe [Schmetterlingsarten] zu besitzen. [...] Angst hatten wir als Buben vor keinem Lebewesen. [...] Krebse, Igel, Forellen und Ringelnattern fingen wir mit der bloßen Hand«.[72]

68 Siehe: Herbert Schweizer: Soziologie der Kindheit. Verletzlicher Eigen-Sinn, Wiesbaden: VS 2007, S. 49–78.

69 Siehe: Gunilla-Friederike Budde: Auf dem Weg ins Bürgerleben. Kindheit und Erziehung in deutschen und englischen Bürgerfamilien 1840–1914, Göttingen: Vandenhoeck & Ruprecht 1994.

70 Der Fall der fangenden Kinder des Kaiserreichs kann in dieser Beziehung auch umweltgeschichtliche Narrative relativieren, die von einer graduellen Entfremdung zwischen Kindern und der natürlichen Welt in der Neuzeit ausgehen; siehe exemplarisch: Pamela Riney-Kehrberg: The Nature of Childhood. An Environmental History of Growing Up in America since 1865, Lawrence: University Press of Kansas 2014.

71 Joachim Ringelnatz: Mein Leben bis zum Kriege, Zürich: Diogenes 1994, S. 23. Vgl. auch: Georg Friedrich Jünger: Grüne Zweige. Ein Erinnerungsbuch, Stuttgart: Klett-Cotta 1978, S. 115–116; Ina Seidel: Lebensbericht 1885–1923, Stuttgart: Deutsche Verlags-Anstalt 1970, S. 127. Die Aussage Ringelnatz', dass er seine Fangzüge gemeinsam mit seinem Bruder (und auch anderen Geschwistern) unternommen habe, reflektiert die Tatsache, dass das kindliche Fangen oft ein kollektives Projekt war, bei dem sich zwei oder mehr (männliche) Kinder zusammentaten, um eine Fänger-»Bande« zu bilden. Vgl. als ein einziges Beispiel die Kindheitserinnerungen eines Ornithologen: »Gleichgesinnte finden sich zu Wasser und zu Lande; auch schon im Knabenalter! So hatte ich seiner Zeit einen gleicheifrigen Schulkameraden, welcher meine Passion (Vogelliebhaberei) brüderlich mit mir teilte. – Ich ein leidlicher Nestfinder, – er ein tüchtiger Kletterer! Wir begnügten uns in unseren Musestunden nicht blos mit Garten, Wiese und Feld, sondern machten auch häufig Hain und Wald unsicher« (F. Schlag: Ornithologische Rückerinnerungen. b) Wildtauben-Eier, in: Ornithologische Monatsschrift 15/9 (1890), S. 261–262, hier S. 261).

72 Eugen Roth: Lebenslauf in Anekdoten, München/Wien: Hanser 1963, S. 16–17.

Man könnte vermuten, dass gerade dieses gelegentliche Fangen »mit der bloßen Hand« in einer sehr kurzlebigen Kind-Wildtier-Beziehung endete und dass das eingefangene Tier nach wenigen Minuten wieder freigelassen wurde.[73] Aus vielen Quellen geht aber hervor, dass Kinder ihre Fangzüge sehr ernst nahmen und dass sie in diese sehr viel Aufwand steckten. Die Tiere, die sie dabei erbeuteten, nahmen sie sehr oft mit nach Hause, um sie dort mit großer Sorgsamkeit als regelrechte Haustiere zu behandeln. Die Tochter eines pensionierten Generals, der mit seiner Familie in der Wiener Innenstadt lebte, erzählte z.B.:

»Jeden Tag, wenn es das Wetter nur irgendwie gestattete, gab es Spaziergänge. [...] So wanderten wir in den Prater, oft mit Netzen und einem Einsiedeglas versehen, um die Insassen der zahlreichen Tümpel, Schwimmkäfer, Molche und Kröten etc. dann zu Hause mit zärtlichster Hingabe [...] zu pflegen«.[74]

Auch der spätere Schriftsteller Heinrich Federer und seine Freunde aus dem Gymnasium im schweizerischen Sarnen waren in den 1880er Jahren äußerst fleißige Insektenfänger, die große Anstrengungen unternahmen, um ihre Leidenschaft auszuleben:

»Wir waren eifrig auf der Jagd und [...] [brachten] gewaltig gehörnte Käfer und die schönsten Tag- und Nachtfalter zusammen, Schwalbenschwanz, Segelfalter, Apollo, Pfauenauge, Admiral, die verschiedenen Fuchsarten, den C-Falter und den wunderbaren Trauermantel. Die riesigen Hirschkäfer, Männchen und Weibchen, fingen wir beim Zunachten [= Dunkelwerden] mit blosser Hand im vollen Flug, aber beim Totenkopf hiess es sorglicher umgehen, damit der köstlich figurierte Flaum nicht zerstäube. Was waren das für Jagden, oft im hohen reifen Saatgras, wo links und rechts der Pfiff oder die Ohrfeige eines Bauernknechtes drohte«.[75]

Die hier zur Sprache kommende genaue Kenntnis der Schmetterlings- und Käferarten ist ein Indiz dafür, dass sich das kindliche Fangen von seinem amateurwissenschaftlichen Pendant in mancher Hinsicht doch nicht so stark unterschied. Die Kinder hatten keine wissenschaftliche Motivation, sie fingen wilde Tiere einfach aus Spaß. Aber auch sie waren von einer quasiintellektuellen »Neu- und Wießbegierde«[76] getrieben, die in ihnen den Wunsch weckte, das sie umgebene Tierreich eigenhändig zu untersuchen. Sie waren in der Tat, wie es ein zeitgenössischer Ornithologe etwas spöttisch formulierte, »jugendliche Naturforscher«.[77]

---

73 Hierzu vgl.: Gabriele Reuter: Vom Kinde zum Menschen. Die Geschichte meiner Jugend, Berlin: S. Fischer 1921, S. 146–147.

74 Hertha Sprung: Langeweile gab es für uns Kinder nicht, in: Andrea Schnöller/Hannes Stekl (Hg.): »Es war eine Welt der Geborgenheit...«. Bürgerliche Kindheit in Monarchie und Republik, Wien/Köln: Böhlau 1987, S. 241–253, hier S. 245–246.

75 Heinrich Federer: Am Fenster. Jugenderinnerungen, Luzern: Rex 1978, S. 167. Siehe auch: ebd., S. 62.

76 Schlag: Rückerinnerungen, S. 261.

77 Stengel: Schulknaben, S. 139.

Die Tatsache, dass schon die fangenden Kinder den Zusammenhang zwischen Naturwissenschaft und Wildhaustierhaltung zumindest ansatzweise widerspiegelten, ist das wichtigste Indiz für ihre aktive Rolle in der Integration von wilden Tieren in die menschliche Gesellschaft. Denn was sie als Kinder erfuhren und taten, gaben sie als Erwachsene nicht mehr auf. Aus den Quellen kann man lernen, dass das amateurwissenschaftliche Fangen oft eine direkte Fortsetzung seines kindlichen Doppel- bzw. Vorgängers war. Die Naturforschungen, die man als Kind unternahm und die das Fangen von wilden Tieren und ihre Haltung als Haustiere beinhaltete, prägten auch das Interessenspektrum des Erwachsenen. Der Historiker Karl Lamprecht (geb. 1856 in Jessen) behauptete z.B., dass die »Explorationen«, die er als Kind in den »Einsamkeiten der wilden Natur« an den Ufern der Elster mit seinem Schmetterlingsnetz durchgeführt hatte (er »kam selten ohne reiche Beute heim«), eine Vorstufe zu seiner später eingeschlagenen Professorenkarriere gewesen seien. Die spaßige Jagd nach den kleinen Tieren verwandelte sich im Laufe der Zeit in ein Großgelehrtentum: »Es erging mir damals schon so, wie es mir später auf dem weiten Gebiete geschichtlicher Studien zeit meines Lebens gegangen ist«.[78] Im Normalfall mündete das kindliche Tierfangen aber nicht in einer geschichtswissenschaftlichen Karriere, sondern in einer populärzoologischen Leidenschaft. Zahlreiche, und zwar auch prominente Figuren auf dem Feld der Hobbyornithologie und -herpetologie im Kaiserreich waren schon als Kinder leidenschaftliche Wildtierfänger. In einem im *Ornithologischen Centralblatt* 1881 erschienenen Beitrag mit dem Titel »Biographische Notizen über Ornithologen der Gegenwart« wird immer wieder darauf hingewiesen, dass die besprochenen Personen schon als Kinder Wildtierenthusiasten und emsige Fänger gewesen waren. Über den 1814 geborenen Ornithologen Karl Gottlob Friedrich, der bereits 1849 eine Monographie zur *Naturgeschichte aller deutschen Zimmer-, Haus- und Jagdvögel* auf den Markt brachte, wird beispielsweise berichtet: »Von Jugend auf unterhielt und beobachtete Friedrich eine grosse Anzahl deutscher Vögel und interessierte sich besonders für die Aufzucht junger Individuen. Die Thätigkeit, seltene und zärtliche

78 Karl Lamprecht: Kindheitserinnerungen, Gotha: Perthes 1918, S. 26–27. Wie Lamprecht mit seinen Explorationen waren auch viele andere Bildungsbürger schon im Kindheitsalter »kleine Wissenschaftler« und belesene Hobbyzoologen, die Bücher-, Beobachtungs- und Fangkenntnisse miteinander verbanden. So erzählt z.B. der Schriftsteller Heinrich Seidel (geb. 1842 in Perlin) über die Naturliebe seiner Kindheit: »Das Eiersammeln will ich in dieser Zeit, wo die Vogelwelt bei uns von Jahr zu Jahr mehr abnimmt, nicht befürworten, es ist ja auch, Gott sei Dank, verboten, doch muss ich bekennen, dass es für mich die Brücke gebildet hat zu einer etwas intimeren Kenntniss der Natur als sie gewöhnlich ist, so dass ich mir im Laufe der Zeit durch unausgesetzte Beobachtung und fleissiges Nachlesen im Naumann [= Johann Andreas Naumann/Johann Friedrich Naumann: Naturgeschichte der Vögel Deutschlands (1822–1866)] und anderen Büchern eine gewisse Kenntniss der einheimischen Vogelwelt erworben habe, besonders der Insektenfresser, die von jeher meine Lieblinge waren. Da ich auch hier, wie in fast allen Dingen, die ich in meinem Leben gelernt habe, auf mich allein angewiesen war, so hat es oft viele Jahre gedauert bis es mir gelang nach Lockruf, Gesang oder Aussehen die Art eines Vogels zu bestimmen, dann aber sass es auch fest.« Dieses frühe praktische Wissen sorgte mit dafür, dass Seidel auch in späteren Jahren ein »fanatischer Vogelfreund« blieb (Heinrich Seidel: Von Perlin nach Berlin. Aus meinem Leben, Leipzig: Liebeskind 1894, S. 122).

junge Vögel sicher zu erziehen erweckte die Idee, ein Buch über die Zimmervögel zu schreiben«.[79] Aufzeichnungen dieser Art über den Übergang von der kindlichen Liebhaberei zu einer populärwissenschaftlichen Ornithologie sind in besagtem und ähnlichen Artikeln immer wieder zu finden.[80]

Der im Kindesalter erwachte Wildtierenthusiasmus bestimmte aber nicht nur die schriftliche, d.h. populärwissenschaftliche Tätigkeit, sondern auch die Fangaktionen selbst. Obwohl viele Ornithologen und Vogelschützer im erwachsenen Alter das massenhafte Singvogelfangen durch Kinder anprangerten, knüpften viele von ihnen an ihre Praktiken von ehemals an und setzten den »Massenraub« fort. Auch als Bildungsbürger mit naturwissenschaftlichen Kenntnissen blieben sie die Kinder, die sie einst gewesen waren, indem sie sich von ihrer Wildnisbegeisterung beherrschen ließen. Ihr Wunsch, mit wilden Tieren engen Kontakt aufzunehmen, stellten sie nicht ab. Ihr Fangen war nachhaltig. Ein einschlägiger Fall ist der Ornithologe Karl Wernher, der laut eigener

---

79 Anton Reichenow/Herman Schalow: Biographische Notizen über Ornithologen der Gegenwart. Zweite Serie, in: Ornithologisches Centralblatt 6/18 (1881), S. 137–141, hier S. 139.

80 Siehe: dies.: Biographische Notizen über Ornithologen der Gegenwart. Zweite Serie. Schluß, in: Ornithologisches Centralblatt 6/19 (1881), S. 149–150, hier S. 150; W. Thienemann: Eugen von Schlechtendal, in: Ornithologisches Centralblatt 6/13 (1881), S. 98–99, hier S. 99; Eugen von Homeyer: Ueber das Aussetzen von Vögeln behufs deren Einbürgerung, in: Ornithologisches Centralblatt 5/8 (1880), S. 61–62 (hierzu vgl.: Ludwig Gebhardt: Homeyer, Eugen von, in: Neue Deutsche Biographie 9, 1972, S. 589, URL: http://www.deutsche-biographie.de/pnd116975555.html (am 19.11.2014)). Einer der wichtigsten Vogelschützer im frühen Kaiserreich, der thüringische Geologe Karl Theodor Liebe (geb. 1828), setzte sich schon als Kind mit dem wohl herausragendsten Ornithologen des Vormärz, Christian Ludwig Brehm, in Verbindung. Das Vorbild Brehms, der u.a. zwei Monographien (von 1836 und 1855) über den Vogelfang verfasste, wirkte auf Liebe »ein ganzes Leben lang nach«. Vielleicht durch Brehm ermuntert, pflegte der kleine Liebe u.a., Falken einzufangen und zu zähmen; siehe: Felicitas Marwinski: Karl Theodor Liebe. Gymnasialprofessor, Geologe und Beobachter der heimischen Vogelwelt, Weimar: Hain 2004, S. 14–16 (Zitat S. 15). Ein anderes vogelliebendes Kind, das mit dem großen Brehm Kontakt aufgenommen hatte, war Hermann Seidel (geb. 1855). Laut seiner Tochter, der Schriftstellerin Ina Seidel, »war schon der Knabe Hermann Forscher, liebevoller und eindringlicher Beobachter. [...] In der Tat war er in diesem Alter bereits ein Ornithologe. [...] Innerhalb des Hauses scheint ihn neben seiner Vogelstube voller schreiender Pfleglinge und den Beschäftigungen, die sich daraus ergaben, nur das intensive Lesen naturwissenschaftlicher Werke [...] gefesselt zu haben«. Mit Fünfzehn schrieb Hermann Seidel in seinem Tagebuch: »Mein Lebensziel habe ich mir nun [...] fest vorgesteckt: ich will Naturforscher werden. [...] Es muß herrlich sein, Urwald und Steppe zu durchstreifen und heimzukehren mit reicher Ausbeute für die Wissenschaft«. Obwohl er schließlich kein Zoologe, sondern Arzt wurde, setzte Seidel seine populärzoologische Leidenschaft auch als Erwachsener fort. In seiner Braunschweiger Wohnung hatte er ein Terrarium – »ein riesiger Glaskasten, in dem zuerst Eidechsen wohnten, später einige viel interessantere Wüstenspringmäuse, [...] die sich umherhüpfend tummelten« (Seidel: Lebensbericht, S. 21–23, 28–29, 49).

Aussage bereits als Kind eine Vorliebe zur Wildnis hegte. Als Kind hielt er mehrere Dompfaffen – nicht aber solche, die in der Gefangenschaft aufgezogen wurden, sondern nur Individuen, die er selbst in der freien Wildbahn einfing. Er sei, so Wernher, »kein Liebhaber der liederpfeifenden Vögel« gewesen und sei es auch heute nicht: »[E]s war mir auch als Knaben schon der kräftige lebhafte Wildfang lieber als der scheinbar stupide und nachdenklich ausschauende gelehrte Dompfaff«. Diese Wildtierleidenschaft, die er sich als Kind angeeignet hatte, führte dazu, dass Wernher auch als Erwachsener einen Massenfang von Singvögeln betrieb: In seiner Voliere flogen »Buch-, Berg- und Distelfinken, Zeisigen, Hänflingen und Grünlingen. [...] Dies alles waren Wildfänge«.[81] Der einmal ansetzende Fangtrieb blieb lebenslang erhalten und sorgte für die anhaltende Integration von wilden Tieren in die Privatsphäre von Bildungsbürgern.

Die Verbindung zwischen dem kindlichen und dem erwachsenen Fangen erweckt den Eindruck, dass die fangenden Kinder sich an die Kultur ihrer Eltern und ihres Milieus sehr stark anpassten. Sie wuchsen in eine Kultur der Naturliebe und der Wissenschaftsverehrung hinein, und wenn sie sich für wilde Tiere interessierten, taten sie im Grundsatz das, was diese Kultur von ihnen erwartete. Ihre Sozialisation war erfolgreich – gerade dann, wenn sie an dem Wildtierfang teilnahmen. Das stimmt aber nicht ganz. Denn das Fangen von wilden Kreaturen und ihre Haltung als Haustiere lösten oft einen Konflikt zwischen Kindern und Eltern aus. Nicht alle Eltern waren froh darüber, dass ihre Söhne im Wald und Sumpf herumlungerten und schutzlosen Lebewesen nachjagten. Sie fanden es oft noch schlimmer, wenn diese Lebewesen am Ende in ihre Häuser landeten. In solchen Konflikten machten es die Eltern den Kindern klar, dass die wilden Tiere in den Wohnstätten der Menschen nichts zu suchen hätten. Sie agierten dabei als Hüter der Grenze zwischen dem Wilden und dem Domestizierten. Sie weigerten sich, Wildtiere als potenzielle Haustiere zu betrachten. Wenn z.B. das Arbeiterkind Franz Dahlem (geb. 1892) sich einen Kolkraben einfing (nachdem er die Flur neben seinem elsässischen Dorf »ständig [...] durchstreifte«), hielt er den »neuen Freund[]« nicht im eigenen Zimmer, sondern an einem »recht einsame[n] Ort« – einer »Dornenhecke, die inmitten hoher Brennnesseln stand«. Der Grund für diese Wildtierhaltung im Freien war, dass Dahlem wusste, »daß es Vater nicht dulden würde, den Vogel zu Hause unterzubringen«. Der Vater bestand dabei explizit auf der Unvereinbarkeit zwischen der menschlichen Gesellschaft und der Welt der Wildtiere: Als er von dem neuen Hobby seines Sohnes erfuhr, ermahnte er den Jungen, »daß diese Vögel in die freie Natur gehörten und kein Spielzeug seien«. Das Kind hielt an einer solchen binären Teilung zwischen dem Natürlichen und dem Künstlichen offenbar nicht fest. Es konnte sich sehr gut einen Raben als Haustier vorstellen. Der Vater aber zwang Dahlem, den Vogel wieder freizulassen. Er setzte damit, wie viele andere Eltern im Kaiserreich auch, der Partnerschaftlichkeit zwischen Kind und Wildtier ein Ende.[82]

81 Karl Wernher: Dompfaffzüchtung, in: Ornithologische Monatsschrift 18/9 (1893), S. 325–328, hier S. 325–326. Zur Verquickung von kindlichem und erwachsenem Vogelfangen vgl. auch: H. Schacht: Erscheinungen aus der Vogelwelt des Teutoburger Waldes im Jahre 1881, in: Ornithologisches Centralblatt 6/18 (1881), S. 141–142.

82 Franz Dahlem: Jugendjahre. Vom katholischen Arbeiterjungen zum proletarischen Revolutionär, Berlin: Dietz 1982, S. 80–82. Der Vater von Hans Fallada (geb. 1893 als Rudolf

## NATUR EINRICHTEN. DIE ERZEUGUNG VON WILDTIERHABITATEN IN DER BÜRGERLICHEN WOHNUNG

Eltern im Zeitalter des Wilhelminismus, die darauf bestanden, dass die wilden Tiere in die freie Natur gehörten, hatten natürlich recht: Ihre Häuser taugten nicht als Unterbringungsorte für Kreaturen, deren natürliche Habitate Wald oder Sumpf sind. Diejenigen Menschen, die doch wünschten, diese Kreaturen zu Haustieren zu machen, standen deshalb vor einer extrem schweren Aufgabe: Sie mussten die neuen Aufenthaltsräume der Tiere so gestalten, dass sie trotz der radikalen Veränderung ihrer Lebensumstände zu überleben und zu gedeihen imstande waren. Die Einrichtung eines Aquariums, eines Terrariums oder eines Vogelkäfigs war damit eine Tätigkeit, die extrem viel Aufwand und Einfallsreichtum beanspruchte. Sie war ein kritischer Baustein im mehrstufigen Domestikationsprozess – von ihr hing der Erfolg der Verwandlung eines Wildtiers in ein Haustier ab.[83]

Studien, die sich mit der Geschichte der Einrichtung von Fischaquarien und Vogelkäfigen seit dem 18. Jahrhundert befassen, stellen vor allem die Künstlichkeit dieser Objekte heraus. Sie erkennen in Vogelkäfigen, die wie Häuser von Menschen geformt und mit vielen Ornamenten bestückt wurden, den Versuch, den Tieren menschliche Strukturen aufzuzwingen und die Spuren ihrer Zugehörigkeit zur Welt der Natur zu löschen. Die Einrichtung ist, mit anderen Worten, eine Form radikaler Domestikation, ein Ausdruck des Sieges der Kultur über die Natur. Bezüglich der Aquarien haben Historikerinnen vor allem ihre Abhängigkeit von technischen Vorrichtungen thematisiert. Elektrischer Anschluss und die Verwendung von Heizapparaten und Durchlüftungsgeräten lassen von einer Technisierung der Aquarien und der Welt der Tiere, die in ihnen ihr Dasein fristen, reden.[84] Die Tierbehälter sind aus dieser Perspektive vor allem Instrumente der Entwil-

---

Ditzen) – ein Kammergerichtsrat aus Berlin-Schöneberg – ließ den Hamster seines zweiten Sohns, Eduard, auf einem Feld frei, weil für ihn ein solches Tier, das ein »Ausbund von Bosheit« und eine »kleine Bestie« war, kategorisch kein Haustier sein konnte: »[I]ch weigere mich, mir unsern Berliner Haushalt als eine Hamsterhecke zu denken. Mein Kopf weigert sich, meine Phantasie weigert sich, mein ganzes Wesen empört sich dagegen« (Hans Fallada: Damals bei uns daheim. Erlebtes, Erfahrenes, Erfundenes, Hamburg: Rowohlt 1955, S. 84, 101). Zu einer zeitgenössischen Auffassung über die Untauglichkeit von Hamstern als Haustiere siehe: Hamster in der Gefangenschaft, in: Haus, Hof und Garten 23/1 (1901), S. 3–5. Laut dem Artikel wurden Hamster in der damaligen Zeit kaum als Haustiere gehalten.

83 Zur fundamentalen Bedeutung der Einrichtungsfrage in der Aquaristik vgl.: Christina Wessely: Wässrige Milieus. Ökologische Perspektiven in Meeresbiologie und Aquarienkunde um 1900, in: Berichte zur Wissenschaftsgeschichte 36/2 (2013), S. 128–147, hier S. 131.

84 Siehe: Grier: Pets, S. 52, 295–303; Louise E. Robbins: Elephant Slaves and Pampered Parrots. Exotic Animals in Eighteenth-Century Paris, Baltimore: Johns Hopkins University Press 2002, S. 132–134; Bernd Brunner: Wie das Meer nach Hause kam. Die Erfindung des Aquariums, Berlin: Transit 2003, S. 87–98; Sonia Roberts: Bird-Keeping and Birdcages. A History, Newton Abbot: David & Charles 1972, S. 119–135. Zu Singvogelkäfigen als Instrumente der

derung und der Naturauslöschung: »Natur kann nicht mehr Natur an sich sein. [...] Ohne den viel größeren und als Symbol der Industrialisierung übermächtigen Durchlüftungsapparat kann das Aquarium und die in ihm auf Gedeih und Verderb gefangene Natur nicht überleben«.[85]

Die für dieses Kapitel zurate gezogenen Quellen, in denen sich einrichtungsrelevante Domestikationspraktiken aufspüren lassen, erzählen eine andere Geschichte. Aus ihnen geht hervor, dass Vogel-, Aquarien- und Terrarienhalter im Deutschen Kaiserreich ihre Tiereinrichtungen in der Regel so natürlich wie möglich zu gestalten versuchten.[86] Die »naturgemäße« Einrichtung der Tierbehälter ist besonders relevant für die Frage von Praktiken der unvollendeten Domestikation, in deren Zuge die wilden Tiere ein gewisses Ausmaß an Wildheit auch in ihrem neuen Leben als Haustiere womöglich aufrechterhalten konnten. An ihr zeigt sich die Dialektik von Domestikation und Wildnisintegration am eindeutigsten.

In einem Beitrag über die Pflege eines Seewasseraquariums behauptete der Aquarienexperte Wolfgang Ewald 1904, dass viele Fischhalter ihre in heimatlichen Gewässern eingefangenen Süßwasserfische »an das Leben im Salzwasser zu gewöhnen« versuchten, indem sie ihre Behälter mit Seewasser befüllten. Laut Ewald gebe es

> »eine große Anzahl von Leuten, welche ihr Gefallen an solchen Spielereien finden und alle möglichen Süßwassertiere an Seewasser gewöhnen und umgekehrt. Aber das sind nach meiner Anschauung eben nur Spielereien, die den Hauptzweck des Aquariums: die Tiere unter ihren natürlichen Bedingungen zu beobachten, außer acht lassen«.[87]

Ewalds Meinung, dass der Hauptzweck des Aquariums es sei, die Tiere »unter ihren natürlichen Bedienungen« zu beobachten, teilten fast alle Hobbyherpetologen und auch die meisten Hobbyornithologen des Kaiserreichs. Sie wollten die Tiere in ihrem natürlichen

---

Naturzähmung siehe: Julia Breittruck: Pet Birds. Cages and Practices of Domestication in Eighteenth-Century Paris, in: InterDisciplines 3/1 (2012), S. 6–24.

85 Brunner: Meer, S. 96. Vgl. bezüglich Vogelkäfige: Grier: Pets, S. 298.

86 Vgl. hierzu: Vennen: Forscher, S. 87; dies.: Die Hygiene der Stadtfische und das wilde Leben in der Wasserleitung. Zum Verhältnis von Aquarium und Stadt im 19. Jahrhundert, in: Berichte zur Wissenschaftsgeschichte 36/2 (2013), S. 148–171, hier S. 156–158. Zu einer ähnlich motivierten »Inszenierung der Natur« in zeitgenössischen zoologischen Illustrationen siehe: Alexander Gall: Authentizität, Dramatik und der Erfolg der populären zoologischen Illustration im 19. Jahrhundert. Brehms Thierleben und die Gartenlaube, in: Stefanie Samida (Hg.): Inszenierte Wissenschaft. Zur Popularisierung von Wissen im 19. Jahrhundert, Bielefeld: transcript 2011, S. 103–126.

87 Wolfgang Ewald: Tiere des Seewasseraquariums und ihre Pflege. Schluß, in: Der Lehrmeister im Garten und Kleintierhof 3/19 (1904), S. 295–297, hier S. 297. Vgl. folgende ähnliche Empfehlung: »Man lege keine Seemuscheln in ein Süßwasser-Aquarium oder künstliche Gegenstände dahin, wo alles natürlich sein sollte« (Ueber Einrichtung und Besorgung von Aquarien, in: Isis. Zeitschrift für alle naturwissenschaftlichen Liebhabereien, 4/16 (1879), S. 126–128, hier S. 127). Zum hohen Stellenwert, den die Betrachtung von Tieren in ihren natürlichen Umgebungen in der zeitgenössischen Populärzoologie hatte, siehe: Nyhart: Nature, S. 36.

Zustand studieren. Um das zu ermöglichen, versuchten sie, die Tierbehälter so zu gestalten, dass sie den Lebenshabitaten der Tiere in ihrem Leben vor dem Fangen, in der Freiheit so viel wie möglich ähnelten. Die Existenzbedingungen zuhause mussten denjenigen draußen, in der Wildnis gleichen.

Dieses Prinzip kam immer wieder in Ratgebertexten zur Terrarien-, Aquarien- und Vogelhaltung zum Ausdruck. Die Naturähnlichkeit war oberstes Gebot, dem alle anderen Faktoren der Einrichtung, wie z.B. die Ästhetik, untergeordnet werden mussten: »Die Regel soll für jeden Aquarienbesitzer sein, sich strenge an die Gesetze der Natur zu halten und nicht der Schönheit zu liebe gegen sie zu verstoßen«. Selbst wenn sie zur Folge hatte, dass das Aquarium einen eher hässlicheren Anblick bot, musste diese Regel gehalten werden:

»Ein reiches Thierleben vermag sich nur da zu entfalten, woselbst sich Schlammablagerungen finden. [...] Darauf müssen wir in unseren Aquarien, welche allein von niederen Organismen bevölkert sind, unser Augenmerk richten. Lassen wir den anfangs reinen Sand im Aquarium, der unser Auge so ergötzte, allmählich von einer dünnen Schicht Schlamm bedeckt werden«.[88]

Ein Reptilienhalter empfahl seinerseits 1912 für die Einrichtung eines Quartiers für den Leguan die Pflanzung von Bambusdickicht – wie in seinem ursprünglichen, amerikanischen Habitat. Nur so werde es dem Kriechtier möglich sein, so »herumzuspringen«, wie er es in der Natur gewohnt sei.[89] Auch für einen Fischhalter gehörten Elemente aus der natürlichen Umgebung seiner Lieblingstierart in ein sachgemäß ausgestattetes Aquarium: »Nach meinen Beobachtungen in der Natur hält sich *Gobio* [= Gründling] mit Vorliebe auf kiesigen Stellen auf, und so wurde bei mir nur grober Kies als Bodengrund verwendet«.[90] Noch weiter in seinen Empfehlungen ging Bruno Dürigen, den wir bereits im ersten Kapitel als Experte für die Geflügelzucht kennengelernt haben und der auch ein leidenschaftlicher Terrarianer war:

»In ihrer Heimat lebt die [Katzen-]Schlange vorzugsweise in steinigen Gegenden, in und an Felswänden, altem Gemäuer, unter Geröll u. drgl. Darauf möge man bei Einrichtung ihres Behältnisses achten. Ich habe daher immer entweder in einer Ecke oder in der Mitte des Terrariums einen recht zerklüfteten Felsen aus Tuffstein oder Schlacke errichtet; auch mag man ein etwas verzweigtes Ast- oder Stammstück von einem Baume in den Käfig geben«.[91]

Einer der bemerkenswertesten Merkmale des Natürlichkeitsdiskurses der Hobbyornitho-

88 E. Buck: Die Zweckmäßigkeit des Schlammes im Aquarium, in: Blätter für Aquarien- und Terrarienfreunde 6/7 (1895), S. 75–76.

89 Johannes Berg: Terrarientiere im Treibhaus, in: Blätter für Aquarien- und Terrarienkunde 23/35 (1912), S. 568.

90 Max Kleine: Die Zucht des Gründlings (Gobio fluviatilis Flem.) im Aquarium, in: Blätter für Aquarien- und Terrarienkunde 23/29 (1912), S. 466–468, hier S. 467.

91 Bruno Dürigen: Die Katzenschlange, in: Isis. Zeitschrift für alle naturwissenschaftlichen Liebhabereien 4/23 (1879), S. 181–182, hier S. 182. Vgl.: Thiel: Tropidonotus.

logen und -herpetologen war, dass sie das naturgemäße Einrichten für die Räumlichkeiten nicht nur der eindeutig wilden und kürzlich eingefangenen Tiere, sondern auch für diejenigen der domestizierteren und in der Gefangenschaft gezüchteten Arten empfahlen. Wenn die naturähnlichen Einrichtungen zwischen dem alten und dem neuen Leben der gefangenen Tiere, zwischen dem Wilden und dem Domestizierten vermittelten, dann mussten sie diese Funktion auch für diejenigen Haustierarten erfüllen, deren wilde Ursprünge sehr weit in der Vergangenheit lagen. Wenn die Hobbyzoologen die Umgebungen dieser Tiere so natürlich wie möglich gestalteten, versuchten sie in gewisser Hinsicht, den wilden Hintergrund ihrer Haustiere wieder in Erinnerung zu rufen.

Ein solches Experiment der Wildniswiederherstellung musste im Kaiserreich insbesondere eine Haustierart über sich ergehen lassen: der Kanarienvogel. Der Kanarienvogel zählt zu denjenigen Tierarten, die von Menschen vorsätzlich domestiziert wurden und deren Evolution sehr stark durch menschliche Eingriffe beeinflusst wurde.[92] Wenn Menschen im Kaiserreich Halter von Kanarienvögeln werden wollten, erjagten sie sich ein Exemplar natürlich nicht in den Böschungen der kanarischen Inseln, wo noch die Wildart lebte, sondern kauften es im lokalen Tiergeschäft. Das Tier, das sie kauften, stammte in der Regel aus einer der zahlreichen Züchtereien der Bergbaustadt Sankt Andreasberg im Oberharz, wo das Geschäft der Kanarienvogelzucht schon seit Ende des 18. Jahrhunderts florierte und im Kaiserreich Umsätze von Hunderttausenden Mark jährlich erzielte.[93] Diese jahrhundertelange Domestikationsgeschichte ihrer Lieblingshaustierart beeindruckte die ornithologisch versierten Kanarienvogelhalter nicht sonderlich. Ihr großer Wunsch war es, das Tier wieder mit seinen wilden Wurzeln zu verbinden – in erster Linie durch die Einrichtung seiner Räumlichkeiten in der Gefangenschaft.

Um das zu veranschaulichen, wird hier zunächst ein Gegenbeispiel angeführt: Ein Breslauer Vogelliebhaber namens Ed. Vinzelberg, der in keinem anderen der von mir gesichteten ornithologischen Texten auftaucht, empfahl in seinem 1897 erschienenen Ratgeber zur Haltung von Kanarienvögeln, ihre Aufenthaltsräume in einer Art und Weise einzurichten, dass sie das Tier von der Außenwelt komplett abschotteten. Die Tür und die Fenster des Zimmers, in dem sich der Vogelkäfig befinde, seien »so zu verstopfen, daß jedes Eindringen kalter Luft beseitigt wird«. Ungeziefer und andere Schädlinge seien »ganz energisch aus der Heckstube zu vertreiben und dauernd fernzuhalten«. Der Stubenvogel sollte unbedingt das einzige Lebewesen im Zimmer sein: »Mäuse, Ratten, Schwaben und Wanzen [...] sind [...] zu vertreiben«. Der Käfig sowie die in der Stube vorhandenen Gegenstände seien mittels Kunststoffen von fremden Einwirkungen zu iso-

92 Siehe: Grier: Pets, S. 48–50; Edmund Russell: Evolutionary History. Prospectus for a New Field, in: Environmental History 8/2 (2003), S. 204–228, hier S. 208; Frederick E. Zeuner: Geschichte der Haustiere, München: Bayerischer Landwirtschaftsverlag 1967, S. 395–396; Norbert Benecke: Der Mensch und seine Haustiere. Die Geschichte einer jahrtausendealten Beziehung, Stuttgart: Theiss 1994, S. 403–404. Zu einer zeitgenössischen Behauptung, dass der Kanarienvogel zu denjenigen »Kulturvögeln« zähle, die sich »von ihren wilden Stammeltern wesentlich entfernten«, siehe: Karl Neunzig: Japanische »Kulturvögel«, in: Der Lehrmeister im Garten und Kleintierhof 3/12 (1904), S. 181–182, hier S. 181.

93 Hans-Werner Niemann/Dagmar Niemann-Witter: Die Geschichte des Bergbaus in St. Andreasberg, Clausthal-Zellerfeld: Pieper 1991, S. 104.

lieren, nämlich »zu scheuern und zu säubern und sodann [...] sämtlich mit Petroleum einzupinseln, ohne eine Stelle oder einen Ritz zu übergehen«. Der Käfig selbst sollte »mit heißem Firniß« gestrichen, die Nistkästen »in Kalkmilch« getaucht werden. »Allen diesen Prozeduren folgt dann noch ein Einstäuben mit gutem Insektenpulver«. Um dem Vogel doch die Gelegenheit zu geben, sich ein bisschen zu »tummeln«, sei ein »Baum von Laub- oder Nadelholz« in der Heckstube anzubringen. Dieses Element aus der Außenwelt müsste aber zuerst massiv verfeinert werden: »Zuvor entkleide man [...] dem Baum der Rinde und befestige überhaupt möglichst alle Unebenheiten«. Wie Vinzelberg klarstellt, seien alle diese künstlichen Schutzmechanismen aufgrund der Zartheit des radikal domestizierten Tiers notwendig: »Gegen den Luftzug« seien so »speziell die feinen Kanarien äußerst empfindlich«, wobei das Holzstück deswegen geglättet werden müsse, weil sonst die Gefahr bestehe, dass »sich die Vögel bei ihren munteren Bewegungen die Füßchen verletzen« würden.[94]

Falls Vinzelbergs Behauptungen, dass Elemente der Natur wie Luft, Sonnenlicht, Parasiten oder ungehobeltes Holz das Leben des Kanarienvogels akut gefährdeten, stimmten, waren die meisten Kanarienvogelexperten des Kaiserreichs extrem verantwortungslose Tierhalter. In ihren Schriften empfahlen sie nämlich unverdrossen, den als Haustier gehaltenen Kanarienvogel all diesen Elementen auszusetzen. Einer der prominentesten unter ihnen, Ernst Bade, riet beispielsweise in seinem Buch, die Stube für die Haltung des Kanarienvogels genau wie die Stuben von anderen in der Wildbahn eingefangenen Singvögeln wie dem Stieglitz oder dem Zaunkönig[95] einzurichten. Dabei ging es vor allem um die Herstellung eines Kontakts mit der Natur:

»Zur Lage des Heckzimmers ist vorzüglich erforderlich, daß [...] das Fenster wenigstens einige Stunden des Tages von der Sonne beschienen wird, denn Licht, Luft und Sonne sind zum Wohlsein und Gedeihen der Vögel unbedingt nötig. Kann man ein Fenster des Zimmers mit einem halbvorstehenden Drahtbauer versehen, so daß sich die Vögel nach Belieben besonnen und beregnen lassen können, so wird man unter diesen Umständen bedeutend gesündere und kraftvollere Jungen erhalten, als es sonst der Fall sein würde. [...] Durch das Heranziehen von Reben, Epheu und anderen nicht giftigen Schlingpflanzen an den Heckraum läßt sich [...] den Vögeln eine weitere Annehmlichkeit [...] geben«.[96]

---

94 Ed. Vinzelberg: Der Kanarienvogel. Praktische Anleitung zur Zucht, Pflege und Gesangsausbildung desselben, unter Berücksichtigung der Krankheiten, ihrer Verhütung und Heilung, sowie des Vereins- und Ausstellungswesens, Berlin-Weißensee: Bartels 1897, S. 15–22. Vgl. zu ähnlichen Empfehlungen: Seiler: Der Kanarienvogel im Allgemeinen. Schluß, in: Der Kanarienzüchter 2/20 (1882), S. 93.

95 Siehe: Ernst Bade: Der Vogel-Freund. Die Pflege, Abrichtung und Zucht der hauptsächlichen in- und ausländischen Sing- und Ziervögel. Mit besonderer Berücksichtigung der Krankheiten, deren Verhütung und Heilung, Berlin: August Schultze 1895.

96 Ders.: Der Kanarienvogel seine Pflege, Abrichtung und Zucht. Mit besonderer Berücksichtigung der Krankheiten, deren Verhütung und Heilung, Berlin: August Schultze 1895, S. 18–20.

Sogar Noch expliziter stellte der berühmteste Ornithologe in Deutschland des 19. Jahrhunderts, Karl Ruß, die Verbindung des Kanarienvogels mit der Natur und der Wildnis heraus. Ruß, der unzählige Bücher über die »Naturgeschichte« und das Leben von Singvögeln »[i]n der freien Natur« verfasste, tat sich auch als Experte der Stubenvogelhaltung hervor. Unter anderem schrieb er über die »Eingewöhnung frischgefangener einheimischer Vögel« und über die Haltungsmethoden von wilden Singvögeln wie dem Bergfinken, der Nachtigall, dem Wiedehopf oder der Schwalbe.[97] In diesem Zusammenhang kritisierte er die »prachtvolle[n] Luxuskäfige von Messing, Bronze, polirtem Holz u. drgl.«, die »mit allerhand Schnörkeleien, Erkerchen, Treppen, Fahnen und a.m. ausgeschmückt – oder vielmehr verunstaltet« würden. Am schlimmsten fand er »die sog. Schweizerhäuschen, Thürmchen-, Glocken-, Schloß-, Mühlen- und dergleichen Käfige«, in deren »Ausbuchtungen, Erkern u.a. [...] das kleine Gefieder kaum ein wohliges Plätzchen« finden könne.[98] Diese Ablehnung künstlicher Einrichtungsformen brachte Ruß auch in seiner Kanarienvogelmonographie zum Ausdruck, indem er seine Leser an die natürlichen Gewohnheiten des wilden Kanarienvogels erinnerte: »Der beste Nestbaustoff« für die Nistkästen des in der Stube gehaltenen Kanarienvogels, so Ruß, »sind weißleinene Wundfäden (Charpie) von gröberem Linnen. Weiße Charpie hat den Vorzug, daß sie von den Vögeln gern zum Bauen genommen wird, verwendet hierzu doch der Wildvogel auch gern weiße Pflanzenstoffe«.[99] Der Halter müsse dem Stubenvogel die Möglichkeit geben, wie der Wildvogel zu leben.[100] Deswegen müsse er ihn auch den Naturelementen aussetzen:

»Ein Gitter vor dem Fenster vermittelt den ungehinderten Zutritt der für die Gesunderhaltung und das Gedeihen alter wie junger Vögel notwendigen frischen Luft. [...] Der Raum wird reichlich mit

97 Siehe z.B.: Karl Ruß: Die fremdländischen Stubenvögel. Ihre Naturgeschichte, Pflege und Zucht. Bd. 4: Lehrbuch der Stubenvogelpflege, -Abrichtung und -Zucht, Magdeburg: Creutz 1888.

98 Ebd., S. 37–38. Ähnliche Äußerungen gegen die naturverunstaltenden Pracht- und Schmuckkäfige machte Ruß auch in Bezug auf die Papageienhaltung: »Viele Liebhaber wünschen, daß der sprechende Vogel zugleich als ein Schmuck in der Häuslichkeit zur Geltung komme, und geben ihm also einen so prachtvollen Käfig als möglich. Daher sieht man denn die vielen durchaus unpraktischen runden, zylinder-, kegel- oder thurmförmigen Bauer von Messingblech oder -Draht. Abgesehen davon aber, daß solche Käfige vonvornherein den Vogel beengen, ihm wenigstens keinesfalls ausreichenden Raum und einen bequemen Aufenthalt gewähren, bergen sie auch noch arge Gefahren. Zunächst setzt sich dieses Metall bekanntlich [...] Grünspan an und sodann bedrohen die Putzmittel Gesundheit und Leben des Vogels« (ders.: Die sprechenden Papageien. Ein Hand- und Lehrbuch, Magdeburg: Creutz 1887, S. 322–323 (Hervorhebungen im Original)). Vgl.: P. Hieronymus: Edelpapageien-Züchtung, in: Die gefiederte Welt 14/6 (1885), S. 51–53, hier S. 52.

99 Karl Ruß: Der Kanarienvogel. Seine Naturgeschichte, Pflege und Zucht, Magdeburg: Creutz 1901, S. 95.

100 Vgl. hierzu: Otto Abendroth: Welches ist für edle Kanarien die beste Heckmethode?, in: Der Lehrmeister im Garten und Kleintierhof 3/16 (1904), S. 244.

Flugstangen, Bäumen und auch dichtem Gebüsch ringsum mit trocknem Laub und Mos und in der Mitte [...] dick mit gutem Sande bestreut«.

Von der Verwendung von Kunststoffen riet Ruß dagegen streng ab: »Das Bepinseln des Käfigs mit Petroleum, Benzin, Terpentin u. drgl. unterlasse man, weil der Geruch aller dieser Mittel den Vögeln überaus unangenehm und schädlich ist«.[101]

Hier stellt sich aber die Frage, inwieweit, wenn überhaupt, die Halter von Singvögeln, Fischen und Reptilien im Kaiserreich auf die Ratschläge der Experten hörten. Versuchten sie wirklich, die Behälter ihrer Tiere so natürlich wie möglich einzurichten? Führten sie auf diesem Weg wirklich so viele Elemente aus der Außenwelt in ihre Häuser ein – auch wenn diese Elemente eher hässlich als schön waren? Ließen sie ihre Tiere so viel frische Luft und so viel Sonnenlicht genießen? Das scheint gerade im Fall der Kanarienvogelhaltung zweifelhaft. Wenn wir in Betracht ziehen, dass die meisten Kanarienvogelhalter im Kaiserreich aus der Arbeiterklasse stammten, dann ist es schwer denkbar, dass diese Tiere vorzugsweise in Räumlichkeiten gehalten wurden, die viel Platz für naturimitierende Einrichtungen ließen.[102] Bezüglich der Tiere dagegen, die vor

---

101 Ruß: Kanarienvogel, S. 84–85, 113. Vgl.: Hermann Wilcke: Canarienzucht. Zuchtvogel und Vorsänger, in: Oesterr.-ung. Blätter für Geflügel- und Kaninchenzucht 2 (23), 1879, S. 411. Eine andere längst domestizierte Haustierart, die Hobbyzoologen im Kaiserreich den Naturelementen auszusetzen anrieten, war der Goldfisch; siehe beispielsweise: Hugo Mulertt: Der Goldfisch und seine systematische, gewinnbringende Zucht. Eine Abhandlung über den Fisch, seine Fortpflanzung, Feinde und Krankheiten, über den Bau der Teiche etc. und die Pflege des Fisches in der Gefangenschaft, Stettin: Herrcke und Lebeling 1892, S. 68, 70, 72–73); Ueber die Behandlung des Goldfisches im Zimmer. II., in: Blätter für Aquarien- und Terrarienfreunde 5/18 (1894), S. 221–224, hier S. 221. Zur langen Domestikationsgeschichte des Goldfisches und zu seinem Status als »Lieblingshaustier der Salons« im 19. Jahrhundert siehe: Ursula Harter: Aquaria in Kunst, Literatur & Wissenschaft, Heidelberg/Berlin: Kehrer 2014, S. 16–17. Vgl. auch: Katherine C. Grier: Buying Your Friends. The Pet Business and American Consumer Culture, in: Susan Strasser (Hg.): Commodifying Everything. Relationships of the Market, New York/London: Routledge 2003, S. 43–70, hier S. 52–55.

102 Zu realistischen Beschreibungen von gewöhnlichen Kanarienvogelhaltungseinrichtungen in Wohnungen von Arbeiterfamilien – der Käfig des Tiers stand normalerweise nicht in einer eigenen Stube, sondern mitten in der kleinen Wohnung, manchmal sogar in der Küche – siehe: Else Conrad: Lebensführung von 22 Arbeiterfamilien Münchens, München: Lindauer 1909, S. 19, 36. Laut Conrad wurden »Kanarienvögel [...] von einer ganzen Reihe von [der in ihrer Studie angefragten] Familien gehalten« (ebd., S. 70). Siehe auch: Käthe Mende: Münchener jugendliche Ladnerinnen zu Hause und im Beruf, auf Grund einer Erhebung geschildert, Stuttgart: Union Deutsche Verlagsgesellschaft 1912, S. 89. Zur wirtschaftsorientierten Kanarienvogelzucht von Fabrikarbeitern siehe: Karl Bittmann: Hausindustrie und Heimarbeit im Großherzogtum Baden zu Anfang des XX. Jahrhunderts. Bericht an das Großherzoglich Badische Ministerium des Innern, Karlsruhe: Macklot 1907, S. 5–6. Vgl.: Karl Ruß: Die Vogelzucht, ein beachtenswerther Erwerbszweig, in: Der Arbeiterfreund 10 (1872), S. 81–89; Der Vorstand der »Canaria«, Verein für Liebhaber und Züchter des Kanarienvogels an den Land-

allem Bildungsbürger hielten, können wir aber zahlreiche Belege dafür finden, dass die Hobbyzoologen ihren eigenen Ansprüchen gerecht wurden und sich in der Tat um ein weitestgehend naturgemäßes Einrichten der Räumlichkeiten ihrer Tiere bemühten. Diese Tierhalter waren sehr stolz über die quasinatürlichen Habitate, die sie in ihren eigenen Häusern konstruierten. Sie wollten anderen, Gleichgesinnten von diesen Einrichtungen erzählen, was sie auf den Blättern der populärzoologischen Zeitschriften sehr ausführlich taten.

Ein frisch gewordener Reptilienliebhaber erzählte z.B. 1912: »Nachdem [...] ein Wasserbecken eingebaut, der Boden mit Moos und Felspartien ausgeschmückt und die Pflanzen [...] eingesetzt waren, machte mein Erstlingswerk einen recht ansprechenden Eindruck«.[103] Solche Schilderungen der vielen primitiven Gewächse und Gesteine, die die Hobbyzoologen in ihre Einrichtungen einführten, sind in den Zeitschriften immer wieder zu finden. Ein Amphibienhalter erzählte 1895, wie er sein Terrarium wie eine Seelandschaft gestaltet habe:

»[A]uf dem Boden kam eine der Länge nach von links nach rechts schräg abfallende Schicht Erde mit Sand und Kieseln gemischt; dann wurden in den tiefsten Theil des so hergestellten Seeufers Gewächse wie Myriophyllum proserpinacoides, Lysimachia Nummullaria [sic] und Saururus gepflanzt; durch Eingießen von Wasser [...] wurde der bereits angedeutete See [...] nachgeahmt. Der Theil des Ufers, der das Wasser überragte, wurde mit Grasnarben besetzt und durch Anbringen [...] von Felsenstücken, Zierkorktheilen, Muschelschalen und dergleichen [...] ausgestattet«.[104]

Diese Einrichtungspraktiken, die sehr klar den Ratschlägen von Experten wie Ruß, Bade oder Dürigen folgten, wurden auch von vielen »einfacheren« Haltern durchgeführt, z.B. von Kindern. Die Kinder, die sich für wilde Tiere interessierten, sie fingen und zuhause hielten, reflektierten nicht viel über den Wert eines naturgemäßen Tierbehälters. Sie stellten keine diskursive Dichotomie zwischen dem Natürlichen und dem Künstlichen her. Sie gaben den Räumlichkeiten der Tiere, die sie im Wald oder im See gefangen hatten, eine Form, die ihren alten Habitaten ähnelte, weil sie es einfach für selbstverständlich hielten, dass die Tiere sich in solchen Kulissen wohler fühlten.

Wenn z.B. ein Klassenkamerad von Heinrich Federer für seinen ans Bett gefesselten Freund zur Aufmunterung eine Kohlmeise gefangen hatte, brachte er sie »mit einem

---

wirthschaftsminister, 16.09.1882 (GStA PK, I. HA Rep. 87 B, Nr. 20905); Der Vorstand des Magdeburger Kanarienzüchter-Vereins an den königlichen Geheimen Staatsminister und Minister für Landwirthschaft, Domainen und Forsten, Ritter hoher Horden, Herrn Dr. Lucius Excellenz in Berlin, 20.08.1883 (GStA PK, I. HA Rep. 87 B, Nr. 21323); Alexander Hofmann, Vorsitzende des Kanarienzucht- und Vogelschutz-Verein Coburg an Herrn Minister für Landwirthschaft, Domänen und Forsten, Excellenz in Coburg, 12.10.1911 (StACo, Min D, Nr. 4089).

103 J. Grimm: Beobachtungen aus meinem ersten Terrarium. Meine Schlangen, in: Blätter für Aquarien- und Terrarienkunde 23/10 (1912), S. 157–158, hier S. 157.

104 W. Hinderer: Aquarium oder Terrarium?, in: Blätter für Aquarien- und Terrarienfreunde 6/20 (1895), S. 231–234, hier S. 233–234. Vgl. auch: Georg Gerlach: Einiges über Tritonen, in: Blätter für Aquarien- und Terrarienkunde 23/14 (1912), S. 223–224, hier S. 223.

Tannenzweig und Eiszäpfchen« mit, die er in den Käfig des gefangenen Vogels tat. Nachdem das Tier weggeflogen war und Federers Freund ein neues eingefangen hatte, taten die Kinder noch mehr Tannenzweige und Schnee in seinen Käfig, »damit es die Haft weniger merke«.[105] Manchmal waren es die Eltern, die die Kinder dazu aufforderten, Naturelemente in ihre Tiereinrichtungen einzuführen. Berthold Friedrich Brecht z.B. bestand Anfang des 20. Jahrhunderts darauf, dass seine Söhne Walter und Eugen (später Bertolt) stets frisches Moos in das Glas ihres Frosches legten. Die Jungen mussten darüber hinaus ständig auf Fliegenjagd gehen, um dem Tier ausreichende Portionen von seiner vermuteten Naturnahrung zur Verfügung zu stellen.[106] Hans Driesch (geb. 1867), der schon in seiner Kindheit ein eifriger »Tierforscher« gewesen war, hat gemeinsam mit seiner Mutter die Stube seiner wilden Papageien mit »vielen Blattpflanzen und einer Efeulaube ausgestattet«.[107]

Die einfachen Einrichtungspraktiken der Kinder lassen aber die üppigen Ausführungen der Hobbyzoologen über die naturähnlichen Anlagen, die sie für ihre Tiere bauten, etwas überzogen erscheinen. Der große Aufwand, den sie in die Naturimitation steckten, mag gerade aus heutiger Perspektive ziemlich befremdlich wirken. Übertrieb es nicht z.B. jener Amphibienhalter, der Unmengen von Erdschichten und Uferpflanzen in sein Terrarium legte, um darin einen See »nachzuahmen«, mit seinem Natürlichkeitsideal? Noch problematischer scheint die Überzeugung der Halter zu sein, dass sie mit diesen großen Anstrengungen natürliche Habitate tatsächlich erschufen. Der eben erwähnte Amphibienhalter behauptete z.B., dass er einen See wirklich nachgebaut und nicht etwa vorgetäuscht habe; und der Aquarianer, der empfahl, den Aquariumboden mit Schlamm zu bedecken, glaubte durchweg daran, dass man sich dadurch »an die Gesetze der Natur« halte. Die wilhelminischen Wildtierliebhaber setzten den Begriff »Natur« nie in Anführungszeichen. Eine »natürliche Einrichtung« war für sie nichts anderes als eine natürliche Einrichtung.

Diese Überzeugung der Hobbyzoologen von der absoluten Natürlichkeit ihrer Erzeugnisse war das Hauptthema vieler Studien besonders zur Geschichte der Aquaristik. In ihrem höchst informativen Artikel über die Aquaristikszene des 19. Jahrhunderts behauptete z.B. Mareike Vennen, dass in den Schriften der Aquarianer »kein Zweifel zu bestehen [scheint] an der Anpassungsfähigkeit des Aquariums an der Natur, ja an der absoluten Austauschbarkeit von Meeresraum und Aquarium«. Die Aquarianer betrachteten das Aquarium als »selbst Natur«, obwohl sie das Leben darin intensiv regulierten:

105 Federer: Fenster, S. 169.

106 Walter Brecht: Unser Leben in Augsburg, damals. Erinnerungen, Frankfurt a.M.: Insel 1984, S. 60–61.

107 Hans Driesch: Lebenserinnerungen. Aufzeichnungen eines Forschers und Denkers in Entscheidender Zeit, München/Basel: Reinhardt 1951, S. 21. Als Driesch geboren wurde, wuchs er laut eigener Aussage »sozusagen« in den »kleinen zoologischen Garten« seiner Mutter hinein. Die Mutter, die oft alleine zuhause (in Hamburg) bleiben musste, verbrachte ihre freie Zeit mit der Pflege zahlreicher wilder Tiere, es gab Finken, Molche, Schlangen, »kleine[] Alligatoren«, Axolotl, Chamäleons, einen Affen und ein Eichhörnchen. Ihrem Sohn schenkte sie eines Tages Brehms Thierleben, das er »geradezu verschlang« (ebd., S. 21–23).

»Während die Aquarienleitfäden und Versuchsberichte seitenlang technische Fragen der Regulierung diskutieren, kommt doch in den Definitionen des Aquariums sein künstlicher Charakter [...] ebenso wenig zur Sprache [...], wie die Künstlichkeit der darin geschaffenen Umwelt Erwähnung findet«.[108]

Die quasinatürlichen Räumlichkeiten, in denen im Kaiserreich so viele Singvögel, Fische, Reptilien und Gliederfüßer ihr Leben verbrachten, waren in der Tat die Produkte einer sehr tiefgreifenden menschlichen Erfindungskraft. Die in ihnen erzeugte »Natur« war alles andere als unberührte Natur. Die Hobbyzoologen griffen tief in diese »Natur« ein und veränderten das Leben der in ihr befindlichen Kreaturen radikal.[109] Trotzdem glaubten sie, dass diese Haustiere dank der natürlichen Einrichtungen, die sie ihnen zur Verfügung stellten, wie in der Natur, wie in der Wildnis lebten. Die Künstlichkeit dieser Einrichtungen schien für sie mitnichten problematisch zu sein. Im Gegenteil: Sie glaubten, dass gerade die große Schaffenskraft, die sie beim Einrichten der Tierbehälter an den Tag legten, das war, was die Existenz von natürlichen Verhältnissen garantierte. Ihrer Auffassung nach halfen sie ihren wilden Haustieren, ein natürliches Leben zu führen.[110]

Das war die Perspektive der Zeitgenossen. Das wollten sie mit ihren aufwendigen Einrichtungspraktiken erreichen. Sie arbeiteten unverdrossen an der Erzeugung von – in ihren Augen – natürlichen Habitaten.[111] Sie gaben sich extrem große Mühe, um einzelne Räume in ihren Häusern zu »naturalisieren« und zu »verwildern« – dem Wohlbefinden ihrer Tiere zuliebe. Und sie dachten dabei keinen Moment daran, dass diese Räume wegen der schöpferischen Tätigkeit, die sie als kreative Menschen an den Tag legten, am Ende doch nicht ganz natürlich waren. Ein Gymnasiallehrer aus einer brandenburgischen Kleinstadt erzählte z.B. von seiner Vogelstube:

»An allen Wänden sind mit der Decke und dem Fußboden gleichlaufend wagerechte Leisten, hoch und niedrig befestigt. An diese nagele ich die Büsche, so daß alle Wände des Vogelzimmers ringsum mit Buschwerk versehen sind. Im Fütterungszimmer sind auch mehrere Bäume (in allen Ecken) aufgestellt«.[112]

---

108 Vennen: Forscher, S. 99–101.

109 Vgl.: Isabel Kranz: Zur Felsengrotte im Heimaquarium, in: Butis Butis (Hg.): Stehende Gewässer. Medien der Stagnation, Zürich/Berlin: Diaphanes 2007, S. 247–258, hier S. 251–252.

110 Judith Hamera hat eine ähnliche Verquickung zwischen Künstlichkeit und Natürlichkeit in Schriften US-amerikanischer Aquaristen aus der zweiten Hälfte des 19. Jahrhunderts festgestellt; siehe: Judith Hamera: Parlor Ponds. The Cultural Work of the American Home Aquarium 1850–1970, Ann Arbor: The University of Michigan Press 2012, S. 98, 108.

111 Vgl.: Vennen: Forscher, S. 94; Wessely: Milieus, S. 137–140.

112 Aus der Vogelstube des Herrn Gymnasiallehrer Fr. Schneider II. in Wittstock, in: Die gefiederte Welt 2/4 (1873), S. 27. Vgl. eine ähnliche Schilderung einer kostspielig eingerichteten Stube von wilden Singvögeln: »Die abgetrennte Nische schmückte ich mit verschiedentlichen Schlinggewächsen u. drgl. aus. [...] [D]ie Wände bekleidete ich theils mit Mos, theils mit kleinen Kiesel- und zerbröckelten Tuffsteinen, theils mit Bäumen, Aesten u. drgl. [...] Den Boden bedeckte ich mit weißem Sand zum einen Theil, zum andern mit ausgestochenem Rasen und Gartenerde. [...] In einer Ecke bildeten Tuffsteine und die Wasserleitung einen

Wie der Lehrer selbst klarmachte, war die Natürlichkeit seiner Vogelstube das Resultat extensiver Handwerksarbeit, die er selbst durchführte. Die vielen grünen Elemente existierten nicht in Unabhängigkeit von den sie tragenden technischen Mitteln. Das verschwieg er nicht, sondern stellte es im Gegenteil heraus. Die Technik war für ihn ein Mittel, um Natur zu kreieren. Auch der Braunschweiger Arzt und Hobbyzoologe Hermann Seidel gab sich extrem viel Mühe, um für seine Tiere Bedingungen wie in ihrer natürlichen Umgebung zu schaffen. Seine Tochter Ina erinnerte sich: »Im Sommer standen nun zwei große Terrarien im Freien, in denen allerlei Kriechtiere es sich ungeachtet ihrer Gefangenschaft doch ganz wohl sein ließen, denn mein Vater wußte ihnen durch kleine, höhlenreiche Tuffsteinbauten und Wasseranlagen die denkbar günstigsten Lebensbedingungen zu schaffen«. Drinnen im Haus lebten in ähnlicher Weise viele »Tiefseegeschöpfe« »in einem von Wasserpflanzen belebten Aquarium«. Um ihr ursprüngliches Habitat zu simulieren, bestellte der Vater »allwöchentlich Kannen voll Meerwasser mit der Post«.[113] Nichts deutet daraufhin, dass Hermann Seidel oder seiner Tochter in den Sinn kam, dass die Tuffsteine oder das Seewasser die natürliche Umgebung dieser Geschöpfe nicht wirklich imitieren konnten. Vielmehr war die Einbeziehung eines natürlichen Elements wie das Meerwasser in die eigene Wohnung aus ihrer Perspektive eine Aktion, die in ihr Leben wirklich ein Stückchen Natur brachte.

Ein Hauptmann aus Altona erzählte 1873 seinerseits, wie er in seinem im Garten gelegenen Vogelhaus, das zahlreiche fremdländische Ziervögel beherbergte, ein »kleine[s] Eldorado« erschaffen ließ. Mithilfe von, so sagte er, »Leuten meiner Kompagnie« errichtete er eine höchst opulente Anlage: »Das ganze hat Kanalheizung, 3 Springbrunnen und ist mit grünen, in der Erde wurzelnden Bäumen versehen, außerdem mit Nistgelegenheiten nach eigener Erfindung. […] Allerdings habe ich dafür über 800 Thlr. bezahlt«.[114] Der Hauptmann hatte offensichtlich kein Problem damit, die Natürlichkeit seines Vogelhauses als sein eigenes Werk und als das Ergebnis seiner eigenen Leistung darzustellen. Er selbst – und die Leuten seiner Truppe – installierten Wasser, Erde und »grüne[]« Bäume in dem Vogelhaus. Menschliche Kunst schuf Natürlichkeit. Deswegen konnte der Hauptmann die natürlichen Elemente im gleichen Atemzug mit den technischen Mitteln wie der Kanalheizung erwähnen. Beide waren Bestandteile eines ganzheitlichen Projekts der Fabrikation eines natürlichen Habitats. Die technikgestützte Erschaffung von Na-

---

kleinen Wasserfall, während in der Mitte ein Springbrunnen plätscherte« (H. von Sedow: Aus meiner Vogelstube, in: Die gefiederte Welt 14/39 (1885), S. 399–401, hier S. 399–400). Zu einer Kanarienvogelstube, die durch die Ausstattung mit vielen »lebende[n] Pflanzen, als Tannen u. s. w.« in einen »künstlichen Wald« verwandelt wurde, siehe: J. R.: Freud und Leid eines Kanarienzüchters. Schluß, in: Pfälzische Geflügel-Zeitung 5/14 (1881), S. 57–58, hier S. 57.

113 Seidel: Lebensbericht, S. 36–38. Zu einem Goldfischbesitzer, der so weit ging, seinen von der Natur aus omnivoren Tieren regelmäßig Schlachtblut zu besorgen, siehe: A. Busam: Ueber Aufzucht von Schleierschwanzbrut mit todtem Futter, in: Blätter für Aquarien- und Terrarienfreunde 6/4 (1895), S. 37–38.

114 Aus den Vogelstuben des Herrn Hauptmann O. von Schlegell in Altona, in: Die gefiederte Welt 2/25 (1873), S. 220–221, hier S. 221.

tur[115] steht im Mittelpunkt der Geschichten, die die Hobbyzoologen über die Einrichtungen der Lebensräume ihrer wilden Tiere erzählten.

## DIE BÄNDIGUNG UND FÖRDERUNG VON WILDEM VERHALTEN. BEHANDLUNG ZWISCHEN NÄHE UND FREMDHEIT

Die paradoxe Erschaffung von künstlicher Natur erreichte ihren Höhepunkt in Gegenständen, die Halter in Aquarien und Terrarien hineintaten, um den Tieren Versteckmöglichkeiten zu bieten. Die vielen Gewächse und Gesteine sollten nicht nur Naturhabitate simulieren, sondern auch Rückzugsräume für die ruhesuchenden Tiere bereitstellen. Wir haben zwar oben gesehen, dass die Hobbyzoologen wünschten, ihre Tiere stundelang zu beobachten. In dieser Beziehung hatten die Tierbehälter engen menschlichen Interessen zu dienen: Sie setzten das wilde Tier dem Auge des (forschenden) Menschen aus. Das in einem Aquarium oder einem Terrarium eingeschlossene Tier durfte dem Blick des Menschen nicht ausweichen, es war ein Schauobjekt und kein richtiges Lebewesen.[116] Das stimmt aber nicht ganz. Denn selbst die wissbegierigsten Wildtierhalter bauten in die Behälter zahlreiche Rückzugsorte ein, in denen die Tiere sich verstecken und so den menschlichen Blick meiden konnten – »wenn ihnen die Neugierde der Menschen lästig wird«.[117] Ein Reptilienhalter erzählte z.B. 1912, dass nachdem er sein Terrarium mit Boden, Felsen, Moos und Pflanzen eingerichtet hatte, er »einige verdeckt eingebrachte Zierkorkrinden« hineintat; diese »sollten meinen Schlangen [...] die nötigen Schlupfwinkel bieten. [...] Die ersten Tage war wenig zu sehen. Die Schlangen lagen meist in ihren Verstecken und rührten sich nicht«.[118] »Will man Furchenmolche wirklich rationell pflegen«, belehrte ein anderer Hobbyherpetologe seine Leser, »so darf man nicht ausser acht lassen, dass sie sehr lichtscheu sind. Man muss also für Versteckplätze sorgen«.[119]

Die »Versteckplätze« und die »Schlupfwinkel« waren demnach ein weiteres Instrument, um den Tieren Lebensumstände wie in der Natur zu ermöglichen. Nur wenn sie hin und wieder untertauchen könnten, sei man imstande, sie so zu beobachaten, wie sie sich normalerweise – ihrer Natur gemäß – verhielten. Erst wenn der Beobachtung Grenzen gesetzt würden, werde Naturbeobachtung im Aquarium zu einer realen Möglichkeit:

115 Vgl.: Vennen: Forscher, S. 96.

116 Grier: Pets, S. 399–400; Kranz: Oceans, S. 168, 174; Ursula Harter: Künstliche Ozeane oder die Erfindung des Aquariums, in: Elisabeth Schlebrügge (Hg.): Das Meer im Zimmer. Von Tintenschnecken und Muscheltieren, Graz: Landesmuseum Joanneum 2005, S. 73–105, hier S. 87–88. Zu Beispielen aus den Quellen siehe: Bruno Dürigen: Maulwürfe in der Gefangenschaft, in: Isis. Zeitschrift für alle naturwissenschaftlichen Liebhabereien 4/48 (1879), S. 385–386; Friedrich Knauer: Das Terrarium und seine Bewohner. III., in: Der Lehrmeister im Garten und Kleintierhof 3/8 (1904), S. 122–123; G. Träber: Haplochilus? senegalensis, Steind., in: Blätter für Aquarien- und Terrarienkunde 23/2 (1912), S. 17–18.

117 E. Goeze: Zimmer-Aquarien und Terrarien, in: Daheim 16/15 (1880), S. 236–237, hier S. 237.

118 Grimm: Beobachtungen, S. 157.

119 A. v. Gothard jr.: Ueber die Pflege des Furchenmolches (Necturus maculatus), in: Blätter für Aquarien- und Terrarienkunde 23/41 (1912), S. 663–665, hier S. 665.

»[W]ir wollen doch den Fischen, die wir pflegen, möglichst naturgemässe Aufenthaltsorte bieten. Wenn heute viele Liebhaber im allgemeinen für wenig Pflanzen sind, um die Fische immer sofort vor Augen zu haben und beobachten zu können, so erreichen sie ihren Zweck nur unvollständig, da der Fisch in diesen abnormalen Verhältnissen [...] sich [...] nicht so natürlich gibt wie in natürlichen Verhältnissen«.[120]

Die Verstecke waren demzufolge eine Form der menschlichen Intervention in die Umwelt der gehaltenen Tiere, die eigentlich dem Gegenteil von Intervention diente: dem unabhängigen, vom Menschen unberührten Leben dieser Tiere. Der Mensch kreierte einen Raum, der von menschlichen Eingriffen verschont blieb. Felsengrotten, Korkrinden und Pflanzendickichte im Aquarium und Terrarium waren Mittel der Erschaffung eines menschenfreien Habitats.

Diese Dialektik von menschlicher Intervention und menschlicher Zurückhaltung, von menschlicher Gestaltungsmacht und unberührter Natur fand ihren deutlichsten Ausdruck allerdings nicht in der Einrichtungspraktik, sondern in den facettenreichen *Umgangsformen* der Besitzer mit den wilden Haustieren. In diesem Abschnitt wird danach gefragt, welche Praxismuster den täglichen Umgang der Halter mit den Tieren kennzeichneten: Wie behandelten und pflegten die Halter ihre Tiere? Wie nahmen sie mit ihnen physischen Kontakt auf? Wie kommunizierten sie mit ihnen? Intervention war dabei in der Tat ein Grundelement der Behandlung der wilden Tiere. Sehr intensiv, ja mitunter aufdringlich griffen die Hände der Halter in den Käfig oder in das Terrarium, um die Tiere zu berühren oder herauszuholen. Sätze wie der folgende aus der Feder eines vogelliebenden Apothekers tauchen immer wieder in den Berichten der leidenschaftlichen Wildtierhalter auf: »Da ist keine Stelle des Körpers, die ich nicht untersucht ha-

120 Hubert Siegl: Einige Beobachtungen über Pantodon Buchholzi, in: Blätter für Aquarien- und Terrarienkunde 23/48 (1912), S. 771–774, hier S. 774. Zu Eidechsen, die im Zimmer und selbst draußen frei herumlaufen durften und denen es eingeräumt wurde, sich nach eigenem Willen zu verstecken und die Häufigkeit der Kontaktaufnahmen mit ihrem Besitzer selbst zu bestimmen, vgl. den Bericht des prominenten Wiener Biologen Paul Kammerer über seine eigene Haustierhaltung: Paul Kammerer: Australische Echsen in der Gefangenschaft, in: Blätter für Aquarien- und Terrarienkunde 13/8 (1902), S. 88–90. (Zu Kammerer als Popularisierer der Herpetologie und als Forscher, der selbst im Labor besonders enge Beziehungen mit seinen tierischen Untersuchungsobjekten hegte, siehe: Sander Gliboff: The Case of Paul Kammerer. Evolution and Experimentation in the Early 20th Century, in: Journal of the History of Biology 39/3 (2006), S. 525–563, hier S. 535–536, 546.) Zu weiteren Beispielen siehe: J. Haimerl: Mein Seewasser-Aquarium, in: Blätter für Aquarien- und Terrarienkunde 13/23 (1902), S. 267–270, hier S. 268; Ph. Schmidt: Mein Troppenterrarium im Sommergewand, in: Blätter für Aquarien- und Terrarienkunde 23/3 (1912), S. 35–38; Louis Schulze: Rasbora daniconius, in: Blätter für Aquarien- und Terrarienkunde 23/14 (1912), S 221–223; Hans Geyer: Terrarientiere mit erweiterten Bewegungsfreiheiten, in: Blätter für Aquarien- und Terrarienkunde 23/34 (1912), S. 546–548. Zu Ausweichstellen in der Vogelstube vgl.: Die Vogelstube des Herrn Freiherrn von Beust in Karlsruhe, in: Die gefiederte Welt 2/13 (1873), S. 107; Emil Kratz: Zur Wellensittich-Zucht, in: Die gefiederte Welt 2/26 (1873), S. 231.

be«.[121] Dieses Eingreifen hatte eine starke verhaltensbezogene Dimension, die hier im Mittelpunkt der Diskussion stehen wird: Durch ihre häufigen Eingriffe wollten die Halter auf das Verhalten ihrer Tiere einwirken, es transformieren, und zwar entsprechend der Wünsche und Erwartungen, die sie an diese Kreaturen knüpften.

Diese interventionistische Behandlung war ihrem Wesen nach eine Praktik der Domestikation. Die Halter hofften in der Regel, das Verhalten der wilden Tiere auf eine Art und Weise zu beeinflussen, dass diese ihre wilderen Charakterzüge allmählich abstellen würden. Die Verhaltensänderung war ein kritischer Schritt im Prozess der Verwandlung von Wild- in Haustiere. Sie war, im Grunde genommen, ein Akt der Entwilderung. Aber sie war gleichzeitig auch ein Akt der Verpartnerschaftlichung: Die Tiere, die sich zahmer und menschenähnlicher verhielten, waren in den Augen der wilhelminischen Hobbyzoologen aussichtsvollere Partnertierkandidaten. Die Verhaltensveränderung war ein Mittel zur Anfreundung mit wilden Kreaturen.

Nichtsdestotrotz ließen die Halter auch im Rahmen der Behandlungspraktiken ihr Herzensanliegen, nämlich mit weitgehend wilden, nicht komplett domestizierten Tieren in engen Kontakt zu kommen, nicht außer Acht. Gleichzeitig mit der Verhaltensdomestikation hegten sie die an sich umgekehrte Erwartung, dass die Tiere sich zu einem gewissen Ausmaß weiterhin wild verhalten würden – wie in ihrem früheren Leben in der Natur. Wildes Verhalten war für sie dabei etwas, das man nicht nur bewahren, sondern auch hervorrufen bzw. steigern konnte und sollte. Es ging ihnen nicht nur um Naturbewahrung durch Zurückhaltung und Nichtintervention, sondern auch um die aktive Kreation von Wildnis und Wildpartnertieren.

Diese Doppelbödigkeit von Domestikation und Verwilderung wird im Folgenden anhand einer Analyse von mehreren Behandlungshauptmustern dargestellt. Weil, wie oben behauptet wurde, die Behandlung immer auf eine Beeinflussung des Verhaltens des Tiers zielte, müssen wir zunächst ergründen, welche Verhaltensweisen die Halter von ihren Tieren erwarteten. Welche Verhaltensweisen waren in ihren Augen erwünscht, welche unerwünscht?

Wie wir schon im Abschnitt über das Fangen gesehen haben, wollten viele Wildtierhalter, dass das Tier seine instinktive Scheu vor den Menschen abstellte und sich mehr und mehr an das Leben mit ihnen anpasste. Erwünschtes Verhalten war unter dieser Perspektive, kurz gesagt, ein menschenähnliches und menschenfreundliches Verhalten. Ein Vogelliebhaber, der einen verletzten Kranich rettete und nach Hause brachte, war beispielsweise sehr erfreut über die allmähliche Gewöhnung des Wildtiers an das Haus- und »Familienleben«:

»Anfangs von jeder Annäherung ängstlich fliehend, begann der von Natur so scheue Vogel bald dem Vertrauen in die Menschheit Raum zu geben. In immer engeren Kreisen nahte er sich den Hausbewohnern, und bald fand man es natürlich, daß, sobald die Familie sich in der Veranda versammelte, der Kranich an der zu derselben führenden Treppe Posto faßte. Er nahm Brot und

121 F. Nagel: Freude und Leid in meiner Vogelstube, in: Die gefiederte Welt 14/42 (1885), S. 434–435, hier S. 435.

Fleisch ohne Umstände aus der Hand. […] [M]it behaglichem Schnarchen begrüßte der Kranich den täglichen Besuch der Töchter des Hauses«.[122]

Dass das wilde Tier räumlich und körperlich enger und enger in den menschlichen Kreis eindrang, dass es begann, mit seinen neuen »Familienmitgliedern« zu kommunizieren, ist an sich eine erfreuliche Entwicklung. Menschenorientiertes Verhalten war grundsätzlich positiv. »Die Reptilien sind im allgemeinen stumpfsinnige Tiere«, stellte seinerseits ein Hobbyherpetologe fest. Vor allem seien es die »Raubtiere« unter ihnen – z.B. Krokodile – die »in üblem Ruf« stünden und durch die Menschen »mit Recht« »unnachsichtlich« verfolgt würden. Erst in der Gefangenschaft entdecke »man an ihnen anziehendere Eigenschaften«: »Sie nehmen das Futter aus der Hand und kommen auf einen bestimmen Ruf oder Pfiff herbei; am häufigsten gelingt das bei den Schildkröten, die selbst auf größere Entfernungen im Garten oder mehrere Zimmer zu ihrem Herrn hinwackeln«.[123] Über die Eingewöhnung des Wildtiers an das Leben in einem Haus freute sich in noch überschwänglicherer Weise der Juraprofessor und Schriftsteller Felix Dahn. Dahn und seine Frau Therese hielten in ihrer Breslauer Wohnung zahlreiche wilde Singvögel, aber sie hängten vor allem an einem Rotkehlchen namens Sissîle – einem »kluge[n], holde[n] Hausgeist, gescheuter als mancher Geheimsrath«. Der kommunikationsfreudige Vogel wurde in erster Linie wegen seiner lückenlosen Einbindung in das Leben seiner bildungsbürgerlichen Halter geliebt:

»Wie flogst du uns nach von Zimmer zu Zimmer, wie neugierig durchwühltest du den ganzen Näh-Kasten oder Farben-Kasten deiner Herrin, […] wie zutraulich flogst du mir auf Kopf und Schulter und ließest dich so spazieren tragen, wie hüpftest du ämsig auf dem Kafetisch umher am Morgen, alle Brosamen aufpickend. […] [W]ie unvergleichlich und unermüdlich tönte […] dein herrlicher Gesang […] im tiefen Alt, den Sopran deines Nebenbuhlers Sassâle überwindend«.[124]

Diese Fälle scheinen die in mehreren tierhistorischen Werken präsentierte These zu bestätigen, dass die Menschen des 19. Jahrhunderts vor allem an solchen Tieren Gefallen fanden, die sich zahm und menschenähnlich verhielten. Die Tatsache, so Ritvo, dass domestizierte Tiere »superior social skills and self-control« aufwiesen, machte sie nicht nur

122 Joachim von Dürow: Aus dem Familienleben der Kraniche, in: Die Gartenlaube 36 (1895) S. 606–607.

123 Dressierte Alligatoren, in: Die Gartenlaube 19 (1904), S. 551.

124 Felix Dahn: Erinnerungen. Viertes Buch: Würzburg-Sedan-Königsberg (1863–1888), Leipzig: Breitkopf und Härtel 1895, S. 123–124. Siehe als weitere Beispiele: Unser Rothkehlchen, in: Die gefiederte Welt 14/23 (1885), S. 231–232; Karl Ruß: Stubenvogel-Zucht, in: Die Gartenlaube 43 (1878), S. 715–718, hier S. 716; H. Lehnert: Junge Steinmarder, in: Isis. Zeitschrift für alle naturwissenschaftlichen Liebhabereien 4/12 (1879), S. 93–94; Rudolf Karlsberger: Mein Eisvogel, in: Die gefiederte Welt 14/48 (1885), S. 509–510; A. Frenzel: Zahme Buchfinken, in: Monatsschrift des Deutschen Vereins zum Schutze der Vogelwelt 13/1 (1888), S. 30; Georg Gerlach: Etwas vom Hundfisch (Umbra Crameri), in: Blätter für Aquarien- und Terrarienkunde 13/6 (1902), S. 64–66.

zu wahrscheinlicheren, sondern darüber hinaus zu wünschenswerteren Partnern von Menschen.[125] Die Menschen, vor allem die bürgerlichen Menschen zogen ihresgleichen als Freunde vor. Diejenigen Tiere dagegen, die sich außergewöhnlich verhielten, die zu tierisch blieben, wurden verachtet: »Man empfindet Ekel angesichts ihres tierischen Wesens, ihres schamlosen Benehmens«.[126] Das Verhalten dieser Tiere verstieß gegen den »bürgerlichen Wertehimmel«.[127] Die Bürger des 19. Jahrhunderts verhielten sich in der Wahl ihrer Tierpartner so, wie sie sich in der Wahl ihrer Ehepartner verhielten:[128] Sie suchten sich diejenigen Individuen aus, die ihnen am ähnlichsten waren, mit denen sie sozusagen die gleichen Werte und gleichen Verhaltenscodes teilten. Die Tiere dagegen, die ihnen zu fremd, zu unmenschlich erschienen, die sich nicht domestizieren ließen, wiesen sie ab.[129]

Wenn die Halter die Hauptmerkmale eines »schlechten« Verhaltens auflisteten, das die Möglichkeit einer Partnerschaftlichkeit ausschloss, stellten sie ständig den Aspekt der Menschenfremdheit heraus. Wilde Tiere, die sich immun gegenüber den Domestikationspraktiken ihrer Halter zeigten, wurden denunziert und fortgeschickt. In einem Beitrag über die Kreuzotter erklärte z.B. ein Terrarienexperte, warum sich diese Tierart als Haustier ganz und gar nicht eignete, indem er besonders die Unmöglichkeit hervorhob, mit ihr in Kontakt zu kommen. Die Kreuzotter liege träge »auf einer Stelle im Terrarium, nur gegen Abend oder des Nachts ist das Tier in Bewegung. […] [I]m Behälter selbst kann man nur mit der Zange oder mit sehr dicken langen Handschuhen versehen irgendwelche Vorrichtungen vornehmen«. Die Unmöglichkeit einer unmittelbaren Berührung mit dem Tier bzw. einer Intervention in das Terrariumleben sei, so der Experte, eine direkte Folge des wilden, bösartigen Charakters der Schlange: »Aus blosser Lust am Töten beisst die Otter in der ersten Zeit ihrer Gefangenschaft Mäuse und verschleppt die Kadaver, welche, wenn nicht rechtzeitig entfernt, einen fürchterlichen Geruch verbreiten«. Das soll heißen: »Nichts hat diese Schlange in ihrem Wesen, was besonders für sie einnehmen könnte«.[130]

125 Ritvo: Estate, S. 16.

126 Orvar Löfgren: Natur, Tiere und Moral. Zur Entwicklung der bürgerlichen Naturauffassung, in: Utz Jeggle (Hg.): Volkskultur in der Moderne. Probleme und Perspektiven empirischer Kulturforschung, Reinbek bei Hamburg: Rowohlt 1986, S. 122–144, hier S. 136. Laut Löfgren war »die Ablehnung alles Tierischen« ein »Grundthema in dem ganzen Gedankenbau bürgerlicher Verfeinerung und Kultivierung« (ebd.).

127 Siehe: Manfred Hettling/Stefan-Ludwig Hoffmann: Der bürgerliche Wertehimmel. Zum Problem individueller Lebensführung im 19. Jahrhundert, in: Geschichte und Gesellschaft 23/3 (1997), S. 333–359.

128 Siehe hierzu: David Warren Sabean: Kinship in Neckarhausen, 1700–1870, Cambridge: Cambridge University Press 1998, S. 466–474.

129 Zu dieser verhaltensbezogenen Hierarchisierung zwischen (guten) domestizierten Tieren und (schlechten) wilden Tieren schon in der italienischen Rennaisance siehe: Schiesari: Beasts, S. 64.

130 Hermann Lachmann: Die Kreuzotter und ihre Zucht im Terrarium, in: Blätter für Aquarien- und Terrarienkunde 13/2 (1902), S. 13–15, hier S. 14. Die Kreuzotter sei, so Lachmann in seinem populärzoologischen Buch über Reptilien und Amphibien »ein sehr dummes, leicht in

Diese Charakterisierung des schlechten Tiers als schwer domestizierbar, entfremdet, aggressiv und schmutzig ist in der populärzoologischen Literatur allgegenwärtig. Als besonders schlimm betrachteten die Hobbyzoologen Tiere, die die Annäherungsversuche ihrer Halter nicht erwiderten. Ein »apathisches«, »egozentrisches« Verhalten war wie selbstverständlich ein schlechtes Verhalten: »Fernerweite angenehme Eigenschaften vermag man an den Vögeln nicht zu entdecken«, urteilte ein Ornithologe über eine gewisse südamerikanische Sperlingsart (Kurzschnabel-Gilbammer), die er kurze Zeit hielt: »Ebenso schüchtern, wie der Hänfling, waren sie, als sie die Vogelstube bezogen, und ebenso dumm und schüchtern sind sie bis heute geblieben«.[131] Eine derart mangelhafte Integration in die Welt der Menschen endete oft mit dem Fortschicken des auf seiner Wildheit verharrenden Tiers. Man wollte unfreundliche, fremd gebliebene Kreaturen nicht als Freunde haben. Auf eine solche Beziehungsauflösung lief es z.B. in einem etwas außergewöhnlichen Fall der Haltung einer Antilope hinaus: Ein Springbock »mit spitzem Gehörn«, den der Arzt Hermann Seidel in Ägypten kaufte und im Garten seiner Klinik in Braunschweig hielt, »gewöhnte sich« »keineswegs ein«, wie sich die Tochter Ina erinnerte:

»Solange dieser scheue und wilde Fremdling den Kliniksgarten bewohnte, durften wir Kinder ihn nicht betreten. Jede menschliche Gestalt versetzte das Tier in eine Raserei von Verfolgungsangst, es jagte in dem ummauerten Bezirk umher, als stünde ihm meilenweiter Wüstenraum zur Verfügung«.

Weil der »Fremdling« trotz aller Annäherungsversuche nie zahmer wurde, gab man letztendlich das Domestikationsprojekt auf und transferierte den »zitternden Afrikaner« an den Berliner Zoo[132] – einen vermeintlich geeigneteren Ort für eine solche wilde afrikanische Kreatur.

Noch schlimmer als Schüchternheit und Apathie war aber aggressives Verhalten. Instinktive Aggressivität war für die Hobbyzoologen das eindeutigste Zeichen der Fremdartigkeit und Menschenunähnlichkeit von wilden Tieren. Sie war der wichtigste Grund für die Feststellung einer Haustieruntauglichkeit von bestimmten Tieren und Tierarten, besonders dann – wie im Fall der oben erwähnten Kreuzotter –, wenn die betreffenden Individuen sich nicht ändern – nicht domestizieren – ließen. Interessanterweise lehnten die Hobbyzoologen aber nicht nur Äußerungen von Aggressivität ab, die die Tiere gegen sie – als ihre menschlichen Halter – richteten, sondern auch solche, die anderen Tieren

---

blinde Wut geratendes, jähzorniges Tier [...]. Naht man sich einer sich sonnenden Kreuzotter plötzlich, so entflieht sie meist unter starkem zischen« (ders.: Die Reptilien und Amphibien Deutschlands in Wort und Bild. Eine systematische und biologische Bearbeitung der bislang in Deutschland aufgefundenen Kriechtiere und Lurche, Berlin: Paul Hüttig 1890, S. 43). Zum Kreuzotterhass im 19. Jahrhundert vgl.: Patrick Masius: Schlangenlinien. Eine Geschichte der Kreuzotter, Göttingen: Vandenhoeck & Ruprecht 2014, S. 35–79.

131 A. Frenzel: Aus meiner Vogelstube, in: Ornithologische Monatsschrift 18/11 (1893), S. 430–434, hier S. 433.

132 Seidel: Lebensbericht, S. 39.

im Aquarium, im Terrarium oder in der Vogelstube galten. Das heißt: Die Aggressivität war nicht nur deswegen verwerflich, weil sie der Freundschaft zwischen Mensch und wildem Tier im Wege stand. Sie war nicht nur ein Problem des sozialen Kontakts. Sie war vielmehr ein Ausdruck von schlechtem Charakter an sich, von Verhaltensdispositionen, die die bürgerliche Gesellschaft im Allgemeinen verdammte – bei allen Kreaturen. Aggressivität war eine Untugend, und die Tiere, die sie äußerten, verdienten es nicht, Partner der Menschen zu sein.

Wenn z.B. zwei Ornithologen 1882 von der Haltung einer südafrikanischen Brachschwalbenart, die nicht gänzlich »den Satzungen eines gesellschaftlichen Lebens gerecht wird«, abrieten, begründeten sie ihre Meinung damit, dass die Artgenossen sich untereinander »so unverträglich« seien:

»[B]ei ihrer Nahrungslese [...] sehen wir sie stets im heftigsten Streite [...] begriffen. Auch Gefangene bleiben dieser Untugend getreu. Ich hielt einige der Thiere durch mehrere Monate in Gefangenschaft. [...] Ich musste sie immer wieder separieren. [...] Zuweilen hatten sich zwei Männchen in einander so verbissen, dass ich mit der Hand den Sieger fassen musste, bevor er seinen Gegner, den er in der Regel an der Stirn gefasst hatte, losliess«.[133]

Es ist in dieser Beziehung nicht verwunderlich, dass die Hobbyzoologen vor allem räuberische Tiere schlecht fanden.[134] Der Raub im Aquarium oder Terrarium, d.h. das Töten und Fressen von einzelnen Tieren durch ihre aggressiveren und stärkeren »Mitbewohner«, war für die Halter von Wildtieren ein besonders schwerwiegendes Problem, zu dem sie in ihren Schriften immer wieder zurückkamen. Ein »angenehmer« Wildfisch war ein Tier, das »[f]riedlich mit allen [anderen] Fischen« umging.[135] »Unangenehme« Fischarten waren dagegen solche, die das Aquarium in ein blutiges Schlachtfeld verwandelten.[136] Ein Amphibienliebhaber pries die seiner Meinung nach leicht domestizierbare Erdkröte als »ein[en] ganz angenehme[n] Gesellschafter« nicht nur deswegen, weil sie sich von »den stumpfsinnigeren Fröschen« so weit unterscheide, dass sie im Vivarium »von Tag zu Tag zutraulicher wird«, sondern auch, weil ihre Fressgewohnheiten »zivili-

133 Emil Holub/August von Pelzen: Die Steppenbrachschwalbe, in: Ornithologisches Centralblatt 7/5–6 (1882), S. 41–43, hier S. 43. Wie viele andere Zeitgenossen verachteten die renommierten Populärornithologen Adolf und Karl Müller die Haussperlinge nicht nur deswegen, weil sie sich den Menschen gegenüber »mißtrauisch und vorsichtig« verhielten, sondern vor allem aufgrund ihrer »Gewalt« gegen andere, im bürgerlichen Tierverständnis wertvollere Singvogelarten. Besonders an den Futterplätzen »tritt die gewaltthätige herrische Natur des Sperlings [...] zu Tage [...]: mit bissigen Schnabelhieben verjagt er die anderen hungernden Vögel« (Adolf Müller/Karl Müller: Originalgestalten der heimischen Vogelwelt. 9. Phylister und Plebejer, in: Die Gartenlaube 25 (1893), S. 424–426, hier S. 426). Zum Spatzenhass in der zeitgenössischen »bürgerlichen Naturauffassung« siehe: Löfgren: Natur, S. 138.

134 Vgl.: Ritvo: Cows, S. 43.

135 G. Träber: Haplochilius cfr. Petersii Sauvage, in: Blätter für Aquarien- und Terrarienkunde 23/3 (1912), S. 33–35, hier S. 34.

136 Arthur Rachow: Iguanodectes Rachovii Regan, eine neue Fischart aus dem Amazonenstrom, in: Blätter für Aquarien- und Terrarienkunde 23/29 (1912), S. 463–464, hier S. 464.

sierter« seien als diejenigen manch anderer Wildtierarten: »Während der Anblick einer fressenden Schlange, die eine lebendige Eidechse hinunterwürgt, mir stets ein überaus widerlicher ist, war die Art und Weise, wie die Kröte ihr Mittagsmahl einnahm, sehr possirlich«.[137] In den Augen von Bruno Dürigen war wiederum der »bissige« Gartenschläfer kein gutes Haustier: »[F]reilich ist er gerade nicht der angenehmste Stubengenosse, weil er seine Bissigkeit nie ablegt und nachts sein Wesen treibt«.[138]

In einem Punkt unterschieden sich aber die Hobbyzoologen bei ihrer Wahl von Wildtierpartnern doch von den Menschen, die ihresgleichen als Ehepartner/-innen aussuchten. Das Bürgertum des 19. Jahrhunderts tolerierte in den seltensten Fällen Abweichungen vom dominanten Muster des Heiratsverhaltens seiner Mitglieder. Die Vorliebe für Lebenspartner/-innen, die einem selbst ähnlich waren, drückte sich am stärksten in den zahlreichen Eheschließungen zwischen Cousins und Cousinen zweiten und sogar ersten Grades aus – im 19. Jahrhundert eine gängige Praxis vor allem unter Mitgliedern des Mittelstands. Man wollte in romantische Beziehungen mit möglichst *Verwandten* eintreten. Man war nicht bereit, sich auf eine Beziehung mit wirklich Fremden einzulassen.[139] Was die wilden Tiere betraf, waren die Bürger deutlich kompromissbereiter. Das hatte vor allem mit der Domestikation zu tun oder besser gesagt mit der Domestikation als Prozess, als ein dynamisches Phänomen. Die Hobbyzoologen suchten nicht immer von Anfang an wilde Tiere aus, die sich menschenähnlich verhielten. In vielen Fällen hofften sie, die wilden Kreaturen, die sie in ihre Häuser einließen, zu einem solchen Verhalten zu erziehen. Sie wollten sie umgestalten, kultivieren, in richtige Haustiere transformieren. Es ging ihnen bei der Haltung von wilden Tieren weniger um die Suche nach Ähnlichkeit als um die Schaffung von Ähnlichkeit. Sie wollten sich menschenähnlichen Kreaturen kreieren, die dann ihre Partner werden sollten.[140]

Das war der wichtigste Aspekt des Behandlungskomplexes. Die Behandlung von

---

137 Wilhelm Bölsche: Die Erdkröte in der Gefangenschaft, in: Isis. Zeitschrift für alle naturwissenschaftlichen Liebhabereien 4/5 (1879), S. 37–39. Zu einem Wasserfrosch, der als ein »grüne[r] Räuber« aus dem Aquarium wieder entfernt wurde, nachdem er »zum Entsetzen« seines Halters eines Tages plötzlich einen Fisch in seinem Maul gehabt hatte, siehe: R. Haselhun: Etwas von der Zutraulichkeit eines Thaufrosches (Rana temporaria L.), in: Blätter für Aquarien- und Terrarienkunde 13/9 (1902), S. 101.

138 Bruno Dürigen: Der Gartenschläfer, in: Isis. Zeitschrift für alle naturwissenschaftlichen Liebhabereien 4/22 (1879), S. 173–174, hier S. 173.

139 Zur Häufigkeit von Verwandtenehen im 19. Jahrhundert siehe: Sabean: Kinship; Jon Mathieu: Kin Marriages. Trends and Interpretations from the Swiss Example, in: ders./David Warren Sabean/Simon Teuscher (Hg.): Kinship in Europe. Approaches to Long-Term Development (1300–1900), New York/Oxford: Berghahn Books 2007, S. 211–230; Leonore Davidoff: Close Marriage and the Development of Class Societies, in: German Historical Institute London Bulletin 35/1 (2013), S. 3–17.

140 Zum Zusammenhang zwischen Vermenschlichung und der Entstehung von Mensch-Tier-Partnerschaftlichkeiten siehe: James Serpell: People in Disguise. Anthropomorphism and the Human-Pet Relationship, in: Lorraine Daston/Gregg Mitman (Hg.): Thinking with Animals. New Perspectives on Anthropomorphism, New York: Columbia University Press 2005, S. 121–136.

wilden Tieren zielte auf Domestikation und auf Verpartnerschaftlichung. Der Eingriff in das Leben der Tiere sollte sie für eine Beziehung mit einem menschlichen Halter geeignet machen. Wie dieser Eingriff konkret aussah, können wir durch die Analyse eines einzelnen Fallbeispiels lernen. Es spielte sich in einem kolonialen Kontext ab und dient als Erinnerung daran, dass das Wildtierfangen in den Kolonien nicht nur großen Tieren wie Elefanten und Löwen galt, sondern auch viel bescheideneren und kleineren Kreaturen: 1883 fing sich der Industrielle Paul Reichard aus Kaiserslautern bei einer von der »Afrikanischen Gesellschaft in Deutschland« beauftragten Expedition in Katanga (westlich des Tanganjikasees, heute Teil der Demokratischen Republik Kongo) einen jungen Nashornvogel, den er als seinen persönlichen Begleiter hielt. Reichard erzählte, dass ihn vor allem die Menschenähnlichkeit des Tiers – sowohl physisch als auch geistig – entzückte: »Das merkwürdigste an Hermann [= Name des Vogels] waren entschieden seine Augen. [...] Sie schauten klug wie die eines Menschen in die Welt, und Hermann war klug, sehr klug sogar!« Diese natürliche Menschenähnlichkeit musste aber noch verfeinert werden. Die Namensgebung war dabei nur der erste Schritt, wobei die Wahl des sehr deutschen Namens Hermann schon darauf hindeutet, wie die Kreatur am Ende des Verfeinerungsprozesses geartet sein sollte. Reichard wünschte vor allem, eine Veränderung des Verhaltens des exotischen Tiers zu bewirken. Er gab ihm deswegen eine sehr gründliche Erziehung, die den Vogel binnen kurzem in eine »Respektperson« transformierte. Er war jetzt für ein Leben mit den Menschen bestens geeignet:

»Hermann nahm fortan an allen unseren Mahlzeiten theil, während deren er, auf der Tischplatte hockend, fein säuberlich mit mir aus einem Teller speiste. Meist benahm er sich dabei anständig und erlaubte sich selten, die Speisen umherzuschleudern. Er wußte recht gut, daß dies seine sofortige Ausschließung zur Folge hatte [sic]«.

Reichard machte in seinem Bericht klar, dass die Aneignung von menschlichen Manieren eine Voraussetzung dafür sei, dass Hermann zu seinem Freund werde. Als Quasimensch durfte er ein Partnertier werden. Dieser Zusammenhang von Menschlichkeit und Partnerschaftlichkeit wird noch deutlicher, sobald Reichard auf die afrikanischen »Diener« der Karawane zu sprechen kam. Mit den menschlichen Einheimischen wollte Reichard offensichtlich keine Freundschaftsbeziehungen knüpfen. Anders als das afrikanische Tier blieben ihm die »Neger« fremd – er versuchte nicht, sie in »Respektpersonen« zu verwandeln. Ganz im Gegenteil: Als Hermann mehr »Mensch« als sie wurde, wurden sie auch zu seinen »Dienern«: Immer wenn die Karawane einkehrte, mussten ihm zwei »Negerjungen« »Strohhalme voll aufgespießter Heuschrecken« besorgen. In der sozialen Hierarchie der Karawane standen die Einheimischen jetzt deutlich niedriger als das wilde, aber vermenschlichte Tier: »Diese beiden Jungen galten bald in der Karawane allgemein als die ›Sklaven‹ Hermanns. Sie rangierten mit der Zeit sogar beim Appell officiell als solche. Ich ließ diesen Scherz schließlich als Ernst gelten«.[141]

141 Paul Reichard: Mein Buceros »Hermann«, in: Die Gartenlaube 16 (1893), S. 316–317. Zur Freundschaft zwischen Reichard und Hermann siehe auch folgende Darstellung: »So lange ich anwesend war, saß er auf der Lehne meines Stuhles oder auf meiner Schulter und unterhielt sich dann oft lange mit mir. [...] Von Zeit zu Zeit pflegte er zutraulich seinen Kopf an meine

Reichard führte in seinem Bericht, der in der *Gartenlaube* erschien, nicht näher aus, welche Maßnahmen er ergriffen hatte, um Hermann Tischsitten und andere Tugenden beizubringen. In anderen Texten, die zum größten Teil in ornithologischen und herpetologischen Fachzeitschriften veröffentlicht wurden, berichteten dagegen viele Wildtierhalter ausführlich über die konkreten Aktionen, die sie unternahmen, um das Verhalten ihrer Tiere zu transformieren. Dabei fällt besonders ins Auge, wie intensiv und eindringlich sich die Halter in das Leben ihrer Tiere einmischten. Diese Einmischung konnte manchmal sehr aggressiv anmuten. Karl Ruß erzählte z.B., wie er ein Wellensittichweibchen – eine »Furie« –, die zu »blutige[n], mörderische[n] Raufereien« neigte, zu friedlichem Verhalten zwang: Er habe dem »bösartigen Weibchen« »an einem Flügel mit einem scharfen, spitzen Messer die Schwungfedern« zerfleischt: »Sobald es dann nicht mehr so sicher und hurtig wie früher fliegen konnte, hat es seine Verfolgungen und Raufereien unterlassen«.[142] Ein Kanarienvogelexperte empfahl seinerseits, »Vögel mit lebhaftem Temperament« in sehr kleine Käfige einzusperren, »um sie durch den beengten Raum an Ruhe zu gewöhnen«.[143] Gewalt gegen das Haustier war für die Hobbyzoologen durchaus eine Handlungsoption, wenn es darum ging, die Animalität der wilden Kreatur zu bändigen.

Es ging ihnen dabei aber nicht um eine bloße Naturbeherrschung. Die aggressive Umformung des Verhaltens des Wildtiers verknüpften die Hobbyzoologen fast immer mit einem sehr spezifischen Ziel: die Bildung von freundschaftlichen Verhältnissen. Sie wollten die instinktive Wut des wilden Tiers zähmen, um mit ihm friedlich interagieren zu können. Die Domestikation des Verhaltens war eine Voraussetzung für Mensch-Tier-Kommunikation und Mensch-Tier-Nähe. Dieser Zusammenhang zwischen Verhaltensdomestikation und Freundschaft ist am eindeutigsten in Dressurpraktiken erkennbar. Wenn die Hobbyornithologen und sogar -herpetologen vom »Dressieren« oder »Abrich-

---

Wange zu schmiegen oder er spielte mit meinem Bart. Dann und wann faßte er auch leise und vorsichtig ein Ohrläppchen mit seiner Schnabelspitze. Hermann war reinlich und putzte viel und eifrig sein lockeres Gefieder« (ebd.). Reichard war der Meinung, dass die Schwarzafrikaner alle »nur denkbar schlechten Eigenschaften« besäßen; siehe: Michael Schubert: Der schwarze Fremde. Das Bild des Schwarzafrikaners in der parlamentarischen und publizistischen Kolonialdiskussion in Deutschland von den 1870er bis in die 1930er Jahre, Stuttgart: Steiner 2003, S. 114. Zum kolonialen Raum als einer Frontierzone der Grenzüberschreitung zwischen dem Tierischen und dem Menschlichen vgl.: Stephanie Zehnle: Leoparden, Leopardenmänner. Grenzüberschreitungen im Raum und Spezies, in: dies./Speitkamp (Hg.): Tierräume, S. 91–111.

142 Karl Ruß: Der Wellensittich. Seine Naturgeschichte, Pflege und Zucht, Magdeburg: Creutz 1893, S. 28.

143 E. Wilcke: Ueber das Einbringen der jungen Kanarien in die Harzer Käfige, in: Die Gefiederte Welt 14/28 (1885), S. 284–286, hier S. 285. Zu einer eingefangenen Schwalbe, die immer wieder in den Käfig eingesperrt wurde, sobald sie sich »unruhig« und »wild« verhielt (in einem besonders schwerwiegenden Fall hatte sie »ein Glas vom Schreibtisch gestoßen«), vgl.: H. Dreyfuß: Eine zahme Rauchschwalbe (Hirundo rustica), in: Die gefiederte Welt 14/20 (1885), S. 200–201, hier S. 201.

ten« sprachen, taten sie das fast immer in Verbindung mit der Frage der Halter-Haustier-Beziehungen. Das Dressieren des Haustiers war kein Selbstzweck. Es diente auch nicht bloß dem Verlangen des menschlichen Besitzers nach tierlicher Unterhaltung.[144] Es hatte vielmehr einen konkreten Effekt zu erzielen: nämlich eine größere Nähe von Mensch und Tier zu ermöglichen.[145] Dressur und Partnerschaftlichkeit waren eng miteinander korrespondierende Phänomene.

Wir haben oben gesehen, dass ein »gutes« Verhalten nach Auffassung der Hobbyzoologen nicht zuletzt darin bestand, dass die Tiere auf die freundschaftlichen Annäherungsversuche ihrer Halter ebenso freundschaftlich reagierten, dass sie ihre instinktive Scheu gegenüber den Menschen abstellen würden. Die Dressur war ein wirkungsvolles Instrument, um den Tieren eine solche Reaktion zu entlocken, um bei ihnen Kommunikationsfreudigkeit anzuregen.[146] Wenn z.B. ein Reptilienexperte auf die Dressur der Schildkröte zu sprechen kam, hatte er vor allem die Verständigung zwischen Halter und Haustier vor Augen: Man solle das Tier so »abrichten, daß es auf irgend einen Rufnamen wie ›Hans‹ oder ›Ilse‹ oder einen bestimmten Pfiff hört und zu dem Pfleger herbeikommt«. Derart aufmerksam gemacht, »erscheint das Tier auf dem Futterplatz und bettelt förmlich um Futter, indem es den Kopf emporhebt und ›sehr verständnisvoll‹ den Pfleger anschaut«. Das »Herbeikommen«, die »verständnisvolle« Kommunikation war für den Herpetologen der Kern der Dressur: Seine eigenen Schildkröten waren nicht in dem Sinne »dressiert«, dass sie etwa »angelernte[] Kunststücken« vorführen konnten; sie waren vielmehr dazu dressiert, stets die Nähe ihres Halters zu suchen: »Oft wecken sie mich am Morgen, indem sie mir dicht am Hals oder Brust anliegen oder mich ins Gesicht aus ihren stecknadelfeinen Nüchtern eisigkalt anblasen«. Beim »Appell« vollführten sie keine Tänzeleien, sondern »kommen« schlicht zum befehlgebenden Halter »heran« – »in ihrer Art langsam, mit Rasten, aber sie kommen«.[147]

Noch wichtiger als bei den Kriechtieren war der Kommunikationsfaktor für die Dressur von singenden und sprechenden Stubenvögeln. Die Halter, die wünschten, dass ihre Tiere bekannte Melodien pfeifen oder ihren Namen aussprechen würden, suchten mehr als nur Unterhaltung oder ästhetischen Genuss. Sie verfolgten ein deutlich pragmatischeres Ziel, nämlich mit ihren Tieren extensiver kommunizieren zu können. In einem in der *Gartenlaube* unter dem Titel »Wie lehrt man die Vögel ›auf Kommando‹ singen?« erschienenen Beitrag wurde dieses pragmatische Ziel explizit formuliert: Das Trainieren des Vogels zum Singen von bestimmten Melodien, so der berichtende Dresseur, stelle keine »Vergewaltigung« des Tiers dar. Ganz im Gegenteil: Die Dressur diene gerade der Intensivierung der Kommunikation, der Entfaltung von reziproken Verhältnissen zwischen Halter und Haustier. Wenn der Vogel die antrainierten Strophen ertönen lasse, »erwidert« er die »Zuneigung« seiner haltenden Person, »er bekundet Freude bei ihrem Erscheinen«. Im Gegensatz zum natürlichen Singen des Vogels, das mit der Kommunikation mit einem Menschen nichts zu tun hat, das sozusagen reines Lautgeben bleibt, sei

144 Vgl.: Nigel Rothfels: How the Caged Bird Sings. Animals and Entertainment, in: Kete (Hg.): History, S. 95–112.

145 Siehe: Haraway: Species, S. 208, 235.

146 Dies: Companion, S. 53.

147 Pflege und Zähmung der Schildkröte, in: Die Gartenlaube 25 (1895), S. 415–416, hier S. 415.

das künstliche, antrainierte Singen ein »Ansingen« – es habe einen (menschlichen) Empfänger. Der Vogel wurde zu einer kommunikativen Kreatur, dazu hat ihn der Dresseur »freundlich ermuntert[]«.[148] Für einen anderen Ornithologen manifestierte sich der Erfolg der Dressur eines wilden Vogels darin, dass das Tier allmählich seinen »Waldgesang« aufgab und stattdessen Menschenmusik zu pfeifen begann: etwa das *Preußenlied* und die *Wacht am Rhein* – ganz nach dem patriotischen Geschmack seines Halters.[149]

Durch die Dressur kreierten sich die Menschen ihresgleichen, jene verwandt anmutenden Geschöpfe, mit denen sie sich verbinden und gemeinsam leben wollten. Das war jedoch nur die eine Seite des Behandlungskomplexes. Die Hobbyzoologen hatten zwar eine Vorliebe zu Tieren, die sich ein quasimenschliches Verhalten aneigneten. Sie erhoben diese Vorliebe aber nicht zu einem absoluten Kriterium, wenn sie ihre Haustiere aussuchten. Beziehungen mit Tieren, die in ihren Augen fremdartig waren und sich sehr unmenschlich verhielten, kamen für sie durchaus infrage. Eigentlich suchten sie oft nach solchen Tieren. Die Haltung von wilden Tieren war für sie bei weitem nicht nur eine Beziehung mit »Gleichgesinnten«. Manchmal wollten sie genau das Gegenteil: einen engen Kontakt mit Kreaturen, die sich nach wie vor wild verhielten. Sie vermieden es, ihre Tiere rundherum zu dressieren, sie setzten ihren eigenen Domestikationsversuchen Grenzen. Sie wollten durch ihre Behandlungspraktiken garantieren, dass die Wildheit ihrer Tiere nicht voll und ganz verschwand.

Das hatte zunächst mit der Frage der Intervention zu tun. Die intensive Einmischung in das Leben und Gewohnheiten der Tiere, die in der Dressur gipfelte, sollte die Andersartigkeit der Tiere beseitigen. Viele Halter mischten sich aber von Anfang an nicht ein. Sie wollten die Tiere nicht verändern, sie ließen sie fremd bleiben. Hier war Behandlung eigentlich Nichtbehandlung. Diese Nichtbehandlung war aber nicht einfach Auslassen – die Vernachlässigung von etwas, das getan werden sollte. Sie war vielmehr eine bewusste, dezidierte Nichtbehandlung – eine aktive Vermeidung von Aktionen, die einen schädlichen Effekt haben könnten. Was die Hobbyzoologen zu dieser Vermeidung bewegte, war ihr Natürlichkeitsideal, dem wir bereits im Einrichtungsabschnitt begegnet sind. Sie wollten nicht nur die materiellen Umstände, in denen die Tiere lebten, so natürlich wie möglich gestalten. Sie wollten auch, dass die Tiere selbst sich so natürlich wie möglich verhielten. Im Komplex der Behandlungspraktiken lautete deshalb das Prinzip, nach dem sie agierten (oder nicht agierten), ganz einfach: »Natur Natur sein lassen«.

---

148 Josef von Pleyel: Wie lehrt man die Vögel »auf Kommando« singen?, in: Die Gartenlaube 2 (1898) S. 27. Für einen anderen Ornithologen war das Singen von antrainierten Melodien ein Zeichen der »Hingabe der Thierseele an den menschlichen Pfleger«; siehe: Zwei beliebte Sänger, in: Haus, Hof und Garten 22/29 (1900), S. 228 Siehe auch: K. Z.: Wie man Schwalben zahm macht, in: Pfälzische Geflügel-Zeitung 5/35 (1881), S. 160; Walter Hermann: Der Gesang der Vögel, in: Die Gartenlaube 7 (1901), S. 187–192, hier S. 191.

149 F. Schlag: Ueber Vogel-Abrichtung, in: Die gefiederte Welt 14/43 (1885), S. 447–449. Schlag spricht an einem anderen Ort vom »lästige[n] Naturschrillen« und vom »störenartig[en]« und nicht »abgerundet[en]« »Naturgesang«; siehe: ders.: Ein kurzer Einblick in die Geheimnisse der Vogeldressur, in: Monatsschrift des Deutschen Vereins zum Schutze der Vogelwelt 7/12 (1882), S. 315–317, hier S. 316–317.

Die Ratgeberliteratur strotzte vor Mahnungen an Wildtierhalter, in die Lebensvorgänge ihrer Tiere sehr sparsam zu intervenieren. In einer Familienzeitschrift war z.B. 1900 zu lesen, dass man einen in einem Glas gehaltenen Laubfrosch, der sich im Herbst in die Erde verkrieche und seinen Winterschlaf antrete, »ungestört« lassen sollte. Bis zum Frühjahr, wenn der Frosch selbst seinem Naturinstinkt gemäß »wieder zum Vorschein« komme, müsse der Halter den Genuss der Beobachtung des »netten Zimmerschmucks« entbehren.[150] Sogar Karl Ruß, der wie kein anderer Ornithologe im Kaiserreich die Liebe zwischen Mensch und Vogel predigte, mahnte in seinem Kanarienvogelbuch an, mit dem Tier nicht zu oft in Kontakt zu kommen: »Bei jeder Vogelzucht ist es am vorteilhaftesten, daß man dem natürlichen Schaffen der Vögel so viel wie möglich freien Spielraum läßt«. »Daher muß man auch, soweit es möglich ist, vermeiden, einen Kanarienvogel zu ergreifen und in die Hand zu nehmen«.[151] Die Empfehlung, die Berührung des Tiers möglichst zu vermeiden, ist in den Schriften der Hobbyornithologen und -herpetologen allgegenwärtig. Das Tier »sich selbst« zu »überlassen«[152] wird zu einem ihrer häufigsten Ratschläge. »Es ist eine alte Regel bei den Liebhabern«, stellte z.B. ein Aquarianer 1912 fest, »an Zuchtaquarien so wenig wie möglich zu putzen und zu arbeiten, um die Fische in ihrem Laichgeschäft nicht zu stören«.[153] Der Halter wurde in solchen Darstellungen zu einem »Zurückhalter«. Er versuchte, seine eigene Person von der Welt der Tiere fernzuhalten.[154] Er kreierte mitten in der bürgerlichen Wohnung eine Fremdheit zwischen Mensch und Tier.

Die Zurückhaltung der Halter bedeutete, dass den Tieren ein breiter Aktionsraum eingeräumt wurde. Die menschliche Passivität sollte der tierischen Aktivität einen Vorschub leisten. Kulturtheoretische Studien stellen das Haustier oft als eine überaus passive Kreatur dar. Für den Anthropologen Yi-Fu Tuan ist die menschliche Dominanz im Komplex der Mensch-Haustier-Verhältnisse dermaßen groß, dass sie jede Handlungsfähigkeit des Tiers von Anfang an ausschließe. Das Haustier sei kein richtiges Lebewesen, weil es vom Menschen zu einem leblosen (»inanimate«) Objekt gemacht werde. Es sei per definitionem ein »Tier« ohne Vitalität, eine Kreatur, die nichts tue.[155]

Die Hobbyzoologen des Kaiserreichs wünschten, dass ihre Haustiere gerade keine passiven Kreaturen seien. Ganz im Gegenteil: Sie erhofften von ihnen viel Beweglichkeit, viel Betriebsamkeit und viel Lebendigkeit. Ein gutes Haustier war ein höchst aktives Tier – wie z.B. der Zebrabärbling, den ein Aquarienexperte besonders schwärmerisch für die Haltung zuhause empfahl: »Welch munteres Tierchen, [...] immer hin und

150 Der Laubfrosch, in: Haus, Hof und Garten 22/45 (1900), S. 355.

151 Ruß: Kanarienvogel, S. 134, 136.

152 Sprechende Papageien und ihre Pflege, in: Haus, Hof und Garten 22/39 (1900), S. 306–307, hier S. 307.

153 A. Gr.: Ratschläge und Winke für Aquarianer in monatlicher Folge. September 1912, in: Blätter für Aquarien- und Terrarienkunde 23/36 (1912), S. 587–588, hier S. 588.

154 Zur Ausgrenzung von Menschen als eine Praktik der Schaffung von Wildnis vgl.: Paul Wapner: Living through the End of Nature. The Future of American Environmentalism, Cambridge, MA: MIT Press 2010, S. 139–141.

155 Yi-Fu Tuan: Dominance and Affection. The Making of Pets, New Haven: Yale University Press 1984, bes. S. 15, 107, 175. Vgl.: Erica Fudge: Pets, Stocksfield: Acumen 2008, S. 21–22.

her in wildem Fluge, auf und ab. [...] da ist Leben und Bewegung«.[156] »Die Seepferdchen gehören zu den anmutigsten Aquarienbewohnern«, pries seinerseits einer der prominentesten Aquaristen des späten Kaiserreichs die einzigartige, aber mutmaßlich bewegungsarme Fischart; »es ist ein entzückender Anblick, wenn sie durch die zitternde Bewegung der fächerförmigen Rückenflösse und der Kopfflossen durch das Wasser gleiten«.[157] Die Haustiere wurden am liebsten als »behend« bezeichnet. Ihre eigene Lebendigkeit als nie ermüdende Kreaturen stand immer im Mittelpunkt ihrer Beschreibung: Der Sandläufer, so ein Eidechsenliebhaber, sei »weit lebhafter und behender als diese [= die Skinke], sein huschendes Laufen auf dem Boden, seine Jagd auf Fliegen, Käferchen, Mehlwürmer [...] gewährt das größte Vergnügen«.[158]

Die »Behendigkeit« des Tiers wurde durch eine Selbstauflösung des menschlichen Subjekts angetrieben. Tierische Vitalisierung ging mit einer menschlichen Passivierung einher. Das wird besonders deutlich in einem Bericht aus dem Jahr 1873 einer Berliner Vogelliebhaberin über einen von ihr gehaltenen Papageien, der krank wurde. In ihrer Schilderung erweckt die Erzählerin, Elise Saß, den Eindruck, dass der schließlich genesene Vogel sich selbst gepflegt und geheilt habe – ohne jegliche Hilfe seitens seiner menschlichen Halterin, die bloß seine Aktionen beobachtet und registriert habe. Wenn der Papagei »bei uns auf dem Tische [saß] und [...] die Kaffeetassen sah, stürzte er auf dieselben los und nahm verschiedene Schnäbel voll zu sich«. Das war das erste Zeichen der Besserung. Auch im weiteren Genesungsprozess ist es immer der Papagei, »er«, der Dinge tut und an seiner eigenen Heilung arbeitet: »[E]r wollte« die ihm von seiner Halterin angebotenen Opiumtropfen nicht nehmen; dann »trank er« doch zehn Tropfen. Am Ende war er sogar wieder bereit, mit den Menschen zu kommunizieren:

> »Sonnabend Mittag sagte er, als er sah, daß wir zu Tisch gingen: ›Na, mein Lorchen‹. [...] [E]r sprach hin und wieder und ließ sich nicht mehr über das Gefieder streichen, auch saß er nicht mehr im Bauer, sondern wieder frei auf der Stange. Acht Tage später nahm er [...] ein Bad. [...] [E]r hat täglich sein Wasser und sein Instinkt muß ihn leiten und das Rechte thun lassen. [...] Nachdem er fertig war [...] fraß er seine Semmel im Kaffee mit Zucker und Milch erweicht und war ganz lustig«.

Auch beim Singen behielt der Papagei seine Eigenständigkeit bei: Nicht mit ihm beigebrachten Kunstgesängen, sondern mit »selbst gebildeten Melodien« bereitete er seiner Halterin Kurzweil. Und das tat er immer aus eigenem Willen: »Meistens fordert er sich selber dazu auf, mit den Worten, ›Singe doch mal‹, oder ›Sage doch mal‹. [...] Vormittag und gleich nach Tisch spricht er am meisten, [...] doch findet er Anregung, so kann er auch noch spät lebhaft sein«.[159]

---

156 H. Baum: Etwas von Danio rerio, in: Blätter für Aquarien- und Terrarienkunde 23/31 (1912), S. 495–496, hier S. 495.

157 Wolfgang F. Ewald: Tiere des Seewasseraquariums und ihre Pflege. Fortsetzung, in: Der Lehrmeister im Garten und Kleintierhof 3/18 (1904), S. 280–281, hier S. 281.

158 Der Sandläufer, in: Blätter für Aquarien- und Terrarienfreunde 6/1 (1895), S. 8–9, hier S. 9.

159 Elise Saß: Ein gelbköpfiger Kurzflügelpapagei, in: Die gefiederte Welt 2/10 (1873), S. 79–80.

Aus dem letzten Satz kann man lernen, dass die aktive Selbstbestimmung des Haustiers nur insoweit existierte, als sie vom haltenden Menschen »angeregt« wurde. Das Tier war selbsttätig, aber seine Selbsttätigkeit wäre ohne eine Stimulierung von seiner menschlichen Halterin nicht zustande gekommen. Paradoxerweise machte sich der Mensch tatkräftig passiv, um das Tier zur Handlung zu animieren. Den Hobbyzoologen blieb aber nicht verborgen, dass die Selbstbestimmung des Haustiers gewisse Gefahren in sich barg. Wenn das Tier selbst aktiv sein sollte, nach seinen eigenen Wünschen, konnte es doch dazu kommen, dass es Aktionen unternahm, die seinem animalischen Instinkt entstammten und die kulturellen Sensibilitäten ihrer Halter verletzten. Das wäre noch schlimmer gewesen, wenn die haltenden Menschen selbst ein solches Verhalten begünstigten, indem sie die tierische Eigentätigkeit anregten. Wildes, schlechtes Verhalten wäre das Ergebnis menschlicher Handlung. Die Menschen hätten sich Partnertiere erschaffen, die ihnen fremd bleiben würden, deren Verhalten beileibe nicht an bürgerliche Tugenden erinnern könnte.

Interessanterweise taten viele wilhelminische Hobbyzoologen genau das, und zwar bewusst. Sie wollten oft ihre wilden Tiere dazu bringen, sich »schlecht« zu verhalten. Das führt uns zurück zu der Frage der Erwartungen der Halter an ihre Tiere und deren erwünschtes Verhalten. Die Halter hatten zwar grundsätzlich die Hoffnung, dass ihre Tiere sich menschenähnlich verhielten. Aber diese Hoffnung war nicht ganz konsequent. Denn in fast gleichem Maße hegten viele von ihnen den Wunsch, dass ihre Tiere sich so unmenschlich und animalisch wie möglich verhielten.[160] Dieser Punkt führt uns zu einem neuen Komplex der Wildhaustierhaltungskonstellation, nämlich zu *haustierlicher Gewalt*. Eine der Kernthesen im *Prozess der Zivilisation* von Norbert Elias ist der historische Rückgang der Gewalt in der menschlichen Gesellschaft. In Elias' »soziogenetischem« und »psychogenetischem« Erklärungsansatz hat dieser Rückgang mit einer Wandlung von mentalen Dispositionen der Menschen zu tun. Der zivilisierte Mensch stelle seine »Angriffslust« ab. Er empfinde »Widerwille« gegen Ausbrüche von triebhafter Gewalt, die in der Form von »Affektentladungen« hervortrete. Im mentalen Haushalt des zivilisierten Menschen würden vor allem »ganz einfache und starke Empfindungen« verschmäht, die nicht durch ein sich selbst bezwingendes »Über-Ich« gebändigt würden und sich in Gewalt entlüden.[161]

Auch spätere gewaltgeschichtliche Werke erklärten den Prozess des Rückgangs von Gewalt in der Moderne vorwiegend als eine aufsteigende *Aversion* gegen impulsives Gewaltverhalten. Das ist z.B. der Fall im jüngst wellenschlagenden Buch des Evolutionspsychologen Steven Pinker *The Better Angels of our Nature*. Für Pinker ist die »decline of violence in history« eine psychologische Zäsur: Eine »shift of sensibilities« in der Moderne führe dazu, dass die Menschen begannen, unkontrollierte und undisziplinierte Verhaltensweisen zu verachten. Eine emotionale Ablehnung von instinktivem Ver-

---

160 Zu literarischen Repräsentationen der Menschenfremdheit von Aquarientieren im 19. Jahrhundert vgl.: Rebecca Stott: Through a Glass Darkly. Aquarium Colonies and Nineteenth-Century Narratives of Marine Monstrosity, in: Gothic Studies 2/3 (2000), S. 305–327.

161 Norbert Elias: Über den Prozess der Zivilisation. Soziogenetische und psychogenetische Untersuchungen. Bd. 1: Wandlungen des Verhaltens in den weltlichen Oberschichten des Abendlandes, Bern/München: Francke 1969, S. 263–283).

halten sei verantwortlich dafür, dass die Gewalt an Boden verloren habe. Die moderne gewaltaverse Gesellschaft sei vor allem eine instinktbefreite, kultivierte Gesellschaft.[162]

In solchen Narrativen wird hie und da auf eine sinkende Gewaltausübung in den modernen Mensch-Tier-Verhältnissen hingewiesen. Die Abneigung gegen zwischenmenschliche Gewalt habe mutmaßlich dazu geführt, dass auch Gewalt gegen Tiere allmählich an Legitimität verloren habe – für manche Wissenschaftler ein Kernmoment im Prozess der Gewaltabnahme in der westlichen Gesellschaft.[163] Manche tiergeschichtlichen Werke wiederum sehen die Verwandlung von Beziehungen zwischen Menschen und Tieren im 19. Jahrhundert als einen fallspezifischen Zivilisationsprozess, in dessen Verlauf die Menschen eine Befriedung ihrer Umgangsformen mit den Tieren herbeigesehnt hätten.[164]

Nichtsdestotrotz ist die soziokulturelle Gewaltforschung bis heute stark anthropozentrisch geblieben. Wenn sie über den Komplex Gewalt und Tiere sprechen, meinen Forscherinnen fast immer nur von Menschen gegen Tiere ausgeübte Gewalt. Sie berücksichtigen allein die »Gewalt an Tieren«,[165] wobei sie gewalttätige Aktionen, die von den Tieren selbst verrichtet wurden – ob gegen Menschen oder andere Tiere – in der Regel nicht in Betracht ziehen. *Gewalt von Tieren* gibt es für sie nicht.[166] Sie stellen damit einen grundsätzlichen Unterschied zwischen menschlicher *Gewalt* und tierlichem *Raub* her und überlassen die Forschung von Letzterem den Zoologen.

Im Gegensatz dazu hatten die Hobbyzoologen des Kaiserreichs, wie wir schon gesehen haben, weniger Skrupel, ihre eigenen kulturellen Vorstellungen auf die Tiere zu projizieren und ihr Verhalten dadurch zu beurteilen. Ein »schlechtes« Verhalten, das die Sensibilitäten von bürgerlichen Menschen verletzte, konnte in ihren Augen genauso gut von »bösen« Menschen wie von »bösen« Tieren ausgehen. Die triebhafte Angriffslust, die sie bei sich selbst unterdrückten, wollten sie auch ihren Tieren austreiben. Sie hofften, das tierische Miteinander im Terrarium oder in der Vogelstube zu befrieden.[167]

---

162 Steven Pinker: The Better Angels of Our Nature. The Decline of Violence in History and its Causes, London: Allen Lane 2011, S. 64–78, 168.

163 Ebd., S. 169, 454–474; Gregory Hanlon: The Decline of Violence in the West. From Cultural to Post-Cultural History, in: English Historical Review 128/531 (2013), S. 367–400, hier S. 374.

164 Siehe bes.: Rothfels, Savages, S. 73, 148–161. Siehe auch: Mason: Creatures, S. 32–35; Pearson: Rights, S. 51; Isenberg: Wild, S. 125.

165 Siehe exemplarisch: Sonja Buschka/Julia Gutjahr/Marcel Sebastian: Gewalt an Tieren, in: Christian Gudehus/Michaela Christ (Hg.): Gewalt. Ein interdisziplinäres Handbuch, Stuttgart: Metzler 2013, S. 75–83.

166 Siehe als Ausnahme Karl Steels Werk über Tiere und Gewalt im Mittelalter, das u.a. »tierliche Gewalt« (»animal violence«) bzw. »selbstständige tierliche Gewalt« (»independent animal violence«) thematisiert: Karl Steel: How to Make a Human. Animals and Violence in the Middle Ages, Columbus: Ohio State University Press 2011. Steel zeigt, dass schon die mittelalterliche Kultur versucht habe, die Gewalt als eine exklusive Domäne der Menschen zu konstituieren.

167 Mehrere Studien weisen darauf hin, dass Aquarianer im 19. Jahrhundert ihre Tierbehälter oft als Stätten der zwischentierischen Harmonie inszenierten, aus denen jegliche Elemente des

Das ist aber nur die eine Seite der Geschichte. In den Human-Animal Studies wird oft darauf hingewiesen, dass in der Neuzeit die menschliche Gewalt gegen die Tiere eigentlich zugenommen habe, und zwar in gewaltigem Ausmaß. Gemeint ist die Gewalt, die gegen bestimmte Nutztierarten in der Massentierhaltung ausgeübt wird. Diese Gewalt ist ihrem Wesen nach modern. Sie ist eine systematisierte und organisierte Massengewalt, die zum größten Teil nicht von den Menschen direkt, sondern von Maschinen an den Körper des Tiers geübt wird. Sie ist eine anonyme Gewalt in dem Sinne, dass sie sich hinter hohen Mauern vollzieht und den meisten Menschen, die von ihr profitieren, verborgen bleibt. Und sie ist eine rationelle Gewalt, insofern als sie sehr konkreten wirtschaftlichen Interessen dient. Aus dieser Perspektive scheint sie die These über den Prozess der Zivilisation eigentlich zu bestätigen. Sie unterscheidet sich sehr stark von jener triebhaften, alltäglichen, direkten Gewalt, die für Elias ein Grundmerkmal des Lebens in vormodernen Gesellschaften darstellte. Ihre Verschleierung korreliert mit seiner These über die Aversion des zivilisierten Menschen gegen Ausbrüche von instinktiver Gewalt, gegen Gewalt im Affekt. Sie ist einer Form der »Zivilisierung der Barbarei«, eine massenhafte Gewalt, die in vielfacher Hinsicht doch abstrakt ist.[168]

In den letzten Jahren haben jedoch viele Gewalttheoretiker versucht, den Begriff der Gewalt, auch im Hinblick auf die Moderne, wieder zu »entzivilisieren«. Sie haben darauf hingewiesen, dass jene triebhafte, alltägliche, konkrete Gewalt, die laut Elias in der Neuzeit (fast) gänzlich verschwunden sei, im Leben des modernen Menschen weiterhin eine große Rolle spiele und reichlich zutage trete. Diese »rohe, ungebändigte Brachialgewalt« (Lindenberger/Lüdtke) ist omnipräsent auch in den modernen Gesellschaften der westlichen Welt. Sie manifestiert sich nicht nur in Ausnahmeereignissen wie (Welt-)Kriegen, sondern auch in sehr einfachen Situationen – als »kleine«, »banale« Gewalttaten wie z.B. im Rahmen der häuslichen Gewalt. Sie gehört aus dieser Perspektive nach wie vor zum »normalen« Alltag, sie ist ein Teil »unserer unbefragten *Alltagskonventionen*« (Lindenberger/Lüdtke).[169]

---

»brutalen« Kampfs ums Dasein sorgfältig herausgefiltert wurden; siehe: Kranz: Felsengrotte, S. 252; Vennen: Forscher, S. 96–97; Hamera: Ponds, S. 103–105; Christian Reiß: Wie die Zoologie das Füttern lernte. Die Ernährung von Tieren in der Zoologie im 19. Jahrhundert, in: Berichte zur Wissenschaftsgeschichte 35/4 (2012), S. 286–299, hier S. 293. Auch Zoologische Gärten wurden als Orte des friedlichen Miteinanders von unterschiedlichen Tieren und Tierarten konzipiert. Die Prädation fand im Zoo des 19. Jahrhunderts keinen Ausdruck; siehe: Nigel Rothfels: Die Revolution des Herrn Hagenbeck, in: Mitchell G. Ash (Hg.): Mensch, Tier und Zoo. Der Tiergarten Schönbrunn im internationalen Vergleich vom 18. Jahrhundert bis heute, Wien: Böhlau 2008, S. 203–224, hier S. 213–215.

168 Siehe: Buschka/Gutjahr/Sebastian: Gewalt.

169 Felix Schnell: Gewalt und Gewaltforschung. Version 1.0. Docupedia Zeitgeschichte, 08.11.2014, URL: http://docupedia.de/zg/Gewalt_und_Gewaltforschung?oldid=97407 (am 14.01.2015).; Thomas Lindenberger/Alf Lüdtke: Einleitung. Physische Gewalt – eine Kontinuität der Moderne, in: dies. (Hg.): Physische Gewalt. Studien zur Geschichte der Neuzeit, Frankfurt a.M.: Suhrkamp 1995, S. 7–38 (Zitate S. 18, 22, Hervorhebung im Original); Jörg Baberowski: Gewalt verstehen, in: Zeithistorische Forschungen/Studies in Contemporary His-

Diese Refokussierung auf die triebhafte, »kleine« Gewalt ist besonders relevant für das Thema Tiere und Gewalt. Sie bedeutet, dass die Tiergewaltforschung ihr Augenmerk wieder auf »animalische« Formen der Gewaltäußerung richten könnte – Gewalt als impulsives, blindes, sinnloses Verhalten, das man nicht durch Hinweis auf externe Ursachen erklären kann.[170] Wenn die Fokussierung auf die durchsystematisierte Gewalt der Massentierhaltung dazu geführt hat, dass ausgerechnet Forscher aus den Human-Animal Studies dem Anthropozentrismus der Gewaltforschung einen Vorschub geleistet haben, stellt die neue Beachtung der triebhaften Gewalt eine Chance für posthumanistische Ansätze dar. Sie bedeutet u.a., dass wir jetzt wieder imstande sind, auch von Gewalt von Tieren zu sprechen, die sich von der menschlichen Gewalt nicht so deutlich unterscheidet, dass wir sie immer bloß »Raub« nennen müssten. Und sie ermöglicht es uns, Gewalt auch als Bestandteil der alltäglichen Halter-Haustier-Beziehungen wahrzunehmen.

Solche Beziehungen werden in den Berichten der wilhelminischen Hobbyzoologen alles andere als gewaltfrei beschrieben. Das hat erstens damit zu tun, dass viele Halter Äußerungen des Raubs und der Aggression durch ihre Tiere gar nicht problematisch fanden. »Die Streifennatter [...] ist nicht schwer in der Gefangenschaft zu erhalten«, empfahl z.B. ein Herpetologe 1879 eine große Schlangenart für die Terrarienhaltung und erläuterte anschließend gelassen: »Mäuse, Vögel oder auch Eidechsen als Nahrung – das sind die Hauptanforderungen, welche sie an den Pfleger stellt«.[171] Ruß seinerseits berichtete von vielen »unangenehmen Gästen« in seiner Vogelstube, ohne dabei seinen Lesern erklären zu müssen, wieso er solch problematischen Kreaturen, die die ganze Vogelgemeinde in Aufruhr versetzten, in sein Haus nach wie vor einlasse:

»Neben einem Par Paraddissittiche hielt ich in der Vogelstube zwei Par Wellensittiche, und das Männchen der ersteren, ein überaus kräftiger, übermüthiger Vogel, suchte seinen Zeitvertreib darin, die Wellensittiche rastlos zu verfolgen, sodaß er von früh bis spät in unaufhörlicher Jagd hinter denselben her war. [...] Ein Par Lori [...] inmitten einer Wellensittichschar verfolgt dieselben ebenso [...], tödtet [...] nicht selten ein Junges. Ein Par Alexandersittiche [...] zerbeißt auch im geräumigen Käfig den alten hurtigen Wellensittichen die Füße«.[172]

Statt die Beziehung mit den betreffenden Tieren aufzulösen und sie vom Haus zu ver-

---

tory 5/1 (2008), S. 5–17; Elissa Mailänder: Geschichtswissenschaft, in: Gudehus/Christ (Hg.): Gewalt, S. 323–331.

170 Siehe: Jan Philipp Reemtsma: Vertrauen und Gewalt. Versuch über eine besondere Konstellation der Moderne, Hamburg: Hamburger Edition 2008, S. 105–106, 117–124; Jörg Baberowski: Einleitung. Ermöglichungsräume exzessiver Gewalt, in: ders./Gabriele Metzler (Hg.): Gewalträume. Soziale Ordnungen im Ausnahmezustand, Frankfurt a.M./New York: Campus 2012, S. 9–27, hier S. 22–23.

171 Anfragen und Auskunft. Ein Liebhaber, in: Isis. Zeitschrift für alle naturwissenschaftlichen Liebhabereien 4/1 (1879), S. 11.

172 Ruß: Wellensittich, S. 23, 25. Vgl. zur Haltung von »mordlustigen« Raubvögeln: Curt Floericke: Ornithologische Plaudereien. II: Meine Rauhfußbussarde, in: Ornithologische Monatsschrift 22/9 (1897), S. 256–262.

treiben, gingen die Besitzer in den meisten Fällen von Äußerungen tierlicher Aggression wieder zur Tagesordnung über, als ob nichts Schlimmes passiert wäre. Die »unangenehmen Gäste« blieben weiterhin willkommen. Nachdem beispielsweise die Rohrdommel eines Seevogelliebhabers dem Hund des Hauses »mit voller Kraft« in das Nasenloch gestoßen hatte, sah ihr Besitzer keinen Anlass dafür, den »kleine[n] Schelm« fortzuschicken. Im Gegenteil: Er zog die Jungen des wilden Vogels groß, die, so berichtete er, »uns in diesem Zustande große Freude bereiteten«.[173] Sogar auf die Haltung der verhassten Kreuzotter verzichteten wilhelminische Reptilienliebhaber nicht gänzlich. Lachmann, der, wie oben zitiert, in seinen Schriften maßgebend zur Verteufelung der Schlangenart beitrug, gab bezeichnenderweise unbekümmert zu, dass er »noch jetzt immer eine grössere Zahl dieser Schlangen [...] gefangen halte«.[174] Selbst wenn die Tiere ihre Aggressionen nicht gegen andere Tiere, sondern gegen Menschen richteten, durften sie in der Regel weiterhin im Haus bleiben. Als z.B. ein Berliner Familienvater feststellte, dass sein Dompfaff immer wieder versuchte, die Augen seiner kleinen Tochter »auszupicken«, kam er gar nicht auf die Idee, dem Tier die Tür zu weisen. Der Dompfaff durfte sogar nach wie vor frei in der Wohnung fliegen. Nur in Gegenwart des Kindes wurde es ihm untersagt.[175]

Aber noch mehr als die Halter Aggressionen einfach tolerierten, hofften sie sie herbei. Für viele Hobbyzoologen war es ein großes Vergnügen, vor dem Aquarium oder Terrarium zu sitzen und dort die unterschiedlichen Raubzüge der Tiere gegeneinander zu verfolgen. Als Beobachter von Naturerscheinungen wollten sie nicht zuletzt den »Kampf ums Dasein« sehen. Sie holten die wilde Natur in ihre Häuser, um auch von ihren brutalen Seiten einen persönlichen Eindruck zu gewinnen. Sie wollten sich dadurch aber nicht nur ein möglichst realistisches Bild von dem natürlichen Leben der Wildtiere verschaffen. Der Raub war für sie nicht einfach ein trauriger und dennoch untrennbarer Bestandteil der Natur. Er war für sie vielmehr eine Quelle der Faszination, einer jener Elemente, die die Natur und die Wildnis so reizvoll machten. Die Aggressionen, die sie dabei beobachteten und zu beobachten wünschten, waren vergleichbar mit genau jener unmittelbaren, triebhaften, extrem physischen Gewalt, die in der zivilisierten Moderne – und besonders in der bürgerlichen Gesellschaft – vermeintlich keinen Platz mehr hatte. Diese Gewalt/Raub war für sie eine »Lustquelle ersten Ranges« (Reemtsma) – Lust an Ausbrüchen von hemmungsloser Brutalität, die diejenigen, die mit ihr in Berührung kamen, auf eine sehr elementare Art und Weise zu entzücken schien.[176]

Immer wieder erzählten die Hobbyzoologen, welch großen Genuss ihnen die Beobachtung von prädatorischen Aktionen im Aquarium oder Terrarium bereite. Wir haben oben bereits von jenem Sandläufer erfahren, dessen »Behendigkeit« sich nicht zuletzt in

173 H. Hocke: Etwas von der kleinen Rohrdommel (Ardetta minuta L.), in: Ornithologische Monatsschrift 18/10 (1893), S. 371–374, hier S. 373–374.

174 Lachmann: Reptilien, S. 35.

175 Erna Eckart: Unser Dompfaff, in: Gustav Gramberg (Hg.): Freie Aufsätze von Berliner Kindern, Leipzig: Wunderlich 1910, S. 90.

176 Siehe: Reemtsma: Vertrauen, S. 324–325 (Zitat S. 325); Dominick LaCapra: History and its Limits. Human, Animal, Violence, Ithaca/London: Cornell University Press 2009, S. 94–95, 122.

der Jagd auf unterschiedliche Insekten manifestierte, die dem Halter »das größte Vergnügen« brachte. Das war kein Einzelfall. Ähnliche Äußerungen der Halter darüber, wie sehr sie die Beobachtung der räuberischen Machenschaften ihrer kleinen Tiere genossen, sind in den Berichten überall zu finden. »Die Fühler zücken unaufhörlich und die Fresswerkzeuge arbeiten ununterbrochen«, schilderte z.B. ein Aquarianer die Raubgewohnheiten eines von ihm gehaltenen Einsiedlerkrebses: »Höchst originell ist zu sehen, wie er seine Beute mit den Scheren zerzupft und sie zum Munde bringt«.[177] Vor allem »gefrässige Geschöpfe«, die »nach all dem, das sich ein wenig bewegt, zuschnappen«,[178] vermochten es, das Interesse der Aquarianer und Terrarianer zu gewinnen. Ein Hobbyentomologe labte sich insbesondere am »Zerstörungswerk« seiner Aaskäfer, die jede Menge Tierleichen in ihrer Kiste auffraßen. Um sich diesen unterhaltsamen Anblick zu gewähren, versorgte er seine Käfer stets mit vielen makabren Elementen aus dem Tierreich, z.B. mit »todten Vögeln und kleineren Säugethieren« und einmal sogar mit einem »Kopf vom Waldkauz«.[179]

Oft war es der besonders dramatische Moment des eigentlichen Raubs selbst – das Fangen und die anschließende Tötung eines Tiers durch ein anderes –, der die Halter entzückte: »Ahnungslos schwimmt ein Fisch [...] umher. Doch plötzlich streckt einer der scheinbaren Steine [= ein sich tarnender Taschenkrebs] eine große Schere blitzschnell hervor, packt den verzweifelt sich sträubenden und reißt ihn allmählich in Stücke«.[180] Das ganze Aquariumsuniversum scheint in solchen Beschreibungen der gegenseitigen Jagdaktionen seiner Insassen als ein Mikrokosmos der schrankenlosen Gewalteruption, als ein einziges Schlachtfeld inszeniert worden zu sein. Die verschiedenen Tiere und Tierarten jagen einander unaufhaltsam nach. Sie sind nichts als Vernichter und Verschlinger.[181] Das Aquarium ist hier keine »Arche Noah«[182] der tierischen Zusammenkunft, sondern ein Ort der Grausamkeit, in dem die Aggression zu einem »Grundbaustein« des gegenseitigen Handelns, zu einer Normalität wird.[183] Oder anders formuliert: Der Tierbehälter wird als ein winziger, klar umzäunter (oder »umglaster«) »Ermögli-

177 Haimerl: Seewasser-Aquarium, S. 268.

178 Aenny Fahr: Meine Axolotl, in: Blätter für Aquarien- und Terrarienkunde 23/47 (1912), S. 757–759, hier S. 758.

179 A. Harrach: Die Aufzucht von Käfern, in: Isis. Zeitschrift für alle naturwissenschaftlichen Liebhabereien 4/10 (1879), S. 77–78, hier S. 78.

180 Ewald: Tiere, S. 281. Die Sumpfschildkröte, versicherte ein Reptilienliebhaber seinen Lesern, »legt ihre Rauf- und Mordlust [in der Gefangenschaft] auch nicht im Mindesten ab. Ein erwachsener Wasserfrosch, der durch Zufall in den Schildkrötenkäfig gerät, wird rettungslos durch den scharfen Kiefer in Stücke gerissen und förmlich skelettiert« (F. Werner: Unsere Sumpfschildkröte, in: Blätter für Aquarien- und Terrarienkunde 13/7 (1902), S. 70–72, hier S. 72).

181 Siehe exemplarisch: J. Zapf: Meine Geckonen, in: Blätter für Aquarien- und Terrarienkunde 23/31 (1912), S. 499–502.

182 Siehe: Rothfels: Revolution, S. 214.

183 Siehe: Trutz von Trotha: Grausamkeit, in: Gudehus/Christ (Hg.): Gewalt, S. 221–226, hier S. 223–224.

chungsraum« der unbegrenzten Gewalt[184] geschaffen. Wenn z.B. der Direktor des Wiener Vivariums Friedrich Knauer, der zugleich einer der produktivsten Popularisierer der Aquarien- und Terrarienhaltung um die Jahrhundertwende war, die »Lokomobilität der Inwohner« und die »mannigfachen Äußerungen des Tierlebens« im Terrarium zu beobachten wünschte, fasste er im Wesentlichen den Raub ins Auge; nämlich den Moment, wenn

»es [...] auf die Jagd geht, die Echsen hinter Heuschrecken, Käfern, Würmern her sind, die Natter nach Fröschen, Eidechsen, Mäusen [...] jagen, da und dort aus einem Blätterversteck heraus ein Laubfrosch einer Brummfliege nachhastet. [...] Mit raschem Herauswerfen der Zunge leimt der Frosch, die Kröte den erblickten Wurm, die Fliege an und zwängt mit einigem Drücken und Augenschließen die Beute hinab. [...] [D]erb und rasch zugleich erbeuten die Eidechsen einen Käfer, eine Heuschrecke, denen sie erst Flügel und Beine vom Leibe reißen, ehe sie sie mit ersichtlichem Appetit verzehren, nachher behaglich die Mundränder sich leckend; hastig fahren die Nattern nach den Fröschen oder Eidechsen und erwürgen ihr Opfer entweder [...] zuerst in engster Umschnürung, ehe sie es verschlingen, oder gehen sofort daran, dasselbe hinabzuwürgen«.[185]

Hemmungslos war dieser Raub nicht zuletzt deswegen, als es sich bei ihm keineswegs nur um Ernährung handelte. Die Tiere, die die angriffslustigen Fische, Krebse oder Frösche zerstückelten, waren nicht nur »niedrige« Kreaturen wie Fliegen oder Würmer, die die Halter in die Behältnisse als Futter taten.[186] Mit nicht minderem Entzücken wurden jene tödlichen Kämpfe beobachtet, die die Aquarien- und Terrarientiere gegeneinander unternahmen. Besonders Vorkommnisse von Kannibalismus wurden mit großem Vergnügen beobachtet.[187] Ein Aquarianer erzählte beispielsweise von einem von ihm gehaltenen Hecht, der ihn insbesondere durch seinen »energische[n] Ruck« beim Greifen von Beute begeisterte. Die Wertschätzung seines Halters hatte der Raubfisch schon in jungem Alter gewinnen können, als er seine schwächeren Aquariums-, Art- und sogar Familiengenossen vertilgte: »Er frass Würmer, [...] junge Frösche, Insekten und Fische mit gleichem Appetit. So kam es, dass er bald seine beiden Brüder um ein Beträchtliches überwuchs und, überlegen geworden, dieselben kurzerhand auffrass. So wurde er Al-

184 Siehe: Baberowski: Gewalt, S. 17.

185 Friedrich Knauer: Das Terrarium und seine Bewohner. I, in: Der Lehrmeister im Garten und Kleintierhof 3/2 (1904), S. 27–28, hier S. 28.

186 Siehe hierzu: Grier: Pets, S. 55.

187 Siehe z.B.: Fahr: Axolotl. Nach dem Wiener Zoologieprofessor Franz Werner (geb. 1867) nimmt der »Kampf ums Dasein [...] im Terrarium bekanntlich sehr häufig Formen an, die [...] uns die Grausamkeit, mit der auch in freier Natur oft Blutsverwandte über einander herfallen, recht deutlich vor die Augen geführt wird. [...] Und so gehts auch im Terrarium zu: Eltern verschlingen ihre Kinder, ältere Geschwister ihre jüngeren, größere Männchen einer Eidechsenart misshandeln, verfolgen und vertreiben kleinere und schwächere, stärkere Tiere besetzen die besten und wärmsten Schlafplätze. [...] Alles, was ein Kriechtierherz bewegen mag, findet auch im Terrarium seinen Ausdruck« (Franz Werner: Selektion im Terrarium, in: Blätter für Aquarien- und Terrarienkunde 23/52 (1912), S. 840–842, hier S. 841–842).

leinbeherrscher seines Reiches«.[188] Nicht den friedlichen Kümmerlingen, sondern den »Beherrschern ihres Reiches« zollten die Hobbyherpetologen ihren Respekt – und ihr Interesse.

Die Hobbyzoologen freuten sich auf Aggressionserscheinungen bei ihren Tieren dermaßen, dass sie nicht einfach warteten, bis ein Tier sich aus eigenem Instinkt heraus dazu entschloss, einen seiner Aquariums- oder Terrariumsgenossen zu fressen. Sie ermunterten – oder zwangen – vielmehr oft selbst die Tiere dazu, gewalttätig zu werden. Ihre Einmischung in das Leben ihrer Tiere lief auch darauf hinaus, dass sie diese dazu aufforderten, ihren Raubinstinkt so viel wie möglich und so heftig wie möglich zum Ausdruck zu bringen. Sie waren auch in diesem Zusammenhang aktive Erschaffer von »natürlichen« Verhältnissen. Sie wollten den Kampf ums Dasein sehen, und sie stellten mit ihren aufdringlichen Aktionen sicher, dass die Tiere ihnen diesen Kampf wirklich vorführten. Sie ließen Natur nicht einfach Natur sein, sondern sie machten die Natur zur Natur.

Viele Halter spornten so ihre Tiere zu regelmäßigen Raubjagden an, indem sie bei ihnen sogar Wutausbrüche auslösten. Paul Reichard z.B. brachte seinem Nashornvogel Hermann nicht nur Tischmanieren bei. Er versuchte, auch seine Angriffslustigkeit zu kultivieren. Reichard erzählte, dass er Hermanns »sonderbaren Vogelidiom« lernte, um ihn häufig »zu hellem Kampfeszorn aufreizen« zu können. Er schaffte es schließlich, Hermann zu »einem kleinen Tyrannen« zu machen, der leicht »in helle Wuth« geriet. Mit diesem Temperament bereitete das Tier seinem Halter großen Spaß, besonders wenn sein Zorn auf die afrikanischen Einheimischen gerichtet wurde:

> »In seinen Zornausbrüchen war er sehr komisch, besonders Frauen und Kindern gegenüber. Er schien dieselben überhaupt höchst widerwärtig zu finden. Sobald er deren ansichtig wurde, stürzte er sich ihnen mit unbeschreiblicher Wuth entgegen und gab seiner Feindseligkeit den lebhaftesten Ausdruck durch Sträuben der Federn, Flügelklatschen und Schnabelhiebe«.[189]

Auch zuhause, in den Terrarien- und Aquarienräumen der deutschen Heimat wurde der Zorn der wilden Tiere von ihren Haltern oft aufgereizt, und zwar mit sehr einfachen Mitteln. »Wenn man ihn mit Hilfe eines Pinsels z.B. ärgert, so zeigt sich sein cholerischer Charakter«, versprach ein Terrarianer seinen Lesern bezüglich einer Geckoart. »Unter allen Anzeichen grosser Erregung atmet er schwer und stossweise – dass [sic] riesige Maul öffnet sich zu furchterregender Weite […] und mit einem sehr energischen kurzen scharfen und kräftigen Quaklaut stösst er, heftig beissend, nach dem vorgehaltenen Pinsel oder Finger«. Stimulierte Zornausbrüche wirkten auf die Halter besonders »erheiternd«. Sie waren manchmal froh, wenn ihr Tier sich ein dermaßen zorniges Temperament aneignete, dass es regelrecht wild, regelrecht unnahbar und menschenscheu blieb; so der Geckohalter weiter (zugegebenermaßen ironisch): »Zahm ist er Gott sei Dank bis jetzt nicht geworden. Allen Annäherungsversuchen setzt er seine wirkungsvolle Schreckstel-

188 Karl Riedel: Ein Aquarium ohne Nährboden, in: Blätter für Aquarien- und Terrarienkunde 23/38 (1912), S. 613–616, hier S. 615.

189 Reichard: Buceros, S. 316–317.

lung entgegen […] – er ist eben ein ideales Terrarientier«.[190] Manchmal waren es also gerade die ungeselligen Kreaturen, die die wilhelminischen Hobbyzoologen hochschätzten und in ihren Häusern halten wollten. Ein anderer Reptilienliebhaber empfahl auf derselben Grundlage die Haltung einer aus Ostafrika nach Deutschland importierten Schildkrötenart, und zwar deswegen, weil bei ihr »ein gewisses Zahmwerden noch nicht stattgefunden hat«. Kein zahmes Tier ließ sich wiederum leicht aufreizen: »Auffallend leicht ist das Thier in deftigen Zorn versetzt, der dann durch fortsetzende Beißversuche zum Ausdruck kommt«. Der Zorn sorgte dann dafür, dass das Tier seine Fremdheit dem Menschen gegenüber nicht verlor: »[N]ur bei großem Hunger frißt […] [es] ausnahmsweise einmal aus der Hand seines Pflegers«, wobei ihm »alles Anfassen und Betasten höchst zuwider ist«.[191] Manchmal erschufen sich die Halter Tiere, die sich gar nicht domestizieren ließen. Sie halfen mit ihren eigenen Aktionen den Tieren, ihre Wildheit auch in der bürgerlichen Wohnung beizubehalten.

Dabei dürfen wir nicht vergessen, dass sie diese Wildheit nur bei den Tieren, nicht aber bei sich selbst suchten. Das ist besonders wichtig für die Frage der Gewalt. Wenn die Halter ihre Tiere zu aggressivem Verhalten aufreizten, agierten sie lediglich als Initiatoren von Gewalt – nicht als ihre eigentlichen Praktizierer. Sie selbst vermieden es nach wie vor, gewalttätig zu werden oder in Wut auszubrechen. Die Gewalt, die in der Mensch-Wildhaustier-Beziehung zum Tragen kam, war leidglich eine tierliche Gewalt. Die menschliche Seite der Beziehung blieb nach wie vor gewaltfrei. Diese Asymmetrie sorgte dafür, dass die Beziehung mit dem Wildtier essenziell eine Beziehung unter nicht »Gleichgesinnten« – und nicht gleich Handelnden – blieb. Gerade hier wird deutlich, inwieweit die Hobbyzoologen es vermieden, die wilden Tiere, die sie zuhause hielten, nahtlos an ihre eigene Lebenswelt zu binden. Sie zwangen die »gezüchtete und notwendige Zurückhaltung«,[192] die sie als zivilisierte Menschen charakterisierte, ihren Tieren nicht auf.

Auch Elias hat von »Enklaven« der Gewalt gesprochen, die die zivilisierte Gesellschaft für »Affektentladungen« vorbehalten habe. Zum Beispiel im Sport – vor allem im Boxen – fänden zivilisierte Menschen eine Befriedigung für ihre Gewaltgelüste. Der Großteil der Gesellschaft erlebe diese Befriedigung aber nur im »Zusehen«. Die meisten Menschen hielten sich auch hier zurück, sie mischten sich in das eigentliche Gewaltgeschehen nicht ein. Sie ließen andere, fremde Personen die Gewalt tatkräftig praktizieren: »[D]ieses Ausleben von Affekten im Zusehen […] ist ein besonders charakteristischer Zug der zivilisierten Gesellschaft. […] [W]as ursprünglich als aktive, oft aggressive Lustäußerung auftritt, [wird] in die passivere […] Lust am Zusehen, also in eine bloße Augenlust, in Angriff genommen«.[193] Auch die wilhelminischen Hobbyzoologen lebten

190 Tatzelt: Gecko verticillatus Laur., ein ideales Terrarientier, in: Blätter für Aquarien- und Terrarienkunde 23/18 (1912), S. 288–290, hier S. 289.

191 W. Rathgen: Eine ostafrikanische Schildkröte, in: Blätter für Aquarien- und Terrarienfreunde 6/17 (1895), S. 200–203, hier S. 202–203. Vgl. zu einem ähnlichen Beziehungsmuster mit einem Stubenvogel: F. Kaufmann.: Briefliche Mittheilungen, in: Die gefiederte Welt 14/35 (1885), S. 361–362.

192 Elias: Prozess, S. 279.

193 Ebd., S. 280.

Gewalt nur als Zuschauer, als Beobachter aus. Die Asymmetrie ihrer Beziehung mit den Wildtieren lief darauf hinaus, dass aktive und gewalttätige Tiere passiven und gewaltfreien Menschen gegenübergestellt wurden. Die Wildtierhalter erschufen sich Partner, die sich essenziell anders, fremdartig verhielten. Gerade indem sie wilde Tiere in ihr Leben integrierten, setzten sie ihren eigenen Domestikationsbemühungen klare Grenzen.

## ÖKOLOGISCHE PRAKTIKEN DER ENTFREMDUNG. VOGELSCHUTZ UND ENTDOMESTIKATION

Die Hobbyzoologen wollten die fremdartigen, wilden Tiere aber nicht nur als Partner haben und in ihre Häuser aufnehmen. Oft wollten sie genau das Gegenteil tun: diese Tiere in der freien Natur in Ruhe lassen bzw. dorthin schicken. Hier war ihr Handeln konsequent: Fremdartigkeit zog Entfremdung nach sich. Die Tiere, die die Hobbyzoologen als menschenfremd und unzivilisiert darstellten, sollten der menschlichen Welt fernbleiben. Domestikation war hier gerade das, was vermieden werden sollte.

Im Folgenden werden Praktiken einer solchen Entfremdung zwischen wilden Tieren und Menschen – den wilhelminischen Hobbyzoologen – analysiert. Wie wir sehen werden, konnten selbst diese Praktiken, die die wilden Tiere zurück in die Wildnis platzierten, die Dialektik von Domestikation und Wildheit nicht auflösen. Eine »Befreiung« der wilden Tiere aus der Welt der Menschen und eine Aufhebung von Halter-Haustier-Verhältnissen bedeuteten nicht, dass der menschliche Einfluss auf das Leben der betreffenden Tiere komplett verschwand. Die Hobbyzoologen, die hier als »Befreier« hervortraten, blieben mit den freilebenden Kreaturen auch nach dem Akt der Desintegration auf vielfache Weise verbunden. Mensch-Tier-Beziehungen wurden selbst dann hergestellt, wenn sie im Grundsatz aufgelöst wurden. Entfremdung war gleichzeitig Annäherung. Die Entfremdungspraktiken schufen zwar keine Haustiere im engeren Sinne, aber sie sorgten dafür, dass die wilden Tiere selbst in der Wildnis in gewisser Hinsicht Partner der Menschen blieben.

Um die Praktiken der Entfremdung von wilden Haustieren erklären zu können, muss man sich zunächst wieder in Erinnerung rufen, dass die wilhelminischen Wildhaustierhalter Naturliebhaber waren. Als Naturliebhaber waren sie gleichzeitig oft auch Naturschützer. Der Naturschutz bildete die ideologische Grundlage der Entfremdungspraktiken. Er führte dazu, dass die Hobbyzoologen manchmal bereit, ja sogar gewillt waren, ausgerechnet diejenigen Tiere, deren Nähe sie leidenschaftlich suchten, von sich zu entfernen. Mit Ideen des Naturschutzes erklärten sie sich, wieso sie von den Tieren, die sie so liebten, Abstand nehmen sollten. Sie entwarfen dabei eine ganze Ideologie der Distanzierung zwischen Mensch und Wildtier.

Diese Ideologie begann mit einem Paradox: Dieselben Personen, die so viele Tiere der freien Wildbahn beraubten und in ihre eigenen Häuser verlegten, waren auch diejenigen, die im Kaiserreich am eifrigsten zum Schutz von Naturhabitaten und dem Erhalt von Wildtierpopulationen in den Wäldern und Gewässern der deutschen Heimat riefen. Das galt in erster Linie für die Ornithologen. Wie schon andere Forscher gezeigt haben, gab es im 19. Jahrhundert fast eine komplette Deckungsgleichheit zwischen Vogelschutz und Vogelliebe.[194] Die Liebe zu den Singvögeln artikulierte sich nicht nur in deren Haltung als Haustiere, sondern auch in Kampagnen zum Schutz dieser Kreaturen vor nachteiligen Einflüssen, die von den Menschen ausgingen. Dabei vertraten die Vogelschützer/-liebhaber einen unverkennbaren ökologischen Standpunkt: Sie plädierten explizit für den Schutz der in der Natur lebenden Tiere vor menschlichen Eingriffen.[195] Ihr Diskurs thematisierte zwar vielfach die Nützlichkeit der insektenfressenden Vögel für die menschliche Gesellschaft und sogar für die »Volkswirtschaft«. Aber gleichzeitig stellten sie besonders die Singvögel als Tiere dar, die um ihrer selbst Willen existierten und deren Leben in der freien Natur von den Menschen nicht gestört werden dürfe. Vogelliebe setzte hier voraus, dass man sich von den geliebten Kreaturen distanzierte.

Die wilhelminischen Ornithologen kämpften zwar für einen Schutz der Singvögel vor menschlichen Eingriffen, die nicht von ihnen selbst, sondern von anderen Instanzen ausgingen: Sie sprachen am liebsten davon, dass die »bösen Südländer«,[196] d.h. die Italiener, den Singvögeln auf ihrem Weg aus dem Süden in den Norden für kulinarische Zwecke nachstellten und damit den Deutschen die Gesellschaft ihrer zarten Kameraden beraubten. Aber sie verschwiegen keineswegs, dass auch sie selbst und ihre Liebe zu den Vögeln als Freunden und nicht als Nahrungsmitteln dafür verantwortlich waren, dass es »[i]mmer stiller und stiller […] in unseren Auen und Wäldern« geworden sei.[197] Der Schaden, den das Fangen von Singvögeln für Haustierhaltungszwecke verursachte, kam in den zeitgenössischen populärornithologischen und Vogelschutz-Zeitschriften reichlich zur Sprache. Das ließ Vogelschutz und Vogelliebe in Konflikt geraten. Nicht nur die »bösen Südländer« mit ihren »barbarischen« Essgewohnheiten, auch die Hobbyzoologen mit ihrem wissenschaftlichen Interesse an den gefiederten Freunden entpuppten sich als Feinde der Vogelwelt. Wenn die Vogelschützer das Fangen schlechtmachten, schwärzten sie u.a. auch sich selbst an. Sie sägten in gewisser Hinsicht den Ast ab, auf dem sie selbst – als Vogelliebhaber, die die Nähe der Vögel suchten – saßen.[198]

---

194 Friedemann Schmoll: Erinnerung an die Natur. Die Geschichte des Naturschutzes im deutschen Kaiserreich, Frankfurt a.M./New York: Campus 2004, S. 249–378; Reinhard Johler: Vogelmord und Vogelliebe. Zur Ethnographie konträrer Leidenschaften, in: Historische Anthropologie 5/1 (1997), S. 1–35.

195 Zur »Avantgarde-Funktion« (Schmoll) und zum ausgesprochen hohen Stellenwert des Vogelschutzes innerhalb der gesamten Naturschutzbewegung im Kaiserreich siehe: Friedemann Schmoll: Schönheit, Vielfalt, Eigenart. Die Formierung des Naturschutzes um 1900, seine Leitbilder und ihre Geschichte, in: ders./Hans-Werner Frohn (Bearb.): Natur und Staat. Staatlicher Naturschutz in Deutschland 1906–2006, Bonn-Bad Godesberg: Bundesamt für Naturschutz 2006, S. 13–84, hier S. 31–43; Frank Uekötter: The Greenest Nation? A New History of German Environmentalism, Cambridge, MA/London: MIT Press 2014, S. 28.

196 V.S.: Ein Storch als Hausgenosse. Schluß, in: Die gefiederte Welt 14/31 (1885), S. 318–319, hier S. 318.

197 Friedrich Knauer: Der Niedergang unserer Tier- und Pflanzenwelt. Eine Mahn- und Werbeschrift im Sinne moderner Naturschutzbestrebung, Leipzig: Thomas 1912, S. 52.

198 Zu einem ähnlichen Konflikt zwischen Vogelfang und -schutz in der US-amerikanischen ornithologischen Szene während derselben Epoche siehe: Mark V. Barrow Jr.: A Passion for Birds.

Das verstanden die wilhelminischen Ornithologen sehr gut. Sie scheuten nicht davor, sich selbst zu kritisieren. Gleichzeitig ging dies aber nie so weit, dass sie zu einem totalen Einstellen des Vogelfangens und der Haltung von heimatlichen Singvögeln als Haustieren zu rufen. Ihr Diskurs war in der Folge extrem spannungsgeladen. Das kommt in besonderer Schärfe in einer 1871 von dem Wiener Zoologen und prominenten Vogelschützer Georg von Frauenfeld veröffentlichten Schrift zum Ausdruck. Frauenfeld hatte kein Problem damit, das Fangen für die Haltung in der Stube und dasjenige für den Verzehr gleichzusetzen. Beide sind verwerflich, beide verursachen eine starke Dezimierung der Populationen von freilebenden Vögeln: »Der zweifache Zweck des Vogelfangs ist, die Vögel [...] entweder lebend zu erhalten, um sie als Stubenvögel verwenden zu können, oder sie [...] für die Küche todt zu erbeuten oder hiefür zu erwürgen«. Aus ökologischer Perspektive war es einerlei, ob die aus dem Wald genommenen Tiere anschließend gerupft und verschlungen oder in einem Käfig im Wohnzimmer liebevoll gepflegt wurden. Die Verwendung des Wildvogels als »Nahrungsmittel« und seine Haltung als »beliebter Sänger« und »Stubengenosse[]« waren gleich schlimm. Folgerichtig sei nicht nur das Töten, sondern auch das Ausnehmen von »Jungen [...] aller Vögel mit Ausnahme der Schädlichen« zu verbitten. Indem er aber das Fangen nur von jungen Vögeln verbieten wollte, war Frauenfeld bereit, die Stubenvogelhaltung doch gutzuheißen. Auch für einen eingefleischten Vogelschützer wie er war sie doch eine tugendhafte Tätigkeit – gerade weil sie so stark an viele Elemente des »bürgerlichen Wertehimmels« erinnerte:

> »Es dürfte schwerer werden, das Verbot dieser Singvögel als Stubengefährten zu rechtfertigen, da ich [...] den sittlichen Werth, den die liebevolle Pflege der trauten Zimmergenossen, die Erheiterung durch dieselben in trüben Stunden, den wohlthätigen Einfluss, den sie auf Gemüth unzweifelhaft üben, unendlich hoch anschlage«.[199]

Die Duldung des Vogelfangens, soweit es der Vogelliebhaberei diente, war somit ein Hauptbestandteil des Vogelschutzdiskurses im Kaiserreich: »Der Vogelfang für den Käfig ist untrennbar von der Vogelhaltung im Käfig, von der Vogelliebhaberei. [...] [S]o bedarf auch der Vogelfreund des Fängers«.[200] Wenn radikalere Vogelschützer aber der so lobenswerten Haltung von Singvögeln in der Wohnstube die Existenzberechtigung teil-

American Ornithology after Audubon, Princeton: Princeton University Press 2000, S. 102–153.

199 Georg von Frauenfeld: Die Grundlage des Vogelschutzgesetzes, Wien: Ueberreuter 1871, S. 9–10, 12. Vgl. auch: Viktor v. Tschusi: Das Halten der Stubenvögel und der Vogelschutz, in: Die gefiederte Welt 2/5 (1873), S. 34–35, hier S. 35. Auf der Grundlage derartiger Auffassungen gingen manche Vogelschützer sogar so weit, eine klare Trennlinie zwischen dem »guten« Fangen für die deutsche Stube und dem »schlechten« Fangen für die italienische Küche zu ziehen; siehe exemplarisch: C. H.: Thierschutz-Zeitung, in: Die gefiederte Welt 2/10 (1873), S. 83.

200 Carl R. Hennicke: Handbuch des Vogelschutzes, Magdeburg: Creutz 1912, S. 59. Vgl.: Eduard Tauber: Ueber das Vorkommen des Rothkehligen Seetauchers in Bayern, in: Ornithologisches Centralblatt 5/1 (1880), S. 5.

weise doch abstreiten wollten, dann mussten sie wirklich unschlagbare Argumente liefern. Da war zum einen das für den Vogelschutzdiskurs im Kaiserreich so wichtige Nützlichkeitsargument.[201] Damit die insektenfressenden Singvögel ihre Rolle als biologische Schädlingsvertilger im Dienst der deutschen Landwirtschaft und damit der ganzen Nationalökonomie weiterhin erfüllen könnten, dürften sie nicht aus der Wildbahn gerissen werden. Das brachte man im Kaiserreich auch mit der Frage der Stubenvogelhaltung in Zusammenhang. Wenn z.B. im Posener Regierungsbezirk Bromberg 1883 ein Fangverbot spezifisch zum Zweck der »Erhaltung der der Land- und Forstwirtschaft überwiegend nützlichen Vogelarten« erlassen wurde, wurde es dort nicht allein untersagt, die fraglichen Vögel »zu fangen« und sie »vorsätzlich zu töten«, sondern auch »in Käfigen zu halten«.[202] Das Nützlichkeitsargument hatte zweifelshone das Potenzial, ökonomisch und patriotisch gesinnte Bürger von der Schädlichkeit der Haltung von heimatlichen Singvögeln in ihren Wohnungen zu überzeugen.

Die Vogelschützer beschränkten ihre Argumente gegen das Fangen aber nicht auf den Verweis auf den Dienst der wilden Vögel für die menschliche Gesellschaft und die deutsche Nation. Im Rahmen ihrer Ideologie des Haltungsverzichts konzipierten sie eine innovative Auffassung, nach der ein Leben im Freien für die zur Debatte stehenden Tiere grundsätzlich wertvoller sei als ein Leben in der Gefangenschaft. Diese Sichtweise war Ausdruck der relativ nichtanthropozentrischen Ausrichtung der wilhelminischen Vogelschutzbewegung, die in dieser Beziehung deutlich radikaler als andere, menschenzentriertere und konservativere Strömungen des wilhelminischen Naturschutzes eingestellt war. Radikaler Vogelschutz ging dabei Hand in Hand mit Elementen der Entpartnerschaftlichung und Entdomestikation. Wenn, wie Friedemann Schmoll herausgearbeitet hat, Vogelschützer im Kaiserreich mit der Idee liebäugelten, dass die Natur einen inhärenten Wert besitze,[203] dann wünschten sie nicht zuletzt, diese Natur vor externen menschlichen Eingriffen möglichst viel zu beschützen. Was viele Wildsingvogelarten betraf, hieß das u.a., dass sie der Abhängigkeit von den Menschen, die in der Haustierhaltung ihre extremste Form erreichte, entzogen werden mussten. Diese Tiere wurden als kategorisch menschenfremde, der Wildnis gehörende Kreaturen dargestellt, mit denen die Menschen keinen Kontakt aufnehmen dürften.[204]

Für die heimischen Singvögel, die in der bürgerlichen Gesellschaft gerade als Haus-

---

201 Siehe: Schmoll: Erinnerung, S. 256. Laut Hans von Berlepsch, einem der prominentesten Vogelschützer des Kaiserreichs, war »der Vogelschutz nicht nur eine Liebhaberei, eine edle Passion, sondern auch eine der vielen zum Wohl der Menschheit unternommenen volkswirtschaftlichen Massnahmen« (Hans von Berlepsch: Der gesamte Vogelschutz, seine Begründung und Ausführung, Halle: Hermann Gesenius 1904, S. 3).

202 Königliche Regierung Bromberg: Polizeiverordnung, betreffend das Weiden des Viehes in den Forsten u.s.w., 28.07.1883 (GStA PK, XVI. HA Rep. 30, Nr. 954).

203 Schmoll: Erinnerung, S. 255; ders.: Indication and Identification. On the History of Bird Protection in Germany, 1800–1918, in: Thomas M. Lekan/Thomas Zeller (Hg.): Germany's Nature. Cultural Landscapes and Environmental History, New Brunswick, NJ/London: Rutgers University Press 2005, S. 161–182, hier S. 162, 168–172, 180. Vgl.: Barrow Jr.: Passion, S. 135, 141.

204 Vgl.: Schmoll: Erinnerung, S. 293, 299.

genossen einen extrem hohen Stellenwert hatten, bedeutete das, dass sie nun diskursiv einen Prozess der kompromisslosen Verwilderung ausgesetzt wurden. In einer Schrift, die in der *Gefiederten Welt* unter dem vielsagenden Titel »Der Vogelschutz in seiner richtigen und nothwendigen Begrenzung« erschien, behauptete Frauenfeld beispielsweise, dass viele der beliebtesten wilden Stubenvögel wie der Fink, die Nachtigall oder die Lerche, falls »sie zutraulich werden oder Melodien erlernen« sollten, schon als junge Vögel »aus dem Neste genommen werden [müssen]. Alt eingefangen, lernen sie nichts und werden nie so zahm«. Wenn die Sachlage nun einmal so sei, so Frauenfeld, dann solle man das Fangen dieser Arten (zumindest in erwachsenem Alter) verbieten und sie somit »unbändig« im Wald bleiben lassen. Die grundsätzliche, naturgemäße Entfremdung der wilden Tiere, nämlich die Tatsache, dass sie sich auch »ungeachtet der liebevollsten [...] Behandlung« den menschlichen Bemühungen nicht beugten und sich nicht in Haustiere verwandeln ließen, gebiete, dass die Menschen sie in Ruhe ließen.[205]

Die radikale, nichtanthropozentrische Anschauung der Vogelschützer äußerte sich allerdings nicht allein in einer quasi sachlichen Feststellung, dass die wilden Singvögel leider essenziell menschenfremd seien. Viele von ihnen brachten auch ihre Überzeugung zum Ausdruck, dass diejenigen Tiere, die den menschlichen Domestikationsversuchen nicht nachgaben, die sozusagen auf ihrer Wildheit beharrten, einen besseren Tiertypus darstellten. Die Überlassung des Fangens für die Stubenhaltung war aus dieser Perspektive nicht nur eine Notwendigkeit, sondern auch ein Imperativ: Wer die gefiederten Tiere wirklich liebte und würdigte, sollte sie in ihrem wilden Zustand belassen. Er sollte es vermeiden, sie in sein Haus zu bringen. Solche Vorstellungen verbreitete u.a. der 1899

205 Georg von Frauenfeld: Der Vogelschutz in seiner richtigen und nothwenidgen Begrenzung, in: Die gefiederte Welt 2/2 (1873), S. 9–11, hier S. 10. Solche radikalen Forderungen der Auflösung der Haltung von bestimmten heimischen Wildsingvogelarten bekamen bisweilen auch einen gesetzlichen Stempel. In Bayern, das über eines der strengsten Vogelschutzgesetze im Reich verfügte, wurde z.B. 1908 ein übergreifendes Verbot nicht nur des Jagens, sondern auch des »An- und Verkauf[s]« von u.a. des Hausrotschwanzes, der Grasmücke, der Nachtigall, des Rotkehlchens und des Zaunkönigs erlassen; siehe: Abschrift: Luitpold, Prinz von Bayern, des Königreichs Bayern Verweser: Königliche Allerhöchste Verordnung, den Schutz von Vögeln betreffend, 19.10.1908 (GStA PK, XVI. HA Rep. 30, Nr. 954). Ein ähnliches Verbot des Fangens von »lebenden [...] Vögeln« wurde auch im Rahmen des im Mai desselben Jahres revidierten Reichsvogelschutzgesetzes (erstmal 1888 erlassen) für die Zeit zwischen dem 1. März und dem 1. Oktober erlassen; siehe: Robert Heindl (Hg.): Vogelschutzgesetz für das Deutsche Reich vom 30. Mai 1908 nebst den einschlägigen Gesetzen, Verordnungen und polizeilichen Bestimmungen sowie einem Sachregister, München/Berlin: J. Schweitzer 1909, S. 9. Solche weitreichenden Verfügungen konnten mitunter auch wirklich harsche Konsequenzen für die Übeltäter nach sich ziehen. 1897 wurde z.B. ein Kurgast in Bad Neuenahr vom dortigen Schöffengericht zu einer Geldstrafe von 600 Mark verurteilt, weil er während seines Urlaubs sechs Nachtigallen, eine der geschütztesten Wildvogelart im Kaiserreich, eingefangen hatte; siehe: Emil Rzehak: Ein teuer bezahlter Nachtigallenfang, in: Ornithologische Monatsschrift 22/12 (1897), S. 362–363.

gegründete »Bund für Vogelschutz«.[206] In einer Kundgebung des Bundes, die 1912 in der *Ornithologischen Monatsschrift* veröffentlicht wurde, kritisierten die Verfasser die ungehemmte Ausrottung gerade jener »Gesteine, Pflanzen und Tiere«, die menschlichen Interessen »schädlich« erschienen. Mit einer Argumentation, die die Logik des anthropozentrischen Tierschutzgedankens der Epoche geradezu umkehrte, wurden ausgerechnet jene unheilbringenden Geschöpfe als die besseren und daher schützenswerteren Lebewesen angepriesen: Diese seien vor allem »die noch nicht zu Haustieren herabgesunken[en]« Tierarten, deren »glücklicherweise bestehende Freiheit« – die es ihnen ermögliche, Schaden anzurichten – sie einem »kleinliche[n] Eigennutz zuliebe« leider zur Ausrottung durch die Menschen bestimme. Ausgerechnet die Unabhängigkeit der wilden Vögel, die sie manchmal zu Feinden der menschlichen Gesellschaft mache, sollte ihnen die Wertschätzung durch die Menschen garantieren: »Wahrlich, erhaltenswert sind die Tiere, die sich dem Menschen nicht beugen. Unsere Enkel dürfen verlangen, dass gerade auch die Wesen, welche Charakter haben, auf der Erde verbleiben«.[207] Mit dem Tier, das Charakter habe, dem Menschen gegenüber unabhängig bleibe, wollte man die Erde teilen.

Solche Loblieder auf die nicht zu Haustieren »degenerierten«, weiterhin in der Wildbahn lebenden Tiere sind in zeitgenössischen ornithologischen und vogelschützerischen Texten überall zu finden. Die Gebrüder Müller, die zu den wichtigsten Populärornithologen in Deutschland der zweiten Hälfte des 19. Jahrhunderts zählten, kontrastierten z.B. in ihrer charakteristischen lyrisch-pathetischen Sprache den freilebenden Hänfling mit den »schönsten Kanarienhuldinnen im hochgelben Putz«, die in der Gefangenschaft lebten:

»Darum glücklich, ihr Hänflinge, die ihr noch das klare Wasser der Wiesen und Haine, den Hanf- und Rübsamen der Fluren kostet, glücklich ihr, denen noch das duftende Reis der Tanne und Fichte rauscht, oder der Blüthenschnee der Raine entgegennickt, denen noch das holde Sonnenlicht leuchtet und die noch die frische Luft des Himmels umweht! Dreimal glücklich, denn ihr seid Kinder der Freiheit«.[208]

Das Überleben im ursprünglichen Zustand, im primordialen »noch«, ist das Glück des Hänflings im Gegensatz zum bedauerlichen Schicksal des übergepflegten Kanarienvogels. Eine Vogelart, deren Freiheit darauf hinauslaufe, dass sie nicht zum typischsten

206 Zur Frühgeschichte des einflussreichen Bundes, der »erste[n] Massenbewegung im Naturschutz« (Schmoll) in Deutschland, siehe: Schmoll: Schönheit, S. 38–39; ders.: Erinnerung, S. 267–268; Anna Katharina Wöbse: Lina Hähnle und der Reichsbund für Vogelschutz. Soziale Bewegung im Gleichschritt, in: Joachim Radkau/Frank Uekötter (Hg.): Naturschutz und Nationalsozialismus, Frankfurt a.M./New York: Campus 2003, S. 309–328, hier S. 309–313; William T. Markham: Environmental Organizations in Modern Germany. Hardy Survivors in the Twentieth Century and Beyond, New York/Oxford: Berghahn Books 2008, S. 61–63.

207 Bund für Vogelschutz, in: Ornithologische Monatsschrift, 37/2 (1912), S. 129–140, hier S. 129, 138.

208 Adolf Müller/Karl Müller: Originalgestalten der heimischen Vogelwelt. 8. Kavaliere oder Patrizier, in: Die Gartenlaube 41 (1892), S. 682–684, hier S. 684.

Haustier geworden sei, verdiene den größten Beifall des Menschen, der es nicht geschafft habe, sie in seine Welt einzuverleiben. Im Rahmen einer solchen Hierarchisierung zwischen dem Wilden und dem Domestizierten hoben die Ornithologen die vermeintlich nachteiligen Faktoren des unfreien Lebens dermaßen stark hervor, dass das Leben in der Gefangenschaft fast als etwas Anomales dargestellt wurde. Der Harzer Kanarienvogel, bemängelte z.B. ein Vogelzüchter 1885,

»erreicht nicht das durchschnittliche Lebensalter des Wildlings. [...] Obgleich nach seiner ganzen Natur auf volles Tageslicht und freie Bewegung hingewiesen, wird er noch während eines großen Theils des Jahres im engen Käfig, im mehr oder weniger dunklen Gesangskasten gehalten«.[209]

Die ornithologische Kritik gegen die Haustierhaltung bezog sich oft auf körperliche »Degeneration«. Kurt Floericke, einer der wichtigsten Vertreter der Naturschutzbewegung im Kaiserreich und gleichzeitig auch ein überaus produktiver Ornithologe, behauptete z.B., dass sich die Körper von wilden Singvögeln allein in der freien Natur ordentlich entwickelten: »Aber nicht nur die Wärme des lebenden [...] Vogelkörpers, sondern auch die unverdorbene, frische, ozonreiche Luft der freien Natur scheint nötig zu sein, um der Vogelfeder ihre volle, ursprüngliche Schönheit zu sichern«. Sobald er von diesem ursprünglichen, für ihn einzig angemessenen Lebensraum entwurzelt werde, erlebe der Singvogel eine unabwendbare physische Regression:

209 W. Boecker: Die Entwicklung der Kanarienzucht, ihre Mängel und Gefahren. Schluß, in: Die gefiederte Welt 14/43 (1885), S. 449–450, hier S. 449. Der Kanarienvogel wurde aber von den Vogelschützern auch vielfach gepriesen. Denn sie glaubten, dass ausgerechnet diese domestizierte Singvogelart einen wertvollen Dienst gerade der Sache des Vogelschutzes leiste. Sie behaupteten, dass je mehr die Menschen in Deutschland sich der Kanarienvogelhaltung zuwenden würden, desto weniger sie das Bedürfnis haben würden, wilde Singvögel einzufangen und als Haustiere zu halten. Wenn z.B. der Magdeburger »Kanarienzüchter-Verein« 1882 dem Preußischen Landwirtschaftsministerium um die Stiftung von Staatsmedaillen für eine bevorstehende Ausstellung bat, begründeten sie ihr Ansuchen mit dem folgenden Argument: »Im allgemeinen Interesse liegt es, daß die Zucht des Kanarienvogels auch weiter eine Förderung erfahre, damit die Freunde der Vogelwelt sich mehr und mehr diesem Vogel zuwenden und das Halten der für Naturhaushalt [...] so werthvollen einheimischen Singvögel aufgeben« (Der Vorstand des Magdeburger Kanarienzüchter-Vereins an den Königlichen Staatsminister und Minister für Landwirthschaft, Domainen und Forsten, Ritter Hoher Orden, Herrn Dr. Lucius Excellenz in Berlin, 22.12.1882 (GStA PK, I. HA Rep. 87 B, Nr. 21323)). Im Katalog für diese Ausstellung wurde ähnlich gemahnt, dass »es besser sei, die für Naturhaushalt und Menschenwohl so unentbehrlichen einheimischen Vögel nicht in Käfige zu sperren, sondern da zu belassen, wo sie sich nach dem Rathschlüsse der Vorsehung befinden«. Demgemäß gab man sogar der Hoffnung Ausdruck, dass »der Harzer Kanarienvogel [...] als alleiniger Stubenvogel mehr und mehr zur Geltung« gelangen würde (Magdeburger Kanarienzüchter-Verein: Führer durch die zweite Ausstellung von Kanarienvögeln, verbunden mit Prämiirung, u. Verlosung, abgehalten in der Zeit vom 20. bis 23. Januar 1883 in den oberen Räumen der Böhmischen Bierhalle Spiegelbrücke 13 zu Magdeburg, Magdeburg: Louis Mosche o.J., o.S.).

»[D]enn wir wissen, daß gekäfigte Stubenvögel fast niemals den zarten Farbenduft erreichen wie ihre in freier Natur lebenden Artgenossen, und daß einige der feinsten Farbentöne bei jahrelanger Gefangenschaft ganz verschwinden und auch durch noch so sorgfältige und sachgemäße Pflege nicht wieder in ihrer ursprünglichen Frische und Reinheit herzustellen sind, so z.B. das schöne Rot der Birkenzeisige, Berghänflinge, Karmingimpell, Dompfaffen, Kreuzschnäbel und Hänflinge«.[210]

Diese Ideologie des In-Ruhe-Lassens lag aber nur der passiven Form der Entfremdungspraktiken zugrunde. Die wilden Singvögel wurden jedoch nicht nur dadurch entfremdet, dass die Menschen es vermieden, mit ihnen Kontakt aufzunehmen. Die Entfremdung hatte auch eine aktive Form, die darauf hinauslief, dass bereits entstandene Beziehungen zwischen Haltern und wilden Tieren aufgelöst wurden. Viele Stubenvogelhalter, die gleichzeitig kompromisslose Naturschützer waren, setzten ihre Ideologie wirklich in die Tat um, indem sie ihre Tiere aus der Gefangenschaft freiließen. Wenn im Rahmen der Ideologie des In-Ruhe-Lassens die Vogelschützer essenziell wilde und entfremdete Tiere diskursiv konstruierten, erschufen sie mittels des Freilassens wilde und entfremdete Tiere tatkräftig. Das Freilassen bildete damit das genaue Gegenteil des Fangens und der Verwandlung von Wild- in Haustiere. Gleichzeitig verursachte es einen Prozess der Entpartnerschaftlichung. Durch das Freilassen wurde eine Mensch-Tier-Nähe annulliert und eine Halter-Wildtier-Beziehung zerlegt. Entfremdung war hier das explizite Oberziel: Durch Myriaden von Kleinaktionen wurden die wilden Tiere in menschenfremde und -scheue Kreaturen umgewandelt. Sie wurden einem Prozess der radikalen Desintegration aus der menschlichen Gesellschaft unterworfen. Frühere Entwicklungen, die einer Mensch-Wildtier-Partnerschaftlichkeit Vorschub geleistet hatten, wurden ungeschehen gemacht.[211]

Diese radikale Entpartnerschaftlichung errangen die Vogelschützer aber natürlich dadurch, dass sie selbst, als Menschen, sehr große Aktivität an den Tag legten. Das endgültige Ziel war zwar eine Spaltung zwischen Mensch und Tier. Auf dem Weg dorthin musste sich aber der Mensch äußerst intensiv mit dem Tier beschäftigen, um es auf seine Freiheit vorzubereiten. Als z.B. ein Hausrotschwanz, eine Singvogelart, die im Kaiserreich nur in den seltensten Fällen als Haustier gehalten wurde, 1897 in die Wohnung eines thüringischen Vogelliebhabers hineinflog, machte sich dieser schnellstens daran, das Tier zu fangen und an die Haustür zu bringen, um dessen unbezweifelte »Sehnsucht nach Freiheit« zu stillen. Als das Tier aber durch die Tür nicht hinausfliegen wollte, unternahm der unfreiwillige Gastgeber noch zahlreiche Versuche, den Vogel in die Freiheit zu schicken, bis dieser am Ende wirklich dazu bewogen werden konnte, das Weite zu suchen. Der Ornithologe musste hart daran arbeiten, um den Hausrotschwanz als eine freilebende Kreatur wiederherzustellen. Er wollte es auf jeden Fall nicht hinnehmen, dass das wilde Tier »die Freiheit« offenbar »verschmähte«.[212]

Andere Tiere, die in die Häuser von Vogelliebhabern gelangten, aber in deren Augen

210 Kurt Floericke: Über die Vögel des deutschen Waldes, Stuttgart: Franckh 1907, S. 51–52.

211 Vgl.: Rosemary-Claire Collard: Putting Animals Back Together, Taking Commodities Apart, in: Annals of the Association of American Geographers 104/1 (2014), S. 151–165.

212 A. Töpel: Eigentümliches Verhalten eines Hausrotschwanz- (Ruticilla tithys) Weibchens, in: Ornithologische Monatsschrift 22/2 (1897), S. 59–60.

für die Stubenhaltung nicht geeignet waren, mussten sogar noch länger und sorgfältiger auf ihr rehabilitiertes freies Leben vorbereitet werden – z.B. wenn das Tier verletzt oder erkrankt war oder wenn junge Vögel verwaist und von vogelliebenden Passanten gerettet wurden. In solchen Fällen mussten die Ornithologen zunächst sehr enge Beziehungen mit den wilden Tieren pflegen, um sie schließlich »loszuwerden«. Es handelte sich bei solchen Beziehungen um Verpartnerschaftlichung im Dienst einer anschließenden Entpartnerschaftlichung und Wiederverwilderung.

Eine solche kurzlebige Haustierhaltung hatte z.B. ein Vogelliebhaber vor Augen, als er 1877 unweit seines Wohnortes eine geschwächte junge Schwalbe auf der Erde fand. Die Schwalbe galt im gängigen Verständnis der zeitgenössischen Ornithologie als eine Vogelart, die unbedingt in die freie Wildbahn gehörte und die sich für die Haltung in der Stube auf keinen Fall eignete.[213] Aus diesem Grund klang der wohlmeinende Vogelfreund fast apologetisch, wenn er berichtete: »Um das arme Thierchen vorläufig zu beschützen, nahm ich es mit nach Hause«. Ermattet und aus seinem natürlichen Habitat entwurzelt, konnte der kleine Vogel nicht eigenmächtig wieder zu Kräften kommen und so musste der vorübergehende Halter einschreiten. Seine Bemühungen um das arme Tier gingen so weit, dass er Fliegen einfing und sie, so berichtet er, »meinem Schützling in den gewaltsam geöffneten Schnabel« steckte. Nach ein paar Tagen und als die Schwalbe erste Zeichen der Besserung zeigte, begann der Retter, seine Bemühungen um das Tier zu dämmen und dessen Selbstständigkeit allmählich wiederaufzubauen. Anstatt die Schwalbe zwanghaft zu ernähren, setzte er sie nun auf seinen Finger und trug sie an Stellen, an denen sich viele Fliegen befanden. So konnte das Tier seine Beute »selber […] schnappen«, was es »mit großer Fertigkeit tat«. Der pflegende Mensch legte seine eigene Handlungsfähigkeit mehr und mehr ab und animierte dafür die tierische Eigenmacht. Am Ende setzte er die »kräftig[e]« Schwalbe auf einen Baum, und zwar »in der festen Meinung, daß der Vogel sich davon machen würde«.[214] Das sollte die letzte, für die Mensch-Wildtier-Beziehung fatale Maßnahme im Prozess der Entdomestikation sein.

Mit Wegfliegen endete auch die Geschichte eines Mauerseglers, den ein Vogelliebhaber nur deswegen zu sich nach Hause genommen hatte, weil diesem die Federkiele gebrochen wurden. Auch in diesem Fall folgten der anfänglichen Fütterung Versuche, die Eigenaktivität des wilden Tiers anzuregen – z.B. zu Flugeinheiten im Zimmer. Als die »Thurmschwalbe« (so hieß der Mauersegler in der damaligen Zeit) begann, »weniger willig Nahrung« zu nehmen und »ihr ganzes Bestreben auf Erlangung der Freiheit« zu richten, war der Vogelliebhaber besonders zufrieden. Er war überzeugt, dass die Zeit jetzt reif sei für den endgültigen Akt der Beziehungsauflösung. Beim Freilassen war er dann froh zu sehen, dass sein ehemaliger Pflegling gleich »im Stande« gewesen sei, »zu bedeutender Höhe sich zu erheben«. Als der Mauersegler, »sich immer höher aufschwingend, meinen Blicken entschwunden« ist, so berichtete der Vogelliebhaber, er-

213 Siehe: Frieda Arendt: Schwalben in der Gefangenschaft, in: Mitteilungen über die Vogelwelt 11/1 (1911), S. 8–11.

214 Die Zähmung von Schwalben, in: Pfälzische Geflügel-Zeitung 5/12 (1881), S. 50–51.

reichte die menschliche Begeisterung ihren Höhepunkt.[215] Die Entfremdung wurde erfolgreich vollbracht.

In den bislang besprochenen Fällen des Freilassens handelte es sich um die Entdomestikation von Vögeln, die in der Vorstellungswelt der Befreier von vornherein in die freie Natur gehörten und die nur deswegen in die Häuser von Menschen aufgenommen wurden, weil man ihre Weiterexistenz in dieser freien Natur garantieren wollte. Ihre Verwilderung war im Eigentlichen eine Wiederverwilderung. Noch radikalere Züge wies aber die Freilassung dann auf, wenn sie bei Stubenvögeln im eigentlicheren Sinne – bei Arten, die als klar domestiziert galten – praktiziert wurde. Während der Zeit des Kaiserreichs experimentierten viele Ornithologen z.B. mit der Verwilderung von fremdländischen Singvögeln, die erst als Stubenvögel nach Deutschland gelangt waren.[216] Bei dieser absichtlichen Einschleppung von fremden Arten betrieben die Vogelschützer eine regelrechte Entdomestikation, indem sie Tiere, die sie lediglich als Haustiere kannten, in freilebende Kreaturen transformierten und eine noch nicht da gewesene Wildnis eigenhändig kreierten. Anders als die im 19. Jahrhundert vielfach dokumentierte Verwilderung von zugewanderten domestizierten Arten, die mehr oder weniger durch Zufall eintrat und wo die Handlungsmacht eher bei den Tieren selbst lag,[217] war die Akklimatisierung der Stubenvögel ein Fall der von Menschen gewollten und vorsätzlich durchgeführten Verwilderung. Es war ein Projekt des Wildnisschaffens.[218]

Ein solches Projekt der wildnisschaffenden Einbürgerung von fremden Arten war z.B. der Versuch eines der prominentesten Vogelschützers des Kaiserreichs, Hans von Berlepsch, den aus dem Himalaja stammenden und nach Deutschland zum ersten Mal von Carl Hagenbeck in den 1870er Jahren eingeführten Sonnenvogel[219] – die sogenannte Chinanachtigall – auf der Insel Siebenbergen in der Kasseler Karlsaue freizusetzen. In

215 E. Schulz: Eine junge Thurmschwalbe (Cypselus apus), in: Ornithologisches Centralblatt 6/16 (1881), S. 126. Zu weiteren Geschichten des Freilassens, in denen das gleiche Prinzip der Wiederherstellung der Selbstständigkeit des wilden Tiers im Mittelpunkt steht, siehe: G. Wolff: Erlebnis mit einem jungen Kuckuck, in: Ornithologische Monatsschrift 39/4 (1914), S. 270–272; A. Heise: Findigkeit der Schwalben, in: Ornithologische Monatsschrift 19/4 (1894), S. 144; Burstert: Das Schicksal eines freigelassenen Stubenvogels, in: Ornithologische Monatsschrift 29/1 (1904), S. 33–35.

216 Siehe: Carl R. Hennicke: Einbürgerung fremdländischer Vögel, in: Ornithologische Monatsschrift 38/5 (1913) S. 250; B. Laufss: Einbürgerung von Kardinälen, in: Ornithologische Monatsschrift 37/7 (1912), S. 317–318.

217 Siehe: Harriet Ritvo: Back Story. Migration, Assimilation, and Invasion in the Nineteenth Century, in: Jodi Frawley/Iain McCalman (Hg.): Rethinking Invasion Ecologies from the Environmental Humanities, London: Routledge 2014, S. 17–30.

218 Zur Einbürgerung von Wildtieren in der freien Natur als ein Projekt des »Wildnis-Schaffens« vgl.: Patrick Kupper: Wildnis schaffen. Eine transnationale Geschichte des Schweizerischen Nationalparks, Bern/Stuttgart/Wien: Haupt 2012, S. 141–177.

219 Karl Ruß: Die fremdländischen Stubenvögel. Ihre Naturgeschichte, Pflege und Zucht. Bd. 2: Die fremdländischen Weichfutterfresser (Insekten oder Krebthierfresser, auch Wurmvögel genannt, Frucht- oder Berenfresser und Fleischfresser) mit Anhang: Tauben und Hühnervögel, Magdeburg: Creutz 1899, S. 278.

seinem Schlussbericht über das Projekt gab Berlepsch ausdrücklich an, dass er eine Abgrenzung der Tiere von den Menschen anvisierte. Die Insel wurde deswegen ausgewählt, weil sie, obwohl in einem Stadtpark gelegen, »gänzlich geschützt« und, zumindest zwischen sechs Uhr abends und neun Uhr morgens, »gänzlich frei von Menschen« sei: »[V]on irgend welcher Störung durch Menschen kann in keiner Weise die Rede sein«.[220] Es war insofern der reservatartige[221] Charakter der Insel, der sie zu einem idealen Standort für die Verwilderung von Stubenvögeln machte. Ihre Freilassung sollte sie wirklich zu freien Kreaturen machen – frei von jeglichem menschlichen Einfluss.

Wenn Berlepsch aber von dieser Entfremdung der Tiere von den Menschen sprach, versuchte er überraschenderweise nicht, seine eigene, aktive Rolle in diesem Projekt des Wildnisschaffens zu verschleiern. Im Gegenteil: Der Vogelschützer schilderte gern in aller Ausführlichkeit die unterschiedlichen Maßnahmen, die er unternahm, um den Erfolg der Verwandlung der Stuben- in Wildvögel zu garantieren. Er erzählte z.B., wie er zunächst jedes der zur Freisetzung bestimmten Tiere »genau untersucht« hatte. Er stellte sicher, dass jeder Vogel bestens auf das Leben im Freien vorbereitet sei, indem er z.B. »jede irgendwie verletzte Feder herausgezogen« hat, »sodaß bis Frühjahr alle Vögel in tadellosem Zustande waren«.[222] Der Verwilderung ging eine intensive Pflege voraus. Diese verschwand aber selbst nach der eigentlichen Freilassung nicht: Die Vögel wurden zunächst, im Frühjahr, in eine Voliere in einem Pavillon auf der Insel untergebracht. In dieser Phase konnten sie sich nur durch Sehen und Hören an ihre neue, natürliche Umgebung gewöhnen, indem sie weiterhin von Berlepsch ihre Nahrung bezogen. Nach ein paar Wochen wurde zuerst nur ein einziges Individuum in ein anderes Zimmer umgesiedelt, in welchem das Fenster offen stand. Stufenweise wurden sodann die anderen Vögel ebenfalls dorthin befördert. Erst am Ende dieses »allmählichen Freilassen[s]« befanden »sich alle für die Acclimatisation bestimmten Vögel in Freiheit«.[223] Eine endgültige Entdomestikation wurde vollbracht – erst aber dank einer sehr sorgfältigen Planung seitens des befreienden Menschen.

Ein weiterer fremdländischer Stubenvogel, mit dessen Freilassung in die Natur wilhelminische Ornithologen vielfach experimentierten, war kein anderer als der Kanarienvogel. Wir haben oben gesehen, dass Kanarienvogelliebhaber wie Ruß oder Bade mittels einer naturgemäßen Einrichtung ihre Tiere zuhause, in der Stube, ein bisschen zu verwildern hofften. Andere Ornithologen gingen mit diesem Verwilderungswunsch noch einen Schritt weiter, indem sie versuchten, Kanarienvogelindividuen in die »richtige«, nicht bloß nachgeahmte Natur umzusiedeln. Sie wollten die domestizierteste Art unter den Stubenvögeln zu einem freilebenden Vogel machen.

---

220 Hans von Berlepsch: Acclimatisationsversuche mit Leiothrix lutea (Scop.), in: Ornithologische Monatsschrift 27/5–6 (1902), S. 193–202, hier S. 196.

221 Zu zeitgenössischen Versuchen zur Gründung von Vogel-»Reservationen« nach amerikanischem Vorbild siehe: Hennicke: Handbuch, S. 240–252; Curt Floericke: Die Naturschutzparkbewegung und der Vogelschutz, in: Mitteilungen über die Vogelwelt 11/3 (1911), S. 45–49.

222 Berlepsch: Acclimatisationsversuche, S. 195.

223 Ebd., S. 197–198. Vgl. auch: J. Gengler: Notiz zu Einbürgerungsversuchen von Liothrix luteus (Scop.), in: Ornithologische Monatsschrift 28/1–2 (1903), S. 56–57.

Bereits sehr früh wurden einzelne Versuche, den Kanarienvogel in der Natur einzubürgern, unternommen: 1865 setzte z.B. ein Altonaer Hauptmann namens Bödicker 180 Exemplare im Marburger Schlossgarten frei. Der Freilassung ging, wie später im Fall der Kasseler Sonnenvögel, eine lange Vorbereitung der Tiere auf das selbstständige Leben im Freien voraus. Bödicker wollte sie vor allem »an Entbehrungen aller Art« gewöhnen.[224] So brachte er sie zunächst in einer Stube unter, deren Fenster nur mit einem Netz überspannt war, was einen steten Zugang von Kälte und Schnee garantierte. Nach ein paar Tagen nahm er ihnen die Fressgeschirre weg und verstreute alles Futter einfach auf der Erde. Dieses bestand aus regionalen Feldfrüchten wie Gerste und Hafer, die ungedroschen serviert wurden, sodass die Tiere sie selber »aus den Aehren picken mußten«. Die Trinkgeschirre versteckte er wiederum in einem von in die Stube gebrachte Laubdickicht, sodass die Vögel sie selbst suchen mussten. Die extremsten Vorbereitungsmaßnahmen unternahm Bödicker aber in seinem direkten Umgang mit den Tieren: »Um die Vögel gegen die Menschen mißtrauisch zu machen, zeigte ich mich in dieser letzten Zeit stets feindlich, jagte und hetzte sie im Saal herum und vervollkommnete sie dadurch noch im behenden Flug«.[225] Der Kontakt mit einem Menschen wurde dann durch einen Kontakt mit anderen, freilebenden Tieren ersetzt: Bödicker brachte verschiedene einheimische Singvögel wie etwa Haussperlinge und Buchfinken in die Stube und sperrte sie dort mit den Kanarienvögeln »wochenlang« zusammen. Er versuchte in dieser Phase sogar, die Kanarien- mit den Wildvögeln zu paaren, um nämlich auch auf diese Art und Weise »Wildlinge zu erzielen«. Erst nach dieser letzten Maßnahme wurden die ehemaligen Haustiere endgültig der menschlichen Obhut entbunden und ins Freie entlassen, wo sie sich mit noch mehr Spatzen und Wildfinken vermischen konnten.[226]

Das Freilassen bedeutete aber nicht, dass die Beziehung zwischen Mensch und (nunmehr) wildem Tier wirklich endgültig aufgelöst wurde. Selbst in der freien Wildbahn waren viele Singvögel durch zahlreiche Stränge mit den Menschen, die sie liebten und sich um ihr Wohl sorgten, verbunden. Dieser Kontakt zwischen den Vogelliebhabern und den freilebenden Tieren barg in sich sogar viele Elemente der Partnerschaftlichkeit, und er erinnerte auch stark an Praktiken der Haustierhaltung. Entdomestikation und Verwilderung liefen so nicht zwangsläufig auf eine Entpartnerschaftlichung hinaus. Viele Vogelfreunde im Kaiserreich, die die Stubenhaltung problematisch fanden, hegten stattdessen außerhäusliche Partnerschaftlichkeiten mit ihren wilden Lieblingen. Diese Partnerschaftlichkeiten wurden oft mit einer Pflegearbeit verbunden, die der Pflege von Haustieren in nichts nachstand. Sie war eine Art Tierhaltung im Freien, in der Natur. Sie ermöglichte es den Ornithologen, auf zwei Hochzeiten zu tanzen – sowohl die Tiere als Freunde zu haben als auch ihr freies, wildes Leben zu bewahren. Menschen haben mit

---

224 Aus den Vereinen. Ornithologischer Verein in Stettin, in: Die gefiederte Welt 2/9 (1873), S. 71.

225 Bödicker: Akklimations-Versuch des Kanarienvogels im Freien, in: Die gefiederte Welt 2/11 (1873), S. 90–91.

226 Ders.: Akklimations-Versuch des Kanarienvogels im Freien. Schluß, in: Die gefiederte Welt 2/12 (1873), S. 101–102. Zu weiteren Einbürgerungsversuchen mit Kanarienvögeln siehe: Ruß: Kanarienvogel, S. 161, 164; Fr. Walterhöfer: Zur Einbürgerung grüner Kanarien, in: Ornithologische Monatsschrift 27/11 (1902), S. 485–486.

Tieren engen Kontakt aufgenommen, nicht um sie zu domestizieren, sondern im Gegenteil, um ihr Leben in der freien Natur zu verbessern.

Die Praktiken, die mit den außerhäuslichen Beziehungen verbunden waren, beruhten auf bestimmten Anschauungen innerhalb der Vogelschutz- und auch der allgemeinen Naturschutzbewegung im Kaiserreich. Wir haben oben gesehen, dass wilhelminische Vogelschützer mit radikalökologischen Ideen liebäugelten und die menschlichen Eingriffe in die Natur möglichst begrenzen wollten. Gleichzeitig zogen es viele Vertreter der ohnehin extrem polyphonen Natur- und Vogelschutzbewegung des Kaiserreichs aber vor, die enge Verwobenheit zwischen der Natur und der menschlichen Gesellschaft hervorzuheben.[227] Diese Ansicht, dass es unendliche Berührungspunkte zwischen Mensch und Natur gebe, schien Eingriffe selbst in die wildesten Naturräume zu rechtfertigen, wenn nicht zu erfordern. Sie war die Grundlage für einen extrem regen Aktionismus, dass besonders die Vogelschutzbewegung kennzeichnete.[228]

Wie Schmoll gezeigt hat, hatten die Vogelschützer weniger Skrupel als andere Naturschützer im Kaiserreich, sogar weniger als die Heimatschützer, umwandelnd in die Natur einzugreifen. Sie gingen davon aus, dass menschliche und kulturelle Einmischungen die Natur verbessern könnten. Das bedeutete, dass Wildhabitate nicht unbedingt geschützt werden sollten. Sie konnten von den Menschen – von den Vogelschützern – genauso gut neu geschaffen werden, in einer besseren Form. Wenn die Menschen, besonders die modernen Menschen, die natürlichen Lebensräume von Singvögeln zerstörten, sollten eben jene Menschen den Vögeln alternative Lebensräume schaffen, in denen die Vögel sogar noch besser gedeihen würden. Landschaftsveränderung erforderte noch mehr Landschaftsveränderung.[229] Hennicke stellte z.B. fest,

»daß es der Mensch ist, der den Tieren ihre Daseinsbedingungen nimmt und die Verminderung ihrer Zahl bewirkt, indem er den Kulturzustand der Erde in einem Maße verändert, daß sie den Vögeln das Dasein in hohem Maße erschwert. [...] Der Mensch hat da beinahe so schlimm gewirkt, wie sonst Erdrevolutionen wirken. Ganze Arten sind durch die Umgestaltung der Erde vollständig verschwunden«.

227 Siehe: Nyhart: Nature, S. 6–7.

228 Siehe: Thomas Lekan: Imagining the Nation in Nature. Landscape Preservation and German Identity, 1885–1945, Cambridge, MA/London: Harvard University Press 2004, S. 22, 51–53.

229 Schmoll: Indication, S. 171, 177. Die Praktiken der wilhelminischen Vogelschützer können aus dieser Perspektive als eine »militante Ökologie« betrachtet werden, um einen Begriff von Bruno Latour zu verwenden. Eine »militante Ökologie« »claims to protect nature and shelter it from mankind, but in every case this amounts to including humans, bringing them in more and more often, in a finer, more intimate fashion and with a still more invasive scientific apparatus«. Die »militante Ökologie« »does not seek to protect nature. [...] On the contrary, it seeks to take charge, in an even more complete and mixed fashion, of an even greater diversity of entities and destinies. [...] [E]cology [...] gets attached to everything« (Bruno Latour: Politics of Nature. How to Bring the Sciences into Democracy, Cambridge, MA/London: Harvard University Press 2004, S. 20–21, Hervorhebung im Original).

Diese schädliche Wirkung des Menschen bedeutete aber nicht, dass er aufhören sollte, die Natur zu beeinflussen. Im Gegenteil: Er sollte sie in noch größerem Ausmaß beeinflussen: »Da ist es eine Forderung der Gerechtigkeit, daß der Mensch nun auch versucht, die durch ihn und seine Kultur hervorgerufenen Schädigungen [...] wieder auszugleichen«.[230] Im Rahmen eines solchen Vogelschutzes bleiben die wilden Vögel und ihre Lebensräume Teil des Aktionsspektrums der menschlichen Gesellschaft. Der Mensch ist berufen, die Tiere noch intensiver zu pflegen, als er das bisher getan hat. Er hat ihre Lebensumstände nicht nur bei ihm zuhause, sondern auch draußen, in der freien Natur zu bestimmen.

Was die Vogelschützer dabei anvisierten, war in der Tat nichts Geringeres als eine grundlegende Landschaftsveränderung und -management zugunsten der freilebenden Vögel. Menschenfreie Räume, in denen die Vögel ein wirklich ungestörtes Dasein führen könnten, sollten erst kreiert werden. Wenn z.B. der »Sonderausschuss für Vogelschutzbestrebungen für Stadt und Provinz Posen« Friedhöfe als Hauptstandorte für Wildvogelleben ins Auge fasste, da diese im Grunde genommen »stille Stätten des Friedens« seien, stellte man fest, dass man sie für ein derartiges Wildleben erst »dienstbar zu machen« habe. Konkret bedeutete das, dass auf den Friedhöfen vorhandene »ältere Bäume und niedrige Gebäusche [...] entsprechend auszugestalten und einzurichten« seien.[231] »Der Wald ist das geborene natürliche Schutz- und Freigebiet für die Vögel«, wird in einem bayerischen Anleitungsbuch zum *Vogelschutz in der Landwirtschaft* festgestellt, um im selben Atemzug die aktive (Wieder-)Herstellung eben jenes natürlichen Freigebietes zu propagieren: »Durch Anlage und Aufkommenlassen von vogelschutzgehölzartigem Unterwuchs an unproduktiven Stellen, [...] durch Vernichtung des Raubzeuges, [...] wird der Wald leicht wieder mit Vögeln bevölkert«: »Hiermit würde der Ausgleich in der Natur hergestellt«[232] – d.h. das Gedeihen der wilden Singvögel im Freien künstlich gewährleistet.

Mit breitangelegten Projekten dieser Art antizipierten die Vogelschützer die Transformation von ganzen Territorien in Herbergen für freilebende Vögel: »[G]anz Bayern soll [...] mit einem förmlichen Netz von Vogelschutzanlagen und Stationen überzogen werden«, plädierte etwa Karl Haenel im Namen der 1909 gegründeten bayerischen staatlichen »Kommission für Vogelschutz«; »alle Waldungen und alles Gelände sollten in absehbarer Zeit« zu Unterkunft bietenden Plätzen für die Singvögel umgebaut werden.[233]

230 Hennicke: Handbuch, S. 98–99. Vgl. auch die Feststellung Berlepschs, dass die Frage, »ob es geboten und nützlich erscheine, dass der Mensch [...] in die Natur eingreife [...], unbedingt bejaht werden« müsse: »Wir haben eingesehen, dass die von dem Menschen verdorbene Natur auch einzig und allein durch den Menschen wieder korrigiert werden kann und eins dieser Korrektive ist eben auch das, das wir Vogelschutz nennen« (Berlepsch: Vogelschutz, S. 2–3).

231 Der Ornithologische Verein zu Posen und der Sonderausschuss für Vogelschutzbestrebungen für Stadt und Provinz Posen an die Königliche Regierung Bromberg, 29.03.1911 (GStA PK, XVI. HA Rep. 30, Nr. 954).

232 Vogelschutz in der Landwirtschaft, München: Carl Gerber 1910, S. 2–4.

233 Karl Haenel: Der Vogelschutz in Bayern organisiert von der staatlich autorisierten Kommission (dem Landesverband) für Vogelschutz nach den von Freiherrn von Berlepsch aufgestellten Grundsätzen, München: Carl Gerber 1913, S. 7.

Relevanter als solche Großunternehmungen ist für unser Thema die im Kaiserreich besonders intensiv diskutierte Frage von Nistgelegenheiten. Hier handelte es sich um die Konstruktion der eigentlicheren Wohnräume der Vögel. Mit der Anlegung von Nistplätzen wollte man die »Wohnungsnot« der Vögel in der Natur »steuern«.[234] Mehrere Vogelschützer empfahlen z.B., die Äste von Gebüschen zusammenzubinden, um den freibrütenden Vögeln das Bauen von Nesten zu erleichtern.[235] Eine noch tiefgreifendere Intervention in die Natur stellte aber die Anlegung von künstlich erzeugten Nistkästen für die sogenannten Höhlenbrüter dar. Gerade durch die Anlegung von Nistkästen wollten die Ornithologen mehr erreichen als den Vögeln nur »Ersatz für das Geraubte schaffen«.[236] Die Nistkästen sollten den Vögeln Brutstätten bereitstellen, die besser als die natürlichen seien, die es ihnen ermöglichten, sich noch besser fortzupflanzen als in der unberührten Natur. Diese anvisierte Verbesserung kam in vielfältiger Weise zur Geltung: Berlepsch, der im Kaiserreich als der größte Experte für die Errichtung von Nistkästen galt,[237] riet z.B. an, »die Wände und Boden« der Kästen »möglichst stark« aufzustellen, »damit die Vögel nicht mehr wie in natürlichen Baumhöhlen durch Temperaturwechsel« leiden müssten.[238] Andere Pläne zur Perfektionierung der Nistkonditionen gingen sogar noch weiter. Hennicke erwähnt unterschiedliche zeitgenössische Erfindungen auf dem Feld der Nistkastenindustrie, wie z.B. tönerne »Nisturnen«, die mit einer »besondere[n] Isolierschicht« versehen waren, die »die Temperaturschwankungen noch mehr« verminderte. Die launige Natur wurde so zugunsten der Fortpflanzung der freilebenden Vögel gezähmt. Ein anderer Erfinder hüllte die Höllen der Nistkästen in einen »wetterharte[n]« Mantel ein, der aus »Ton, Asbest, Zement oder ähnliche[m]« bestand. Um einem anderen natürlichen Unheil – das Herumpicken am Flugloch durch Spechte – vorzubeugen, wurden die Fluglöcher oft auch »mit Eisenblech benagelt«.[239]

234 Hennicke: Handbuch, S. 212.

235 Siehe: ebd., S. 214–217; Haenel: Vogelschutz, S. 42–43; Dr. Schander, die Hauptsammelstelle für Pflanzenschutz in den Provinzen Posen und Westpreußen in Bromberg: Niederschrift (ohne Titel), November 1909 (GStA PK, XVI. HA Rep. 30, Nr. 954).

236 Hans von Berlepsch: Die Vogelschutzfrage, soweit dieselbe durch Schaffung geeigneter Nistgelegenheiten zu lösen ist, in: Ornithologische Monatsschrift 21/4 (1896), S. 86–102, hier S. 87.

237 Berlepsch galt nicht nur als Spezialist in Fragen der richtigen Zusammenstellung der Kästen und deren Rolle im Rahmen der allgemeinen Vogelschutzbestrebungen. Er setzte darüber hinaus seine Empfehlungen in die Tat um, als er, nach intensivem Experimentieren, seine fortan als »Berlepschsche Nisthöhle« benannte Erfindung patentieren ließ und einen Vertrag mit einer Fabrik, die extra für die Herstellung der Kästen in Betrieb genommen wurde, abschloss. Die »Fabrik von Berlepschschen Nisthöhlen« in Büren in Ostwestfalen stellte laut Berlepschs Aussage jährlich 50.000–60.000 Stück her; siehe: Berlepsch: Vogelschutz, S. 66–67. Vgl.: Wilh. Rich. Eckardt: Praktische Erfahrungen mit Nisthöhlen. Schluß, in: Mitteilungen über die Vogelwelt 11/8 (1911), S. 158–162.

238 Hans von Berlepsch: Meine Nistkästen, in: Die gefiederte Welt 26/9 (1897), S. 65–67, hier S. 65.

239 Hennicke: Handbuch, S. 197, 205–206, 209.

Die künstliche Verbesserung der Fortpflanzungsumstände der freilebenden Vögel setzte sich auch nach dem Aufhängen der Nistkästen auf die Bäume fort. Die Vogelschützer bauten nicht einfach Nistkästen, um sie dann den Vögeln zur freien Verfügung zu stellen. Sie wollten durch eigene, intensive Wartungsarbeit sicherstellen, dass die Kästen in gutem Zustand blieben und ihre Funktion weiterhin erfüllten. Nachdem die Kästen im Wald oder im Park aufgehängt worden waren, wurden sie so von den Menschen, die sie bauten und die sich für das Wohlbefinden der Vögel verantwortlich fühlten, stets gereinigt, befestigt und saniert. »Die Erfahrung hat gezeigt«, konstatierte z.B. ein Nistkästenexperte, der für die »Staatliche Kommission für Vogelschutz in Bayern« arbeitete, »daß manche bereits bewohnt gewesene Nisthöhle im folgenden Jahr leer bleibt. Der Grund ist darin zu suchen, daß sich tote Tiere, Mäuse, Insekten usw. darin befinden, die von den Vögeln selbst nicht entfernt werden können«. Wenn die Tiere ihre Niststätten nicht säuberten, musste das der Mensch tun: »In solchen Fällen ist es natürlich geraten, den Deckel abzuschrauben und den Inhalt der Höhle [...] zu entfernen«.[240] Auch in diesem Zusammenhang setzten die wilhelminischen Vogelschützer ihren Erfindungsgeist ein. Sie konzipierten z.B. Kästen mit »entfernbare[n] Brettstückchen oder abnehmbare[n] Kastendeckel[n]«, die es ihnen erleichterten, eine »Säuberung von Sperlingen, Unrat usw.« vorzunehmen. Solche Erfindungen sollten auch »eine Kontrolle der Kästen während der Brutzeit« ermöglichen.[241]

All diese kreativen, technikgestützten Maßnahmen waren quasidomestikatorische Praktiken, die draußen, in der Wildnis ausgeführt wurden.[242] Die Vogelschützer kümmerten sich im Stile verantwortungsvoller Haustierhalter um das Leben von Tieren in der außerhäuslichen Welt.[243] Sie schufen domestikatorische Umstände, sogar radikaldomestikatorische Umstände, um das Leben von wilden Tieren im Freien zu ermöglichen und zu verbessern.[244] Aber sie ließen die Kategorien von Haustierhaltung und Wildleben in sogar noch extremerer Weise miteinander verschmelzen, und zwar wieder im Zusammenhang mit den Nistkästen: Wenn Berlepsch 1896 in der *Ornithologischen Monatsschrift* zum ersten Mal von einem neuartigen Nistkasten erzählte,[245] den er erfunden habe, und später als die »Berlepschsche Nisthöhle« patentieren ließ, galt das in ornithologischen Kreisen als der »Beginn einer neuen Ära in der Fabrikation von Nistkästen«.[246] Worum ging es bei dieser neuen Ära? Laut Berlepsch selbst unterscheide sich sein Nistkasten von allen älteren Arten darin, dass er den Vögeln »eine naturgemäße

240 Peter Demmel: Berlepsch'sche Nisthöhlen im Auftrage und unter Kontrolle der staatlich autorisierten Kommission des Landesverbandes für Vogelschutz in Bayern, München: Carl Gerber 1912, S. 14.

241 Hennicke: Handbuch, S. 205–206.

242 Zur Domestikation in der Wildnis vgl.: Birke: Escaping, S. 41.

243 Siehe: A. Klengel: Umsetzung eines Storchnestes, in: Ornithologische Monatsschrift 39/7 (1914), S. 417–420.

244 Vgl.: Philip Armstrong/Annie Pots: The Emptiness of the Wild, in: Marvin/McHugh (Hg.): Handbook, S. 168–181, hier S. 172–173.

245 Berlepsch: Vogelschutzfrage.

246 Hennicke: Handbuch, S. 196.

Wohnung«[247] biete. Die bisherigen Nistkästen, so Berlepsch, hätten daran gelitten, »dass sie der Natur nicht entsprachen«. Die Unnatürlichkeit der alten Modelle erschwere vor allem die Eingewöhnung der Vögel an die für sie gebauten Wohnungen: Diese Kästen – diese »kunstreiche[n] Erfindungen« – seien nicht auf die natürlichen Gewohnheiten der Tiere ausgerichtet. Deswegen hätten sich die Vögel zuerst an sie gewöhnen müssen, ehe sie sie als adäquate Niststätten hätten wahrnehmen können.[248] Dieser Eingewöhnungsprozess, der mit der Erwartung verknüpft war, dass die Tiere ihre natürlichen Gepflogenheiten teilweise ändern würden, war genau das, was die Berlepschschen Nisthöhlen, die genau wie die von den Spechten geschaffenen natürlichen Höhlen aussehen sollten,[249] zu verhindern bezweckten. Berlepsch war der Meinung, dass man von den freilebenden Singvögeln auf keinen Fall fordern dürfe, dass sie ihre Verhaltensgewohnheiten änderten. Auch der aktionistische Vogelschutz musste die Natur Natur sein lassen:

»Deshalb bin ich bei der Anfertigung der Nistkästen gerade von der entgegengesetzten Ansicht ausgegangen und habe gemäss dem vorher beim Vogelschutz im allgemeinen ausgesprochenen Grundsatze: dass wir die Natur nur durch die Natur, bezw. genaue Nachbildung derselben korrigieren können, zwanzig Jahre lang darnach gesucht, einen Kasten herzustellen, der den natürlichen Nisthöhlen in soweit ähnlich wäre und entspräche, dass sich die Vögel nicht erst an denselben zu gewöhnen brauchten, sondern ihn von vornherein als etwas Natürliches ansähen und ohne Scheu bezögen«.[250]

Die Anschauung, die Berlepsch hier vertrat, war aber nicht ganz neu. Sie erinnert doch stark an die Empfehlungen der Hobbyzoologen für die naturgemäße Einrichtung der Vogelstube. Hier wie dort, zuhause wie in der Wildnis sollten die künstlichen »Wohnstätten« der Vögel so eingerichtet werden, dass sie wie ihre natürlichen Habitate aussehen würden. Hier wie dort sollte das wilde Tier weiterhin natürlich leben. In gewisser Hinsicht versetzte Berlepsch Techniken, die in der Vogelstube längst erprobt worden waren, in die freie Natur und in die Pflege des Wildtierlebens im Freien. »Jeglicher Anputz, wie Aufnageln von Borke, Anstrich u.s.w.«, stellte er fest, »kommt als überflüssig und direkt schädlich im Wegfall«.[251] Das erinnert sehr stark an Ruß und Bade und an die kunststofffreie Einrichtung der Kanarienvogelstube. Auch die uns ebenfalls von der Vogelstube bekannte Interventionsvermeidung wird bei Berlepschs Nistkastenpflege reproduziert: Das »Reinigen der Höhlen [ist] nicht erforderlich und wirkt in den meisten Fällen sogar nur störend«.[252] »Im allgemeinen ist das Reinigen der Höhlen nicht notwendig, da es

247 Berlepsch: Vogelschutzfrage, S. 96.

248 Ders.: Vogelschutz, S. 49.

249 Siehe: Martin Hiesemann: Beschreibung v. Berlepschscher Nisthöhlen, Ratschläge für Anschaffung derselben und Anweisung für ihr Aufhängen. Sonderabdruck aus »Lösung der Vogelschutzfrage nach Freiherrn v. Berlepsch«. Im Auftrage der »Kommission zur Förderung des Vogelschutzes«, Leipzig: Franz Wagner 1909, S. 3, 23.

250 Berlepsch: Vogelschutz, S. 50.

251 Ebd., S. 60

252 Ebd., S. 61.

meistens von den Vögeln selbst besorgt wird«[253] – in der Natur wie in der Stube solle das Tier, nicht der Mensch die Handlungsmacht haben. Was in der Haustierhaltung gut fiktionierte, sollte auch in der freien Natur zur Geltung kommen.

Wenn sich die Stubenhaltung und das Freileben dermaßen ähnelten und wenn der Schutz der freilebenden Vögel weitgehend auf Methoden beruhte, die in der Vogelstube entwickelt worden waren, dann schien die Haltung von wilden Vögeln als Haustiere auch weniger problematisch zu sein. Damit lösten die Ornithologen das Paradox ihrer Liebhaberei. Sie behaupteten, dass die Stubenhaltung dem freien Leben der wilden Singvögel nicht schade, sondern vielmehr zugutekomme. Die Vogelliebe zuhause und die Vogelliebe in der Wildnis vertrugen sich sehr gut miteinander. Nach Auffassung der Zeitgenossen stammte der Vogelschutz eigentlich aus den liebevollen Beziehungen zwischen dem Halter und seinem Stubenvogel: »Der Mensch, welcher den Vogel in der Stube liebevoll pflegt, wird ihn auch in der freien Natur lieben und schützen«,[254] brachte der österreichische Ornithologe Blasius Hanf dieses Argument schon früh auf den Punkt. Karl Theodor Liebe, einer der frühesten Vogelschützer in Deutschland, stellte wiederum fest: »[G]ewiß hat ein jeder, der daheim im Stübchen seine Blumen oder seinen Vogel pflegt, einen Anlaß mehr, draußen im Flur und Wald auf die Kinder der Flora und Fauna zu achten«.[255] Und auch der promovierte Zoologe und »Vogelprofessor« Johannes Thienemann war sich sicher: »Ein Mensch, der Vögel in Gefangenschaft pflegt, hat auch ein Herz für seine gefiederten Lieblinge im Freien und wird sie schützen und hegen«.[256] Die

253 Demmel: Nisthöhlen, S. 14.

254 Blasius Hanf: Ornithologische Miscellen, in: Verhandlungen der kaiserlich-königlichen zoologisch-botanischen Gesellschaft in Wien 21/1–2 (1871), S. 87–98, hier S. 97. Vgl.: Viktor v. Tschusi: Das Halten der Stubenvögel und der Vogelschutz. Schluß, in: Die gefiederte Welt 2/6 (1873), S. 41–42.

255 Karl Theodor Liebe: Lerchen als Stubenvögel, in: Monatsschrift des Deutschen Vereins zum Schutze der Vogelwelt 3 (8–9), 1878, S. 136–140, hier S. 136. Nach Liebe ging die Vogelschutzbewegung direkt aus der Stubenhaltung hervor: »Wir fragen uns ja: Von wem ging die Anregung aus, welche die grösseren und kleineren Vereine für Vogelschutz, welche die vielen populären ornithologischen Artikel und Abhandlungen zum besten unsrer deutschen Kleinvögel veranlasst hat? Das waren ja eben die Naturfreunde, welche ihren kleinen Sänger im Bauer mit zärtlicher Aufmerksamkeit pflegten und so wohlwollende Freunde der ganzen Vogelwelt geworden waren« (Karl Theodor Liebe: Vogelfang und Vogelhaltung, in: Carl R. Hennicke (Hg.): Hofrat Prof. Dr. K. Th. Liebes Ornithologische Schriften. Bd. II/III, Leipzig: Malende 1894, S. 571–577, hier S. 572.

256 J. Thienemann: Dürfen wir Vögel halten?, in: Ornithologische Monatsschrift 21/1 (1896), S. 3–7, hier S. 5. Zu weiteren Beispielen siehe: Liebe: Vogelfang, S. 576; Berlepsch: Vogelschutzfrage, S. 90–91; F. Helm: Aus meinem ornithologischen Tagebuche. 2. Sperber (Accipiter nisus, Linn.), in: Monatsschrift des Deutschen Vereins zum Schutze der Vogelwelt 12/11 (1887), S. 295–296, hier S. 295; Otto Koepert: Christian Ludwig Brehm und der Vogelschutz, in: Ornithologische Monatsschrift 21/1 (1896), S. 7–10, hier S. 10. Hennicke erklärte dementsprechend, dass er »ein Verbot des Gefangenhaltens von Vögeln für eine der schwersten Schädigungen halten würde, die die Vogelschutzbewegung treffen könnten« (Hennicke: Handbuch, S. 67). Vgl. auch: Schmoll: Erinnerung, S. 285–288.

Ornithologen des Kaiserreichs imaginierten die Vogelliebe als eine ganzheitliche Liebe, die nach sich eine ganzheitliche Pflege zog – der Vögel zuhause wie der Vögel im Freien. Der Vogelschutz war nichts anderes als eine Fortsetzung der Haustierhaltung in einem außerhäuslichen Raum. Als gepflegte und geliebte Tiere waren die freilebenden Vögel außerhäusliche »Haustiere«.[257]

## VOGELSCHUTZ UND KATZE. EIN UMKÄMPFTER HAUSTIERSTATUS ZWISCHEN RADIKALER DOMESTIKATION UND TOLERIERTER HALBWILDHEIT

Es gehörte zum Oszillieren der Ornithologen zwischen den zwei Polen Haustierhaltung und Schutz des Freilebens, dass sie die Entdomestikation eines Tiers, des Singvogels, zum Anlass nahmen, um einen Prozess der radikalen Domestikation eines anderen, der Katze (*Felis silvestris catus*), voranzutreiben. Ausgerechnet die Vogelliebhaber entwarfen nämlich die weitreichendste Vision zur Verwandlung der Katze in ein wahrhaftiges Haustier, die die Zeit des Kaiserreichs kannte. Diese Tatsache mag auf den ersten Blick seltsam anmuten: Wie frühere Arbeiten gezeigt haben, waren die wilhelminischen Vogelschützer doch große Katzenhasser.[258] Berlepsch z.B. rief zum »schonungsloseste[n] Vernichtungskrieg« gegen den »gefährlichste[n] Feind der Vogelwelt«[259] – eine Meinung, die für die Hauptströmung des katzenbezogenen Vogelschutzdiskurses im Kaiserreich sehr repräsentativ war. Wenn sie auf die Katze zu sprechen kamen, erlaubten es sich die Vogelschützer, eine äußerst gewalttätige Sprache zu verwenden. Wir haben aber schon gesehen, dass die Ornithologen Experten in der Vermischung von unterschiedlichen Kategorien des Umgangs der Menschen mit den Tieren waren. In dem gleichen Ausmaß, wie sie die Stubenhaltung und die Schonung des freien Lebens der Vögel in der Natur unter einen Hut brachten, war es für sie auch kein Problem, die Entfremdung ihrer gefiederten Lieblinge und die Verpartnerschaftlichung der gehassten Katzen als zwei Seiten derselben Medaille zu präsentieren. Die folgenden Ausführungen erzählen die Geschichte dieses widerspruchsvollen Prozesses von Katzenverpartnerschaftlichung, die den freilebenden Vögeln zuliebe unternommen wurde.

Die Verwandlung der Katze in ein richtiges Haustier war aus zeitgenössischer Perspektive eine äußerst radikale, gewagte Vision. Als die Ornithologen des Kaiserreichs sie entwarfen, wollten sie einer jahrtausendelangen europäischen Geschichte von Mensch-Katze-Beziehungen ein Ende setzen, in der die Katze sehr weit davon entfernt gewesen war, ein richtiges Haustier zu sein. Obwohl es reichlich Beweise dafür gibt, dass im Mittelalter und in der Frühen Neuzeit viele Katzen in den privaten Wohnräumlichkeiten der

257 Zu außerhäuslichen »Haustieren« siehe bes.: Etienne Benson: The Urbanization of the Eastern Gray Squirrel in the United States, in: Journal of American History 100/3 (2013), S. 691–710.

258 Schmoll: Erinnerung, S. 276–277; Johler: Vogelmord, S. 16; Frank Uekötter/Claas Kirchhelle/Eva Preuß: 100 Jahre Landesbund für Vogelschutz in Bayern, München 2015, S. 23–24.

259 Berlepsch: Vogelschutz, S. 16, 109.

Menschen lebten und von ihnen oft liebevoll gepflegt wurden,[260] war die vor- oder frühmoderne Katze in der Regel dem Griff menschlicher sozialer Ordnungen entgangen. Die staatlichen Behörden schenkten ihr kaum Beachtung, ihre Existenz innerhalb von menschlichen Gemeinden wurde so gut wie nie reguliert. Wenn politische Verordnungen sie doch erwähnten, dann eher als das Ziel von Ausgrenzungsmaßnahmen: Die Behörden behandelten sie als ein schädliches Raubtier, das wie andere kleine Raubtiere wie der Iltis oder der Marder im Bedarfsfall beseitigt – d.h. vernichtet – werden sollte. Das bedeutete aber nicht, dass die Katze in menschlichen Umgebungen abwesend war. Im Gegenteil: Katzen bevölkerten mittelalterliche und frühneuzeitliche Städte und Dörfer in sehr großer Zahl. Man tolerierte in der Regel ihre Anwesenheit, weil sie der menschlichen Gesellschaft einen unentbehrlichen Dienst bei der Vertilgung von Mäusen und Ratten leisteten. In dieser Beziehung wurden die Katzen von den Menschen eher geduldet als gehalten, geschweige denn gepflegt. Sie waren streunende Tiere ohne Eigentumsstatus. Sie lebten nicht wirklich *mit* oder *bei* als viel eher *neben* den Menschen. Sie führten ihr eigenes Leben und wenn sie auf der Straße herumliefen, wurden sie von den Menschen kaum wahrgenommen. Sie waren Tiere, die am Rande der menschlichen Gesellschaft lebten, ohne je von ihr wirklich einbezogen zu werden.[261]

In einer anderen Beziehung führte aber gerade die Randstellung der Katze dazu, dass sie in der menschlichen *Kultur* doch einen festen Platz fand. Wie Robert Darnton in seinem klassischen Aufsatz über »Das große Katzenmassaker in der Rue Saint-Séverin« herausgearbeitet hat, war gerade das mysteriöse, unergründliche Katzenwesen eine Quelle unendlicher Symbolisierungen im Europa der Frühen Neuzeit. Als ein Tier mag die Katze eine Randfigur gewesen sein, als Symbol war sie dagegen mittendrin – ein fester Bestandteil der menschlichen Vorstellungswelt. Aber auch im Rahmen der symbolischen Kultur wurde die Katze in gewisser Hinsicht ausgeschlossen, denn sie symbolisierte stets die Kehrseite der menschlichen sozialen Ordnungen. Immer wenn es galt, Fremdheit, Verkehrtheit und Verletzung von Konventionen zu repräsentieren, wurde auf die Katze zurückgegriffen. Ihre Liminalität, ihre Randexistenz boten hierfür unerschöpfliches Material. Deswegen wurden Katzen oft als Begleiter von Hexen und sogar des Teufels dargestellt. Deswegen symbolisierte die Katze schon in der damaligen Zeit ausschweifende Sexualität. Wenn, wie Darnton festgestellt hat, den Katzen »ein ungeheures symboli-

260 Siehe z.B.: Kathleen Walker-Meikle: Medieval Pets, Woodbridge/Rochester, NY: Boydell & Brewer 2012, S. 4, 10.

261 Mark Sven Hengerer: Die Katze in der frühen Neuzeit. Stationen auf dem Weg zur Seelenverwandten des Menschen, in: Clemens Wischermann (Hg.): Von Katzen und Menschen. Sozialgeschichte auf leisen Sohlen, Konstanz: UVK 2007, S. 53–88; ders.: Stadt, Land, Katze. Zur Geschichte der Katze in der frühen Neuzeit, in: Informationen zur modernen Stadtgeschichte 40/2 (2009), S. 13–25; Wolfgang Herborn: Hund und Katz im städtischen und ländlichen Leben im Raum um Köln während des ausgehenden Mittelalters und der frühen Neuzeit, in: Günther Hirschfelder/Dorothea Schell/Adelheid Schrutka-Rechtenstamm (Hg.): Kulturen – Sprachen – Übergänge. Festschrift für H. L. Cox zum 65. Geburtstag, Köln/Weimar/Wien: Böhlau 2000, S. 397–413, hier S. 400–406; Peter Edwards: Domesticated Animals in Renaissance Europe, in: Bruce Boehrer (Hg.): A Cultural History of Animals in the Renaissance, Oxford/New York: Berg 2007, S. 75–94, hier S. 91.

sches Gewicht« von den Menschen aufgelastet wurde, dann wurden sie dadurch noch stärker an den Rand der menschlichen Gesellschaft gedrängt. Symbolische Integration bedeutete hier soziale Desintegration, die sich in dem eigentlichen Umgang der Menschen mit diesen Tieren niederschlug. So wurden Katzen in verschiedenen Ritualen, wie z.B. im Rahmen von Karnevalen und insbesondere in den Zeremonien des Johannisfestes auf grausame Art und Weise gefoltert. Wenn man sie an den Pranger stellte oder auf dem Scheiterhaufen verbrannte, wurde ihnen die Nichtzugehörigkeit zur menschlichen Gesellschaft sozusagen auf den Körper geschrieben.[262]

Als Jahrhunderte später sich in Deutschland eine Vogelschutzbewegung formierte, knüpften ihre Führer an diese alte Tradition der Katzenverachtung an. Viele von ihnen glaubten, »daß die Lösung der Katzenfrage [...] eines der wichtigsten Probleme der ganzen Vogelschutzbewegung ist«.[263] Diese Katzenfrage war für sie in erster Linie eine Charakterfrage. Die wilhelminischen Vogelschützer begnügten sich nicht mit sachlichen und angeblich wissenschaftsgestützten Argumenten, dass die Jagd durch Katzen eine akute Bedrohung für die Bestände von Singvögeln darstelle. Ihr Katzendiskurs hatte vielmehr einen starken moralischen Grundton. Er strotzte vor sehr plastischen Aussagen über das schlechte, verdorbene Wesen des Tiers: Die Katzen stellten der Vogelwelt mit »Schlauheit und Mordlust« nach, erklärte z.B. einer der Redner am Zweiten Deutschen Vogelschutztag, der im Mai 1911 in Stuttgart stattfand; sie jagten Vögel »nicht aus Hunger, sondern aus purer [...] Blutgier«: »sowohl Tag wie Nacht« streiften sie herum, sodass »kein Nest, weder hoch auf dem Baum, noch im Busch noch auf der Erde vor ihnen sicher ist«.[264] Mit Schilderungen dieser Art diffamierten die Vogelschützer in erster Linie den Charakter der Katze. Sie stellten die Katze als den Archetyp des schlechten Tiers dar, das es nicht verdient habe, ein Gefährte der Menschen zu sein: »Die Katze war niemals ein echtes deutsche[s] Haustier«, urteilte ein anderer Ornithologe; »ihr Charakter bleibt uns ewig fremd, weil heimtückisch, treulos!«[265] Manche Vogelschützer behaupte-

---

262 Robert Darnton: Das grosse Katzenmassaker. Streifzüge durch die französische Kultur vor der Revolution, München: Hanser 1989, S. 91–123 (Zitat S. 113). Siehe auch: Walker-Meikle: Pets, S. 11–13; Hengerer: Katze, S. 67–68, 71–72; ders.: Stadt, S. 24–25; ders.: Die verbrannten Katzen der Johannisnacht. Ein frühneuzeitlicher Brauch in Metz und Paris zwischen Feuer und Lärm, Konfessionskrieg und kreativer Chronistik, in: Bernd Herrmann (Hg.): Beiträge zum Göttinger Umwelthistorischen Kolloquium 2010–2011, Göttingen: Universitätsverlag Göttingen 2011, S. 101–145; Peter Dinzelbacher: Mittelalter, in: ders. (Hg.): Mensch und Tier in der Geschichte Europas, Stuttgart: Kröner 2000, S. 181–292, hier S. 208, 227–228, 280.

263 Haenel: Vogelschutz, S. 58.

264 Abschrift: Sonderausdruck aus der Allgemeinen Forst- und Jagdzeitung: Der zweite Vogelschutztag in Stuttgart und seine Beschlüsse zur Katzenfrage (ohne Datum [1911]) (GStA PK, I. HA Rep. 87 B, Nr. 20037). Auch Ruß sprach von der »wildmordlustige[n] Katzennatur« (Karl Ruß: Die vierte Ausstellung des Vereins »Ornis« in Berlin (Vom 5. bis 9. Dezember 1884). VI. Die Vogelstuben-Katze, in: Die gefiederte Welt 14/13 (1885), S. 120–121, hier S. 121).

265 Zitiert nach: Agnes Engel: Vogelschutz und Katze, Berlin-Friedenau: L. M. Waibel und Co. 1911, S. 7.

ten sogar, dass die Katzen so etwas wie eine invasive Art seien – »Fremdlinge auf deutschem Boden«, die die heimischen Singvögel verjagten: »Diesen Ausländern bieten die Kinder unserer Heimat keinen wirksamen Widerstand. [...] Sicher ist, daß die angestammten Raubtiere dem Vogelbestande niemals so gefährlich werden können, wie diese aus dem Osten eingewanderten Feinde«.[266]

Wie ihre mittelalterlichen und frühneuzeitlichen Vorgänger wollten also auch die Vogelschützer des Kaiserreichs die Katze aus der menschlichen Gesellschaft ausschließen. Ihr auf dem Vogelschutz begründeter Katzenhass war dabei Teil einer allgemeineren katzenfeindlichen Ideologie, die in westlichen, vor allem bürgerlichen Gesellschaften des 19. Jahrhunderts weitverbreitet war. Wie Ritvo in Bezug auf das viktorianische England zeigt, sei die Katze in dieser Epoche »[t]he most frequently and energetically vilified domestic animal« gewesen.[267] Die Bürger des 19. Jahrhunderts verachteten die Katzennatur. Sie galt ihnen als egoistisch und tückisch. Die Katze war in ihren Augen undankbar, ein Tier, das den Menschen misstraue, egal wie gut sie sie pflegten. Man könne sie vermeintlich auch nicht zu besserem Verhalten erziehen, sie sei unbelehrbar.[268] Sie bleibe immer »faithless, deceitful, destructive, and cruel«.[269] Kurz gesagt: Der Katzencharakter, wie die Bürger des 19. Jahrhunderts ihn verstanden, war ein Affront gegen den »bürgerlichen Wertehimmel«. Wenn die Singvögel Tiere waren, die bürgerliche Tugenden personifizierten – Monogamie, liebevolle Pflege von Jungen durch ihre Eltern, Fleiß, musikalisches Talent[270] –, waren Katzen das genaue Gegenteil: Kreaturen, die – abgesehen von Sauberkeit – gegen all das verstießen, was für die bürgerliche Gesellschaft ein gesittetes Leben kennzeichne. Deswegen blieben die Katzen des 19. Jahrhunderts aus dieser Gesellschaft ausgeschlossen. Sie waren immer noch liminale Tiere, die neben den Menschen lebten, aber ihr eigenes Dasein führten – die »unabhängigsten und eigennützigsten unserer Hausthiere«, wie sie David Friedrich Weinland, der erste Direktor des Frankfurter Zoologischen Gartens, nannte.[271]

Wie ihre frühneuzeitlichen Vorgänger ließen die bürgerlichen Vogelschützer ihren Worten über das schlechte Wesen der Katze Taten folgen. Ihre Gewalt gegen die Katzen unterschied sich aber doch von früheren Epochen: Was in der Frühen Neuzeit ein sym-

---

266 Abschrift: Friedrich Schwalbe (Seebach): Notwendigkeit und Nutzen des Vogelschutzes im Land und Gartenbau (ohne Datum) (GStA PK, XVI. HA Rep. 30, Nr. 954).

267 Ritvo: Estate, S. 21

268 Ebd., S. 22–23, 116; Mason: Creatures, S. 37–38, 49, 140–141; Kete: Beast, S. 118–125. Zu zeitgenössischen Meinungen siehe: Leopold Joseph Fitzinger: Ueber die Racen der Hauskatze (Felis domestica), in: Der zoologische Garten 9/2 (1868), S. 51–60; Paul Schlesinger: Das Tierasyl des Deutschen Tierschutzvereins in Lankwitz bei Berlin, in: Die Gartenlaube 40 (1906), S. 846–848, hier S. 848. Zu einer sozialwissenschaftlichen Dekonstruktion des »myth of the solitary cat« siehe: Janet M. Alger/Steven F. Alger: Cat Culture. The Social World of a Cat Shelter, Philadelphia: Temple University Press 2003, S. 1–26.

269 Ritvo: Cows, S. 41.

270 Siehe: Jonas Frykman/Orvar Löfgren: Culture Builders. A Historical Anthropology of Middle-Class Life, New Brunswick, NJ/London: Rutgers University Press 1987, S. 79–81.

271 Was wir wollen, in: Der zoologische Garten 1/1 (1859), S. 1–7, hier S. 4. Vgl.: Ludwig Reinhardt: Kulturgeschichte der Nutztiere, München: Ernst Reinhardt 1912, S. 280.

bolisches Ritual gewesen war, wurde jetzt aus praktischen Gründen unternommen und diente einem »guten« Zweck. Man verbrannte keine Katzen mehr beim Karneval, deren Beseitigung war nun ein alltägliches Ereignis, damit sie das Leben der Vögel nicht gefährdeten. Die radikalsten Vogelschützer träumten von einer Massenvernichtung fast aller im Reich lebenden Katzen. Es ging ihnen um eine Totallösung der Katzenfrage. In einem Anleitungsbuch zum praktischen Vogelschutz wurde z.B. konstatiert: »[M]an vermag die [...] Vögel nicht anders vor ihr [= der Katze] zu schützen, als daß man die Katzen beseitigt«. Beseitigung hieß hier konkret das Aufstellen von Katzenfallen und das Eintauchen der eingefangenen Tiere in Wassertonnen – die von den Vogelschützern des Kaiserreichs bevorzugte Tötungsmethode.[272]

Auf dem Zweiten Vogelschutztag erklärte ein Abgeordneter der Kommission zur Beratung der Katzenfrage: »Eins aber bleibe immer noch im Dorf usw. zu tun, und da stimme ich ganz besonders mit Herrn von Berlepsch überein: das ist die Vernichtung der Katzen«.[273] Besonders nachdem die Vogelschützer mit ihrer Kampagne zur Führung einer Katzensteuer in den Reichsgemeinden gescheitert waren, richteten sie ihr Augenmerk mehr und mehr auf die fatalere Alternative. Auf dem Zweiten Vogelschutztag wurde lange darüber beraten, wie das Recht auf das Töten von Katzen geregelt werden könne.[274] Viele Vogelschützer wollten dabei die Aufgabe der Katzentötung für sich selbst beanspruchen. Die Kommissionsmitglieder brachten einen Gesetzentwurf über das Recht des »freien Katzenfangs« ein. Danach sollte jeder »Gartenbesitzer[]« und »Grundeigentümer[]«, »der seine Singvögel liebt und hegt«, berechtigt sein, in sein Anwesen eindringende Katzen umzubringen. Die freilebenden Vögel, die sich in ihren Gärten ja nur als Gäste aufhielten, sahen sie dabei fast als ihre »Haustiere«. Sie beschwerten sich darüber, dass es keine »gesetzliche Anerkennung des rechtlichen Interesses des Grundeigentümers am Schutz der Singvögel auf seinem Grund und Boden« gebe.[275] Im Gegen-

272 Will: Anleitung, S. 2.

273 Abschrift: Sonderausdruck aus der Allgemeinen Forst- und Jagdzeitung: Der zweite Vogelschutztag in Stuttgart und seine Beschlüsse zur Katzenfrage (ohne Datum [1911]) (GStA PK, I. HA Rep. 87 B, Nr. 20037).

274 Das Bedürfnis hierfür entstand nicht zuletzt dadurch, dass sowohl das Reichsvogelschutzgesetz (1888) wie auch dessen Novellierung (1908) die Katze unberücksichtigt ließen. Die Bestimmungen der Kommission wurden von Lina Hähnle, der Begründerin des Bundes für Vogelschutz, gutgeheißen; siehe: Dr. Konrad Guenther an seine Exzellenz des Herrn Reichskanzler Dr. von Bethmann Hollweg Berlin (ohne Datum) (GStA PK, I. HA Rep. 87 B, Nr. 20037).

275 Abschrift: Sonderausdruck aus der Allgemeinen Forst- und Jagdzeitung: Der zweite Vogelschutztag in Stuttgart und seine Beschlüsse zur Katzenfrage (ohne Datum [1911]) (GStA PK, I. HA Rep. 87 B, Nr. 20037). Vgl.: Allgemeiner Deutscher Jagdschutz-Verein an Seine Exzellenz dem Kanzler des Deutschen Reichs Herrn von Bethmann Hollweg, Berlin, 06.10.1911 (ebd.). Die Vogelschützer behaupteten, dass gerade die Tatsache, dass sie die freilebenden Vögel pflegten, ihnen ein Recht auf diese Tiere gibt: »Ein gesetzliches Recht hat der Grundbesitzer auf die seinen Garten bewohnende Vogelwelt nicht oder noch nicht, doch erwirbt er sich durch die Pflege (Fütterung, Schaffung von Nistangelegenheiten), die er ihr angedeihen läßt, ein hohes moralisches Anrecht auf sie« (Abschrift: Sonderausdruck aus der

zug waren die frei herumlaufenden Katzen diejenigen Tiere, die man von seinem Grund und Boden als unerwünschte Gäste ausgrenzen wollte: »Schon dadurch, dass wir Garten und Park *katzenrein* halten, überhaupt rein von allerlei schädlichem Raubzeug, machen wir den Singvögeln den Aufenthalt angenehm«, wurde in einem Beitrag eines Vogelschützers eine derartige selektive Gastfreundschaft gepredigt: »[D]uldet die vogelmordende Katze nicht im Garten«.[276] Der Katzen-Vogel-Konflikt war für die Vogelschützer ein Nullsummenspiel. Die Katzen sollten komplett beseitigt werden, damit die Menschen allein die Gesellschaft der Vögel genießen könnten.

Die Reichsbehörden hatten aber überhaupt kein Interesse, sich mit der Katzenfrage zu befassen,[277] und deswegen kam es nie zu einer entsprechenden Gesetzgebung. Viele Vogelliebhaber nahmen aber das Gesetz in die eigene Hand und töteten zahlreiche Katzen doch, ohne auf eine rechtliche Genehmigung zu warten.[278] Besonders berühmt-berüchtigt war das Vorgehen eines Münsteraner Vogelschutzvereins, der 1911 eine Belohnung von 50 Pfennig für jede eingefangene Katze aussetzte. In öffentlichen Bekanntmachungen und Vorträgen berichteten die Vereinsmitglieder ausführlich über ihre gewalttätigen Aktionen. Sie hofften dabei, andere Organisationen zur Nachahmung anzuregen.[279] Nach Berlepsch habe der Verein »an 1000 Katzen beseitigt«. Die Schwänze der getöteten Tiere wurden als »*corpora delicti* im Vereinslokal aufbewahrt«.[280]

Gewalt und Vernichtung waren aber nicht die einzigen Lösungen, die die Vogelschützer für das Katzenproblem vorschlugen. Sie waren Realisten. Die meisten glaubten nicht an einer Totallösung. Sie dachten nicht wirklich, dass das Deutsche Reich in absehbarer Zukunft vollkommen katzenfrei werden könne. Mehr noch: Sosehr sie die Katzen hassten, wussten sie doch ihren Dienst für die menschliche Gesellschaft zu schätzen. Wir erinnern uns: Die wilhelminischen Vogelschützer waren Laienwissenschaftler, sie hatten solides Wissen über Ökosysteme und sie verstanden, wie wichtig es war, ein Gleichgewicht zu erhalten. Sie wussten, welcher Schaden den Menschen erwachsen

Allgemeinen Forst- und Jagdzeitung: Der zweite Vogelschutztag in Stuttgart und seine Beschlüsse zur Katzenfrage (ohne Datum [1911]) (ebd.)).

276 R.: Schutz den Singvögeln, in: Der Gartenfreund 1/12 (1901), S. 94–95, hier S. 95 (Hervorhebung im Original).

277 Siehe: Der Reichskanzler (Reichsamt des Innern) an den Herrn Minister für Landwirtschaft, Domänen und Forsten, 08.05.1914; Ministerium für Landwirtschaft, Domänen und Forsten an den Herrn Reichskanzler (Reichsamt des Innern), 15.06.1914 (GStA PK, I. HA Rep. 87 B, Nr. 20037). Siehe zu einer einzigen lokalen Ausnahme: Die Polizeiverwaltung Ferienwalde a.O. Gez. Kurts: Polizeiverordnung betreffend das Unterlaufen von Katzen, 06.03.1911; Der königliche Regierungs-Präsident in Potsdam an den Herrn Minister für Landwirtschaft, Domänen und Forsten in Berlin, 16.11.1914 (ebd.).

278 Siehe z.B.: Deutscher Bund für Katzenschutz E. V. an das Königliche Preussische Ministerium des Innern, 26.03.1912 (ebd.).

279 Deutscher Bund für Katzenschutz E.V. an das Königlich Preussische Ministerium des Innern Berlin, 09.12.1911; Ministerium für Landwirtschaft, Domänen und Forsten an den Herrn Regierungspräsidenten in Münster i.W., 15.06.1914; Der Regierungs-Präsident in Münster i.W. an den Herrn Minister für Landwirtschaft, Domänen und Forsten in Berlin, 23.06.1914 (ebd.).

280 Berlepsch: Vogelschutzfrage, S. 98. Vgl.: Johler: Vogelmord, S. 16.

würde, wenn der größte natürliche Feind von »schädlichen« Tieren wie Mäusen und Ratten beseitigt würde. Ihr Denken war zu anthropozentrisch, als dass sie eine totale Ausrottung des Katzengeschlechts hätten herbeiwünschen können.[281] »[K]ein Mensch denkt daran, die Katze auszurotten«, stellte z.B. Haenel fest: »Die Katze ist zum Mäusefang im Haus und Hof gewiß notwendig«.[282]

Die Vogelschützer wollten also nicht sämtliche Katzen vernichten. Gerade in der Tötungsfrage waren sie bereit, sich mit einer Teillösung zu begnügen. Es galt, nicht alle, sondern nur bestimmte Katzen zu töten. Nach welchen Kriterien selektierten die Vogelschützer? Wie entschieden sie, welche Katzen todeswürdig seien und welche weiterleben dürften? Die Antwort auf diese Fragen ist in Haenels Hinweis auf die nützlichen Katzen, die »im Haus und Hof« Mäuse jagen, zu finden. Die meisten Vogelschützer des Kaiserreichs glaubten, dass der »eigentliche[] Wirkungskreis« der Katze, wie es Berlepsch formulierte, »Haus und Hof« sei.[283] Demnach waren nicht alle Katzen schlimm. Die wirklich schlimmen Katzen, diejenigen, die getötet werden müssten, seien die streunenden Katzen – die Katzen, die nicht in einem Haus wohnten. So rief Berlepsch in Wahrheit nicht zu einem schonungslosen »Vernichtungskrieg« gegen alle Katzen, sondern nur gegen »alle außerhalb der Gebäude herumlungernden Katzen«.[284] Diese Einschränkung war enorm wichtig für die Art des Katzenhasses, den die wilhelminischen Vogelschützer hegten. Der zu vernichtende Erzfeind war in ihren Augen nicht die Katze an sich, sondern die »wildernde« oder »verwilderte« Katze, wie sie diesen Feind selbst nannten.[285] Sie waren nicht wirklich katzenfeindlich, sie waren vielmehr streunerfeindlich.

Die Vogelschützer wussten aber sehr genau, dass es nicht so leicht sei festzustellen, ob eine bestimmte Katze eine Streunerin sei. Sie definierten den Feind, konnten ihn aber nicht ganz klar identifizieren. Denn was, wenn eine außerhalb von Haus und Hof »herumlungernde« Katze keine »verwilderte« Katze im eigentlichen Sinne war? Wie sollten die Katzen behandelt werden, die doch in einem Haus bei einem Menschen wohnten, ab und an aber das Haus verließen, um einen Spaziergang im Freien zu unternehmen? Die Vogelschützer unterschieden klar zwischen Katzen als Haustieren und Katzen als Streunern. Sie konnten aber nicht mit Sicherheit sagen, ob eine bestimmte Katze, der sie auf dem Weg begegneten, zu der einen oder der anderen Gruppe gehörte.

Die Lösung, die die Vogelschützer für dieses Problem vorschlugen, war in vielfacher Hinsicht überraschend, denn im Kern handelte es bei ihr um eine radikale Annäherung zwischen Mensch und Katze. Ausgerechnet das Tier, dessen Charakter sie verschmähten

281 Vgl.: Heinz Meyer: 19./20. Jahrhundert, in: Dinzelbacher (Hg.): Mensch, S. 404–568, hier S. 410.

282 Haenel: Vogelschutz, S. 13–14.

283 Berlepsch: Vogelschutz, S. 16.

284 Ebd., S. 109.

285 Die Vertreter der »Königlichen Weinbau- und Kellereidirektion in Wiesbaden«, die sich auch mit dem Vogelschutz befasste, stellten 1907 fest: »Die Katzen sind nur, wenn sie wildernd sich außerhalb ihres heimischen Gehöftes umhertreiben, zu vernichten« (zitiert nach: Müller v. d. Neiße: Ist Katzenschutz eine Notwendigkeit – oder eine Liebhaberei? (ohne Datum [1911]) (GStA PK, I. HA Rep. 87 B, Nr. 20037)).

und als unverbesserlich fanden, wollten sie – zugunsten der Vögel – zu einem festen Gefährten des Menschen machen. Damit die Katzen aufhörten, den Vögeln nachzustellen, mussten sie in richtige Haustiere verwandelt werden. Das bedeutete in räumlicher Hinsicht eine Einschränkung ihrer Bewegungsfreiheit auf das Haus oder zumindest auf Haus und Hof. Diese räumliche Domestikation sollte – im Gegensatz zur Vernichtung – vollständig sein. Wir haben im vorherigen Abschnitt gesehen, dass die Ornithologen die Trennlinien zwischen Haustierhaltung und Freileben verschwimmen ließen. Das taten sie aber nur in Bezug auf ihre Lieblingstiere – die Singvögel. Was die Katzen anging, eigneten sie sich eine viel statischere Auffassung über die Unterscheidung zwischen Haus- und Wildtieren an. Sie wollten die Katzen zu totalen Haustieren machen. Sie bekämpften gerade die Liminalität der Katze – ihr Oszillieren zwischen Haus und Wald, zwischen Kultur und Natur. Sie wollten die Katze komplett an die häusliche Sphäre binden. Berlepsch beteuerte z.B., dass die Katze im »Garten«, »Wald und Feld« nicht geduldet werden dürfe – »dort, wo [...] [sie] nicht hingehört«. Er wollte jene »vielen verwilderten Katzen« vernichten, »die oft stundenweit von jeglicher Ortschaft entfernt umherschweifen«.[286] Die Vogelschützer konstruierten so die Katze als ein Tier, dessen »Wirkungskreis« eindeutig markiert sei. Die Katze dürfe nur am »richtigen Ort sein«.[287] Sie dürfe nicht mehr das Haus oder zumindest die menschliche Ortschaft verlassen und einen Spaziergang ins Grüne machen. Es sollte ihr nicht mehr eingeräumt werden, das liminale Tier zu sein, das jahrhundertelang zwischen Haus, Straße, Feld und Wald gependelt war. Sie musste von nun an ein komplett domestiziertes Dasein haben. Statt »Genozid« forderten die Vogelschützer radikale Domestikation.

Die komplette Einsperrung der Katze im Haus und die Politik der Nulltoleranz gegenüber ihres Aufenthalts in Naturräumen mögen grausam anmuten. Viele Vogelschützer glaubten aber, dass gerade die Katzen selbst von ihrer Domestikation profitieren würden. Sie wollten die Katzen zu Haustieren nicht nur in räumlicher Hinsicht machen. Sie wollten, dass sie auch richtige Partner der Menschen würden, die wie die anderen Partnertiere eine liebevolle Pflege genießen könnten. Wenn sie von der radikalen Domestikation der Katze sprachen, wurden viele Vogelschützer von Katzenhassern zu Katzenfreunden. »Auch wird nichts einzuwenden sein«, wurde beispielsweise in einem Vogelschutzratgeber erklärt, dass

> »Katzenliebhaber die besonders ans Herz gewachsenen Tiere aufziehen und pflegen. Aber das Interesse der Allgemeinheit verlangt, daß die Katzen als Haustiere ebenso wie die anderen Haustiere, namentlich der Hund, richtig gepflegt und richtig beaufsichtigt und erzogen werden und daß sie nicht zum Schaden der Allgemeinheit sich übermäßig vermehren und uneingeschränkt ihrem Hang zur Vogeljagd nachgehen dürfen«.[288]

Gerade im Vogelschutzdiskurs wurden die Katzen in die Haustierkultur und all ihre

---

286 Berlepsch: Vogelschutz, S. 108. Vgl. auch die Worte Hennickes: »man [sollte] auch dafür sorgen, daß sie [= die Katze] bei uns als Haustier geduldet wird, nicht aber im freien Felde, wie es auch beim Hunde geschieht« (Hennicke: Handbuch, S. 91).

287 Engel: Vogelschutz, S. 10.

288 Vogelschutz in der Landwirtschaft, S. 1–2.

schönen Momente der menschlichen Gutherzigkeit im Umgang mit dem Tier integriert. Und das mit dem Ziel wohlgemerkt, dass eine andere Tiergattung in der freien Natur weiterhin ungestört leben könne. Aus der Perspektive der Vogelschützer handelte es sich um eine Win-win-Situation: Das Leben der freilebenden Singvögel würde gerettet, und die Katzen würden zu richtigen Haustieren. Die »Ausmerzung aller wildernden Katzen«, behauptete einer der Redner auf dem Zweiten Vogelschutztag, werde erstmals in der Geschichte »die Schaffung einer Hauskatzenrasse […], ja überhaupt erst eine richtige Katzenzucht« ermöglichen.[289] Die Vernichtung der streunenden Exemplare komme so nicht nur den Vögeln zugute, sondern auch den Katzen – d.h. den Katzen, die Herren hätten und die jetzt endlich regelrechte »Hauskatzen« würden. Gewalt und Tötung waren Mittel der Fürsorge.[290]

Die räumliche Einschränkung der Bewegungsfreiheit der Katze sollte also das Problem der Unterscheidung zwischen den »verwilderten« und den Hauskatzen, die so wichtig für die Frage des Katzenfangs war, lösen. Wenn die Katzen das Haus nicht mehr verließen, wenn sie nicht mehr spazieren gehen dürften, könne es keine Verwechslung zwischen streunenden und von Menschen gehaltenen Katzen mehr geben. Die Vogelschützer/Katzenfänger würden sich nicht fragen müssen, ob eine »herumlungernde« Katze eine Streunerin sei oder jemandem gehöre. »Herumlungern« würde unbedingt »Wildern« bedeuten. Die »umherschweifenden« Katzen würden dann, wie es Berlepsch in einem Schreiben an den Preußischen Landwirtschaftsminister formulierte, dem »freien Tierfang« unterliegen.[291] Die Vogelschützer würden all diese Katzen töten und so würden in Deutschland nur Hauskatzen übrigbleiben. Diese würden reine Haustiere sein, die das häusliche Umfeld nie verließen.[292]

Der Bericht der Kommission zur Beratung der Katzenfrage am Zweiten Vogelschutztag endete mit der Erklärung, dass »Anhänger des Vogelschutzes und Katzenfreunde […] darüber einig [sind], daß die zahlreichen herrenlosen Katzen ein großes Uebel sind, während man die Hauskatze als ein den Rechtschutz verdienendes Haustier bezeichnen

289 Abschrift: Sonderausdruck aus der Allgemeinen Forst- und Jagdzeitung: Der zweite Vogelschutztag in Stuttgart und seine Beschlüsse zur Katzenfrage (ohne Datum [1911]) (GStA PK, I. HA Rep. 87 B, Nr. 20037). Ein anderer Vogelschützer, der die Einführung einer Katzensteuer befürwortete, behauptete in ähnlicher Weise, dass diese im »Interesse des Tiers« nötig sei, »denn mit ihr hören die vielen verfolgten und geplagten herrenlosen Katzen zu existieren auf« (Wilhelm Schuster: Einführung der Katzensteuer in München, in: Mitteilungen über die Vogelwelt 11/12 (1911), S. 259–260, hier S. 260).

290 Vgl. hierzu: Thom van Dooren: A Day with Crows: Rarity, Nativity, and the Violent-Care of Conservation, in: Animal Studies Journal 4/2 (2015), S. 1–28.

291 Hans Freiherr von Berlepsch an den Herrn Königlichen Minister für Landwirtschaft, Domänen und Forsten, 02.04.1913 (GStA PK, I. HA Rep. 87 B, Nr. 20037).

292 Die Kommission des Zweiten Vogelschutztages schlug sogar vor, dass durch eine entsprechende Novellierung Reichsvogelschutzgesetzes ein »rechtlicher Unterschied zwischen den Hauskatzen und den herrenlosen Katzen gemacht wird«; siehe: Allgemeiner Deutscher Jagdschutz-Verein an Seine Exzellenz dem Kanzler des Deutschen Reichs Herrn von Bethmann Hollweg, 06.10.1911 (ebd.).

kann«.[293] Aber sahen das die »Katzenfreunde« auch so? Waren sie sich mit den »Anhänger[n] des Vogelschutzes« wirklich einig? Wollten auch sie eine klare Unterscheidung zwischen einerseits herumlaufenden und andererseits sich ausschließlich im häuslichen Umfeld aufhaltenden Katzen herstellen? Als Erstes muss man aber fragen: Wer waren überhaupt diese »Katzenfreunde«? Die Vogelschützer meinten mit diesem Begriff keine amorphe Gruppe von katzenliebenden Personen, sondern eine organisierte Bewegung. Nicht zuletzt als Reaktion auf den Katzenhass der Vogelschutzbewegung schlossen sich kurz nach der Jahrhundertwende in Rixdorf (heute Berlin-Neukölln) mehrere Katzenliebhaber zusammen, um den »Deutschen Bund für Katzenschutz« zu gründen. Wie ihre »Kollegen« die Vogelschützer diskutierten auch die Katzenschützer sehr intensiv über die Stellung der Katze in der modernen menschlichen Gesellschaft.

Aufgrund der Tatsache, dass diese Diskussion als eine Reaktion auf die Katzenfeindlichkeit der Vogelschützer und der bürgerlichen Gesellschaft des 19. Jahrhunderts entstand, hatte sie einen unverkennbar apologetischen Charakter. Die Katzenschützer und frühere Katzenadvokaten verteidigten die Katze in erster Linie. Sie wollten die Argumente der Katzenhasser entkräften, dass die Katze ein schlechtes, ungeselliges Wesen habe und keine richtige Gefährtin des Menschen sein könne. Sie wollten beweisen, dass die Katze doch ein Tier sei, das einen Ehrenplatz im Schoß der menschlichen Gesellschaft verdient habe.[294]

Diese Bemühungen um die Belegung der Nähe zwischen Katze und Mensch hatten zunächst die Form einer Abstammungsdebatte, die sich um die Frage drehte, wie groß der Unterschied zwischen der Hauskatze und ihren wilden Vorfahren sei. Seit Mitte des 19. Jahrhunderts versuchten viele Populärzoologen in Deutschland nachzuweisen, dass kaum noch etwas die Hauskatze mit den Wildkatzenarten verbinde und dass sie inzwischen überaus domestiziert sei. Im ersten Jahrgang des *Zoologischen Garten* behauptete beispielsweise David Friedrich Weinland, dass sich die Hauskatze anatomisch »sehr wesentlich« von der Wildkatze unterscheide. Sie habe z.B. einen Nahrungskanal, der »um ein ganzes Dritttheil« länger sei und es ihr dadurch ermögliche, auch vegetarische Kost zu genießen – was Hauskatzen, so Weinland, im Gegensatz zu ihren wilden Pendants, die regelrechte Raubtiere seien, häufig täten. Weinland wollte darüber hinaus belegen, dass die heutzutage in Deutschland existierende Hauskatze nicht, wie frühere Zoologen angenommen hatten, von der in den Wäldern der Heimat zu findenden Wildkatze abstamme; sie sei vielmehr der direkte Abkömmling der altägyptischen Katze. Das bedeutet, dass sie von einem Tier abstamme, das bereits vor Jahrtausenden von einer der ehrwürdigsten Zivilisationen in der Geschichte der Menschheit domestiziert und verherrlicht worden sei. Auch von den »Griechen und Römern« sei sie gehalten worden – nicht aber von den »alten Deutschen« – den »barbarischen« Germanen. Weinland schlussfolgerte, dass die Katze nach Europa mit dem »Acker- und Getreidebau von Aegypten her« gekommen sei. In Deutschland sei sie erst aufgetaucht, als sie »durch den verbreiteten Getreidebau gegen die Mäuse nothwendig wurde«. Dieser Nexus zwischen der Verbreitung der Katze und dem Fortschritt der menschlichen Zivilisation habe auch ihre Verhal-

293 Abschrift: Sonderausdruck aus der Allgemeinen Forst- und Jagdzeitung: Der zweite Vogelschutztag in Stuttgart und seine Beschlüsse zur Katzenfrage (ohne Datum [1911]) (ebd.).

294 Vgl. bezüglich Frankreich: Kete: Beast, S. 128, 132–133.

tensweise geprägt: Die Katzen, so Weinland, verhielten sich nicht wirklich wild. Sie suchten stets die Nähe der Menschen. Selbst diejenigen, »die wirklich Feld und Wald besuchen, um Vögel und Mäuse zu jagen«, kehrten am Ende »immer [...] in die Häuser oder Höfe zurück. Überhaupt ertragen sie keine zu große Kälte«,[295] fügte er noch hinzu, um herauszustellen, dass der Entwilderungsgrad der Katze allen Vorurteilen zum Trotz schon sehr fortgeschritten sei.

Der wichtigste Katzenadvokat der Epoche war aber kein geringerer als Alfred Brehm – der Verfasser des beliebtesten populärzoologischen Werks in Deutschland des 19. Jahrhunderts. In seinem *Brehms Thierleben* (zweite Auflage, 1877) schrieb Brehm über die Hauskatze, »daß es endlich einmal Zeit wäre, die ungerechten Meinungen und missliebigen Urtheile über sie der Wahrheit gemäß zu verbessern und zu mildern«. Auch Brehm behauptete, dass es eine Korrelation zwischen der Verbreitung der Katze und dem Fortschritt der Zivilisation gebe: »Je höher ein Volk steht, je bestimmter es sich seßhaft gemacht hat, um so verbreiteter ist die Katze«. Während sie »in dem höchsten Gürtel des Andes« nicht zu finden sei und von »den wandernden und jagdtreibenden Hirtenvölkern von Ostsibirien« nicht gehalten werde, werde sie von den »Deutschen, Engländern und Franzosen am meisten geschätzt und am besten gepflegt«. So gesehen sei die Katze ein »lebendes Zeugnis des menschlichen Fortschrittes, der Seßhaftigkeit, der beginnenden

295 Was wir haben, in: Der Zoologische Garten 1/5 (1860), S. 73–83, hier S. 77–78. Zu einer früheren Version der These, dass die Hauskatze aus der im alten Ägypten domestizierten afrikanischen Falbkatze (Felis silvestris lybica) abstamme, siehe: Georg Friedrich von Jäger: Ueber den Ursprung und die Verbreitung der Hauskatze, ein bei der Zusammenkunft der Vereinsmitglieder im Januar 1846 gehaltener Vortrag, in: Jahreshefte des Vereins für vaterländische Naturkunde in Württemberg 4 (1849), S. 65–74. Vgl. auch: Erste internationale Katzenausstellung zu Berlin, in: Haus, Hof und Garten 22/16 (1900), S. 121–122, hier S. 121. Zur Bestätigung dieser These durch die heutige Wissenschaft siehe: Bernhard Maier: Germanisch-keltisches Altertum, in: Dinzelbacher (Hg.): Mensch, S. 145–180, hier S. 152; James Serpell: Domestication and History of the Cat, in: Dennis C. Turner/Patrick Bateson (Hg.): The Domestic Cat. The Biology of its Behaviour, Cambridge/New York: Cambridge University Press 2000, S. 179–192, hier S. 180–181, 186. Als der prominente Afrikaforscher Georg Schweinfurth zwischen 1868 und 1871 eine Expedition zu Gebieten des Weißen Nils führte, unternahm er ein Domestikationsexperiment mit der »wilden Katze der Steppen«, und zwar um zu beweisen, dass diese »die Urmutter der unserigen ist und von derselben sich weniger unterscheidet, als der schwarze Mensch vom Europäer«. Schweinfurth, für den es von Anfang an außer Zweifel stand, dass Afrika die »Heimat der Hauskatze« sei, fiel auf, dass »die Eingeborenen« »ganz junge Individuen« einfingen, »um sie in ihren Hütten grosszuziehen, wo sie sich leicht an Haus und Hof gewöhnen lassen. [...] Solche Katzen nun liess ich mir bringen, und wenn sie, am Stricke gebunden, einige Tage bei mir verweilt hatten, war gewöhnlich ihre Wildheit schon ausserordentlich verringert, diese Art schien mir wie zur Domesticirung geschaffen, und alle ihre Gewohnheiten und Geberden erinnerten aufs täuschendste an unsere Hauskatze, als deren Stammmutter sie zu betrachten ist« (Georg Schweinfurth: Im Herzen von Afrika. Reisen und Entdeckungen im centralen Aequatorial-Afrika während der Jahre 1868 bis 1871. Bd. 1, Leipzig: Brockhaus 1874, S. 66, 170, 349–350).

Gesittung«: ein »Hausthier im besten Sinne des Wortes«, das »sich eingebürgert und dem gesitteten Menschen angeschlossen« habe.[296] Die immer wiederkehrende Frage, ob die Katze Teil der menschlichen Gesellschaft sei oder nicht, konnte nicht ausdrücklicher bejaht werden.

Auch als der »Deutsche Bund für Katzenschutz« mehr als dreißig Jahre später sich daranmachte, die Behauptungen der Vogelschützer zu widerlegen, bemühte er sich in erster Linie um eine Anerkennung der Zivilisiertheit der Katze. Katzen hätten ein »gemessene[s] Wesen«, ist in einer von dem Bund verbreiteten Publikation zu lesen; sie hielten sich »stets reinlich und sauber, zeigen in ihrem ganzen Behaben eine Art Würde und erhöhen die Gemütlichkeit des Familienlebens«. Das »fast verächtliche Geschöpf« wird hier in den »bürgerlichen Wertehimmel« aufgenommen.[297] Die Katzenschützer versuchten vor allem zu bestreiten, dass ihr Lieblingstier ein Feind der Vogelwelt sei, indem sie es gar als einen Vogelfreund darstellten. Ihre Schriften strotzen vor Anekdoten über Katzen, die mitten in der Vogelstube mit zahlreichen gefiederten Kreaturen friedlich zusammenlebten.[298] Die Katzenschützer evozierten dabei keine geringere Autorität als Ruß, der angeblich »nicht der Meinung war, daß die Katze [...] so großen Schaden unter den gefiederten Sängern« anrichte, und der selber »Vogelstubenkatzen« gezüchtet habe, »die sich mitten unter Hunderten von Vögeln bewegten, ohne ihnen ein Leid zu tun«.[299] Ruß sprach in der Tat von einer Befriedung der Verhältnisse zwischen Stubenvogel und Katze: Einmal schrieb er, dass es ein großes Verdienst des »denkenden und verständigen Menschen« wäre, wenn er es schaffe,

> »das Thier so abzurichten, daß es den Gelüsten seiner ursprünglich blutdürstigen und raubgierigen Natur zu widerstehen vermag. Den Herren, [...] welche es erreichen, die wildmordlustige Katzennatur so zu bändigen, daß das Thier [...] mit den Vögeln friedlich zusammenlebt, gebührt für diesen Erfolg unsre volle Anerkennung«.[300]

Die Katzenschützer benutzten solche Ideen, um die gängige Meinung, dass die Katze nicht erziehbar sei, zu widerlegen. Man vermöge durch sorgfältiges Abrichten der Katze, ihren Raubinstinkt sehr wohl »auszutreiben«, behaupteten sie. In einer Katzenschutzpub-

---

296 Alfred Edmund Brehm: Brehms Thierleben. Allgemeine Kunde des Thierreichs. 2. Abtheilung. 1. Säugethiere. Bd. 2: Raubthiere, Kerfjäger, Nager, Zahnarme, Beutel- und Gabelthiere, Leipzig: Bibliographisches Institut 1877, S. 463–465, 478. Brehm erzählte, dass auch sein Vater, der berühmte Ornithologe Christian Ludwig Brehm (1787–1864), ein großer Katzenfreund gewesen sei, der zahlreiche Katzen zusammen mit seinen Stubenvögeln gehalten habe; siehe: ebd., S. 475. Zu Brehms Katzenkapitel als dem Vorboten einer »Trendwende in der Katze-Mensch-Beziehung« siehe: Miriam Gebhardt: Die Katze als Kind, Ehemann und Mutter? Zur Geschichte einer therapeutischen Beziehung im 20. Jahrhundert, in: Wischermann (Hg.): Katzen, S. 237–247, hier S. 240.

297 E. A. Bayer: Katzenhetze und Katzenschutz (ohne Datum [1911]) (GStA PK, I. HA Rep. 87 B, Nr. 20037).

298 Siehe z.B.: Engel: Vogelschutz, S. 18.

299 Bayer: Katzenhetze.

300 Ruß: Ausstellung, S. 121.

likation wurde z.B. empfohlen, der Katze kein Geflügelfleisch zu geben sowie sie vom Fenster, wo sie »sehnsüchtig nach Vögeln späht«, zu »vertreiben«.[301] Diese einfachen Methoden des Abrichtens der Katze zur Vogelfreundlichkeit hatten aus Sicht der Katzenschützer doch eine enorme Bedeutung: Sie sollten die Katze für die bürgerliche Haustierhaltungskultur tauglich machen. Die Katzenschützer wollten die Meinung verbreiten, dass die Menschen die Katzen sehr wohl zu besserem Verhalten erziehen und zu besseren Tieren machen könnten. Die Geschichten über die Katzen in der Vogelstube waren in dieser Beziehung mehr als banale Anekdoten. Sie waren Geschichten über die Integration der Katze ins Herz der bürgerlichen Haustierhaltungskultur. In der Vogelstube wurde die Katze zu einem echten bürgerlichen Haustier.

Das ist aber nur ein Teil der Geschichte. Die Darstellung der Katze als ein typisches Haustier konnte in der Tat eine Basis für eine Brücke zwischen den Katzenschützern und den Vogelschützern bauen. Es scheint, als hatten beide die gleiche Vision für die Katze – ihre Verwandlung in eine enge Gefährtin der Menschen und ihre volle Integration in das häusliche Leben. Es ist aber zu einer solchen Zusammenarbeit nie gekommen. Der Grund dafür war, dass die Katzenschützer doch die Idee ablehnten, aus der Katze ein vollständig domestiziertes Tier zu machen. Sie wollten die Katze in die Haustierkultur integrieren. Sie wollten aber gleichzeitig auch, dass die Katze dadurch nicht all ihren wilden Eigenschaften verlieren würde. Sie kämpften für das Recht der Katze, ein Haustier zu sein, das nicht komplett der menschlichen Kontrolle unterworfen werden würde. Sie beanspruchten für ihr Lieblingstier das, was laut den Ornithologen den Singvögeln vorbehalten sein sollte: ein doppeltes Dasein – sowohl als Haus- als auch als Wildtier.

Dieser Widerstand der Katzenschützer gegen die vollständige Domestikation des Tiers kam in erster Linie im Rahmen der Frage der Bewegungsfreiheitsbeschränkung zur Geltung. Gerade in räumlicher Hinsicht stemmten sich die Katzenschützer heftig gegen die Idee, dass die von ihnen gehaltenen Tiere in pure »Hauskatzen« umgeformt werden könnten. In einer Entgegnung auf die Beschlüsse des Zweiten Vogelschutztages, die an den Preußischen Landwirtschaftsminister und den Reichskanzler gerichtet war, schrieben Vertreter des »Bundes für Katzenschutz«: »Wenn auch in den Beschlüssen selbst eine Vernichtung der Katzen nicht gefordert wird, so kommt die praktische Ausführung derselben doch einer solchen gleich«.[302] Die Vertreter des Bundes waren der Meinung, dass es unrealistisch und auch ungerecht sei, die Katzen komplett an das häusliche Umfeld zu binden und sie dadurch vor dem freien Fang zu bewahren: »Katzen werden trotz aller aufgewendeten Mühe niemals seßhafte Haustiere werden, wie es von den Vogelschutzvereinen gefordert wird«. Mit solchen Aussagen beanspruchten die Katzenschützer das Recht der Katze auf das Herumlaufen. Die Katze, behaupteten sie, sei von ihrer Natur her ein herumlaufendes Tier: »Das Herumstreifen der Katzen findet seine natürliche Erklärung […] in der Gewohnheit der Katze, die nähere und weitere Umgebung ih-

301 Gustav Simon: Vogelschutz und Katzenrecht (ohne Datum [1911]) (GStA PK, I. HA Rep. 87 B, Nr. 20037).

302 Deutscher Bund für Katzenschutz E.V. an das Königliche Ministerium für Landwirtschaft, Domänen und Forsten, 04.11.1911 (ebd.). Siehe auch: Deutscher Bund für Katzenschutz E.V. an das Preussische Ministerium für Landwirtschaft, Domänen und Forsten, 11.04.1912 (ebd.).

res Aufenthaltsortes einer eingehenden Untersuchung zu unterwerfen«.[303] Für ihre selbsternannten Schützer war die Katze ein Haustier, das die Grenzen des Hauses überschreiten dürfe – ein Haustier, das nicht komplett häuslich sei. Es sollte ihm erlaubt bleiben, ein Grenzgänger zu sein. Nicht bloß die »verwilderte[n] Katzen«, sondern auch die »zahme[n] Hauskatzen« hielten sich zuweilen außer Haus auf, da sie ihrem Wesen nach Tiere seien, »die je und dann einen Spaziergang unternehmen«.[304] Die Katzenschützer kämpften für das Anrecht der Katze auf Spazierengehen: »Daß es nämlich gänzlich [...] naturwidrig ist, dieses Tier innerhalb der vier Wände eingeschlossen zu halten, weiß jeder ruhig Denkende«.[305]

Die Katzenschützer kämpften gegen eine vollständige Domestikation der Katze aber nicht nur in räumlicher, sondern auch in verhaltensbezogener Beziehung. Im Zusammenhang des Katzen-Vogel-Konflikts bedeutete das, dass sie die Vogeljagd durch Katzen weitgehend rechtfertigten. Wilhelminische Katzenliebhaber beteuerten zwar immer wieder, dass die Katzen der Vogelwelt keinen dermaßen großen Schaden zufügten, wie es die Vogelschützer unterstellten. Ein Katzenschützer wies seine Kontrahenten aus der Vogelschutzbewegung augenzwinkernd darauf hin, »daß Katzen und Vögel seit Jahrhunderten neben und miteinander gelebt und daß ohne Eingreifen der Vogelschutzvereine sich alle Vogelarten erhalten haben«. Aber gleichzeitig behaupteten die Katzenschützer auch, dass die Frage, wie viele Vögel die Katzen vernichteten, irrelevant sei. Denn: »In der Natur gilt das ewige Gesetz: ›Fressen oder Gefressenwerden‹ «. »[W]ir Menschen«, urteilten sie, können dieses Naturgesetz »nicht abschaffen«. Mit diesem Argument stellten die Katzenschützer die Katzen als ein Tier dar, das zur Sphäre der Natur gehöre – genau wie die Singvögel aus Sicht der Ornithologen. In dieser Beziehung wollten die Katzenschützer gar nicht die Katzen zu »besserem«, friedlichem Verhalten erziehen. Sie betrachteten den Raub als einen »naturgesetzlichen Vorgang«, der von den Menschen auch im Fall der Katze »nicht gerächt werden darf«.[306] Wichtiger als eine menschliche Intervention zugunsten der Singvögel war für sie, dass die Katze, auch als Haustier, nach wie vor ein weitgehend natürliches Leben führe[307] – wie die wilden Vögel in der Vogelstube. Die Tatsache, dass zum natürlichen Leben der Katze auch die Vogeljagd gehörte, musste man akzeptieren.[308]

---

303 Deutscher Bund für Katzenschutz E.V. an seine Exzellenz den Herrn Reichskanzler Dr. von Bethmann-Hollweg, 23.10.1911 (ebd.).

304 Bayer: Katzenhetze.

305 Simon: Vogelschutz.

306 Ebd.

307 Vgl.: Engel: Vogelschutz, S. 18. Wir könnten mit Lori Gruen sagen, dass wenn die Katzenschützer es verweigert haben, der Katze ihre Aggressivität auszutreiben, sie die »wilde Würde« des Tiers verteidigten; siehe: Gruen: Ethics, S. 151–155.

308 Interessanterweise stellen heutige Ökologen, die für ein vogelschützerisch motiviertes »Entfernen« von Populationen verwildeter Katzen propagieren, gerade das räuberische Verhalten der Hauskatze als widernatürlich dar: Die Hauskatzen seien nicht als »natürliche Beutegreifer« zu betrachten, wird z.B. in einem Gutachten der Universität für Bodenkultur festgestellt: »Insofern sollten Einflüsse von Hauskatzen auf wildlebende Tierarten möglichst vollständig vermieden werden« (Klaus Hackländer/Susanne Schneider/Johann Davis Lanz: Gutachten. Ein-

Das war aber noch nicht alles: Wenn die Katzenschützer die Katze als ein Tier einstuften, das zur Sphäre der Natur gehöre und dessen Leben vor menschlichen Eingriffen geschützt werden müsse, verknüpften sie ihr Argument mit einer allgemeinen Kritik der zeitgenössischen Vogelschutzbewegung. Die Katzenschützer des Kaiserreichs waren mit den dominanten ökologischen Ideen ihrer Epoche sehr gut vertraut. Sie beschäftigten sich offensichtlich auch mit den Schriften der Vogelschützer intensiv. All jenen Praktiken des Vogelschutzes, die auf eine massive menschliche Einmischung in die Naturverhältnisse hinausliefen, waren ihnen bekannt. Um ihre Kritik gegen die Zähmung des Raubverhaltens der Katzen zu untermauern, griffen sie gerade diese Praktiken auf, um die Vogelschützer als Feinde der Natur zu demaskieren: »Seitdem der große Hans v. Berlepsch«, liest man z.B. in einer Publikation des »Bundes für Katzenschutz«,

> »dem deutschen Michel gezeigt hat, wie man die deutsche Heimat durch Nistkästen verschönern, wie man als **Herr der Schöpfung** die Werke des großen Meisters **verbessern und – vernichten kann**, wie man mit **groben Händen und Unverstand in den Haushalt der Natur eingreifen** muß, um das vorhandene Gleichgewicht in der Natur [...] **umzugestalten**, seitdem ist die Katzenhetze obligatorisch geworden«.

Die Katzenschützer waren ihrer Auffassung nach konsequentere Naturschützer als die Vogelschützer. Genuiner Naturschutz bedeutete für sie, dass man auch die natürlichen Aggressionen der Katze gegen die Vögel dulden müsse. Ihren vermeintlichen Kollegen aus der Vogelschutzbewegung schärften sie ein: Wenn Sie die Vögel wirklich verteidigen wollten, sollten Sie »die frevelhaften Eingriffe[] in die Rechte der Natur« aufgeben – u.a. auch die »Aechtung« und »Verfolgung« der natürlichen Feinde der Vögel, der Katzen.[309] Menschliche Intervention, behaupteten sie, könne nicht durch mehr menschliche Intervention wiedergutgemacht werden.

## ZUSAMMENFASSUNG

Im Fokus dieses Kapitels standen zwei Themenkomplexe, die für jede Form von Haustierhaltung grundlegende Bedeutung haben: Domestikation und Wildnis. Die Einbeziehung dieser Begriffe in die vorliegende Arbeit hatte ihren Zweck nicht zuletzt darin, die Geschichte von Mensch-Haustier-Verhältnissen mit ökologischen und spezifischer mit

---

fluss von Hauskatzen auf die heimische Fauna und mögliche Managementmaßnahmen, Universität für Bodenkultur Wien: Institut für Waldbiologie und Jagdwirtschaft, Department für Integrative Biologie und Biodiversitätsforschung, Februar 2014, URL: https://www.dib.boku.ac.at/fileadmin/data/H03000/H83000/H83200/Publikationen/KH_Gutachten_Hauskatze_Feb2014.pdf (am 15.03.2015).

309 Neiße: Katzenschutz (Hervorhebungen im Original).

umwelthistorischen Gesichtspunkten zu verbinden.[310] Es sollte verdeutlicht werden, dass es unmöglich ist, die Geschichte der Entwicklung moderner Haustierhaltung zu erzählen, ohne über die Gemengelage Natur-Kultur zu reflektieren. Der Domestikationsakt ist dermaßen bedeutungsvoll für die Entstehung jedes Halter-Haustier-Bandes, dass es unmöglich ist, die tiefersitzenden Dimensionen der Haustierhaltung allein mithilfe von Kategorien der Humansoziologie zu entziffern. Wenn man Interaktionsformen zwischen Menschen und Haustieren analysieren will, wird man nicht umhinkommen, ökologische Begriffsvarianten wie Entwilderung, Entnaturalisierung und Entanimalisierung zu verwenden.

Die oben behandelten Domestikationspraktiken hatten ihren Ausgangspunkt bei einem Wildnisenthusiasmus, von dem die Ausführender selbiger Praktiken durchdrungen waren. Dem 19. Jahrhundert wird allzu oft eine tiefverwurzelte Wildtierfeindlichkeit unterstellt. Es ist, als ob die Verherrlichung der Wildnis, die in den zeitgenössischen Mensch-Natur-Verhältnissen zum Tragen kam, bei den Mensch-Tier-Verhältnissen Halt gemacht hatte. Dieses Kapitel hat versucht, dieses Narrativ ausgerechnet durch die Fokussierung auf die Haustierhaltung zu korrigieren. Ein tiefes Interesse für das Leben von wilden Kreaturen veranlasste das Bürgertum, Praktiken der Domestikation zu initiieren. Die Domestikation war für die Entstehung von Mensch-Haustier-Beziehungen grundlegend, aber ihre eigene Grundlage war die Wildnis. Die Wissenschaftler und Kinder, die zahlreiche wilde Tiere einfingen und mit nach Hause brachten, domestizierten diese Tiere, um mit wilden Elementen in Berührung zu kommen.

Als die Wissenschaftler und Kinder die kleinen Wildtiere domestizierten, kreierten sie eine Wildnis in ihren »own backyards« (Cronon). Diese kreierte Wildnis kam nicht zuletzt durch die Einrichtungen der Behältnisse für die Unterbringung der gehaltenen Tiere zustande. Die betont als Naturimitation inszenierten Haustierräumlichkeiten wie das Aquarium, das Terrarium oder das Vogelbauer waren dafür verantwortlich, dass so viele ungehobelte Naturelemente ihren Weg in die Häuser bürgerlicher Familien fanden. Das naturgemäße Einrichten, das das Gedeihen der wilden Tiere in den ihnen fremden Habitaten garantieren sollte, sorgte so für eine gewisse bescheidene Verwilderung von vielen bürgerlichen Wohnungen im Kaiserreich. Es liegt an diesem Durcheinander von sich andauernd gegenseitig dienenden Wildnis und Domestikation, dass wir die wilhelminische Wildhaustierhaltung als einen konkreten Fall eines »natürlichkulturellen«[311] Amalgams betrachten können.

Das stimmt aber nur teilweise. Denn anders als Descolas Amerindianer domestizierte die wilhelminische Gesellschaft die Wildnis deswegen, weil sie im Vorfeld Natur und Kultur gedanklich voneinander getrennt hatte. Hätten die Deutschen des Kaiserreichs die Wildnis nicht zunächst als eine kategorisch menschenfremde Sphäre wahrgenommen, hätten sie nicht für sie geschwärmt. Sie hätten dann kein Interesse daran gehabt, sie in ihr Leben zu inkorporieren. Diese Natur-Kultur-Dichotomie tritt am eindeutigsten in den Behandlungspraktiken zutage. In deren Zuge wünschten die Haustierhalter explizit,

---

310 Vgl. allgemeiner: Mieke Roscher: Tiere und Politik. Die neue Politikgeschichte der Tiere zwischen Zóon Alogon und Zóon Politikon, in: Krüger/Steinbrecher/Wischermann (Hg.): Tiere, S. 171–197, hier S. 184–185.

311 Siehe: Haraway: Species, S. 128.

Partnertiere zu schaffen, die sich aggressiv, fremdartig und unmenschlich verhielten. Ausgerechnet als sie wilde Kreaturen als Freunde in ihr Leben einbezogen, stellten sie also eine grundsätzliche Differenz zwischen einerseits zivilisierten und gewaltaversen Menschen und andererseits ungezähmten und raublustigen Tieren her.

»Natürlich-kulturell« agierten in größerem Ausmaß die Ornithologen, als sie ihre Stubenvögel teilweise freiließen. Als sie Haustiere aus ihren Häusern vertrieben, schufen sie wildlebende Tiere im angeblich eigentlichen Sinne des Wortes. Aber diese Verwilderung besaß unverkennbar domestikatorische Dimensionen, die dafür sorgten, dass der Mensch und das freilebende Tier nach wie vor sehr nah beieinander lebten. Als Tiere, die selbst im Freien von den Menschen intensiv gepflegt wurden, blieben die verwilderten Vögel auch in der Natur in gewisser Hinsicht »Haustiere« – außerhäusliche »Haustiere«. Die Freilassungspraktiken bedeuten, dass die Haustierhaltung durchaus imstande war, die Grenzen des Hauses – selbst des vermeintlich abgeschotteten bürgerlichen Hauses – zu überschreiten und sich in Sphären zu vollziehen, die eher der Natur als der Kultur zuzurechnen sind.

All das sollte abschließend durch die Analyse der Mensch-Katze-Beziehung als einer der wichtigsten Mensch-Haustier-Beziehungen in der Moderne noch stärker veranschaulicht werden. Die Katze ist nicht nur deswegen überaus wichtig, weil sie heutzutage das beliebteste Haustier in der westlichen Gesellschaft ist, sondern auch weil sie es mehr als jedes andere Lebewesen ermöglicht, eine »natürlich-kulturelle« Haustiergeschichte zu schreiben. »Katzen«, hat der Tierhistoriker Clemens Wischermann erklärt, »sind in besonderer Weise dafür geeignet, [...] die kulturelle Vielfalt in der Art der Beziehung zwischen Tieren und Menschen zu beschreiben«.[312] Das lässt sich nicht zuletzt durch die Betrachtung der Katze als eines wilden Haustiers bestätigen. Dieses Kapitel über eine wilde Haustierhaltung begann mit der Berücksichtigung von in mancher Hinsicht ungewöhnlichen Haustieren wie verschiedenen Reptilien und Amphibien und schloss mit einer Haustierart, die im Deutschland der Gegenwart in beinahe zehn Millionen Haushalten zu finden ist. Da wir jedoch gesehen haben, dass die Katze selbst im bürgerlichen Kaiserreich ein liminales Haustier war, das stets zwischen Wildnis und Domestikation schwankte, liefert sie das eindeutigste Zeichen für den konfliktreichen Natur-Kultur-Status der modernen Haustierhaltung in ihrer Gesamtheit.

312 Clemens Wischermann: Einleitung. Der kulturgeschichtliche Ort der Katze, in: ders. (Hg.): Katzen, S. 9–12, hier S. 12.

# 4. Das rassifizierte Haustier. Hundezucht und -inklusion

## Einleitungsargument. Humanimalischer Rassismus und haustierliche Integration

Als der Rassismus zur womöglich wichtigsten Sozialideologie des 19. Jahrhunderts avancierte,[1] machte er die Haustiere zu einem Thema der grundlegendsten Diskussionen über die Zusammenstellung der Gesellschaft. In keinem der anderen Komplexe, an denen die Haustiere im Kaiserreich teilhatten, wurde ihnen ein größerer Stellenwert zuerkannt. Der Rassismus sorgte dafür, dass Haustiere zu nichts Geringerem als einem Referenzpunkt für Beurteilungen über die Grenzlinien zwischen einer guten und einer schlechten Gesellschaft, über das Ausmaß eines sozialen Fortschritts oder einer sozialen Degeneration wurden. Bekanntlich war die menschliche Gesellschaft des 19. Jahrhunderts eine sich selbst beobachtende Gesellschaft, die über ihren eigenen Zustand stets reflektierte.[2] Der Rassismus war dafür verantwortlich, dass diese Selbstbeobachtung zu einem großen Teil auf die an dieser Gesellschaft teilnehmenden Haustiere gerichtet war. Er ermöglichte es der Gesellschaft mehr als jedes andere Wissensparadigma, ihre eigenen Leistungen auf dem Gebiet der Haustierhaltung, ihre Befähigung zur Weiterentwicklung und zur Erschaffung von verbesserten Zuständen zu messen. Dank des Zusammenschlusses mit dem Rassismus konnten die Haustiere aus ihrer scheinbaren Marginalität ausbrechen und sich an den brennendsten Angelegenheiten der zeitgenössischen menschlichen Gesellschaft und überhaupt der Menschheitshistorie des Kaiserreichs beteiligen. Wer eine moderne Geschichte der Haustierhaltung in Deutschland schreiben möchte, die sich mit »großen Themen« befasst, sollte sich zuvorderst dem Rassismus zuwenden. Für eine Beziehungsgeschichte, die in erster Linie der Integration von Haustieren in die Hauptsphären menschlichen Lebens auf den Grund geht, erweist sich der Rassismus umso mehr als ein unumgehbares Themenspektrum. Dieser integrierende Einfluss des Rassismus auf die Haustiere und ihre Stellung in der menschlichen Gesellschaft ist Gegenstand des vorliegenden Kapitels.

Dass der Rassismus so wichtig für eine Geschichte von verflochtenen Mensch-

1 Siehe: Christian Geulen: Geschichte des Rassismus, München: Beck 2014, S. 61–75.

2 Jürgen Osterhammel: Die Verwandlung der Welt. Eine Geschichte des 19. Jahrhunderts, Bonn: bpb 2010, S. 25–83.

Haustier-Beziehungen ist, liegt daran, dass er im 19. Jahrhundert keineswegs rein menschlich konzipiert wurde. Rassentheorien wurden nicht ausschließlich auf die Menschen bezogen, sondern auch auf dem Feld der Tierzucht angewendet.[3] Das galt nicht zuletzt für die Zucht von nationalökonomisch als bedeutungsvoll angesehenen Nutztieren, aber auch für die Zucht von Haustieren im engeren Sinne wie Stubenvögeln und, in erster Linie, Hunden,[4] weshalb sich die Diskussion in diesem Kapitel auf diese Haustierart konzentrieren wird. Ab Ende der 1870er Jahre wurden im Deutschen Reich zahlreiche Hundezuchtvereine gegründet, die wie Pilze aus dem Boden schossen. Diese Vereine setzten es sich zum Ziel, die Haltung einer spezifischen, von ihnen selbst als einer solchen kategorisierten Hunde*rasse* zu fördern. Auch Verbände, die mehrere Spezialorganisationen unter einem Dach vereinten bzw. sich der Unterstützung der Zucht mehrerer oder sämtlicher Rassen verschrieben, wie der früheste Allgemeinverband, der 1878 gegründete »Verein zur Veredelung der Hunde-Racen für Deutschland in Hannover«, hatten ihren Ausgangspunkt in einer biologischen Weltanschauung, die Elemente von zeitgenössischem, menschenbezogenem rassistischen Gedankengut enthalten hat.

Wie wir unten sehen werden, verstanden die Vertreter der Hundezuchtvereine ihre rassenzüchterische Arbeit nicht als eine Unternehmung, die leidglich tier- bzw. hunderelevant war. Sie bemühten sich vielmehr stets um die Anbindung ihrer Herzensangelegenheit an soziale Schwerpunkte, die sich der menschenbezogene Rassismus zu eigen machte. Diese Korrelation galt auch umgekehrt: Auch sich für Klassifizierungen von Menschenrassen interessierende »Experten« scheuten nicht davor, Tiere in ihre ganzheitliche Rassenideologie einzubeziehen.[5] Jedem, der durch die Blätter des *Archivs für Rassen- und Gesellschaftsbiologie*, der wichtigsten eugenischen Zeitschrift im Kaiserreich, stöbert und dort unweigerlich auf zahllose Tierbeiträge stößt, wird klar, dass die Einbettung zwischen menschenbezogenem und tierbezogenem Rassismus nicht die Erfindung eines zurückblickenden Historikers ist, sondern bereits von den Zeitgenossen in aller Ausdrücklichkeit hergestellt wurde. Falls sie nicht zum Anachronismus geraten sollte, darf also die Geschichte des modernen Rassismus nicht durchgehend menschenbezogen geschrieben werden. Der Rassismus im Kaiserreich war seinem Wesen nach ein humanimalisches Phänomen, und hiervon leitet sich seine fundamentale Bedeutung für eine Beziehungsgeschichte zwischen Mensch und Tier in dieser Epoche ab.

Nun könnte man argumentieren, wenngleich Nachschlagewerke zur Geschichte des modernen Rassismus keinen expliziten Bezug auf einen tierbezogenen Rassismus nahmen,[6] dass der Ruf zu einer mensch-tierlichen Geschichtsschreibung in diesem spezifi-

3 Vgl. allgemeiner: Dominick LaCapra: History and its Limits. Human, Animal, Violence, Ithaca/London: Cornell University Press 2009, S. 155.

4 Zur Rassehundezucht als der wichtigsten Form nicht nur der Haustier-, sondern überhaupt der Rassezucht im 19. Jahrhundert siehe: Enrique Ucelay Da Cal: The Influence of Animal Breeding on Political Racism, in: History of European Ideas 15/4–6, (1992), S. 717–725, hier S. 719.

5 Vgl.: Margaret E. Derry: Bred for Perfection. Shorthorn Cattle, Collies, and Arabian Horses since 1800, Baltimore/London: Johns Hopkins University Press 2003, S. 11–13.

6 Siehe exemplarisch: Geulen: Geschichte; Werner Conze: Rasse, in: ders./Otto Brunner/Reinhart Koselleck (Hg.): Geschichtliche Grundbegriffe. Historisches Lexikon zur politisch-sozi-

schen Fall doch einem Einrennen offener Türen gleichkomme. Denn in mancher Hinsicht war der für das späte 19. Jahrhundert charakteristische Menschenrassismus eng mit einer Theorie assoziiert, die sich mit den Variationen von tierlichen und pflanzlichen Organismen befasste: der Evolutionstheorie. Die vielleicht am schwerwiegendsten mit dem Rassismus korrespondierende Sozialdoktrin des Zeitraums, der Sozialdarwinismus,[7] war nichts anderes als eine Übertragung von Erkenntnissen über das Leben von nichtmenschlichen Lebewesen auf die menschliche Gesellschaft. Die Vorstellung eines Rassenkampfes wurde nach dem Modell von Darwins These über den Kampf ums Dasein unter den Spezies konzipiert. Schon diese Tatsache macht deutlich, dass es reichlich »Querverbindungen« zwischen den »zwei Arten« von Rassismus gab,[8] die erst retrospektiv als zwei klar separate Ideologien erscheinen mögen. Um die Geschichten des Menschen- und des Tierrassismus miteinander zu verknüpfen, braucht man gar nicht erst den Darwinismus als eine mit rassistischen Gedankengütern eng zusammenhängende Theorie abzustempeln;[9] man hat nur den Rassismus der Epoche als das anzusehen, was er war: eine Ideologie, die der zeitgenössischen Wissenschaft in vielfacher Art und Weise anhaftete und der sich Gelehrte und auch bildungsbürgerliche »Laien« als einer ganz normalen und offensichtlichen, wenngleich facettenreichen, aber auf jeden Fall akut wichtigen Erkenntnis zuwendeten.[10] Der hierarchienproduzierende Rassismus, der nicht zuletzt auf eine darwinistisch und sozialevolutionär verstandene[11] Biologisierung der Gesellschaft und der Politik bzw. auf eine Übertragung des Animalischen auf den Menschen hinauslief,[12] darf nicht unter Missachtung der Tiere analysiert werden.

---

alen Sprache in Deutschland. Bd. 5, Stuttgart: Klett-Cotta 1984, S. 135–178; George L. Mosse: Die Geschichte des Rassismus in Europa, Frankfurt a.M.: Fischer Taschenbuch Verlag 1990.

7 Zur – keineswegs selbstverständlichen – Verquickung von Sozialdarwinismus und Rassismus siehe: Manuela Lenzen: Evolutionstheorien in den Natur- und Sozialwissenschaften, Frankfurt a.M./New York: Campus 2003, S. 141; Alfred Kelly: The Descent of Darwin. The Popularization of Darwinism in Germany, 1860–1914, Chapel Hill: University of North Carolina Press 1981, S. 106, 108–109.

8 Siehe: Boris Barth: Tiere und Rasse. Menschenzucht und Eugenik, in: Gesine Krüger/Aline Steinbrecher/Clemens Wischermann (Hg.): Tiere und Geschichte. Konturen einer Animate History, Stuttgart: Steiner 2014, S. 199–217.

9 Siehe: Richard Weikart: From Darwin to Hitler. Evolutionary Ethics, Eugenics, and Racism in Germany, New York/Basingstoke: Palgrave Macmillan 2004, bes. S. 103–126.

10 Siehe: Mosse: Geschichte, S. 23, 101–102; Geulen: Geschichte, S. 73–74; Conze: Rassen, S. 168–170; Robert J. Richards: The Tragic Sense of Life. Ernst Haeckel and the Struggle over Evolutionary Thought, Chicago: University of Chicago Press 2008, S. 273.

11 Siehe: Francisco Bethencourt: Racisms. From the Crusades to the Twentieth Century, Princeton/Oxford: Princeton University Press 2013, S. 290–306.

12 Siehe: Barth: Tiere, S. 203; Conze: Rasse, S. 168; Rolf Peter Sieferle: Die Krise der menschlichen Natur. Zur Geschichte eines Konzepts, Frankfurt a.M.: Suhrkamp 1989, S. 62, 71; Paul Weindling: Health, Race, and German Politics between National Unification and Nazism, 1870–1945, Cambridge/New York: Cambridge University Press 1989, S. 41–48; André Pichot: The Pure Society. From Darwin to Hitler, London/New York: Verso 2009, S. 3–20. Spezi-

Den unverkennbaren Querverbindungen zum Trotz fand eine derartige Missachtung in der Geschichtswissenschaft bis auf einzelne Ausnahmen doch statt. Das liegt wohl weitgehend an der enormen Wichtigkeit des Rassismus für die moderne Menschheitsgeschichte. Gerade weil der Rassismus Ende des 19. Jahrhunderts zu einer Ideologie wurde, die sich mit Grundsatzfragen über die Beschaffenheit der menschlichen Gesellschaft befasste, und weil er in der ersten Hälfte des 20. Jahrhunderts als ein verhängnisvolles Projekt zur Umformung des eigentlichen Gefüges dieser Gesellschaft in die Tat umgesetzt wurde, ist er von Anfang an mit Ereigniskomplexen assoziiert worden, die im Mittelpunkt einer menschlichen Geschichte der Neuzeit liegen. Der Rassismus war deswegen nicht gerade dazu geeignet, zu posthumanistischen Ansätzen in der Geschichtswissenschaft beizutragen. Das spiegelt sich in der Tatsache wider, dass selbst kürzlich erschienene Studien, die einen solchen Schritt gewagt und doch Tiere in eine Geschichte des Rassismus mit einbezogen haben, trotzdem eine überaus menschenzentrierte Herangehensweise haben. Diese Studien haben lediglich auf die Bedeutung der Tierrassenzucht für die Etablierung des menschenbezogenen Rassismus und der Eugenik hingewiesen. Der Tierrassenzucht ist dabei die Funktion eines Vorreiter-Subphänomens eingeräumt worden, auf dessen Grundlage das im Mittelpunkt der Diskussion stehende Thema, der Menschenrassismus, erklärt werden sollte. Anstatt den Sozialdarwinismus als einen humanimalischen Mischkomplex zu analysieren, hat man bei den Tieren bloß angesetzt, um bei den Menschen abzuschließen. Nicht »Querverbindungen«, sondern ein »Aufsteigen« vom Tier zum Menschen charakterisiert ein derartiges Geschichtsverständnis.[13]

---

fisch zu Hitler siehe: Wolfgang Wippermann: Was ist Rassismus? Ideologien, Theorien, Forschungen, in: Barbara Danckwortt/Thorsten Querg/Claudia Schöningh (Hg.): Historische Rassismusforschung. Ideologen – Täter – Opfer, Hamburg: Argument 1995, S. 9–33, hier S. 18. Aus einer sozialgeschichtlichen Perspektive der frühen 1980er Jahre hat Alfred Kelly auf den »posthumanistischen« Charakter des Sozialdarwinismus hingewiesen, der einhundert Jahre früher tonangebend gewesen sei: »They are both [= der moderate und der radikale Sozialdarwinismus] nonsocial social theories, in that they try to subsume human events into a larger pattern of natural laws, thus implicitly denying the peculiarly human character of society« (Kelly: Descent, S. 103).

13 Siehe: Barth: Tiere; Da Cal: Influence; Wolfgang Wippermann: Der Hund als Propaganda- und Terrorinstrument im Nationalsozialismus, in: Fachgruppe »Geschichte der Veterinärmedizin« (Hg.): Veterinärmedizin im Dritten Reich. 5. Tagung am 14. und 15. November 1997 in Hannover, Gießen: Deutsche Veterinärmedizinische Gesellschaft 1998, S. 193–206, hier S. 194–195; Boria Sax: Animals in the Third Reich. Pets, Scapegoats, and the Holocaust, New York/London: Continuum 2000, S. 83–85; Kathleen Kete: Introduction. Animals and Human Empire, in: dies. (Hg.): A Cultural History of Animals in the Age of Empire, Oxford/New York: Berg 2007, S. 1–24, hier S. 21–23; Philippa Levine: Eugenics. A Very Short Introduction, Oxford/New York: Oxford University Press 2017, S. 88–89. Dagegen siehe zu Hinweisen auf die Übertragung von menschenbezogenen rassistischen Ideen auf die Tierwelt: Harriet Ritvo: Race, Breed, and Myths of Origin. Chillingham Cattle as Ancient Britons, in: Representations 39 (1992), S. 1–22, hier S. 16–17; Aaron Skabelund: Rassismus züchten. Schäferhunde

Die wilhelminischen Rassehundezüchter betrachteten dagegen Tier und Mensch zusammen. Die Mitglieder der Vereine für Hundezucht imaginierten die Hundebevölkerung Deutschlands als eine Gesellschaft, die ähnlich der menschlichen Gesellschaft auf rassischen Grundlagen gestellt und dadurch verbessert werden sollte. Die hervorzubringende Einteilung der Hunde in ihre verschiedenen Rassen war für sie keine bloße Metapher über die menschliche Gesellschaft. Sie bedeutete an sich sozialen Fortschritt und ein Mittel zu Stärkung der Nation.[14] In dieser Beziehung waren die Hundezüchter sogar erfolgreicher als die »Menschenzüchter«: Während die menschenbezogenen Kampagnen der Rassenhygiene im besprochenen Zeitraum größtenteils unrealisiert blieben und von der historischen Rassismusforschung einer »theoretischen Phase« der Eugenik zugerechnet wurden,[15] gelang es den Hundeexperten bereits ein halbes Jahrhundert vor der »Machtergreifung« dank eines »ungeduldigen Willen[s] zum Handeln«,[16] ihre Rassenzuchtvisionen in die Praxis umzusetzen. »Rassistischen Fortschritt« errang man im Kaiserreich vorwiegend im Bereich der Tierhaltung.

Die wilhelminische Rassehundezucht war in erster Linie eine Ideologie, dessen Elemente wie etwa Blutreinheit und Rassensegregation aus zeitgenössischen menschenbezogenen rassistischen Weltanschauungen »plagiiert« wurden. Im Folgenden werden die Hauptbestandteile dieser Ideologie untersucht. Aber gerade der Verweis auf die praktizierte Rassehundezucht macht klar, dass sie sich nicht nur auf Ideen, sondern auch auf tatsächliche Körper bezog. Auch in dieser Hinsicht war sie Teil einer ganzheitlichen Rassismuskultur im Kaiserreich. Die Rassenwissenschaftler, die sich als »Gesellschaftsbiologen« sahen, interessierten sich nicht zuletzt für die körperlichen Merkmale von Individuen, die ein Gemeinschafts-, ein Volks- oder ein Rassenkollektiv bildeten. Der Körper stand im Mittelpunkt ihrer Beurteilungen über rassische Zugehörigkeiten und Hierarchien. Auch für die Rassehundezüchter waren körperliche Eigenschaften der Mittelpunkt ihres Unterfangens und ihrer Expertise. Ihre Leidenschaft galt in erster Linie den »überragenden« Körpern der Kreaturen, die sie züchteten. Wenn die Rassehundezucht ein Projekt der Erschaffung von Tieren war, die ihre Züchter als die wertvollsten Exemplare ihrer Spezies zelebrierten, dann war diese Tierbewunderung stark körperfixiert. Die Hundezüchter und die Menschen, die ihre Produkten erwarben, liebten ihre Tiere vor allem aufgrund ihrer »glänzenden« Körper. Die vorliegende Diskussion wird daher die Rassehundezucht nicht zuletzt als eine körperbezogene Annäherung zwischen Menschen und Tieren analysieren.

Diese Diskussion wird sich vorwiegend auf die Vereine und ihre aktivsten Vertreter konzentrieren. Ihre Ideologien, die Art und Weise, wie sie eine rassistische Weltanschauung in Bezug auf die Hunde entwickelten und alle Hunde in Deutschland nach klar ge-

---

im Dienst der Gewaltherrschaft, in: Dorothee Brantz/Christof Mauch (Hg.): Tierische Geschichte. Die Beziehung von Mensch und Tier in der Kultur der Moderne, Paderborn u.a.: Schöningh 2010, S. 58–78, hier S. S. 59, 77–78.

14 Vgl.: ders.: Empire of Dogs. Canines, Japan, and the Making of the Modern Imperial World, Ithaca: Cornell University Press 2011, S. 89–90.

15 Barth: Tiere, S. 204.

16 Conze: Rasse, S. 176.

trennten Rassen einzuordnen versuchten, werden im Mittelpunkt der Untersuchung stehen. Die Organisation von Ausstellungen, die Feststellung von Kriterien über die Rassenzugehörigkeiten, die Zucht von »ausgezeichneten« Rasseexemplaren und die Struktur der Vereine werden als spezifische Elemente dieses Projekts der Rassifizierung der deutschen Hunde unter die Lupe genommen.

Das Kapitel beginnt mit einer Diskussion der grundlegenden Prinzipien des dem Kaiserreich eigentümlichen Hunderassismus. Wie zu zeigen sein wird, war die hunderassistische Ideologie durch eine signifikante Rückwärtsgewandtheit gekennzeichnet. Die Beschäftigung mit der Vergangenheit reflektiert die eindeutigen konservativen Wurzeln der deutschen Rassehundezucht, die sich aber nicht nur in den expliziten Zielsetzungen der Vereine, sondern darüber hinaus auch in ihrem impliziten sozialen Hintergrund widerspiegelten. Aufgrund dessen ist der dritte Abschnitt des Kapitels der gesellschaftlichen Verortung der Zuchtorganisationen und überhaupt des Hunderassismus als eines weitgehend adligen Phänomens gewidmet. Wie wir sehen werden, hing die inhaltliche Konfiguration der »Kynologie« (= der Hundelehre) als ein vergangenheitsorientierter Ideenkomplex nicht allein mit dem aristokratischen Unterbau derselben, sondern auch mit der autoritären Organisationskultur der Verbände zusammen, in der wiederum ebenfalls die spezielle adlige Ausrichtung der Rassehundezuchtpolitik erkennbar war. Der darauffolgende Abschnitt thematisiert dagegen ein zusätzliches inhaltliches Element der kynologischen Ideologie: die Genealogie. Die hunderassistische Genealogie verdeutlicht, inwieweit Konzepte der Kynologie nach Modellen des zeitgenössischen Menschenrassismus entworfen wurden.

Die Verflechtung zwischen Menschen- und Hunderassismus kommt in den nächsten Abschnitten, die sich stärker mit der Praxis der Rassehundezucht befassen, sogar noch stärker zum Ausdruck. Zunächst wird ein Vergleich zwischen der (menschenbezogenen) Eugenik und einer Art Hunde-»Eugenik«, die die zeitgenössischen Rassehundezüchter entwarfen, gezogen. Wenn hier eine Annäherung von Hunden an die menschliche Gesellschaft dadurch stattfand, dass man die Hundebevölkerung entsprechend Ordnungsmustern der »verbesserten« Menschengesellschaft neu zu arrangieren hoffte, dann ließ die Hunde-»Eugenik« im zweiten Schritt auch veränderte Mensch-Haustier-Beziehungen entstehen, die von einer gesteigerten Partnerschaftlichkeit gekennzeichnet waren. Als die Menschen begannen, die Hunde mit einer rassistischen Brille zu betrachten, schätzten sie diese Tiere auch höher und suchten ihre Nähe stärker. Rassifizierung war ein wichtiger Schritt auf dem Weg zur Verpartnerschaftlichung.

## ZEITREISE ZU EINER BESSER ORGANISIERTEN GESELLSCHAFT. RASSEHUNDEZUCHT ALS NOSTALGIE

Zu Beginn seiner 1960 posthum erschienenen Lebenserinnerungen hat der Mittelalterhistoriker Johannes Haller den Blick auf den deutschen Adel in Estland seiner Jugendjahre gerichtet: »Gewiß paßt nicht alles«, stellte er fest, »was zum Lobe dieses Standes gesagt werden kann, auf jedes seiner Mitglieder, gewiß gab es auch bei uns Krautjunker, die von Kartoffeln und Spiritus träumten und ihr Leben zwischen Pferden und Hunden verbrachten«.[17] Dieses Zugeständnis, dass manches Klischee über den deutschbaltischen Adel des 19. Jahrhunderts doch stimme, kommt am Schluss eines schwärmerischen Loblieds, welches Haller, 1865 als Pastorensohn auf der Insel Dagö (Hiiumaa) geboren, auf die damals führende Gesellschaftsschicht in seinem Heimatland sang.

Haller schwärmte in erster Linie für die quasifeudalen Verhältnisse, die im Baltikum in der zweiten Hälfte des 19. Jahrhunderts nach wie vor vorgeherrscht hätten: Der »Este[], wie er vor 1918 war«, sei »keine arme geknechtete Kreatur« gewesen, »die unter der Tyrannei der deutschen Barone seufzte«. Vielmehr hat sich Haller an »eine stets freundliche, wohlwollende, oft wahrhaft väterliche Haltung des deutschen ›Herrn‹ gegenüber dem estnischen Bauern« erinnert. Wohlwollend und väterlich hätten sich die deutschbaltischen Adligen insofern verhalten, als sie »immer von der eigenen Verantwortung für die gesamte Bevölkerung« überzeugt gewesen seien. So genuin paternalistisch sei diese Gesellschaft von Landesherren und -volk strukturiert gewesen, dass die Beziehungen zwischen beiden Gesellschaftsgruppen stets »friedlich und harmonisch« gewesen seien. Unter diesen Umständen habe sich die »deutsche Oberschicht« im Baltikum jahrhundertelang »behaupten« können. Denn: »Der Este erkannte die Überlegenheit der Deutschen willig an«. Estland sei so bis 1880, als sich die repressiven Kräfte der Russifizierung spürbarer geworden seien und die Hegemonie des alteingesessenen deutschen Adels infrage gestellt hätten, ein mediävales Reservat der sozialen Harmonie geblieben, das »noch nichts von der Umwälzung erlebt hatte, die von der Französischen Revolution ausgegangen war«: »Nirgends seien die Verhältnisse so gesund, das gesellschaftliche Leben so rein gewesen wie dort. Wenn es so war, so gebührt das Verdienst unzweifelhaft dem Adel, der die Gesellschaft beherrschte und die Maßstäbe des Urteils aufstellte«. Diesem Regime der elitären Herrschaft, die über alles entschied und deren Autorität unanfechtbar war, sei es zu verdanken, dass »wir um 1870 in Estland« »dem Ideal der Volksgemeinschaft [...] näher [waren]« als überall sonst.[18]

Wie aus dem Satz über das Leben der »Krautjunker« zwischen Pferden und Hunden ersichtlich ist, hatte die Hundeleidenschaft der Adligen für Haller nichts mit der Glanzleistung des deutschbaltischen Adels auf dem Gebiet der sozialen Verhältnisse zu tun. Die Intimität mit den Hunden war vielmehr die andere Seite des guten Adels. Aber indem Haller die Hunde derartig von dem Ideal einer hierarchisch organisierten Gesellschaft, die von einer kleinen und verantwortungsbewussten adligen Oberschicht geführt werden sollte, abkoppelte, verursachte er eine Verzerrung der zeitgenössischen sozialen

17 Johannes Haller: Lebenserinnerungen. Gesehenes, Gehörtes, Gedachtes. Stuttgart: Kohlhammer 1960, S. 27. Vgl.: Joachim von Dissow [pseud.]: Adel im Übergang. Ein kritischer Standesgenosse berichtet aus Residenzen und Gutshäusern, Stuttgart: Kohlhammer 1961, S. 100; Rudolf Vierhaus (Hg.): Am Hof der Hohenzollern. Aus dem Tagebuch der Baronin Spitzemberg 1865–1914, München: Deutscher Taschenbuch Verlag 1979, S. 270; Alexander Fürst zu Dohna-Schlobitten: Erinnerungen eines alten Ostpreußen, Berlin: Siedler 1989, S. 47–48.

18 Haller: Lebenserinnerungen, S. 17, 19–20, 26. Zu einer Diskussion dieser Paragraphen aus Hallers Lebenserinnerungen siehe: Benjamin Hasselhorn: Johannes Haller. Eine politische Gelehrtenbiographie, Göttingen: Vandenhoeck & Ruprecht 2015, S. 23–25.

Verhältnisse – nicht unähnlich den vielen anderen Verzerrungen der tatsächlichen Beziehungen zwischen Deutschen und Esten im 19. Jahrhundert, die aus seiner Feder stammten. Denn in Wahrheit korrelieren die von Haller genannten Bestandteile der adligen Gesellschaftsutopie im von der deutschen Oberschicht geführten Baltikum sehr eng mit Idealen, die die Rassehundezuchtszene im selben Zeitraum durchdrangen. Wie Haller schwebte den führenden Hundezüchtern, die, wie wir bald sehen werden, zum größten Teil der adligen Klasse gehörten, das Bild einer Gesellschaft vor, in der es klare Einteilungen zwischen verschiedenen Gesellschaftsfraktionen gebe und das Urteil des Adels unangefochten bleibe. Sie hofften, diese utopische Gesellschaft mithilfe ihrer Herzensangelegenheit – der Zucht von reinrassigen Hunden – herzustellen. Das heißt, dass viele Adlige, die weit davon entfernt waren, die Hunde als ein sozial unbedeutendes Randphänomen zu betrachten, diese Tiere in den Mittelpunkt ihrer Visionen der besseren Gesellschaft setzten. Wenn sie in der Tat oft Junker waren, die »ihr Leben [...] [mit] Hunden verbracht haben«, dann nicht zuletzt deswegen, weil sie an jene Tiere enorme soziale Ansprüche knüpften.

Die bessere Hundegesellschaft, die die Hundezüchter sich ausmalten, war zuallererst eine Gesellschaft, in der Individuen in unauflöslich feststehenden Rassengruppen klassifiziert sein sollten. Insofern war die Hundezucht klar zukunftsorientiert: Sie war darauf angelegt, einen ungünstigen Jetztzustand zu beseitigen und in der unmittelbaren Zukunft bessere Umstände herzustellen. Aber die Züchter identifizierten die »schlechte Gegenwart« nicht als eine althergebrachte Gegebenheit, sondern als das Produkt neuester, moderner Entwicklung, die »die gute alte Zeit« zunichtemache. Wenn sich die in Deutschland gegenwärtig existierenden Hunde in rassischer Hinsicht nicht eindeutig klassifizieren ließen und wenn sie durch ein großes Durcheinander gekennzeichnet waren, dann, so die Meinung der Züchter, nicht deswegen, weil es eigentlich gar keine Hunderassen gebe; vielmehr habe eine erst kürzlich eingetretene Vermischung der Rassen für das Vorhandensein des jetzigen Chaos gesorgt. Die Vermischung sei demgemäß ein modernes Unheil, die Mission der Züchter sei es, dies ungeschehen zu machen. Ihr Blick war in diese Beziehung auf eine von ihnen imaginierte Vergangenheit zurückgerichtet, die sie wiederherzustellen trachteten. Die Aufgabe der Herbeiführung einer besseren Zukunft lief nicht auf die Kreierung von etwas Neuem, sondern auf eine Heraufbeschwörung eines vermeintlich schon Dagewesenen, das kürzlich erloschen sei, hinaus. Fortschritt bedeutete für sie, zurück zu den Wurzeln zu kehren.[19]

In seinem nostalgischen Rückblick auf das Baltikum vor der Russifizierung hob Haller vor allem die historische Statik des Landes hervor, das von den Umwälzungen der Französischen Revolution verschont geblieben sei:

---

19 Vgl.: Mosse: Geschichte, S. 56, 72. Analog dazu hatten auch die ökonomischen und politischen Reformen, die der deutschbaltische Adel ab Mitte des 19. Jahrhunderts doch einleitete, ihren Sinn in der »Sicherung der bestehenden ständischen Ordnung«. Die Zukunftsorientierung sollte die Aufrechterhaltung des Alten garantieren; siehe: Gert von Pistohlkors: Vom Geist der Autonomie. Aufsätze zur baltischen Geschichte, Köln: Mare Balticum 1995, S. 72.

»Später bin ich bei meinen geschichtlichen Studien oft genug darauf gestoßen, wieviel von Zuständen und Einrichtungen des Mittelalters mir von Jugend auf aus eigener Anschauung oder Schilderungen von Älteren geläufig war. [...] In voller, lebendiger Wirksamkeit bestand noch die Verfassung des Landes mit ihrer scharfen Trennung von Stadt und Land. [...] die Ritter- und Landschaft, [...] die Gesamtheit der ländlichen Großgrundbesitzer [...] leitete ihr Bestehen und ihre Formen mit einigen Abwandlungen aus den Zeiten des Ordens und der schwedischen Herrschaft (1560–1710) her, wie dann auch ihre Ämter durchaus altertümliche Bezeichnungen führten. [...] [D]em Adel [kam] unbestreitbar und auch nie bestritten die führende Rolle zu. [...] [Er hatte eine] historische Vorzugsstellung«.[20]

Als Haller seine Erinnerungen in der Zeit der Weimarer Republik verfasste, gehörte die adlig geprägte Welt der Deutschbalten längst einer nicht mehr zurückholbaren Vergangenheit an. In Aufzeichnungen dieser Art versuchte er, ein Denkmal für diese grundsätzlich bessere, vergangene Welt zu setzen, die mehr als 650 Jahre lang vermeintlich unverändert geblieben und deren soziale und herrschaftliche Strukturen erst im ausgehenden 19. Jahrhundert durch die gewaltsame Intervention eines fremden Elements (die Russifizierung) aufgelöst worden sei. Man kann Hallers Text als einen im Gedächtnis geleisteten Widerstand gegen Kräfte der Gesellschaftsveränderung lesen, die die »Vorzugsstellung« einer alten Oberschicht gefährdeten. Schließlich gehörte Haller zu jener »konservativ-ständisch orientierten Gruppe« »baltische[r] Publizisten« im Deutschen Reich, die am Vorabend des Ersten Weltkriegs »die Ostseeprovinzen Rußlands als ›deutsche Wacht an der Grenze des Slawentums‹« darstellten und die Russifizierungspolitik als »Bedrohung der ›germanischen Kultur‹ « durch slawische Gewalt betrachteten.[21] Haller verband sozialdarwinistische und rassistische (d.h. antirussische bzw. antislawische) Neigungen mit tiefverwurzelten aristokratischen und antidemokratischen Ansichten. Er glaubte in Revolutionen, in jeder Änderung der traditionellen Sozialordnung die Quelle allen Unheils zu erkennen.[22]

Die Bemühungen der Rassehundezüchter um eine rassisch entmischte Hundebevölkerung lassen sich als ein ähnlicher Widerstand seitens einer Oberschicht, deren Vormacht infrage gestellt wurde, analysieren. Auch dieser Widerstand war gegen die Transformationskräfte der neuesten Zeit gerichtet und zielte auf eine Wiederherstellung einer vergangenen Gesellschaftsordnung. Für die Züchter kam das Projekt der Entmischung und der Zucht reinrassiger Hunde einer Art Zeitreise nahe, analog derjenigen, die laut Haller Besucher in Estland vor 1880 erleben konnten und die er selbst in seinen Memoiren im Geiste unternahm.[23] Während aber die deutschbaltische Vergangenheit unwieder-

---

20 Haller: Lebenserinnerungen, S. 22–23.

21 Fritz Fischer: Krieg der Illusionen. Die deutsche Politik von 1911 bis 1914, Düsseldorf: Droste 1969, S. 77–78.

22 Ebd., S. 83; Heribert Müller: Der bewunderte Erbfeind. Johannes Haller, Frankreich und das französische Mittelalter, in: Historische Zeitschrift 252/2 (1991), S. 265–317, hier S. 277–278, 284. Zu entsprechenden Zitaten aus Hallers Erinnerungen, auf welche Fischer und Müller hinweisen, siehe: Haller: Lebenserinnerungen, S. 68–69, 74–75, 192.

23 Vgl.: Golo Mann: Geschichte und Geschichten, Frankfurt a.M.: S. Fischer 1962, S. 512.

bringlich war, ließen sich die imaginierten reinen Hunderassen verflossener Epochen doch quasi »wiederzüchten«. Wenn die Züchter Rassehunde heranzogen, war das so, als ob sie in der Gegenwart des ausgehenden 19. Jahrhunderts handfeste Gegenstände einer längst verlorenen glorreichen Zeit, lebende Relikte im wahrsten Sinne des Wortes produzierten.[24] Hier lag der Hauptgrund für die große Bedeutung der Hunde für diese Menschen.

## DIE WIEDERAUFERSTEHUNG EINER RASSISCHEN VERGANGENHEIT

Nicht nur in der Zuchtarbeit an sich, die ihnen viel kreative Mühe abverlangte, zeigten sich die Züchter als besonders schaffensfreudige Menschen, sondern auch auf einem weiteren Gebiet, nämlich dem Verfassen von Briefen an staatliche Institutionen. Nicht zuletzt weil sie glaubten, für den Erfolg ihrer Zuchtprojekte und für die gesamtgesellschaftliche Durchsetzung ihrer Ziele auf obrigkeitliche Unterstützung angewiesen zu sein, pflegten Hundezuchtvereinsmitglieder immerwährend langatmige Ausstellungsprotokolle, Jahresberichte und andere vereinsrelevante Texte zusammenzustellen und an Vertreter der Staatsmacht zu schicken. Sie verfassten diese Texte, weil sie sich im Gegenzug eine unmittelbare Vergünstigung seitens der Behörden, vorwiegend in der Form einer Stiftung von Ehrenpreisen für Ausstellungen erhofften. Aber die scheinbar eigennützige Erwartung von staatlicher Unterstützung macht auch deutlich, wie sehr sie davon überzeugt waren, dass ihre hundebezogenen Bemühungen dem Wohl des Staates, der Nation und der menschlichen Gesellschaft dienten. Wenn die Führer der Hundezuchtszene über ihre Tätigkeiten reflektierten, dann fassten sie ihre Arbeit nie als Teil eines Hobbys, einer Nebenbeschäftigung auf, mit der sie sich selbst unterhielten. Vielmehr waren sie der Meinung, dass die Rassehundezucht weitreichende Vorteile gerade für das soziale Leben der Menschen und für die allgemeinen Mensch-Hund-Beziehungen im Reich versprächen. Diese Anknüpfung an Angelegenheiten der menschlichen Gesellschaft und an öffentliche Themen hatte zur Folge, dass die Züchter ihre rassistische Weltanschauung unverkennbar und ungehemmt als eine Ideologie des Sozialen konzipierten. Die Hunde, die sie züchteten, sollten keine rein privaten Haustiere sein; sie wurden vielmehr als Bestandteile einer ganzheitlichen Hunde-Gesellschaft betrachtet, die nach öffentlichen Maßstäben evaluiert werden sollte. Gerade weil der Hunderassismus dermaßen sozialperspektivisch konzipiert wurde, offenbarte er eindeutige Gemeinsamkeiten mit seinem menschenbezogenen Pendant. Der Hunderassismus beschäftigte sich genau wie der Menschenrassismus mit grundlegenden Fragen der Zusammenstellung und der weiteren Entwicklung der Gesellschaft.

Als Texte, in denen über die sozialen Zustände im Deutschen Reich reflektiert wurde, gewähren die Anschreiben an die staatlichen Repräsentanten einen tiefen Einblick in

24 Vgl.: Gadi Algazi: Middling Ages and Living Relics as Objects to Think with. Two Figures of the Historical Imagination, in: Sarah C. Humphreys/Rudolf G. Wagner (Hg.): Modernity's Classics, Berlin/Heidelberg/New York: Springer 2013, S. 315–329.

die Motive und Interessen der Rassehundezuchtvereine. Wie wir im Folgenden sehen werden, erinnerten diese stark an die Motive und Interessen, die auch den zeitgenössischen Menschenrassismus charakterisierten. Es lohnt sich deshalb, mit einem Text dieser Gattung unsere Suche nach den Hauptelementen der Ideologie der Rassehundezucht zu beginnen. Im Mai 1886 schrieb der Präsident des Berliner Rassenhundezuchtvereins »Hector« dem Preußischen Landwirtschaftsminister an, um ihm über die kurze Zeit vorher in Leipzig abgehaltene Ausstellung von »Hunden aller Racen« zu berichten. Der Präsident hob besonders die Tatsache hervor, dass in der Abteilung einer gewissen Vorstehhunderasse die geführten Tiere

»eine derartige Gleichmäßigkeit [zeigten], das [sic] selbst die anwesenden Engländer, Franzosen, Dänen und Oesterreicher einstimmig erklärten, ›ja, das ist eine Race,‹ gegenüber dem früheren, allerdings der thatsächlichen Verhältnissen entsprechenden Ausspruch der Ausländer, daß Deutschland keine Vorstehhunde besitze, weil jeder Hund anders aussehe«.[25]

Aus der Herausstellung des Anerkennungsspruches seitens der »Ausländer« kann man lernen, dass die Züchter einem ultimativen Zustand entgegenstrebten, in welchem mehrere Hundeindividuen eine dermaßen große Ähnlichkeit untereinander aufweisen würden, dass man sie einer abgesonderten, klar eingegrenzten Rasse zuschreiben könne. Diese gleich aussehenden Individuen gehörten zusammen zu einem Rassenkollektiv, das sich von anderen Rassenkollektiven unterscheide. Die Züchtung von gleichmäßigen Individuen, die anders als alle andere Individuen aussähen, war so ein Akt der Rassenbildung. Diese Rassenbildung durch die Schaffung von Ähnlichkeit (zwischen den Rassenmitgliedern) und Differenz (zu allen anderen Hunden) war das oberste Ziel der Rassehundezuchtvereine.

Die praktische Zucht sollte zum einen Rassenkollektive erschaffen und zum anderen Grenzen zwischen den unterschiedlichen Kollektiven festlegen. Jeder gewissenhafte Einzelzüchter stand in der Pflicht, Hunde zu züchten, die die eindeutigste Gleichartigkeit mit den anderen Exemplaren des Rassenkollektivs und gleichzeitig die geringste Ähnlichkeit mit den anderen Rassen aufwiesen. Der Züchter, so heißt es vereinfacht in einem zeitgenössischen Nachschlagewerk über die Hundezucht, »ringt [...] nach Konformität aller Individuen und Konsolidierung der Rasse«.[26] Je mehr er eine solche Gleichartigkeit bei seinen Hunden erzielen konnte, desto größer war seine Aussicht auf Auszeichnung in den verschiedenen Ausstellungen. Der einzelne Züchter musste, mit anderen Worten, auf die Entstehung der Rasse hinarbeiten. Er hatte seine Tiere im Dienst der Rassenbildung und der Grenzziehung zwischen den verschiedenen Rassen zu stellen.

Schon der Blick auf dieses Elementarziel der Vereine macht deutlich, in welcher Dimension die Rassehundezüchter vom Ideal einer rassischen Gliederung der Gesellschaft

25 Radetzki, Präsident des Vereins Hector und Vorsitzende des Preisrichter-Collegiums der Leipziger Ausstellung an das Königl. Ministerium für Landwirtschaft, Domänen und Forsten, 03.05.1886 (GStA PK, I. HA Rep. 87 B, Nr. 22165).

26 August Ströse: Grundlehren der Hundezucht. Ein Hilfsbuch für Züchter, Preisrichter, Dresseure und Hundefreunde, Neudamm: Neumann 1897, S. 142.

durchdrungen waren. Als Kinder ihrer Zeit, die die verschiedenen Varianten der menschenbezogenen Rassentheorien kannten, war für sie die Klassifizierung von Bevölkerungen nach rassistischen Prinzipien eine selbstverständliche Erkenntnis. Durch ihre Schriften, Zuchtpraktiken und Ausstellungen, gelang es ihnen, diese »Wahrheit« zu konstruieren und gleichzeitig als naturgegeben zu präsentieren. Gerade weil uns heute noch die Untergliederung von Hunden in Rassen weitgehend unproblematisch erscheint, lohnt es sich, einen Blick darauf zu werfen, wie diese frühen Agenten einer hunderassistischen Weltanschauung sie kreierten und dem Schein einer positivistischen Wahrheit gaben.

Die Vereine wollten einen Zustand schaffen, in dem die Hunde vor allen Dingen als Mitglieder ihrer Rasse betrachtet würden.[27] Die Organisatoren einer 1878 in Frankfurt am Main gehaltenen Ausstellung von »Jagdhunden aller Rassen« machten in der Einladung klar, dass für sie das Element »Rasse« der absolute Dreh- und Angelpunkt der Veranstaltung bildete; alle anderen Faktoren sollten außer Acht gelassen werden, wenn es darum ging, über die Qualität der Hunde zu urteilen:

> »Wir richten nun an alle Besitzer von Jagdhunden die ergebene Bitte, unsere Ausstellung recht zahlreich zu beschicken, jedoch nur mit solchen Exemplaren, die einer bestimmten Rasse angehören, [...] keine Vermischungen fremden Blutes documentieren; denn wenn es auch oft vorkommen kann, dass Bastarde sich durch Leistungen auszeichnen, so kann es doch nicht Aufgabe der Preisrichter einer solchen Ausstellung sein, über derartige Leistungen zu entscheiden; sondern dieselben haben ausschliesslich festzustellen, welche Typen als mustergültig für eine bestimmte Rasse anzusehen sind«.[28]

Eine solche Reduzierung des Tiers auf den Grad seiner »Mustergültigkeit« für die Rasse hofften die Vereinsführer in Bezug auf sämtliche in Deutschland lebenden Hunde zu erreichen. Man müsse dem »großen deutschen Publikum« Kenntnisse über »Typen, constante Racen und deren charakteristische Merkmale« beibringen, stellten Vertreter des Vereins »Hector« in ihrem ersten Jahresbericht (1877) fest; nur so könne der bedauerliche Zustand beseitigt werden, dass »eine grosse Kollektion von Hunden weder leicht geordnet noch weniger richtig beurtheilt werden kann«.[29] Jeder einzelne Hund im Deutschen Reich müsse demnach rassisch zuordenbar sein. Konnte ein Hund kein hinreichendes Maß an Rassenzugehörigkeit aufweisen, war er zwangsläufig kein wertvoller Hund. Ein Hund musste einer spezifischen Rasse angehören, das war das wichtigste Element seiner Identität.

Die Rassehundezüchter fassten immer die »grosse Kollektion«, d.h. alle sich in

27 Zu diesem Grundziel der modernen Rassehundezucht siehe: Harriet Ritvo: The Animal Estate. The English and Other Creatures in the Victorian Age, Cambridge, MA: Harvard University Press 1987, S. 93.

28 Ausstellung von Jagdhunden in Frankfurt am Main, März 1878 (GStA PK, I. HA Rep. 87 B, Nr. 22164).

29 Erster Jahresbericht des »Hector«, Verein für Zucht und Schaustellung von Race-Hunden in Berlin, unter dem Protectorate Seiner Königlichen Hoheit des Prinzen Carl von Preussen, Berlin: Beuckert & Radetzki 1877, S. 6.

Deutschland befindlichen Hunde ins Auge. Es ging ihnen stets um die Gesamtbevölkerung der Hunde. Es sollte nach ihrer Vision im Deutschen Reich kein Hund existieren, der keiner Rasse angehörte, der ein »Mischling« war. In einem Aufsatz, der 1913 in der wichtigsten Hundezuchtfachzeitschrift im Kaiserreich, *Zwinger und Feld*, veröffentlicht wurde, wurde z.B. moniert, dass immer noch die Mehrzahl der in Deutschland existierenden Hunde rasselos sei. Der Verfasser bezog sich auf Berlin: Dort lebten gegenwärtig 45.000 Hunde, von denen aber leider nur etwa 20.000 als Rassehunde in den Stammbüchern eingetragen seien. Dieses krasse Missverhältnis gebe ein Bild davon, »wie viele Fixköterchen in Deutschland noch ihr Dasein fristen«. Das Ziel der kynologischen Bewegung sei es dagegen, »[i]deale Verhältnisse« der Zugehörigkeit sämtlicher Hunde zu spezifischen Rassen und der Eliminierung sämtlicher »Fixköter« zu schaffen: »Jeder in Deutschland gezogene Hund muss [in den Stammbüchern] eingetragen werden«.[30] Eine Bevölkerung von Rassehunden müsse diejenige der »Fixköter« komplett ablösen, wie es in einem Handbuch über die »Rassekennzeichen der Hunde« hieß: »[D]ie Gesamtzahl der gehaltenen Hunde [steht] in noch gar keinem Verhältniss zur Zahl der gehaltenen Rassehunde. [...] [E]s ist noch unendlich viel zu tun übrig, bis wir unser auf Ausrottung der Fixköter und Bastarde gerichtetes Ziel erreicht haben«.[31]

Die Frage der Rassezugehörigkeit hing mit der Idee von *Rassereinheit* zusammen. Die Rassehunde sollten so gezüchtet werden, dass sie durchweg die Eigenschaften einer bestimmten Rasse aufweisen würden, dass bei ihnen keine Abweichung von der Rasseform zu entdecken wäre. Die Veranstalter der ersten in Deutschland gehaltenen internationalen Rassehundeausstellung (1879 in Hannover) setzten sich z.B. zum Ziel, beim Publikum »Propaganda für die [...] Reinzucht der deutschen Rassen zu machen«.[32] Deswegen sollten die Ausstellungsrichter solche Tiere ausschließen, »welche den gestellten Anforderungen an Racenreinheit« nicht gerecht würden.[33] Im Katalog einer anderen, 1888 in Berlin veranstalteten internationalen Ausstellung liest man in ähnlicher Weise, dass eingelieferte Hunde, »welche ersichtlich nicht reine[r] Race« seien, auf Anordnung des Ausstellungskomitees »sofort [...] zurückgewiesen« werden müssten.[34] Jeder »Amateur-Kynologe«, stellte der Vorstand des »St.-Bernhards-Klubs« 1902 fest, werde

30 Das Stammbuch, in: Zwinger und Feld 22/3 (1913), S. 41–42, hier S. 41.

31 Rassekennzeichen der Hunde. Nach offiziellen Festsetzungen, München: Schön 1895, S. III–IV.

32 Karl Brandt: Amsterdam. Fortsetzung. Die Mastiffs, in: Zwinger und Feld 7/24 (1898), S. 481–484, hier S. 481.

33 Niederschrift: Internationale Ausstellung von Hunden aller Racen am 21., 22., 23., 24. und 25. Mai 1879 im Flora-Garten Bella-Vista zu Hannover veranstaltet von dem Verein zur Veredelung der Hunderacen in Verbindung mit einer von königlicher Regierung genehmigten grossen Verloosung von 50,000 Loosen à 1 Mark (GStA PK, I. HA Rep. 87 B, Nr. 22164).

34 »Hector« Verein für Zucht und Schaustellung von Racehunden zu Berlin: Programm der 5ten internationalen Ausstellung von Hunden aller Racen in Berlin verbunden mit Ausstellung aller auf Hunde und Jagd bezüglichen Gegenstände in den Tagen vom 18. bis 22. Mai 1888 in den zum Etablissement »Tivoli« gehörigen Räumen zu Berlin, Berlin: Beuckert & Radetzki o.J., S. 29.

»auf Ausstellungen den gewaltigen Unterschied zwischen der Schönheit eines Rassenhundes und der typischen Ausdruckslosigkeit eines unrein abstammenden Produktes studiren können und wird durch diese Gegenüberstellung die reine Rassenzucht [...] bedeutend gefördert«.[35]

Das Ideal der Rassereinheit ging mit einer strikten Ablehnung von Vermischungen zwischen unterschiedlichen Rassen einher. Die Züchter verstanden die Rassenvermischungen – und auf der Ebene der Zuchtpraxis die Kreuzungen – als eine Sünde gegen die rassische Anordnung der Hundebevölkerung.[36] Wenn sie Vermischungen und Kreuzungen in den Mittelpunkt ihrer gesellschaftskritischen Ideologie setzten, korrespondierte ihr Konzept in unverkennbarer Weise mit zeitgenössischen menschenrassistischen Ideen. Schon in einem der konstitutiven Texte des modernen Rassismus, Gobineaus *Essai sur l'inégalité des races humaines* (1853–1855), wurde die Blutvermischung, »le mélange du sang«, zum Urmoment allen Unheils erklärt. Gobineau warnte, falls die bereits in Gang gesetzte Amalgamierung zwischen der Rassen nicht gebremst und umgekehrt werde, trete eine rassische Degeneration und als eine unumgängliche Folge eine soziale Katastrophe ein.[37] Der Rassismus der zweiten Hälfte des 19. Jahrhunderts stand stets im Stern dieser von Gobineau artikulierten Horrorvorstellung über die Zukunft der Gesellschaft. Viele Zeitgenossen, nicht nur fanatische Rassisten, wurden »von der Angst der Degeneration geplagt«, vom Szenario einer allmählichen Verkrümmung der Menschheit, die die außer Kontrolle geratene Rassenvermischung verursache.[38] Gerade in dieser Beziehung war der Rassismus eine besonders konservative und rückwärtsgewandte Sozialideologie. Die durch die Blutvermischung verursachte Degeneration implizierte eine radikale Verkehrung althergebrachter Gesellschaftsordnungen. Praktischer Rassismus und Rassenhygiene waren aus dieser Perspektive als Projekte der gesellschaftlichen *Korrektion* konzipiert. Sie zielten darauf ab, eine feste Ordnung, die angeblich in der Vergangenheit existiert habe, *wiederherzustellen*.[39]

Die Rassehundezüchter schlossen an diese Teile der rassistischen Ideologie nahtlos an. Für sie lag dem bedauerlichen Zustand, dass es in Deutschland zu viele »Fixköter« gebe, nicht etwa ein über lange Zeit hinweg entstandenes Durcheinander der Rassen zugrunde. Sie stellten die Vermischung vielmehr als eine ihrem Wesen nach moderne Entwicklung dar, die einen vorher existierenden, natürlichen Zustand zunichtegemacht habe. In diesem Weltbild seien die Hunderassen der Vermischung und dem Vorhandensein von »Mischlingen« vorausgegangen. Zuerst habe es klar getrennte Rassen gegeben;

35 St. Bernhards-Klub Sitz in München an den Hohen Magistrat der k. Haupt- und Residenzstadt München, 23.07.1902 (StadtAM, Bürgermeister und Rat, Nr. 1053).

36 Vgl.: Harriet Ritvo: The Platypus and the Mermaid and other Figments of the Classifying Imagination, Cambridge, MA/London: Harvard University Press 1997, S. 105–106.

37 Conze: Rasse, S. 161–162; Weindling: Health, S. 51; Geulen: Geschichte, S. 71.

38 Mosse: Geschichte, S. 106. Vgl. auch: Sheila Faith Weiss: Race Hygiene and National Efficiency. The Eugenics of Wilhelm Schallmayer, Berkeley: University of California Press 1987, S. 20–26, 184.

39 Mosse: Geschichte, S. 102; Geulen: Geschichte, S. 61–64.

dann habe eine Vermischung stattgefunden, die die ursprüngliche Trennung habe verschwimmen lassen. Wenn z.B. Houston Stewart Chamberlain, ein Rassist der gröberen Art, in dessen *Grundlagen des 19. Jahrhunderts* (1899) immer wieder Parallelen zwischen menschen- und hundebezogenen rassistischen »Wahrheiten« gezogen wurden, seine Leser auf den verderblichen Einfluss der Rassenvermischung aufmerksam zu machen wünschte, führte er als ein einschlägiges Beispiel den Fall einer Kreuzung zwischen einem englischen Windhund und einer Bulldogge an. Chamberlains Narrativ beginnt essenziell mit der Existenz der Bulldogge und des Windhundes als Repräsentanten von Rassen, deren Entstehung über keine Geschichte verfügte und die es irgendwie immer gegeben hatte. Anders als die nachträgliche Kreuzung, die einen plötzlichen Einschnitt in den natürlichen Lauf der Dinge bedeute, sei die Existenz der Windhund- und der Bulldoggenrasse substanzieller Art. Sie seien einfach immer da gewesen, sie seien primordiale Entitäten, die nichts mit zeitlicher Entstehung zu tun hätten. Die Kreuzung zwischen ihnen sei ein Verstoß gegen ihre substanzielle Existenz als getrennte Rassen. Die Folgen seien fatal: »[D]ie Charaktere beider Rassen verschwinden und gänzlich charakterlose Bastarde [bleiben] übrig, [...] Wesen, deren Körper den Eindruck macht, als sei er aus nicht zusammengehörenden Teilen zusammengeschraubt. [...] [A]ls Regel führt Blutvermischung zur Entartung.« Chamberlain fasste zusammen: »Auch hier wieder liefert uns die Tierzüchtung die klarsten, unzweideutigsten Beispiele«.[40]

Die Rassehundezüchter stimmten dem in der Regel zu. Ihre Überzeugung von der Präexistenz essenziell getrennter Rassen, die vor den verderblichen Kreuzungen geschützt werden müssten, konnte zuweilen mit ebenso klaren und unzweideutigen Worten ausgedrückt werden. Max von Stephanitz, der Begründer eines der militantesten Hundezuchtvereine des Kaiserreichs, des »Vereins für deutsche Schäferhunde«, bemühte beispielsweise keine geringere Autorität als Darwin, um sein Argument über die unvermeidbare Schädlichkeit der Blutvermischung zu bekräftigen. Ungeachtet der Tatsache, dass Darwin selbst vielfach mit Kreuzungen (zwischen Taubenschlägen) experimentierte und die viktorianischen Hundezüchter auf die hybriden Wurzeln all ihrer »reinrassigen« Edelhunde hinwies,[41] behauptete Stephanitz, dass der englische Biologe »an einer Fülle von Nachweisen« gezeigt habe, dass eine Kreuzung zwischen »unverwandte[n] Rassen« »zu unrettbarer Entartung führt«. Stephanitz war klar, dass Darwin klar war: »[W]as es [= das Kreuzen] erzeugt, ist der eigentliche Bastard, ein Wesen, dessen Charakter Charakterlosigkeit ist«.[42]

---

40 Houston Stewart Chamberlain: Die Grundlagen des 19. Jahrhunderts. Bd. 1, München: Bruckmann 1899, S. 284.

41 Adrian Desmond/James Moore: Darwin's Sacred Cause. Race, Slavery, and the Quest for Human Origins, London: Allen Lane 2009, S. 255–258.

42 Max von Stephanitz: Der deutsche Schäferhund in Wort und Bild, Augsburg: Selbstverlag des »Vereins für deutsche Schäferhunde« 1901, S. 7. In einer späteren Auflage des Buches findet man Stephanitz' Argument noch pointierter: »Es liegt in den Naturgesetzen der Vererbung, daß reinrassige, züchterlich ausgeglichene Geschöpfe Kreuzungen überlegen sind. Kreuzung führt zum Rückschritt« (ders.: Der deutsche Schäferhund in Wort und Bild, 6. Aufl., München:

Für die immer in gesamtgesellschaftlichen Dimensionen denkenden Rassehundezüchter bedeutete das Fortschreiten einer solchen Blutvermischung eine »Entartung« en masse. Genau wie die fanatischsten Menschenrassisten zeichneten sie das Bild einer grauenerregenden Gegenwart und einer noch dystopischeren Zukunft, in welcher das Deutsche Reich von den »Fixkötern«, den charakterlosen »Mischlingen« überflutet werde. Ihre Mission verstanden sie als die Zügelung der ausufernden Kreuzungen durch eine von den Vereinen gesteuerte Rassezucht, die die bevorstehende soziale Katastrophe abwenden sollte. »Die constante Rasse«, so z.B. der Düsseldorfer Tiermaler und Jäger Ludwig Beckmann, müsse »fortwährend vor dem Verfall behütet werden. Denn sobald der Mensch seine schützende Hand von irgendeiner Rasse zurückzieht, sinkt dieselbe unheilbar in das Chaos der rasselosen Hunde zurück«.[43] Die »Reinzüchtung«, behaupteten Vertreter der 1880 gegründeten »Kommission zur Führung des Stammbuches« dem Preußischen Landwirtschaftsminister gegenüber, beseitige die Primärursache der Vermischung – die »Regellosigkeit« der bisherigen Hundefortpflanzung –, die zur »Verwüstung des t[r]efflichsten Materials« geführt habe.[44] Albrecht Prinz zu Solms-Brauenfels, einer der Hauptinitiatoren der kynologischen Bewegung, beteuerte seinerseits, dass »die absolute Vernachläßigung jeglicher rationeller Zucht [...] zu einer vollständigen Degeneration unserer einst so vorzüglichen einheimischen Jagdhunderacen« geführt habe.[45]

Aus der Rede der Rassehundezüchter von der »Verwüstung des t[r]efflichsten Materials« oder der »Degeneration unserer einst so vorzüglichen einheimischen Jagdhunderacen« kann man lernen, dass sie glaubten, dass es die von ihnen zu züchtenden Hunderassen ehemals schon gegeben habe. Nicht die Rassen, sondern die »Verwüstung« und die »Degenration« seien neu, modern. Ihnen sei eine überlange Vorgeschichte der rassischen Trennung vorausgegangen. Der antidarwinistische Wiener Zoologe Leopold Fitzinger behauptete z.B. in seinem 1876 erschienenen Buch *Der Hund und seine Racen*, dass die heutzutage vorhandenen Haushunderassen nicht eine einzelne gemeinsame Abstammung hätten, sondern auf sieben »Haupttypen« oder »Stammarten« zurückführbar seien. Diese »Stammarten«, die bereits in der »allerältesten Zeit der menschlichen Geschichte«, nämlich um 6000 v. u. Z. existiert hätten, seien »schon ursprünglich vorhanden gewesene, selbstständige Arten«. Man habe sie nicht allein bei den Ägyptern, den Griechen und den Römern antreffen können, sondern auch noch bei den »alten Deutschen aus der Zeit des Mittelalters«. Die »Veränderungen, welche Klima, Lebensweise, Zähmung und Zucht in der Urform hervorzubringen vermochten, [haben] nie eine gewisse Grenze überschritten, [...] und selbst wenn sie einen Zeitraum von Jahrtausenden

Verlag des Vereins für deutsche Schäferhunde 1921, S. 47–48). Vgl.: Skabelund: Rassismus, S. 66.

43 Ludwig Beckmann: Geschichte und Beschreibung der Rassen des Hundes. Bd. 1, Braunschweig: Vieweg 1894, S. 5.

44 Verein zur Veredelung der Hunderacen für Deutschland an den königlichen Staatsminister und Minister für Landwirtschaft, Domänen und Forsten Herrn Dr. Lucius, 08.05.1880 (GStA PK, I. HA Rep. 87 B, Nr. 22164).

45 Albrecht Prinz zu Solms an den Minister für landwirthschaftlichen Angelegenheiten, 30.03.1878 (ebd.).

umfassen«. Die ursprüngliche, substanzielle Konstitution der Rassenarten sei von den äußerlichen Einflüssen nicht betroffen worden. Erst »in der späteren Zeit« habe sich dann »die Zahl der Bastardformen« aufgrund von Kreuzungen zwischen den verschiedenen sieben »Haupttypen« vermehrt. Bei »rein erhaltener Zucht«, die Kreuzungen vermeide, würden die Rassen, die »Stammarten«, dagegen »gleich« bleiben.[46]

Die meisten Kynologen teilten Fitzingers Überzeugung von der grundsätzlichen Konstanz und Altertümlichkeit der Hunderassen. Sie wiesen stets darauf hin, dass diese schon vor bzw. seit sehr langer Zeit bestanden hätten und bei wirklich konsequenter Reinzucht gleich, d.h. unverändert und unerneuert bleiben würden.[47] Die *Bewahrung* des Gleichbleibenden und die *Wiederherstellung* des Altertümlichen machten sie zur zwingenden Notwendigkeit und zur Hauptaufgabe ihrer Zuchtarbeit. Fast jedes im Kaiserreich veröffentlichte Werk über eine bestimmte Hunderasse begann mit einer Behandlung der »Geschichte« und der »Abstammung« der jeweiligen Rasse.[48] Die Großzahl der Verfasser dieser Werke scheute zwar davor, wie Fitzinger die Existenz der Rassen bis in die Vorgeschichte und die Antike zurückzuverfolgen; aber sie datierten deren Entstehungsmoment in der Regel auf das Mittelalter oder spätestens auf die Frühneuzeit und in der Hauptsache auf einen Zeitraum, der lange vor dem 19. Jahrhundert zurücklag.[49] Was

46 Leopold Joseph Fitzinger: Der Hund und seine Racen. Naturgeschichte des zahmen Hundes, seiner Formen, Racen und Kreuzungen, Tübingen: Laupp 1876, S. 88, 91, 100–101. »Rassen«, schrieb Mosse in Bezug auf den rassistischen Diskurs des späten 19. Jahrhunderts, »von denen man behauptet, sie seien von außen nicht zu beeinflussen, können sich durch Evolution auch nicht verändern. [...] Rasse unterliegt nicht der Evolution, denn sie muß weiterbestehen, so, wie sie geschaffen wurde« (Mosse: Geschichte, S. 55).

47 Vgl.: Ritvo: Estate, S. 83–84.

48 Die Kynologen stützten sich dabei auf zoologische Studien zur Abstammung und Geschichte der »Hunderassen«, die während der Zeit des Kaiserreichs vorwiegend mittels Schädelvermessungen vorgenommen wurden und in denen in der Regel eine ähnliche geradlinige Kontinuität von den »Rassen« oder »Formen« des Neolithikums zu den heutigen Doggen, Windhunden, Schäferhunden etc. konstruiert wurde. In vielen dieser Studien wurde sogar eine »retrospektive Rassenbildung« betrieben, indem die Verfasser Hundeformen, die in der fernen Vergangenheit vermeintlich existierten, als »Rassen« darstellten. Sie entdeckten so z.B. den »Terrier der Steinzeit«, den »Schäferhund der Bronzezeit« und ein altägyptisches »Windhundblut«; als namhafte Beispiele siehe: August von Pelzeln: Eine Studie über die Abstammung der Hunderassen, in: Zoologische Jahrbücher 1 (1886), S. 225–240; Alfred Nehring: Zur Abstammung der Hunderassen, in: Zoologische Jahrbücher 3 (1888), S. 51–58; Theodor Studer: Beiträge zur Geschichte unserer Hunderassen, in: Naturwissenschaftliche Wochenschrift 12/28 (1897), S. 325–330 (Zitate S. 329).

49 Wie Simon Teuscher schon vor langer Zeit bemerkte, bemühten sich moderne Kynologen stets darum, »gegenwärtige Hunderassen auf mittelalterliche oder noch ältere Ursprünge zurückzuführen«. Teuscher hat richtig erkannt, dass dieser historische Diskurs im 19. Jahrhundert darauf hinausgelaufen sei, den »neuen Deutungskategorien die Legitimität des Althergebrachten zu verleihen« (Simon Teuscher: Hunde am Fürstenhof. Köter und »edle Wind« als Medien

diese abstammungsgeschichtlichen Abhandlungen suggerieren sollten, war immer das Gleiche: die über jeden Zweifel erhabene Altehrwürdigkeit der Rasse.[50]

Anhand solcher Abstammungskonstrukte kreierten die Kynologen jene mythische Vergangenheit der auf festen Rassenunterschieden beruhenden sozialen Ordnung, die fast jeder Form von modernem Rassismus inhärent ist. Die Konstruktion dieser Vergangenheit, die aus klaren Klassifikationssystemen bestand, war auch im Fall des Hunderassismus eine Gegenreaktion auf die »verwirrende[] Modernität«. Wenn die Kynologen auf die »alten« Ursprünge ihrer Rassehunde hinwiesen und Exemplare jener »ursprünglichen« Rassen züchteten, ließen sie »die Sonne stillstehen« und wollten in ihrer modernen Gegenwart Elemente einer »hergebrachten Ordnung« wiederherstellen.[51] So habe sich beispielsweise der Malteser, der, so der Vorsitzende des »Internationalen Zwerghundklubs«, schon Aristoteles bekannt gewesen sei, in seiner Form nur sehr »wenig [...] während der vielen Jahrhunderte verändert«.[52] Die uns heute bekannte deutsche Dogge habe nach Beckmann wiederum bereits zu Beginn des 17. Jahrhunderts und auf jeden Fall »seit mehreren Jahrhunderten« »als eine besondere Rasse« existiert. Ihre ältesten Ursprünge, nämlich »doggenartige[] Hunde[]«, aus denen dann in der Frühen Neuzeit jene richtige, »besondere Rasse« hervorgegangen sei, seien sogar schon bei den Germanen zu finden gewesen.[53] Hunde »alte[r] Rasse[n]« wie die deutsche Dogge in der Gegenwart rein zu züchten, hieß demgemäß nichts anderes, als ein Stück 17. Jahrhundert und ein Stück Germanentum für die heutige Welt wiederzugewinnen; oder in den Worten Beckmanns: Solche Vergangenheiten »wieder aus ihren Trümmern« hervorzurufen.[54]

Eine andere strikt »deutsche« Rasse, die zur Zeit des Kaiserreichs eine ähnliche Wiederauferstehung erlebte, war der deutsche Schäferhund. Als sich der ehemalige Kavallerieoffizier Max von Stephanitz in den 1890er Jahren der Sache der Schäferhundezucht mit Leib und Seele hingab und in der Folge als der »Urvater« der Schäferhunde-

---

sozialer Beziehungen vom 14. bis 16. Jahrhundert, in: Historische Anthropologie 6/3 (1998), S. 347–369, hier S. 354, 369).

50 Vgl.: Ritvo: Platypus, S. 106; Der »krönende Beweis«, so Mosse, dass eine Rasse wirklich existierte, müsste immer »ein historischer sein« (Mosse: Geschichte, S. 72). Vgl. dazu den besonders einschlägigen Fall der Zucht von zwei vermeintlich altehrwürdigen südafrikanischen Hunderassen (Boerboel und Africanis), die gleichzeitig zwei gegensätzlichen Interpretationen (die eine kolonial, die andere postkolonial) der südafrikanischen Geschichte dienen: Sandra Swart: Dogs and Dogma. A Discussion of the Socio-Political Construction of Southern African Dog »Breeds« as a Window on Social History, in: South African Historical Journal 48/1 (2003), S. 190–206.

51 Siehe: Mosse: Geschichte, S, 25.

52 Edwin Heilborn: Der Boom in Zwergpinschern, in: Berliner Tageblatt vom 15.03.1914.

53 Beckmann: Geschichte, Bd 1., S. VII; ders.: Geschichte und Beschreibung der Rassen des Hundes. Bd. 2, Braunschweig: Vieweg 1895, S. 4–10, 14 (Zitate S. 4, 6–7). »Der Ursprung der Doggenrassen«, stellte ein anderer prominenter Kynologe fest, »ist ein sehr alter und reicht bis in die Zeit vor Christis Geburt zurück« (Emil Ilgner: Die deutsche Dogge, in: Der Lehrmeister im Garten und Kleintierhof 3/21 (1904), S. 325–326).

54 Beckmann: Geschichte, Bd. 1., S. 6.

bewegung in die Geschichte einging, glaubten er und seine Mitstreiter mitnichten, dass sie dabei etwas Neues schüfen. Wie im *Zwinger und Feld* 1913, also zwanzig Jahre nach der Zucht des ersten reinrassigen Schäferhundes durch Stephanitz, festgestellt wurde, habe der »deutsche Schäferhund« eigentlich seit Ewigkeiten »auf dem Lande, in treuem Dienst seinem Herrn ergeben, sein Dasein« gefristet.[55] Stephanitz war kein Mann, der sein Licht unter den Scheffel stellte; seine Verdienste für die unter seiner Autorität straff zentralisierte Schäferhundebewegung wusste er mit unmissverständlichen Worten herauszustellen. Er wäre aber bei aller Selbstverherrlichung nie auf die Idee gekommen zu behaupten, dass er selbst der erste Züchter eines reinrassigen Schäferhundes gewesen sei. Vielmehr gestand er diese Errungenschaft Hirten aus dem 17. Jahrhundert zu, die bereits zu diesem frühen Zeitpunkt mit einer »Rassenreinzucht« begonnen hätten. Da sich jene damals rein gezüchtete Rasse »noch in ziemlicher Ursprünglichkeit erhalten hatte«, gingen auch die heutigen Vertreter der Rasse auf die einst aufgenommenen Zuchtmaßnahmen zurück.[56] Sie seien »alle eines Stammes, Angehörige einer allgemeinen, weit verbreiteten Rasse«.[57]

Eine weitere prominente »deutsche Rasse«, der im Abstammungsdiskurs der wilhelminischen Kynologen stets das Attribut »Urrasse« gegeben wurde,[58] war der Dackel. Dieser, so heißt es in einem Standardbuch über die Rasse, gehöre »zu einer der ältesten Hunderassen und war schon im Altertum wohlbekannt«. Bereits »die Germanen [...] wußten den Wert des kleinen, mutigen Gesellen zu schätzen«. Es habe sogar in »Südamerika schon vor vielen Jahrhunderten, vor der Ankunft der Europäer«, Dachshunde gegeben.[59]

Solche Beispiele sind zahllos, und es ist nicht nötig, hier jedes einzelne anzuführen. Denn unabhängig davon, welche partikulare Rasse gerade zur Diskussion stand, blieb das Schema immer gleich: Die »Rasse« oder ihre »Ursprünge« seien schon den Griechen, den Römern und den Germanen und eigentlich »seit Menschengedenken« bekannt; durch Weiterentwicklung habe sich dann die »richtige« bzw. »constante Rasse« irgendwann während des Mittelalters, im 16. oder spätestens im 17. Jahrhundert konsolidiert. Zu dieser Zeit habe sich auch die »Reinzucht« zu etablieren begonnen. Die heutigen Rassen seien die Nachfolger dieser bereits »vor Jahrhunderten« reinzüchterisch entstandenen »richtigen Rassen«, die allerdings natürlich über »viel ältere Ursprünge« verfügten.[60]

---

55 Unsere Bilder, in: Zwinger und Feld 22/3 (1913), S. 45–46, hier S. 45.

56 Stephanitz: Schäferhund (1901), S. 5.

57 Ders.: Schäferhund (1921), S. 107. Kurz nach dem Ersten Weltkrieg bezeichnete Stephanitz Theorien, laut denen die »Schäferhunde vor 100 und etlichen Jahren, oder gar noch vor kürzerer Zeit, erst aus dem wilden Wolf erzüchtet und entstanden seien«, als von der »Auslandspresse« verbreitete »Ammenmärchen« und »törichtes Gefasel« (ebd., S. 110).

58 Siehe z.B.: Beckmann: Geschichte, Bd. 1, S. 188.

59 Emil Ilgner: Der Dachshund. Seine Geschichte, Zucht und Verwendung zur Jagd über und unter der Erde, Neudamm: Neumann 1896, S. 1–2. Vgl.: von Pelzeln: Studie, S. 239–240.

60 Zu weiteren einschlägigen Beispielen, denen die Zitate entnommen sind, siehe: Neufundländer-Klub für den Kontinent: Neufundländer Stammbuch. Bd. 1: Nummer 1 bis 143, Augsburg:

Heutige Historikerinnen argumentieren zu Recht, dass die Tier- und spezifisch die Rassehundezucht erst in der Neuzeit und insbesondere im späten 19. Jahrhundert eingesetzt habe.[61] In den Augen der Kynologen des Kaiserreichs war ihre Zuchtarbeit dagegen keineswegs innovativ, geschweige denn modern. Das, was sie leisteten und schufen, habe im Großen und Ganzen nichts Neues, sondern vielmehr Altes hervorgebracht. Infolge dieser grundkonservativen Auffassung ihrer Arbeit bzw. Mission definierten die Züchter diese am liebsten als »Erhaltung« oder »Regeneration«. So habe z.B. mit der Gründung des »Vereins zur Veredelung der Hunde-Racen für Deutschland« 1878 nichts mehr als die »Regenerationszeit« der »Züchtung edler Hunde« begonnen.[62] Der Verein setzte sich damals als Hauptziel, »unsere Hunderacen in ihrer Reinheit, soweit dieses überhaupt noch möglich ist, zu erhalten«.[63] Falls die Erhaltung einer bestimmten Rasse nicht mehr möglich war, wie z.B. im Fall des Mopses, der mutmaßlich in der Vergangenheit »sehr beliebt« gewesen sei, dann aber seit den 1830er Jahren zu degenerieren angefangen habe und bis 1860 in Deutschland »wahrscheinlich« ausgestorben sei, lief die kürzlich aufgenommene Hunderassezucht darauf hinaus, »aus den vorhandenen Ueberresten der alten Rasse wieder gute Exemplare zu züchten«.[64] Auch die »ernstgesinnte[n] Pudelfreunde«, die 1893 den »Deutschen Pudelklub« ins Leben riefen, wollten damit nichts anderes erreichen, als für die Rasse »wieder Schritt für Schritt das verlorene Terrain« zurückzugewinnen.[65] Egal über welche der vielen Rassen sie sprachen – der Blick der sich um das Wohl der Gesellschaft kümmernden Rassehundezüchter war permanent (auch) rückwärtsgewandt.

---

Mühlberger 1898, S. 67; Claudius Hüther: Der deutsche Pudel. Seine Abstammung, Pflege und Zucht, München: Verlag des Deutschen Pudelklubs E. V. 1907, S. 5, 7, 13; v. S.: Zur Charakteristik der Möpse, in: Zwinger und Feld 7/46 (1898), S. 933–935, hier S. 933; Bärthold/Hans Heindl/Fritz Matthay/Metz/Neudorffer/Hugo Schöne/Friedr. Roberth./H. Heidloff/Karl Brandt: Aufruf zur Gründung eines Wachtelhund-Clubs, in: Zwinger und Feld 7/49 (1898), S. 1010.

61 Siehe: Derry: Bred, S. 1–16; Da Cal: Influence, S. 719; Kete: Introduction, S. 16; Ritvo: Estate, S. 94; Philip Howell: At Home and Astray. The Domestic Dog in Victorian Britain, Charlottesville: University of Virginia Press 2015, S. 104.

62 Das Stammbuch, S. 41; Beckmann: Geschichte, Bd. 1, S. V.

63 Der Verein zur Veredelung der Hunde-Racen an Sr. Excellenz dem Königlichen Staatsminister für Landwirthschaftlichen Angelegenheiten Herrn Dr. Friedenthal, 14.01.1879 (GStA PK, I. HA Rep. 87 B, Nr. 22164). Das gleiche Ziel hatte auch der jüngere »Verein zur Züchtung reiner Hunderacen in Frankfurt am Main«: »Der Zweck des Vereins ist […] Erhaltung […] der Hunderacen« (Statuten des Vereins zur Züchtung reiner Hunderacen in Frankfurt am Main, Frankfurt a.M.: L. Lichtenberg 1888, S. 3).

64 V. S.: Charakteristik, S. 934. Vgl.: Ritvo: Estate, S. 89.

65 Hüther: Pudel, S. 16.

## EDLE HUNDE UNTER ADLIGER AUTORITÄT. DER SOZIALE HINTERGRUND UND DIE ORGANISATORISCHE STRUKTUR DER RASSEHUNDEZUCHT

Bei ihrer Suche nach einem bestimmten Moment in der Geschichte, in dem die verheerende Auflösung der vergangenen Rasseordnung ihren Ausgang genommen habe, ist den Hunderassisten oft 1848 in den Sinn gekommen. Eine »stets sich steigernde Verschlechtung und Ausartung unseres einheimischen Vorstehhundes«, wurde beispielsweise in einer dreißig Jahre nach der Märzrevolution erschienenen Schrift festgestellt, sei »seit dem tollen Jahre 48 [...] zu konstatieren«.[66] »Genauso wie das unglückselige Jahr 1848 den Niedergang unserer Jagdverhältnisse herbeiführte«, wurde gleichermaßen in einer Monographie über den Dackel gemutmaßt, »so ging es auch mit der Zucht unserer heimischen Jagdhundrassen«. Das Jahr 1879, als die »Delegirten-Commission«, der wichtigste Hundezuchtdachverband in Deutschland gegründet wurde, liest sich in dieser geschichtlichen Perspektivierung als die Umkehrung vom »tollen« 1848.[67] Die »Delegirten-Commission« setzte sich zum Ziel, sämtliche Hundezuchtvereine im Reich unter eine allgemiene Autorität zu bringen. Die Beseitigung der 1848 entstandenen Unordnung sollte auf dem Weg einer organisatorischen Zentralisierung der Zucht erfolgen, die die Einheitlichkeit aller partikularen Zuchtmaßnahmen durch Regulierung von oben zu garantieren habe: »Es ist wahrlich allerhöchste Zeit, dass sich die Förderer der Reinzucht eng zusammenschließen und den Kampf [...] mit aller Energie führen, sonst erleben wir noch deutlich schlimmere Verhältnisse, als die im ›fluchwürdigen Jahre 48‹«.[68]

Die oben angeführten Zitate offenbaren einen Gesamtkomplex der sozialen Hintergründe des rassehundzüchterischen Projekts. Die Vertreter der kynologischen Bewegung datierten den Ausgangspunkt der Hunderassenvermischung nicht umsonst auf die Märzrevolution. Denn diese Bewegung ging aus einer gesellschaftlichen Gruppe hervor, deren Mitglieder in den Ereignissen von 1848 den Urmoment jeglichen sozialen Unheils erblickten: dem Adel. Die Revolution von 1848/49 war nicht zuletzt ein Aufbäumen gegen althergebrachte adlige Privilegien gewesen. Die Maßnahmen, die die Rebellierenden während der ersten Wochen der Revolution ergriffen, waren gegen die jahrhundertealte herrschaftliche Vormacht des adligen Standes gerichtet: die Auflösung der Patrimonialgerichtsbarkeit; die Abschaffung von Feudalabgaben, Zehnten, Fideikommissen und nicht zuletzt Jagdrechten; die Belagerung und Plünderung von Schlössern und Rittergütern – all diese Aktionen waren ein frontaler Angriff auf die tatsächlichen wie symbolischen Eckpfeiler der adligen Vormachtstellung in Deutschland.[69] Eine alte Gesellschafts-

66 Georg Pohl: Ueber die Dressur Englischer Vorstehhunde. Vortrag gehalten im Verein »Nimrod« zu Oppeln am 5. Februar 1880, Leipzig: R. Jenne 1880, S. 3.

67 Ilgner: Dachshund, S. 66.

68 Kr.: Die Unkrautsaat geht auf!, in: Zwinger und Feld 1/1 (1892), S. 12–13, hier S. 13.

69 Hans-Ulrich Wehler: Deutsche Gesellschaftsgeschichte. Bd. 2: Von der Reformära bis zur industriellen und politischen »Deutschen Doppelrevolution« 1815–1845/49, München: Beck 1989, S. 708–715; Wolfram Siemann: 1848/49 in Deutschland und Europa. Ereignis – Bewältigung – Erinnerung, Paderborn u.a.: Schöningh 2006, S. 79–99.

und Politikordnung, in deren Rahmen die Aristokraten unantastbare Privilegien und unwidersprochene Machtpositionen besaßen, drohte »in Bewegung [zu] geraten«.[70]

In den Jahrzehnten, die auf die Revolution folgten, stellte das »tolle Jahr« 1848 im kollektiven Gedächtnis des deutschen Adels eine moderne Ursünde dar, die traditionelle Sozialhierarchien zunichte zu machen drohte.[71] Als die Rassehundezüchter den Beginn der Blutvermischung unter den Hunderassen auf 1848 datierten, schlossen sie an diese adlige Gedächtniskultur an. Die Blutvermischung sei Teil der Auflösung herkömmlicher Gesellschaftsordnungen, die die Revolution verursacht habe. Die in den 1870er Jahren einsetzende Gründungswelle der Hundezuchtvereine war wiederum eine Fortführung der »Gegenrevolution«, die primär der ultrakonservative altpreußische Adel mit seiner »Beharrungsmentalität« (Wehler) seit Ausbruch der Revolution gegen deren Konsequenzen und für den eigenen Machterhalt leistete.[72]

Vor diesem Hintergrund waren die Vergangenheitsidealisierungen der kynologischen Bewegung, zumindest ursprünglich, ein Bestandteil des adligen Ethos der Verteidigung der Vorrangstellung und des »Obenbleibens« in einer Zeit, die von einer Destabilisierung traditioneller Hierarchien und einer Diskreditierung adliger Werte gekennzeichnet war.[73] Die Rekonstruktion der adligen Ursprünge der Rassehundezuchtbewegung ist deswegen wichtig, weil sich viele Gesichtspunkte des Hunderassismus erst mit Hinblick auf seine adligen Wurzeln verstehen lassen. Viele der Hauptbestandteile der kynologischen Ideologie waren mit aristokratischen Belangen und mit »Elementen des adligen Habitus« (Stephan Malinowski) verquickt. Das gilt, wie aus dem Beispiel 1848 ersichtlich wurde, für den Konservatismus und die Rückwärtsgewandtheit der Rassehundezüchter. Die Bezugnahme auf die alten, vor allem mittelalterlichen Wurzeln der Hunderassen als Mittel zur Begründung gegenwärtiger Superiorität ähnelte z.B. adligen Strategien der Herrschaftslegitimierung durch Verweisen auf historische Hoheitsrechte. Die »Regeneration« von alten Rassen und von einer Hunderassenordnung, die angeblich in einer vergangenen, besseren Epoche existiert habe, erinnert an die adlige Darstellung des Mittelalters als eine Zeit, in der klar hierarchisierte Sozialverhältnisse vorgeherrscht hätten und die als Vorbild für die Lösung der Probleme der Gegenwart dienen sollte.[74] Wenn Adlige

70 Wehler: Gesellschaftsgeschichte, Bd. 2, S. 725.

71 Siehe: Heinz Reif: Der Adel, in: Christof Dipper/Ulrich Speck (Hg.): 1848. Revolution in Deutschland, Frankfurt a.M./Leipzig: Insel 1998, S. 213–234, hier S. 213.

72 Siehe: ebd., S. 230–233; Wehler: Gesellschaftsgeschichte, Bd. 2, S. 771–776; Monika Wienfort: Der Adel in der Moderne, Göttingen: Vandenhoeck & Ruprecht 2006, S. 40–41, 90.

73 Siehe: ebd., S. 10–11; Rudolf Braun: Konzeptionelle Bemerkungen zum Obenbleiben. Adel im 19. Jahrhundert, in: Hans-Ulrich Wehler (Hg.): Europäischer Adel 1750–1950, Göttingen: Vandenhoeck & Ruprecht 1990, S. 87–95; Francis L. Carsten: Der preußische Adel und seine Stellung in Staat und Gesellschaft bis 1945, in: Wehler (Hg.): Adel, S. 112–125, hier S. 112, 120; Hans-Ulrich Wehler: Deutsche Gesellschaftsgeschichte. Bd. 3: Von der »Deutschen Doppelrevolution« bis zum Beginn des Ersten Weltkriegs 1849–1914, München: Beck 1995, S. 805–825.

74 Siehe: Frank-Lothar Kroll: Herrschaftslegitimierung durch Traditionsschöpfung. Der Beitrag der Hohenzollern zur Mittelalter-Rezeption im 19. Jahrhundert, in: Historische Zeitschrift

Vorsteh-, Wind- und Dachshunde züchteten, war das, als ob sie mittelalterliche Distinktionsmerkmale[75] für die Welt der modernen Gesellschaft wieder anwendbar machten bzw. ihre »historische Lebensspanne« verlängerten. Auch diese Hunde sorgten dafür, dass »bis 1914 in Preußen-Deutschland von der adlig-höfischen Welt des Fürstenstaats im 17. und 18. Jahrhundert noch viel erhalten [blieb]«.[76]

Die Kynologen ließen aber nicht nur durch ihre Vergangenheitsidealisierung Bestandteile des adligen Ethos in die hunderassistische Ideologie einfließen. Auch andere Elemente des Hunderassismus, und zwar solche, die stärker mit rassistischen Weltanschauungen in Verbindung standen, hatten eine adlige Färbung. Die Beziehung des deutschen Adels zum menschenbezogenen Rassismus war zwar, zumindest bis 1918, nicht nur von Nähe, sondern auch von Distanz gekennzeichnet.[77] Der hundebezogene Rassismus hatte dagegen eine unverkennbar aristokratische Handschrift und kann ohne Übertreibung als eine aristokratische Ideologie bezeichnet werden.[78] Die strikte Ablehnung von Blutvermischungen zwischen Hunderassen korrelierte z.B., anders als beim komplexeren Fall des Menschenrassismus, widerspruchsfrei mit dem adligen Blutkult und erinnert stark an das aristokratische Beharren auf die Reinhaltung des Bluts ihres »Geschlechts«.[79] Die Konstituierung der von gleichmäßigen Hundeindividuen bestehenden Rassehundekollektive, deren Mitglieder allein unter sich und auf gar keinem Fall mit Außenstehenden, mit Mitgliedern anderer Rassen gepaart werden dürften, kam dem konsanguinischen Bestreben von Adligen nahe, alle Mitglieder der menschlichen Großfamilie, des »Geschlechts« zusammenzuhalten.

Die Hundezuchtvereine könnten wir in dieser Beziehung als Quasifamilienvereine betrachten, ähnlich denjenigen, die im Kaiserreich in adligen Kreisen florierten und die Großfamilienangelegenheiten zugunsten der Eintracht sämtlicher Familienangehöriger verwalteten.[80] Eine Hauptkomponente dieser Hege der »Geschlechts«-Kultur – die Aufstellung von Ahnentafeln und die leidenschaftliche Beschäftigung mit genealogischen Untersuchungen – war gleichzeitig, wie wir unten noch sehen werden, einer der wich-

---

274/1 (2002), S. 61–85, bes. S. 71–73, 78–79. Zum rassistischen Sozialdarwinismus als eine »Rechtfertigungsideologie der herrschenden Klassen« und der »geschichtsbestimmenden Herrenvölker« siehe: Hans-Ulrich Wehler: Sozialdarwinismus im expandierenden Industriestaat, in: Imanuel Geiss/Bernd Jürgen Wendt (Hg.): Deutschland in der Weltpolitik des 19. und 20. Jahrhunderts. Fritz Fischer zum 65. Geburtstag, Düsseldorf: Bertelsmann Universitätsverlag 1973, S. 133–142, hier S. 141.

75 Siehe hierzu: Teuscher: Hunde; Constance Classen: The Deepest Sense. A Cultural History of Touch, Urbana: University of Illinois Press 2012, S. 98.

76 Siehe: Wehler: Gesellschaftsgeschichte, Bd. 3, S. 806, 824.

77 Stephan Malinowski: Vom blauen zum reinen Blut. Antisemitische Adelskritik und adliger Antisemitismus 1871–1944, in: Jahrbuch für Antisemitismusforschung 12 (2003), S. 147–168.

78 Vgl. zu einer ähnlichen Konstellation im viktorianischen England: Ritvo: Estate, S. 84–85.

79 Vgl.: Da Cal: Influence, S. 718–719.

80 Siehe: Stephan Malinowski: Vom König zum Führer. Sozialer Niedergang und politische Radikalisierung im deutschen Adel zwischen Kaiserreich und NS-Staat, Berlin: Akademie 2003, S. 48, 53–55.

tigsten Aspekte der zeitgenössischen Rassehundezucht. Die krasse Hierarchisierung zwischen den rassereinen Hunden und den »Fixkötern« sowie das Vorhaben, eine elitäre Hundebevölkerung zu kreieren, die unter Eliminierung aller »minderwertigen« Elemente ausschließlich aus reinblütigen Exemplaren bestehen würde, korrespondierten wiederum mit dem aristokratischen Ethos der angeborenen Führungsposition und Herrenstellung. In diesem Wunsch der Hundezüchter, die Hundepopulation in Deutschland in ihrer Gesamtheit zu rassifizieren, d.h. zu »nobilitieren«, können wir den Hang des wilhelminischen, in modernen Kategorien denkenden Adels zur Verallgemeinerung ihrer Gesinnungen und zur Durchsetzung ihrer Ansichten in der Gesamtgesellschaft wiedererkennen.[81] Die Benennung dieses Projekts als der »Veredelung« der Hunderassen, die Zugabe der Suffix »von« vor den »Nachnamen« der als reinrassig registrierten Hunde[82] und nicht zuletzt der Erfolg der Züchter der Gründergeneration, »Rassenzucht« mit »Edelzucht« nachhaltig gleichzusetzen, stellten in dieser Beziehung bloß die semantische Explizierung der klassenspezifischen Wurzeln des Hunderassismus dar.

Aus den Quellen geht hervor, dass es zum größten Teil Mitglieder des Hochadels waren, die die ersten Anstöße zur Organisierung der Rassehundezucht in Deutschland gaben.[83] »Die ersten langhaarigen Teckel«, erinnerte sich 1898 ein Liebhaber der Rasse, »sah ich beim Herrn Gutsbesitzer Pape-Dudenhausen im Lippe'schen und den Baronen Johann v. Münchhausen-Schwöber [...] und Georg von Münchhausen-Posteholz, dem jetzigen Landschaftsrath in Rinteln. Damals habe ich mit diesen Herren viel gejagt«.[84] Diese Anekdote ist höchst repräsentativ für die Art und Weise, wie die Zucht der ersten reinrassigen Exemplare fast jeder Hunderasse begann. Hinter der frühesten Reinzucht standen fast immer eine oder mehrere hochrenommierte adlige Personen. Ein Blick in die personelle Zusammensetzung der Vereinigungen bestätigt diese Annahme. Obwohl Adlige nicht in allen Fällen die Mehrheit der Mitglieder eines Vereins oder einer Ausstellungskommission bildeten, hatten sie fast immer die Führungspositionen inne. Mehr noch: Es handelte sich in der Regel um recht prominente Vertreter der Klasse.

Wir haben z.B. bereits Albrecht Prinz zu Solms-Braunfels erwähnt, der bis heute in kynologischen Kreisen als einer der Väter der kynologischen Bewegung gewürdigt wird.[85] Als Leiter der frühen Ausstellung von Jagdhunden in Frankfurt am Main, die 1878 stattfand, war er derjenige, der in der Korrespondenz mit dem Preußischen Landwirtschaftsminister von der »Degeneration unserer einst so vorzüglichen einheimischen Jagdhunderacen« sprach und aus der Veranstaltung Hunde ausschließen wollte, die

81 Siehe: Carsten: Adel, S. 124; Wehler: Gesellschaftsgeschichte, Bd. 3, S. 816.

82 Dazu gehört auch, dass adlig klingende Namen wie »Lord«, »Baron« oder auch »Junker« sehr beliebte Rassehundenamen im Kaiserreich waren.

83 Auch in dieser Beziehung unterschied sich der Hunde- vom Menschenrassismus, insofern als im Fall des Letzteren vorwiegend der Kleinadel für rassistische Anschauungen empfänglich war; siehe: Malinowski: Blut.

84 Der langhaarige Teckel »Barbarossa«, in: Zwinger und Feld 7/40 (1898), S. 811–812.

85 Siehe z.B.: Prinz Solms-Braunfels – Cup. Wanderpreis dem besten Pointer oder Setter auf den int. Frühjahr Field Trials der Landesgruppe Nord im Verein für Pointer und Setter e.V., URL: http://www.pointer-setter-nord.de/pruefung/prinz-solms-cup.pdf (am 02.07.2015).

»Vermischungen fremden Blutes documentieren«.[86] Solms-Braunfels stellte ferner heraus, dass die Ausstellung im Einvernehmen mit dem Präsidenten des »Allgemeinen Deutschen Jagdschutz-Vereins«, einem anderen prominenten Aristokraten, »Seiner Durchlaucht dem Fürsten von Hohenlohe« veranstaltet wurde. Der hessische Prinz stand auch dem »Engeren Comité« der in Hannover 1879 abgehaltenen »Ersten Internationalen Ausstellung von Hunden aller Racen« vor. Diese Position teilte er mit keinem Geringeren als dem Generalmajor Alfred von Waldersee, der neun Jahre später von seinem Freund, Kaiser Wilhelm II., zum Chef des Großen Generalstabs ernannt wurde und besonders hinter den Kulissen als eine der mächtigsten Figuren im politischen System des Reichs hervortrat.[87] Von den zehn Mitgliedern, die wiederum das »Weitere[] Comité« derselben Ausstellung konstituierten, gehörten acht dem Adel an.[88] Waldersee beteiligte sich ferner, neben dem späteren Preußischen Kammerherrn und Pferdesportstar Werner von Alvensleben, an der Kommission zur Führung des Stammbuches.[89] Der Verein »Hector« seinerseits wählte bei seiner Gründung 1876 Hermann von Nathusius, Oberregierungsrat im Preußischen Ministerium für Landwirtschaft, zu seinem ersten stellvertretenden Präsidenten. In der ersten Versammlung des Vereins wurde »einstimmig« beschlossen, die Organisation »in ritterlichem Sinne« unter das Protektorat des Prinzen Carl von Preußen zu stellen. Als ob ihm diese Patronage noch kein ausreichendes Maß an monarchischer Lukrativität verlieh, zählte der Verein zu seinen offiziellen Gönnern neben dem allgegenwärtigen Solms-Braunfels auch einen der vermögendsten Hochadligen des Kaiserreichs, Hans Heinrich XI. von Hochberg, den Fürsten von Pleß.[90]

Auch in späteren Jahren blieb diese prominent-adlige Vorherrschaft der organisierten Rassehundezucht bestehen. Waldersee agierte als Komiteepräsident auch auf der Zweiten »Internationalen Ausstellung von Hunden aller Racen«, die 1882 abermals in Hannover stattfand. Wieder waren acht von zehn Komiteemitgliedern adliger Herkunft, da-

86 Albrecht Prinz zu Solms an den Minister für landwirthschaftlichen Angelegenheiten, 30.03.1878; Niederschrift: Ausstellung von Jagdhunden in Frankfurt am Main, März 1878 (GStA PK, I. HA Rep. 87 B, Nr. 22164).

87 Siehe: John C. G. Röhl: Wilhelm II. Der Aufbau der persönlichen Monarchie 1888–1900, München: Beck 2001, S. 206–207.

88 Internationale Ausstellung von Hunden aller Racen am 21., 22., 23., 24. und 25. Mai 1879 im Flora-Garten Bella-Vista zu Hannover veranstaltet von dem Verein zur Veredelung der Hunderacen in Verbindung mit einer von königlicher Regierung genehmigten grossen Verloosung von 50,000 Loosen à 1 Mark (GStA PK, I. HA Rep. 87 B, Nr. 22164).

89 Verein zur Veredelung der Hunderacen für Deutschland an den königlichen Staatsminister und Minister für Landwirtschaft, Domänen und Forsten Herrn Dr. Lucius, 08.05.1880 (ebd.).

90 Erster Jahresbericht des »Hector«, Verein für Zucht und Schaustellung von Race-Hunden in Berlin, unter dem Protectorate Seiner Königlichen Hoheit des Prinzen Carl von Preussen, S. 4, 7; Wehler: Gesellschaftsgeschichte, Bd. 3, S. 808–809. Der später ins Leben gerufene »Prüfungsverband der Zuchtvereine für Diensthundrassen« unterwarf sich seinerseits »der Schirmschaft Sr. Königlichen Hoheit des Prinzen Oskar von Preussen«; siehe: Verein für deutsche Schäferhunde (SV.), Sitz in München, EV., an das Königlich Preussische Ministerium für Landwirtschaft, Domänen und Forsten, 19.02.1913 (GStA PK, I. HA Rep. 87 B, Nr. 22177).

runter mehrere Grafen und Barone.[91] In einer Ausstellung von Hunden aller Rassen in Kassel im Jahr 1889 waren sechs von dreizehn Preisrichtern adlig. Einer von ihnen war der Badener Gutsbesitzer und Reichstagsabgeordnete Wilhelm Graf Douglas.[92] Noch 1909 erachtete es der »Verein der Hundefreunde Triers« im Rahmen seiner Verhandlungen mit dem hiesigen Regierungspräsidenten bezüglich der Verleihung von Staatsehrenpreisen für nötig hervorzuheben, dass die Organisation »Herren mit Namen von allerbestem Klang zu seinen Mitgliedern« zähle. Das war keine Selbstüberschätzung: In der eingereichten Liste stößt man freilich auf Namen von hochangesehenen Persönlichkeiten wie etwa den Oberpräsidenten der Rheinprovinz, Clemens Freiherr von Schorlemer-Lieser, der kurze Zeit später Preußischer Landwirtschaftsminister wurde; Maximilian Freiherr von Troschke, der Landrat in Trier war; und Albert von Bruchhausen, Trierer Oberbürgermeister und Mitglied des Preußischen Herrenhauses.[93] Eine straffe Hierarchie, in deren Rahmen nur Adlige die Spitzenpositionen im Verwaltungsapparat einer Hundezuchtvereinigung bekleideten, wies im selben Jahr der Vorstandsausschuss des »Vereins für Prüfung von Gebrauchshunden zur Jagd in Berlin« auf. Zum siebenköpfigen Vorstand des Vereins gehörten freilich fünf Personen, die keine Adligen waren, darunter drei Bürger, ein Reservehauptmann und ein Rittmeister. Diese Zusammenstellung reflektiert die relative Öffnung gegenüber Angehörigen anderer Klassen, die die Hundezuchtorganisationen im Laufe der Zeit zunehmend an den Tag legten. Es war aber kennzeichnend und auch keineswegs ungewöhnlich, dass diese fünf nichtadligen Vorstandsmitglieder unter der Führung von zwei Aristokraten, die das Amt sowohl des Ersten als auch des Zweiten Präsidenten bekleideten, standen.[94]

Nun könnte man behaupten, dass die adlige Vorherrschaft bloß ein Nebenprodukt der Tatsache war, dass eine Großzahl der Organisationen Vereine für die Zucht von speziell Jagdhunderassen war. Aber diese Verflechtung der Rassehundezucht mit der Jagd, d.h. mit einer der wichtigsten Elemente des Habitus des Adels des Kaiserreichs,[95] bekräftigt nur die hier vorgeschlagene These, dass der Hunderassismus in seinem Kern als ein adliges Phänomen begonnen hatte. Die deutsche kynologische Bewegung stand in den ersten Jahrzehnten ihres Bestehens ganz klar im Zeichen jagdlicher Hegemonie. Wir haben oben gesehen, dass die Kynologen davon träumten, den Geschmack sämtlicher Hundebesitzer im Reich dahingehend zu verändern, dass nicht nur einzelne exklusive, sondern sämtliche in Deutschland gehaltenen Hunde reinrassig würden. Trotz dieser genuinen Zielvorgabe der Verbesserung der Gesellschaft in ihrer Gesamtheit machten die Pioniere

91 Katalog der Zweiten Internationalen Ausstellung von Hunden aller Racen am 18., 19., 20., 21. und 22. Mai 1882 im Welfen-Garten zu Hannover veranstaltet von dem Verein zur Veredelung der Hunderacen für Deutschland, Hannover: August Grimpe 1882, S. 3.

92 Allgemeine Ausstellung für Jagd, Fischerei und Sport in Cassel. Ausstellung von Hunden aller Racen am 8., 9. und 10. Juni 1889, Cassel: Gebr. Gotthelft o.J., S. 3–4.

93 Der Verein der Hundefreunde Triers an den Regierungs-Präsidenten Trier, 15.03.1909 (GStA PK, I. HA Rep. 87 B, Nr. 22174).

94 Der Polizei-Präsident in Berlin an den Herrn Minister für Landwirtschaft, Domänen und Forsten, 27.03.1909 (ebd.).

95 Malinowski: König, S. 65–66.

unter den Züchtern gleichzeitig keinen Hehl daraus, dass sie die Jagdhunderassen und die von einer Reinzucht erhoffte Aufbesserung der Jagdverhältnisse in den Mittelpunkt ihrer Bestrebungen stellten. Der 1878 gegründete »Verein zur Veredelung der Hunderacen für Deutschland in Hannover« sah z.B. seinen Zweck zwar in einer allumfassenden »Förderung der Reinzüchtung der Hunderassen«, doch »insbesondere der zur Jagd brauchbaren«. Auch auf der Mitgliederebene stellte der Verein eine formelle Hierarchisierung her, indem er »Berufsjäger [...] von der Zahlung des Eintrittsgeldes« befreite.[96] Dieser gesamtdeutsche Verein, der seine Pforten theoretisch für alle Besitzer von (reinrassigen) Hunden geöffnet hatte, wünschte sich also doch vor allem die Beteiligung einer sehr kleinen Gruppe.

Selbst wenn sie beabsichtigten, die politischen Behörden um Unterstützung zu bitten und wünschten, diese von der Vorteilhaftigkeit ihrer Aktivitäten für das Allgemeinwohl und für die »Nationalökonomie« zu überzeugen, stellten die Vereinsführer in erster Linie die spezifische jagdliche Ausrichtung ihrer Organisationen heraus. Die Nützlichkeit der Hundezucht versuchten die Kynologen den Machtinhabern in erster Linie dadurch vor Augen zu führen, dass sie auf den Wert guter »Gebrauchshunde« für die Jagd hinwiesen. »Wir bemerken noch«, so schloss Waldersee 1879 ein Anschreiben des Hannoveraner »Vereins zur Veredelung der Hunde-Racen« an den Preußischen Landwirtschaftsminister, »daß wir unser besonderes Augenmerk auf Jagdhunde [...] richten und erst in zweiter Linie alle übrigen Hunderacen in den Bereich unserer Thätigkeit nehmen«.[97] Noch 1909 brüstete sich der »Kynologische Verein Braunschweig« damit, dass eine von ihm organisierte Allgemeinausstellung »insofern eine besondere Bedeutung für sich in Anspruch nehmen [kann], als auf keiner diesjährigen norddeutschen Ausstellung die Jagdhunde durch so vollständige Klassen fast aller Jagdhunderassen [...] vertreten waren«.[98]

Dass die Veranstaltungen vorrangig der Jagdhunderassenzucht dienen sollten, stellte Waldersee auch im Schlussbericht über den Verlauf der Internationalen Ausstellung von 1879 klar, den er selbstverständlich dem Landwirtschaftsministerium vorlegte. In dem Bericht erzählte der Generalmajor, dass im Vorfeld der Ausstellung »eine engere Commission zu einer Vorberathung zusammengetreten« sei, deren Aufgabe es gewesen sei, die Kennzeichen »unserer deutschen Hunderacen« festzustellen. Die Feststellungen wurden sodann »alle[n] Autoritäten Deutschlands auf diesem Gebiete« mitgeteilt, die anschließend ihre Ergänzungen einreichten oder »persönlich bei den Berathungen erschienen«. Aus welchem sehr spezifischen Milieu diese »Autoritäten«, die zur Teilnahme an der ersten organisierten Feststellung der Rassehundestandards berufen wurden und sich an der Konsultation »persönlich« beteiligen durften, stammten, verheimlichte Waldersee keineswegs. Es waren nämlich »[m]ehr denn 300 Herren, theils Jäger vom Beruf, theils

96 Satzungen des Vereins zur Veredelung der Hunderassen für Deutschland in Hannover, Hannover: August Grimpe 1908, S. 3, 5.

97 Der Verein zur Veredelung der Hunde-Racen an Sr. Excellenz dem Königlichen Staatsminister für Landwirthschaftlichen Angelegenheiten Herrn Dr. Friedenthal, 14.01.1879 (GStA PK, I. HA Rep. 87 B Nr., 22164).

98 Kynologischer Verein Braunschweig D. C. an den Herrn Minister für Landwirthschaft, Domänen und Forsten in Berlin, 22.08.1909 (GStA PK, I. HA Rep. 87 B, Nr. 22174).

Jagdfreunde«. Von anderen Personen war keine Rede. Wenn also zum ersten Mal in der deutschen Geschichte der Versuch unternommen wurde, eine Basis für eine rassische Ordnung der Hunde mittels autoritativer Bestimmung der Rassekennzeichen zu schaffen, dann standen hinter diesem Projekt ausschließlich Männer, die die Jagd betrieben.[99]

Die Berücksichtigung des Jagdelements ist im Rahmen der gesellschaftsgeschichtlichen Verortung des Hunderassismus in einer weiteren Beziehung wichtig: Indem der wilhelminische Adel mithilfe der Hunde an die jahrhundertealte Jagdtradition seines Standes anknüpfte, schloss er an eine (im Jahre 1848) vermeintlich verloren gegangene Welt an, in welcher er Sonderrechte genossen und weitreichende Herrschaft ausgeübt hatte. Die Jagd als kulturelles Merkmal war für die Adligen darum so wichtig, weil sie es ihnen in der modernen Zeit ermöglichte, sich wieder als die Alleinherrscher über den deutschen Wald zu imaginieren und teilweise auch als solche zu agieren. Wenn die Aristokraten im Kaiserreich die Jagd als ein Tätigkeitsfeld darstellten, das speziell adlig war bzw. speziell adlige Tugenden zum Ausdruck brachte, und wenn sie für sich beanspruchten, innerhalb dieses Tätigkeitsfeldes unangefochtene Hegemonie zu besitzen, dann war das, als ob sie die Welt der Jagdprivilegien zu neuem Leben erweckt hätten. Das erklärt umso mehr den Konservatismus und die Rückwärtsgewandtheit der Kynologie als eine adlig-rassistische Sozialideologie. Der Konservatismus verdeutlicht, wie die Jagd als ein Hauptbestandteil des Gesamtethos der aristokratischen Klasse dafür verantwortlich war, dass die sozial-politischen Elemente dieses Ethos auch der Rassehundezucht anhafteten.[100] Aber der Hunderassismus erbte aus seiner Verbindung mit der adlig-jagdlichen Weltanschauung nicht nur die konservative Einstellung; auch die Idee der monopolistischen Herrschaft der »vornehmen« Oberklasse an sich, die der Jagdethos beinhaltete, stellte ein immanentes Element im hunderassistischen Denken und Handeln im Kaiserreich dar.

Wir haben schon gesehen, wie Adlige für sich die Spitzenpositionen in der organisatorischen Struktur der Hundezuchtvereine beanspruchten. Die Tatsache, dass sie dafür sorgten, dass die Entscheidungshoheit einer engen elitären Gruppe vorbehalten blieb, war nicht bloß ein Symbol ihres Selbstverständnisses als einer Führungsklasse. Sie war vielmehr eine Grundvoraussetzung für die praktische Realisierbarkeit des Projekts einer Herstellung von fixierten Rassehundeverhältnissen im Deutschen Reich, d.h. für die Erfüllung der Grundziele des Hunderassismus. Bei allem Respekt für die Behauptung der

99 Der Verein zur Veredelung der Hunderacen an den Königlichen Preußischen Minister für Landwirthschaft Herrn Staatsminister Dr. Lucius, 15.08.1879 (GStA PK, I. HA Rep. 87 B Nr., 22164).

100 Siehe: Wolfram G. Theilemann: Adel im grünen Rock. Adliges Jägertum, Großprivatwaldbesitz und die preußische Forstbeamtenschaft 1866–1914, Berlin: Akademie 2009, S. 55–57, 60. Vgl.: Eckart Conze: Jagd, in: ders. (Hg.): Kleines Lexikon des Adels. Titel, Throne, Traditionen, München: Beck 2012, S. 122; Charlotte Tacke: Die »Nobilitierung« von Rehbock und Fasan. Jagd, »Adel« und »Adligkeit« in Italien und Deutschland um 1900, in: Karsten Holste/Dietlind Hüchtker/Michael G. Müller (Hg.): Aufsteigen und Obenbleiben in europäischen Gesellschaften des 19. Jahrhunderts. Akteure – Arenen – Aushandlungsprozesse, Berlin: Akademie 2009, S. 223–247, hier S. 226, 235.

Züchter, dass sie lediglich Rassen regenerierten, die jahrhundertelang existent gewesen seien und über klare Merkmale verfügten, bedingte die Rassenzucht und vor allem ihr Anspruch, eine sich auf sämtliche Hunde im Reich beziehende Ordnung von rassischen Einteilungen zu zementieren, die Konstituierung einer zentralen Oberautorität, die die Kennzeichen der verschiedenen Rassen erst einmal festschreiben würde. Den Kynologen war klar: Erst dann, wenn die Rassenstandards feststehen würden, könnte man dazu übergehen, über jeden einzelnen Hund zu urteilen, ob er den Kennzeichen einer Rasse entspreche und als Angehöriger eines Rassenkollektivs gezählt werden dürfe. Erst dann werde es überhaupt möglich sein zu bestimmen, ob ein Hund wirklich reinrassig, d.h. hochwertig sei. Oder mit anderen Worten: Der Rassenordnung musste eine Rassenbestimmung vorausgehen. Das ist der Grund dafür, dass der Begriff »Rassekennzeichen« in der Züchterliteratur aus dem Kaiserreich allgegenwärtig ist. Kynologische Überblickswerke wurden in der Regel in erster Linie als Führer zur »Festsetzung« oder »Feststellung« der »obligatorisch anerkannten« »Rassekennzeichen der Hunde« konzipiert.[101] Die Aufgabe der Vereine bestand dann nicht zuletzt darin, die Hunde des Reiches bezüglich ihrer »Rassekennzeichen« zu »begutachten« und auf dieser Grundlage eine »Beurtheilung« über deren vorhandene oder fehlende »Racen-Reinheit« zu treffen sowie überhaupt derartige rassenkonforme Hunde zu züchten.[102]

Die kynologische Obsession mit den »Rassekennzeichen« dürfen wir demgemäß als einen positivistischen Versuch aufseiten der Hunderassisten interpretieren, unbestreitbare Grundmerkmale über die Hunderassen zu verankern. Es war Teil ihres impliziten Ziels, die Kynologie, die nicht umsonst eine solche Bezeichnung bekam, zu einer wahren Wissenschaft zu entwickeln.[103] Aber wie die Kynologen schnell feststellten, war die Aufgabe

101 Siehe als einzelne Beispiele: Rassekennzeichen der Hunde. Nach offiziellen Festsetzungen; A. E. Radetzki: Die Racekennzeichen von 10 verschiedenen deutschen Hunderacen. Festgestellt von den allgemeinen deutschen Delegirten-Versammlungen zu Berlin 1878, Hannover 1879 und Berlin 1880. Von allen deutschen Vereinen als obligatorisch anerkannt, Berlin: Beuckert & Radetzki 1880; Schosshund-Klub (E.V.) Sitz Berlin: Rasse-Merkmale der Schosshunde. Nebenent.: Rasse-Kennzeichen der Schosshunde, Berlin 1904.

102 Siehe beispielsweise: Satzungen des Vereins zur Veredelung der Hunderassen für Deutschland in Hannover, S. 3; Jean Bungartz: Kynos. Handbuch zur Beurtheilung der Racen-Reinheit des Hundes, Stuttgart: Neff 1884.

103 »Die Kynologie«, wollte der ostpreußische Journalist und Jäger Fritz Skowronnek der breiten Leserschaft der Gartenlaube einschärfen, »ist für alle ihre Anhänger zu einer wichtigen Wissenschaft geworden, an deren Ausgestaltung mit Ernst und Eifer gearbeitet wird« (Fritz Skowronnek: Zwei Hundegigerl, in: Die Gartenlaube 47 (1905), S. 894–895, hier S. 894). Dieses Phänomen der Verwissenschaftlichung der Hundezucht gipfelte zu einer späteren Zeit (1920) in der Gründung der »Gesellschaft für Hundeforschung«, die angeblich Kontakte mit der »Kaiser-Wilhelm-Gesellschaft zur Förderung der Wissenschaften« pflegte; siehe: Max von Stephanitz: Der deutsche Schäferhund in Wort und Bild, 8. Aufl., Berlin: Verlag des »Vereins für deutsche Schäferhunde« im »Deutschen Kartell für Hundewesen« 1932, S. 1145–1146. Zu der starken wissenschaftlichen, in diesem Fall darwinistischen und vererbungstheoretischen Orientierung etwa der englischen Rassehundezucht vgl.: David Allan

der Herstellung einer derartigen wissenschaftlich-objektiven Rassenrealität äußerst schwierig und erforderte große Kreativität. Denn ungeachtet ihrer Rückwärtsgewandtheit und der Grundauffassung, dass es sich bei ihren Hunderassen um »natürliche« und beständige Objekte handelte, war ihnen durchaus bewusst, dass die Rassekennzeichen erst einmal festgelegt werden mussten.[104] Den Ideologen des Hunderassismus blieb nicht verborgen: Die Ausführbarkeit einer objektiven Urteilung über den Grad der Rassereinheit der Hunde setzte eine weitgehende subjektive Kreierung der Rassenattribute voraus. Diesen Punkt aber ignorierten die Kynologen keineswegs; im Gegenteil: sie strichen ihn sogar in aller Öffentlichkeit heraus, und zwar als eine Großtat, die sie selbst zu vollbringen vermochten. Erinnert sei beispielsweise an das Unternehmen der »Feststellung der Racezeichen«, das der Internationalen Ausstellung von 1879 in Hannover vorausgegangen war: Waldersee hatte damals dem Preußischen Landwirtschaftsminister erzählt, wie »alle Autoritäten Deutschlands«, »[m]ehr denn 300 Herren«, zurate gezogen worden seien, um die pionierhafte Aufgabe zu erfüllen, die sodann allgemeine, reichsweite Anerkennung gefunden habe: »[D]as Resultat derselben [wurde] von ganz Deutschland mit Befriedigung begrüßt«.[105]

Dass man die »Racezeichen« aktiv festlegte, war eine Quelle des Stolzes. Einer der renommiertesten Fachleute auf dem Gebiet der Jagdhundezucht, Karl Brandt, rühmte z.B. die Errungenschaft der Bestimmung der Rassenmerkmale einer erst spät, nämlich Mitte der 1890er Jahre (re-)generierten Rasse, des Weimaraners. Brandt, der ein Hunderassist nach allen Regeln der Kunst war, verschwieg keineswegs, dass im Fall des noch nicht/nicht mehr existierenden Weimaraners die Rasse als solche zunächst einmal hätte konstruiert werden müssen. Die Konstruktion erfolgte dadurch, dass eine bestimmte Person, bezeichnenderweise ein »Major von Bünau«, 1896 die »Rassekennzeichen des Weimaraners« »festgestellt« hatte. Erst auf der Grundlage dieses Akts konnte man auf späteren Ausstellungen beschließen, ob ein individueller Hund in der Kategorie »Weimaraner« konkurrieren durfte. Wie aber Brandt verdeutlichte, beinhaltete, ja erforderte die Feststellung der Kennzeichen der neuen bzw. regenerierten Rasse eine weitgehend willkürliche Auswahlarbeit. So wurde festgelegt, dass ein »Weimaraner« ausschließlich dann ein solcher sei, wenn er hell-silbergraue Farbe habe, die an den Beinen, dem Kopf und den Ohren »besonders hell« würde bzw. »gelben Anflug« bekommen dürfte; dunkelgraues (aber »nicht lehmfarbene[s]«) Haar, das an dem Kopf und den Beinen hellsilbergrau werde oder an den Backen und Beinen »gelben Anflug« habe, wurde auch als zulässig erklärt, sowie ein kleiner weißer Fleck an der Brust bzw. mehrere an »der Unterseite der Fusswurzel«. Dagegen sollten hellsilbergraue Hunde »mit gelbem Brand« und »solche, die gelbgraubraun als Grundfarbe haben«, als rassenunrein erklärt werden. Diese Hunde seien keine »echten« Weimaraner. Inwieweit, an welchem Körperteil und in

Feller: Das Erbe der Hunde. Der Einfluss von Jagdhunden auf Charles Darwins Theorie der Selektion, in: Brantz/Mauch (Hg.): Geschichte, S. 226–244, hier S. 232.

104 Vgl.: Ritvo: Estate, S. 93.

105 Der Verein zur Veredelung der Hunderacen an den Königlichen Preußischen Minister für Landwirthschaft Herrn Staatsminister Dr. Lucius, 15.08.1879 (GStA PK, I. HA Rep. 87 B, Nr. 22164).

welcher Menge Flecken welcher Farbe zu tolerieren waren, musste also immer zunächst mittels bestandskräftiger Entscheidungen durch »ausgezeichnete Züchter und Kenner der Rasse«[106] festgelegt werden. Sonst hätte man überhaupt nicht erst in den Genuss kommen können, endlich eine »Rasse«, einen »Weimaraner«, vor sich zu haben.[107]

Die Frage war aber, wer sollte und durfte die Arbeit der Bestimmung der Rassekennzeichen leisten? Wer waren die »ausgezeichnete[n] Züchter und Kenner«, die darüber entscheiden sollten, wie viele weiße Flecken Exemplare einer bestimmten Rasse haben dürften? Die Frage der Rassenbestimmung war vor allen Dingen eine Frage der Autorität – der Entscheidungshoheit. Die Dachvereine, wie der »Verein zur Veredelung der Hunderassen« und vor allem die »Delegirten-Commission«, sollten genau eine solche Oberautorität bilden. Sie waren als eine zentrale Instanz konzipiert, die über alle Hunderassenfragen endgültige und unanfechtbare Bestimmungen treffen sollte. Sie sollten entscheiden, wer als die »ausgezeichnete[n] Züchter und Kenner« der jeweiligen Rasse deren Kennzeichen festlegen dürften und sollten. Sie sollten Rassen als Rassen offiziell anerkennen – darüber entscheiden, dass der »Weimaraner« oder der »Dackel« wirklich eine »Hunderasse« darstellte.

Seit ihrer Gründung in den 1870er Jahren verteidigten diese Dachvereine ihre Autorität vehement. Es ging ihnen dabei nicht bloß um die Erhaltung der eigenen Macht. Die Kynologen wussten, dass ihr ganzes Unternehmen von der Existenz einer solchen Oberautorität abhing. Sie wussten, dass die Erzeugung einer allgemeinen Ordnung der Hunderasseneinteilungen in Deutschland ohne eine derartige Zentralisierung der Entscheidungsmacht nicht möglich gewesen wäre. Wenn konkurrierende Autoritäten entstehen würden, die die Entscheidungshoheit über die Bestimmung der Rassekennzeichen auch für sich selbst beanspruchen würden, würde es keine allgemeine Basis für die Anerkennung von Rassen geben. Es würden keine fixierte Rassen, keine »Rassen« im eigentlichen Sinne existieren, weil es zu viele unterschiedliche Meinungen darüber geben würde, was eine bestimmte Rasse kennzeichne. Ohne einheitliches Wissen über die Hunderassen würde die Rassehundezucht den Boden unter den Füßen verlieren.

Das ist der Grund dafür, dass die kynologische Literatur des Kaiserreichs vor verachtenden Äußerungen gegen zentrifugale Kräfte geradezu strotzt. In den Augen der Szeneführer waren Partikularinstanzen, die ihre Ziele nach eigenem Verständnis und ohne Rücksicht auf die Vorschriften der Dachvereine verfolgten, Erzfeinde, die das gemeinsame Anliegen aller deutschen Hundezuchtvereine – die Erzeugung einer Rassehundeordnung im Reich – mit Füßen träten. Die »Delegirten-Commission«, die den Anspruch hegte, »alles, was innerhalb der einzelnen Vereine geleistet wird, im allgemeinen Interesse« zu verwalten, war nicht bereit, nur die kleinste Äußerung von kynologischem Partikularismus zu tolerieren – wie im Hausorgan des Verbandes, *Zwinger und Feld*, mit den schärfsten Worten zum Ausdruck gebracht wurde: »[D]en vielen persönlichen Gehä-

106 Karl Brandt: Der Weimaraner Rüde »Blitz«, in: Zwinger und Feld 7/39 (1898), S. 792–793. Vgl. zu einer ähnlichen erfindungsreichen (und umkämpften) Konstruktion der festen Kennzeichen einer anderen Hunderasse: Willy Ullrich: Ueber Dachsbracken-Zucht, in: Zwinger und Feld 7/49 (1898), S. 1011–1012.

107 Vgl.: Ritvo: Estate, S. 106–107, 115.

ssigkeiten und Verdächtigungen [wird] [durch das neue Statut des Verbandes] einfach die Spitze abgebrochen. [...] Alle Bestimmungen [...], welche dazu beitragen, dass das persönliche Element aus der Kynologie verschwindet, müssen mit Freuden begrüsst werden«.[108] Der Hass gegen jegliche Partikularismen, die unnachgiebige Ablehnung des »fanatischen Egoismus«,[109] wie es im *Zwinger und Feld* einmal hieß, kam überall in zeitgenössischen kynologischen Publikationen zur Sprache. Es galt, eine allgemeine Ordnung herzustellen. Jede Abweichung von diesem gemeinsamen Ziel war eine Sünde gegen die kynologische Sache.

Um den zentrifugalen Tendenzen vorzubeugen und eine uniforme Entwicklung zu gewährleisten, bemühten sich die Vereine darum, eine möglichst umfassende Verständigung über die von den Experten festgestellten Rassekennzeichen unter den Züchtern zu erzielen. Im ersten Jahresbericht des »Hectors« von 1877 ist z.B. zu lesen:

> »Es soll zunächst eine Verständigung versucht und hoffentlich erzielt werden, unter deutschen, gebildeten Züchtern und Freunden des Hundes über die aufzustellenden Racen und deren stabile Prädikate, welche letzteren bei der zweifellosen Vererbungskraft reinen Blutes dann stätig [sic] zu erstreben wären«.[110]

Solche Äußerungen deuten daraufhin, dass die Führer der Vereine hofften, die Kynologie in der deutschen Gesellschaft zu verbreiten und ihre Ziele möglichst volksnah zu konzipieren. Die kynologische Bewegung hatte eine gesamtgesellschaftliche Ausrichtung. Ihr Ziel war es, alle »Deutschen« in ihr rassistisches »Komplott« einzubeziehen, damit im Reich eines Tages lediglich reinrassige Hunde gezüchtet und gehalten würden. Der Trierer »Verein der Hundefreunde« z.B., der sich, wie oben angeführt, mit der Mitgliedschaft hochrenommierter Adlige brüstete, erklärte es doch als seine Aufgabe, »das Interesse für die Kynologie [...] in weiteste Kreise zu tragen«, die »Passivität« der »Bevölkerung« »zu brechen und ihre Sympathie für unsere Ziele und Zwecke anzuregen«.[111] Die Kynologen kämpften nicht für die Interessen ihres eigenen, adligen Stands. Sie fühlten sich für das Ganze verantwortlich – für Reich, Gesellschaft und Volk. In ihren Augen musste das rassehundezüchterische Projekt von der gesamten »Bevölkerung« getragen werden.

---

108 Das neue Statut der Delegirten-Commission, in: Zwinger und Feld 1/2 (1892), S. 17–18.

109 Schneider: Jagdlich-kynologische Plaudereien, in: Zwinger und Feld 1/2 (1892), S. 21–22, hier S. 22.

110 Erster Jahresbericht des »Hector«, Verein für Zucht und Schaustellung von Race-Hunden in Berlin, unter dem Protectorate Seiner Königlichen Hoheit des Prinzen Carl von Preussen, S. 6.

111 Der Verein der Hundefreunde Triers an den Regierungs-Präsidenten Trier, 15.03.1909 (GStA PK, I. HA Rep. 87 B, Nr. 22174). In diesem Zusammenhang ist zu bemerken, dass es in den kynologischen Schriften kaum fremdenfeindliche Äußerungen gegen Menschen – gegen Mitglieder »fremder« ethnischer Gruppen oder »minderwertiger« Rassen gab (Publikationen des Schäferhundevereins stellen hierbei eine wichtige Ausnahme dar). Judenfeindlichkeit ist kein Thema in kynologischen Veröffentlichungen aus dem Kaiserreich. Der rassistische Antagonismus der Kynologen war im Grundsatz allein den rasselosen Hunden vorbehalten.

Die volksnahe Orientierung der Rassehundezucht und das Werben um eine breite gesellschaftliche Partizipation führten sogar dazu, dass die Vereine mit demokratischen Organisationsformen liebäugelten. In einer Generalversammlung des »Griffon-Clubs«, die im März 1909 in Mainz stattfand, wurden z.B. die Vereinsstatuten dahingehend revidiert, dass die Errichtung von »Ortsgruppen« zulässig gemacht wurde:

»Gerade die durch Errichtung zahlreicher Gruppen erzielte Dezentralisation, die kollektive Mitwirkung möglichst vieler, auch ganz abseits wohnenden Mitglieder an allen Club- und Existenz-Fragen bildet das denkbar beste Gegengewicht für etwaige engherzige oder einseitige Tendenz im Vorstande, bringt Lokal-Interessen zur Geltung. [...] Weder Absolutismus noch Autarkie darf am Ruder eines Spezial-Klubs sitzen, ebenso wenig dürfen aber die Mitglieder aus Bequemlichkeit oder Teilnahmelosigkeit die Lösung aller Zeitfragen dem derweiligen Vorstande überlassen. Nur eine konstitutionelle Regierung auf Grundlage der Verfassung, jedoch unter Mitwirkung und Heranziehung aller brauchbaren Kräfte und loyal gesinnten Elemente fördert für die Dauer dessen Gedeihen!«[112]

Die unverkennbar demokratische Sprache, die in diesen Zeilen artikuliert wird, hat man vor dem Hintergrund zu lesen, dass der Vorsitzende des »Griffon-Clubs«, Albert de Gingins, die treibende Kraft hinter der 1906 vollzogenen Abspaltung mehrerer führenden Hundezuchtvereine von der »Delegirten-Commission« und der Gründung eines konkurrierenden Dachverbands, des »Kartells der stammbuchführenden Spezialklubs für Jagd- und Nutzhunde«,[113] war. Die Rede von »Absolutismus« und »Autarkie« und von der Notwendigkeit einer »Dezentralisation« können wir als eine direkte Kritik an der »Delegirten-Commission« und ihren Führungsstil verstehen, die die Vertreter auch vieler anderen Spezialvereine in der Zeit des Kaiserreichs äußerten. Die »Delegirten-Commission« war eine Oberautorität, die über alles entschied. Aber die absolute Macht, die sie in ihren Händen hielt, sorgte im Kaiserreich für viel Unmut in kynologischen Kreisen, die sich doch mehr Demokratie und mehr Mitsprache bei der Frage der Rassenbestimmung wünschten.

Ehe es aber 1906 zur endgültigen Spaltung kam, reagierten die Führer der »Delegirten-Commission« auf den Unmut der Basis und versuchten, demokratischere Strukturen einzuführen – oder sich zumindest zu ihnen zu bekennen. »Mit Freuden ist es zu begrüssen«, erklärten z.B. Mitglieder der »Delegirten-Commission« anlässlich der 1892 vorgenommenen Revidierung der Statuten des Verbands,

»dass der Paragraph, der so viel böses Blut gemacht hat und der dahin lautete, dass jeder Verein drei Delegirte zu präsentieren habe, von denen sich die Delegirten-Commission einen aussuchen könne, vollständig ausgemerzt ist. Man muss jedem Verein so viel Selbsterkenntniss und Taktgefühl zugestehen, dass er selbst weiss, durch wen aus seiner Mitte er am besten vertreten wird«.[114]

112 Protokoll der Generalversammlung des Griffon-Club am 31. März 1909 im Hauptbahnhof zu Mainz (ebd.).

113 Siehe: Stephanitz: Schäferhund (1932), S. 1140.

114 Das neue Statut der Delegirten-Commission, S. 18.

Im selben Jahr erschien im *Zwinger und Feld* ein Beitrag, in welchem bei Gebrauch einer ähnlichen Terminologie für eine Begrenzung der Macht einer »oligarchischen Herrschaft« von »Professionisten« zugunsten einer Miteinbeziehung der »grosse[n] Masse« und einer »möglichst allgemeine[n] Betheiligung« durch »Laien« plädiert wurde.[115] »Jeder [...] Hundefreund«, wurde drei Jahre später bezeichnenderweise in einem Führer über die »Rassekennzeichen der Hunde« erklärt, solle »seinen Antheil an der grossen Aufgabe der Verbreitung von Rassenkenntniss beitragen helfen«.[116]

Diese demokratische Sprache änderte aber nichts daran, dass die »Delegirten-Commission« wie auch der Großteil der Spezialvereine für Rassehundezucht bis zum Ende des Kaiserreichs einem extrem autoritären Politikstil an den Tag legten. Über die kynologische Bewegung kann man in mancher Hinsicht das sagen, was für das Kaiserreich in seiner Gesamtheit zutrifft; nämlich dass »die traditionellen Herrschergruppen des Hohenzollernstaates, die Großgrundbesitzerklasse, das Offizierskorps und die höhere Zivilbürokratie die Spitzen der Gesellschaft und die eigentlichen politischen Machthaber« blieben. Diese junkerlich-konservativen »Herrschaftsgruppen« stellten durch eine strikt autoritäre Organisationskultur auch im Bereich der Kynologie sicher, dass ihre Position als die »eigentlichen politischen Machthaber« weiterhin nicht angefochten würde. Wie in anderen Bereichen entschädigte auch in der Kynologie die Sicherung der politischen Vormacht für die drohende Senkung der sozialen Stellung. Die »äußerliche Demokratisierung« bzw. die »Ausbeutung demokratischer Methoden« und »demokratische[r] politische[r] Technik«, die als eine Reaktion auf die verschobenen Klassenverhältnisse und auf die Neuformierung der politischen Spielregeln notwendig wurde, diente da bloß der überaus undemokratischen »Verteidigung oligarchischer Vormachtstellung«.[117]

Der autoritäre Geist schlägt dem Leser kynologischer Texte aus fast jeder Zeile entgegen, sodass man ihn als einen Grundbestandteil hunderassistischen Denkens im Kaiserreich bezeichnen kann. Schon in der ersten Versammlung von der »Delegirten-Commission« wurde beispielsweise im Hinblick auf die Erzielung einer Einheitlichkeit aller Zielsetzungen im Reich bestimmt: »Die Grundsätze, nach welchen das [Deutsche Hunde-]Stammbuch angelegt und geführt werden soll, sind ausschließlich von der

115 Schneider: Plaudereien.

116 Rassekennzeichen der Hunde. Nach offiziellen Festsetzungen, S. VII.

117 Siehe: Hans Rosenberg: Die Pseudodemokratisierung der Rittergutsbesitzerklasse, in: ders.: Machteliten und Wirtschaftskonjunkturen. Studien zur neueren deutschen Sozial- und Wirtschaftsgeschichte, Göttingen: Vandenhoeck & Ruprecht 1978, S. 83–101, Zitate S. 83, 88, 93, 95, 98. Rosenbergs klassischer Aufsatz ist in den letzten Jahren vielfach kritisiert worden; siehe als ein kennzeichnendes Beispiel: Stephan Malinowski: Ihr liebster Feind. Die deutsche Sozialgeschichte und der preußische Adel, in: Sven Oliver Müller/Cornelius Torp (Hg.): Das deutsche Kaiserreich in der Kontroverse, Göttingen: Vandenhoeck & Ruprecht 2009, S. 203–218. Im sehr spezifischen Fall der Rassehundezucht behält die Pseudodemokratisierungsthese dennoch ihre Gültigkeit.

Delegirten-Versammlung [d.h. Delegirten-Commission] festzustellen«.[118] Dieses Grundprinzip der autoritären Zentralisation der Entscheidungsmacht veränderte sich im Laufe der Zeit nicht. Im oben erwähnten revidierten Statut der »Delegirten-Commission«, der die Einzelvereine angeblich zu mehr Partizipation anregen sollte, wurde z.B. nicht nur bestimmt, dass der Dachverband »berechtigt bezw. verpflichtet« sei, »Normativ-Bestimmungen und Reglements für Ausstellungen, Schauen, Preissuchen, Preisschliefen und sonstige Prüfungen« der Spezialvereine festzustellen, sondern dass er darüber hinaus »[u]eber alle Streitigkeiten und Proteste endgiltige Entscheidungen zu treffen« habe. Das neue Statut bestand fast ausschließlich aus Paragraphen dieser Art, die dem Dachverband eine exklusive Entscheidungsbefugnis einräumten und deren Sinn in der Befestigung des Status der Oberorganisation als uneingeschränkte richterliche Gewalt lag. Mehr als alles andere tauchte die »Delegirten-Commission« im neuen Statut als eine allmächtige Instanz auf, die mit Aberkennungen und Ausgrenzungen drohte. So gehörte es ebenfalls zu den unübertragbaren »Rechten und Pflichten« der Delegierten, »[e]inzelnen Personen die Befähigung zum Preisrichteramt für Prüfungen und für Ausstellungen [...] abzuerkennen«; »[e]inem Verein unter Umständen [...] die Vertretung in der Commission [...] zu entziehen«; »[e]inzelne Personen von Ausstellungen und Prüfungen, sowie [...] der Züchtungen [...] auszuschliessen« etc.[119] Demokratisierung hin oder her, die Hauptbotschaft auch des neuen Statuts musste nach wie vor lauten, dass Abweichungen von der von oben durchgesetzten einheitlichen Linie mit null Toleranz begegnet würden.[120]

---

118 Protocoll der Ersten Delegirten-Versammlung zu Hannover am 26. April 1880 (GStA PK, I. HA Rep. 87 B, Nr. 22164).

119 Statut der Delegierten-Commission, S. 11.

120 Die Oberautorität der »Delegirten-Commission« als eines machtvollen Dachverbandes, dessen Mitglieder im Alleingang entschieden, wer teilnehmen dürfe und wer ausgeschlossen werden müsse, bekam 1908 in Preußen eine staatliche Anerkennung, als das Landwirtschaftsministerium ankündigte, dass Staatsehrenpreise lediglich für Ausstellungen von Vereinen bewilligt würden, die entweder von der »Delegirten-Commission« oder vom »Kartell der stammbuchführenden Spezialklubs« »anerkannt sind«; ferner, dass nur Hunde, die in den Stammbüchern der Dachverbände eingetragen seien, prämiert werden dürften, und dass den Anträgen »eine schriftliche Bescheinigung der Delegiertenkommission oder des Kartells [...] beizufügen [sei], daß die Veranstaltung von einem dieser beiden Verbände anerkannt ist« (Ministerium für Landwirtschaft, Domänen und Forsten: Grundsätze für die Beantragung, Bewilligung und Verleihung von Staatsehrenpreisen für Hundeausstellungen und Leistungsprämien von Hunden (ohne Datum) [1908], (GStA PK, I. HA Rep. 87 B, Nr. 22174)). Diese Regelung ist vor dem Hintergrund einer während der vorausgegangenen Jahre voranschreitenden Inflation der neuen Vereinsgründungen und der daraus resultierten Zersplitterung der Szene der Rassehundezucht zu verstehen. Wie es Stephanitz bezüglich des zweiten Dachverbandes, des »Kartells der stammbuchführenden Spezialklubs« formulierte, konnte sich dank der neuen Regelung »die Fürsorge und Oberaufsicht des Kartells nunmehr auf nahezu alle kynologischen Veranstaltungen [erstrecken]. [...] Keine Veranstaltung, sei's auch die ›internste‹ Vereinsschau, darf nach anderen als den erlassenen Kartell-Ausstellungs- und Schauregeln

Das führt uns zurück zu unserer Ausgangsfrage bezüglich der Bestimmung der Rassekennzeichen: Die Tatsache, dass die »Delegirten-Commission« und die Führungsriegen der meisten Spezialvereine für sich unbestrittene Autorität beanspruchten, drückte sich in erster Linie darin aus, dass sie sich als alleinige Bestimmer der Rassemerkmale sowie als alleinige Beurteiler über Zugehörigkeiten und Nichtzugehörigkeiten einzelner Exemplare zu den jeweiligen Rassekollektiven positionierten.[121] Diese unbestrittene Autorität garantierte die Entstehung der einheitlichen Ordnung der Rasseneinteilungen. Sie wurde von oben aufgezwungen – durch Entscheidungen, die von wenigen in den obersten Etagen der hierarchisch strukturierten Hundezuchtorganisationen »krypto-absolutistisch«[122] getroffen wurden. Wie es in *Hundesport und Jagd* 1912 bezüglich der soeben erreichte Vereinheitlichung aller Dobermannpinschervereine formuliert wurde, bedürfe es einer »machtvolle[n] Zentrale, die das ganze Gebiet der Dobermannzucht und Führung beherrscht«.[123]

Nirgendwo kam diese Monopolisierung der Entscheidungsmacht heftiger zum Ausdruck als auf den Ausstellungen. Die Ausstellungen waren die Orte, an denen die Macht des Urteils über die rassische Zugehörigkeit und die Hochwertigkeit der einzelnen Hunde am konkretesten ausgeübt und demonstriert wurde. Hier wurde die theoretische Festlegung der Rassemarkmale in die Tat umgesetzt. Aus diesem Grund war es für die Vereine ungemein wichtig, nicht nur die von der »Delegirten-Commission« entworfenen und für sämtliche im Reich geltenden Ausstellungsregeln einzuführen,[124] sondern darüber hinaus auch die Preisrichterämter mit den eigenen Leuten zu besetzen und ihnen dabei möglichst breite Urteilskompetenz einzuräumen. Wie es in der *Zeitung des Vereins für deutsche Schäferhunde* 1907 bezüglich einer Ausstellung in Cannstatt formuliert wurde, müssten die hiesigen Ausstellungsveranstalter dafür Sorge tragen, dass das »Richteramt« von einem Vereinsmitglied übernommen werde, »damit unsere Rasse nicht einem ganz Unkundigen in die Hände fiel[e]«.[125] Falls nicht ein »kompetente[r] Richter«, sondern ein »vollkommene[r] Neuling«[126] das Richteramt bekleiden sollte, müsse der Schäferhundeverein der Veranstaltung seine »Anerkennung versagen«. Das war das Schicksal einer Düsseldorfer Ausstellung im Jahr darauf, in der ein »nicht anerkannter

---

abgehalten werden, jede bedarf der vorherigen Anerkennung [...] beim Kartell« (Max von Stephanitz: Der deutsche Schäferhund im 1911, in: Hundesport und Jagd 27/2 (1912), S. 21–25, hier S. 24).

121 Siehe z.B.: Satzungen des Vereins zur Hege der Jagd und Förderung des Gebrauchs reinrassiger Jagdhunde. E. V. Osnabrück-Diepholz, Diepholz: Schröder 1908, S. 2.

122 Siehe: Wienfort: Adel, S. 46. Vgl.: Röhl: Wilhelm II., S. 208–209; Reif: Adel (1998), S. 234.

123 Dobermannpinscher, in: Hundesport und Jagd 27/15 (1912), S. 349–350, hier S. 349.

124 Siehe: Verein zur Züchtung reiner Hunderassen in Süddeutschland in der Delegiertenkommission und St. Bernhard-Klub S.i.M im Kartell an das K. Staatsministerium des Innern München, 06.03.1913 (StadtAM, Bürgermeister und Rat, Nr. 1053).

125 Kleine Mitteilungen, in: Zeitung des Vereins für deutsche Schäferhunde 6/23 (1907), S. 546–547, hier S. 547.

126 Kleine Mitteilungen, in: Zeitung des Vereins für deutsche Schäferhunde 3/7 (1904), S. 271–274, hier S. 273.

Richter«, der zu allem Ärger auch »einer der sezessionierenden und frondierenden [= opponierenden] Auchschäferhundvereine« gehörte, berufen wurde.[127] Nur mithilfe solcher Abwehraktionen konnte die Machtmonopolisierung der Hauptorganisationen verteidigt werden.

Aus vielen Katalogen und Reglements von Hundeausstellungen geht hervor, dass der (Urteils-)Macht der Preisrichter so gut wie keine Grenzen gesetzt wurden. Die Aussteller und ihre Hunde gerieten zu schutzlosen Objekten ihrer Amtsgewalt.[128] Sollten sich diese Autoritäten einmal entschließen, etwa einem Hundebesitzer das Recht zum Ausstellen zu entziehen oder einem Hund eine Preisverleihung zu verweigern, gab es kaum Prozeduren, durch welche die betroffenen Parteien Einspruch einlegen konnten. Das Urteil des Richters war endgültig.[129] 1901 beschloss die »Delegirten-Commission« sogar, dass Personen, die bei ihr eine Berufung gegen ihre Ausschließung aus einer Ausstellung einreichen sollten, zukünftig an keiner Veranstaltung mehr teilnehmen dürften, wenn die Berufung als unbegründet befunden würde. Die diesbezügliche Entscheidung durch den Vorstand der »Delegirten-Commission« war »endgültig«.[130]

Die kynologische Bewegung des Kaiserreichs war in dieser Beziehung so etwas wie ein Mikrokosmos des preußischen Obrigkeitsstaates. Das war kein Zufall. Die Tatsache, dass die Vereine weitgehend nach Modellen aus der zeitgenössischen Staatspolitik strukturiert waren, ist darauf zurückzuführen, dass sie von hochadligen Männern geführt wurden, die gleichzeitig Hochämter im politischen System des Reichs innehatten. Wir haben oben schon auf Persönlichkeiten wie den zukünftigen Chef des Großen Generalstabs, Alfred von Waldersee, und andere Staatspolitiker hingewiesen, die in den Vorständen

127 Sitzungsbericht der XXI. ordentlichen Mitglieder-Versammlung des »Vereins für deutsche Schäferhunde (SV.) Sitz München«, abgehalten am 29. August zu Saarbrücken im »Deutschen Hof«, in: Zeitung des Vereins für deutsche Schäferhunde 7/18 (1908), S. 455–468.

128 Siehe z.B.: Ausstellung von Jagdhunden aller Länder im Zoologischen Garten zu Frankfurt am Main am 24., 25. und 26. Mai 1878, Frankfurt a.M.: J. Maubach & Co. 1878, S. 19; Dritte Internationale Ausstellung von Hunden aller Racen am 19., 20., 21 und 22. Mai 1887 auf dem Rennplatze (kleine Bult) zu Hannover veranstaltet von dem Verein zur Veredelung der Hunderacen für Deutschland (GStA PK, I. HA Rep. 87 B, Nr. 22165); Internationale Ausstellung von Hunden aller Rassen veranstaltet vom Verein »Hector« in Berlin in Verbindung mit der III. Allgemeinen Ausstellung von Dachshunden aller Arten des Teckel-Klub vom 18.–21. September 1896 im Etablissement »Flora« zu Charlottenburg (GStA PK, I. HA Rep. 87 B, Nr. 22167). Vgl. zu einer ähnlichen Strukturierung der Hundeausstellungen in England: Ritvo: Estate, S. 97.

129 Siehe zu einem bezeichnenden Fall: W. Meister an den Herrn Staatsminister und Minister für Landwirthschaft, Domänen und Forsten, 30.04.1887 (GStA PK, I. HA Rep. 87 B, Nr. 22165).

130 Fränkischer Verein zur Förderung reiner Hunderassen Nürnberg: Programm der III. Internationalen Ausstellung von Hunden aller Rassen vom 31. August bis 2. September 1901 in Nürnberg, Nürnberg: Hans Lotter 1901, S. 14. Vgl.: Meyer: Die deutschen Schäferhunde in Basel am 7.–9. Mai, in: Zeitung des Vereins für deutsche Schäferhunde 3/7 (1904), S. 260–263, hier S. 261.

vieler Vereine und in den Kommissionen vieler Ausstellungen saßen.[131] Auch wenn nicht sämtliche Vereine von solchen Prominenten geführt wurden, war man in der Kynologie doch immer stolz darauf, wenn etwa »Spitzen der Behörden« ihre Organisationen unterstützten[132] oder wenn »höchste und hohe Herrschaften« den Ausstellungen einen Besuch abstatteten.[133] Die Unterwerfung einem königlichen oder prinzlichen Protektorat ist diesbezüglich ein einschlägiger Fall, der gerade das quasifeudale Herrschaftsverständnis der Kynologen herausstellt. Wenn der »Verein zur Veredelung der Hunderacen« die Anlegung eines allgemeinen deutschen Hundestammbuches lancierte, wünschte er aus der gleichen ideologischen Einstellung heraus, dass »die [Preußische] königliche Staatsregierung die Aufsicht über die Führung« des Buches übernehme. Die Tatsache, dass nicht nur Personen des Vereins selbst, sondern auch noch der Oberpräsident der Provinz Hannover, Adolf Hilmar von Leipziger, das Ersuchen im Namen des Vereins dem Preußischen Landwirtschaftsminister vorlegte, macht die Korrespondenz zwischen kynologischen und staatlichen Körperschaften im Kaiserreich umso beachtlicher. Bezeichnenderweise war der Oberpräsident bereit, dem »eine Kontrolle über die Reinhaltung der Racen« anstrebenden Verein zu bescheinigen, dass die Anlegung des Stammbuches »einen nützlichen, [...] Zweck [verfolgt] und [...] eine Unterstützung« verdiene.[134]

Diese Nähe zu den politischen Behörden drückte sich aber vorwiegend darin aus, dass Staatsministerien und Stadtverwaltungen sich in der Regel bereiterklärten, die Ausstellungen mit Ehrenpreisen auszustatten.[135] Das lag nicht zuletzt daran, dass Amtsinha-

131 Um ein weiteres markantes Beispiel zu nennen: Auf der »Internationalen Ausstellung von Hunden aller Rassen«, die 1897 von »Wupperthaler Hundefreunden« und unter dem Protektorat des machtvollen Kunstmäzens August von der Heydt gehalten wurde, gehörten zum »Ehren-Ausschuss« der Oberbürgermeister von Elberfeld, der Oberbürgermeister von Barmen, zwei Elberfelder Landtagsabgeordneter, zwei lokale Landräte, ein Barmer Stadtverordneter, ein Barmer »Commerzienrath«, ein Elberfelder Justizrat sowie der Präsident der Eisenbahn-Direktion in Elberfeld (Programm der Internationalen Ausstellung von Hunden aller Rassen vom 24. bis 27. April 1897 in Elberfeld (Hohenzollerngarten) veranstaltet von Wupperthaler Hundefreunden unter dem Protectorat des Herrn August Freiherrn von der Heydt (GStA PK, I. HA Rep. 87 B, Nr. 22167)).

132 Aus der Diensthund-Bewegung, in: Zeitung des Vereins für deutsche Schäferhunde 12/24 (1913), S. 1572–1574, hier S. 1573.

133 Club d. Dachshundfreunde München an den Magistrat der Kgl. Haupt- und Residenzstadt München, 12.04.1913 (StadtAM, Bürgermeister und Rat, Nr. 1053).

134 Der Ober-Präsident der Provinz Hannover an den Königlichen Staats-Minister, Minister für Landwirthschaft, Domänen und Forsten, Herrn Dr. Lucius, 15.05.1880 (GStA PK, I. HA Rep. 87 B, Nr. 22164).

135 Comite der III. internat. Hundeausstellung in München an den Magistrat der Kgl. Haupt. und Residenzstadt München, 23.05.1892; Verein zur Züchtung reiner Hunderassen in Süddeutschland (E.V.) unter dem Protektorate Sr. Kgl. Prinz Ludwig Ferdinand von Bayern an den Hohen Magistrate der Stadt München, 12.04.1904 (StadtAM, Bürgermeister und Rat, Nr. 1053); Magistrat der Herzogl. Residenzstadt Coburg an dem Herzoglichen Staatsministerium, 26.10.1901 (StaCo, Min D, Nr. 4089); Nennungen zur 42. Internationalen Preissuche veran-

ber in eben jenen behördlichen Institutionen, um deren Gunst die Vereine buhlten, oft auch Mitglieder eben dieser gesuchstellenden Hundezuchtorganisationen waren. Als z.B. der »Verein zur Veredelung der Hunderassen für Deutschland« beim Hannoveraner Stadtmagistrat eine Verleihung von Staatsehrenpreisen für eine von ihm 1909 veranstaltete Prüfungssuche beantragte und dabei darauf hinwies, dass zwei Vereinsmitglieder Angehörigen desselben Magistrats seien, klang es, als ob sich die Vereinsmitglieder bei sich selbst das Gesuch einreichten.[136] Dieser Interessenkonflikt konnte sogar noch extremere Formen einnehmen: 1908 ersuchte der »Verein der Hundefreunde Triers« im Namen seines prominentesten Mitglieds, des Regierungspräsidenten in Trier, Constanz Maximilian Friedrich Baltz (später von Baltz), keinen anderen als denselben Regierungspräsidenten Baltz um Verleihung von Staatsehrenpreisen für eine Ausstellung. Den Vertretern des Vereins konnte man unter diesen bizarren Umständen nur schwerlich widersprechen, wenn sie beteuerten, dass es »Eurem Hochwohlgeborenen bekannt« sei, dass »der Verein ernste Ziele [verfolgt], wie z.B. die Förderung der Polizei- und Kriegshundebewegung, deren Erreichung in der Praxis nicht nur für die Kynologie als solche, sondern auch für die Allgemeinheit wertvoll und von Bedeutung ist«. So konnten sie sich letztendlich wie auch zahlreiche andere Hundezuchtorganisationen, die ähnliche Überschneidungen mit behördlichen Körperschaften aufwiesen, »einer weitgehenden Unterstützung des Staates« sicher sein.[137]

Die Affinität der Kynologie mit dem preußischen Obrigkeitsstaat zeigte sich am eklatantesten allerdings auf einem anderen Gebiet: Eine Untersuchung der Register der Mitglieder der Vereinsvorstände und der Ausstellungskommissionen ergibt, dass eine überaus hohe Zahl gleichzeitig eine militärische Karriere einschlug.[138] Die Omnipräsenz von Offizieren, vorrangig, aber nicht nur, der Kavallerie, in den kynologischen Organisationen ist geradezu verblüffend. Auch in dieser Beziehung war Waldersee, der zwischen 1888 und 1891 das gesamte deutsche Heer unter seinem Kommando hatte, nur die Spitze des Eisbergs. In der ersten Internationalen Ausstellung in Hannover im Jahr 1879 gehörten beispielsweise zu dem zwölfköpfigen Ausstellungskomitee außer Waldersee selbst sein älterer Bruder und Oberst (später Generalleutnant) Friedrich Franz von Waldersee, ein Hofmarschall von der Schulenburg, ein gewisser Major von Heydwolff, der Rittmeister Leberecht von Kotze und ein Hauptmann von Bissing.[139] In der Dritten Interna-

staltet vom Griffon-Club am 6. und 7. April 1909, im Hessischen Ried (ohne Datum [1909]) (GStA PK, I. HA Rep. 87 B, Nr. 22174); Paul Meyer: Hundezucht und Dressur. Weshalb soll »der Dritte im Bunde«, der Verband, vom Staate bei Verleihung von Ehrenpreisen nicht berücksichtigt werden?, in: Wild und Hund 15/4 (1909), S. 79.

136 Verein zur Veredelung der Hunderassen für Deutschland in Hannover an den Stadtmagistrat der Kgl. Haupt- & Residenzstadt Hannover, 01.02.1909 (GStA PK, I. HA Rep. 87 B, Nr. 22174).

137 Der Verein der Hundefreunde Triers an den Regierungs-Präsidenten Trier, 15.03.1909 (ebd.).

138 Vgl.: Marilyn Shevin Coetzee: The German Army League. Popular Nationalism in Wilhelmine Germany, New York/Oxford: Oxford University Press 1990, S. 65, 144.

139 Internationale Ausstellung von Hunden aller Racen am 21., 22., 23., 24. und 25. Mai 1879 im Flora-Garten Bella-Vista zu Hannover veranstaltet von dem Verein zur Veredelung der Hun-

tionalen Ausstellung, die acht Jahre später stattfand, teilten die beiden Waldersee-Brüder das Komitee mit einem Generalmajor von Krosigk sowie mit einem weiteren Premier-Lieutenant.[140]

Oft ging auch die Initiative zur Gründung eines Hundezuchtvereins von Offizieren aus, wie beispielsweise im Fall des »Teckel-Klubs«, der im Juni 1888 »von den Herren Premier-Lieutenant Ilgner und Lieutenant Graf Hahn gegründet« wurde.[141] Es nimmt nicht Wunder, dass auch Max von Stephanitz, der Urvater der deutschen Schäferhundezucht, ein Rittmeister a.D. war. Die strikte autoritär-militante Organisationskultur, die er in seinem Verein einführte,[142] war seinerzeit besonders anrüchig und führte zu zahlreichen Austritten und Gründungen von abtrünnigen Schäferhundevereinen, wie allen voran dem »Deutschen Schäferhundeklub« in Leipzig. Es war aber bezeichnend für die Allgegenwärtigkeit von Militärelementen in der wilhelminischen Hundezucht, dass zumindest einer dieser alternativen Schäferhundevereine, dessen Entstehung auf die Unzufriedenheit mit dem »Kommando« und den »Befehlen jenes Herrn« zurückging, der aus seinem Wohnsitz im oberbayerischen Grafrath seine Alleinherrschaft über die gesamte Schäferhundezuchtbewegung im Reich auszuweiten strebte,[143] im benachbarten München ebenfalls von einem Armeeoffizier, einem Oberstleutnant ins Leben gerufen wurde.[144]

Diese Überschneidung zwischen der Kynologie und der Armee hatte zudem zur Folge, dass ein Großteil der Zuchtmaßnahmen von Anfang an für militärische Zwecke vorgenommen wurde. Nach der Zahl der einschlägigen Publikationen und den Aussagen der

---

deracen in Verbindung mit einer von königlicher Regierung genehmigten grossen Verloosung von 50,000 Loosen à 1 Mark (GStA PK, I. HA Rep. 87 B, Nr. 22164).

140 Dritte Internationale Ausstellung von Hunden aller Racen am 19., 20., 21 und 22. Mai 1887 auf dem Rennplatze (kleine Bult) zu Hannover veranstaltet von dem Verein zur Veredelung der Hunderacen für Deutschland (GStA PK, I. HA Rep. 87 B, Nr. 22165).

141 Ilgner: Dachshund, S. 82.

142 Siehe: Skabelund: Rassismus, S. 64.

143 Wie es Wolfgang Wippermann überspitzt formuliert hat, habe im Schäferhundeverein das »Führerprinzip« gegolten; siehe: Wolfgang Wippermann: Biche und Blondi, Tyras und Timmy. Repräsentation durch Hunde, in: Lutz Huth/Michael Krzeminski (Hg.): Repräsentation in Politik, Medien und Gesellschaft, Würzburg: Königshausen & Neumann 2007, S. 185–201, hier. S. 195.

144 Verein Mansfelder Hundefreunde u. Jäger D.C. Eisleben an den Herrn Minister für Landwirtschaft, Domänen & Forsten, 04.06.1909 (GStA PK, I. HA Rep. 87 B, Nr. 22174). Viele Vereine förderten die Mitgliedschaft von Militärs in ihren Reihen auch aktiv. Im »Hector« z.B. war man stolz darauf, dass sich an den Verein bereits im zweiten Jahr seiner Existenz mehrere »Herren Offiziere der deutschen Armee« angeschlossen hatten. Um den Beitritt der »Offiziere des stehenden Heeres« zu erleichtern, wurde einstimmig beschlossen, dass diese, im Unterschied zu anderen Bewerbern, »einer Ballotage [= Abstimmung] behufs Aufnahme nicht unterworfen« würden; siehe: Erster Jahresbericht des »Hector«, Verein für Zucht und Schaustellung von Race-Hunden in Berlin, unter dem Protectorate Seiner Königlichen Hoheit des Prinzen Carl von Preussen, S. 7–8.

zeitgenössischen Beteiligten zu urteilen, gelangte die Zucht von sogenannten Diensthunden speziell für die Arbeit im Militärbetrieb schon während der Zeit des Kaiserreichs zu einer beträchtlichen Entfaltung. Von großer Bedeutung war dabei die Tatsache, dass auch die Zucht von Militärhunden gerade als *Rassezucht* konzipiert wurde und dass die Kriegshunde in erster Linie mit Blick auf die militärische Eignung ihrer Rasse ausgewählt bzw. gezüchtet wurden. So begann charakteristischerweise ein 1894 erschienenes Anleitungsbuch über den »Kriegshund« mit einem Kapitel über die »Wahl der Rasse«.[145] Nicht so sehr die Leistungen des Individuums und dessen Abrichtung als vielmehr die Zugehörigkeit zu einer spezifischen Rasse und die aus dieser Zugehörigkeit abgeleiteten Fertigkeiten galten hier als ausschlaggebend.[146] »Der schöne anerzogene Appel [sic] [...] nützt nichts«, war demgemäß in der *Zeitung des Vereins für deutsche Schäferhunde* 1904 zu lesen, »wo die im Blut liegende Pflichttreue und die Begabung für den bestimmten Beruf fehlt«.[147] Wie in der Gesamtkynologie so auch in der Militärhundezucht gab es für »rasselose« »Fixköter« von Anfang an keinen Platz bzw. keinen Gebrauch. Ein Militärhund musste zwangsläufig ein Rassehund sein.

Diese Zucht von Diensthunden für die Armee, die auf rassistischen Fundamenten ruhte, sorgte naturgemäß dafür, dass die Brauchbarkeit für den Krieg das Ansehen einer Rasse sehr zu steigern vermochte.[148] So erschien es z.B. einem Züchter von deutschen Schäferhunden als eine zwingende Notwendigkeit, anlässlich einer Prüfung von Hunden für die »preussischen Jägerbataillone« seiner Leserschaft zu versichern, dass die Rasse entgegen der gängigen Meinung[149] und ihrer ursprünglichen Berufung ausgezeichnet gerade zur Militärarbeit tauge: »Der Sieger [einer Patrouillenprüfung] ›Blitz‹, der in jeder Hinsicht tadellos arbeitete, ist ein deutscher Schäferhund, derselbe hat trotz gegentheiliger Behauptung [...] bewiesen, dass diese Rasse auch andere Aufgaben lösen kann als nur ›Lämmlein zu hüten‹ «.[150] Angesichts der gesellschaftlichen Zusammensetzung der kynologischen Bewegung im Kaiserreich war es nur folgerichtig, dass militärische Kompetenzen zwangsläufig als höchster Vorzug einer Hunderasse galten. Wie es Ste-

145 Ernst von Otto-Kreckwitz: Der Kriegshund, dessen Dressur und Verwendung, München: J. Schön 1894, S. 1–10.

146 Zur gleichen Auffassung über den Zusammenhang zwischen Rassereinheit, Rassezugehörigkeit und Brauchbarkeit, die im gleichen Zeitraum französische Züchter von Polizeihunden hegten, siehe: Chris Pearson: Between Instinct and Intelligence. Harnessing Police Dog Agency in Early Twentieth-Century Paris, in: Comparative Studies in Society and History 58/2 (2016), S. 463–490, hier S. 474–475.

147 Zur Kriegs- und Polizeihund-Bewegung, in: Zeitung des Vereins für deutsche Schäferhunde 3/7 (1904), S. 278–279.

148 Siehe z.B. bezüglich des Airedale-Terriers: Kriegshunde, in: Die Gartenlaube 10 (1902), S. 288.

149 Siehe: Otto-Kreckwitz, S. 2.

150 Bericht über die Prüfung der preussischen Jägerbataillone in Oels i. Schl. veranstaltet vom »Nimrod-Schlesien«, in: Zwinger und Feld 7/27 (1898), S. 524–526, hier S. 526. Vgl.: Jean Bungartz: Kriegshunde in alter und neuer Zeit, in: Die Gartenlaube 51 (1897), S. 849–850, hier S. 850.

phanitz 1912 auch in diesem Fall am trefflichsten auf den Punkt zu bringen wusste: Seine Superiorität, seine »führende Rolle« gewann der Schäferhund in erster Linie durch seinen potentiellen, aber auch mehr als wahrscheinlichen Kriegsdienst:

»Die Zeiten sind ernst; wer weiss, ob wir Deutsche nicht noch ernsteren entgegengehen. Wir Schäferhundfreunde haben aber die freudige Genugtuung, dass wir auch in unserer Liebhabereibetätigung unserem Vaterlande nützlich sein können. Arbeiten wir alle auch in diesem Sinne! Züchten wir harte kraftvolle Arbeitshunde, seien wir unermüdlich im Abrichten dieser Hunde, damit wir, wenn die Stunde gekommen, wenn das Vaterland ruft, das anbieten können, was unserem Heere von Nutzen sein kann«.[151]

Der militärisch-militante Hintergrund der führenden Schicht der Rassehundezuchtbewegung fällt in gesellschaftsgeschichtlicher Hinsicht deswegen ins Gewicht, weil der obere Offiziersstab vorwiegend im preußischen Heer eine weitgehend exklusive Domäne des Adels war.[152] Diese adlige Exklusivität beschränkte sich dabei nicht auf einen überhohen prozentualen Anteil von Adligen in den Offizierskorps. Sie schlug sich darüber hinaus in

151 Stephanitz: Schäferhund (1912), S. 23, 25. Vgl.: ders.: Nachrichten der Vorstandschaft, in: Zeitung des Vereins für deutsche Schäferhunde 3/7 (1904), S. 253; ders.: Der deutsche Schäferhund als Diensthund, München: Selbstverlag des »Vereins für deutsche Schäferhunde« 1910. In einer schon 1908 in Saarbrücken getagten Versammlung des Vereins wurde gleichermaßen (wahrscheinlich ebenfalls von Stephanitz) erklärt: »So ist [...] Vorsorge zu treffen, um bereit zu sein, wenn in ernster Stunde das Vaterland ruft. [...] Der Ort, an dem die heutige Versammlung tagt, die Rückerinnerung an die glorreichen Ereignisse vor 38 Jahren fordert auf, diesen Fragen näher zu treten« (Sitzungsbericht der XXI. ordentlichen Mitglieder-Versammlung des »Vereins für deutsche Schäferhunde (SV.) Sitz München«, abgehalten am 29. August zu Saarbrücken im »Deutschen Hof«). Zur tatsächlichen Verwendung des Schäferhunds im Erster Weltkrieg siehe: Skabelund: Rassismus, S. 58, 60–61, 68, 71–73, 77. Ein weiteres Gebiet, auf dem die nur scheinbar zivilgesellschaftlich agierende kynologische Bewegung eine enge Zusammenarbeit mit Organen der Staatsgewalt pflegte, war die Zucht von Polizeihunden. Auch auf diesem Feld war man bereits im Kaiserreich weit vorangeschritten. Zu Hauptpublikationen siehe: Robert Gersbach (Hg.): Dressur und Führung des Polizeihundes, Berlin: Kameradschaft 1909; Silvester Frey: Der Polizeihund. Seine Geschichte, Zucht und Abrichtung, Berlin: Neufeld & Henius 1911; Friedo Schmidt-Stralsund: Polizeihund-Erfolge deutscher Schäferhunde und neue Winke für Polizeihund-Führer, -Liebhaber und Behörden, Augsburg: Pfeiffer 1911; Arthur von Creytz: Der Hund im Dienste des Farmers, der Schutz- und Polizeitruppe in Deutsch Süd-West-Afrika, Berlin: Schoetz 1913. Die Geschichte des Polizeihundeeinsatzes im Kaiserreich wurde bereits von Jutta Buchner-Fuhs ausführlich skizziert; siehe: Jutta Buchner: Kultur mit Tieren. Zur Formierung des bürgerlichen Tierverständnisses im 19. Jahrhundert, Münster u.a.: Waxmann 1996, S. 58–73.

152 Wienfort: Adel, S. 14, 90; Wehler: Gesellschaftsgeschichte, Bd. 3, S. 819–821; Alexandra Gerstner: Neuer Adel. Aristokratische Elitekonzeptionen zwischen Jahrhundertwende und Nationalsozialismus, Darmstadt: WBG 2008, S. 228–230; Heinz Reif: Adel im 19. und 20. Jahrhundert, München: Oldenbourg 2012, S. 18–19, 78–82.

einem adlig-militärischen Habitus der Offiziere nieder, der auf einem Selbstbild der sozialen Führerschaft begründet war[153] und einen »Extrakt des alten Geistes der Exklusivität des ostelbischen Adelsstandes« darstellte.[154] Wenn z.B. der berühmt-berüchtigte ultrakonservative Rittergutsbesitzer und Reichstagsabgeordnete Elard von Oldenburg-Jaunschau selbstbezogen erklärte: »Mit dem Tage, mit dem ich Soldat geworden war, hatte mein Leben einen eigenen Sinn bekommen, der mein Dasein voll ausfüllte«,[155] dann hing diese soldatische Daseinsausfüllung nicht zuletzt damit zusammen, dass gerade in ihrer Identität als die Führer der Armee die ostelbischen Hochadligen ihr antidemokratisch gefärbtes Ethos auszuleben vermochten. Aus dieser Perspektive betrachtet hatte das militärische Element eine geradezu konstitutive Bedeutung im sozialen Mosaik des adligen Hunderassismus. Denn wilhelminische »Tugenden«, die in der Armee, in der »Schule der Nation«, erlernt und gepflegt wurden, wie allen voran das herrische Befehlen und Führen,[156] trugen zur autoritären Strukturierung der Hundezuchtvereine bei – die wiederum unabdingbar für die Durchsetzung einer vereinheitlichten Rassekennzeichenbestimmung und für den Erfolg des ganzen rassehundezüchterischen Projekts war. Der Siegeszug des Hunderassismus im Deutschen Kaiserreich war nicht zuletzt ein Ergebnis des tiefen Eingreifens »militärische[n] Denken[s] [...] in das zivile Leben«[157] jener Epoche.

## ABSTAMMUNG VOR KÖRPER. HUNDEZUCHT ALS PRAKTISCHE GENEALOGIE

Wie jeder Rassenwissenschaftler, auch noch zur Zeit des Nationalsozialismus und der Nürnberger Gesetze, nur allzu gut wusste, stehen Rassekennzeichen als Maßstäbe zur Bestimmung von Rassezugehörigkeiten auf tönernen Füßen. Wie wir gesehen haben, hängt die Frage, welche genauen Eigenschaften eine beliebige Hunderasse kennzeichnen, von weitgehend willkürlichen Entscheidungen ab, die mit den subjektiven Anschauungen des jeweiligen Rasseexperten zusammenhängen. Noch tückischer als die Bestimmung der Rassekennzeichen war die Aufgabe der Beurteilung, ob ein bestimmtes Hundeexemplar die Eigenschaften der Rasse wirklich aufweise und derselben zugerechnet werden dürfe. Die Fähigkeit der Preisrichter, auf den Hundeausstellungen feststellen zu können, ob z.B. der weiße Fleck an der Brust eines vermeintlichen Weimaraners klein genug sei, um ihn noch als reinrassig einstufen zu können, stieß auf eindeutige Grenzen. Der Hunderassismus im Kaiserreich arbeitete nicht mit klaren mathematischen Messwerten. Den Preisrichtern wurde auf den Ausstellungen deswegen unbegrenzte Entscheidungsmacht eingeräumt, weil es an objektiven Richtlinien für die Beurteilung der Hochwertigkeit eines Hundes fehlte. Schon die Hierarchisierung auf den Ausstellungen

153 Wienfort: Adel, S. 91. Vgl.: Wehler: Gesellschaftsgeschichte, Bd. 3, S. 806.

154 Christopher Clark: Preußen. Aufstieg und Niedergang 1600–1947, München: Deutsche Verlags-Anstalt 2007, S. 686.

155 Elard von Oldenburg-Jaunschau: Erinnerungen, Leipzig: Koehler & Amelang 1936, S. 19.

156 Siehe: Gerstner: Adel, S. 226, 232. Vgl.: Buchner: Kultur, S. 73–75.

157 Siehe: Marcus Funck: Militär, in: Conze (Hg.): Lexikon, S. 165–169, hier S. 167.

zwischen besseren und schlechteren Rasseexemplaren war eine Manifestation der Unbestimmtheit, die der Fokussierung auf die Rassekennzeichen anhing.

Wie im Fall des Menschenrassismus suchten daher auch die Hunderassisten nach alternativen Methoden zur Determinierung von Rasseaffiliationen, die angeblich ein größeres Maß an Objektivität hätten vorweisen können. Die Hauptmethode, die sie dabei wählten, plagiierten sie direkt aus dem zeitgenössischen Menschenrassismus – und dem adligen Ethos der sozialen Distinktionen: der Genealogie. Mehr oder weniger gleichzeitig mit der Etablierung der menschenbezogenen Genealogie als einer höchst populären Leitdisziplin der Familienforschung und allmählich auch der Rassenhygiene[158] entwickelten sich genealogische Verfahren zur zentralen Herangehensweise in der Rassehundezucht. Dies hing in erster Linie mit dem adligen Fundament sowohl der Rassehundezucht als auch der Genealogie zusammen. Die Genealogie und besonders die Gestalt, die sie seit ihrer (Natur-)Verwissenschaftlichung um 1900 annahm, war in dem von uns besprochenen Zeitraum zwar kein spezifisches adliges Phänomen mehr. Doch die Fähigkeit, sehr weit zurück in die Vergangenheit der eigenen Familie zu blicken und jahrhundertealte Stammväter heraufzubeschwören, galt als ein weitgehend exklusives Privileg von Adligen. Sie wurde von ihnen dementsprechend als ein Hauptdistinktionsmerkmal utilisiert. Die Dimension der tiefen Zeitlichkeit, auf der die Genealogie beruhte, war ein Spezialattribut des adligen Familienverständnisses. Wenn sie irgendwann in der näheren Zukunft auf sämtliche Mitglieder der »arischen Rasse« ausgeweitet werden sollte, dann war das weniger ein Zeichen des Niedergangs von adligen Familienidealen als vielmehr ihrer Geltendmachung für das gesamte Volk.[159]

---

158 Daniel Menning: Standesgemäße Ordnung in der Moderne. Adlige Familienstrategien und Gesellschaftsentwürfe in Deutschland 1840–1945, München: Oldenbourg 2014, S. 113–114; Eric Ehrenreich: The Nazi Ancestral Proof. Genealogy, Racial Science, and the Final Solution, Bloomington/Indianapolis: Indiana University Press 2007, S. 2–5, 14–32; Bernd Gausemeier: From Pedigree to Database. Genealogy and Human Heredity in Germany, 1890–1914, in: Conference: A Cultural History of Heredity III. 19th and 20th Centuries, Max-Planck-Institut für Wissenschaftsgeschichte, Preprint No. 294, 2005, S. 179–192; ders.: Auf der »Brücke zwischen Natur- und Geschichtswissenschaft«. Ottokar Lorenz und die Neuerfindung der Genealogie um 1900, in: Florence Vienne/Christina Brandt (Hg.): Wissensobjekt Mensch. Humanwissenschaftliche Praktiken im 20. Jahrhundert, Berlin: Kulturverlag Kadmos 2008, S. 137–164; David Warren Sabean/Simon Teuscher: Kinship in Europe. A New Approach to Long-Term Development, in: dies./Jon Mathieu (Hg.): Kinship in Europe. Approaches to Long-Term Development (1300–1900), New York/Oxford: Berghahn Books 2007, S. 1–32, hier S. 16; Hans-Walter Schmuhl: Familiengeheimnisse. Genealogie, Rassenforschung und Politik in Deutschland 1890–1939, in: Olaf Hartung/Katja Köhr (Hg.): Geschichte und Geschichtsvermittlung. Festschrift für Karl Heinrich Pohl, Bielefeld: Verlag für Regionalgeschichte 2008, S. 71–84; Amir Teicher: »Ahnenforschung macht frei«. On the Correlation between Research Strategies and Socio-Political Bias in German Genealogy, 1898–1935, in: Historische Anthropologie 22/1 (2014), S. 67–90.

159 Malinowski: König, S. 49–51; Wienfort: Adel, S. 11, 111; Ehrenreich: Nazi, S. 17, 19, 23; Menning: Ordnung, S. 121; ders.: Adel und Familie – Konzepte um 1900, in: Eckart Con-

Die adlig-genealogischen Familienideale wurden auch in Bezug auf die Hundefamilien geltend gemacht. Im Zuge dieses Prozesses wurden jene Hundefamilien an hegemoniale menschliche Verwandtschaftsmuster angenähert. Die Ausrichtung des Blicks zurück auf die ruhmreichen Vorfahren und die Anerkennung ihres (zunehmend als biologisch betrachteten) Erbes an die jetzigen und kommenden Generationen als der Hauptfaktor in der Begründung des gehobenen Status des Adelsstands[160] übertrugen die Hunderassisten nahtlos auf die Hundezucht. Nirgendwo kam die adlige Rückwärtsgewandtheit des Hunderassismus stärker zur Geltung als in dem Bereich der Genealogie. Die Kynologen betrachteten die von ihnen gezüchteten Hunde in Analogie zu den Mitgliedern einer menschlichen Adelsfamilie – als Glieder in einer langen Kette, als die Fortsetzung einer hochrespektablen Stammlinie.[161] Wie die adlige Menschenfamilie wurde die edle Hundefamilie als eine »Gemeinschaft der vergangenen, lebenden und kommenden Generationen verstanden«.[162]

Schlägt man einen beliebigen Hundeausstellungskatalog oder ein Heft einer kynologischen Fachzeitschrift aus der Zeit des Kaiserreichs auf, stößt man dort auf jede Menge Hunde*individuen*, denen genaue Beschreibungen ihrer einzigartigen vorzüglichen Eigenschaften als ausgezeichnete Vertreter ihrer Rasse gewidmet sind. Die eigentlichen Körpermerkmale des Individuums, die man mit eigenen Augen sehen und evaluieren konnte, waren stets ein bedeutungsvoller Bezugspunkt bei der rassichen Einschätzung der einzelnen Hunde. Aber diese Vorzüglichkeit des jeweiligen Individuums und dessen Körpers erwuchsen ihm zuallererst aus seinem Status als der Nachkomme seines ebenso ausgezeichneten Vaters bzw. seiner ebenso ausgezeichneten Mutter sowie von deren Vorfahren. »Die I. und Ehrenpreisgewinnerin [...] ›Highland Countess‹«, war im *Zwinger und Feld* 1898 über eine in Wien gehaltene Deerhound-Hündin zu lesen, »war am 18. März d.J. von ›Lord‹, einem 80 cm hohen Calicotsohne, Bes. Herr Hauptmann Bock – Rackwitz, gedeckt und soll am 21. Mai wölfen. ›Countess‹ ist ideal schön und jagdlich grossartig geführt«.[163] Freilich kommen in dieser Meldung die spezifischen körperlichen Eigenschaften der einzelnen Hunde ausdrücklich zur Sprache; der konkrete Körper ist der Beweis für die hohe Qualität der besprochenen Tiere. Aber auf den Körper wird allein deswegen hingewiesen, weil man jene Tiere als die erstklassigen Eltern der bald zu erwartenden Nachfahren darstellen will. Der Fokus auf die hervorragenden Individuen resultiert aus ihrer Rolle als Vorfahren und Zwischenglieder in einer stets fortzusetzenden Stammlinie. Daher reichte es nicht aus zu erwähnen, dass der deckende Rüde

---

ze/Wencke Meteling/Jörg Schuster/Jochen Strobel (Hg.): Aristokratismus und Moderne. Adel als politisches und kulturelles Konzept 1890–1945, Köln/Weimar/Wien: Böhlau 2013, S. 171–194, hier S. 174, 181–182.

160 Vgl.: Reif: Adel (1998), S. 221–222; Andreas Gestrich: Neuzeit, in: ders./Jens-Uwe Krause/Michael Mitterauer: Geschichte der Familie, Stuttgart: Kröner 2003, S. 364–652, hier S. 456.

161 Vgl.: Menning: Ordnung, S. 116.

162 Malinowski: König, S. 49. Vgl.: Sax: Animals, S. 83.

163 Deerhound Jagdzwinger Highland, in: Zwinger und Feld 7/14 (1898), S. 272. Vgl.: Pointerhündin »Waldmärchen«, in: Zwinger und Feld 7/48 (1898), S. 991.

80 Zentimeter hoch sei. Um seine wahre Vortrefflichkeit vermitteln zu können, musste noch zugefügt werden, dass er »Calicotsohn[]« sei, dass die Neugeborenen also väterlicherseits auch einen exzellenten Großvater haben würden, dass bei ihnen »Calicots-Blut« fließen würde. Selbst dann bzw. erst recht dann, wenn sie sich die Zukunft ausmalten, schauten die Hundezüchter in die Vergangenheit zurück. In der biologisch perspektivierten Vergangenheit bzw. Abstammung lag der züchterische Schlüssel zur rassistischen Verbesserung der deutschen Hundebevölkerung.[164]

Selbst wenn sie einzelne Rassehunde als ausgezeichnete Individuen zelebrierten, stellten die Kynologen diese Tiere primär als Söhne, Töchter, Enkel/innen etc. ihrer Väter, Mütter, Großväter, Großmütter etc. dar.[165] Die besten Individuen waren Partikel in großen Rassekollektiven. »Tellus II von Freudenthal's Vater«, eröffnete Karl Brandt eine Darstellung eines deutschen Kurzhaars charakteristischerweise mit Bezeichnung dessen Vaters,

> »ist der bekannte von Wodan-Hector II von Lemgo und Juno II von Detmold gefallene [= stammende] Ausstellungs- und Gebrauchssuchensieger Tellus von Freudenthal. [...] Mütterlicherseits stammt Tellus II von Leda Freudenthal [...], einer Tochter vom Grafen Hoyer aus Flora von Mansfeld«.

Wenn die hier artikulierte kynologische Fachsprache für Uneingeweihte schwer zu verfolgen ist, dann liegt das daran, dass sobald informierte Kenner der Szene wie Brandt über einen einzelnen Hund zu reden begannen, sie zwangsläufig eine ganze Sippenbüchse öffneten, die neben dem im Fokus stehenden Junghund noch zahlreiche andere Hundeprotagonisten – seine Vorfahren – beinhaltete. In diesem spezifischen Fall bedeutet der Text, dass Tellus II von Freudenthals Vater Tellus von Freudenthal ist, dass seine Großeltern väterlicherseits Wodan-Hector II von Lemgo und Juno II von Detmold sind und dass seine Mutter, Leda von Freudenthal, aus der Paarung zwischen dem Grafen Hoyer und Flora von Mansfeld hervorgegangen ist. Brandt beließ es zwar in seinem Loblied auf Tellus II nicht bei der Nennung seiner Vorfahren. Er erwähnte weiter, dass der Kopf des

---

164 In den Richterprotokollen der Ausstellungen beginnen die Beschreibungen der Preisträger immer mit einer Aufzählung ihrer Eltern und oftmals auch ihrer Großeltern, um erst dann die körperlichen Qualitäten des zur Rede stehenden Tiers zu diskutieren; so beispielsweise in einem Bericht über Foxterrier: »I. [unter den Rüden] wurde Oelper Vavorite [...] v. Acton Graudee aus Pretti-Girl [= die Eltern], geb. 6 Juli 1896. Vavorite ist ein allraund Terrier mit kräftigem Fang, ohne dicke Backen, steht auf starken, durchaus gerade Läufen, das Haar ist sehr hart und die Pfoten vorschriftsmässig geschlossen. [...] III. Preis gab ich Sigurd des Herrn Matthias Weferlingen, v. Acton Graudee a. Nissy, geb. 29. Januar 97. [...] Kräftige runde Beinknochen, ein hartes Haar, das an seinen Grossvater Vice Regal erinnert. [...] I. Preis [für Hündinnen] erhielt Mamsel [...] v. Assayer v. Malepartus a. Ruth, deren Mutter eine Wandatochter Quick ist, also von beiderseitigen Eltern Vernio Blut in den Adern hat. [...] [D]ie Front ist tadellos, die Läufe wie Ladestöcke gerade, die Jacke von härtester Textur« (Adolf Fehr: Die Foxterrier, in: Zwinger und Feld 7/24 (1898), S. 479–481).

165 Vgl.: Teicher: Ahnenforschung, S. 77–78.

Rüden »typisch deutsch, die Hinterhand mustergültig, der Rücken kurz, stramm in den Nieren und elegant gewölbt« sei, allesamt Eigenschaften, die garantierten, dass Tellus II dem »Idealtypus« des deutschen Kurzhaars entspreche und dass er »in seiner typisch edlen Erscheinung auch den höchsten Ansprüchen gerecht wurde«. Aber diese sichtbaren, rassekonformen Eigenschaften hatten eben auch »seine berühmten Vorfahren ausgezeichnet«, die sie dann an ihren Nachfahren vererbt und ihn dadurch zu dem exzellenten Tier gemacht hatten, der er augenscheinlich sei.[166] Ohne Bindung an der Herkunft bedeutete selbst der stattlichste Körper nur wenig. Wie z.B. Vertreter des »Vereins für Prüfung von Gebrauchshunden zur Jagd« 1909 dem Preußischen Landwirtschaftsminister versicherten, um ihn davon zu überzeugen, dass sie wirklich nur »erstklassiges Material« in ihren Veranstaltungen prämierten: »[E]inen sonst hervorragenden Drahthaar schlossen wir wegen nicht voll genügender Abstammung von der Konkurrenz der [...] Staatsmedaillen aus«.[167] In der Gedankenlinie der Kynologen ging die Abstammung als Exzellenz- und Rassezugehörigkeitsnachweis dem tatsächlichen Tierkörper immer voraus.

Die Bezeichnung der größeren Verwandtschaft hatte zur Folge, dass die kynologischen Texte oft jenen menschenbezogenen genealogischen Schriften nahekamen, in denen eugenisch gesinnte Autoren wie schon Francis Galton einzelne Sippen, aus deren Reihen generationsübergreifend vermeintlich immer wieder »große Männer« hervorgegangen waren, glorifizierten.[168] In dem Artikel über Tellus II erwähnte Brandt auch entferntere Verwandte des besprochenen Hundes – ebenfalls Träger des unübertrefflichen »Mansfelder und Lemgoer Blut[s]«, allesamt Gewinner von namhaften Ausstellungspreisen wie er, seine Eltern und Großeltern:

»[I]ch will nur an den famosen Wurf des Herrn B. Köppen-Stendal erinnern, den der bekannte Züchter am 4. Jan. 95 von Greif-Nidung aus Holda von Mansfeld gezüchtet hat und aus dem Gudrun den I. u. E[hren]. P[reis]. im Derby Kurzhaar bei Ascherleben und Vendetta von Mansfeld den I. Preis im deutschen Derby bei Bernburg gewann, beide Hündinnen, die sich auch durch

166 Karl Brandt: »Tellus II von Freudenthal«, in: Zwinger und Feld 7/14 (1898), S. 272–273.

167 Verein für Prüfung von Gebrauchshunden zur Jagd an den Herrn Minister für Landwirtschaft, Domänen und Forsten, von Arnim-Criewen, 30.08.1909 (GStA PK, I. HA Rep. 87 B, Nr. 22174). »Ist dem Richter oder den Richtern bekannt«, schrieb der Verein »Hector« im Programm einer von ihm organisierten Ausstellung 1888 vor, »dass ein Hund zweifelhafter Abstammung ist, so kann derselbe, selbst wenn er seinem Aeusseren nach eines Preises würdig wäre, niemals prämiirt werden« (»Hector« Verein für Zucht und Schaustellung von Racehunden zu Berlin: Programm der 5ten internationalen Ausstellung von Hunden aller Racen in Berlin verbunden mit Ausstellung aller auf Hunde und Jagd bezüglichen Gegenstände in den Tagen vom 18. bis 22. Mai 1888 in den zum Etablissement »Tivoli« gehörigen Räumen zu Berlin, S. 29). Vgl. auch: Preisgewinner aus dem Jahre 1891 (Fortsetzung), in: Zwinger und Feld 1/2 (1892), S. 18–21, hier S. 20.

168 Zu dem wohl prominentesten zeitgenössischen Text dieser Gattung siehe: Karl Pearson: Nature and Nurture. The Problem of the Future, London: Dulau 1910, S. 19–20, Plate II.

Schönheit auszeichneten – wie ihre mit vielen I. und E.-P. auf Ausstellungen prämiirte Wurfschwester Hold-Stendal«.[169]

Diese Rede von einem »famosen Wurf« und die Vergöttlichung von einzelnen Verwandtschaftsgruppen mit zahlreichen erstklassigen Familienmitgliedern[170] klingen vielleicht etwas amüsant, aber sie offenbaren letztlich gerade das, was die genealogisch orientierte Rassehundezucht für ihre Betreiber so reizvoll machte. Stephan Malinowski hat darauf hingewiesen, dass ein Grundzug der adligen Familienpraxis die »selektive Erinnerung« sei. Die von den adligen Familienverbänden verfassten Familienchroniken und erstellten Stammbäume und Ahnentafel waren das Produkt einer akribischen Selektionsarbeit, in deren Rahmen viele »schwarze Schafe« vergessen und wenige vornehme Exponenten herausgestellt wurden. Wenn auch diese »Flexibilität« des adligen Familienerinnerns dem Bedürfnis nach der Konstruktion einer überragenden Familienvergangenheit zugutekam und von den adligen Erinnerungsagenten zu diesem Zweck virtuos gemeistert wurde, bürdete sie doch den scheinbar prächtigen Familiengeschichten eine gewisse Wahrheitsrelativität auf, die sich z.B. dann als ein gefährliches zweischneidiges Schwert entpuppte, wenn sich Mitglieder aristokratischer Familien in der Weimarer und der nationalsozialistischen Zeit mit der Beschuldigung konfrontiert sahen, eigentlich nicht »rein arischer Abstammung« zu sein.[171]

Die Rassehundezucht war eine ähnliche Arbeit der flexiblen »selektiven Erinnerung«, die sich aber insofern weniger problematisch als die menschlichen Familiengeschichten darstellte, als sie konkretisiert und materialisiert wurde. Die vielfachen Selektions- und Ausgrenzungstechniken, die im Fall der menschlichen Genealogie mental, rein im Gedächtnis betätigt wurden, praktizierten die Rassehundezüchter sozusagen im realen Leben, in den kontrollierten Paarungen. Hier wurden wirklich, den Prinzipien des zeitgenössischen Rassismus entsprechend, herausragende edle Protagonisten und hochwertige Vorfahren produziert. Man kann das natürlich unter Umständen auch für die eugenisch konzipierten Eheschließungen[172] sagen. Aber deren Kontrolle stieß naturgemäß

169 Brandt: Tellus II, S. 272.

170 Vgl. auch folgenden Richterbericht: »Den II. Preis erhielten die beiden Tellus-Freudenthal-Söhne, die Brüder Roll […] und Rocco-Schwarz-Bülan. […] Die Schwester genannter Hunde, die Brauntigerin Alanta […] eine sehr schöne, fast tadellose Hündin […] erhielt den I. Preis […] und den II. Preis ebenfalls deren Schwester Juno […] und endlich die fünfte von den Geschwistern, Juno-Schwarz, […] erhielt den III. Pr.« (A.: Internationale Jagdhund-Schau in Voksic bei Jicin, in: Zwinger und Feld 7/39 (1898), S. 794–795, hier S. 794). Vgl. zu einem weiteren außerordentlichen »Ergebnis ausgesprochener Familienzucht«: Max von Stephanitz: Die Haupt-Sonderausstellung zu Berlin am 18. und 19. November angegliedert an die Ausstellung des »Vereins Hektor, Gesellschaft der Hundefreunde«, in: Zeitschrift des Vereins für Deutsche Schäferhunde 12/24 (1913), S. 1555–1565, hier S. 1556. Siehe auch: Verein für deutsche Schäferhunde (SV.) der I. Vorsitzende an das Königliche Ministerium für Landwirtschaft, Domänen und Forsten, 05.08.1913 (GStA PK, I. HA Rep. 87 B, Nr. 22177).

171 Malinowski: König, S. 56–57; ders.: Blut.

172 Siehe: Weiss: Race, S. 56; Ehrenreich: Nazi, S. 27.

auf klar rigidere Grenzen als diejenige der Hundepaarungen. Im Unterschied zu den menschlichen Verkupplungen, die im 19. Jahrhundert bei aller Straffheit des Heiratsverhaltens auch von den Wahlmöglichkeiten der betroffenen Individuen abhängig waren und besonders im Fall des Adels entgegen dem ursprünglichen Ethos[173] und aufgrund finanzieller Überlegungen oft auch auf Eheschließungen außerhalb der Klasse/Kaste hinausliefen,[174] war es für die Kynologie deutlich leichter, wahre »Endogamie« zu betreiben – das heißt die Reproduktion der Hunde so zu regulieren, dass das Blut immer »rein« blieb. Oder mit anderen Worten: Die substanzielle »Verknüpfung von Rassismus und Sexualität«[175] fand beim Hunderassismus einen deutlich konkreteren Ausdruck als bei seinem Menschenäquivalent. In der Hundezucht konnte man grundsätzlich sicherstellen, dass die Ahnen, die aufgrund der Kürze von Hundegenerationen schnell zu solchen wurden, ausschließlich vorzügliche Exemplare sein würden. Hier konnten sowohl in vertikaler als auch in horizontaler Hinsicht sehr große Sippen mit ausschließlich ausgezeichneten Vor- und Nachfahren in kürzester Zeit hervorgebracht werden.[176] Die Kynologie ermöglichte es, praktische Genealogie zu betreiben[177] und eine wirklich lupenreine Vergangenheit zu entwerfen.

Durch keine andere Maßnahme wurde eine solche praktische und streng zentralistisch kontrollierte Genealogie handfester verwirklicht als durch die Anlage des allgemeinen *Deutschen Hunde-Stammbuchs* (D.H.St.B.), das die verschiedenen Stammbücher der Spezialvereine ergänzte und die gesamte Rassehundebevölkerung Deutschlands umfassen sollte. Bereits im April 1880 trafen sich die Führer des »Vereins zur Veredelung der Hunderacen« mit Vertretern anderer gleichgesinnter Organisationen, um den ersten Anstoß für die Realisierung des Vorhabens zu geben.[178] Nach den Erwartungen der Initiato-

---

173 Siehe: Menning: Adel, S. 172.

174 Siehe: Rüdiger von Treskow: Adel in Preußen. Anpassung und Kontinuität einer Familie 1800–1918, in: Geschichte und Gesellschaft 17/3 (1991), S. 344–369.

175 Mosse: Geschichte, S. 11.

176 Siehe beispielsweise die Worte eines Schäferhundezüchters über die in der Tat sehr zügige Herstellung von vorzüglichen Vorfahren und einer geschlossenen breiten Sippe, die sich idealerweise auf die Gesamtbevölkerung im »Schwobaland« ausweiten sollte: »[Mit] Horst von Boll [...] und Artur von Württemberg, [...] [haben wir] zwei vorzügliche Rüden, deren Benützung [sic] den württembergischen Züchtern leicht gemacht ist. Und sie werden beide tüchtig in Anspruch genommen. Auf diese Weise bildet sich in deren engerem Wirkungskreise bald [...] ein konstanter Schlag, der der heimischen Zucht das Gepräge verleiht«. (O. Friedrich: Die Führer-Sonderschau des Main-Taunusgau-Zweigvereins zu Frankfurt a. M. am 7. September, in: Zeitung des Vereins für deutsche Schäferhunde 12/24 (1913), S. 1569–1570, hier S. 1570).

177 Zur fehlenden Praxisbezogenheit der zeitgenössischen Humangenealogie siehe: Gausemeier: Brücke, S. 150.

178 Protocoll der Ersten Delegirten-Versammlung zu Hannover am 26. April 1880; Der Ober-Präsident der Provinz Hannover an den Königlichen Staats-Minister, Minister für Landwirthschaft, Domänen und Forsten, Herrn Dr. Lucius, 15.05.1880 (GStA PK, I. HA Rep. 87 B, Nr. 22164); Verein zur Veredelung der Hunderassen für Deutschland in Hannover an den

ren sollten in das Stammbuch sämtliche reinrassige Hunde deutscher Rassen im Reich, d.h. »alle Hunde in Deutschland, welche den Anforderungen genügen«,[179] eingetragen werden. Der Nachweis der Reinrassigkeit und der Eintragungsberechtigung, nämlich der Abstammung aus zwei ebenfalls reinrassigen Eltern, wurde dann selbst im Buch angegeben und sollte so die Basis für die zukünftigen Eintragungszulassungen bilden. Sobald das Stammbuchprojekt wirklich Fuß fasste und genug Zeit vergangen war, damit das jährlich erscheinende Werk wachsen und Individuen zahlreicher aufeinanderfolgender Generationen beinhalten konnte,[180] wurde das Buch selbst und nicht etwa eine professionelle Prüfung jedes einzelnen Hundes zu dem primären Mittel der Anerkennung und der Sicherung von Reinrassigkeit; oder wie es die von Waldersee geleitete »Kommission zur Führung des Stammbuches« 1880 formulierte: »Wie bei anderen Thiergattungen haben auch hier die Erfahrungen gelehrt, daß die Reinzüchtung der Race nur durch die strengste Führung eines Stammbuches zu ermöglichen ist«.[181]

Auch in dieser Beziehung waren es die Ausstellungen, auf denen die Wirkungsmächtigkeit des Stammbuches als ein autoritäres Instrument zur strikt genealogisch bedingten Hierarchisierung zwischen rassereinen und rasselosen Hunden am konkretesten zur Geltung kam. Zwar wurde Hunden, die in dem D.H.St.B. und den Spezialstammbüchern nicht registriert waren, die Teilnahme an einer Ausstellung in der Regel nicht grundsätzlich untersagt;[182] da gerade auf den Ausstellungen die Vereinsführer viele Besitzer von noch nicht eingetragenen Hunden aufspüren und diese vor Ort zu einer Eintragung auffordern konnten,[183] griff man nicht auf eine dermaßen harsche Maßnahme zurück. Aber gleichzeitig stellte man sicher, dass die im Stammbuch nicht eingetragenen Exemplare

---

Stadtmagistrat der Kgl. Haupt- & Residenzstadt Hannover, 01.02.1909 (GStA PK, I. HA Rep. 87 B, Nr. 22174).

179 Rückblicke im Verein »Hector« auf das verflossene Jahr 1878 (ohne Datum [1879]) (GStA PK, I. HA Rep. 87 B, Nr. 22164).

180 Vgl.: Das Stammbuch, S. 41; Vorsitzender des Teckel-Klubs Berlin an den Königlichen Polizeipräsidenten Stubenrauch, 09.02.1909 (GStA PK, I. HA Rep. 87 B Nr. 22174). Anfangs wurden in das Buch diejenigen Hunde aufgenommen, die bereits im 1874 erstmal veröffentlichten englischen Kennel-Club-Stud-Book eingetragen waren oder auf einer der ersten, 1878 und 1879 abgehaltenen Ausstellungen in Berlin, Frankfurt und Hannover einen Ersten oder Zweiten Preis gewonnen hatten; siehe: Protocoll der Ersten Delegirten-Versammlung zu Hannover am 26. April 1880 (GStA PK, I. HA Rep. 87 B, Nr. 22164). Zur Geschichte der Einführung des Kennel-Club-Stud-Book siehe: Ritvo: Estate, S. 96.

181 Verein zur Veredelung der Hunderacen für Deutschland an den königlichen Staatsminister und Minister für Landwirtschaft, Domänen und Forsten Herrn Dr. Lucius, 08.05.1880 (GStA PK, I. HA Rep. 87 B, Nr. 22164).

182 Dagegen siehe: Der Vorstand des Teckel-Klubs E.V.: Proposition für das Jugendzuchtschliefen/Derby/des Teckel-Klubs Berlin E.V. am 15. und 16. Mai 1909 zu Sadowa bei Berlin (GStA PK, I. HA Rep. 87 B, Nr. 22174).

183 Siehe beispielsweise: Dritte Internationale Ausstellung von Hunden aller Racen am 19., 20., 21 und 22. Mai 1887 auf dem Rennplatze (kleine Bult) zu Hannover veranstaltet von dem Verein zur Veredelung der Hunderacen für Deutschland (GStA PK, I. HA Rep. 87 B, Nr. 22165).

zumindest die lukrativsten Preise – die staatlichen Medaillen – nicht bekommen würden. Eine unklare Abstammung, eine fehlende Affiliation an einer bereits als reinrassig anerkannten Hundesippe bedeutete in der Kynologie automatisch einen Statusverlust, eine Verwehrung der Zugehörigkeit zu der Spitze der Rassehundebevölkerung.[184]

## POSITIVE »EUGENIK«. DIE ZUCHT EINER VEREDELTEN RASSEHUNDEBEVÖLKERUNG

Wenngleich die Genealogie ihrem Wesen nach eine rückwärtsgewandte Wissenschaft ist, wurde sie um 1900 stets mit Blick auf die Zukunft konzipiert. In der Rassehundezucht wollte man durch die schnelle Kreation von vorzüglichen Vorfahren und ausgezeichneten Sippen nicht nur eine »famose« Vergangenheit kreieren, sondern genauso »Genealogien für die Zukunft […] konstruieren« – davon träumten ja auch die Menschenrassisten.[185] Dass die Genealogie auch zukunftsorientiert war, lag an der Tatsache, dass sie eine gegenseitige Wahlverwandtschaft mit einer der bedeutendsten Bewegungen zur sozialen Verbesserung einging, die die Epoche um die Jahrhundertwende kannte: der Eugenik.[186] Als Francis Galton 1883 den Begriff *eugenics* prägte, definierte er sie als »the science of improving stock« und (später) als »the science which deals with all influences that improve the inborn qualities of a race; also with those that develope them to the utmost advantage«.[187] Insofern wurde die Eugenik, die schon bei Galton mit der Genealogie in Zusammenhang gebracht wurde[188] und in Deutschland spätestens mit der Veröffentlichung von Schallmayers Traktat *Über die drohende Entartung der Kulturmenschheit* (1891) Fuß fasste, von Anfang an als eine anwendbare Theorie der Verbesserung und Vervollkommnung von Populationsbeständen und Rassen entworfen. Dergestalt auf Kollektive ausgerichtet, war die Eugenik in ihrer ursprünglichen antiliberalen und antiindividualistischen Erscheinungsform nicht zuletzt eine Wissenschaft des Sozialen, die sich mit einer biologisch bedingten Korrektion und Verbesserung von gesellschaftlichen Zuständen befasste. Der Blick zurück auf die Erbsubstanzen sollte der Bildung einer zukünftigen besseren und sogar gerechteren Gesellschaftsordnung dienen. Die hochqualitativen Vorfahren und ihre Erbanlagen waren nur insoweit wichtig, als sie das Material bereitstellten, aus dem neue, bessere Menschen und höherentwickelte Gesellschaften geformt wer-

184 Siehe: Kynologischer Verein Braunschweig D. C. an den Herrn Minister für Landwirthschaft, Domänen und Forsten in Berlin, 22.08.1909 (GStA PK, I. HA Rep. 87 B, Nr. 22174).

185 Siehe: Gausemeier: Brücke, S. 155.

186 Siehe: Gerstner: Adel, S. 378–383; Gausemeier: Pedigree, S. 180, 189, 191; Peter Weingart/Jürgen Kroll/Kurt Bayertz: Rasse, Blut und Gene. Geschichte der Eugenik und Rassenhygiene in Deutschland, Frankfurt a.M.: Suhrkamp 1992, S. 181, 203–204.

187 Zitiert nach: Diane B. Paul: Controlling Human Heredity. 1865 to the Present, Atlantic Highlands, NJ: Humanities Press 1995, S. 3.

188 Philippa Levine Levine/Alison Bashford: Introduction. Eugenics and the Modern World, in: dies. (Hg.): The Oxford Handbook of the History of Eugenics, New York/Oxford: Oxford University Press 2010, S. 3–24, hier S. 10.

den konnten. Als eine Lehre, die sich in erster Linie auf die *Vererbung* positiver Eigenschaften fokussierte, war die Eugenik in ihrem Kern eine höchst optimistische, fortschritts- und lösungsorientierte Doktrin.[189]

Die Rassehundezüchter, die wie die Züchter anderer Tierarten das zeitgenössische eugenische Denken auf vielfache Weise beeinflussten[190] und, wie im Folgenden zu zeigen sein wird, von diesem auch beeinflusst wurden, entwarfen ähnliche Zukunftsvisionen von radikal verbesserten Populationen. Ihre Kritik der degenerativen Zustände der Gegenwart und die Evozierung von glorreichen Vergangenheiten verknüpften sie stets mit einer zu verwirklichenden Zunkunft der verbesserten Rassehundeverhältnisse im Deutschen Reich. In dieser Beziehung verstanden sie ihre Zuchtbemühungen doch als die Erschaffung von etwas Neuem. Indem sie Hunde züchteten, wollten sie eine neue – perfekte – Rassehundeordnung hervorbringen.

»Erst seit der [1888 erfolgten] Gründung des Teckel-Klubs in Berlin ist man berechtigt«, so stellten z.B. die Initiatoren der Dackelzuchtbewegung ihre eigene präzedenzlose Errungenschaft heraus, »von einem eigentlichen Aufschwung der Dachshund-Rasse zu sprechen«.[191] Nach dieser Auffassung verhinderten die Kynologen nicht nur eine Degeneration bzw. eine Vermischung der Rassen, sondern verhalfen diesen auch zu einem »Aufschwung«. Die rationelle Zucht führe zu einer Evolution von besseren Rassen und besseren Rassehunden.[192] Die Tatsache, so Vertreter des 1893 in München gegründeten »Neufundländer Clubs für den Continent«, dass die »moderne Rassenzucht« mit viel strikteren Standards der Reinrassigkeit arbeite, als es bei der Zucht während vergangener Epochen der Fall gewesen sei, habe zur Folge, dass sie auch qualitativ exzellentere Rassetiere als diejenigen in der Vergangenheit hervorbringe.[193] Sogar der Schäferhund, der, wie oben erwähnt, jahrhundertelang »sein Dasein« »[e]insam [...] auf dem Lande, in treuem Dienst seinem Herrn ergeben« gefristet haben soll, wurde durch die moderne Zucht nicht einfach wiederentdeckt, sondern zu einem besseren Tier gemacht: »Aus dem gewöhnlichen Arbeitshund ist ein Rassehund edelster Art [geworden]«. Denn: »Blut ist der Saft, der Wunder schafft«.[194]

Aufgrund seiner Affinität mit der Eugenik und ihrer Visionen der besseren Zukunft wurde der Hunderassismus zu einer im wahrsten Sinne des Wortes lebensbejahenden Ideologie von sozialem Fortschritt. Wie wir aber sehen werden, beschränkte sich die Zukunftsvorstellung der Hunderassisten nicht auf einen Idealzustand der Hundebevölke-

---

189 Gausemeier: Brücke, S. 137–138, 142, 163 (Zitat); Schmuhl: Familiengeheimnisse, S. 78; Geulen: Geschichte, S. 69, 73–74, 93; Conze: Rasse, S. 166; Sieferle: Krise, S. 77; Weingart et. al: Rasse, S. 37–38, 89–91, 93, 104; Paul: Controlling, S. 4, 20; Jakob Tanner: Eugenics before 1945, in: Journal of Modern European History 10/4 (2012), S. 458–479, hier S. 460.

190 Siehe: Derry: Bred, S. 11. Die Relation zwischen der Eugenik und der Tierzucht wurde bereits von Galton hergestellt; siehe: ebd., S. 13; Skabelund: Rassismus, S. 59; Paul: Controlling, S. 5; Tanner: Eugenics, S. 462.

191 Ilgner: Dachshund, o.S.

192 Vgl.: Ritvo: Estate, S. 84.

193 Neufundländer-Klub für den Kontinent: Neufundländer-Stammbuch, S. 70.

194 Unsere Bilder, S. 45–46.

rung an sich. Sie barg in sich auch die Aussicht auf neue, verbesserte Beziehungen zwischen Menschen und Hunden. Diese verbesserten Beziehungen sollten wiederum von größerer Nähe und größerer Partnerschaftlichkeit gekennzeichnet sein. Der zukunftsorientierte Hunderassismus sollte Halter und Haustiere näher zusammenbringen. Die »verbesserten« Hunde der Zukunft wurden als ideale Haustiere imaginiert, die ihre Rolle als Begleiter der Menschen wirklich verdienten.[195]

Um diese rassistisch bedingte Annäherung zwischen Mensch und Hund erläutern zu können, muss zunächst die Frage geklärt werden, inwiefern und unter welchen genauen Gesichtspunkten wir die Rassehundezucht als ein quasieugenisches Projekt verstehen können. 1932 erklärte Stephanitz in der achten Auflage seines Werkes *Der deutsche Schäferhund in Wort und Bild*:

> »Wir können unsere Schäferhundzucht recht wohl mit der menschlichen Gesellschaft vergleichen. Unsere hochgezüchteten Stämme entsprechen etwa den ›oberen Zehntausend‹. [...] Sie sollen vorbildlich wirken, zur Nachahmung aneifern, zur Hebung des Durchschnittsstandes sorgen. Im Gegensatz dazu haben wir auch ein ›Schäferhund-Proletariat‹. [...] Dazu rechnet alles Krankhafte, Ungesunde, die, denen der Ansporn fehlt, aus eigener Kraft zu steigen; dann die durch Zucht, Aufzucht und Haltung körperlich und seelisch verkommenen, die ver- und überzüchteten. [...] Es ist Rassenabfall, selbst als Zuchtdünger nicht mehr verwertbar«.[196]

Um zu verdeutlichen, worum es ihm hier eigentlich ging, explizierte Stephanitz: »Wir müssen somit, entsprechend dem, was heute als Notwendigkeit für die gesunde Fortentwicklung des Menschengeschlechts gefordert wird, ebenfalls ›Eugenik‹, ›Gesundzucht‹, treiben. [...] Wir können durch Auslese die Zuchtgeeigneten auswählen und weiter durch Zwangsauslese alles Ungeeignete, Gefahrdrohende aus der Zucht ausschalten«.[197] Zwar kommt in der ersten, 1901 publizierten und 1127 Seiten kürzeren Auflage des Werkes das Wort »Eugenik« nicht vor; aber die Assoziation zwischen eugenischen und rassehundezüchterischen Praktiken, die von dem Gründer des »Vereins für deutsche Schäferhunde« ein Jahr vor Hitlers Machtübernahme als eine unübersehbare Tatsache dargestellt wurde, existierte bereits zur Zeit des Kaiserreichs ganz klar. Schon damals wollten die Hundezüchter »hochgezüchtete[] Stämme« produzieren, die dank einer sorgfältig gesteuerten Auslese und Kontrolle der sexuellen Reproduktion alles »Krankhafte«, »Ungesunde« und »Ungeeignete« verdrängen sollten. Schon damals, »vor 30 und einigen Jahren«, wie Stephanitz die Anfänge der Schäferhundezucht rückblickend skizzierte, seien

195 Zum Zusammenhang zwischen der Rassezucht von Hunden und ihrer Konstruktion als Partnertiere vgl.: Martin Wallen: Foxhounds, Curs, and the Dawn of Breeding. The Discourse of Modern Human-Canine Relations, in: Cultural Critique 79 (2011), S. 125–151.

196 Stephanitz: Schäferhund (1932), S. 581. Vgl. folgende Aussage aus dem Jahr 1904 in der Zeitung des Vereins für deutsche Schäferhunde (sie stammt wahrscheinlich von Stephanitz): »Hund ist eben nicht gleich Hund. Ein kurzer vergleichender Blick auf die verschiedenen Menschenrassen und Völkerstämme z. B. überzeugt schon von der Unhaltbarkeit solcher Gleichheitstheorie« (Zur Kriegs- und Polizeihund-Bewegung, S. 269).

197 Stephanitz: Schäferhund (1932), S. 599.

die Züchter an die Aufgabe der »Hochzüchtung« der »aus uralter Entwicklung hervorgegangene[n] Rasse« »planmäßig herangegangen [...], indem wir aus dem Landschlage die für unseren Zweck der Gebäudevervollkommnung geeignetsten Zuchttiere auswählten«.[198]

Tatsächlich kann man die in den 1870er Jahren aufgenommene Rassehundezucht als ein von den Zeitgenossen »eugenisch« verstandenes Projekt zur Zucht von vorzüglichen Rassehundebeständen interpretieren. Bereits im Kaiserreich setzte man sich zum Ziel, aus ausgewählten Zuchthunden »Nachkommen zu erzielen, die in körperlicher Schönheit und hoher Leistungsfähigkeit wie in guten geistigen und Charaktereigenschaften die Eltern nicht nur erreichen, sondern übertreffen«. Bereits zu dieser Zeit hatte man sich eine kompromisslose Haltung hinsichtlich der Schaffung der kommenden Generationen angeeignet: »[E]s dürfen [...] nur möglichst vollkommene Tiere hierzu [= zu der Zucht] herangezogen werden«.[199]

Solche Äußerungen bekräftigen die Prämisse, dass obwohl sich die Eugenik im gängigen Verständnis mit der Optimierung des Erbgutes ausschließlich von Menschen befasste,[200] ihre Grundprinzipien auch in Ideologien und Praktiken der modernen Tierzucht integriert werden konnten.[201] Wie z.B. Ritvo bezüglich der viktorianischen Hundezucht festgestellt hat, seien fundamentale Annahmen der menschlichen Eugenik, wie etwa, dass die »art should follow nature in preferring the strong and beautiful to the weak and grotesque«, von jedem »breeder with even a smattering of Darwin« geteilt worden.[202] Aber diese scheinbar selbstverständliche »eugenische« Überzeugung der Hunderassisten ist nicht allein auf die Tatsache zurückzuführen, dass die Eugenik, wie erwähnt, schon bei Galton nach dem Vorbild der seit Ewigkeiten auf Selektion ausgerichteten (Nutz-)Tierzucht modelliert wurde. Nicht nur beim Rassismus im Allgemeinen, sondern auch spezifisch bei der Eugenik gab es nicht nur einseitige, sondern reziproke Querverbindungen zur Hundezucht. In dem gleichen Maße, wie Ideale aus der Tierzucht die Eugenik infiltrierten, drangen auch menschenbezogene eugenische Ideen in die Rassehundezucht ein. Stephanitz' Rede vom »oberen Zehntausend« und vom »Schäferhund-Proletariat« spiegelt in dieser Beziehung ganz genau den Charakter dieser Infiltration des Tierischen durch das Menschliche wider, die in der Liaison zwischen der Eugenik und dem Hunderassismus zum Tragen kam: Der deutsche Schäferhundebestand wurde als eine regelrechte Gesellschaft dargestellt, die durch Aussonderung zwischen ihren »guten« und »schlechten« Gliedern perfektioniert werden sollte.

Die Darstellung der Hundebevölkerung als eine Gesellschaft hatte zur Folge, dass in

---

198 Ebd., S. 583.

199 Ders.: Schäferhund (1901), S. 17–18.

200 Siehe z.B.: Diane B. Paul: Eugenics, History of, in: Neil J. Smelser (Hg.): International Encyclopedia of the Social & Behavioral Sciences. Bd. 7, Amsterdam: Elsevier 2001, S. 4896–4901, hier S. 4896.

201 Es ist bezeichnend, dass selbst Galton von einer »animal eugenics« sprach; siehe: Diane B. Paul/James Moore: The Darwinian Context. Evolution and Inheritance, in: Bashford/Levine (Hg.): Handbook, S. 27–42, hier S. 36. Vgl.: Ritvo: Platypus, S. 121.

202 Ritvo: Estate, S. 83. Vgl.: Sax: Animals, S. 83; Skabelund: Empire, S. 104.

der Auffassung der Rassehundezüchter die Belange des individuellen Hundes und seines privaten Besitzers vollständig zugunsten derjenigen des rassischen Kollektivs bzw. des »Volkes« zurückgestellt werden sollten. Wie es Stephanitz schon 1901 formulierte, als er die übliche Praxis vieler Schäferhundezüchter denunzierte, frisch geworfene Hündinnen zu töten, weil sie sich vermeintlich viel schlechter als Rüden verkaufen ließen: »Aber wir züchten doch nicht des Verkaufes der Hunde halber, sondern um die Rasse durch schöne und kräftige Nachzucht zu verbessern«.[203] Wie bei der Mencheneugenik kam auch bei der Hunde-»Eugenik« die Gesamtbevölkerung immer an erster Stelle. Die Rassehundezucht, erklärte ein Münchener Gemeindebevollmächtigter 1911, führe dazu, dass die »Mischrassen mit ihren schlechten Eigenschaften [...] verschwinden, die guten Eigenschaften [...] fortgezüchtet und die Tiere selbst [...] [zu] Wertobjekte[n]« würden; das sei »im Interesse eines mit guten Eigenschaften ausgestatteten, überwachten Nachwuchses nur zu begrüßen« und dafür werde »uns die künftige Generation sicher danken«.[204]

Die Analyse der Rassehundezucht als eines »eugenischen« Projekts knüpft dabei an die Werke einer neuen Generation von Eugenikhistorikerinnen an, die die Eugenik als ein extrem facettenreiches Phänomen betrachten und sie nicht auf das reduzieren, was im Nürnberger Ärzteprozess ans Tageslicht befördert wurde. Die Einbeziehung der Rassehundezucht ist eine weitere Ausweitung des Feldes der Eugenikgeschichte. Sie schließt sich ferner der These an, dass der eugenische Diskurs in der Zeit vor 1933 von Myriaden von Akteuren geführt wurde, die unterschiedliche ideologische Perspektiven hatten und mit ihren eugenischen Visionen divergierende politische Ziele verfolgten. Das einzige Ideal, an das sämtliche Eugeniker glaubten, war die Verbesserung der Gesellschaft anhand einer Auslese zwischen den »besseren« und »schlechteren« Elementen der Bevölkerung.[205] Von diesem Ideal waren auch alle Hunde-»Eugeniker« überzeugt.

Die besondere »Eugenik« der wilhelminischen Rassehundezüchter zeichnete sich dabei durch drei miteinander zusammenhängende Hauptgesichtspunkte aus, die sowohl ihre enge Korrelation mit der Mencheneugenik reflektieren als auch ihre Andersartigkeit im Vergleich zu dieser zeigen. Erstens blieb die Hunde-»Eugenik« der optimistischen Einstellung, die die Eugenik in ihrer ursprünglichen, fortschrittsgesinnten Erscheinungsform hatte, bis zum Ende des Kaiserreichs treu. Die Überzeugung Galtons von der Möglichkeit einer Bildung einer übergreifend ausgezeichneten Gesellschaft mittels einer zentralistischen Regulierung der Eheschließungen und Ermunterung der höchs-

203 Stephanitz: Schäferhund (1901), S. 26.

204 44. Sitzung des Gemeindebevollmächtigtenkollegiums vom 19. Oktober 1911 nachm., in: Münchener Gemeinde-Zeitung 40 vom 26.10.1911, S. 1451–1455, hier S. 1454.

205 Siehe: Paul: Controlling, S. 3–4, 19; Tanner: Eugenics; Sheila Faith Weiss: The Race Hygiene Movement in Germany, 1904–1945, in: Mark B. Adams (Hg.): The Wellborn Science. Eugenics in Germany, France, Brazil, and Russia, New York/Oxford: Oxford University Press 1990, S. 8–68, hier S. 8–11; Frank Dikötter: Race Culture. Recent Perspectives on the History of Eugenics, in: American Historical Review 103/2 (1998), S, 467–478.

ten Klassen zur üppigsten Fortpflanzung[206] gaben die Hundezüchter selbst dann nicht auf, als sich viele pessimistische Humaneugeniker um die Jahrhundertwende neomalthusianische Anschauungen aneigneten und Zweifel bezüglich der Umsetzbarkeit eugenischer Prinzipien und der »gesunden« Entwicklung der Gesellschaft hegten.[207] Die Rede von den »famosen« Gesamtsippen, die binnen kürzester Zeit gezüchtet werden könnten, und der feste Glauben an die Realisierbarkeit der kontrollierten Hervorbringung eines Rassenbestandes, der ausschließlich aus exzellenten Hundeindividuen bestehe, ist vor diesem Hintergrund eine Manifestation der erfolgssicheren Haltung, die die Vertreter der Rassehundezucht immerwährend vertraten. Die selbstsicheren Kynologen wollten sich mit nichts weniger als einer kompletten »Veredelung« der ganzen Hundepopulation im Reich zufriedengeben. »Im Interesse der Zucht und Veredelung der Rasse liegt es«, wurde z.B. in der Einleitung eines Führers zu den »Rassekennzeichen der Hunde« gemahnt, »dass für die Hündinnen nicht die nächstbesten Zuchtrüden, sondern möglichst gute und höchstprämiirte Hunde, welche die Rassekennzeichen in hervorragender Weise zum Ausdruck bringen, gewählt werden«.[208] Eine solche Vervollkommnung der Rassen konnte aus Sicht der Hundezüchter auch durchaus eintreten, solange man einfach an den Geboten der Reinzucht festhielt: »Alle Hunde, und namentlich diejenigen der verheissungsvollen Jugendklasse«, schrieb ein Richter bezüglich einer Schäferhundeausstellung, die 1913, also bloß zwanzig Jahre nachdem Stephanitz die Schäferhundezuchtbewegung ins Leben gerufen hatte, stattfand, »waren edel und von typischem Ausdruck, keiner zeigte die früher so oft vorhandenen Mängel des dicken Schädels oder der schwachen Knochen oder des ›Verbrecherhaften‹ im Kopfausdruck«.[209]

Die euphorischen Züchter betrachteten ihr eigenes Schaffen als einen Beleg für das Vermögen des Menschen, die Natur bestimmend zu verbessern. Gerade die Erfahrung aus der Hundezucht, so stellte der Jagdhunderassenexperte Karl Brandt fest, habe gelehrt,

> »daß das menschliche züchterische Können in verhältnismäßig kurzer Zeit mehr in einer bestimmten Richtung zu leisten imstande ist, als die unendlich lange Zeit der natürlichen Zuchtwahl vermochte. […] Das Witterungsvermögen des Wildes steht zweifellos weit zurück hinter den ›Nasen‹ unserer besten Jagdhunde, auf die ja der Jäger bei der Zucht seiner Gehilfen stets das größte Gewicht gelegt hat«.[210]

In ihrer Gesamtheit war die Kynologie in dieser Hinsicht ein utopisches Programm zur Generierung einer »Gesellschaft« von Hunden, die sich aus vielen verschiedenen Elitegruppen, vielen »oberen Zehntausenden«, zusammensetzen würde. In seiner Sehnsucht

206 Siehe: Sieferle: Krise, S. 76; Levine/Bashford: Introduction, S. 10–11; Weingart et al.: Rasse, S. 36–37; Paul: Controlling, S. 5; Tanner: Eugenics, S. 463–464.

207 Siehe: Barth: Tiere, S. 208–209; Paul: Controlling, S. 20.

208 Rassekennzeichen der Hunde, S. VI.

209 Poppe: Richterbericht über die Rüden, in: Zeitung des Vereins für deutsche Schäferhunde 12/24 (1913), S. 1548–1549, hier S. 1549.

210 Karl Brandt: Die Sinne des Wildes, in: Die Gartenlaube 5 (1902), S. 134–135.

nach der Elitisierung des Gesamthundebestandes in Deutschland zeigte sich der Hunderassismus als eine Ideologie der Hoffnung, deren Optimismus diejenige der Mencheneugenik klar übertraf.

Der der Rassehundezucht innewohnende Optimismus hatte zweitens zur Folge, dass die Kynologen einen viel größeren Wert auf eine »positive« denn auf eine »negative Eugenik« legten. Das heißt: Man versuchte in der Zucht, eine neue, verbesserte Rassehundegesellschaft eher anhand einer Förderung der Fortpflanzung der »ausgezeichneten« Exemplare als mittels der Einschränkung der Reproduktion von »minderwertigen« Individuen zu erschaffen.[211] Je mehr sich die Humaneugenik von ihren optimistischen Ursprüngen entfernt hatte und sich von Horrorszenarien über die degenerative Entwicklung der menschlichen Gesellschaft heimsuchen ließ, desto mehr verwandelte sie sich in ein politisches Programm des Euthanasierens, Sterilisierens und Kastrierens von »schädlichen« Elementen. Mehr noch: Wenn von einer mencheneugenischen Praxis noch vor dem Ersten Weltkrieg die Rede sein kann, dann handelte es sich fast ausschließlich um Praktiken »negativer Eugenik« – z.B. in der Form von Sterilisationsgesetzen und Migrationsbeschränkungen (so in den USA) und Eheschließungsrestriktionen (in der Schweiz).[212] Aber vor allem die spätere historische Karriere der Eugenik im »Dritten Reich«[213] lenkte den Blick der Historiker vorwiegend auf diese Hauptpraktiken der »negativen Eugenik« und ließ die früheren Erscheinungsformen von »positiver Eugenik« weitgehend in Vergessenheit geraten.[214] Die Berücksichtigung der »Eugenik« in der Rassehundezucht trägt in diesem Zusammenhang zu einer verstärkten Fokussierung auf die »positive Eugenik« bei.

Das hat mit der Tatsache zu tun, dass die Kynologie eine durchweg lebensbejahende Ideologie der Fortpflanzung war. Zwar lassen sich in den Quellen hie und da Indizien für einzelne Ausübungen von Praktiken der »negativen Eugenik« finden. Wie fast jede andere eugenische Bewegung ihrer Zeit kombinierte auch die Rassehundezucht »positive« und »negative Eugenik« als die zwei Seiten eines einheitlichen Projekts zur Verbesse-

---

211 Siehe: Paul: Eugenics, S. 4896; Weingart et al.: Rasse, S. 39–40; Tanner: Eugenics, S. 462–463.

212 Paul: Controlling, S. 6; Tanner: Eugenics, S. 465.

213 Zur nationalsozialistischen Vorliebe zu Praktiken der »negativen Eugenik« siehe: Paul Weindling: German Eugenics and the Wider World. Beyond the Racial State, in: Levine/Bashford (Hg.): Handbook, S. 315–331, hier S. 321–326; Heike Petermann: Die Vorstellung vom besseren Menschen. Aspekte eugenischer Gesundheitspolitik in Westfalen in der ersten Hälfte des 20. Jahrhunderts, in: Westfälische Forschungen 64 (2014), S. 245–266, hier S. 254–261.

214 Levine/Bashford: Introduction, S. 19–20; Tanner: Eugenics, S. 471–472; Dikötter: Race, S. 468–469. Diese Vergessenheit drückt sich besonders markant darin aus, dass viele heutige Befürworter von »positiv-eugenischen« Praktiken vehement darauf bestehen, dass ihre Ansichten nichts mit denjenigen der Eugenik der Vergangenheit gemein hätten, zuweilen auch, dass sie eigentlich gar nicht »eugenisch« seien. Diese Apologetik läuft natürlich auch auf ein Vergessen der Multidimensionalität der Eugenik der ersten Generation hinaus; siehe: Diane B. Paul: What was Wrong with Eugenics? Conflicting Narratives and Disputed Interpretations, in: Science & Education 23/2 (2014), S. 259–271.

rung von Rassebeständen.[215] Bereits 1901 schrieb Stephanitz bezüglich der Behandlung eines Wurfes: »Man sondere zunächst alle Schwächlinge und solche Welpen aus, die irgend welche Missbildungen zeigen«. Bei dieser Aussonderung handelte es sich um eine »Vernichtung« der dazu »bestimmten Jungen« bzw. der »dem Tode geweihten Welpen«. Als effektivste Vernichtungsmethode empfahl Stephanitz seinen Lesern, die Welpen »auf einen harten, [...] mit Stein gepflasterten Boden« zu schleudern.[216] Ein Züchter von Neufundländern, der Zürcher Professor für Geologie Albert Heim, berichtete seinerseits darüber, wie er einen von ihm aus England importierten und im *Kennel-Club-Stud-Book* eingetragenen Rüden namens Urs erschossen, um, so Heim, »niemanden zu täuschen«; denn: »Urs hatte zu kurze Hinterbeine, ganz schlechte Zehen, total krumm gewachsene Schnauze und einen Verbrechercharakter«.[217] Um der Perfektionierung der Rasse willen musste er beseitigt werden. Ein anderer Schweizer Züchter von Neufundländern, ein gewisser Dr. Rikli aus Langenthal, verschenkte wiederum zwei Rüden, die direkt aus Neufundland importiert worden waren, aber sich rassemäßig doch als »unecht[e]« Neufundländer entpuppten, an eine andere Person. Zuvor aber hatte er beide Tiere natürlich kastriert.[218] Auch auf den Ausstellungen wurde oft »negative Eugenik« »vor Ort« betrieben. Viele Ausstellungsreglements beinhalteten Paragraphen wie die folgenden aus den Satzungen des »Vereins zur Veredelung der Hunderassen für Deutschland« (1908): »Alle kranken Hunde, insonderheit solche, welche an Staupe oder Hautkrankheit leiden, dür-

215 Siehe: Geulen: Geschichte, S. 98; Levine/Bashford: Introduction, S. 5; Paul/Moore: Context, S. 38.

216 Stephanitz: Schäferhund (1901), S. 25–26. Auch in dieser Beziehung verwendete Stephanitz dreißig Jahre später eine noch drastischere Sprache: »Gute Mütter sind unsere Schäferhündinnen wohl durchweg. [...] Junghündinnen, die kein Gefühl für Welpen zeigen, nicht mit ihnen spielen oder sie bemuttern wollen, vielmehr sie anknurren oder gar abbeißen, sollte man schleunigst vernichten; sie sind untauglich zur Zucht, würden schlechte Mütter wie unsere Neurechtlerinnen mit dem Paragraphen 218 [über das Verbot des Schwangerschaftsabbruches]«; »Unter allen Umständen sind solch scheue Tiere [= Nervenschwächlinge] eine Last für ihren Besitzer, der sich solchen Hund schämen muß, und eine Schmach für die Rasse. Und unter keinen Umständen dürfen sie zur Zucht verwendet werden, mögen sie äußerlich noch so edel und bestechend schön erscheinen. Vielmehr sollten sie baldmöglichst dahin befördert werden, wohin sie einzig gehören: nach einem Schlag vorm Kopf auf den Misthaufen. Das klingt hart, gehört aber zu gesunder Zuchtwahl; beim Menschen dürfen wir sie leider so nicht treiben, müssen alles körperlich und seelisch verkommene aufzüchten und großpäpeln, sehen dort aber auch den ›Erfolg‹ «; »ein launiges und launisches, scheues und feiges Nervenbündel, [fällt] sich und dem Eigner zur Last, der Rasse zur Schmach. [...] Auch wenn dieser [der Besitzer] unschuldig, steht er dann vor der schweren Entscheidung, ob er solchen Rassenabfall weiter aufziehen will. Für die Zucht, die gesunde Zukunft der Rasse ist der jedenfalls wertlos, kann ihr sogar gefährlich werden, trägt er doch das Kainszeichen der Entartung an der Stirn!« Ders.: Schäferhund (1932), S. 326–327, 407, 735.

217 Neufundländer-Klub für den Kontinent: Neufundländer-Stammbuch, S. 37.

218 Ebd., S. 39.

fen [...] [zu den Ausstellungen des Vereins] nicht zugeführt werden«.[219] Noch drastischer wurde diese auf den Ausstellungen vollführte Ausgrenzung nicht lediglich der kranken, sondern überhaupt aller »geringwertigen« Außenseiter vom »Teckel-Klub« elf Jahre früher vorgeschrieben: »Ist ein Hund blind, lahm oder taub, so steht es dem Richter frei, ihn auszuschliessen. – Theilweise Blindheit oder Lähmung geben dem Richter das Recht, den Hund zurückzustellen«.[220]

Bei all diesen Auslassungen über die »minderwertigen« Vertreter der Rassehunde sollte man aber nicht vergessen, dass weniger das Töten und das Sterilisieren als vielmehr die biologische Schaffung eines neuen, »wertvolleren« Lebens den Kynologen vor Augen schwebte. Vielleicht gerade weil das Umbringen von Neugeborenen oder das Kastrieren von »unwerten« Rüden ohnehin zur alltäglichen Praxis der Hundehaltung gehörten und begreiflicherweise viel legitimer als Praktiken der »negativen Eugenik« waren, die gegen menschliche »Degeneraten« ausgeübt werden sollten, konzentrierte man sich in der Rassehundezucht auf das Gegenteil, auf die aktive Bildung einer erhabenen Rassehundegeneration für die unmittelbare Zukunft. Nicht das gelegentliche Töten von Tieren, sondern das Züchten einer ausgezeichneten deutschen Rassehundepopulation war eine Vision, die die Herzen der Hunderassisten höherschlagen ließ. Was sie besonders vorantreiben wollten, war eine massenhafte Verkupplung, eine Beanspruchung und Förderung der Zeugungsfähigkeit der »besten« Rüden und Hündinnen.

Viele Aussagen der enthusiastischsten Züchter lassen sich erst vor dem Hintergrund dieser reproduktionsfreudigen Haltung der wilhelminischen Kynologie wirklich begreifen. Die »zwei vorzügliche[n]« Schäferhunderüden in Württemberg z.B., Horst von Boll und Artur von Württemberg, deren Benutzung es ermöglichte, im vermeintlichen Heimatland der Vorzeigerasse der deutschen Hundezucht »mittels einer vernunftgemässen Familienzucht« binnen kürzester Zeit einen Schlag von ausschließlich erstklassigen Rassevertretern hochzuzüchten, wurden erfreulicherweise »tüchtig in Anspruch genommen«. Im Maingau wiederum, so der Verfasser desselben Beitrags, sollten die hiesigen Züchter in ähnlicher Weise »ihre Hündinnen, wo immer angängig«, dem »prächtigen Zuchthunden« Argus von Melibokus »zuführen« – »zu ihrer Freude und zum grossen Nutzen für die heimische Zucht«.[221] Im bereits zitierten Handbuch über die »Rassekennzeichen der Hunde« wurden Privatbesitzer zu einem ebenso massenhaften Deckenlassen ermutigt: »Ganz speziell möchten wir noch die Besitzer von Hündinnen auf die [in den Fachzeitschriften erscheinenden] einschlägigen Anzeigen der Deckhunde aufmerksam machen«.[222]

Gleichzeitig haben die Rassehundezüchter begonnen, Praktiken der »negativen Eugenik« kritisch zu beäugen. Wir haben gesehen, dass Stephanitz z.B. keine Skrupel hatte, das Töten von »Schwächlingen« und anderen »minderwertigen« Neugeborenen zu emp-

---

219 Satzungen des Vereins zur Veredelung der Hunderassen für Deutschland in Hannover, S. 21. Vgl.: Stephanitz: Schäferhund (1932), S. 1116.

220 IV. Ausstellung von Dachshunden aller Arten veranstaltet vom Teckel-Klub am 8., 9. und 10. Mai 1897 in Holst's Garten zu Braunschweig (GStA PK, I. HA Rep. 87 B, Nr. 22167).

221 Friedrich: Führer-Sonderschau, S. 1570.

222 Rassekennzeichen der Hunde, S. VI.

fehlen. Zu seiner »negativen Eugenik« gehörte auch der Ratschlag, einen »unerwünschte[n] Besuch« eines fremdrassigen Rüden bei einer Hündin durch ein »rettend[es]« Eingreifen möglichst zügig ungeschehen zu machen. Aber als ein lebensbejahender Hunde-»Eugeniker« beteuerte Stephanitz auch, dass falls die Hündin »bei solch ungewollter Verbindung« doch aufnehmen sollte, es vor »etwaigen Versuchen [...] dringend gewarnt werden« müsse, »der Hündin diesen Wurf abzutreiben«. Eine solche lebensdestruktive Aktion, genauso wie die alternative Maßnahme eines »Töten[s] des ganzen Wurfs gleich nach der Geburt«,[223] konnte ein gewissenhafter Züchter, ein »Eugeniker« der kynologischen Richtung wie Stephanitz im Grundsatz nicht gutheißen. Als eine sozialpolitische Ideologie, die eher die sexuelle Fruchtbarkeit von Organismen als das präventive Annihilieren schätzte, strebte der Hunderassismus mehr als alles andere die »Produktion und Vermehrung von Leben«[224] an. Das Eindringen von rassehygienischen Grundsätzen in die Hundezucht barg in sich das Versprechen, das Leben der (reinrassigen) Hunde aufzuwerten, zu »veredeln«.

Drittens war die kynologische »Eugenik«, und in diesem Punkt unterschied sie sich maßgeblich von der menschenbezogenen Eugenik, fast ausschließlich eine »Eugenik« der lamarckistischen Richtung. Das heißt: Während in der Humaneugenik der Jahrhundertwende sowohl die Auffassung, dass erworbene Eigenschaften vererblich seien, als auch diejenige, dass sie sich an die Nachkommen nicht übertragen ließen und dass die Erbanlagen immer angeboren seien und von der Umwelt nicht beeinflusst werden könnten, prävalent waren, hielten sich die Hunde-»Eugeniker« konsequent an den ersten Standpunkt. Sie ließen sich von ihrem prinzipiellen Lamarckismus selbst dann nicht abbringen, als die Entdeckung der Mendel'schen Regeln (1900) dazu führte, dass die Mencheneugenik verstärkt mit einer Auffassung des biologischen Determinismus verbunden wurde.[225]

Die eingefleischte lamarckistische Haltung der Rassehundezüchter ist durch die Tat-

223 Stephanitz: Schäferhund (1901), S. 20. In der Regel war es zudem nicht zugelassen, auf den Ausstellungen kastrierte Rüden oder sterilisierte Hündinnen vorzuführen; siehe als einzelne Beispiele: Internationale Ausstellung von Hunden aller Rassen veranstaltet vom Verein »Hector« in Berlin in Verbindung mit der III. Allgemeinen Ausstellung von Dachshunden aller Arten des Teckel-Klub vom 18.–21. September 1896 im Etablissement »Flora« zu Charlottenburg (GStA PK, I. HA Rep. 87 B, Nr. 22167); Fränkischer Verein zur Förderung reiner Hunderassen Nürnberg: Programm, S. 8. »Durch das Kastrieren berauben wir uns [...] der Zuchthunde, und das ist der grösste Schaden«, ist dementsprechend in einem zeitgenössischen Handbuch über den Kriegshund zu lesen (Otto-Kreckwitz: Kriegshund, S. 8).

224 Siehe: Tanner: Eugenics, S. 477. Vgl.: Levine/Bashford: Introduction, S. 15, 20.

225 Siehe: Weindling: Health, S. 91–95; Weingart et al.: Rasse, S. 85; Paul: Controlling, S. 6–7; Paul/Moore: Context, S. 29–30, 32, 35–39. Obwohl das in der zeitgenössischen Eugenik weniger spürbar war, gewannen lamarckistische Erklärungsmodelle um die Jahrhundertwende eine erhöhte Konjunktur in der biologischen Forschung; siehe: Peter J. Bowler: The Eclipse of Darwinism. Anti-Darwinian Evolution Theories in the Decades around 1900, Baltimore/London: Johns Hopkins University Press 1983, S. 75–98. Die kynologische »Eugenik« war ein populärwissenschaftlicher Ausdruck dieses neuen Interesses am Lamarckismus.

sache zu erklären, dass sie großes Gewicht auf die *Erziehung* der gezüchteten Hunde legten. Für die Kynologen war die Zuchtarbeit von ausgezeichneten Rassehunden noch nicht zu Ende, wenn nach erfolgreicher Paarung und der Imprägnation der Hündin die neugeborenen Rassevertreter das Licht der Welt erblickten. Der biologische Vorgang war vielmehr erst der Anfang eines mehrstufigen Prozesses einer Erschaffung von »besseren« Hunden. Der Geburt folgte ein sorgfältigstes Abrichten der Neugeborenen, eine »Aufzucht«, wie die zeitgenössischen Hundeexperten diese Phase nannten. Wenn mit der Zucht exzellente Körper produziert wurden, sollten durch die Aufzucht exzellente *Charaktere* entstehen. Auch das gehörte zur Vervollkommnung der Rasse. Die Hunde-»Eugeniker« waren noch mehr als die Menscheneugeniker davon überzeugt, dass nicht zuletzt die Erziehung vorzügliche Rassen hervorbringe. Das musste umso mehr der Fall sein, falls sich die »guten« Eigenschaften, die sie ihren Welpen anerzogen, an die folgenden Generationen vererben ließen. Da das Abrichten ein untrennbarer Bestandteil der Hundezucht war, mussten die Kynologen von der Vererbung von erworbenen Eigenschaften überzeugt sein. Erst der Lamarckismus ermöglichte es ihnen zu glauben, dass ihre Arbeit wirklich zur Erschaffung von »veredelten« Rassen, aus denen die Hundebevölkerung der Zukunft bestehen würde, führen wird.

Die Annahme, dass ein sachgemäßes Abrichten unabdingbar für die vorteilhafte Entwicklung eines jungen Hundes und vorwiegend seines Charakters sei, wurde in der kynologischen Literatur aus der Zeit des Deutschen Kaiserreichs als eine unbestreitbare Tatsache dargestellt: »Die Erziehung macht den Hund!«,[226] wurde beispielsweise in einem Beitrag über die Englische Bulldogge erklärt. Diese Erziehung war nicht auf das Antrainieren von erwünschten Verhaltensgewohnheiten oder einer speziellen Fähigkeit reduziert, die vor allem Gebrauchshunderassen wie z.B. Jagdhunde haben sollten. Vielmehr sollten mithilfe des Abrichtens Hunde ausgebildet werden, die an sich und nach objektiven Maßstäben wertvolle Rassetiere seien. »Zur Verfeinerung des Hundes gehört nicht nur die Förderung der Zucht edler Rassen«, war z.B. im *Zwinger und Feld* 1898 zu lesen, »sondern auch die Einwirkung auf den inneren Kern durch schulgerechte Erziehung«. Die strikt biologische Reinrassigkeit war nicht dermaßen wirkmächtig, dass sie allein und für sich die Entstehung von wirklich edlen Tieren garantieren könne: »Gar manche Liebhaber sind stolz auf die Rassenreinheit [...] ihres Hundes und entschuldigen alle Untugenden ihres Lieblings«.[227] Das gelungene Abrichten war in den Augen der Kynologen die eigentliche Zuchtleistung. Erst durch gutes Trainieren des Hundes, stellte ein Dressurexperte 1904 fest, bringe es der Züchter so weit, »die Dressurobjekte für die Produktionen heran[zu]ziehen und aus[zu]bilden, für welche sie geeignet sind«. Die Veredelung des Rasseindividuums, die mit der reproduzierenden Zucht erst eingeleitet wurde, müsse also vom Eindressieren »edler« Verhaltensweisen und Charaktermerkmale ergänzt werden. Die Dressur bezwecke nichts anderes, so der Verfasser desselben Beitrags, als die Herausbildung von »Ehrgefühl« und »Ehrgeiz«, von »willige[m] Gehor-

226 Englische Bulldogge, in: Haus, Hof und Garten 22/40 (1900), S. 315.

227 A. Schuster: Zur Erziehung des Hundes im Allgemeinen, in: Zwinger und Feld 7/17 (1898), S. 334–335, hier S. 334. Vgl.: Über die Wachsamkeit und das Lautgeben des Hundes, in: Der Lehrmeister im Garten und Kleintierhof 3/14 (1904), S. 212–213.

sam« und »Diensteifer«.[228] Ein Schäferhundewelpe, stimmte Stephanitz zu, sei primär »durch zweckmässige Erziehung zu einem gehorsamen [...] Begleiter zu gestalten«.[229]

Das bedeutete, dass – entgegen dem adligen Ethos – die Abstammung den Besitz von vornehmen Eigenschaften nicht allein garantieren konnte. Die edlen Hunde mussten zu solchen von klein auf durch eine intensive Charaktererziehung gemacht werden.[230] Wenn sich z.B. der deutsche Vorstehhund eines Försters einmal seine ihm mit Strengheit beigebrachten »guten« (Jagd-)Manieren vergaß und – ohne dass ihm das befohlen worden wäre – während einer Jagdpartie einem Hirsch hinterherstürmte, wurde er für diesen Ungehorsam gegenüber seinem Herrn durch kräftige Züchtigung bestraft. Dem geprügelten Jagdhund half dabei nicht, dass er in seinen Körperformen und »in Haltung und Gebaren seine reine Rasse« »jederzeit verriet«.[231] Als er einmal von der angeborenen Vornehmheit seiner Rasse abgewichen war, musste ihm sein Besitzer an seinen Status als erstklassiger Rassehund durch disziplinarische Maßnahmen erinnern. Der reinrassige Körper war vor der charakterverbessernden Erziehung nicht geschützt. Ein Hund wurde nicht einfach reinrassig geboren; er musste zu einem solchen mit allen Mitteln der Erziehungskunst auch noch geschmiedet werden.

Wenn die Erziehung einen dermaßen kritischen Punkt für die Zuchtarbeit darstellte, durften ihre Früchte nicht kurzlebig sein und sich nur auf die Lebensdauer des erzogenen Einzelhundes beschränken. Es musste ihr vielmehr eine nachhaltige Wirkungskraft zugeschrieben werden. Das ist der Grund dafür, dass die Hunde-»Eugeniker« zu hartnäckigen Lamarckisten wurden. Um ihre Überzeugung, dass ihre akribischen Erziehungsaktivitäten einen unentbehrlichen Dienst für die Aufbesserung nicht nur von Individuen, sondern auch von gesamten Rassen leisteten, beibehalten zu können, mussten sie sich zu einer fortschrittsorientierten Evolutionstheorie bekennen, die besagte, dass erworbene Eigenschaften vererbbar seien. So konnte, ja musste selbst ein völkischer »Eugeniker« wie Stephanitz noch 1932 schreiben, dass »die Rasse das Ergebnis ihres Werdeganges, ihrer Erziehung durch Leben und Beruf und die Umwelteinwirkung auf sie« sei.[232] Die achte Auflage des Werkes *Der Deutsche Schäferhund in Wort und Bild* strotzt vor Äußerungen über den großen Einfluss der Umwelt auf die physischen und psychischen Merkmale

228 Arthur von Creytz: Grundsätze der Hundedressur, in: Der Lehrmeister im Garten und Kleintierhof 3/15 (1904), S. 232.

229 Stephanitz: Schäferhund (1901), S. 35. »[W]ollen wir uns aber auch noch klar machen«, schrieb Stephanitz später, »daß [biologische] Zucht nur die Anlagen zu gutem Gebäude und zu guten Leistungen geben kann; für Körpervollendung müssen dann Aufzucht und Haltung, für Brauchbarkeit im Beruf die Ausbildung sorgen!« (Ders.: Schäferhund (1932), S. 593). Siehe auch: ebd.: S. 916.

230 Vgl.: Marcus Funck/Stephan Malinowski: »Charakter ist alles!« Erziehungsideale und Erziehungspraktiken in deutschen Adelsfamilien des 19. und 20. Jahrhunderts, in: Jahrbuch für historische Bildungsforschung 6 (2000), S. 71–91.

231 Walter Brecht: Unser Leben in Augsburg, damals. Erinnerungen, Frankfurt a.M.: Insel 1984, S. 140, 145–146.

232 Stephanitz: Schäferhund (1932), S. 404.

von Hunden.[233] Aber schon 1913 hatte Stephanitz geschrieben: »Eine [...] alte Wahrheit ist die, dass Hunde nicht immer gleichmässig ›gut‹ bleiben«, denn nicht zuletzt verursache der »Einfluss des Wetters« radikale Transformationen.[234] Stephanitz war zudem der Ansicht, dass diese umweltbedingten Transformationen sich an die Nachkommen vererbten. »Von einem guten Deckrüden«, stellte er bereits 1901 fest, müsse man erwarten, dass er seine »hervorragende[n] Eigenschaften und gute Vererbungsfähigkeit, d.h. die Eigenschaft, seine eigene ererbte wie angezüchtete oder erworbene Vollkommenheit auf seine Nachkommen zu übertragen«, zu vererben imstande sei.[235] Später berief er sich zudem auf das Werk des 1897 verstorbenen Physiologen William Preyer, *Die Seele des Kindes* (1882), um bezüglich der Hunde zu behaupten, dass

> »die Seele des Neugeborenen nicht einem leeren Blatt, sondern einer Tafel [gleicht], die die Spuren der Inschriften unzähliger sinnlicher Eindrücke längst vergangener Geschlechtsreihen trägt. [...] [D]ie Eltern haben in der Erbmasse dem Welpen alles, was sie erlebt und erfahren, als noch ruhende Anlage mitgegeben«.[236]

Stephanitz war also sicher, dass der erzieherische Aufwand des Züchters langfristig gesehen nicht ergebnislos bleibe, sondern in den Körpern und Charakteren der Individuen selbst der fernsten Zukunft seine Früchte zeitige. Die didaktischen Errungenschaften des gegenwärtigen Züchters lebten in den Anlagen der kommenden Hunde-»Geschlechter« fort.[237]

Ausgerechnet der Lamarckismus ermöglichte es also den Hunderassisten, Vergangenheit, Gegenwart und Zukunft zu verschmelzen und konstant bleibende Rassenmerkmale zu konstruieren. Dank des Axioms der Vererbung erworbener Eigenschaften konnte Stephanitz behaupten, dass selbst der heutige, rationell gezüchtete Schäferhund, schon bei »unsere[n] alten Schäfer[n]« existiert habe. Denn bereits die alten deutschen Schäfer

---

233 Siehe z.B.: ebd., S. 604–606.

234 Ders.: Haupt-Sonderausstellung, S. 1557. »Nach meiner Ansicht«, hat ein anderer Kynologe bezüglich des Airedale-Terriers geschrieben, »begünstigt [...] ein warmes Klima jedwedes Wachstum und müssten [...] [daher] die Airedales Englands eher grösser werden als die bei uns gezüchteten« (Till: Vom Airedale-Terrier, in: Zwinger und Feld 7/52 (1898), S. 1074–1075, hier S. 1074).

235 Stephanitz: Schäferhund (1901), S. 17.

236 Ders.: Schäferhund (1932), S. 709. Zu weiteren lamarckistischen Aussagen über die Vererbung erworbener Eigenschaften siehe: ebd.: S. 787, 1020. Ein anderer experimentierfreudiger Hundezüchter, der ebenso axiomatisch an den Lamarckismus glaubte, fühlte sich in seiner Überzeugung bestätigt, als er feststellte, dass Dobermannhündinnen, denen »Ohren und Schwanz kupirt werden«, »bei reiner Ahnentafel [...] Exemplare mit Stummelschwanz« gebären (J. Grober: Die Bedeutung der Ahnentafel für die biologische Erblichkeitsforschung, in: Archiv für Rassen- und Gesellschaftsbiologie 1/5 (1904), S. 664–681, hier S. 675).

237 Bezeichnenderweise war auch Saitō Hirokichi, der 1928 den »Verein für die Erhaltung des Japanischen Hundes« gründete und als der führende Kynologe seiner Heimat mit Stephanitz im reichlichen Briefverkehr stand, ein überzeugter Lamarckist; siehe: Skabelund: Empire, S. 97.

hätten ihre Hunde zur Arbeit mit der Herde abgerichtet: »Der so entwickelte Wehrtrieb wurde dann allmählich weiter ausgebildet und schließlich die Anlage zu dieser neuerworbenen Eigenschaft auf dem Zuchtwege für die Rasse festgelegt«. »Die Anforderungen« des »Hütendienstes«, so Stephanitz weiter, könne auch heute noch nur die Rasse des deutschen Schäferhundes erfüllen, da allein Schäferhunde »in jahrhunderte-, jahrtausendelanger inniger Fühlung mit Bauer, Hirt und Herde gestanden« und sich dabei ein »Viehverständnis erworben hatte[n]«, das durch die Vererbung schließlich zu einem festen Attribut der Rasse geworden sei.[238] Die in der ferneren Vergangenheit erworbene Eigenschaft des »Viehverständnis[ses]« sei immer wieder »zum Durchbruch [ge]kommen« und lasse sich vom Erbgut der Schäferhunderasse nicht mehr austreiben, wie ein von Stephanitz angeführtes »hübsches Beispiel« belegen sollte: Ein Rüde, der von einem Vereinsmitglied als Wächter angeschafft worden war, habe eine solche Umschulung nicht über sich ergehen lassen wollen. Sobald »im Herbst das Vieh [...] auf den ausgedehnten Wiesen im Thal weidete, benutzte der Hund [...] jedesmal die Gelegenheit, um sich die [...] weidenden Stücke regelrecht zusammenzutreiben und ›seine Herde‹ stolz in den Garten zu leiten«.[239] Die indoktrinierte »Schäferhündigkeit« war dem Schäferhund ins Blut übergegangen. Mit ihrer wirkungsvollen »Aufzucht« konnten die Kynologen ihr erhabenes Ziel der Erschaffung von verbesserten, aber gleichzeitig unveränderlichen Hunderassen erfüllen.

## VORZÜGLICHE FREUNDE. RASSEHUNDE ALS PARTNER

Die Kynologie, so scheint es, verfolgte im Endeffekt ein relativ enges Ziel. Den Hunde-»Eugenikern« ging es angeblich nur darum, Körper und Charaktere von Tieren zu verbessern. Die Fokussierung auf die Verbesserung lediglich von Hunden führte dazu, dass der Hunderassismus ungeachtet seiner Grundprinzipien zuweilen umfassendere Sozialverhältnisse außer Acht ließ. Die wilhelminischen Kynologen verwendeten eine unverkennbar soziologische Sprache, die stets auf Kollektive und Bevölkerungen bezogen wurde. Sie begründeten aber letztendlich nicht wirklich, warum die Menschen mit reinrassigen Hunden besser dastehen würden als mit den »Fixkötern«. Es war irgendwie selbstredend, dass es der menschlichen Gesellschaft guttue, in der Zukunft ausschließlich von Rassehunden umgeben zu sein. Abgesehen von der Züchtung von spezifischen Gebrauchseigenschaften, die aber im Fall der Hunde- eine beträchtlich geringere Rolle als bei der Nutztierzucht hatte, sollte die rassische Zucht der Hunde grundsätzlich keinen externen Zwecken dienen. Bei den Hunden waren Reinrassigkeit und edle Abstammung Werte an sich. Sie reichten allein aus, um einen Hund als erstklassig zu bezeichnen. Ein für die Menschen wertvoller Hund musste reinrassig sein, nicht (viel) mehr.

Nichtsdestotrotz waren die Rassehundezüchter nicht dermaßen zoozentrisch veranlagt, dass sie ihren Blick komplett auf die Tiere hätten richten und dabei darüberhinausgehende, Menschen mit einbeziehende soziale Aspekte hätten vernachlässigen können.

238 Stephanitz: Schäferhund (1921), S. 107–110.

239 Ders.: Schäferhund (1901), S. 19.

Als sie in ihrer Korrespondenz mit den Behörden behaupteten, dass ihre Anstrengungen um die Erschaffung einer Rassehundeordnung im Reich nicht nur den Interessen der Züchter, der Liebhaber und der Tiere selbst, sondern vielmehr dem Allgemeinwohl und der Gesamtgesellschaft dienten, strichen sie doch sehr stark menschliche Anliegen heraus. Anders als in der Menscheneugenik war die Verbesserung, die die Hunde-»Eugenik« versprach, nicht artspezifisch. Sie war vielmehr eine übergreifende »Eugenik«, von der sowohl Hunde als auch Menschen profitieren sollten. Zum Beispiel durch die Zucht von Gebrauchshunden für die Polizei und das Militär konnten die Kynologen beweisen, dass ihre Bemühungen dem Wohl der Menschen, d.h. der Nation dienten. Wenn beispielsweise Stephanitz den Münchener Stadtmagistrat um die Stiftung eines Ehrenpreises für eine Sonderausstellung im Jahr 1904 bat, führte er als Begründung die Tatsache an, dass sich sein Verein darum bemühe, die »Leistungsfähigkeit« des »deutschen Gebrauchs-Schäferhund[es] [...] zu steigern, um einen der Landwirtschaft unentbehrlichen Gehülfen zu verbessern und um dem Heer wie den Polizei-Verwaltungen einen für ihre Dienste geeigneten heimischen Hund anzubieten«.[240]

Obwohl die Münchener Stadtbehörden in früheren Jahren solche Anträge von lokalen Hundezuchtvereinen in der Regel bewilligt hatten, waren sie nach der Jahrhundertwende weniger bereit, Hundevereine finanziell zu unterstützen. Dem Gesuch Stephanitz' wurde am Ende nicht stattgegeben, weil man im Gemeindekollegium nicht einsah, »welches Interesse die Stadtgemeinde München an dieser Ausstellung haben sollte«.[241] Wie es ein Gemeindebevollmächtigter formulierte, habe »die Stadt München [...] mit den Schäferhunden wohl wenig zu tun, und die paar Schafe, welche auf der Theresienwiese weiden, brauchen keine Schäferhunde, denn sie sind immer von so vielen Leuten umgeben, dass sie gar nicht weglaufen können«. »Meinetwegen mögen Polizei und das Kriegsministerium einen Ehrenpreis für Schäferhunde geben«, sagte ein anderes Mitglied des Kollegiums, »aber was die Stadt München damit zu tun haben soll, ist mir unverständlich«.[242]

Dem Schäferhundeverein gelang es in späteren Jahren, das Wohlwollen der städtischen Behörden in München wiederzuerlangen, und zwar mithilfe der Begründung, dass die Schäferhunde Polizeiarbeit im öffentlichen Raum leisteten, dass sie also Aufgaben erfüllten, die sehr wohl auch für das Leben in der Stadt relevant seien.[243] Der Schäferhund kam aber in der Tat bei den wilhelminischen Polizeiverwaltungen mehr als jede andere Rasse zum Einsatz. Die Begründung durch den Hinweis auf die Nutzung für die

240 Verein für deutsche Schäferhunde (S.-V.) Sitz in München an den Magistrat der Haupt- und Residenzstadt München, 07.07.1904 (StadtAM, Bürgermeister und Rat, Nr. 1053).

241 Kollegium der Gemeinde-Bevollmächtigten an den Magistrat, 28.07.1904 (ebd.).

242 30. Sitzung des Gemeindekollegiums vom 28. Juli 1904, in: Münchener Gemeinde-Zeitung 33 vom 01.08.1904, S. 1029–1038, hier S. 1037.

243 Siehe: Verein für deutsche Schäferhunde (SV.) Sitz in München an den Magistrat der Königlichen Haupt- und Residenzstadt München, 08.02.1913; Stadtmagistrat München an die K. Regierung von Oberbayern, Kammer des Innern, 10.02.1913; Verein für deutsche Schäferhunde (SV.) an den Magistrat der Königlichen Haupt- u. Residenzstadt München, 12.03.1914 (StadtAM, Bürgermeister und Rat, Nr. 1053).

Polizei oder die Armee konnte dagegen nicht für Rassen funktionieren, die keine Gebrauchshunde waren und keine Arbeit leisteten, wie es bei den meisten Schoßhundrassen oder sogenannten Luxushunden[244] der Fall war. Wenn z.B. der lokale »Zwerghund-Klub« den Münchener Stadtmagistrat um die Gewährung von Ehrenpreisen ersuchte, wurde der Antrag abgewiesen, weil, so der Magistrat, für eine Ausstellung von derartigen Hunden »nur ein verhältnismässig kleiner Kreis von Interessenten in Frage kommt«.[245] Das kynologische Anliegen wurde von den kommunalen Machthabern anscheinend nicht sehr ernst genommen. Die Mitglieder des Magistrats in München urteilten, dass »diese Ausstellung von Zwerghündchen« nur für »Liebhaber[]« Bedeutung habe und »für die Allgemeinheit aber auch schon gar kein Interesse bietet«.[246] Um solche Behauptungen widerlegen zu können und um zu beweisen, dass die Rassehundezucht dem Wohl der (menschlichen) Gesellschaft doch diene, benötigten die Führer der kynologischen Vereine alternative Argumente.

Eines, das von vielen Kynologen im Kaiserreich geteilt wurde, lautete, dass sich speziell die Rassehunde für die moderne, nicht zuletzt urbane Lebenswelt am besten taugten – dass sie also mehr als die »Fixköter« für ein Leben in modernen, zivilisierten menschlichen Gemeinden passten. In ihrem eben erwähnten Antragsschreiben strichen die Vertreter des »Zwerghund-Klubs München« zwar nach wie vor den Aspekt der tierischen Perfektionierung an sich heraus: Die vom Magistrat gestifteten Preise würden ausschließlich an die »Besten der Besten ihrer Rasse« verliehen und so würden sie der »Verbesserung der Rassen« dienen. Aber der rassische Fortschritt in Bezug auf die Tiere sollte sich darüber hinaus für die (Stadt-)Menschen als vorteilhaft erweisen:

> »Die Bestrebungen des Vereins, das Publikum auf die Vorteile der Haltung von reinrassigen Zwerghunden aufmerksam zu machen, – da bekanntlich rassenlose Hunde nicht nur das Straßenbild pernezieren [verderben], sondern auch meistens wegen ihres geringen Wertes ohne Aufsicht auf den Strassen herumlungern, was sowohl für die Stadt [...] als auch für das die Straßen belebende Publikum eine grosse Last ist, – dürfen auf die vielen Tausende von Hundebesitzern nicht ohne Einfluss bleiben, weshalb die Ausgabe von Ehrenpreisen auch indirekt wieder der Stadt zugute kommt«.[247]

Durch kein anderes Argument konnten die Kynologen ihre These, dass die Rassehundezucht keine rein private Angelegenheit sei und dass sie sich vielmehr auf die Gesamtgesellschaft positiv auswirke, stärker belegen, als wenn sie behaupteten, dass die reinrassi-

244 Der Schäferhundeverein versicherte beispielsweise dem Magistrat 1913, dass zu einer von ihm organisierten Hundeschau keine »Luxushunde« eingelassen würden; siehe: Stadtmagistrat München: Ausstellung deutscher Schäferhunde; hier: Stiftung eines Ehrenpreises, 18.10.1913 (ebd.).

245 Stadtmagistrat München: Stiftung eines Ehrenpreises für die Ausstellung von Zwerghunden, 20.08.1912 (ebd.).

246 Referat 9 an den Herrn Verwaltungsrat Schenk, 12.08.1912 (ebd.).

247 Zwerghundklub München 1906. Z.V. Landesgruppe Bayern an den hohen Magistrat der Kgl. Haupt- u. Residenzstadt München, 08.08.1912 (ebd.).

gen Tiere von ihren Besitzern sorgsamer gepflegt würden und aufgrund dessen die öffentliche Ordnung im Gegenteil zu den »Fixkötern« nicht beeinträchtigten. Rassehunde seien gut für die Sicherheit und Reinlichkeit auf den Straßen der Stadt. Der Vorstand des St. Bernhard-Klubs behauptete z.B. 1895, dass »unsere Bestrebungen [...] hiesigen Bürgern direkten Vortheil bringen«, denn: »Wir erstreben die Haltung u. Zucht werthvoller u. edelster Hunde, welche von ihren Besitzern in bester Weise gehalten zu werden pflegen, als wirksamstes Mittel, Hundekalamitäten, Tollwuth, etc. vorzubeugen«.[248] »Wir begründen unsere Bitte damit«, schrieben Vertreter des Vereins fünf Jahre später bezüglich ihres Gesuches um Genehmigung zur Abhaltung einer internationalen Ausstellung,

> »daß Rassehunde nicht als Strassenköter das Publikum belästigen, sondern dadurch, daß selbe stets unter Zucht und Aufzucht gehalten werden, gewissermaßen als Vorbild für diejenigen dienen, die bisher Hunde in durchaus unsachgemäßer, [...] aller Menschlichkeit Hohn sprechender [...] Art & Weise halten«.[249]

Inwiefern hatten aber die Rassehundezüchter recht? Warum glaubten sie, dass gerade die Rassehunde »stets unter Zucht und Aufzucht gehalten« würden und dadurch die öffentliche Ordnung weniger beeinträchtigten? Warum waren die Rassehunde im Grundsatz engere Partner ihrer Menschen als die »Fixköter«? In welcher Hinsicht hatte die Rassehundezucht eine solche verpartnerschaftlichende Auswirkung auf die Beziehung zwischen Mensch und Hund?

Diese Fragen haben vor allem mit der Art und Weise zu tun, wie die Rassehundezucht eine Situation hervorbrachte, in der die Menschen begannen, Rassehunde höher als alle anderen Hunde zu schätzen. Die Rassehunde waren in den Augen der Kynologen, und allmählich auch in den Augen von mehr und mehr Menschen, die keine Hundezüchter waren, wertvollere Tiere. Dementsprechend suchten die Menschen die Nähe dieser Tiere mehr als aller anderen Tiere. Sie betrachteten sie als würdige Partner, manchmal sogar als ideale Partner. Sie wollten mit diesen exzellenten Tieren enge Beziehungen haben. Der Zusammenhang zwischen höherer Wertschätzung und größerer Nähe mit dem Hund hatte in erster Linie mit dem Körper des reinrassigen Tiers zu tun. Das kam vor allem auf den Ausstellungen sehr stark zum Ausdruck. Die Ausstellungen waren Veranstaltungen, in denen nicht nur die erstrebte Rasseordnung der Hunde zelebriert und zur Schau gestellt wurde; sie boten auch den leidenschaftlichsten Kynologen die Möglichkeit, die »perfekten« Körper der »besten« Rassehunde zu bestaunen. Sie betrieben dabei einen regelrechten Körperkult. Die Physik der Rassehunde war dafür verantwortlich, dass sie diesen Tieren viel stärker zugeneigt waren als den »Fixkötern«.

Dieser Körperkult, der auf eine menschliche Versunkenheit in den Tierkörper hinauslief, ist vor allem in den Richterprotokollen zu erkennen. Die Beurteilung der unterschiedlichen Körperteile geriet zu einer beinahe obsessiven Befassung mit der physi-

248 Vorstand des St. Bernhard-Klub an einen hohen Magistrat der Kgl. Haupt- und Residenzstadt München, 16.07.1895 (ebd.).

249 St. Bernhards-Klub Sitz in München an den Hohen Magistrat der k. Haupt- & Residenzstadt München, 19.02.1900 (ebd.).

schen Entität, die der einzelne Rassehund darstellte: »Pollux vom Enzthal, ein Sohn von Prinz von Wolfsgarten und der Walli von Wilhelmshöhe«, schwärmte z.B. ein Richter auf einer Schäferhundeschau 1904, »ist von sehr flotter eleganten Figur, Kopf recht gut, Ausdruck gut, [...] gute Rutenhaltung; [...] etwas mehr Kraft und namentlich mehr Brust ist dem Tiere zu wünschen. Mit dem Alter wird wohl die Brust sich ausweiten und dann der Rüde zu unsern allerbesten zählen«.[250] »Nelly«, so nahm ein anderer Schäferhundeexperte die körperliche Qualität einer auf einer anderen Ausstellung teilnehmenden Hündin detailgenau unter die Lupe, »hat edlen Kopf, ist aber in der Hinterhand arg eng, hat eine ziemlich weiche Rückenlinie und zudem unschöne weite Pfoten«. »Wolf v. Darmstadt« habe wiederum »etwas kurze[n] Kopf, lose Ellbogen und [...] Hackenrute« gezeigt.[251] »Mores«, wurde der Körper eines weiteren Schäferhundes von einem Stuttgarter »Prof. Dr.« in einer schwäbischen Provinzstadt 1908 exakt evaluiert, »ist gross, sogar übergross, hat aber sehr edlen Kopf und kräftige Knochen. Der Gang ist nicht ganz frei. Aber hauptsächlich sein Wellhaar brachte ihn auf Note 2 zurück«.[252]

Die Monierung von körperlichen Unzulänglichkeiten, die in obigen Beurteilungen zum Ausdruck kommt, offenbart das, was die Kynologen an Hundeexemplaren, deren Körper den Kennzeichen einer Rasse dagegen bestens entsprachen, so faszinierend fanden. Die Richter denunzierten nämlich in erster Linie Abweichungen und Maßlosigkeiten. Jeder Körperteil, der »arg eng«, »weit« oder »übergross« war, verringerte die Qualität des mit ihm »gesegneten« Hundes. Das war gleichzeitig auch das, was die Kynologen an den Körpern von Kreuzungsprodukten so abscheulich fanden: das Auftreten von mehreren Formen, die vermeintlich nicht zueinander gehörten und die dadurch der Gesamterscheinung jeglichen Ausdruck von Uniformität beraubten. »Ein Fixköter, der Sprößling einer schlimmen Mesalliance«, urteilte ein Kynologe über einen ihm bekannten Hund, sei ein »Ausbund von plumper Hässlichkeit«, denn »er besaß die Abzeichen und die krummen Beine des Teckels, während sein langgestreckter Leib die Größe des Hühnerhundes erreichte«.[253] Umso schlechter geriet ein Rassehund, wenn sein Körper dazu noch an einer fehlenden Geradlinigkeit oder mangelhaften Robustheit litt, wenn er etwa »Wellhaar« oder »weiche Rückenlinie« – z.B. einen »Karpfenrücken«[254] – hatte. Sprich: Die Hunderassisten hatten eine klare Vorliebe für bestimmte universalisierte und objektivierte Normen, die jeder vorzügliche Rassekörper aufweisen musste, um als ein solcher honoriert zu werden. Ein Münchener Richter befand in einer Ausstellung von Collies, in welcher sich die Hunde ohnehin »fast durchweg durch übertrieben grobe Schädel, unproportionirte Ohren« und »mangelhafte Stellung« kennzeichneten, speziell den Rüden

250 Meyer: Schäferhunde.

251 Otto Kienzle: Die deutschen Schäferhunde auf der Wormser Ausstellung am 15. Mai, in: Zeitung des Vereins für deutsche Schäferhunde 3/7 (1904), S. 263–264.

252 L. Meyer: Die deutschen Schäferhunde in Schwenningen am 18. Oktober 1908. Richterbericht, in: Zeitung des Vereins für deutsche Schäferhunde 8/2 (1909), S. 32–33, hier S. 32.

253 Fritz Skowronnek: Die »Sprache« des Hundes, in: Die Gartenlaube 25 (1904), S. 686–690, hier S. 687.

254 Die Diensthund-Ausstellung zu Hamburg am 12. Oktober 1913, in: Zeitung des Vereins für deutsche Schäferhunde 12/24 (1913), S. 1546–1548, hier S. 1547–1548.

»Prinz von Wackelburg« als abscheulich, der mit seinen »hörnerartig getragenen Wackelohren« »seinem Namen alle Ehre« mache.[255] Vor allem für die größeren, aber weitgehend auch für die kleinen und sogar für die Schoßhunderassen[256] stand fest: Wohlproportioniertheit, Standhaftigkeit und Ebenmaß in der physischen Erscheinung waren Grundattribute, die jeder Rassehund, der diesen Titel verdiente, vorweisen musste. Erscheinungen wie ein übermäßig langer oder gerollter Schwanz,[257] »zu lange[] Ohren«,[258] eine zu spitzige bzw. zu stumpfe Nase, ein schlaff hängender Bauch oder eine gebeugte Haltung[259] entbehrten jeglicher Legitimation. Ungeachtet aller feinen Differenzen zwischen den diversen Rassen galt: Asymmetrie, Kraftlosigkeit oder zu große Vielfarbigkeit waren Eigenschaften, die den Status eines Rassehundes, und sei es auch einer mit der lukrativsten Ahnentafel, zwangsläufig herabsetzten.

Die kynologische Ablehnung von Asymmetrie und Weichheit, von Exzessen und Übertreibungen im Körperbild, kam nicht von ungefähr. Noch ehe die Körper der Rassehunde einer derartigen Evaluierung auf Tauglichkeit und Untauglichkeit unterzogen wurden, hatten Rassentheoretiker menschliche Körper sehr ähnlichen Bewertungen ausgesetzt. Wie Mosse in einem seiner klassischen Werke, *Das Bild des Mannes*, herausgearbeitet hat, bediente sich nicht zuletzt der Rassismus einer sich seit Ende des 18. Jahrhunderts dominant werdenden Körperästhetik, die Hässlichkeit mit fehlender Harmonie, Übertreibungen, Unverhältnismäßigkeit und nicht zuletzt Wackeligkeit und »Beweglichkeit« verband. Mosse ist es vor allem darum gegangen zu zeigen, inwieweit die Rede von solchen »Negativ«-Erscheinungen des Körpers des »Anti-Typus« – die »jüdische Nase« ist hier das wohl bekannteste Beispiel – der Ausgrenzung von Randgruppen wie den Juden, den Geisteskranken, den Homosexuellen oder den »Zigeunern« diente.[260] Wie wir gesehen haben, war auch der Hunderassismus seinem Wesen nach eine Ideologie der Ausgrenzung. Die »Abnormen«, d.h. die Hunde, die nicht reinblütig waren und

---

255 Collies in München, in: Zwinger und Feld 7/47 (1898), S. 972–973.

256 Siehe z.B. bezüglich der französischen Bulldogge: Emil Ilgner: Die französische Bulldogge, in: Der Lehrmeister im Garten und Kleintierhof 3/13 (1904), S. 198–199, hier S. 199; des Pudels: G. Herting: Richterbericht über die Neufundländer und Pudel auf der Internationalen Ausstellung in Regensburg, in: Zwinger und Feld 7/27 (1898), S. 544–546, hier S. 546; und sogar des Mopses: v. S.: Charakteristik, S. 935.

257 D.: Der deutsche Schäferhund, in: Haus, Hof und Garten 22/1 (1900), S. 2.

258 Fehr: Foxterrier, S. 480–481.

259 Die wilhelminischen Kynologen denunzierten besonders das, was sie »französischer Stand« oder »französische Laufstellung« nannten. Auch eine »kuhhessige« Stellung der Hinterläufe galt als ein grober Fehler; siehe: Karl Loewi: Die Bulldoggs in Stuttgart, in: Zwinger und Feld 7/31 (1898), S. 626–628, hier S. 627; B. Ulrich: Richterbericht über die deutschen Doggen in Frankfurt am Main (16. und 17. März), in: Die Deutsche Dogge 2/3 (1912), S. 352–353, hier S. 353; Frese: Richterbericht über die Hündinnen, in: Zeitung des Vereins für deutsche Schäferhunde 12/24 (1913), S. 1550–1551, hier S. 1550.

260 George L. Mosse: Das Bild des Mannes. Zur Konstruktion der modernen Männlichkeit, Frankfurt a.M.: S. Fischer 1997, S. 79–106. Zur »jüdischen Nase« vgl.: Sander Gilman: The Jew's Body, New York/London: Routledge 1991, S. 169–193.

den Rassekennzeichen nicht entsprachen, sollten samt und sonders beseitigt werden. Aber indem die Kynologen für ihre Tiere ästhetische Bewertungskriterien verwendeten, die auch für die menschliche Gesellschaft galten, zielten sie im Umkehrschluss eigentlich auch darauf, die Hunde als möglichst taugliche Kreaturen für eben diese menschliche Gesellschaft zu konstruieren. Die Beseitigung von körperlichen Defekten, von Deformationen und Disproportionen sollte nicht zuletzt die deutschen Hunde für die Menschen geeigneter machen. Sie sollte die Hundepopulation von jeglichen Abschweifungen bereinigen, sie normalisieren. Durch die Rassezucht sollten die Hunde aufhören, monströse Bestien, Manifestationen einer verheerenden Andersartigkeit zu sein.[261]

Das wird deutlich, sobald das Gegenteil des »schlechten« Körpers, nämlich der »perfekte« oder der »edle« Hundekörper in die Diskussion einbezogen wird. Natürlich war der kynologische wie der menschenbezogene Körperkult nicht auf die Anprangerung von normwidrigen Erscheinungen beschränkt. Die Züchter sprachen deswegen so viel von Defekten, weil sie im Gegenzug das Bild eines makellosen Hundekörpers zu konstruieren wünschten. Als sie dann die Eigenschaften eines »perfekten« Rassehundekörpers skizzierten und sie in den Körpern von tatsächlichen Hundeindividuen erkannten, kannte ihre Schwärmerei für eben diese »Überhunde« keine Grenzen. Der kynologische Körperkult ließ Menschen von Hunden in Begeisterung ausbrechen. Die Rassehunde mit den »perfekten« Körpern waren Kreaturen, die die Menschen idolisierten. Der Sinn der Rassehundezucht lag darin, Hundekörper zu schmieden, die menschlichen ästhetischen Maßstäben und Vorlieben in dieser spezifischen historischen Epoche entsprachen. Sie vermenschlichte in gewisser Hinsicht tierische Körper.

Das lag konkret daran, dass die Grundmerkmale des »perfekten« Rassekörpers des Hundes oder der Hündin mit denjenigen des »perfekten« (zwangsläufig maskulinen) Menschenkörpers übereinstimmten. Die Körper der Hunde sollten am liebsten jenen ästhetischen Idealformen ähneln, die die tonangebenden Gesellschaftsschichten des 18. und 19. Jahrhunderts in der altgriechischen Kunst wiedererkannt zu haben glaubten und für die moderne Zeit als allgemeingültige Normen heraufzubeschwören hofften.[262] Ein Züchter von Vorstehhunden pries z.B. ein individuelles Exemplar der Rasse: »Seine Muskeln wie Stahl, seine Glieder wie Fischbein scheinen Ermüdung nicht zu kennen, [...] wie aus Erz gegossen steht der Hund. Jeder Muskel scheint Stein geworden zu sein«.[263] Wie diese Beschreibung offenbart, bedeutete diese Anlehnung an einen neoklassizistischen »Schönheitskatalog«[264] in erster Linie eine Bewunderung von Festigkeit, Geradheit, Virilität, kurzum all jenen Eigenschaften, die das Gegenbild des »sch-

261 Siehe: Philipp Sarasin: Reizbare Maschinen. Eine Geschichte des Körpers 1765–1914, Frankfurt a.M.: Suhrkamp 2001, S. 206–208.

262 Siehe: Mosse: Bild, S. 43–50; Michael Hau: Körperbildung und sozialer Habitus. Soziale Bedeutungen von Körperlichkeit während des Kaiserreichs und der Weimarer Republik, in: Rüdiger vom Bruch/Brigitte Kaderas (Hg.): Wissenschaften und Wissenschaftspolitik. Bestandsaufnahmen zu Formationen, Brüchen und Kontinuitäten im Deutschland des 20. Jahrhunderts, Stuttgart: Steiner 2002, S. 125–141, hier S. 129–130.

263 Pohl: Dressur, S. 7.

264 Siehe: Mosse: Bild, S. 35.

lechten« Körpers darstellten. »Der ideale Dachshund«, schrieb z.B. ein Experte der kleinwüchsigen Rasse, »soll [...] feste Schultern, festen Rücken und [...] stämmige Vorderläufe haben«.[265] Wenn ein Dachshund »urwüchsig [...], derb und kräftig« aussah, wurde er auf Schauen unumgänglich als jener »Dachshundtyp« heroisiert, »für den viele schwärmen«.[266] Ungeachtet der Tatsache, dass der Dackel aufgrund der disproportionalen Länge seines Rumpfes eine ziemlich eigenartige Erscheinung hat, waren Schilderungen solcher Art dermaßen geläufig, dass sie auf fast jede beliebige Hunderasse bezogen werden konnten. So galten im Fall des Foxterriers »[s]tarke Knochen und kraftvoller Bau« selbstredend als »wesentliche Erfordernisse«.[267] Ein Exemplar »mit kräftigem Fang«, der auch »auf starken, durchaus geraden Läufen« stand und »hart[es]« Haar hatte, konnte durchaus mit der Erlangung eines Ersten Preises auf einer Ausstellung rechnen.[268] Die Schnauze der kleinen französischen Bulldogge hatte in ähnlicher Weise »breit, viereckig und mächtig« zu sein,[269] während die »Außenlinien« selbst des winzigen Yorkshireterriers »das Vorhandensein eines kernigen und wohlgeformten Kopfes vermuthen« lassen sollten. Diese Schoßhunderasse sollte dazu noch mit »ganz aufrecht stehend[en]« Ohren, »ganz gleichmäßig geformt[en]« Zähnen und »vollkommen gerade[n]« Beinen ausgestattet sein.[270]

Die deutsche Dogge, eine an sich wahrlich kräftigere Rasse, versinnbildlichte im Idealzustand schon den mustergültigen Rassehundekörper: »Die deutsche Dogge in ihrer jetzigen Erscheinung vereinigt große Kraft und Eleganz, [...] mit bedeutender Größe ist kräftiger, eleganter Bau verbunden, eine stolze Haltung zeichnet die Rasse ganz besonders aus. Der Kopf [...] soll eckige und bestimmte Außenlinien haben«.[271] Auch der Körper des kleineren, obwohl für die Jagd und sogar im Militär verwendeten Airedaleterriers konnte und sollte ebenso ideal gebaut sein:

---

265 Otto Mahrhold: Der Dachshund, seine Arten, Haar und Farbenvarietäten, in: Der Lehrmeister im Garten und Kleintierhof 3/12 (1904), S. 183–184, hier S. 183. Vgl.: Rothe Teckel-Neulinge der Seesener Ausstellung vom 25.–28. Juni 1898, in: Zwinger und Feld 7/44 (1898), S. 908–909, hier S. 909.

266 Preisgewinner aus dem Jahre 1891 (Fortsetzung), S. 20.

267 Der Foxterrier, in: Haus, Hof und Garten 22/6 (1900), S. 44.

268 Fehr: Foxterrier, S. 479.

269 Ilgner: Bulldogge, S. 199.

270 Der Yorkshire-Terrier, in: Haus, Hof und Garten 22/4 (1900), S. 27.

271 Ilgner: Dogge, S. 326. Vgl. eine ähnliche Beschreibung der Dogge: »Ihre Erscheinung ist die Verkörperung von Eleganz und Kraft. Ihr mächtiger Körper wird von kräftigen Läufen getragen, dem fein gemeißelten Kopf gibt das Spitz kupirte Ohr ein gewecktes Aussehen. [...] [D]er aufrecht gehaltene Kopf schein[t] sie zu vergrößern, ihr Gang ist leicht und elegant, die feine glänzende Behaarung läßt den harmonischen Bau und die Muskulatur zur vollen Geltung gelangen. [...] Kurz, Alles vereinigt sich, die Dogge als das vollendeste Thier erscheinen zu lassen, welches wohl werth ist, daß ihr Züchter und Liebhaber ihre volle Aufmerksamkeit zuwenden« (v. H.: Die deutsche Dogge, in: Mittheilungen über Landwirthschaft, Gartenbau und Hauswirthschaft 10/40 (1888), S. 235–236, hier S. 235).

»Was seine äußere Erscheinung anbelangt, so dürfte es in der Tat schwer fallen, einen anderen Hund zu finden, der eine größere Symmetrie der Formen (Rumpf genau quadratisch) aufwiese. [...] Zähne kräftig und gleichmäßig, [...] der Nacken gut bemuskelt, [...] Rücken [...] stramm und gerade, [...] Keulen und Schenkel kräftig, stark und muskulös ohne Einsenkungen, [...] Läufe vollkommen gerade und stark in den Knochen. Pfoten kräftig [...] und geschlossen, mit starken Sohlen. [...] Das Haar soll straf und fest anliegen«.[272]

Natürlich fiel es den Schäferhundezüchtern mitnichten schwer, in ihrer beliebten Rasse »einen Hund zu finden«, der auch körperlich noch vorzüglicher geformt war als der Airedaleterrier oder jede andere Rasse. Der Schäferhund, für dessen Platzierung an der Spitze der Rassehundehierarchie wie für keine andere Rasse im Kaiserreich gekämpft wurde, gewann seinerzeit die »Zuneigung jeden Hundefreundes« nicht nur aufgrund seiner »geistige[n] Eigenschaften« und der von ihm vollbrachten Hochleistungen auf der Weide, am Tatort oder an der Front, sondern auch deswegen, weil er »[s]chon äußerlich« »von stark mittelgroßem, [...] kräftigem Körperbau, [...] leichten, sehnigen Läufen und klugem Gesichtsausdruck« ausgezeichnet war.[273] Gerade die Vorzeigerasse der wilhelminischen Rassehundezuchtbewegung musste dem Stereotyp des »schönen« Hundekörpers unbedingt entsprechen.

Die letzten Ausführungen bezüglich des Schäferhundes lassen erkennen, dass das Verpartnerschaftlichungspotenzial der Rassehundezucht zu einem großen Teil auf eine selbsterfüllende Prophezeiung hinauslief. Die Züchter beabsichtigten von Anfang an, Hunde zu züchten, die die Zuneigung der Menschen leichter gewinnen würden. Sie wollten Tiere kreieren, die die Menschen besser fänden, von denen sie wünschten, mit ihnen in Kontakt zu kommen. Der Körper, die äußerliche Erscheinung war das konkreteste Zeichen dafür, dass die reinrassigen Hunde es in der Tat verdienten, Partner von Menschen zu sein. Indem ihre Gestalten auf die ästhetischen Ideale der Menschen in geradezu stereotypischer Weise zugeschnitten wurden, stand ihnen ihre Zugehörigkeit zur menschlichen Gesellschaft sozusagen auf der Stirn und jedem anderen Körperteil geschrieben. Die Rassehundezucht war ihrem Wesen nach ein Projekt der Vermenschlichung und der Verpartnerschaftlichung.[274]

Die Zuneigung, die Menschen im Kaiserreich speziell zu Rassehunden mit »schönen« Körpern empfanden, ist auch in zeitgenössischen Selbstzeugnissen zu finden. Obwohl es mittlerweile klar werden sollte, dass Menschen im Kaiserreich, je nach persönlichen Vorlieben und sozialem Hintergrund sehr viele unterschiedliche Tiertypen als Haustiere hielten und dass sie dabei sehr variable Interaktionsformen mit diesen Kreaturen pflegten, muss doch vor allem für den Fall der Hunde festgestellt werden, dass die Deutschen in der damaligen Zeit nicht zuletzt Rassetiere besonders schätzten und liebten. Wenn die Katze, wie im vorigen Kapitel dargelegt, im 19. Jahrhundert noch nicht zu ei-

272 Emil Ilgner: Airedale-Terrier, in: Der Lehrmeister im Garten und Kleintierhof 3/25 (1904), S. 388–389, hier S. 389.

273 Der deutsche, kurzhaarige Schäferhund, in: Haus, Hof und Garten 22/15 (1900), S. 114.

274 Vgl. zu einer ähnlichen Verquickung zwischen der Rassehundezucht und der Verpartnerschaftlichung von Hunden im modernen Japan: Skabelund: Empire, S. 95.

ner richtigen Partnerin des Menschen gemacht wurde, dann lag das u.a. daran, dass die Zucht von Katzen noch nicht wirklich Fuß gefasst hatte und so die Auslese zwischen »besseren« und »schlechteren« Katzen von Anfang an nicht existierte.[275] Die von den Kynologen auf den Weg gebrachte Rassehundezucht war dagegen nicht nur dafür verantwortlich, dass die deutsche Hundebevölkerung in gewissem Maße nach rassischen Einteilungen neu organisiert wurde; sie sorgte auch dafür, dass sich dem Hund, der nunmehr endlich als das »verständigste[], teuerste[] und vielfach unentbehrliche Hausthier[]« wahrgenommen werden konnte, ein großes »Interesse [...] zugewendet hat«.[276]

Um ein recht prominentes Beispiel für diese Zuneigung zu den Hunden als speziell Rassehunden zu nennen: Während ihres Besuches bei ihrem Freund Otto von Bismarck in Friedrichsruh im Dezember 1889 störte sich die württembergische Baronin Hildegard von Spitzemberg (geb. 1843) an der Anwesenheit des sogenannten Reichshundes, der deutschen Dogge Tyras II. Den Hund, den der von der Baronin ungeliebte Kaiser Wilhelm II. dem Reichskanzler kurze Zeit davor als Ersatz für den verstorbenen Tyras I. geschenkt hatte, empfand Spitzemberg deswegen als eine »Last«, weil er in ihren Augen »ein abscheulicher schwarzer Köter [...] mit riesigem Kopfe, Triefaugen, [...] schmaler Brust, ganz ohne Rasse« war. »[N]eben der eleganten Rebekka [zu der Zeit die zweite »Reichshündin« Bismarcks] [war er] gar nicht anzusehen«. Aus diesem Zitat ist ersichtlich, inwieweit sich Vorstellungen über die Gegensätzlichkeit zwischen einerseits wirklich reinrassigen Hunden, wie es vermeintlich Rebekka oder Tyras I. gewesen waren, und andererseits »abscheuliche[n]« »Köter[n]« wie Tyras II., in die (gehobene) Gesellschaft inzwischen eingebürgert hatten. Für die Baronin von Spitzemberg stand außer Zweifel, mit welcher Art Hundetyp ein Mensch, gerade wenn er der Reichskanzler war, Kontakt haben solle. Spitzembergs Auslassungen über den nicht wirklich rassigen Tyras II. sowie Bismarcks Bemerkung: »[I]ch könnte ihn ja vergiften lassen«,[277] zeugen von dem ausgrenzenden Effekt, den der Hunderassismus auf die »Fixköter« haben konnte; aber sie reflektieren auch den großen verpartnerschaftlichenden Einfluss, den dieser auf die Beziehungen zwischen Menschen und »wirklich« reinrassigen Tieren oft ausübte.

Die »Reichshunde«, die trotz Spitzembergs Missbilligung doch allesamt als vollwertige deutsche Doggen in die Geschichte eingegangen sind,[278] waren dabei nicht die einzigen Tiere, die u.a. wegen ihrer erstklassigen Rassekörper von ihren Besitzern geliebt wurden. Auch in weniger berühmten Haushalten waren Menschen Hunden wegen deren körperlich erkennbarer Reinrassigkeit in besonderem Maße zugetan. »Mit Hunden sind

275 Siehe: Jean Bungartz: Katzenrassen, in: Die Gartenlaube 45 (1897), S. 746–747. »Überhaupt sind hier in Deutschland nur vereinzelt Rassenkatzen anzutreffen«, war beispielsweise im Haus, Hof und Garten 1900 zu lesen; siehe: Chincilla-Katze, in: Haus, Hof und Garten 22/7 (1900), S. 52. Vgl.: Ritvo: Estate, S. 22, 116.

276 Verein zur Veredelung der Hunderacen für Deutschland an den königlichen Staatsminister und Minister für Landwirtschaft, Domänen und Forsten Herrn Dr. Lucius, 08.05.1880 (GStA PK, I. HA Rep. 87 B, Nr. 22164).

277 Vierhaus (Hg.): Hof, S. 124–125.

278 Siehe: Wippermann: Biche, S. 192–194.

wir Buben aufgewachsen«, erzählt z.B. der Journalistensohn Eugen Roth über das enge Verhältnis, das er und seine Brüder mit den »drei reizende[n] Windspiele[n]« des Großvaters in München der 1900er Jahre pflegten; »nie mehr bin ich solchen Hunden begegnet, vom englischen Schlag, [...] spitzköpfig, gertenschlank. [...] Wir sprachen von ›Lord‹, ›Miss‹ oder ›Flock‹ wie von Familienangehörigen«. Die Windspiele, die ihren vermeintlichen Rassegenossen ähnelten, die einst »der alte Fritz in Sanssouci gehabt hatte«, waren dermaßen distinguiert, dass sie die Würdigung »der ganzen Stadt« gewannen. Eines Tages wurden »die schönen Tiere« bei einem Spaziergang im Nymphenburger Park sogar von keinem Geringeren als dem Prinzregenten gelobt.[279] Ein anderes Münchener Kind, das ungefähr zur selben Zeit von dem Haustier seiner eigenen Familie in erster Linie aufgrund des »schön« gebauten Körpers angezogen wurde, war Klaus Mann. Den kleinen Mann, der wie seine Geschwister zu dem Collie Motz eine dermaßen starke Verbundenheit empfand, dass dieser für die Kinder eine »Grundtatsache« ihres Familienuniversums darstellte, faszinierte vor allem die äußerliche Erscheinung des Hundes, etwa die »elegant geformte, hellrote Zunge«, »die schönen, bernsteinfarbenen Hundeaugen« oder der »seidige[] Nacken«.[280] Die Tatsache, dass Motz als ein reinrassiger Collie in der Familie als ein echter »Aristokrat« betrachtet wurde,[281] schien seine Attraktivität erhöht zu haben. Das mag auch der Grund dafür gewesen sein, weshalb Klaus Manns Vater sich ein paar Jahre später dazu genötigt fühlte, seiner Leserschaft gegenüber sehr ausführlich zu begründen, wieso er Motz' Nachfolger, den Hühnerhund Bauschan, der »etwas nach Außen gebogen[e]« Vorderbeine hatte und dem »Idealbilde reiner Züchtung nur ungenau« entsprach, trotzdem als »ein schönes und gutes Tier« betrachtete.[282]

Auch auf den Straßen Berlins konnte man um die Jahrhundertwende Zeuge von Äußerungen extremer Zuneigung gerade rassischen Hunden gegenüber werden. Friedrich Schmidt-Ott (geb. 1860), seit 1888 Beamter im Preußischen Kultusministerium, erinnerte sich in seiner Autobiographie an einen Vorfall mit seinem damaligen Vorgesetzten und Freund, dem Kultusminister Friedrich Althoff: Als beide Männer einmal durch die Potsdamer Straße fuhren, sprang Althoff plötzlich aus der Straßenbahn, als er merkte, wie »ein vorübergehender Herr einen kleinen Rehpinscher [= Zwergpinscher] bei sich führte, der ihn an seinen früheren Lieblingshund aus der Straßburger Zeit [Althoff hatte zwi-

279 Eugen Roth: Lebenslauf in Anekdoten, München/Wien: Hanser 1963, S. 33.

280 Klaus Mann: Der Wendepunkt. Ein Lebensbericht, Reinbek bei Hamburg: Rowohlt Taschenbuch Verlag 2006, S. 36, 57.

281 Thomas Mann: Herr und Hund. Ein Idyll, Frankfurt a.M.: Fischer Taschenbuch Verlag 2007, S. 13.

282 Ebd., S. 7–8. Zur Gegensätzlichkeit zwischen dem »adligen« Motz und dem »bäuerlichen« Bauschan vgl.: Hermann Kurzke: Thomas Mann. Das Leben als Kunstwerk. Eine Biographie, München: Beck 2006, S. 293–294. Zu einer Interpretation der Beziehung zwischen Thomas Mann und Bauschan als einer Mensch-Partnertier-Beziehung im Sinne von Haraway siehe: Julia Bodenburg: Auf den Hund gekommen. Tier-Mensch-Allianzen in Donna Haraways Companion Species Manifesto und Thomas Manns Erzählung Herr und Hund, in: Jessica Ullrich/Friedrich Weltzien/Heike Fuhlbrügge (Hg.): Ich, das Tier. Tiere als Persönlichkeiten in der Kulturgeschichte, Berlin: Reimer 2008, S. 283–294.

schen 1871 und 1882 in Straßburg gelebt] erinnerte. Er kaufte ihm das Tierchen sogleich ab«.[283] Nicht so sehr die Erscheinung des Hundes als eines individuellen Tiers als vielmehr seine Zugehörigkeit zu einer spezifischen Rasse bewegte den allmächtigen Kultusminister im Bruchteil einer Sekunde dazu, ihn zu seinem Haustier zu machen. Es war das Attribut Rasse, das Zwergpinschersein des Hundes, das hier als Auslöser von Verpartnerschaftlichung wirkte.[284] Hunde wurden im Kaiserreich nicht zuletzt dadurch zu Partnertieren, dass sie rassifiziert wurden.

## ZUSAMMENFASSUNG

Die Rassehundezucht im Kaiserreich war vor allem eines: ein Plagiat aus dem sozialen Universum der Menschen.[285] Die Klassifikations- und Hierarchisierungssysteme, die im Laufe des 19. Jahrhunderts mit dem Siegeszug von rassistischen Weltanschauungen in der menschlichen Gesellschaft zur Geltung kamen, wurden anschließend auf die Hunde projiziert. Die Bedeutung dieses Prozesses für die Geschichte der modernen Haustierhaltung kann nicht überschätzt werden. Denn erst dank dem Rassismus begannen die Menschen in Deutschland, die sie umgebenden Hunde als Bestandteile einer Bevölkerung, einer Quasigesellschaft zu betrachten, die analog zur menschlichen Gesellschaft arrangiert und fortentwickelt werden müsse. Das hatte zur Folge, dass das utopische Moment, das jeder Art von rassistischen Ideologien im 19. Jahrhundert zu eigen war, im Fall der Hunde auf das Versprechen einer radikalen Annäherung dieser Tiere an die Menschen und deren Gesellschaft hinauslief. Im rassistischen Kaiserreich bedeutete sozialer Fortschritt u.a. auch eine enge Zusammenkunft von Menschen und Hunden.

Das ist am deutlichsten in der Betrachtung des Hunderassismus als eines ideologischen Komplexes zu erkennen. Die Analyse der Grundziele der Kynologie sollte unterstreichen, dass die früheren Hunderassisten das Projekt der Rassehundezucht als eine Gesellschaftsreform verstanden, dass sie wünschten, dass die rassistische Ordnung sich über die gesamte Hundebevölkerung und über sämtliche Besitzer-Hund-Verhältnisse im Deutschen Reich erstrecken würde. Gerade weil die heutige Rassehundezucht eine weitgehend liberal-kommerzielle Angelegenheit ohne jegliche Komponenten einer normativen sozial-kollektivistischen Weltanschauung geworden zu sein scheint, ist es wichtig, auf die markanten gesellschaftsbezogenen Prinzipien aufmerksam zu machen, mit denen die Rassehundezucht zumindest im deutschen Fall ursprünglich verbunden war. Die Rassehundezucht in ihrer ehemaligen wilhelminischen Erscheinungsform war ohne den Begriff der Bevölkerung gar nicht denkbar. Auch wenn es aus heutiger Sicht ein biss-

283 Friedrich Schmidt-Ott: Erlebtes und Erstrebtes 1860–1950, Wiesbaden: Steiner 1952, S. 104.

284 Wie Haraway bezüglich ihres australischen Schäferhundes gesagt hat, »I fell in love with kinds as well as with individuals« (Donna J. Haraway: When Species Meet, Minneapolis: University of Minnesota Press 2008, S. 96).

285 Siehe: John Borneman: Race, Ethnicity, Species, Breed. Totemism and Horse-Breed Classification in America, in: Comparative Studies in Society and History 30/1 (1988), S. 25–51, hier S. 48.

chen kurios klingt, war sie durch und durch eine Ideologie des Sozialen und des gemeinschaftlich gesteuerten Lebens.

Die gesellschaftliche Verortung sollte als der zweite Bestandteil des hier zusammengefügten Hunderassismusmosaiks genau diesen Punkt weiter herausstellen. Die Verbindung des Hunderassismus mit einem klassenspezifischen Ethos, der zu einem großen Teil auf Fragen der Positionierung und Machtverteilung innerhalb des sozialen Feldes bezogen war, war dafür verantwortlich, dass auch die Hunde zu Kreaturen mit sozialer Bedeutung wurden. Die veredelten Hunde, diejenigen also, die ihre Existenz dem Aufkommen der modernen Rassezucht zu verdanken hatten, wurden von Anfang an als »soziale Tiere« (re-)produziert. Dieses Wechselspiel zwischen den inhaltlichen und den gesellschaftlichen Elementen der Kynologie kam am deutlichsten in der Angelegenheit der Rassekennzeichenbestimmung zum Ausdruck. Fragen der sozialen Macht innerhalb der menschlichen Klassengesellschaft beeinflussten die Konzeption der Ideologie der Rassehundezucht derart, dass deren Gegenstand – die Tiere selbst – zu einem Objekt eben dieser Machtbehauptung auf dem Gebiet zwischenmenschlicher Auseinandersetzungen wurden. Die Anwendung von genealogischen Methoden zur Sicherung der Reinrassigkeit der Hunde war dabei nur die extremste Manifestation dieser Übertragung von menschenbezogenen sozialen Aspekten auf die gesellschaftliche Struktur der Hundewelt.

Die dem Hunderassismus innewohnende Annäherung zwischen Menschen und Tieren wurde durch die Zukunftsorientierung der kynologischen Bewegung zu einem praxisorientierten Programm. Das Hinweisen auf die Existenz einer Hunde-»Eugenik« im Kaiserreich ist für eine Geschichte der modernen Haustierhaltung deswegen wichtig, weil dadurch klar wird, inwieweit aus hunderassistischer Perspektive eine enge Integration von Tieren in die menschliche Gesellschaft als ein Moment der Gesellschaftsverbesserung verstanden wurde. Die Übertragung von eugenischem Gedankengut auf die züchterische Behandlung der Hunde lief insofern auf eine Gleichsetzung von einer Sozialreform und einer Verpartnerschaftlichung zwischen Menschen und Tieren hinaus. Die Tatsache, dass im kynologischen Fall die »Eugenik« zum größten Teil positiv und lebensbejahend konzipiert wurde, hebt noch stärker diese konstruktive Einwirkung des Rassismus auf die Entstehung von partnerschaftlichen Mensch-Tier-Beziehungen hervor. Die lamarckistische Voreingenommenheit der Hunde-»Eugeniker« ist in dieser Beziehung nicht bloß in wissenschafts-, sondern auch in sozialgeschichtlicher Hinsicht von sehr großer Bedeutung. Wie wir im letzten Abschnitt des Kapitels sehen konnten, blieb dieses Integrationsversprechen keine reine Erwartung an die Zukunft, sondern war bereits in der Zeit des Kaiserreichs ein Phänomen, das sich sowohl auf der Ebene des öffentlichen Lebens als auch sehr konkret in alltäglichen Interaktionen zwischen Menschen und Haustieren manifestieren konnte. Der Rassismus rückte in der Tat menschliche und tierische Kreaturen näher aneinander.

Die in diesem Kapitel erzählte Geschichte mag ein gewisses Unbehagen auslösen. Die Einbettung zwischen Rassismus und Mensch-Tier-Partnerschaftlichkeit in der modernen deutschen Geschichte ist keine schöne Vision. Gerade weil der Rassismus anders als z.B. in England, wo die Rassehundezucht eher der Entfaltung von Exklusivität und (zwischenmenschlichen) sozialen Distinktionen diente,[286] in Deutschland doch so integrierend auf die Hunde wirkte, irritiert der Zusammenhang sehr. Ohne auf die Frage des Vorhandenseins oder Nichtvorhandenseins möglicher Kontinuitäten gründlich einzugehen, muss doch klargestellt werden, dass keine direkte Linie von dem Hunderassismus des Kaiserreichs zu den rassistisch motivierten Gräueltaten des »Dritten Reichs« führt. Das ist vor allem in tiergeschichtlicher Perspektive relativ eindeutig zu konstatieren. Gegen Haustiere und Haustierbesitzer ausgeübte Verbrechen, wie allen voran die im Mai 1942 verabschiedete Verordnung zur Untersagung der Haustierhaltung in jüdischen Haushalten, wurden durch menschen- und eben nicht durch tierrassistische Überlegungen motiviert. Es war die rassistische Stigmatisierung nicht der Tiere, sondern deren menschlichen Halter, die das Schicksal vieler Hunde und Katzen, die infolge der Verordnung getötet wurden, besiegelte. Ein durchweg anthropozentrischer Rassismus war dafür verantwortlich, dass diese Haustiere aus der »Volksgemeinschaft« ausgegrenzt wurden. Die tiervernichtende Praxis war hier bloß eine Konsequenz einer menschenbezogenen Rassenideologie,[287] die sehr wenig mit den posthumanistischen Dimensionen des Rassismus der Jahrhundertwende gemein hatte.

Aber nicht nur der Blick auf die Nachgeschichte, auch die Berücksichtigung von Elementen des Hunderassismus im Kaiserreich selbst lässt unser Bild der wilhelminischen Rassehundezucht etwas freundlicher erscheinen. Da ist z.B. die Tatsache, dass der wilhelminische Hunderassismus im Prinzip ein Rassismus der »herderianischen« Art war. Das heißt: Dieser Rassismus akzeptierte grundsätzlich alle Hunderassen als wertvoll. Die Kynologen stellten keine wesentliche Hierarchisierung zwischen den verschiedenen Rassengruppen her. Im Prinzip wurden sämtliche Rassen eingeladen, als (mehr oder weniger) gleichwertige Mitglieder an der Gemeinschaft der reinrassigen Haustiere teilzunehmen. Bemühungen wie diejenigen des Schäferhundevereins und vor allem seines Begründers, »whose rhetoric anticipated Nazi racial doctrines«,[288] eine einzige Rasse über alle anderen zu stellen, waren eher die Ausnahme. Es darf nicht vergessen werden: Es gab keine »Juden« (und dementsprechend auch keine »Arier«) unter den Hunderassen. Die Kynologen verachteten stets nur die Rasselosen, die »Fixköter«. Ob diese Tatsache die Rassehundezucht des Kaiserreichs in einem besseren Licht erscheinen lässt, sei dahingestellt. Die Unmöglichkeit, den Tier- mit dem Menschenrassismus eins zu eins gleichzusetzen, demonstriert sie aber sehr wohl.

Das Bild wird sogar noch bunter, sobald man die Hunde einmal beiseitelässt und andere Haustiere in die Diskussion einbezieht. In der Kleinnutztierzucht spielte z.B. das Gebot der Reinrassigkeit nur eine zweitrangige Rolle, denn nicht die Erhaltung einer abstrakten Blutreinheit, sondern die Steigerung von Produktivität war das oberste Ziel

---

286 Ritvo: Estate, S. 94, 102.

287 Siehe: Maren Möhring: »Herrentiere« und »Untermenschen«. Zu den Transformationen des Mensch-Tier-Verhältnisses im nationalsozialistischen Deutschland, in: Historische Anthropologie 19/2 (2011), S. 229–244, hier S. 240–241. Vgl.: Götz Aly: Hitlers Volksstaat. Raub, Rassenkrieg und nationaler Sozialismus, Frankfurt a.M.: S. Fischer 2005, S. 351.

288 Skabelund: Empire, S. 103.

der Zuchtarbeit,[289] was u.a. eine Vorliebe für gekreuzte Multifunktionsrassen entstehen ließ.[290] Aber vor allem der Fall der Stubenvögel offenbart die Mehrschichtigkeit des zeitgenössischen Haustierrassismus. Anders als bei der Hundezucht galten in der Singvogelzucht gerade Kreuzungen zwischen unterschiedlichen Rassen oder Arten als eine höchst willkommene Methode.[291] Obwohl man sich auch in der Ornithologie ein auf rassischen Einteilungen basierendes Klassifikationssystem teilweise aneignete, wollten Ornithologen und Stubenvogelzüchter eine möglichst große Mannigfaltigkeit von Zuchtprodukten erzielen. Das hatte zur Folge, dass weniger eine Rassenreinheit als vielmehr eine *Rassenvermischung* zum Hauptprinzip der Zucht wurde. Mischlinge wurden nicht geächtet, sondern waren gerade attraktiv. Vielfalt, nicht Uniformität war hier die Grundmaxime: Die Kanarienvögel träten inzwischen »in fast allen Farben und Zeichnungen« auf,[292] bewunderte ein prominenter Ornithologe die Leistung seiner Kollegen in der Kreierung einer grenzenlosen Buntscheckigkeit. So konnte man in der Ornithologie schließlich sogar zu der Meinung gelangen, dass die »gegenwärtige Richtung in der Systematik [...] sich auf einem Irrwege« befinde. Denn: »Die Natur selbst kennt kein System, sie hat nur Individuen, keine Familien, keine Ordnungen«.[293] Die Grundprinzipien des Rassismus waren selbst im Kaiserreich kein Heiligtum. Das ist der eindeutigste Ausdruck des Facettenreichtums des wilhelminischen Haustierrassismus, der Hass und Freundschaft, Ausgrenzung und Verpartnerschaftlichung eng miteinander verband.

289 »Die Rassenreinheit fällt bei der Nutzgeflügelzucht gar nicht in Betracht, wenn nur die Hühner viele und große Eier legen, gesund, wetterhaft und zuchtfähig sind«, war typischerweise in einer hortikulturellen Zeitschrift zu lesen; siehe: Wie verschafft man sich gutlegende Hühner?, in: Der Praktikus 4/18 (1906), S. 2.

290 Siehe z.B.: H. Duncker: Die rationelle Kaninchenzucht oder die Principien der allgemeinen Thierzucht und Thierpflege in ihrer Anwendung auf das veredelte Kaninchen, Bernau bei Berlin: Selbstverlag 1874, S. 40–41; G. Maercker: Kreuzung eines Land- und Wasservogels, in: Oesterr-ung. Blätter für Geflügel- und Kaninchenzucht 2/5 (1879), S. 66–67; Burchard Blancke: Zucht auf Leistung, in: Deutsche landwirtschaftliche Geflügel-Zeitung 9/4 (1905), S. 41–42; ders.: Der Wert der Kreuzungen für die Nutzgeflügelzucht, in: Deutsche landwirtschaftliche Geflügel-Zeitung 9/17 (1906), S. 198–199; Black-Silber-Kreuzung, in: Der Praktikus 4/3 (1906), S. 4.

291 Siehe als einzelne Beispiele: Georg Theobald Klatt: Über den Bastard von Stieglitz und Kanarienvogel, Leipzig: Engelmann 1901; Valentin Häcker: Über die neueren Ergebnisse der Bastardlehre, ihre zellengeschichtliche Begründung und ihre Bedeutung für die praktische Tierzucht, in: Archiv für Rassen- und Gesellschaftsbiologie 1/3 (1904), S. 321–338, hier S. 323; Friedrich Hildebrand/Hans Böker: Ueber Bastardierung zwischen Grünling und Stieglitz, in: Ornithologische Monatsschrift 39/6 (1914), S. 318–327.

292 Ernst Bade: Figuren- und Farbenkanarien, in: Die Gartenlaube 33 (1905), S. 599–600, hier S. 600.

293 Allgemeine Deutsche Ornithologische Gesellschaft zu Berlin: Bericht über die Hauptversammlung (17. Jahresversammlung) der Deutschen Ornithologischen Gesellschaft, 20.10.1892 (GStA PK, I. HA Rep. 87 B, Nr. 20033).

# Schlussbemerkung. Viele verschlungene Pfade zur Haustierhaltung

Haraway schreibt: »The coming into being of something unexpected, something new and free, something outside the rules of function and calculation, something not ruled by the logic of the reproduction of the same, *is* what training with each other is about«.[1] Anders als das Agility-Training – für Haraway das Paradebeispiel für die Entfaltung von partnerschaftlichen Verhältnissen zwischen Mensch und Tier – scheint die in dieser Arbeit skizzierte Entwicklung aus heutiger Perspektive doch etwas allzu Bekanntes zustande gebracht zu haben. Für Menschen in westlichen Ländern des frühen 21. Jahrhunderts ist es eine Selbstverständlichkeit, dass eine riesige Anzahl von Haustieren Teil ihrer Gesellschaft sind. Wenn uns die oben erzählte Geschichte doch ein einigermaßen neues, überraschendes Bild der modernen Haustierhaltung zu liefern vermochte, dann hatte das weniger mit dem übergreifenden Resultat, mit der Haustierhaltung an sich zu tun als vielmehr mit dem Weg zu diesem Resultat, nämlich mit der Entstehung der Beziehungen. Der vorliegenden Arbeit liegt die Motivation zugrunde, allgemeine Narrative über die Verbreitung von Mensch-Haustier-Verhältnissen in der Neuzeit zu problematisieren. Das konnten wir erst dadurch erreichen, dass wir die Haustierhaltung (zunächst) dekonstruiert haben: Wir haben die Haustierhaltung nicht länger als ein ganzheitliches Phänomen betrachtet, von dem wir angenommen haben, dass es irgendwie in unserer Welt existiere, auch wenn wir es nie wirklich definieren könnten; wir haben stattdessen die spezifischen Kontaktaufnahmen, d.h. die Prozesse, die aus einer Perspektive eines Ursache-Wirkungs-Erklärungsmodells das Ergebnis, d.h. die Haustierhaltung selbst, entstehen ließen, zu unserem eigentlichen Untersuchungsthema gemacht. Ausgerechnet diese Verschmelzung des Erklärenden mit dem Erklärten hat es uns ermöglicht, Erklärungen für die Etablierung der modernen Haustierhaltung zu erarbeiten, die diese als ein Dickicht von verschiedenen verschränkten Faktoren präsentierten, die in den meisten historischen Narrativen über die moderne Haustierhaltung nicht zur Sprache kommen.

Denn gerade dadurch, dass wir unser Augenmerk auf die alltäglichen Interaktionen

1 Donna J. Haraway: When Species Meet, Minneapolis: University of Minnesota Press 2008 S. 223 (Hervorhebung im Original).

»as the smallest unit of being and of analysis«[2] gerichtet haben, offenbarte sich uns das in der Tat große und vor allem multidimensionale Universum, in dem partnerschaftliche Beziehungen zwischen Menschen und Tieren im Deutschen Kaiserreich zustande kommen konnten. Im ersten Kapitel haben wir z.B. »große« Zäsuren wie die Industrialisierung und die Urbanisierung als Triebkräfte in der Etablierung einer massenhaften Haustierhaltung dadurch identifizieren können, indem wir unseren Blick ins Innere des Hauses und auf die kleinen tierlichen Elemente dort gerichtet haben. Erst durch die Fokussierung auf diese kleinen Komponenten konnten wir erkennen, inwiefern im Zuge der Proletarisierung von Millionen von Bauern und der Entstehung der Arbeiterklasse zahllose Nutztiere ihren Weg in die privaten Wohnungen von Menschen fanden. Mehr noch: Weil wir die Nutztierhalter selbst zu Wort kommen ließen und ihre Berichte über ihre alltäglichen Arbeitspraktiken mit den genutzten Tieren bis ins kleinste Detail gelesen haben, konnten wir sehen, inwieweit materielle Bedürfnisse und Interessen eine freundliche Hinwendung an die Ressource Nutztier veranlassten. Auch der größere Zusammenhang zwischen der Etablierung der Marktwirtschaft und der Intensivierung der engen Beziehungen zwischen Halter und Nutz-/Partnertier ist nirgendwo sonst deutlicher zum Ausdruck gekommen, als in den ausführlichen Texten der Kleinnutztierzuchtexperten über die alltäglichen Arbeitspraktiken in den neuen, »rationalisierten« Zuchtbetrieben.

Dass ausgerechnet kapitalistische Visionen eine radikale Intimisierung der Beziehungen zwischen Züchter und Nutz-/Partnertier anregten, ist ein Beispiel für die Verschränkung der Haustierhaltung mit Phänomenen, mit denen sie grundsätzlich nicht viel gemein hat. Auch das zweite Kapitel hat eine derartige unerwartete Verschränkung präsentiert. Der deutsche Obrigkeitsstaat fand seinen Weg in unsere humanimalische Beziehungsgeschichte nicht deswegen, weil er die Haustierhaltung bloß beeinflusste, sondern weil er sie positiv beeinflusste. Die Bekämpfung der Tollwut und die Besteuerung der Haltung von Hunden sind selbstverständliche Anzeichen dafür, dass es Berührungspunkte zwischen dem Staat und der Haustierhaltung gab und gibt. Ein *close reading* der Gesetzesfassungen und der Polizeiakten und eine ins Detail gehende Analyse der als optimal dargestellten Besitzer-Haustier-Verhältnisse offenbart aber in noch signifikanterer Weise, dass sich die behördliche Einmischung in die Privatsphäre der Haltung entgegen unserer vorläufigen Erwartung auf die Haustierhaltung weitgehend günstig auswirkte. Dank der akribischen Vertiefung in die Texte ist klar geworden, dass die Behörden als Agenten der Konstruktion von partnerschaftlichen Mensch-Hund-Beziehungen agierten. Das zeigt die große Komplexität der enthüllten Konstellation. Denn dem konstruktiven Effekt der behördlichen Einmischung lagen ausgerechnet staatliche Praktiken der Kontrolle und der Überwachung zugrunde. Die Staatsapparate leisteten der Individualität der Halter-Hund-Bindung nicht zuletzt dadurch einen Vorschub, dass sie die Bewegungsfreiheit von Hunden einschränkten und den laxen Umgang von Besitzern mit ihren Tieren kriminalisierten. Das heißt: Erst indem die Behörden die individuellen Freiheiten von Tieren und Menschen begrenzten, konstruierten sie sie als unverwechselbare Individuen und rückten sie einander näher. Das war die paradoxe Konsequenz der Verschrän-

2 Ebd., S. 165.

kung der wilhelminischen Haustierhaltung mit der Gouvernementalität des zeitgenössischen Liberalismus.

Auch im dritten Kapitel hat sich die Haustierhaltung, spezifisch die Wildhaustierhaltung, mit ihrem größeren Kontext auf eine komplizierte Art und Weise verquickt. Es ist schon an sich etwas seltsam, dass ausgerechnet die Ausbreitung einer hochintellektuellen Tätigkeit wie das Betreiben von Wissenschaft eine massenhafte Inkorporation von kleinen Wildtieren in bürgerliche Häuser nach sich zog. Umso frappierender ist aber der Befund, dass indem die Populärwissenschaftler die wilden Kreaturen mit ihren Bildungsaspirationen verbanden, sie diese nicht nur nicht entwilderten oder entanimalisierten, sondern vielmehr überhaupt erst einmal als wilde Tiere »kreierten«. Die Tatsache, dass die wissenschaftlich inspirierte intensive Einmischung der Menschen in das Leben der von ihnen gehaltenen Tiere deren Aktionalität stimulierte, ist wiederum ein Beispiel dafür, dass man seine Suche nach der tierlichen Agency in der Geschichte nicht zuletzt bei der menschlichen Agency beginnen sollte. Die Agency des Tieres entfaltete sich im spezifischen Fall der Wildhaustierhaltung im Kaiserreich nicht in Unabhängigkeit, sondern gerade in (enger) Relation zum aktiven, intentionalen Handeln der Menschen. Diese Erkenntnis konnten wir deswegen gewinnen, weil wir es vermieden haben, das Phänomen der Domestikation in das übergreifende Paradigma des Zivilisationsprozesses hineinzuzwängen. Nur weil wir es vorgezogen haben, nicht nach der Domestikation per se, sondern nach Domestikationspraktiken in den kleinen Geschichten der Halter-Wildhaustier-Interaktionen zu suchen, ist uns klargeworden, wie multidimensional der wilhelminische Domestikationskomplex war. Wir haben gesehen, wie im Rahmen der Wildhaustierhaltung Gefangenschaft und Freiheit, Künstlichkeit und Natürlichkeit, Gewalt und häusliche Unterhaltung und obendrein Vermenschlichung und Verwilderung bis zur Untrennbarkeit vermischt waren. Daraus können wir auch lernen: Gerade wenn man die menschlichen Zeitgenossen bzw. die Bürger zu Wort (oder zum Erzählen) kommen lässt, sieht das angeblich anthropozentrische 19. Jahrhundert deutlich weniger anthropozentrisch aus. Um den humanimalischen Charakter des Kaiserreichs offenzulegen, muss man nicht die Quellen mithilfe heutiger posthumanistischer Theorien interpretieren; es genügt, die Erzählungen der zeitgenössischen Tierhalter selbst wortnah zu lesen.

Das gilt erst recht für die Erzählungen der Hunderassisten. Menschen, die sich am Ende des 19. und zu Beginn des 20. Jahrhunderts mit der Hundezucht befassten, war es eine Selbstverständlichkeit, dass menschenbezogene und tierbezogene Rassenlehren und »-realitäten« miteinander eng korrelierten. In dieser Hinsicht waren die Rassehundezüchter in der Tat Initiatoren eines radikalen humanimalischen *becoming-with*-Projekts, die bei Gewahrwerden der Unmöglichkeit, die zwei Seiten zu trennen, diese miteinander sogar noch enger zu verbinden wünschten. Es ist in gewisser Hinsicht eine Ironie der Geschichte, dass gerade das, was im Kaiserreich Menschen und Tiere miteinander verband, sie in der deutschen Gesellschaft der Gegenwart voneinander trennt. Wir nehmen es heute als naturgegeben hin, dass es Hunde- und andere Tierrassen gibt. Dabei scheuen wir uns (weitgehend) davor, von Menschenrassen zu sprechen. Aber der Blick zurück auf das Kaiserreich hat gezeigt, dass die Klassifizierung der Hunde nach Rassen eine Folge der Übertragung von menschenrassistischen Konzeptionen auf die Haustiere war. Im Fall der Hunde »gab« es Menschenrassen, ehe es Tierrassen »gab«, und so lief diese Übertragung auf eine Vermenschlichung und auf eine Annäherung hinaus. Zu diesem

Befund, dass somit ausgerechnet der Rassismus Tiere als Partnertiere in die menschliche Gesellschaft einschloss, gelangten wir, indem wir von der heutigen Perzeption der Trennung abgerückt sind und dafür die Rassehundezuchtideologie der Zeitgenossen selbst, in ihren eigenen Worten, unter die Lupe genommen haben. Erst durch diese Annäherung an die ausführlichen Texte der wilhelminischen Hunderassisten, erst dadurch, dass wir »in the nightmare of History« eingetaucht sind,[3] konnten wir erkennen, welch verpartnerschaftlichende Kraft der ganzheitliche, nämlich der humanimalische Rassismus des Kaiserreichs entfaltete.

Wenn wir all diese Aspekte zusammen betrachten, gelangen wir auf einer theoretischen Ebene zu der Schlussfolgerung, dass es in der Tat wenig Sinn ergibt, nur die Mensch-Haustier-Beziehungen an sich, d.h. nur die direkten Interaktionen zwischen Halterin und Partnertier ins Auge zu fassen. Um die soziale Realität des historischen Mensch-Haustier-Verhältnisses zu erfassen, müssen wir es aus seiner Isolation in der Einzelbeziehung als »the smallest unit of being and of analysis« befreien und in breitere und vor allem multidimensionalere Beziehungs- und Gesellschaftskomplexe setzen. Aber um die Verquickung der Haustierhaltung mit anderen sozialen Feldern in all ihrer Verworrenheit sichtbar machen zu können, müssen wir es vermeiden, sie allzu schnell mit typologischen Kategorien wie etwa der Beherrschung der Natur, der Entfremdung des Lebewesens oder anderen allzu vertrauten, aber doch abstrakt bleibenden »pet love's analytical ›outside[s]‹ «[4] in Verbindung zu bringen. Dafür muss unser Ausgangspunkt immer bei den Halterin-Haustier-Interaktionen selbst und bei ihrer historischen und situativen Spezifität beginnen. Erst wenn wir diese bei all ihrer Bescheidenheit ernst nehmen und ernst behandeln, entdecken wir das in der Tat große soziale Gemisch, in welchem die Haustierhaltung eine einzelne Komponente neben vielen anderen war. Die Haustierhaltung des Kaiserreichs ist ein Beispiel dafür, dass es sich manchmal lohnt, die Dinge zunächst außerhalb des Kontextes zu betrachten, um anschließend ihre größeren, reicheren Zusammenhänge und Bedeutungen zu erblicken. Sie liefert eine eigenartige Bestätigung der Feststellung, dass »the discipline of history is, above all, the discipline of context«.[5]

Auf einer inhaltsbezogeneren Ebene zeigt uns dieses komplexe Wechselspiel zwischen der Haustierhaltung und ihren Kontexten aber auch, dass Mensch-Haustier-Beziehungen im Deutschen Kaiserreich auf sehr unterschiedlichen Wegen zustande kommen konnten. Das ist ein Indiz für die Pluralität und dabei auch für die Aufgeschlossenheit der deutschen Haustierhaltung in ihrer historischen wilhelminischen Form. Menschen im Kaiserreich hatten keine sehr ausgeprägten Vorlieben für die Haltung von bestimmten Tierarten oder -typen als Haustieren, und sie handelten nicht nach einem vorgegebenen Repertoire von Regeln, wenn sie eine humanimalische Beziehung initiierten

3 Walter Johnson: On Agency, in: Journal of Social History 37/1 (2003), S. 113–124, hier S. 121.

4 Siehe: Nast, Heidi J.: Critical Pet Studies?, in: Antipode. A Radical Journal of Geography 38/5 (2006), S. 894–906.

5 E. P. Thompson: Anthropology and the Discipline of Historical Context, in: Midland History 1/3 (1972), S. 41–55, hier S. 45.

und in eine Partnerschaftlichkeit mit Tieren eintraten. Sie hatten keine »Skrupel«, sich mit Tieren anzufreunden, die sie (nicht zuletzt) als Nahrungsmittel großzogen, oder mit solchen, die sich brutal und unmenschlich verhielten. Sie respektierten, dass die Katzen, die sie liebten, eine gewisse Distanz ihnen gegenüber hielten und ihre eigenen, auch gewalttätigen Wege gingen. Sie waren bereit, ihre Hunde mit anderen Besitzern zu teilen, und sie stellten im Großen und Ganzen keine Hunderassenhierarchie her. Die Hunde aller Rassen waren für sie willkommene Partner. Wir müssen am Schluss dieser Arbeit auch diese Unbefangenheit der wilhelminischen Haustierhalter würdigen, denn sie war die Voraussetzung dafür, dass so viele Tiere auf so unterschiedlichen, komplexen Art und Weisen in die damalige deutsche Gesellschaft integriert wurden. Sie war auch die Voraussetzung dafür, dass eine Geschichte von Mensch-Haustier-Verhältnissen im Kaiserreich es vermag, gängige Narrative über die Entfaltung der modernen Haustierhaltung aufzufrischen und dadurch in der Tat zu überraschen. Auch hier gilt: Nur weil wir die detaillierten Ausführungen der Zeitgenossen selbst über ihre alltäglichen Begegnungen mit den mit ihnen zusammenlebenden Tieren von Anfang an in den Fokus unserer Betrachtung gesetzt haben, konnten wir diese Aufgeschlossenheit als ein Grundelement wiedererkennen, der die wilhelminische Haustierhaltung in ihrer Gesamtheit durchdrang.

Wegen der Aufgeschlossenheit der Wilhelminer und Wilhelminerinnen gegenüber Haustieren erscheint uns die Gesellschaft des Kaiserreichs in Bezug auf die Tiere letztlich als äußerst integrationswillig. Das kann man für die moderne deutsche Gesellschaft freilich nicht im Hinblick auf alle sozialen Bereiche behaupten. Ein erklärtes Ziel dieser Arbeit war es, eine posthumanistische Beziehungsgeschichte dahingehend zu schreiben, dass in ihr nicht die Mensch-Mensch-, sondern die Mensch-Tier-Beziehungen im Zentrum der Aufmerksamkeit stehen. Das konnten wir aber nicht zuletzt dadurch erreichen, dass wir die menschliche Gesellschaft an sich in Deutschland vor dem Ersten Weltkrieg in ein neues Licht gerückt haben. Wir haben sie als eine Gesellschaft gezeigt, die sich mit vielen unterschiedlichen Tieren gern anreicherte, die sich also selbst aktiv und willig öffnete und posthumanisierte. Die Geschichte der Haustierhaltung kann natürlich auch auf andere Wege posthumanistisch konzeptualisiert werden, z.B. mittels einer stärkeren Berücksichtigung der Perspektive der Tiere selbst. Es genügt aber manchmal auch, einfach den menschlichen Zeitgenossen selbst einen größeren Willen zur Selbsterweiterung zuzugestehen, um die enge Teilhabe der Tiere an der Gesellschaft zu zeigen. Partnertiere wurden im Kaiserreich zu solchen, weil ihre Menschen bereit waren, sich in Partnermenschen zu verwandeln. Oder mit anderen Worten: Das Kaiserreich war deswegen auch ein Reich von Haustieren, weil die Menschen es wollten.

# Quellen- und Literaturverzeichnis

## Archivbestände

*Geheimes Staatsarchiv Preußischer Kulturbesitz (GStA PK)*

I. HA Rep. 87 B, Nr. 20033
I. HA Rep. 87 B, Nr. 20037
I. HA Rep. 87 B, Nr. 20905
I. HA Rep. 87 B, Nr. 21323
I. HA Rep. 87 B, Nr. 22072
I. HA Rep. 87 B, Nr. 22075
I. HA Rep. 87 B, Nr. 22078
I. HA Rep. 87 B, Nr. 22079
I. HA Rep. 87 B, Nr. 22080
I. HA Rep. 87 B, Nr. 22131
I. HA Rep. 87 B, Nr. 22164
I. HA Rep. 87 B, Nr. 22165
I. HA Rep. 87 B, Nr. 22167
I. HA Rep. 87 B, Nr. 22174
I. HA Rep. 87 B, Nr. 22177
I. HA Rep. 87 B, Nr. 22246
XVI. HA Rep. 30, Nr. 954

*Staatsarchiv Bamberg (StABa)*

Reg. v. Oberfranken KdI, K 3 F V a, Nr. 113/I
Reg. v. Oberfranken KdI, K 3 F V a, Nr. 602/I
Reg. v. Oberfranken KdI, K 3 F V a, Nr. 3648/I

*Staatsarchiv Coburg (StACo)*

LRA CO, Nr. 642
LRA CO, Nr. 782
LRA CO, Nr. 912
LRA CO, Nr. 1140

Min D, Nr. 676
Min D, Nr. 4089

*Stadtarchiv München (StadtAM)*

Ausstellungen und Messen, Nr. 697
Berg am Laim, Nr. 251
Bogenhausen, Nr. 41
Bürgermeister und Rat, Nr. 1053
Laim, Nr. 47
Neuhausen, Nr. 64
Nymphenburg, Nr. 191
Pasing, Nr. 902
Polizeidirektion, Nr. 234
Ramersdorf, Nr. 7
Ramersdorf, Nr. 32
Schwabing, Nr. 375
Statistisches Amt, Nr. 23
Untersendling, Nr. 70
Veterinäramt, Nr. 99
Veterinäramt, Nr. 149
Veterinäramt, Nr. 161

## Gedruckte Quellen

[Anonym.:] Allgemeine Ausstellung für Jagd, Fischerei und Sport in Cassel. Ausstellung von Hunden aller Racen am 8., 9. und 10. Juni 1889, Cassel: Gebr. Gotthelft o.J.

[Anonym.:] Katalog der Internationalen Ausstellung von Hunden aller Rassen veranstaltet vom Verein »Hector« Berlin in Verbindung mit der III. Allgemeinen Ausstellung von Dachshunden aller Arten des »Teckel-Klubs« vom 18. bis 21. Septmeber 1896 im Etablissement »Flora« zu Charlottenburg, Berlin: Gebr. Radetzki o.J.

[Anonym.:] Polizeistrafgesetzbuch für das Königreich Bayern. Mit leichtfaßlichen Anmerkungen für den Bürger und Landmann, Würzburg: Stahel, 1862.

[Anonym.:] Polizeistrafgesetzbuch für das Königreich Bayern vom 26. Dezember 1871, Würzburg: Stahel 1872.

[Anonym.:] Erster Jahresbericht des »Hector«, Verein für Zucht und Schaustellung von Race-Hunden in Berlin, unter dem Protectorate Seiner Königlichen Hoheit des Prinzen Carl von Preussen, Berlin: Beuckert & Radetzki 1877.

[Anonym.:] Ausstellung von Jagdhunden aller Länder im Zoologischen Garten zu Frankfurt am Main am 24., 25. und 26. Mai 1878, Frankfurt a.M.: J. Maubach & Co. 1878.

[Anonym.:] Katalog der Zweiten Internationalen Ausstellung von Hunden aller Racen am 18., 19., 20., 21. und 22. Mai 1882 im Welfen-Garten zu Hannover veranstaltet von dem Verein zur Veredelung der Hunderacen für Deutschland, Hannover: August Grimpe 1882.

[Anonym.:] Reisserts Katechismus der verbesserten Landhühnerzucht. Eine Geldquelle für verständige Landfrauen, Rinteln: E. Bösendahl 1882.

[Anonym.:] Statuten des Vereins zur Züchtung reiner Hunderacen in Frankfurt am Main, Frankfurt a. M.: L. Lichtenberg 1888.

[Anonym.:] Rassekennzeichen der Hunde. Nach offiziellen Festsetzungen, München: Schön 1895.

[Anonym.:] Satzungen des Vereins zur Hege der Jagd und Förderung des Gebrauchs reinrassiger Jagdhunde. E. V. Osnabrück-Diepholz, Diepholz: Schröder 1908.

[Anonym.:] Satzungen des Vereins zur Veredelung der Hunderassen für Deutschland in Hannover, Hannover: August Grimpe 1908.

[Anonym.:] Vogelschutz in der Landwirtschaft, München: Carl Gerber 1910.

Abendroth, Otto: Welches ist für edle Kanarien die beste Heckmethode?, in: Der Lehrmeister im Garten und Kleintierhof 3/1 (1904), S. 244.

Abteilung München des Weltbundes gegen die Vivisektion: Anleitung zur Verständigung über die Vivisektionsfrage, München: Stägmeyr 1898.

Albert, Hans von: Die Verbesserung der deutschen Landhühner. Vortrag gehalten im Landwirtschaftlichen Verein zu Coburg am 5. Februar 1912. Berlin: Pfenningstorff 1912.

Arendt, Frieda: Schwalben in der Gefangenschaft, in: Mitteilungen über die Vogelwelt 11/1 (1911), S. 8–11.

Attinger, Hans: Die wirtschaftliche Bedeutung der Kaninchenzucht, in: Landwirtschaftliches Jahrbuch für Bayern 1/15 (1911), S. 901–924.

Bade, Ernst: Der Kanarienvogel seine Pflege, Abrichtung und Zucht. Mit besonderer Berücksichtigung der Krankheiten, deren Verhütung und Heilung, Berlin: August Schultze 1895.

–, Der Vogel-Freund. Die Pflege, Abrichtung und Zucht der hauptsächlichsten in- und ausländischen Sing- und Ziervögel. Mit besonderer Berücksichtigung der Krankheiten, deren Verhütung und Heilung, Berlin: August Schultze 1895.

–, Figuren- und Farbenkanarien, in: Die Gartenlaube 33 (1905), S. 599–600.

Bartels, Karl: Der Kukuk als Stubenvogel, in: Monatsschrift des Deutschen Vereins zum Schutze der Vogelwelt 9/10 (1884), S. 252–253.

Barth, Friedrich: Ziegenzucht, in: Haus, Hof und Garten 22/5 (1900), S. 33–34.

Bärthold/Heindl, Hans/Matthay, Fritz/Metz/Neudorffer/Schöne, Hugo/Roberth., Friedr./Heidlhoff, H./Brandt, Karl: Aufruf zur Gründung eines Wachtelhund-Clubs, in: Zwinger und Feld 7/49 (1898), S. 1010.

Baum, H.: Etwas von *Danio rerio*, in: Blätter für Aquarien- und Terrarienkunde 23/31 (1912), S. 495–496.

Becker: Wie produziere ich billigst das feinste Tafelgeflügel? Populäre Anleitung für eine erfolgreiche Zucht und Mast von Winterkücken nebst einfachem Verfahren zum Kapaunen der Hähne, Leipzig: Alfred Michaelis 1905.

Beckmann, Ludwig: Geschichte und Beschreibung der Rassen des Hundes. Bd. 1, Braunschweig: Vieweg 1894.

–, Geschichte und Beschreibung der Rassen des Hundes. Bd. 2, Braunschweig: Vieweg 1895.

Berg, Johannes: Terrarientiere im Treibhaus, in: Blätter für Aquarien- und Terrarienkunde 23/35 (1912), S. 568.

Berlepsch, Hans von: Die Vogelschutzfrage, soweit dieselbe durch Schaffung geeigneter Nistgelegneheiten zu lösen ist, in: Ornithologische Monatsschrift 21/4 (1896), S. 86–102.

–, Meine Nistkästen, in: Die gefiederte Welt 26/9 (1897), S. 65–67.

–, Acclimatisationsverusche mit Leiothrix lutea (Scop.), in: Ornithologische Monatsschrift 27/5–6 (1902), S. 193–202.

–, Der gesamte Vogelschutz, seine Begründung und Ausführung, Halle: Hermann Gesenius 1904.

Beyschlag, F.: Ein gefangener Meeradler, in: Die gefiederte Welt 2/4 (1873), S. 27.

Bibra, Friedrich: Können denn Hühner einen Nutzen bringen? in: Oesterr.-ung. Blätter für Geflügel- und Kaninchenzucht 1/1 (1878), S. 2–4.

Bittmann, Karl: Hausindustrie und Heimarbeit im Großherzogtum Baden zu Anfang des XX. Jahrhunderts. Bericht an das Großherzoglich Badische Ministerium des Innern, Karlsruhe: Macklot 1907.

Blancke, Burchard: Künstliche Brut und Aufzucht des Geflügels. Eine Anleitung wie dieselbe gewinnbringend zu betreiben ist, Berlin: Pfenningstorff 1901.

–, Unser Hausgeflügel. Ein ausführliches Handbuch über Zucht, Haltung und Pflege unseres Hausgeflügels. Bd. 1.: Das Großgeflügel, Berlin: Pfenningstorff 1903.

–, I. Mastgeflügel- und Eier-Ausstellung am 2. und 3. Dezember im Landes-Ausstellungspalast zu Berlin, veranstaltet von der Deutschen Geflügel-Herdbuch-Gesellschaft, in: Deutsche landwirtschaftliche Geflügel-Zeitung 9/10 (1905), S. 114–115.

–, Woran erkennt man, daß ein Huhn krank ist?, in: Deutsche landwirtschaftliche Geflügel-Zeitung 9/5 (1905), S. 55–56.
–, Zucht auf Leistung, in: Deutsche landwirtschaftliche Geflügel-Zeitung 9/4 (1905), S. 41–42.
–, Der Wert der Kreuzungen für die Nutzgeflügelzucht, in: Deutsche landwirtschaftliche Geflügel-Zeitung 9/17 (1906), S. 198–199.
Bleynemann, Fr.: Rationelle Kaninchenzucht. Fortsetzung u. Schluß, in: Nutzgeflügelzucht 14/4 (1912), S. 36.
Boecker, W.: Die Entwicklung der Kanarienzucht, ihre Mängel und Gefahren, in: Die gefiederte Welt 14/43 (1885), S. 449–450.
Bollinger, Otto: Pasteur: Résultats de l'application de la méthode pour prévenir la rage après morsure, in: Münchener Medicinische Wochenschrift 33/9 (1886), S. 178–179.
–, Pasteur: Sur les résultats de l'application de la méthode de prophylaxie de la rage après morsure, in: Münchener Medicinische Wochenschrift 33/16 (1886), S. 291.
–, Zur Prophylaxis der Wuthkrankheit, in: Münchener Medicinische Wochenschrift 33/12 (1886), S. 201–203.
Bölsche, Wilhelm: Die Erdkröte in der Gefangenschaft, in: Isis. Zeitschrift für alle naturwissenschaftlichen Liebhabereien 4/5 (1879), S. 37–39.
Bouley, Henri: Ueber die Erkenntnis der Wuthkrankheit bei dem Hunde, in: Königlich-bayerisches Kreis-Amtsblatt von Oberbayern 116 (1863), S. 2333–2360.
Boveri, Margret: Verzweigungen. Eine Autobiographie, München: Deutscher Taschenbuch Verlag 1982.
Brandt, Karl: Amsterdam. Fortsetzung. Die Mastiffs, in: Zwinger und Feld 7/24 (1898), S. 481–484.
–, Der Weimaraner Rüde »Blitz«, in: Zwinger und Feld 7/39 (1898), S. 792–793.
–, »Tellus II von Freudenthal«, in: Zwinger und Feld 7/14 (1898), S. 272–273.
–, Die Sinne des Wildes, in: Die Gartenlaube 5 (1902), S. 134–135.
Brecht, Walter: Unser Leben in Augsburg, damals. Erinnerungen, Frankfurt a.M.: Insel 1984.
Brehm, Alfred Edmund: Brehms Thierleben. Allgemeine Kunde des Thierreichs. 2. Abtheilung. 1. Säugethiere. Bd. 2: Raubthiere, Kerfjäger, Nager, Zahnarme, Beutel- und Gabelthiere, Leipzig: Bibliographisches Institut 1877
Buck, E.: Die Zweckmäßigkeit des Schlammes im Aquarium, in: Blätter für Aquarien- und Terrarienfreunde 6/7 (1895), S. 75–76.
Bungartz, Jean: Kynos. Handbuch zur Beurtheilung der Racen-Reinheit des Hundes, Stuttgart: Neff 1884.
–, Katzenrassen, in: Die Gartenlaube 45 (1897), S. 746–747.
–, Kriegshunde in alter und neuer Zeit, in: Die Gartenlaube 51 (1897), S. 849–850.
–, Das Kaninchen und seine Zucht, Berlin/Leipzig: Hermann Hillger 1906.
Busam, A.: Ueber Aufzucht von Schleierschwanzbrut mit todtem Futter, in: Blätter für Aquarien- und Terrarienfreunde 6/4 (1895), S. 37–38.

Chamberlain, Houston Stewart: Die Grundlagen des Neunzehnten Jahrhunderts. Bd. 1, München: Bruckmann 1899.
Conrad, Else: Lebensführung von 22 Arbeiterfamilien Münchens, München: Lindauer 1909.

Corinth, Lovis: Selbstbiographie, Leipzig: Hirzel 1926.

Cremat, W.: Lehrbuch der Nutzgeflügelzucht, Groß-Lichterfelde: Verlag der Zeitung »Nutzgeflügelzucht« 1907.

–, Die Frau in der Geflügelzucht, in: Nutzgeflügelzucht 14/9 (1912), S. 76.

Creytz, Arthur von: Grundsätze der Hundedressur, in: Der Lehrmeister im Garten und Kleintierhof 3/15 (1904), S. 232.

–, Der Hund im Dienste des Farmers, der Schutz- und Polizeitruppe in Deutsch Süd-West-Afrika, Berlin: Schoetz 1913.

Dackweiler, W.: Thierschutz und Geflügelzucht, in: Pfälzische Geflügel-Zeitung 5/11 (1881), S. 42–43

–, Die politische Tagespresse und die Geflügelzucht, in: Deutsche landwirtschaftliche Geflügel-Zeitung 9/49 (1906), S. 705–706.

Dahlem, Franz: Jugendjahre. Vom katholischen Arbeiterjungen zum proletarischen Revolutionär, Berlin: Dietz 1982.

Dahn, Felix: Erinnerungen. Viertes Buch: Würzburg-Sedan-Königsberg (1863–1888), Leipzig: Breitkopf und Härtel 1895.

Damaschke, Adolf: Aus meinem Leben, Berlin: Reimar Hobbing 1928.

Davidis, Henriette: Die Hausfrau. Praktische anleitung zur selbständigen und sparsamen führung von stadt- und landhaushaltungen. Eine mitgabe für angehende hausfrauen, Leipzig: Seemann 1870.

Demmel, Peter: Berlepsch'sche Nisthöhlen im Auftrage und unter Kontrolle der staatlich autorisierten Kommission des Landesverbandes für Vogelschutz in Bayern, München: Carl Gerber 1912.

Dissow, Joachim von [pseud.]: Adel im Übergang. Ein kritischer Standesgenosse berichtet aus Residenzen und Gutshäusern, Stuttgart: Kohlhammer 1961.

Dohna-Schlobitten, Alexander Fürst zu: Erinnerungen eines alten Ostpreussen, Berlin: Siedler 1989.

Dreyfuß, H.: Eine zahme Rauchschwalbe (Hirundo rustica), in: Die gefiederte Welt 14/20 (1885), S. 200–201.

Driesch, Hans: Lebenserinnerungen. Aufzeichnungen eines Forschers und Denkers in entscheidender Zeit, München/Basel: Reinhardt 1951.

Duncker, H.: Die rationelle Kaninchenzucht oder die Principien der allgemeinen Thierzucht und Thierpflege in ihrer Anwendung auf das veredelte Kaninchen, Bernau bei Berlin: Selbstverlag 1874.

Dürigen, Bruno: Der Gartenschläfer, in: Isis. Zeitschrift für alle naturwissenschaftlichen Liebhabereien 4/22 (1879), S. 173–174.

–, Die Katzenschlange, in: Isis. Zeitschrift für alle naturwissenschaftlichen Liebhabereien 4/23 (1879), S. 181–182.

–, Maulwürfe in der Gefangenschaft, in: Isis. Zeitschrift für alle naturwissenschaftlichen Liebhabereien 4/48 (1879), S. 385–386.

–, Die Geflügelzucht nach ihrem jetzigen rationellen Standpunkt, Berlin: Parey 1886.

Dürow, Joachim von: Aus dem Familienlben der Kraniche, in: Die Gartenlaube 36 (1895), S. 606–607.

Eckardt, Wilh. Rich.: Praktische Erfahrungen mit Nisthöhlen. Schluß, in: Mitteilungen über die Vogelwelt 11/8 (1911), S. 158–162.

Eckart, Erna: Unser Dompfaff, in: Gustav Gramberg (Hg.): Freie Aufsätze von Berliner Kindern, Leipzig: Wunderlich 1910, S. 90.

Ehrenberg, Paul: Die Spielwarenindustrie des Kreises Sonneberg, in: Verein für Socialpolitik (Hg.): Hausindustrie und Heimarbeit in Deutschland und Österreich. Bd. 3: Mittel- und Westdeutschland, Österreich, Leipzig: Duncker & Humblot 1899, S. 215–278.

Ekleiz, Karl: Auf welche Weise können wir die Legetätigkeit unserer Hühnerrassen fördern?, in: Der Lehrmeister im Garten und Kleintierhof 3/16 (1904), S. 245–246.

Engel, Agnes: Vogelschutz und Katze, Berlin-Friedenau: L. M. Waibel und Co. 2011.

Ernst Brauer, Joh.: Pommersche Gänsezucht und -Mästung, in: Blätter für die deutsche Hausfrau 12 (1906), S. 45–47.

Esta-Tjallingii, F. van: Geflügelmastanstalt für Großbetrieb, in: Deutsche landwirtschaftliche Geflügel-Zeitung 9/9 (1905), S. 103.

Ewald, Wolfgang, Tiere des Seewasseraquariums und ihre Pflege. Fortsetzung, in: Der Lehrmeister im Garten und Kleintierhof 3/18 (1904), S. 280–281.

–, Tiere des Seewasseraquariums und ihre Pflege. Schluß, in: Der Lehrmeister im Garten und Kleintierhof 3/19 (1904), S. 295–297.

Fahr, Aenny: Meine Axolotl, in: Blätter für Aquarien- und Terrarienkunde 23/47 (1912), S. 757–759.

Falke, Gustav: Die Stadt mit den goldenen Türmen. Die Geschichte meines Lebens, Berlin: G. Grote 1912.

Fallada, Hans: Damals bei uns daheim. Erlebtes, Erfahrenes, Erfundenes, Hamburg: Rowohlt 1955.

Faulwasser, Julius: Das Gebiet der Elbemündung abwärts von Bergedorf, in: Das Bauernhaus im Deutschen Reiche und in seinen Grenzgebieten, Hannover: Schäfer, 2000 [1905–1906], S. 133–145.

Federer, Heinrich: Am Fenster. Jugenderinnerungen, Luzern: Rex 1978.

Fehr, Adolf: Die Foxterrier, in: Zwinger und Feld 7/24 (1898), S. 479–481.

Fitzinger, Leopold Joseph: Ueber die Racen der Hauskatze (Felis Domestica), in: Der zoologische Garten 9/2 (1868), S. 51–60.

–, Der Hund und seine Racen. Naturgeschichte des zahmen Hundes, seiner Formen, Racen und Kreuzungen, Tübingen: Laupp 1876.

Fleming, George: Rabies and Hydrophobia. Their History, Nature, Causes, Symptoms, and Prevention, London: Chapman and Hall 1872.

Floericke, Kurt: Ornithologische Plaudereien. II: Meine Rauhfußbussarde, in: Ornithologische Monatsschrift 22/9 (1897), S. 256–262.

–, Über die vögel des deutschen waldes, Stuttgart: Franckh 1907.

–, Die Naturschutzparkbewegung und der Vogelschutz, in: Mitteilungen über die Vogelwelt 11/3 (1911), S. 45–49.

Fränkischer Verein zur Förderung reiner Hunderassen Nürnberg: Programm der III. Internationalen Ausstellung von Hunden aller Rassen vom 31. August bis 2. September 1901 in Nürnberg, Nürnberg: Hans Lotter 1901.

Frauenfeld, Georg von: Die Grundlagen des Vogelschutzgesetzes, Wien: Ueberreuter 1871.

–, Der Vogelschutz in seiner richtigen und nothwendigen Begrenzung. Fortsetzung, in: Die gefiederte Welt 2/2 (1873), S. 9–11.

Frenzel, A.: Zahme Buchfinken, in: Monatsschrift des Deutschen Vereins zum Schutze der Vogelwelt 13/1 (1888), S. 30.

–, Aus meiner Vogelstube, in: Ornithologische Monatsschrift 18/11 (1893), S. 430–434.

Frey, Silvester: Der Polizeihund. Seine Geschichte, Zucht und Abrichtung, Berlin: Neufeld & Henius 1911.

Friederich, O.: Die Führer-Sonderschau des Main-Taunusgau-Zweigvereins zu Frankfurt a. M. am 7. September, in: Zeitung des Vereins für deutsche Schäferhunde 12/24 (1913), S. 1569–1570.

Gengler, J.: Notiz zu Einbürgerungsversuchen von Liothrix luteus (Scop.), in: Ornithologische Monatsschrift 28/1–2 (1903), S. 56–57.

Gerlach, Georg: Etwas vom Hundfisch (Umbra crameri), in: Blätter für Aquarien- und Terrarienkunde 13/6 (1902), S. 64–66.

–, Einiges über Tritonen, in: Blätter für Aquarien- und Terrarienkunde 23/14 (1912), S. 223–224.

Gersbach, Robert (Hg.): Dressur und Führung des Polizeihundes, Berlin: Kameradschaft 1909.

Geyer, Hans: Terrarientiere mit erweiterten Bewegungsfreiheiten, in: Blätter für Aquarien- und Terrarienkunde 23/34 (1912), S. 546–548.

Goeze, E.: Zimmer-Aquarien und Terrarien, in: Daheim 16/15 (1880), S. 236–237.

Göldlin, Emil A.: Ueber eine sonderbare Gewohnheit von *Fringilla linaria* in Gefangenschaft, in: Ornithologisches Centralblatt 5/15 (1880), S. 114–115.

Gothard jr., A. v.: Ueber die Pflege des Furchenmolches (Necturus maculatus), in: Blätter für Aquarien- und Terrarienkunde 23/41 (1912), S. 663–665.

Grimm, J.: Beobachtungen aus meinem ersten Terrarium. Meine Schlangen, in: Blätter für Aquarien- und Terrarienkunde 23/10 (1912), S. 157–158.

Grober, J.: Die Bedeutung der Ahnentafel für die bilogische Erblichkeitsforschung, in: Archiv für Rassen- und Gesellschaftsbiologie 1/5 (1904), S. 664–681.

Grünhaldt, Otto: Die winterliche Kückenzucht, in: Der Lehrmeister im Garten und Kleintierhof 3/5 (1904), S. 74.

Häcker, Valentin: Über die neueren Ergebnisse der Bastardlehre, ihre zellengeschichtliche Begründung und ihre Bedeutung für die praktische Tierzucht, in: Archiv für Rassen- und Gesellschaftsbiologie 1/3 (1904), S. 321–338.

Haenel, Karl: Der Vogelschutz in Bayern organisiert von der staatlich autorisierten Kommission (dem Landesverband) für Vogelschutz nach den von Freiherrn von Berlepsch aufgestellten Grundsätzen, München: Carl Gerber 1913.

Haimerl, J.: Mein Seewasser-Aquarium, in: Blätter für Aquarien- und Terrarienkunde 13/23 (1902), S. 267–270.

Haller, Johannes: Lebenserinnerungen. Gesehenes, Gehörtes, Gedachtes. Stuttgart: Kohlhammer 1960.

Hamman, G.: Mecklenburg, in: Das Bauernhaus im Deutschen Reiche und in seinen Grenzgebieten, Hannover: Schäfer 2000 [1905–1906], S. 194–196.

Hanf, Blasius: Ornithologische Miscellen, in: Verhandlungen der kaiserlich-königlichen zoologisch-botanischen Gesellschaft in Wien 21/1–2 (1871), S. 87–98.

Harrach, A.: Das Fangen, Tödten und Aufbewahren der Reptilien und Amphibien. Fortsetzung, in: Isis. Zeitschrift für alle naturwissenschaftlichen Liebhabereien 4/12 (1879), S. 94–95.

–, Die Aufzucht von Käfern, in: Isis. Zeitschrift für alle naturwissenschaftlichen Liebhabereien 4/10 (1879), S. 77–78.

Hartmann, Georg: Die Eierproduktion. Eine Studie, Frankfurt a.M.: Rupert Baumbach 1900.

Haselhun, R.: Etwas von der Zutraulichkeit eines Thaufrosches (Rana temporaria L.), in: Blätter für Aquarien- und Terrarienkunde 13/9 (1902), S. 101.

»Hector« Verein für Zucht und Schaustellung von Racehunden zu Berlin: Programm der 5ten internationalen Ausstellung von Hunden aller Racen in Berlin verbunden mit Ausstellung aller auf Hunde und Jagd bezüglichen Gegenstände in den Tagen vom 18. bis 22. Mai 1888 in den zum Etablissement »Tivoli« gehörigen Räumen zu Berlin, Berlin: Beuckert & Radetzki o.J.

Heindl, Robert (Hg.): Vogelschutzgesetz für das Deutsche Reich vom 30. Mai 1908 nebst den einschlägigen Gesetzen, Verordnungen uund polizeilichen Bestimmungen sowie einem Sachregister, München/Berlin: J. Schweitzer 1909.

Heise, A.: Findigkeit der Schwalben, in: Ornithologische Monatsschrift 19/4 (1894), S. 144.

Helm, F.: Aus meinem ornithologischen Tagebuche. 2. Sperber (Accipiter nisus, Linn.), in: Monatsschrift des Deutschen Vereins zum Schutze der Vogelwelt 12/11 (1887), S. 295–296.

Hennicke, Carl R.: Handbuch des Vogelschutzes, Magdeburg: Creutz 1912.

–, Einbürgerung fremdländischer Vögel, in: Ornithologische Monatsschrift 38/5 (1913), S. 250.

Herrmann, Arthur: Meine Wasserschmätzer, in: Ornithologische Monatsschrift 18/1 (1893), S. 34–39.

Herting, G.: Richterbericht über die Neufundländer und Pudel auf der Internationalen Ausstellung in Regensburg, in: Zwinger und Feld 7/27 (1898), S. 544–546.

Hesdörffer, Max: Das Zimmeraquarium sonst und jetzt, in: Die Gartenlaube 47 (1906), S. 998–1001.

Hieronymus, P.: Edelpapageien-Züchtung, in: Die gefiederte Welt 14/6 (1885), S. 51–53.

Hiesemann, Martin: Beschreibung v. Berlepschscher Nisthöhlen, Ratschläge für Anschaffung derselben und Anweisung für ihr Aufhängen. Sonderabdruck aus »Lösung der Vogelschutzfrage nach Freiherrn v. Berlepsch«. Im Auftrage der »Kommission zur Förderung des Vogelschutzes«, Leipzig: Franz Wagner 1909.

Hildebrand, Friedrich und Böker, Hans: Ueber Bastardbildung zwischen Grünling und Stieglitz, in: Ornithologische Monatsschrift 39 (6), 1914, S. 318–327.

Hinderer, W.: Aquarium oder Terrarium?, in: Blätter für Aquarien- und Terrarienfreunde 6/20 (1895), S. 231–234.

Hintzen, Paul: Pekingenten, in: Der Lehrmeister im Garten und Kleintierhof 3/2 (1904), S. 24–25.

Hinzen, Johann: Vereinsnachrichten (Wevelinghoven), in: Der Praktikus 4/14 (1906) S. 6.

Hocke, H.: Etwas von der kleinen Rohrdommel (Ardetta minuta L.), in: Ornithologische Monatsschrift 18/10 (1893), S. 371–374.

Hohmann, P.: Ausmerzen der alten Hennen, in: Der Lehrmeister im Garten und Kleintierhof 3/2 (1904), S. 31.

–, Die brauchbarsten Nutzhühner. Ihre Pflege, Zucht und Rassekennzeichen, in: Der Lehrmeister im Garten und Kleintierhof 3/4 (1904), S. 31.

Holub, Emil/Pelzen, August von: Die Steppenbrachschwalbe, in: Ornithologisches Centralblatt 7/5–6 (1882), S. 41–43.

Homeyer, Eugen von: Ueber das Aussetzen von Vögeln behufs deren Einbürgerung, in: Ornithologisches Centralblatt 5/8 (1880), S. 61–62.

Hüther, Claudius: Der deutsche Pudel. Seine Abstammung, Pflege und Zucht, München: Verlag des Deutschen Pudelklubs E. V. 1907.

Ilgner, Emil: Der Dachshund. Seine Geschichte, Zucht und Verwendung zur Jagd über und unter der Erde, Neudamm: Neumann 1896.

–, Airedale-Terrier, in: Der Lehrmeister im Garten und Kleintierhof 3/25 (1904), S. 388–389.

–, Die deutsche Dogge, in: Der Lehrmeister im Garten und Kleintierhof 3/21 (1904), S. 325–326.

–, Die französische Bulldogge, in: Der Lehrmeister im Garten und Kleintierhof 3/13 (1904), S. 198–199.

Jäger, Georg Friedrich von: Ueber den Ursprung und die Verbreitung der Hauskatze, ein bei der Zusammenkunft der Vereinsmitglieder im Januar 1846 gehaltener Vortrag, in: Jahreshefte des Vereins für vaterländische Naturkunde in Württemberg 4 (1849), S. 65–74.

Jung, P.: Truthühnerzucht, in: Der Lehrmeister im Garten und Kleintierhof 3/18 (1904), S. 277–278.

–, Truthühnerzucht. Schluß, in: Der Lehrmeister im Garten und Kleintierhof 3/20 (1904), S. 310.

Jünger, Friedrich Georg: Grüne Zweige. Ein Erinnerungsbuch, Stuttgart: Klett-Cotta 1978.

Kammerer, Paul: Australische Echsen in Gefangenschaft, in: Blätter für Aquarien- und Terrarienkunde 13/8 (1902), S. 88–90.

Karlsberger, Rudolf: Mein Eisvogel, in: Die gefiederte Welt 14/48 (1885), S. 509–510.

Kästner, Erich: Als ich ein kleiner Junge war, München: Deutscher Taschenbuch Verlag 2003.

Kaufmann, F.: Briefliche Mittheilungen, in: Die gefiederte Welt 14/35 (1885), S. 361–362.

Kaulbach, Isidore: Friedrich Kaulbach. Erinnerungen an mein Vaterhaus, Berlin: Mittler 1931.

Kienzle, Otto: Die deutschen Schäferhunde auf der Wormser Ausstellung am 15. Mai, in: Zeitung des Vereins für deutsche Schäferhunde 3/7 (1904), S. 263–264.

Klatt, Georg Theobald: Über den Bastard von Stieglitz und Kanarienvogel, Leipzig: Engelmann 1901.

Kleine, Max: Die Zucht des Gründlings (*Gobio fluviatilis* Flem.) im Aquarium, in: Blätter für Aquarien- und Terrarienkunde 23/29 (1912), S. 466–468.

Klengel, A.: Umsetzung eines Storchnestes, in: Ornithologische Monatsschrift 39/7 (1914), S. 417–420.

Knauer, Friedrich: Das Terrarium und seine Bewohner. I, in: Der Lehrmeister im Garten und Kleintierhof 3/2 (1904), S. 27–28.

–, Das Terrarium und seine Bewohner. III, in: Der Lehrmeister im Garten und Kleintierhof 3/8 (1904), S. 122–123.

–, Der Niedergang unserer Tier- und Pflanzenwelt. Eine Mahn- und Werbeschrift im Sinne moderner Naturschutzbestrebung, Leipzig: Thomas 1912.

Koepert, Otto: Christian Ludwig Brehm und der Vogelschutz, in: Ornithologische Monatsschrift 21/1 (1896), S. 7–10.

Kratz, Emil: Zur Wellensittich-Zucht, in: Die gefiederte Welt 2/26 (1873), S. 231.

Krug, M.: Die Angorakaninchenzucht. Ein aussichtsreicher Frauennebenerwerb, in: Daheim 49/11 (1912), S. 25.

Kuhlmann, Walter: Beobachtungen am Bachneunauge, in: Blätter für Aquarien- und Terrarienkunde 23/32 (1912), S. 521.

Küster, C.: Die Buchführung in der Geflügelzucht, in: Der Lehrmeister im Garten und Kleintierhof 3/9 (1904), S. 135–136.

–, Entenzucht in den Marschgegenden, in: Blätter für die deutsche Hausfrau 2 (1905), S. 5–6.

Lachmann, Hermann: Die Reptilien und Amphibien Deutschlands in Wort und Bild. Eine systematische und biologische Bearbeitung der bisher in Deutschland aufgefundenen Kriechtiere und Lurche, Berlin: Paul Hüttig 1890.

–, Die Kreuzotter und ihre Zucht im Terrarium, in: Blätter für Aquarien- und Terrarienkunde 13/2 (1902), S. 13–15.

Lamprecht, Karl: Kindheitserinnerungen, Gotha: Perthes 1918.

Lange, Helene: Lebenserinnerungen, Berlin: Herbig 1921.

Laufss, B.: Einbürgerung von Kardinälen, in: Ornithologische Monatsschrift 37/7 (1912), S. 317–318.

Lehnert, H.: Junge Steinmarder, in: Isis. Zeitschrift für alle naturwissenschaftlichen Liebhabereien 4/12 (1879), S. 93–94.

Lehr, Albert: Das Arbeiterwohnhaus. Vortrag von Direktionsassessor Lehr, gehalten in Nürnberg am 28. Januar 1910 in einer Versammlung des Architekten- und Ingenieurvereins und am 31. Januar 1910 in einer Versammlung der Baugenossenschaft Nürnberg-Rangierbahrhof, Nürnberg: Fränkische Verlagsanstalt 1910.

–, Die Wohnweise der Arbeiterfamilien in Bayern, München: Reinhardt 1911.

Lepsius, Sabine: Ein Berliner Künstlerleben um die Jahrhundertwende. Erinnerungen, München: Gotthold Müller 1972.

Liebe, Karl Theodor: Lerchen als Stubenvögel, in: Monatsschrift des Deutschen Vereins zum Schutze der Vogelwelt 3/8–9 (1878), S. 136–140.

–, Vogelfang und Vogelhaltung, in: Carl R. Hennicke (Hg.): Hofrat Professor Dr. K. Th. Liebes Ornithologische Schriften. Bd. II/III, Leipzig: Malende 1894, S. 571–577.

Loewi, Karl: Die Bulldogs in Stuttgart, in: Zwinger und Feld 7/31 (1898), S. 626–628.

Lutsch, Hans, Schlesien nebst Grenzgebieten, in: Das Bauernhaus im Deutschen Reiche und in seinen Grenzgebieten, Hannover: Schäfer 2000 [1905–1906], S. 245–275.

–, Thüringen, in: Das Bauernhaus im Deutschen Reiche und in seinen Grenzgebieten, Hannover: Schäfer 2000 [1905–1906], S. 314–333.

Lutz, K. G.: Mein Feuersalamander, in: Die Gartenlaube 21 (1898), S. 344–346.

Maercker, G.: Kreuzung eines Land- und Wasservogels, in: Oesterr.-ung. Blätter für Geflügel- und Kaninchenzucht, 2/5 (1879), S. 66–67.

Magdeburger Kanarienzüchter-Verein: Führer durch die zweite Ausstellung von Kanarienvögeln, verbunden mit Prämiirung u. Verlosung, abgehalten in der Zeit vom 20. bis 23. Januar 1883 in den oberen Räumen der Böhmischen Bierhalle Spiegelbrücke 13 zu Magdeburg. Magdeburg: Louis Mosche o.J.

Mahlich, P.: Was ich von meinen Nutztauben verlange, in: Der Lehrmeister im Garten und Kleintierhof 3/10 (1904), S. 151–152.

Mahrhold, Otto: Der Dachshund, seine Arten, Haar und Farbenvarietäten, in: Der Lehrmeister im Garten und Kleintierhof 3/12 (1904), S. 183–184.

Mann, Klaus: Der Wendepunkt. Ein Lebensbericht, Reinbek bei Hamburg: Rowohlt Taschenbuch Verlag 2006.

Mann, Thomas: Herr und Hund. Ein Idyll., Frankfurt a.M.: Fischer Taschenbuch Verlag 2007.

Mende, Käthe: Münchener jugendliche Ladnerinnen zu Hause und im Beruf, auf Grund einer Erhebung geschildert, Stuttgart: Union Deutsche Verlagsgesellschaft 1912.

Meyer, L.: Die deutschen Schäferhunde in Schwenningen am 18. Oktober 1908. Richterbericht, in: Zeitung des Vereins für deutsche Schäferhunde 8/2 (1909), S. 32–33.

Meyer, Paul: Hundezucht und Dressur. Weshalb soll »der Dritte im Bund«, der Verband vom Staate bei Verleihung von Ehrenpreisen nicht berücksichtigt werden?, in: Wild und Hund 15/4 (1909), S. 79.

Mohr, Ch.: Gedanken über Vereine und Ausstellungen zur Förderung der Geflügelzucht, in: Pfälzische Geflügel-Zeitung 5/51 (1881), S. 227.

Mohr, Karl: Allgemeine Betrachtungen über Geflügelzucht. Krankheiten der Hühner, in: Der Privat und Villengärtner 1/5 (1899), S. 37–38.

Mulertt, Hugo: Der Goldfisch und seine systematische, gewinnbringende Zucht. Eine Abhandlung über den Fisch, seine Fortpflanzung, Feinde und Krankheiten, über den Bau der Teiche etc. und die Pflege des Fisches in der Gefangenschaft, Stettin: Herrcke und Lebeling 1892.

Müller, Adolf/Müller, Karl: Originalgestalten der heimischen Vogelwelt. 8. Kavaliere oder Patrizier, in: Die Gartenlaube 41 (1892), S. 682–684.

–, Originalgestalten der heimischen Vogelwelt. 9. Phylister und Plebejer, in: Die Gartenlaube 25 (1893), S. 424–426.

Müller, August: *Turdus artigularis* wiederholt in Deutschland gefangen, in: Ornithologisches Centralblatt 5/2 (1880), S. 12.

Nagel, F.: Freude und Leid in meiner Vogelstube, in: Die gefiederte Welt 14/42 (1885), S. 434–435.
Nehring, A.: Zur Abstammung der Hunderassen, in: Zoologische Jahrbücher 3/1 (1888), S. 51–58.
Neufundländer-Klub für den Kontinent: Neufundländer-Stammbuch. Bd. 1: Nummer 1 bis 143, Augsburg: Mühlberger 1898.
Neunzig, Karl: Japanische »Kulturvögel«, in: Der Lehrmeister im Garten und Kleintierhof 3/12 (1904), S. 181–182.

Oldenburg-Januschau, Elard von: Erinnerungen, Leipzig: Koehler & Amelang 1936.
Otto-Kreckwitz, Ernst von: Der Kriegshund, dessen Dressur und Verwendung, München: J. Schön 1894.

Pearson, Karl: Nature and Nurture. The Problem of the Future, London: Dulau 1910.
Pelzeln, Aug. von: Eine Studie über die Abstammung der Hunderassen, in: Zoologische Jahrbücher 1 (1886), S. 225–240.
Pleyel, Josef von: Wie lehrt man die Vögel »auf Kommando« singen?, in: Die Gartenlaube 2 (1898), S. 27.
Pohl, Georg: Ueber die Dressur Englischer Vorstehhhunde. Vortrag gehalten im Verein »Nimrod« zu Oppeln am 5. Februar 1880, Leipzig: R. Jenne 1880.
Preising, Gräfin von: Kreuzung von Wildenten mit Hausenten, in: Der Lehrmeister im Garten und Kleintierhof 3/6 (1904), S. 89.
Preuße, Margarete: Entgegnung an Frau Handrick, in: Nutzgeflügelzucht 14/3 (1912), S. 22–23.
Pribyl, Leo: Bedeutung des Geflügels im Weltverkehre, in: Oesterr.-ung. Blätter für Geflügel- und Kaninchenzucht 1/1 (1878), S. 1–3.

Quidde, Ludwig: Arme Leute in Krankenhäusern, München: Stägmeyr 1900.

Rachow, Arthur: Iguanodectes Rachovii Regan, eine neue Fischart aus dem Amazonenstrom, in: Blätter für Aquarien- und Terrarienkunde 23/29 (1912), S. 463–464.
Radetzki, A. E.: Die Racekennzeichen von 10 verschiedenen deutschen Hunderacen. Festgestellt von den allgemeinen deutschen Delegirten-Versammlungen zu Berlin 1878, Hannover 1879 und Berlin 1880. Von allen deutschen Vereinen als obligatorisch anerkannt, Berlin: Beuckert & Radetzki 1880.
Ramin, E. F. F. von: Rentabilität der ländlichen Gänsezucht, in: Blätter für die deutsche Hausfrau 19 (1906), S. 73–74.
Rathgen, W.: Eine ostafrikanische Schildkröte, in: Blätter für Aquarien- und Terrarienfreunde 6/17 (1895), S. 200–203.
Rehbein, Franz: Das Leben eines Landarbeiters, Hamburg: Christians 1985.
Reichard, Paul: Mein Buceros »Hermann«, in: Die Gartenlaube 16 (1893), S. 316–317.
Reichenow, Anton/Schalow, Herman: Biographische Notizen über Ornithologen der Gegenwart. Zweite Serie, in: Ornithologisches Centralblatt 6/18 (1881), S. 137–141.
–, Biographische Notizen über Ornithologen der Gegenwart. Zweite Serie. Schluß, in: Ornithologisches Centralblatt 6/19 (1881), S. 149–150.

Reinhard, O.: Die württembergische Trikot-Industrie mit specieller Berücksichtigung der Heimarbeit in den Bezirken Stuttgart (Stadt und Land) und Balingen, in: Hausindustrie und Heimarbeit in Deutschland und Österreich. Bd. I: Süddeutschland und Schlesien, Leipzig: Duncker & Humblot 1899, S. 1–77.

Reinhardt, Ludwig: Kulturgeschichte der Nutztiere, München: Ernst Reinhardt 1912.

Reuter, Gabriele: Vom Kinde zum Menschen. Die Geschichte meiner Jugend, Berlin: S. Fischer 1921.

Riedel, Karl: Ein Aquarium ohne Nährboden, in: Blätter für Aquarien- und Terrarienkunde 23/38 (1912), S. 613–616.

Ringelnatz, Joachim: Mein Leben bis zum Kriege, Zürich: Diogenes 1994.

Roßbach, Therese: Meine landwirtschaftliche Geflügelzucht in Arwedshof, in: Deutsche landwirtschaftliche Geflügel-Zeitung 9/37 (1906), S. 552–555.

Rost, Hans: Das moderne Wohnungsproblem, Kempten/München: Kösel 1909.

Roth, Eugen: Lebenslauf in Anekdoten, München/Wien: Hanser 1963.

Ruß, Karl: Die Vogelzucht, ein beachtenswerther Erwerbszweig, in: Der Arbeiterfreund 10 (1872), S. 81–89.

–, Stubenvogel-Zucht, in: Die Gartenlaube 43 (1878), S. 715–718.

–, Das Huhn als Nutzgeflügel für die Stadt- und Landwirthschaft, Magdeburg: Creutz 1884.

–, Die vierte Ausstellung des Vereins »Ornis« in Berlin (Vom 5. bis 9. Dezember 1884). VI. Die Vogelstuben-Katze, in: Die gefiederte Welt 14/13 (1885), S. 120–121.

–, Die sprechenden Papageien. Ein Hand- und Lehrbuch, Magdeburg: Creutz 1887.

–, Die fremdländischen Stubenvögel. Ihre Naturgeschichte, Pflege und Zucht. Bd. 4: Lehrbuch der Stubenvogelpflege, -Abrichtung und -Zucht, Magdeburg: Creutz 1888.

–, Brieftaubendienst auf hoher See, in: Die Gartenlaube 51 (1893), S. 875.

–, Der Wellensittich. Seine Naturgeschichte, Pflege und Zucht, Magdeburg: Creutz 1893.

–, Die fremdländischen Stubenvögel. Ihre Naturgeschichte, Pflege und Zucht. Bd. 2: Die fremdländischen Weichfutterfresser (Insekten oder Krebthierfresser, auchWurmvögel genannt, Frucht- oder Berenfresser und Fleischfresser) mit Anhang: Tauben und Hühnervögel, Magdeburg: Creutz 1899.

–, Der Kanarienvogel. Seine Naturgeschichte, Pflege und Zucht, Magdeburg: Creutz 1901.

Saß, Elise: Ein gelbköpfiger Kurzflügelpapagei, in: Die gefiederte Welt 2/10 (1873), S. 79–80.

Sauermann, Dietmar (Hg.): Knechte und Mägde in Westfalen um 1900. Berichte des Archivs für Westfälische Volkskunde, Münster: Selbstverlag der Volkskundlichen Kommission des Landschaftsverbandes Westfalen-Lippe 1972.

Schacht, H.: Erscheinungen aus der Vogelwelt des Teutoburger Waldes im Jahre 1881, in: Ornithologisches Centralblatt 6/18 (1881), S. 141–142.

Schietinger, C. G.: Licht- und Schattenseiten der Geflügelzucht, in: Nutzgeflügelzucht 14/41 (1912), S. 396–398.

Schlag, F.: Ein kurzer Einblick in die Geheimnisse der Vogel-Dressur, in: Monatsschrift des Deutschen Vereins zum Schutze der Vogelwelt 7/12 (1882), S. 315–317.

–, Ueber Vogel-Abrichtung, in: Die gefiederte Welt 14/43 (1885), S. 447–449.

–, Ornithologische Rückerinnerungen. b) Wildtauben-Eier, in: Ornithologische Monatsschrift 15/9 (1890), S. 261–262.

Schlesinger, Paul: Das Tierasyl des Deutschen Tierschutzvereins in Lankwitz bei Berlin, in: Die Gartenlaube 40 (1906), S. 846–848.

Schmidt: Förderung der Geflügelzucht als landwirtschaftlichen Nebenbetriebes. Vortrag gehalten auf der 11. Hauptversammlung der Landwirtschaftskammer für die Provinz Brandenburg am 30. und 31. Janaur 1905 zu Berlin, Prenzlau: A. Mieck 1905.

Schmidt-Ott, Friedrich: Erlebtes und Erstrebtes 1860–1950, Wiesbaden: Steiner 1952.

Schmidt-Stralsund, Friedo: Polizeihund-Erfolge deutscher Schäferhunde und Neue Winke für Polizeihund-Führer, -Liebhaber und Behörden, Augsburg: Pfeiffer 1911.

Scholz, Carl: Wie wird der Sinn des Landwirthes für Geflügelzucht geweckt?, in: Blätter für Geflügelzucht 12/1 (1878), S. 4.

Schosshund-Klub (E.V.) Sitz Berlin: Rasse-Merkmale der Schosshunde. Festgestellt und hrsg. vom Schosshund-Klub (E.V.) Sitz Berlin. Nebent.: Rasse-Kennzeichen der Schosshunde, Berlin 1904.

Schröder, Julius: Leichte oder schwere Rassen?, in: Der Lehrmeister im Garten und Kleintierhof 3/14 (1904), S. 214–215.

Schueder, Paul: Die Tollwut in Deutschland und ihre Bekämpfung, Hamburg/Leipzig: Leopold Voß 1903.

Schulz, E.: Eine junge Thurmschwalbe *(Cypselus apus)*, in: Ornithologisches Centralblatt 6/16 (1881), S. 126.

Schulze, Louis: *Rasbora daniconius*, in: Blätter für Aquarien- und Terrarienkunde 23/14 (1912), S. 221–223.

Schuster, A.: Zur Erziehung des Hundes im Allgemeinen, in: Zwinger und Feld 7/17 (1898), S. 334–335.

Schuster, M. J.: Ein Blick auf die Kaninchenzucht, in: Oesterr.-ung. Blätter für Geflügel- und Kaninchenzucht 1/2 (1878), S. 17–18.

Schuster, Wilhelm: Einführung der Katzensteuer in München, in: Mitteilungen über die Vogelwelt 11/12 (1911), S. 259–260.

Schweckendieck, W.: Die Geflügelzucht als Nebenerwerb jedes landwirtschaftlichen Betriebes. Ausführliche Berechnungen über zielgemäß betriebene Geflügelzucht bei intensiver Ausnutzung aller Geflügel-Produkte, in: Deutsche landwirtschaftliche Geflügel-Zeitung 9/40 (1906), S. 597–598.

Schweinfurth, Georg: Im Herzen von Afrika. Reisen und Entdeckungen im centralen Äquatorial-Afrika während der Jahre 1868 bis 1871. Bd. 1, Leipzig: Brockhaus 1874.

Sedow, H. von: Aus meiner Vogelstube, in: Die gefiederte Welt 14/39 (1885), S. 399–401.

Seidel, Heinrich: Von Perlin nach Berlin. Aus meinem Leben, Leipzig: Liebeskind 1894.

Seidel, Ina: Lebensbericht 1885–1923, Stuttgart: Deutsche Verlags-Anstalt 1970.

Seufert, Hans: Arbeits- und Lebensverhältnisse der Frauen in der Landwirtschaft in Württemberg, Baden, Elsass-Lothringen und Rheinpfalz, Jena: Gustav Fischer 1914.

Seydel, Max von: Bayerisches Staatsrecht, Freiburg/Leipzig: Mohr 1896.

Siegl, Hubert (1912): Einige Beobachtungen über *Pantodon Buchholzi* und seine Zucht, in: Blätter für Aquarien- und Terrarienkunde 23/48 (1912), S. 771–774.

Skowronnek, Fritz: Die »Sprache« des Hundes, in: Die Gartenlaube 25 (1904), S. 686–690.

–, Zwei Hundegigerl, in: Die Gartenlaube 47 (1905), S. 894–895.

Spieß, Heino: Die Kückenmast auf dem Lande, in: Praktischer Ratgeber für Landwirtschaft 3 (1913), o.S.

Sprung, Hertha: Langeweile gab es für uns Kinder nicht, in: Andrea Schnöller/Hannes Stekl (Hg.): »Es war eine Welt der Geborgenheit…«. Bürgerliche Kindheit in Monarchie und Republik, Wien/Köln: Böhlau 1987, S. 241–253.

Stengel, Julius: Vogelfang auf Helgoland, in: Monatsschrift des Deutschen Vereins zum Schutze der Vogelwelt 3/3–4 (1878), S. 77–79.

–, Dürfen Schulknaben Eiersammlungen anlegen?, in: Monatsschrift des Deutschen Vereins zum Schutze der Vogelwelt 7/6 (1882), S. 138–141.

Stephanitz, Max von: Der deutsche Schäferhund in Wort und Bild, Augsburg: Selbstverlag des »Vereins für deutsche Schäferhunde« 1901.

–, Nachrichten der Vorstandschaft, in: Zeitung des Vereins für deutsche Schäferhunde 3/7 (1904), S. 253.

–, Der deutsche Schäferhund als Diensthund, München: Selbstverlag des »Vereins für deutsche Schäferhunde« 1910.

–, Der deutsche Schäferhund im 1911, in: Hundesport und Jagd 27/2 (1912), S. 21–25.

–, Die Haupt-Sonderausstellung zu Berlin am 18. und 19. November angegliedert an die Ausstellung des »Vereins Hektor, Gesellschaft der Hundefreunde«, in: Zeitung des Vereins für deutsche Schäferhunde 12/24 (1913), S. 1555–1565.

–, Nachrichten der Vorstandschaft, in: Zeitung des Vereins für deutsche Schäferhunde 12/24 (1913), S. 1529–1530.

–, Der deutsche Schäferhund in Wort und Bild, München: Verlag des »Vereins für deutsche Schäferhunde« 1921.

–, Der deutsche Schäferhund in Wort und Bild, Berlin: Verlag des »Vereins für deutsche Schäferhunde« im »Deutschen Kartell für Hundewesen« 1932.

Ströse, August: Grundlehren der Hundezucht. Ein Hilfsbuch für Züchter, Preisrichter, Dresseure und Hundefreunde, Neudamm: Neumann 1897.

Studer, Th.: Beiträge zur Geschichte unserer Hunderassen, in: Naturwissenschaftliche Wochenschrift 12/28 (1897), S. 325–330.

Tauber, Eduard: Ueber das Vorkommen des Rothkehligen Seetauchers in Bayern, in: Ornithologisches Centralblatt 5/1 (1880), S. 5.

Teuteberg, Hans Jürgen/Wischermann, Clemens: Wohnalltag in Deutschland 1850–1914. Bilder, Daten, Dokumente, Münster: Coppenrath 1985.

Thiel, A.: Tropidonotus tesselatus in der Gefangenschaft, in: Blätter für Aquarien- und Terrarienkunde 13/14 (1902), S. 157–158.

Thienemann, Johannes: Dürfen wir Vögel halten?, in: Ornithologische Monatsschrift 21/1 (1896), S. 3–7.

Thienemann, Wilhelm August: Das Tüpfelsumphhühnchen *(Gallinula porzana)*, in: Ornithologisches Centralblatt 5/12 (1880), S. 89–91.

–, Eugen von Schlechtendal, in: Ornithologisches Centralblatt 6/13 (1881), S. 98–99.

–, Die Waldschnepfe (Scolopax rusticula) in der Volière, in: Monatsschrift des Deutschen Vereins zum Schutze der Vogelwelt 7/5 (1882), S. 135.

Tobias, Louis: Bemerkungen über *Rallus aquaticus,* in: Ornithologisches Centralblatt 6/21 (1881), S. 157–158.

Töpel, A.: Eigentümliches Verhalten eines Hausrotschwanz- (Ruticilla tithys) Weibchens, in: Ornithologische Monatsschrift 22/2 (1897), S. 59–60.

Träber, G.: *Haplochilus? senegalensis*, Steind., in: Blätter für Aquarien- und Terrarienkunde 23/2 (1912), S. 17–18.

–, *Haplochilus* cfr. *Petersii Sauvage*, in: Blätter für Aquarien- und Terrarienkunde 23/3 (1912), S. 33–35.

Tschusi, Viktor v.: Das Halten der Stubenvögel und der Vogelschutz, in: Die gefiederte Welt 2/5 (1873), S. 34–35.

–, Das Halten der Stubenvögel und der Vogelschutz. Schluß, in: Die gefiederte Welt 2/6 (1873), S. 41–42.

Ullrich, Willy: Ueber Dachsbracken-Zucht, in: Zwinger und Feld 7/49 (1898), S. 1011–1012.

Ulrich, B.: Richterbericht über die deutschen Doggen in Frankfurt am Main (16. und 17. März), in: Die Deutsche Dogge 2/3 (1912), S. 352–353.

Vallon, G.: Abnorme und seltene Gäste. 1. Gemeiner Staar (Sturnus vulgaris), in: Monatsschrift des Deutschen Vereins zum Schutze der Vogelwelt 9/12 (1884), S. 298–299.

Verein gegen Vivisektion und sonstige Tierquälerei in München: Experimentelle Tierquälerei an medizinischen Instituten Bayerns (1900–1909). Mit einem Anhang: Versuche an Menschen in Krankenhäusern, München: A. Buchholz 1910.

Vierhaus, Rudolf (Hg.): Am Hof der Hohenzollern. Aus dem Tagebuch der Baronin Spitzemberg 1865–1914, München: Deutscher Taschenbuch Verlag 1979.

Vinzelberg, Ed: Der Kanarienvogel. Praktische Anleitung zur Zucht, Pflege und Gesangsausbildung desselben, unter Berücksichtigung der Krankheiten, ihrer Verhütung und Heilung, sowie des Vereins- und Ausstellungswesens, Berlin-Weißensee: Bartels 1897.

Vogt, H.: Das Aquarium. Seine Geschichte, Bedeutung und Einrichtung, in: Der Privat- und Villengärtner 2/12 (1900), S. 89–90.

Walter, Hermann: Der Gesang der Vögel, in: Die Gartenlaube 7 (1901), S. 187–192.

Walterhöfer, Fr.: Zur Einbürgerung grüner Kanarien, in: Ornithologische Monatsschrift 27/11 (1902), S. 485–486.

Waser, Paul: Die Kaninchenzucht als ein praktisches Mittel zur Linderung des Notstandes der unteren Klassen. Eine Weihnachtsbitte an alle Deutsche, Ilmenau: Aug. Schröter 1877

Weber, Max: Die Verhältnisse der Landarbeiter im ostelbischen Deutschland (Preussische Provinzen Ost- und Westpreussen, Pommern, Posen, Schlesien, Brandenburg, Grossherzogtümer Mecklenburg, Kreis Herzogtum Lauenburg), Leipzig: Duncker & Humblot 1892.

Weber, Therese (Hg.): Häuslerkindheit. Autobiographische Erzählungen, Wien/Köln: Böhlau 1984.

–, (Hg.): Mägde. Lebenserinnerungen an die Dienstbotenzeit bei Bauern, Wien/Köln: Böhlau 1985.

Wedell, J. von: Im Haus und am Herd. Praktischer Ratgeber in allen Gebieten der Haushaltung für Frauen und Mädchen, nebst einem vollständigen Kochbuch, Stuttgart: Levy & Müller o.J. [1897].

Weinland, David Friedrich: Was wir wollen, in: Der zoologische Garten 1/1 (1859), S. 1–7.

–, Was wir haben, in: Der zoologische Garten 1/5 (1860), S. 73–83.

Wensauer, A.: Bewährte Rathschläge eines Geflügelfreundes, in: Oesterr.-ung. Blätter für Geflügel- und Kaninchenzucht 2/8 (1879), S. 129.

Werner, F.: Unsere Sumpfschildkröte, in: Blätter für Aquarien- und Terrarienkunde 13/7 (1902), S. 70–72.

Werner, Franz: Selektion im Terrarium, in: Blätter für Aquarien- und Terrarienkunde 23/52 (1912), S. 840–842.

Wernher, Karl: Dompfaffzüchtung, in: Ornithologische Monatsschrift 18/9 (1893), S. 325–328.

Wiepken, C. F.: Ornithologische Notizen, in: Ornithologisches Centralblatt 5/2 (1880), S. 12.

Wilcke, E.: Ueber das Einbringen der jungen Kanarien in die Harzer Käfige, in: Die gefiederte Welt 14/28 (1885), S. 284–286.

Wilcke, Hermann: Canarienzucht. Zuchtvogel und Vorsänger, in: Oesterr.-ung. Blätter für Geflügel- und Kaninchenzucht 2/23 (1879), S. 411.

Will, E.: Anleitung zur Ausübung eines erfolgreichen Vogelschutzes, Posen: Posener Neueste Nachrichten o.J.

Withum, F.: Badens Geflügelzucht auf dem Lande, in: Pfälzische Geflügel-Zeitung 5/48 (1881), S. 211–212.

Wohlgemuth, Marta: Die Bäuerin in zwei badischen Gemeinden, Karlsruhe: Braun 1913.

Zapf, J.: Meine Geckonen, in: Blätter für Aquarien- und Terrarienkunde 23/31 (1912), S. 499–502.

Zdeborsky, Kalman: Zur Geflügelzucht-Frage, in: Oesterr.-ung. Blätter für Geflügel- und Kaninchenzucht 1/6 (1878), S. 61–62.

## Sekundärliteratur

[Anonym.:] Prinz Solms-Braunfels – Cup. Wanderpreis dem besten Pointer oder Setter auf den int. Frühjahr Field Trials Der Landesgruppe Nord im Verein für Pointer und Setter e.V. (2015), URL: http://www.pointer-setter-nord.de/pruefung/prinz-solms-cup.pdf (am 02.07.2015).

Achilles, Walter: Deutsche Agrargeschichte im Zeitalter der Reformen und der Industrialisierung, Stuttgart: Ulmer 1993.

Agar, Jon: Modern Horrors. British Identity and Identity Cards, in: Jane Caplan/John Torpey (Hg.): Documenting Individual Identity. The Development of State Practices in the Modern World, Princeton: Princeton University Press, 2001 S. 101–120.

Albers, Helene: Die stille Revolution auf dem Lande. Landwirtschaft und Landwirtschaftskammer in Westfalen-Lippe 1899–1999, Münster: Landwirtschaftskammer Westfalen-Lippe 1999.

–, Zwischen Hof, Haushalt und Familie. Bäuerinnen in Westfalen-Lippe, 1920–1960, Paderborn u.a.: Schöningh 2001.

Algazi, Gadi: Middling Ages and Living Relics as Objects to Think with. Two Figures of the Historical Imagination, in: Sarah C. Humphreys/Rudolf G. Wagner (Hg.): Modernity's Classics, Berlin, Heidelberg/New York: Springer 2013 S. 315–329.

Alger, Janet M./Alger, Steven F.: Cat Culture. The Social World of a Cat Shelter, Philadelphia: Temple University Press 2003.

Althammer, Beate: Das Bismarckreich 1871–1890, Paderborn u.a.: Schöningh 2009.

Aly, Götz: Hitlers Volksstaat. Raub, Rassenkrieg und nationaler Sozialismus, Frankfurt a.M.: S. Fischer 2005.

Anderson, Kay: A Walk on the Wild Side. A Critical Geography of Domestication, in: Progress in Human Geography 21/4 (1997), S. 463–485.

Anderson, Virginia DeJohn: Creatures of Empire. How Domestic Animals Transformed Early America, Oxford/New York: Oxford University Press 2004.

Armstrong, Philip/Potts, Annie: The Emptiness of the Wild, in: Garry Marvin/Susan McHugh (Hg.): Routledge Handbook of Human-Animal Studies, London: Routledge 2014 S. 168–181.

Ash, Mitchell G.: Tiere und Wissenschaft. Versachlichung und Vermenschlichung im Widerstreit, in: Gesine Krüger/Aline Steinbrecher/Clemens Wischermann (Hg.): Tiere und Geschichte. Konturen einer Animate History, Stuttgart: Steiner 2014, S. 267–291.

Ash, Ronald G.: Freundschaft und Patronage zwischen alteuropäischer Tradition und Moderne. Frühneuzeitliche Fragesetllungen und Befunde, in: Bernadette Descharmes/Eric Anton Heuser/Caroline Krüger/Thomas Loy (Hg.): Varieties of Friendship. Interdisciplinary Perspectives on Social Relationships, Göttingen: V&R Unipress 2011, S. 265–286.

Atkins, Peter: Introduction, in: ders. (Hg.): Animal Cities. Beastly Urban Histories, Farnham/Burlington, VT: Ashgate 2012, S. 1–17.

Baberowski, Jörg: Gewalt verstehen, in: Zeithistorische Forschungen/Studies in Contemporary History 5/1 (2008), S. 5–17.

–, Einleitung. Ermöglichungsräume exzessiver Gewalt, in: ders./Gabriele Metzler (Hg.): Gewalträume. Soziale Ordnungen im Ausnahmezustand, Frankfurt a.M./New York: Campus 2012, S. 9–27.

Barrow Jr., Mark V.: A Passion for Birds. American Ornithology after Audubon, Princeton: Princeton University Press 2000.

Barth, Boris: Tiere und Rasse. Menschenzucht und Eugenik, in: Gesine Krüger/Aline Steinbrecher/Clemens Wischermann (Hg.): Tiere, S. 199–217.

Bayertz, Kurt: Spreading the Spirit of Science. Social Determinants of the Popularization of Science in Nineteenth-Germany, in: Terry Shinn/Richard Whitley (Hg.): Expository Science. Forms and Functions of Popularisation, Dordrecht, Boston/Lancaster: D. Reidel 1985 S. 209–227.

Beck, Lisa/Madresh, Elizabeth A.: Romantic Partners and Four-Legged Friends. An Extension of Attachment Theory to Relationships with Pets, in: Anthrozoös 21/1 (2008), S. 43–56.

Benecke, Norbert: Der Mensch und seine Haustiere. Die Geschichte einer jahrtausendealten Beziehung, Stuttgart: Theiss 1994.

Bennett, Tony/Dodsworth, Francis/Joyce, Patrick: Introduction. Liberalisms, Government, Culture, in: Cultural Studies 21/4–5 (2007), S. 525–548.

Benson, Etienne: Animal Writes. Historiography, Disciplinarity and the Animal Trace, in: Linda Kalof/Georgina M. Montgomery (Hg.): Making Animal Meaning, East Lansing: Michigan State University Press 2011, S. 3–16.

–, The Urbanization of the Eastern Gray Squirrel in the United States, in: Journal of American History 100/3 (2013), S. 691–710.

Berger, John: Vanishing Animals, in: New Society 39 (1977), S. 664–665.

Berger, Silvia: Bakterien in Krieg und Frieden. Eine Geschichte der medizinischen Bakteriologie in Deutschland 1890–1933, Göttingen: Wallstein 2009.

Bergwik, Staffan: An Assemblage of Science and Home. The Gendered Lifestyle of Svante Arrhenius and Early Twentieth-Century Physical Chemistry, in: Isis 105/2 (2014), S. 265–291.

Best, Steven: The Rise of Critical Animal Studies. Putting Theory into Action and Animal Liberation into Higher Education, in: Journal for Critical Animal Studies 7/1 (2009), S. 9–52.

Bethencourt, Francisco: Racisms. From the Crusades to the Twentieth Century, Princeton/Oxford: Princeton University Press 2013.

Birke, Lynda: Escaping the Maze. Wildness and Tameness in Studying Animal Behaviour, in: Marvin/McHugh (Hg.): Handbook, S. 39–53.

Blackbourn, David: Marpingen. Apparitions of the Virgin Mary in Bismarckian Germany, Oxford/New York: Oxford University Press 1993.

Boch, B. B/Huik, M. M. van/Eveillard, F. Kling/Dockes, A./Prutzer, M.: Farmers' Relationship with Different Animals. The Importance of Getting Close to the Animals. Case Studies of French, Swedish, and Dutch Cattle, Pig, and Poultry Farmers, in: International Journal of Sociology of Agriculture & Food 15/3 (2007), S. 108–125.

Bodenburg, Julia: Auf den Hund gekommen. Tier-Mensch-Allianzen in Donna Haraways Companion Species Manifesto und Thomas Manns Erzählung Herr und Hund, in: Jessica Ullrich/Friedrich Weltzien/Heike Fuhlbrügge (Hg.): Ich das Tier. Tiere als Persönlichkeiten in der Kulturgeschichte, Berlin: Reimer 2008, S. 283–294.

Boentert, Annika: Kinderarbeit im Kaiserreich 1871–1914, Paderborn u.a.: Schöningh 2007.

Borcherdt, Christoph/Häsler, Susanne/Kuballa, Stefan/Schwenger, Johannes: Die Landwirtschaft in Baden und Württemberg. Veränderungen von Anbau, Viehhaltung und landwirtschaftlichen Betriebsgrössen 1850–1980, Stuttgart: Kohlhammer 1985.

Borneman, John: Race, Ethnicity, Species, Breed. Totemism and Horse-Breed Classification in America, in: Comparative Studies in Society and History 30/1 (1988), S. 25–51.

Bourdieu, Pierre: Die feinen Unterschiede. Kritik der gesellschaftlichen Urteilskraft, Frankfurt a.M.: Suhrkamp 1987.

Bourke, Joanna: Women and Poultry in Ireland, 1891–1914, in: Irish Historical Studies 25/99 (1987), S. 293–310.

Bowler, Peter J.: The Eclipse of Darwinism. Anti-Darwinian Evolution Theories in the Decades Around 1900, Baltimore/London: Johns Hopkins University Press 1983.

Boyd, William: Making Meat. Science, Technology, and American Poultry Production, in: Technology and Culture 42/4 (2001), S. 631–664.

Brandstetter, Thomas/Wessely, Christina: Einleitung. Mobilis in mobili, in: Berichte zur Wissenschaftsgeschichte 36/2 (2013), S. 119–127.

Brantz, Dorothee: Animal Bodies, Human Health, and the Reform of Slaughterhouses in Nineteenth Century Berlin, in: Food and History 3/2 (2005), S. 193–215.

–, The Domestication of Empire. Human-Animal Relations at the Intersection of Civilization, Evolution, and Acclimatization in the Nineteenth Century, in: Kathleen Kete (Hg.): A Cultural History of Animals in the Age of Empire, Oxford/New York: Berg 2007, S. 73–93.

–, »Risky Business«. Disease, Disaster, and the Unintended Consequences of Epizootics in Eighteenth- and Nineteenth-Century France and Germany, in: Environment and History 17/1 (2011), S. 35–51.

Braun, Rudolf: Konzeptionelle Bemerkungen zum Obenbleiben. Adel im 19. Jahrhundert, in: Hans-Ulrich Wehler (Hg.): Europäischer Adel 1750–1950, Göttingen: Vandenhoeck & Ruprecht 1990, S. 87–95.

Breittruck, Julia: Pet Birds. Cages and Practices of Domestication in Eighteenth-Century Paris, in: InterDisciplines 3/1 (2012), S. 6–24.

–, Vögel als Haustiere im Paris des 18. Jahrhunderts. Theoretische, methodische und empirische Überlegungen, in: Jutta Buchner-Fuhs/Lotte Rose (Hg.): Tierische Sozialarbeit. Ein Lesebuch für die Profession zum Leben und Arbeiten mit Tieren, Wiesbaden: Springer VS 2012, S. 131–146.

Brown, Karen: Mad Dogs and Meerkats. A History of Resurgent Rabies in Southern Africa, Athens: Ohio University Press 2011.

Bruch, Rüdiger vom: Bürgerlichkeit, Staat und Kultur im Kaiserreich, Stuttgart: Steiner 2005.

Brucker, Renate: Tierrechte und Friedensbewegung. »Radikale Ethik« und gesellschaftlicher Fortschritt in der deutschen Geschichte, in: Dorothee Brantz/Christof Mauch (Hg.): Tierische Geschichte. Die Beziehung von Mensch und Tier in der Kultur der Moderne, Paderborn u.a.: Schöningh 2010, S. 268–285.

Brüggemeier, Franz-Josef: Leben vor Ort. Ruhrbergleute und Ruhrbergbau 1889–1919, München: Beck 1983.

Brunner, Bernd: Wie das Meer nach Hause kam. Die Erfindung des Aquariums, Berlin: Transit 2003.

Brunner, Otto: Das »ganze Haus« und die alteuropäische Ökonomik, in: ders.: Neue Wege der Verfassungs- und Sozialgeschichte, Göttingen: Vandenhoeck & Ruprecht 1968, S. 103–127.

Buchner-Fuhs, Jutta: »Im Wagen saßen zwei Damen mit einem Bologneserhündchen«. Zur städtischen Hundehaltung in der wilhelmnischen Klassengesellschaft um 1900, in: Siegfried Becker/Andreas C. Bimmer (Hg.): Mensch und Tier. Kulturwissenschaftliche Aspekte einer Sozialbeziehung, Marburg: Jonas 1991, S. 119–138.

–, Kultur mit Tieren. Zur Formierung des bürgerlichen Tierverständnisses im 19. Jahrhundert, Münster u.a.: Waxmann 1996.

–, Das Tier als Freund. Überlegungen zur Gefühlsgeschichte im 19. Jahrhundert, in: Paul Münch (Hg.): Tiere und Menschen. Geschichte und Aktualität eines prekären Verhältnisses, Paderborn u.a.: Schöningh 1998, S. 275–294.

–, Tiere und Klassendistinktionen. Zur Begegnung mit Pferden, Karrenhunden und Läusen, in: dies./Rose (Hg.): Sozialarbeit, S. 309–323.

Budde, Gunilla-Friederike: Auf dem Weg ins Bürgerleben. Kindheit und Erziehung in deutschen und englischen Bürgerfamilien 1840–1914, Göttingen: Vandenhoeck & Ruprecht 1994.

–, Des Haushalts »schönster Schmuck«. Die Hausfrau als Konsumexpertin des deutschen und englischen Bürgertums im 19. und frühen 20. Jahrhundert, in: Hannes Siegrist/Hartmut Kaelble/Jürgen Kocka (Hg.): Europäische Konsumgeschichte. Zur Gesellschafts- und Kulturgeschichte des Konsums, 18. bis 20. Jahrhundert, Frankfurt a.M./New York: Campus 1997, S. 411–440.

Bujok, Melanie: Die Somatisierung der Naturbeherrschung. Körpersoziologische Aspekte der Mensch-Tier-Beziehung, in: Karl S. Rehberg (Hg.): Die Natur der Gesellschaft. Verhandlungen des 33. Kongresses der Deutschen Gesellschaft für Soziologie in Kassel 2006, Frankfurt a.M.: Campus 2008, S. 5116–5128.

Bulliet, Richard W.: Hunters, Herders, and Hamburgers. The Past and Future of Human-Animal Relationships, New York: Columbia University Press 2005.

Buschka, Sonja/Gutjahr, Julia/Sebastian, Marcel: Gewalt an Tieren, in: Christian Gudehus/Michaela Christ (Hg.): Gewalt. Ein interdisziplinäres Handbuch, Stuttgart: Metzler 2013, S. 75–83.

Campbell, John: »My Constant Companion«. Slaves and Thier Dogs in the Antebellum South, in: Larry E. Hudson (Hg.): Working Toward Freedom. Slave Society and Domestic Economy in the American South, Rochester, NY: University of Rochester Press 1994, S. 53–76.

Candea, Matei: »I Fell in Love with Carlos the Meerkat«. Engagement and Detachment in Human-Animal Relations, in: American Ethnologist 37/2 (2010), S. 241–258.

Caplan, Jane: »This or That Particular Person«. Protocols of Identification in Nineteenth-Century Europe, in: dies./Torpey (Hg.): Documenting, S. 49–66.

Carroll, Patrick E.: Medical Police and the History of Public Health, in: Medical History 46/4 (2002), S. 461–494.

Carsten, Francis L.: Der preußische Adel und seine Stellung in Staat und Gesellschaft bis 1945, in: Wehler (Hg.): Adel, S. 112–125.

Carter, K. Codell: The Rise of Causal Concepts of Disease. Case Histories, Burlington, VT: Ashgate 2003.

Cassidy, Rebecca: Introduction. Domestication Reconsidered, in: dies./Molly Mullin (Hg.): Where the Wild Things are Now. Domestication Reconsidered, Oxford/New York: Berg 2007, S. 1–25.

Clark, Christopher: Preußen. Aufstieg und Niedergang 1600–1947, München: Deutsche Verlags-Anstalt 2007.

Clark, Timothy: The Cambridge Introduction to Literature and the Environment, Cambridge: Cambridge University Press 2011.

Classen, Constance: The Deepest Sense. A Cultural History of Touch Urbana: University of Illinois Press, 2012.

Clutton-Brock, Juliet: The Unnatural World. Behavioural Aspects of Humans and Animals in the Process of Domestication, in: Aubrey Manning/James Serpell (Hg.): Animals and Human Society. Changing Perspectives, London/New York: Routledge 1994, S. 23–35.

–, Domestication. The Domestication Process. The Wild and the Tame, in: Marc Bekoff (Hg.): Encyclopedia of Human-Animal Relationships. A Global Exploration of Our Connections with Animals. Bd. 2. Westport, CT: Greenwood Press 2007, S. 639–643.

Coen, Deborah R.: The Common World. Histories of Science and Dometic Intimacy, in: Modern Intellectual History 11/2 (2014), S. 417–438.

Coetzee, Marilyn Shevin: The German Army League. Popular Nationalism in Wilhelmine Germany, New York/Oxford: Oxford University Press 1990.

Collard, Rosemary-Claire: Putting Animals Back Together, Taking Commodities Apart, in: Annals of the Association of American Geographers 104/1 (2014), S. 151–165.

Comberg, Gustav: Die deutsche Tierzucht im 19. und 20. Jahrhundert, Stuttgart: Ulmer 1984.

Conze, Eckart: Jagd, in: ders. (Hg.): Kleines Lexikon des Adels. Titel, Throne, Traditionen, München: Beck 2012, S. 122.

Conze, Werner: Rasse, in: ders./Otto Brunner/Reinhart Koselleck (Hg.): Geschichtliche Grundbegriffe. Historisches Lexikon zur politisch-sozialen Sprache in Deutschland. Bd. 5, Stuttgart: Klett-Cotta 1984, S. 135–178.

Cronon, William: A Place for Stories. Nature, History, and Narrative, in: Journal of American History 78/4 (1992), S. 1347–1376.

–, The Trouble with Wilderness; or, Getting Back to the Wrong Nature, in: ders. (Hg.): Uncommon Ground. Rethinking the Human Place in Nature, New York: W.W. Norton 1995, S. 69–90.

Crosby, Alfred W.: Ecological Imperialism. The Biological Expansion of Europe, 900–1000, New York: Cambridge University Press 2004.

Da Cal, Enrique Ucelay: The Influence of Animal Breeding on Political Racism, in: History of European Ideas 15/4–6 (1992), S. 717–725.

Darnton, Robert: Das grosse Katzenmassaker. Streifzüge durch die französische Kultur vor der Revolution, München: Hanser 1989.

Daston, Lorraine: On Scientific Observation, in: Isis 99/1 (2008), S. 97–110.

–/Galison, Peter: Objectivity, New York: Zone Books 2007.

Daum, Andreas: Wissenschaftspopularisierung im 19. Jahrhundert. Bürgerliche Kultur, naturwissenschaftliche Bildung und die deutsche Öffentlichkeit 1848–1914, München: Oldenbourg 1998.

Davidoff, Leonore: Close Marriage and the Development of Class Societies, in: German Historical Institute London Bulletin 35/1 (2013), S. 3–17.

DeMello, Margo: The Present and Future of Animal Domestication, in: Randy Malamud (Hg.): A Cultural History of Animals in the Modern Age, Oxford/New York: Berg 2007, S. 67–94.

–, Animals and Society. An Introduction to Human-Animal Studies, New York: Columbia University Press 2012.

Derks, Hans: Über die Faszination des »ganzen Hauses«, in: Geschichte und Gesellschaft 22/2 (1996), S. 221–242.

Derry, Margaret E.: Bred for Perfection. Shorthorn Cattle, Collies, and Arabian Horses since 1800, Baltimore/London: Johns Hopkins University Press 2003.

Descola, Philippe: Jenseits von Natur und Kultur, Berlin: Suhrkamp 2011.

Desmond, Adrian/Moore, James: Darwin's Sacred Cause. Race, Slavery, and the Quest for Human Origins, London: Allen Lane 2009.

Despret, Vinciane: Domesticating Practices. The Case of Arabian Babblers, in: Marvin/McHugh (Hg.): Handbook, S. 23–38.

Dierig, Sven: Wissenschaft in der Maschinenstadt. Emil Du Bois-Reymond und seine Laboratorien in Berlin, Göttingen: Wallstein 2006.

Digard, Jean-Pierre: Relationships between Humans and Domesticated Animals, in: Interdisciplinary Science Reviews 19/3 (1994), S. 231–236.

Dikötter, Frank: Race Culture. Recent Perspectives on the History of Eugenics, in: American Historical Review 103/2 (1998), S. 467–478.

Dinzelbacher, Peter: Mittelalter, in: ders. (Hg.): Mensch und Tier in der Geschichte Europas, Stuttgart: Kröner 2000, S. 181–292.

Donaldson, Sue/Kymlicka, Will: Zoopolis. Eine politische Theorie der Tierrechte, Berlin: Suhrkamp 2013.

Dooren, Thom van: Flight Ways. Life and Loss at the Edge of Extinction, New York: Columbia University Press 2014.

–, A Day with Crows: Rarity, Nativity, and the Violent-Care of Conservation, in: Animal Studies Journal 4/2 (2015), S. 1–28.

Driesch, Angela von den: Geschichte der Tiermedizin. 5000 Jahre Tierheilkunde, Munchen: Callwey 1989.

Dülmen, Richard van: Kultur und Alltag in der frühen Neuzeit. Bd. 1: Das Haus und seine Menschen, München: Beck 1990.

Dyl, Joanna: The War on Rats Verses the Right to Keep Chickens. Plague and the Paving of San Francisco 1907–1908, in: Andrew C. Isenberg (Hg.): The Nature of Cities. Culture, Landscape, and Urban Space, Rochester, NY: University of Rochester Press 2006, S. 38–61.

Edwards, Peter: Domesticated Animals in Renaissance Europe, in: Bruce Boehrer (Hg.): A Cultural History of Animals in the Renaissance, Oxford/New York: Berg 2007, S. 75–94.

Ehrenreich, Eric: The Nazi Ancestral Proof. Genealogy, Racial science, and the Final Solution, Bloomington/Indianapolis: Indiana University Press 2007.

Eitler, Pascal: Ambivalente Urbanimalität. Tierversuche in der Großstadt (Deutschland 1879–1914), in: Informationen zur modernen Stadtgeschichte 40/2 (2009), S. 80–93.

–, In tierischer Gesellschaft. Ein Literaturbericht zum Mensch-Tier-Verhältnis im 19. und 20. Jahrhundert, in: Neue Politische Literatur 54 (2009), S. 207–224.

–, Der »Ursprung« der Gefühle – reizbare Menschen und reizbare Tiere, in: Ute Frevert u.a. (Hg.): Gefühlswissen. Eine lexikalische Spurensuche in der Moderne, Frankfurt a.M./New York: Campus 2011, S. 93–119.

–, Rezension zu: Bourke, Joanna: What It Means to Be Human. Historical Reflections from 1791 to the Present/Chimaira – Arbeitskreis für Human-Animal Studies (Hg.): Human-Animal Studies. Über die gesellschaftliche Natur von Mensch-Tier-Verhältnissen/Verein für kritische Geschichtsschreibung e.V. (Hg.): tiere, in: H-Soz-Kult, 11.09.2012, URL: http://hsozkult.geschichte.hu-berlin.de/rezensionen/2012-3-146 (am 16.10.2015).

–/Möhring, Maren: Eine Tiergeschichte der Moderne. Theoretische Perspektiven, in: Traverse. Zeitschrift für Geschichte 15/3 (2008), S. 91–106.

Elias, Norbert: Über den Prozess der Zivilisation. Soziogenetische und psychogenetische Untersuchungen. Bd. 1: Wandlungen des Verhaltens in den weltlichen Oberschichten des Abendlandes, Bern/München: Francke 1969.

Erker, Paul: Der lange Abschied vom Agrarland. Zur Sozialgeschichte der Bauern im Industrialisierungsprozeß, in: Matthias Frese/Michael Prinz (Hg.): Politische Zäsuren und gesellschaftlicher Wandel im 20. Jahrhundert. Regionale und vergleichende Perspektiven, Paderborn u.a.: Schöningh 1996, S. 327–360.

Evans, Richard J.: Wilhelm II's Germany and the Historians, in: ders.: Rethinking German History. 19th-Century Germany and the Origins of the Third Reich, London u.a.: Allen and Unwin 1987, S. 23–54.

–, Tod in Hamburg. Stadt, Gesellschaft und politik in den Cholera-Jahren 1830–1910, Reinbek bei Hamburg: Rowohlt 1990.

Fahrmeir, Andreas: Governments and Forgers. Passports in Ninetennth-Century Europe, in: Caplan/Torpey (Hg.): Documenting, S. 218–234.

Faulstich, Werner: Medienwandel im Industrie- und Massenzeitalter (1830–1900), Göttingen: Vandenhoeck & Ruprecht 2004.

Feeley-Harnik, Gillian: »An Experiment on a Gigantic Scale«. Darwin and the Domestication of Pigeons, in: Cassidy/Mullin (Hg.): Things, S. 147–182.

Fehn, Klaus: Arbeiterbauern im Saarland. Entstehung, Entwicklung und Auflösung einer sozialstrukturellen Konstelation, in: Westfälische Forschungen 61 (2011), S. 179–201.

Feller, David Allan: Das Erbe der Hunde. Der Einfluss von Jagdhunden auf Charles Darwins Theorie der Selektion, in: Brantz/Mauch (Hg.): Geschichte, S. 226–244.

Fischer, Fritz: Krieg der Illusionen. Die deutsche Politik von 1911 bis 1914, Düsseldorf: Droste 1969.

Flemming, Jens: Fremdheit und Ausbeutung. Großgrundbesitz, »Leutenot« und Wanderarbeiter im wilhelminischen Deutschland, in: Heinz Reif (Hg.): Ostelbische Agrargesellschaft im Kaiserreich und in der Weimarer Republik. Agrarkrise – junkerliche Interessenpolitik – Modernisierungsstrategien, Berlin: Akademie 1994, S. 345–360.

Foucault, Michel: Sicherheit, Territorium, Bevölkerung. Geschichte der Gouvernmentalität I. Vorlesung am Collège de France 1977–1978, Frankfurt a.M.: Suhrkamp 2004.

Francione, Gary L.: Introduction to Animal Rights. Your Child or the Dog?, Philadelphia: Temple University Press 2000.

Franklin, Adrian: Animals and Modern Cultures. A Sociology of Human-Animal Relations in Modernity, London/Thousand Oaks: Sage 1999.
Frevert, Ute: Vertrauensfragen. Eine Obsession der Moderne, München: Beck 2013.
Frey, Manuel: Der reinliche Bürger. Entstehung und Verbreitung bürgerlicher Tugenden in Deutschland 1760–1860, Göttingen: Vandenhoeck & Ruprecht 1997.
Fudge, Erica: A Left-Handed Blow. Writing the History of Animals, in: Nigel Rothfels (Hg.): Representing Animals, Bloomington/Indianapolis: Indiana University Press 2002, S. 3–18.
–, Pets, Stocksfield: Acumen 2008.
–, What Was It Like to Be a Cow? History and Animal Studies, in: Linda Kalof (Hg.): The Oxford Handbook of Animal Studies, New York: Oxford University Press 2017, S. 258–278.
Funck, Marcus: Militär, in: Conze (Hg.): Lexikon, S. 165–169.
–/Malinowski, Stephan: »Charakter ist Alles!«. Erziehungsziele und Erziehungspraktiken in deutschen Adelsfamilien des 19. und 20. Jahrhunderts, in: Jahrbuch für historische Bildungsforschung 6 (2000), S. 71–91.

Gall, Alexnader: Authentizität, Dramatik und der Erfolg der populären zoologischen Illustration im 19. Jahrhundert. Brehms Thierleben und die Gartenlaube, in: Stefanie Samida (Hg.): Inszenierte Wissenschaft. Zur Popularisierung von Wissen im 19. Jahrhundert, Bielefeld: transcript 2011, S. 103–126.
Gausemeier, Bernd: From Pedigree to Database. Genealogy and Human Heredity in Germany 1890–1914, in: Conference: A Cultural History of Heredity III. 19th and 20th Centuries. Max-Planck-Institut für Wissenschaftsgeschichte, Preprint No. 294, 2005, S. 179–192.
–, Auf der »Brücke zwischen Natur- und Geschichtswissenschaft«. Ottokar Lorenz und die Neuerfindung der Genealogie um 1900, in: Florence Vienne/Christina Brandt (Hg.): Wissensobjekt Mensch. Humanwissenschaftliche Praktiken im 20. Jahrhundert, Berlin: Kulturverlag Kadmos 2008, S. 137–164.
Gaynor, Andrea: From Chook Run to Chicken Treat. Speculation on Changes in Human-Animal Relationships in Twentieth-Century Perth, Western Australia, in: Limina 5 (1999), S. 26–39.
–, Harvest of the Suburbs. An Environmental History of Growing Food in Australian Cities, Crawley: University of Western Australia Press 2006.
–, Animal Agendas. Conflict over Productive Animals in Twentieth-Century Australian Cities, in: Society and Animals 15/1 (2007), S. 29–42.
–, Fowls and Contested Productive Spaces of Australian Suburbia, 1890–1990, in: Atkins (Hg.): Animal, S. 205–219.
Gebhardt, Ludwig: Homeyer, Eugen von, in: Neue Deutsche Biographie 9, 1972, S. 589 [Onlinefassung]; URL: http://www.deutsche-biographie.de/pnd116975555.html (am 19.11.2014).
Gebhardt, Miriam: Die Katze als Kind, Ehemann und Mutter? Zur Geschichte einer therapeutischen Beziehung im 20. Jahrhundert, in: Clemens Wischermann (Hg.): Von Katzen und Menschen. Sozialgeschichte auf leisen Sohlen, Konstanz: UVK 2007, S. 237–247.

Geison, Gerald L.: Pasteur, Louis, in: Charles Coulston Gillespie (Hg.): Dictionary of Scientific Biography. Bd. 10, New York: Charles Scribner 1974, S. 350–416.

Gerstner, Alexandra: Neuer Adel. Aristokratische Elitekonzeptionen zwischen Jahrhundertwende und Nationalsozialismus, Darmstadt: WBG 2008.

Gestrich, Andreas: Neuzeit, in: ders./Jens-Uwe Krause/Michael Mitterauer (Hg.): Geschichte der Familie, Stuttgart: Kröner 2003, S. 364–652.

Geulen, Christian: Geschichte des Rassismus, Munchen: Beck 2014.

Giedion, Sigfried: Die Herrschaft der Mechanisierung. Ein Beitrag zur anonymen Geschichte, Frankfurt a.M.: Europäische Verlagsanstalt 1982.

Gilman, Sander: The Jew's Body, New York/London: Routledge 1991.

Gißibl, Bernhard: A Bavarian Serengeti. Space, Race, and Time in the Entangled History of Nature Conversation in East Africa and Germany, in: ders./Sabine Höhler/Patrick Kupper (Hg.): Civilizing Nature. National Parks in Global Historical Perspective, New York: Berghahn Books 2012, S. 102–119.

Gliboff, Sander: The Case of Paul Kammerer. Evolution and Experimentation in the Early 20th Century, in: Journal of the History of Biology 39/3 (2006), S. 525–563.

Gossman, Lionel: Anecdote and History, in: History and Theory 42/2 (2003), S. 143–168.

Gradmann, Christoph: Die kleinsten aber gefhärlichsten Feinde der Menschheit. Bakteriologie, Sprache und Politik im Deutschen Kaiserreich, in: Samida (Hg.): Wissenschaft, S. 61–82.

Gray, Marion W.: Productive Men, Reproductive Women. The Agrarian Household and the Emergence of Separate Spheres during the German Enlightenment, New York/Oxford: Berghahn Books 2000.

Grier, Katherine C.: Buying Your Friends. The Pet Business and American Consumer Culture, in: Susan Strasser (Hg.): Commodifying Everything. Relationships of the Market, New York/London: Routledge 2003, S. 43–70.

–, Pets in America. A History, Chapel Hill: University of North Carolina Press 2006.

Groebner, Valentin: Ausser Haus. Otto Brunner und die »alteuropäische Ökonomik«, in: Geschichte in Wissenschaft und Unterricht 46/2 (1995), S. 69–80.

Grollmann, Dorit: »... für tüchtige Meister und Arbeiter rechter Art«. Eisenheim – die älteste Arbeitersiedlung im Ruhrgebiet macht Geschichte, Köln/Pulheim: Rheinland-Verlag 1996.

Gruen, Lori: Ethics and Animals. An Introduction, Cambridge/New York: Cambridge University Press 2011.

Gudermann, Rita: »Bereitschaft zur totalen Verantwotung«. Zur Ideengeschichte der Selbstversorgung, in: Michael Prinz (Hg.): Der lange Weg in den Überfluss. Anfänge und Entwicklung der Konsumgesellschaft seit der Vormoderne, Paderborn u.a.: Schöningh 2003, S. 375–411.

Günter, Janne: Mündliche Geschichtsschreibung. Alte Menschen im Ruhrgebiet erzählen erlebte Geschichte, Mülheim an der Ruhr: W.G. von Westarp-Verlag 1982.

Hackländer, Klaus/Schneider, Susanne/Lanz, Johann Davis: Gutachten. Einfluss von Hauskatzen auf die heimische Fauna und mögliche Managementmaßnahmen, Universität für Bodenkultur Wien: Institut für Waldbiologie und Jagdwirtschaft, Department für Integrative Biologie und Biodiversitätsforschung, Februar 2014, URL:

https://www.dib.boku.ac.at/fileadmin/data/H03000/H83000/H83200/Publikationen/KH_Gutachten_Hauskatze_Feb2014.pdf (am 15.03.15).

Hamera, Judith: Parlor Ponds. The Cultural Work of the American Home Aquarium, 1850–1970, Ann Arbor: University of Michigan Press 2012.

Hanlon, Gregory: The Decline of Violence in the West. From Cultural to Post-Cultural History, in: English Historical Review 128/531 (2013), S. 367–400.

Hansen, Bert: America's First Medical Breakthorugh. How Popular Excitement about a French Rabies Cure in 1885 Raised New Expectations for Medical Progress, in: American Historical Review 103/2 (1998), S. 373–418.

Haraway, Donna J.: The Companion Species Manifesto. Dogs, People, and Significant Otherness, Chicago: Prickly Paradigm Press 2003.

–, When Species Meet, Minneapolis: University of Minnesota Press 2008.

Hardtwig, Wolfgang: Großstadt und Bürgerlichkeit in der politischen Ordnung des Kaiserreichs, in: Lothar Gall (Hg.): Stadt und Bürgertum im 19. Jahrhundert, München: Oldenbourg 1990, S. 19–64.

Hardy, Anne: Pioneers in the Victorian Provinces. Veterinarians, Public Health, and the Urban Animal Economy, in: Urban History 29/3 (2002), S. 372–387.

Hardy, Anne I.: Ärzte, Ingenieure und städtische Gesundheit. Medizinische Theorien in der Hygienebewegung des 19. Jahrhunderts, Frankfurt a.M./New York: Campus 2005.

Harris, David R.: Domesticatory Relationships of People, Plants, and Animals, in: Roy Ellen und Katsuyoshi Fukui (Hg.): Redefining Nature. Ecology, Culture, and Domestication, Oxford/Washington: Berg 1996, S. 437–463.

Hart, Lynette A.: Pets along a Continuum. Response to »What is a Pet?«, in: Anthrozoös 16/2 (2003), S. 118–122.

Harter, Ursula: Künstliche Ozeane oder die Erfindung des Aquariums, in: Elisabeth Schlebrügge (Hg.): Das Meer im Zimmer. Von Tintenschnecken und Muscheltieren, Graz: Landesmuseum Joanneum 2005, S. 73–105.

–, Aquaria in Kunst, Literatur und Wissenschaft, Heidelberg/Berlin: Kehrer 2014.

Hasselhorn, Benjamin: Johannes Haller. Eine politische Gelehrtenbiographie, Göttingen: Vandenhoeck & Ruprecht 2015.

Hau, Michael: Körperbildung und sozialer Habitus. Soziale Bedeutungen von Körperlichkeit während des Kaiserreichs und der Weimarer Republik, in: Rüdiger Vom Bruch/Brigitte Kaderas (Hg.): Wissenschaften und Wissenschaftspolitik. Bestandsaufnahmen zu Formationen, Brüchen und Kontinuitäten im Deutschland des 20. Jahrhunderts, Stuttgart: Steiner 2002, S. 125–141.

Haupt, Heinz-Gerhard: Konsum und Geschlechtsverhältnisse. Einführende Bemerkungen, in: Siegrist/Kaelble/Kocka (Hg.): Konsumgeschichte, S. 395–410.

Heitholt, Ulrike: Zwischen Liebhaberei und Wirtschaftlichkeit. Die Anfänge der Geflügelzucht in Westfalen, in: Westfälische Forschungen 62 (2012), S. 218–239.

Hengerer, Mark Sven: Die Katze in der Frühen Neuzeit. Stationen auf dem Weg zur Seelenverwandten des Menschen, in: Wischermann (Hg.): Katzen, S. 53–88.

–, Stadt, Land, Katze. Zur Geschichte der Katze in der frühen Neuzeit, in: Informationen zur modernen Stadtgeschichte 40/2 (2009), S. 13–25.

–, Die verbrannten Katzen der Johannisnacht. Ein frühneuzeitlicher Brauch in Metz und Paris zwischen Feuer und Lärm, Konfessionskrieg und kreativer Chronistik, in:

Bernd Herrmann (Hg.): Beiträge zum Göttinger Umwelthistorischen Kolloquium 2010–2011, Göttingen: Universitätsverlag Göttingen 2011, S. 101–145.

Herborn, Wolfgang: Hund und Katz im städtischen und ländlichen Leben im Raum um Köln während des ausgehenden Mittelalters und der frühen Neuzeit, in: Günther Hirschfelder/Dorothea Schell/Adelheid Schrutka-Rechtenstamm (Hg.): Kulturen, Sprachen, Übergänge. Festschrift für H. L. Cox zum 65. Geburtstag, Köln/Weimar/Wien: Böhlau 2000, S. 397–413.

Herrmann, Klaus: Vom Röhrchen zum Roboter. Die Geschichte der Melkmaschine, in: Helmut Ottenjann/Karl-Heinz Ziessow (Hg.): Die Milch. Geschichte und Zukunft eines Lebensmittels, Cloppenburg: Museumsdorf Cloppenburg 1996, S. 75–90.

Herzog, Hal: Wir streicheln und wir essen sie. Unser paradoxes Verhältnis zu Tieren, München: Hanser 2012.

Hettlage, Robert: Über Persistenzkerne bäuerlicher Kultur im Industriesystem, in: ders./Christian Giordano (Hg.): Bauerngesellschaften im Industriezeitalter. Zur Rekonstruktion ländlicher Lebensformen, Berlin: Reimer 1989, S. 287–333.

Hettling, Manfred/Hoffmann, Stefan-Ludwig: Der bürgerliche Wertehimmel. Zum Problem individueller Lebensführung im 19. Jahrhundert, in: Geschichte und Gesellschaft 23 (3), 1997, S. 333–359.

Hierholzer, Vera: Nahrung nach Norm. Regulierung von Nahrungsmittelqualität in der Industrialisierung 1871–1914, Göttingen: Vandenhoeck & Ruprecht 2010.

Hitzer, Bettina/Welskopp, Thomas: Einleitung der Herausgeber. Die »Bielefelder Schule« der westdeutschen Sozialgeschichte. Karriere eines geplanten Paradigmas?, in: dies. (Hg.): Die Bielefelder Sozialgeschichte. Klassische Texte zu einem geschichtswissenschaftlichen Programm und seinen Kontroversen, Bielefeld: transcript 2010, S. 13–31.

Holderness, B. A.: Intensive Livestock Keeping, in: E. J. T. Collins/Joan Thirsk (Hg.): The Agrarian History of England and Wales, Bd. 7: 1850–1914, Cambridge: Cambridge University Press 2000, S. 487–494.

Holl, Karl: Ludwig Quidde (1858–1941). Eine Biografie, Düsseldorf: Droste 2007.

Horowitz, Roger: Making the Chicken of Tomorrow. Reworking Poultry as Commodities and as Creatures 1945–90, in: Philip Scranton/Susan R. Schrepfer (Hg.): Industrializing Organisms. Introducing Evolutionary History, New York: Routledge 2004, S. 215–235.

–, Putting Meat on the American Table. Taste, Technology, Transformation, Baltimore: Johns Hopkins University Press 2006.

Howell, Philip: Between the Muzzle and the Leash. Dog-Walking, Discipline and the Modern City, in: Atkins (Hg.): Animal, S. 221–241.

–, At Home and Astray. The Domestic Dog in Victorian Britain, Charlottesville: University of Virginia Press 2015.

Hueck, Werner: Bollinger, Otto von, in: Neue Deutsche Biographie 2, 1955, S. 432–433 [Onlinefassung]; URL: http://www.deutsche-biographie.de/pnd116236566.html (am 21.12.2012).

Hurn, Samantha: Humans and Other Animals. Cross-Cultural Perspectives on Human-Animal Interactions, London/New York: Pluto Press 2012.

Ingold, Tim: Form Trust to Domination. An Alternative History of Human-Animal Relations, in: Manning/Serpell (Hg.): Animals, S. 1–22.

Inhetveen, Heide: Zwischen Empathie und Ratio. Mensch und Tier in der modernen Landwirtschaft, in: Manuel Schneider (Hg.): Den Tieren gerecht werden. Zur Ethik und Kultur der Mensch-Tier-Beziehung, Witzenhausen: Universität Gesamthochschule Kassel 2001, S. 13–32.

Iseli, Andrea: Gute Policey. Öffentliche Ordnung in der Frühen Neuzeit, Stuttgart: Ulmer 2009.

Isenberg, Andrew C.: The Wild and the Tame. Indians, Euroamericans, and the Destruction of the Bison, in: Mary Henninger-Voss (Hg.): Animals in Human Histories. The Mirror of Nature and Culture, Rochester, NY: University of Rochester Press 2002, S. 115–143.

Jacoby, Karl: Slaves by Nature? Domestic Animals and Human Slaves, in: Slavery & Abolition 15/1 (1994), S. 89–99.

Jäger, Jens: Erkennungsdienstliche Behandlung. Zur Inszenierung polizeilicher Identifikationsmethoden um 1900, in: Jürgen Martschukat/Steffen Patzold (Hg.): Geschichtswissenschaft und »performative turn«. Ritual, Inszenierung und Performanz vom Mittelalter bis zur Neuzeit, Köln/Weimar/Wien: Böhlau 2003, S. 207–228.

Jenner, Mark: The Great Dog Massacre, in: William Naphy/Penny Roberts (Hg.): Fear in Early Modern Society, Manchester: Manchester University Press 1997, S. 43–61.

Jensen, Uffa: Der Kleingarten, in: Alexa Geisthövel/Habbo Knoch (Hg.): Orte der Moderne. Erfahrungswelten des 19. und 20. Jahrhunderts, Frankfurt a.M./New York: Campus 2005, S. 316–324.

Johler, Reinhard: Vogelmord und Vogelliebe. Zur Ethnographie konträrer Leidenschaften, in: Historische Anthropologie 5/1 (1997), S. 1–35.

Johnson, Andrew: Factory Farming, Oxford/Cambridge, MA: Blackwell 1991.

Johnson, Walter: On Agency, in: Journal of Social History 37/1 (2003), S. 113–124.

Jones, Elizabeth B.: Gender and Rural Modernity. Farm Women and the Politics of Labor in Germany 1871–1933, Farnham/Burlington, VT: Ashgate 2009.

Jones, Susan D.: Valuing Animals. Veterinarians and Their Patients in Modern America, Baltimore/London: Johns Hopkins University Press 2003.

Jørgensen, Dolly: Muskox in a Box and Other Tales of Conatiners as Domesticating Mediators in Animal Relocation, in: Kristian Bjørkdhl/Tone Druglitrø (Hg.): Animal Housing and Human-Animal Relations. Politics, Practices, and Infrastructure, Abingdon/New York: Routledge 2016, S. 100–114.

Joyce, Patrick: The Rule of Freedom. Liberalism and the Modern City, London/New York: Verso 2003.

–, What is the Social in Social History?, in: Past and Prsent 206/1 (2010), S. 213–248.

–, The State of Freedom. A Social History of the British State since 1800, Cambridge: Cambridge University Press 2013.

Jürgens, Karin: Emotionale Bindung, ethischer Wertbezug oder objektiver Nutzen? Die Mensch-Nutztier-Beziehung im Spiegel landwirtschaftlicher (Alltags-)Praxis, in: Zeitschrift für Agrargeschichte und Agrarsoziologie 56/2 (2008), S. 41–56.

–, Die Mensch-Nutztier-Beziehung in der heutigen Landwirtschaft. Agrarsoziologische Perspektiven, in: Carola Otterstedt/Michael Rosenberger (Hg.): Gefährten-

Konkurrenten-Verwandte. Die Mensch-Tier-Beziehung im wissenschaftlichen Diskurs, Göttingen: Vandenhoeck und Ruprecht 2009, S. 215–235.

Kaiser, Hermann: Ein Hundeleben. Von Bauernhunden und Karrenkötern. Zur Alltagsgeschichte einer geliebten und geschundenen Kreatur, Cloppenburg: Museumsdorf Cloppenburg 1993.

Kean, Hilda: The Moment of Greyfriars Bobby. The Changing Cultural Position of Animals, 1800–1920, in: Kete (Hg.): History, S. 25–46.

–, Challenges for Historians Writing Animal–Human History. What Is Really Enough?, in: Anthrozoös 25/Supplement 1 (2012), S. s57-s72.

Kelly, Alfred: The Descent of Darwin. The Popularization of Darwinism in Germany, 1860–1914, Chapel Hill: University of North Carolina Press 1981.

Kete, Kathleen: The Beast in the Boudoir. Petkeeping in Nineteenth-Century Paris, Berkeley: University of California Press 1994.

–, Introduction. in: dies. (Hg.): History, S. 1–24.

Kiesewetter, Hubert: Industrielle Revolution in Deutschland. Regionen als Wachstumsmotoren, Stuttgart: Steiner 2004.

Kirchberger, Ulrike: Imagined Spaces? Maßnahmen zum Wildschutz in Deutsch-Ostafrika 1890–1914, in: Winfried Speitkamp/Stephanie Zehnle (Hg.): Afrikanische Tierräume. Historische Verortungen, Köln: Rüdiger Köppe 2014, S. 129–145.

Kirksey, S. Eben/Helmreich, Stefan: The Emergence of Multispecies Ethnography, in: Cultural Anthropology 25/4 (2010), S. 545–576.

Klemm, Volker: Die Agrarwissenschaften und die Modernisierung der Gutsbetriebe in Ost- und Mitteldeutschland (Ende des 19./Beginn des 20. Jahrhunderts), in: Reif (Hg.): Agrargesellschaft, S. 173–190.

Kocka, Jürgen: Arbeitsverhältnisse und Arbeiterexistenzen. Grundlagen der Klassenbildung im 19. Jahrhundert, Bonn: Dietz 1990.

Kompatscher-Gufler, Gabriela: »… nicht, um es zu töten, sondern um es zu streicheln« (Herbert von Clairvaux, 12. Jh.). Literarische Dokumente der Tierliebe im Mittelalter, in: Tierstudien 3 (2013), S. 13–23.

König, Gudrun M.: Eine Kulturgeschichte des Spazierganges. Spuren einer bürgerlichen Praktik 1780–1850, Wien: Böhlau 1996.

Krabbe, Wolfgang: Munizipalsozialismus und Interventionsstatt. Die Ausbreitung der städtischen Leistungsverwaltung im Kaiserreich, in: Geschichte in Wissenschaft und Unterricht 30/5 (1979), S. 265–283.

–, Die Entfaltung der kommunalen Leistungsverwaltung in deutschen Städten des späten 19. Jahrhunderts, in: Hans Jürgen Teuteberg (Hg.): Urbanisierung im 19. und 20. Jahrhundert. Historische und geographische Aspekte, Köln: Böhlau 1983, S. 373–391.

Kranz, Isabel: Zur Felsengrotte im Heimaquarium, in: Butis Butis (Hg.): Stehende Gewässer. Medien der Stagnation, Zürich und Berlin: Diaphanes 2007, S. 247–258.

–, »Parlor oceans«, »crystal prisons«. Das Aquarium als bürgerlicher Innenraum, in: Thomas Brandstetter (Hg.): Ambiente. Das Leben und seine Räume, Wien: Turia + Kant 2010, S. 155–174.

Kreitmeier, Anneliese: Zur Entwicklung der Kommunalpolitik der bayerischen Sozialdemokratie im Kaiserreich und in der Weimarer Republik unter besonderer Berücksichtigung Münchens, in: Archiv für Sozialgeschichte 25 (1985), S. 103–135.

Kroll, Frank-Lothar: Herrschaftslegitimierung durch Traditionsschöpfung. Der Beitrag der Hohenzollern zur Mittelalter-Rezeption im 19. Jahrhundert, in: Historische Zeitschrift 274/1 (2002), S. 61–85.

Krüger, Gesine: Krabben, Würmer, Schwein und Hund. Wie machen Tiere Geschichte?, in: Florian Grumblies/Anton Weise (Hg.): Unterdrückung und Emanzipation in der Weltgeschichte. Zum Ringen um Freiheit, Kaffee und Deutungshoheit, Hannover: jmb 2014, S. 26–41.

–/Steinbrecher, Aline/Wischermann, Clemens: Tiere und Geschichte. Zugänge und Konzepte einer Geschichte zwischen Menschen und Tieren, in: dies. (Hg.): Tiere, S. 9–33.

Krug-Richter, Barbara: Hund und Student. Eine akademische Mentalitätsgeschichte (18.–20. Jahrhundert), in: Jahrbuch für Universitätsgeschichte 10 (2007), S. 77–104.

Kupper, Patrick: Wildnis schaffen. Eine transnationale Geschichte des Schweizerischen Nationalparks, Bern/Stuttgart/Wien: Haupt 2012.

Kurzke, Hermann: Thomas Mann. Das Leben als Kunstwerk, München: Beck 2006.

LaCapra, Dominick: History and its Limits. Human, Animal, Violence, Ithaca/London: Cornell University Press 2009.

Laichmann, Michaela: Hunde in Wien. Geschichte des Tieres in der Großstadt, Wien: Wiener Stadt- und Landesarchiv 1998.

Langewiesche, Dieter: Liberalismus in Deutschland, Frankfurt a.M.: Suhrkamp 1988.

–, »Staat« und »Kommune«. Zum Wandel der Staatsaufgaben in Deutschland im 19. Jahrhundert, in: Historische Zeitschrift 248/3 (1989), S. 621–635.

–, Kommunaler Liberalismus im Kaiserreich. Bürgerdemokratie hinter den illiberalen Mauern der Daseinsvorsorge-Stadt, in: Detlef Lehnert (Hg.): Kommunaler Liberalismus in Europa. Großstadtprofile um 1900, Köln/Weimar/Wien: Böhlau 2014, S. 39–71.

Latour, Bruno: The Pasteurization of France, Cambridge, MA: Harvard University Press 1988.

–, Die Hoffnung der Pandora. Untersuchungen zur Wirklichkeit der Wissenschaft, Frankfurt a.M.: Suhrkamp 2002.

–, Politics of Nature. How to Bring the Sciences into Democracy, Cambridge, MA/London: Harvard University Press 2004.

–, Eine neue Soziologie für eine neue Gesellschaft. Einführung in die Akteur-Netzwerk-Theorie, Frankfurt a.M.: Suhrkamp 2007.

Laxton, Paul: This Nefarious Traffic. Livestock and Public Health in Mid-Victorian Edinburgh, in: Atkins (Hg.): Animal, S. 107–171.

Lekan, Thomas M.: Imagining the Nation in Nature. Landscape Preservation and German Identity, 1885–1945, Cambridge, MA: Harvard University Press 2004.

Lenzen, Manuela: Evolutionstheorien in den Natur- und Sozialwissenschaften, Frankfurt a.M./New York: Campus 2003.

Lepsius, M. Rainer: Das Bildungsbürgetum als ständische Vergesellschaftung, in: ders. (Hg.): Bildungsbürgertum im 19. Jahrhundert. Bd. 3: Lebensführung und ständische Vergesellschaftung, Stuttgart: Klett-Cotta 1990, S. 8–18.

Lesniczak, Peter: Alte Landschaftsküchen im Sog der Modernisierung. Studien zu einer Ernährungsgeographie Deutschlands zwischen 1860 und 1930, Stuttgart: Steiner, 2003.

–, Derbe bäuerliche Kost und feine städtische Küche. Zur Verbürgerlichung der Ernährungsgewohnheiten zwischen 1880–1930, in: Hans Jürgen Teuteberg (Hg.): Die Revolution am Esstisch. Neue Studien zur Nahrungskultur im 19./20. Jahrhundert, Stuttgart: Steiner 2004, S. 129–147.

Lestel, Dominique/Bussolini, Jeffrey/Chrulew, Matthew: The Phenomenology of Animal Life, in: Environmental Humanities 5 (2014), S. 125–148.

Levine, Philippa: Eugenics. A Very Short Introduction, Oxford/New York: Oxford University Press 2017.

–/Bashford, Alison: Introduction. Eugenics and the Modern World, in: dies. (Hg.): The Oxford Handbook of the History of Eugenics, New York/Oxford: Oxford University Press 2010, S. 3–24.

Liedtke, Rainer: Die Industrielle Revolution, Köln: Böhlau 2010.

Lindenberger, Thomas/Lüdtke, Alf: Einleitung. Physische Gewalt – eine Kontinuität der Moderne, in: dies. (Hg.): Physische Gewalt. Studien zur Geschichte der Neuzeit, Frankfurt a.M.: Suhrkamp 1995, S. 7–38.

Löfgren, Orvar: Natur, Tiere und Moral. Zur Entwicklung der bürgerlichen Naturauffassung, in: Utz Jeggle (Hg.): Volkskultur in der Moderne. Probleme und Perspektiven empirischer Kulturforschung, Reinbek bei Hamburg: Rowohlt 1986, S. 122–144.

–/Frykman, Jonas: Culture Builders. A Historical Anthropology of Middle-Class Life, New Brunswick, NJ/London: Rutgers University Press 1987.

Lüdtke, Alf: Einleitung. Was ist und wer treibt Alltagsgeschichte, in: ders. (Hg.): Alltagsgeschichte. Zur Rekonstruktion historischer Erfahrungen und Lebensweisen, Frankfurt a.M./New York: Campus 1989, S. 9–47.

Lundgreen, Peter: Bildung und Bürgertum, in: ders. (Hg.): Sozial- und Kulturgeschichte des Bürgertums. Eine Bilanz des Bielefelder Sonderforschungsbereichs (1986–1997), Göttingen: Vandenhoeck & Ruprecht 2000, S. 173–194.

Macho, Thomas: Der Aufstand der Haustiere, in: Marin Fischer-Kowalski u.a. (Hg.): Gesellschaftlicher Stoffwechsel und Kolonisierung von Natur. Ein Versuch in Sozialer Ökologie, Amsterdam: G+B Verlag Fakultas 1997, S. 177–200.

–, Lust auf Fleisch? Kulturhistorische Überlegungen zu einem ambivalenten Genuss, in: Gerhard Neumann/Alois Wierlacher/Rainer Wild (Hg.): Essen und Lebensqualität. Natur- und kulturwissenschaftliche Perspektiven, Frankfurt a.M. und New York: Campus 2001, S. 157–174.

Maehle, Andreas-Holger: Organisierte Tierversuchsgegner. Gründe und Grenzen ihrer gesellschaftlichen Wirkung, in: Martin Dinges (Hg.): Medizinkritische Bewegungen im Deutschen Reich (ca. 1870-ca. 1933), Stuttgart: Steiner 1996 S. 109–127.

–/Tröhler, Ulrich: Anti-Vivisection in Nineteenth-Century Germany and Switzerland. Motives and Methods, in: Nicolaas A. Rupke (Hg.): Vivisection in Historical Perspective, London u.a: Croom Helm 1987, S. 149–187.

Maier, Bernhard: Germanisch-keltisches Altertum, in: Dinzelbacher (Hg.): Mensch, S. 145–180.

Mailänder, Elissa: Geschichtswissenschaft, in: Gudehus/Christ (Hg.): Gewalt, S. 323–331.

Malinowski, Stephan: Vom blauen zum reinen Blut. Antisemitische Adelskritik und adeliger Antisemitismus 1871–1944, in: Jahrbuch für Antisemitismusforschung 12 (2003), S. 147–168.

–, Vom König zum Führer. Sozialer Niedergang und politische Radikalisierung im deutschen Adel zwischen Kaiserreich und NS-Staat, Berlin: Akademie 2003.

–, Ihr liebster Feind. Die deutsche Sozialgeschichte und der preußische Adel, in: Sven Oliver Müller/Cornelius Torp (Hg.): Das deutsche Kaiserreich in der Kontroverse, Göttingen: Vandenhoeck & Ruprecht 2009, S. 203–218.

Mann, Golo: Geschichte und Geschichten, Frankfurt a.M.: S. Fischer 1962.

Marie, Jenny: For Science, Love, and Money. The Social Worlds of Poultry and Rabbit Breeding in Britain, 1900–1940, in: Social Studies of Science 38/6 (2008), S. 919–936.

Markham, William T.: Environmental Organizations in Modern Germany. Hardy Survivors in the Twentieth Century and Beyond, New York/Oxford: Berghahn Books 2008.

Marwinski, Felicitas: Karl Theodor Liebe. Gymnasialprofessor, Geologe und Beobachter der heimischen Vogelwelt, Weimar: Hain 2004.

Masius, Patrick: Schlangenlinien. Eine Geschichte der Kreuzotter, Göttingen: Vandenhoeck & Ruprecht 2014.

Mason, Jennifer: Civilized Creatures. Urban Animals, Sentimental Culture, and American Literature, 1850–1900, Baltimore: Johns Hopkins University Press 2005.

Mathieu, Jon: Kin Marriages. Trends and Interpretations from the Swiss Example, in: ders./David Warren Sabean/Simon Teuscher (Hg.): Kinship in Europe. Approaches to Long-Term Development (1300–1900), New York/Oxford: Berghahn Books 2007, S. 211–230.

McKenna, Erin: Pets, People, and Pragmatism, New York: Fordham University Press 2013.

McKenzie, Kirsten: Dogs and the Public Sphere. The Ordering of Social Space in Early Nineteenth-Century Cape Town, in: Lance van Sittert/Sandra Swart (Hg.): Canis Africanis. A Dog History of Southern Africa, Leiden/Boston: Brill 2007, S. 90–110.

McMurry, Sally Ann: Transforming Rural Life. Dairying Families and Agricultural Change, 1820–1885, Baltimore: Johns Hopkins University Press 1995.

McNeur, Catherine: Taming Manhattan. Environmental Battles in the Antebellum City, Cambridge, MA/London: Harvard University Press 2014.

McShane, Clay/Tarr, Joel A.: The Horse in the City. Living Machines in the Nineteenth Century, Baltimore: Johns Hopkins University Press 2007.

–, Pferdestärken als Motor der Urbanisierung. Das Pferd in der amerikanischen Großstadt im 19. Jahrhundert, in: Brantz/Mauch (Hg.): Geschichte, S. 39–57.

Medick, Hans/Sabean, David Warren: Emotionen und materielle Interessen in Familie und Verwandtschaft. Überlegungen zu neuen Wegen und Bereichen einer historischen und sozialanthropologischen Familienforschung, in: dies. (Hg.): Emotionen und materielle Interessen. Sozialanthropologische und historische Beiträge zur Familienforschung, Göttingen: Vandenhoeck & Ruprecht 1984, S. 27–54.

Menning, Daniel: Adel und Familie – Konzepte um 1900, in: Eckart Conze/Wencke Meteling/Jörg Schuster/Jochen Strobel (Hg.): Aristokratismus und Moderne. Adel als politisches und kulturelles Konzept 1890–1945, Köln/Weimar/Wien: Böhlau 2013, S. 171–194.

–, Standesgemäße Ordnung in der Moderne. Adlige Familienstrategien und Gesellschaftsentwürfe in Deutschland 1840–1945, München: Oldenbourg 2014.

Merl, Stephan: Das Agrargenossenschaftswesen Ostdeutschlands 1872–1928. Die Organisation des landwirtschaftlichen Fortschritts und ihre Grenzen, in: Reif (Hg.): Agrargesellschaft, S. 287–322.

Meyer, Heinz: 19./20. Jahrhundert, in: Dinzelbacher (Hg.): Mensch, S. 404–568.

Mikhail, Alan: Unleashing the Beast. Animals, Energy, and the Economy of Labor in Ottoman Egypt, in: American Historical Review 118/2 (2013), S. 317–348.

Milliet, Jacqueline: A Comparative Study of Women's Acitivities in the Domestication of Animals, in: Henninger-Voss (Hg.): Animals, S. 363–385.

Mizelle, Brett: »A Man Quite as Much of a Show as His Beasts«: Becoming Animal with Grizzly Adams, in: WerkstattGeschichte 56 (2010), S. 29–45.

Möhring, Maren: »Herrentiere« und »Untermenschen«. Zu den Transformationen des Mensch-Tier-Verhältnisses im nationalsozialistischen Deutschland, in: Historische Anthropologie 19/2 (2011), S. 229–244.

–, Das Haustier: Vom Nutztier Zum Familientier, in: Joachim Eibach/Inken Schmidt-Voges (Hg.): Das Haus in der Geschichte Europas: Ein Handbuch, Berlin/Boston: De Gruyter Oldenbourg 2015, S. 389–405.

Mosse, George L.: Die Geschichte des Rassismus in Europa, Frankfurt a.M.: Fischer Taschenbuch Verlag 1990.

–, Das Bild des Mannes. Zur Konstruktion der modernen Männlichkeit, Frankfurt a.M.: S. Fischer 1997.

Müller, Heribert: Der bewunderte Erbfeind. Johannes Haller, Frankreich und das französische Mittelalter, in: Historische Zeitschrift 252/2 (1991), S. 265–317.

Münch, Peter: Stadthygiene im 19. und 20. Jahrhundert. Die Wasserversorgung, Abwasser- und Abfallbeseitigung unter besonderer Berücksichtigung Münchens, Göttingen: Vandenhoeck & Ruprecht 1993.

Nast, Heidi J.: Critical Pet Studies?, in: Antipode. A Radical Journal of Geography 38/5 (2006), S. 894–906.

Nelson, Amy: Laikas Vermächtnis. Die sowjetischen Raumschiffhunde, in: Brantz/Mauch: Geschichte, S. 103–122.

Niehuss, Merith: Parteien, Wahlen, Arbeiterbewegung, in: Friedrich Prinz/Marita Krauss (Hg.): München – Musenstadt mit Hinterhöfen. Die Prinzregentenzeit 1886 bis 1912, München: Beck 1988, S. 44–53.

Niemann, Hans-Werner/Niemann-Witter, Dagmar: Die Geschichte des Bergbaus in St. Andreasberg, Clausthal-Zellerfeld: Pieper 1991.

Nipperdey, Thomas: Deutsche Geschichte 1866–1918. Bürgerwelt und starker Staat. Bd. 2: Machtstaat vor der Demokratie, München: Beck 1992.

–, Deutsche Geschichte 1866–1918. Bürgerwelt und starker Staat. Bd. 1: Arbeitswelt und Bürgergeist, München: Beck 1993.

Norton, Marcy: The Chicken or the *Iegue*. Human-Animal Relationships and the Columbian Exchange, in: American Historical Review 120/1 (2015), S. 28–60.

Noske, Barbara: Die Entfremdung der Lebewesen. Die Ausbeutung im tierindustriellen Komplex und die gesellschaftliche Konstruktion von Speziesgrenzen, Mülheim an der Ruhr/Wien: Guthmann-Peterson 2008.

Nowosadtko, Jutta: Scharfrichter und Abdecker. Der Alltag zweier »unehrlicher Berufe« in der Frühen Neuzeit, Paderborn u.a.: Schöningh 1994.

–, Zwischen Ausbeutung und Tabu. Nutztiere in der frühen Neuzeit, in: Münch (Hg.): Tiere, S. 247–275.

–, Die policierte Fauna in Theorie und Praxis. Frühneuzeitliche Tierhaltung, Seuchen- und Schädlingsbekämpfung im Spiegel der Policeyvorschriften, in: Karl Härter (Hg.): Policey und frühneuzeitliche Gesellschaft, Frankfurt a.M.: Klostermann 2000, S. 297–340.

–, Milzbrand, Tollwut, Wölfe, Spatzen und Maikäfer. Die gesellschaftliche Verteilung von Zuständigkeiten bei der Bekämpfung von Viehseuchen und schädlichen Tieren in der Frühen Neuzeit, in: Katharina Engelken (Hg.): Beten, Impfen, Sammeln. Zur Viehseuchen- und Schädlingsbekämpfung in der Frühen Neuzeit, Göttingen: Universitätsverlag Göttingen 2007, S. 79–98.

Nyhart, Lynn K.: Modern Nature. The Rise of the Biological Perspective in Germany, Chicago: University of Chicago Press 2009.

Obermaier, Sabine: »Der fremde Freund«. Tier-Mensch-Beziehungen in der mittelhochdeutschen Epik, in: Gerhard Krieger (Hg.): Verwandtschaft, Freundschaft, Bruderschaft. Soziale Lebens- und Kommunikationsformen im Mittelalter, Berlin: Akademie 2009, S. 343–362.

O'Connor, T. P.: Working at Relationships. Another Look at Animal Domestication, in: Antiquity 71/1 (1997), S. 149–156.

Oestreich, Gerhard: Strukturprobleme des europäischen Absolutismus. Otto Brunner zum 70. Geburtstag, in: Vierteljahrschrift für Sozial- und Wirtschaftsgeschichte 55/3 (1968), S. 329–347.

Opitz, Claudia: Neue Wege der Sozialgeschichte? Ein kritischer Blick auf Otto Brunners Konzept des »ganzen Hauses«, in: Geschichte und Gesellschaft 20/1 (1994), S. 88–98.

Ortmayr, Norbert: Sozialhistorische Skizzen zur Geschichte des ländlichen Gesindes in Österreich, in: ders. (Hg.): Knechte. Autobiographische Dokumente und sozialhistorische Skizzen, Wien/Köln/Weimar: Böhlau 1992, S. 297–356.

Osses, Dietmar: Vom Hobby zum Profisport. Brieftaubenzucht im Ruhrgebiet, in: Westfälische Forschungen 62 (2012), S. 241–250.

Osterhammel, Jürgen: Die Verwandlung der Welt. Eine Geschichte des 19. Jahrhunderts, Bonn: bpb 2010.

Otter, Chris: The Victorian Eye. A Political History of Light and Vision in Britain, 1800–1910, Chicago/London: University of Chicago Press 2008.

Palsetia, Jesse S.: Mad Dogs and Parsis. The Bombay Dog Riots of 1832, in: Journal of the Royal Asiatic Society 11/1 (2001), S. 13–30.

Parry, Jonathan: The Rise and Fall of Liberal Government in Victorian Britain, New Haven/London: Yale University Press 1993.

Paul, Diane B.: Controlling Human Heredity. 1865 to the Present, Atlantic Highlands, NJ: Humanities Press 1995.

–, Eugenics, History of, in: Neil J. Smelser (Hg.): International Encyclopedia of the Social & Behavioral Sciences. Bd. 7, Amsterdam: Elsevier 2001, S. 4896–4901.

–, What Was Wrong with Eugenics? Conflicting Narratives and Disputed Interpretations, in: Science & Education 23/2 (2014), S. 259–271.

–/Moore, James: The Darwinian Context. Evolution and Inheritance, in: Bashford/Levine (Hg.): Handbook, S. 27–42.

Pearson, Chris: Between Instinct and Intelligence. Harnessing Police Dog Agency in Early Twentieth-Century Paris, in: Comparative Studies in Society and History 58/2 (2016), S. 463–490.

Pearson, Susan J.: The Rights of the Defenseless. Protecting Animals and Children in Gilded Age America, Chicago/London: University of Chicago Press 2011.

–/Weismantel, Mary: Gibt es das Tier? Sozialtheoretische Reflexionen, in: Brantz/Mauch (Hg.): Geschichte, S. 379–399.

Pemberton, Neil/Worboys, Michael: Mad Dogs and Englishmen. Rabies in Britain, 1830–2000, Basingstoke/New York: Palgrave Macmillan 2007.

Perkins, J. A.: The Agricultural Revolution in Germany, 1850–1914, in: Journal of European Economic History 10/1 (1981), S. 71–118.

Petermann, Heike: Die Vorstellung vom besseren Menschen. Aspekte eugenischer Gesundheitspolitik in Westfalen in der ersten Hälfte des 20. Jahrhunderts, in: Westfälische Forschungen 64 (2014), S. 245–266.

Phillips, Denise: Reconsidering the Sonderweg of German Science. Biology and Culture in the Nineteenth Century, in: Historical Studies in the Natural Sciences 40/1 (2010), S. 136–147.

Philo, Chris: Animals, Geography, and The City. Notes on Inclusions and Exclusions, in: Environment and Planning D: Society and Space 13 (1995), S. 655–681.

–/Wilbert, Chris: Animals Spaces, Beastly Places. An Introduction, in: dies. (Hg.): Animal Spaces, Beastly Places. New Geographies of Human-Animal Relations, London/New York: Routledge 2000, S. 1–35.

Phineas, Charles [pseud.]: Household Pets and Urban Alienation, in: Journal of Social History 7/3 (1974), S. 338–343.

Pichot, André: The Pure Society. From Darwin to Hitler, London/New York: Verso 2009.

Pinguet, Catherine: Istanbul's Street Dogs at the End of the Ottoman Empire. Protection or Extermination, in: Suraiya Faroqhi (Hg.): Animals and People in the Ottoman Empire, Istanbul: Eren 2010, S. 353–371.

Pinker, Steven: The Better Angels of Our Nature. The Decline of Violence in History and its Causes, London: Allen Lane 2011.

Pistohlkors, Gert von: Vom Geist der Autonomie. Aufsätze zur baltischen Geschichte, Köln: Mare Balticum 1995.

Pohl, Karl Heinrich: Ein sozialliberales »Modell«? München vor dem Ersten Weltkrieg, in: Lehnert (Hg.): Liberalismus, S. 169–189.

Pöppinghege, Rainer: Einleitung. Mensch und Tier in der Geschichte, in: Westfälische Forschungen 62 (2012), S. 1–8.

–/Proctor, Tammy: »Außerordentlicher Bedarf für das Feldheer«. Brieftauben im Ersten Weltkrieg, in: Rainer Pöppinghege (Hg.): Tiere im Krieg. Von der Antike bis zur Gegenwart, Paderborn u.a.: Schöningh 2009, S. 103–117.

Porter, Roy: Die Kunst des Heilens. Eine medizinische Geschichte der Menschheit von der Antike bis heute, Heidelberg/Berlin: Spektrum Akademischer Verlag 2000.

Presche, Christian: Vergnügung, Schutz und Ausrottung. Tiertötungen im Spiegel hessischer Bild- und Schriftquellen des 17. und 18. Jahrhunderts, in: Alexis Joachimides/Stephanie Milling/Ilse Müllner/Yvonne Sophie Thöne (Hg.): Opfer – Beute – Hauptgericht. Tiertötungen im interdisziplinären Diskurs, Bielefeld: transcript 2016, S. 165–188.

Prinz, Michael: Aus der Hand in den Mund. Geschichte und Aktualität der Selbstversorgung, in: Westfälische Forschungen 61 (2011), S. 1–20.

–, Selbstversorgung – ein Gegenprinzip zur Moderne? Bemerkungen aus historischer Perspektive, in: Westfälische Forschungen 61 (2011), S. 279–306.

–, Der Sozialstaat hinter dem Haus. Wirtschaftliche Zukunftserwartungen, Selbstversorgung und regionale Vorbilder: Westfalen und Südwestdeutschland 1920–1960, Paderborn u.a.: Schöningh 2012.

Pycior, Helena M.: Hunde im Weißen Haus. Warren G. Hardings Laddie Boy und Franklin D. Roosevelts Fala, in: Brantz/Mauch (Hg.): Geschichte, S. 79–102.

Quataert, Jean H.: Combining Agrarian and Industrial Livelihood. Rural Households in the Saxon Oberlausitz in the Nineteenth Century, in: Journal of Family History 10/2 (1985), S. 145–162.

Raber, Karen: From Sheep to Meat, from Pets to People. Animal Domestication, 1600–1800, in: Matthew Senior (Hg.): A Cultural History of Animals in the Age of Enlightenment, Oxford/New York: Berg 2007, S. 73–100.

Radkau, Joachim: Max Weber. Die Leidenschaft des Denkens, München/Wien: Hanser 2005.

–, »Ich wollte meine eigenen Wege gehen«. Ein Gespräch mit Joachim Radkau, in: Zeithistorische Forschungen, Online-Ausgabe 9/1 (2012), S. 100–107, URL: http://www.zeithistorische-forschungen.de/1-2012/id=4644 (am 25.10.2015).

Reckwitz, Andreas: Grundelemente einer Theorie sozialer Praktiken. Eine sozialtheoretische Perspektive, in: Zeitschrift für Soziologie 32/4 (2003), S. 282–301.

Reemtsma, Jan Philipp: Vertrauen und Gewalt. Versuch über eine besondere Konstellation der Moderne, Hamburg: Hamburger Edition 2008.

Rees, Amanda: Anthropomorphism, Anthropocentrism, and Anecdote. Primatologists on Primatology, in: Science, Technology, & Human Values 26/2 (2001), S. 227–247.

Reif, Heinz: Der Adel, in: Christof Dipper und Ulrich Speck (Hg.): 1848. Revolution in Deutschland. Frankfurt a.M./Leipzig: Insel 1998, S. 213–234.

–, Adel im 19. und 20. Jahrhundert, München: Oldenbourg 2012.

Reiß, Christian: Gateway, Instrument, Environment. The Aquarium as a Hybrid Space between Animal Fancying and Experimental Zoology, in: NTM 20/4 (2012), S. 309–336.

–, Wie die Zoologie das Füttern lernte. Die Ernährung von Tieren in der Zoologie im 19. Jahrhundert, in: Berichte zur Wissenschaftsgeschichte 35/4 (2012), S. 286–299.

Reulecke, Jürgen: Geschichte der Urbanisierung in Deutschland, Frankfurt a.M.: Suhrkamp 1985.

–, Stadtbürgertum und bürgerliche Sozialreform im 19. Jahrhundert in Preußen, in: Gall (Hg.): Stadt, S. 171–197.

Richards, Robert J.: The Tragic Sense of Life. Ernst Haeckel and the Struggle over Evolutionary Thought, Chicago: University of Chicago Press 2008.

Riney-Kehrberg, Pamela: The Nature of Childhood. An Environmental History of Growing Up in America since 1865, Lawrence: University Press of Kansas 2014.

Ritter, Gerhard A./Tenfelde, Klaus: Arbeiter im deutschen Kaiserreich, 1871 bis 1914, Bonn: Dietz 1992.

Ritvo, Harriet: The Animal Estate. The English and Other Creatures in the Victorian Age, Cambridge, MA: Harvard University Press 1987.

–, Race, Breed, and Myths of Origin. Chillingham Cattle as Ancient Britons, in: Representations 39 (1992), S. 1–22.

–, The Platypus and the Mermaid and Other Figments of the Classifying Imagination, Cambridge, MA/London: Harvard University Press 1997.

–, The Emergence of Modern Pet Keeping, in: Clifton P. Flynn (Hg.): Social Creatures. A Human and Animal Studies Reader, New York: Lantern Books 2008, S. 96–106.

–, Noble Cows and Hybrid Zebras. Essays on Animals and History, Charlottesville/London: University of Virginia Press 2010.

–, Back Story. Migration, Assimilation, and Invasion in the Nineteenth Century, in: Jodi Frawley/Iain McCalman (Hg.): Rethinking Invasion Ecologies from the Environmental Humanities, London: Routledge 2014, S. 17–30.

–, How Wild is Wild?, in: Christof Mauch/Libby Robin (Hg.): The Edges of Environmental History. Honouring Jane Carruthers, RCC Perspectives 1 (2014), S. 19–24.

Robbins, Louise E.: Elephant Slaves and Pampered Parrots. Exotic Animals in Eighteenth-Century Paris, Baltimore: Johns Hopkins University Press 2002.

Roberts, Sonia: Bird-Keeping and Birdcages. A History, Newton Abbot: David and Charles 1972.

Röhl, John C. G.: Wilhelm II. Der Aufbau der persönlichen Monarchie 1888–1900, München: Beck 2001.

Roll-Hansen, Nils: Pasteur, Louis, in: Noretta Koertge (Hg.): New Dictionary of Scientific Biography. Bd. 6, Detroit: Thomson Gale 2008, S. 21–30.

Roscher, Mieke: Ein Königreich für Tiere. Die Geschichte der britischen Tierrechtsbewegung, Marburg: Tectum 2009.

–, Where is the Animal in this Text? Chancen und Grenzen einer Tiergeschichtsschreibung, in: Chimaira – Arbeitskreis für Human-Animal Studies (Hg.): Human-Animal Studies. Über die gesellschaftliche Natur von Mensch-Tier-Verhältnissen, Bielefeld: transcript 2011, S. 121–150.

–, Tiere und Politik. Die neue Politikgeschichte der Tiere zwischen Zóon Alogon und Zóon Politikon, in: Krüger/Steinbrecher/Wischermann (Hg.): Tiere, S. 171–197.

–, Geschichtswissenschaft. Von einer Geschichte mit Tieren zu einer Tiergeschichte, in: Reingard Spannring/Karin Schachinger/Gabriela Kompatscher/Alejandro Boucabeille (Hg.): Disziplinierte Tiere? Perspektiven der Human-Animal Studies für die wissenschaftlichen Disziplinen, Bielefeld: transcript 2015, S. 75–100.

–/Krebber, André: Tiere und Geschichtsschreibung, in: WerkstattGeschichte 56 (2010), S. 3–6.

Rosenberg, Hans: Die Pseudodemokratisierung der Rittergutsbesitzerklasse, in: Ders.: Machteliten und Wirtschaftskonjunkturen. Studien zur neueren deutschen Sozial- und Wirtschaftsgeschichte, Göttingen: Vandenhoeck & Ruprecht 1978, S. 83–101.

Rossfeld, Roman: Ernährung im Wandel. Lebensmittelproduktion und -konsum zwischen Wirtschaft, Wissenschaft und Kultur, in: Heinz-Gerhard Haupt/Claudius Torp (Hg.): Die Konsumgesellschaft in Deutschland 1890–1990. Ein Handbuch, Frankfurt a.M./New York: Campus 2009, S. 28–45.

Rothfels, Nigel: Savages and Beasts. The Birth of the Modern Zoo, Baltimore: Johns Hopkins University Press 2002.

–, How the Caged Bird Sings. Animals and Entertainment, in: Kete (Hg.): History, S. 95–112.

–, Die Revolution des Herrn Hagenbeck, in: Mitchell G. Ash (Hg.): Mensch, Tier und Zoo. Der Tiergarten Schönbrunn im internationalen Vergleich vom 18. Jahrhundert bis heute, Wien: Böhlau 2008, S. 203–224.

–, Tiere berühren. Vierbeinige Darsteller und ihr Publikum, in: Brantz/Mauch (Hg.): Geschichte, S. 19–38.

Rudy, Kathy: Loving Animals. Toward a New Animal Advocacy, Minneapolis/London: University of Minnesota Press 2011.

Russell, Edmund: Evolutionary History. Prospectus for a New Field, in: Environmental History 8/2 (2003), S. 204–228.

–, Evolutionary History. Uniting History and Biology to Understand Life on Earth, Cambridge/New York: Cambridge University Press 2011.

–, Coevolutionary History, in: American Historical Review 119/5 (2014), S. 1514–1528.

Russell, Nerissa: The Wild Side of Animal Domestication, in: Society and Animals 10/3 (2002), S. 285–302.

–, The Domestication of Anthropology, in: Cassidy/Mullin (Hg.): Things, S. 27–48.

Saalfeld, Dietrich: Steigerung und Wandlung des Fleischverbrauchs in Deutschland 1800–1913, in: Zeitschrift für Agrargeschichte und Agrarsoziologie 25/2 (1977), S. 244–253.

Sabean, David Warren: Kinship in Neckarhausen, 1700–1870, Cambridge: Cambridge University Press 1998.

–/Teuscher, Simon: Kinship in Europe. A New Approach to Long-Term Development, in: dies./Mathieu (Hg.): Kinship, S. 1–32.

Sachse, Carola: Von Männern, Frauen und Hunden. Der Streit um die Vivisektion im Deutschland des 19. Jahrhunderts, in: Feministische Studien 24/1 (2006), S. 9–28.

Saldern, Adelheid von: Katzen unerwünscht. Sozialrationalisierung in Frankfurter Neubausiedlungen (1925–1932), in: Wischermann (Hg.): Katzen, S. 155–172.

Sanders, Clinton R.: Actions Speak Louder than Words. Close Relationships between Humans and Nonhuman Animals, in: Symbolic Interaction 26/3 (2003), S. 405–426.

Sandgruber, Roman: Gesindestuben, Kleinhäuser und Arbeiterkasernen. Ländliche Wohnverhältnisse im 18. und 19. Jahrhundert in Österreich, in: Lutz Niethammer (Hg.): Wohnen im Wandel. Beiträge zur Geschichte des Alltags in der bürgerlichen Gesellschaft, Wuppertal: Hammer 1979, S. 107–131.

Sarasin, Philipp: Reizbare Maschinen. Eine Geschichte des Körpers 1765–1914, Frankfurt a.M.: Suhrkamp 2001.

Sarmicanic, Lisa: Bonding. Companion Animals, in: Marc Bekoff (Hg.): Encyclopedia of Human-Animal Relationships. A Global Exploration of Our Connections with Animals. Bd. 1, Westport, CT/London: Greenwood Press 2007, S. 163–174.

Sauerberg, Achim/Wierzbitza, Stefan: Das Tierbild der Agrarökonomie. Eine Diskursanalyse zum Mensch-Tier-Verhältnis, in: Sonja Buschka/Birgit Pfau-Effinger (Hg.): Gesellschaft und Tiere. Soziologische Analysen zu einem ambivalenten Verhältnis, Wiesbaden: Springer VS 2013, S. 73–96.

Sawahn, Anke: Die Frauenlobby vom Land. Die Landfrauenbewegung in Deutschland und ihre Funktionärinnen 1898 bis 1948, Frankfurt a.M.: DLG Verlag 2009.

–, Wir Frauen vom Land. Wie couragierte Landfrauen den Aufbruch wagten, Frankfurt a.M.: DLG Verlag 2010.

Sax, Boria: Animals in the Third Reich. Pets, Scapegoats, and the Holocaust, New York/London: Continuum 2000.

Schäfer, Michael: Geschichte des Bürgertums. Eine Einführung, Köln/Weimar/Wien: Böhlau 2009.

Schiesari, Juliana: Beasts and Beauties. Animals, Gender, and Domestication in the Italian Renaissance, Toronto/Buffalo/London: University of Toronto Press 2010.

Schiller, René: Vom Rittergut zum Grossgrundbesitz. Ökonomische und soziale Transformationsprozesse der ländlichen Eliten in Brandenburg im 19. Jahrhundert, Berlin: Akademie 2003.

Schindler, Norbert: Hundekonflikte und Menschenrechte. Zur Wahrnehmung politischer Willkür am Ende des Ancien Régime, in: Gerhard Ammerer/Alfred Stefan Weiß (Hg.): Die Säkularisation Salzburgs 1803. Voraussetzungen, Ereignisse, Folgen, Frankfurt a.M.: Peter Lang 2005, S. 84–119.

Schlögl, Alois (Hg.): Bayerische Agrargeschichte. Die Entwicklung der Land- und Forstwirtschaft seit Beginn des 19. Jahrhunderts, München: Bayerischer Landwirtschaftsverlag 1954.

Schlumbohm, Jürgen: Gesetze, die nicht durchgesetzt werden. Ein Strukturmerkmal des frühneuzeitlichen Staates?, in: Geschichte und Gesellschaft 23/4 (1997), S. 647–663.

Schmoll, Friedemann: Kulinarische Moral, Vogelliebe und Naturbewahrung. Zur kulturellen Organisation von Naturbeziehungen in der Moderne, in: Rolf Wilhelm Brednich/Annette Schneider/Ute Werner (Hg.): Natur-Kultur. Volkskundliche Perspektiven auf Mensch und Umwelt. 32. Kongress der Deutschen Gesellschaft für Volkskunde in Halle vom 27.9. bis 1.10.1999, Münster/New York: Waxmann 2001, S. 213–227.

–, Erinnerung an die Natur. Die Geschichte des Naturschutzes im deutschen Kaiserreich, Frankfurt a.M./New York: Campus 2004.

–, Indication and Identification. On the History of Bird Protection in Germany, 1800–1918, in: Thomas M. Lekan/Thomas Zeller (Hg.): Germany's Nature. Cultural Landscapes and Environmental History, New Brunswick, NJ/London: Rutgers University Press 2005, S. 161–182.

–, Schönheit, Vielfalt, Eigenart. Die Formierung des Naturschutzes um 1900, seine Leitbilder und ihre Geschichte, in: ders./Hans-Werner Frohn (Bearb.): Natur und Staat. Staatlicher Naturschutz in Deutschland 1906–2006, Bonn-Bad Godesberg: Bundesamt für Naturschutz 2006, S. 13–84.

Schmuhl, Hans-Walter: Familiengeheimnisse. Genealogie, Rassenforschung und Politik in Deutschland 1890–1939, in: Olaf Hartung/Katja Köhr (Hg.): Geschichte und Geschichtsvermittlung. Festschrift für Karl Heinrich Pohl, Bielefeld: Verlag für Regionalgeschichte 2008, S. 71–84.

Schneider, Joseph: Conversations with Donna Haraway, in: ders.: Donna Haraway. Live Theory, New York/London: Continuum 2005, S. 114–156.

Schnell, Felix: Gewalt und Gewaltforschung. Version 1.0. Docupedia-Zeitgeschichte, 08.11.2014, URL: http://docupedia.de/zg/Gewalt_und_Gewaltforschung?oldid=97407 (am 14.01.2015).

Schomerus, Heilwig: Die Wohnung als unmittelbare Umwelt. Unternehmer, Handwerker und Arbeiterschaft einer württembergischen Industriestadt 1850 bis 1900, in: Niethammer (Hg.): Wohnen, S. 211–232.

Schubert, Michael: Der schwarze Fremde. Das Bild des Schwarzafrikaners in der parlamentarischen und publizistischen Kolonialdiskussion in Deutschland von den 1870er bis in die 1930er Jahre, Stuttgart: Steiner 2003.

Schulte, Regina: Peasants and Farmers' Maids. Female Farm Servants in Bavaria at the End of the Nineteenth Centruy, in: Richard J. Evans/W. Robert Lee (Hg.): The German Peasantry. Conflict and Community in Rural Society from the Eighteenth to the Twentieth Centuries, London/Sydney: Croom Helm 1986, S. 158–173.

–, Das Dorf im Verhör. Brandstifter, Kindsmörderinnen und Wilderer vor den Schranken des bürgerlichen Gerichts: Oberbayern 1848–1910, Reinbek bei Hamburg: Rowohlt 1989.

Schürmann, Thomas: Milch – zur Geschichte eines Nahrungsmittels, in: Ottenjann/Ziessow (Hg.): Milch, S. 19–51.

Schwantje, Magnus: Ludwig Quidde als Vivisektionsgegner. Zu seinem 70. Geburtstage, in: Mitteilung des Bundes für radikale Ethik 17 (1928), S. 2–8.

Schwarz, Angela: Der Schlüssel zur modernen Welt. Wissenschaftspopularisierung in Großbritannien und Deutschland im Übergang zur Moderne (ca. 1870–1914), Stuttgart: Steiner 1999.

Schweizer, Herbert: Soziologie der Kindheit. Verletzlicher Eigen-Sinn, Wiesbaden: VS 2007.

Seidl, Alois: Deutsche Agrargeschichte. Mit Exkurs zur Geschichte des »Grünen Zentrums« Weihenstephan, Freising: Abraxas 1995.

Serpell, James: Pet-Keeping in Non-Western Societies. Some Popular Misconceptions, in: Anthrozoös 1/3 (1987), S. 166–174.

–, Pet-Keeping and Animal Domestication. A Reappraisal, in: Juliet Clutton-Brock (Hg.): The Walking Larder. Patterns of Domestication, Pastoralism and Predation, London/Boston: Unwin Hyman 1989, S. 10–21.

–, Domestication, in: Marc Bekoff/Carron A. Meaney (Hg.): Encyclopedia of Animal Rights and Animal Welfare, Westport, CT: Greenwood Press 1998, S. 136–138.

–, Domestication and History of the Cat, in: Dennis C. Turner/Patrick Bateson (Hg.): The Domestic Cat. The Biology of its Behaviour, Cambridge/New York: Cambridge University Press 2000, S. 179–192.

–, People in Disguise. Anthropomorphism and the Human-Pet Relationship, in: Lorraine Daston/Gregg Mitman (Hg.): Thinking with Animals. New Perspectives on Anthropomorphism, New York: Columbia University Press 2005, S. 121–136.

–, Companion Animals, in: Marc Bekoff (Hg.): Encyclopedia of Animal Rights and Animal Welfare. Bd. 1, Santa Barbara/Denver/Oxford: Greenwood Press 2010, S. 133–135.

–/Paul, Elizabeth: Pets and the Development of Positive Attitudes to Animals, in: ders./Manning (Hg.): Animals, S. 127–144.

Shaw, David Gary: A Way With Animals, in: History and Theory 52/4 (2013), S. 1–12.

Sheehan, James J.: Liberalism and the City in Nineteenth-Century Germany, in: Past and Prsent 51/1 (1971), S. 116–137.

Sieferle, Rolf Peter: Die Krise der menschlichen Natur. Zur Geschichte eines Konzepts, Frankfurt a.M.: Suhrkamp 1989.

Siegrist, Hannes: Die Propertisierung von Gesellschaft und Kultur. Konstruktion und Institutionalisierung des Eigentums in der Moderne, in: ders. (Hg.): Entgrenzung des Eigentums in modernen Gesellschaften und Rechtskulturen, Leipzig: Leipziger Universitäts-Verlag 2007, S. 9–52.

Siemann, Wolfram: 1848/49 in Deutschland und Europa. Ereignis-Bewältigung-Erinnerung, Paderborn u.a.: Schöningh 2006.

Sittert, Lance van: Class and Canicide in Little Bess. The 1893 Port Elizabeth Rabies Epidemic, in: ders./Swart (Hg.): Canis, S. 111–143.

Skabelund, Aaron Herald: Rassismus züchten. Schäferhunde im Dienst der Gewaltherrschaft, in: Brantz/Mauch (Hg.): Geschichte, S. 58–78.

–, Empire of Dogs. Canines, Japan, and the Making of the Modern Imperial World, Ithaca: Cornell University Press 2011.

Skaggs, Jimmy M.: Prime Cut. Livestock Raising and Meatpacking in the United States, 1607–1983, College Station: Texas A&M University Press 1986.

Smith, Julie Ann: Beyond Dominance and Affection. Living with Rabbits in Post-Humanist Households, in: Society and Animals 11/2 (2003), S. 181–197.

Steel, Karl: How to Make a Human. Animals and Violence in the Middle Ages, Columbus: Ohio State University Press 2011.

Stein, Hartwig: Inseln im Häusermeer. Eine Kulturgeschichte des deutschen Kleingartenwesens bis zum Ende des Zweiten Weltkriegs. Reichsweite Tendenzen und Groß-Hamburger Entwicklung, Frankfurt a.M. u.a.: Peter Lang 1998.

Steinborn, Vera: Arbeitergärten im Ruhrgebiet, in: Westfälische Forschungen 61 (2011), S. 41–60.

Steinbrecher, Aline: Fährtensuche. Hunde in der frühneuzeitlichen Stadt, in: Traverse. Zeitschrift für Geschichte 15/3 (2008), S. 45–58.

–, Die gezähmte Natur in der Wohnstube. Zur Kulturpraktik der Hundehaltung in frühneuzeitlichen Städten, in: dies./Sophie Ruppel (Hg.): »Die Natur ist überall bey uns«. Mensch und Natur in der Frühen Neuzeit, Zürich: Chronos 2009, S. 125–142.

–, Eine Stadt voller Hunde. Ein anderer Blick auf das frühneuzeitliche Zürich, in: Informationen zur modernen Stadtgeschichte 40/2 (2009), S. 27–40.

–, »In der Geschichte ist viel zu wenig von Tieren die Rede« (Elias Canetti). Die Geschichtswissenschaft und ihre Auseinandersetzung mit den Tieren, in: Otterstedt/Rosenberger (Hg.): Gefährten, S. 264–286.

–, Zur Kulturgeschichte der Hundehaltung in der Vormoderne. Eine (Re)Lektüre von Tollwut-Traktaten, in: Schweizer Archiv für Tierheilkunde 152/1 (2010), S. 31–36.

–, Hunde und Menschen. Ein Grenzen auslotender Blick auf ihr Zusammenleben (1750–1850), in: Historische Anthropologie 19/2 (2011), S. 193–210.

–, Eine praxeologisch performative Untersuchung der Kulturtechnik des Spaziergangs (1750–1850), in: Tierstudien 2 (2012), S. 13–24.

–, »They do something« – Ein praxeologischer Blick auf Hunde in der Vormoderne, in: Friederike Elias/Albrecht Franz/Henning Murmann/Ulrich Wilhelm Weiser (Hg.): Praxeologie. Beiträge zur interdisziplinären Reichweite praxistheoretischer Ansätze in den Geistes- und Sozialwissenschaften, Berlin/Boston: De Gruyter 2014, S. 29–51.

Steinmetz, George: Regulating the Social. The Welfare State and Local Politics in Imperial Germany, Princeton: Princeton University Press 1993.

Stöckel, Sigrid: Verwissenschaftlichung der Gesellschaft – Vergesellschaftung der Wissenschaft, in: dies./Wiebke Lisner/Gerlind Rüve (Hg.): Das Medium Wissenschaftszeitschrift seit dem 19. Jahrhundert. Verwissenschaftlichung der Gesellschaft – Vergesellschaftung von Wissenschaft, Stuttgart: Steiner 2009, S. 9–24.

Stöcker, Georg: Agrarideologie und Sozialreform im Deutschen Kaiserreich. Heinrich Sohnrey und der Deutsche Verein für ländliche Wohlfahrts- und Heimatpflege 1896–1914, Göttingen: V&R Unipress 2011.

Storch, Robert D.: The Policeman as Domestic Missionary. Urban Discipline and Popular Culture in Northern England, 1850–80, in: R. J. Morris/Richard Rodger (Hg.): The Victorian City. A Reader in British Urban History, 1820–1914, London/New York: Longman 1993, S. 281–306.

Stott, Rebecca: Through a Glass Darkly. Aquarium Colonies and Nineteenth-Century Narratives of Marine Monstrosity, in: Gothic Studies 2/3 (2000), S. 305–327.

Strauß, Eva: »Die vielen excessiven Elemente…«. Aspekte polizeilicher Tätigkeit, in: Prinz/Krauss (Hg.): München, S. 42–45.

Suzuki, Yuka: Putting the Lion Out at Night. Domestication and the Taming of the Wild, in: Cassidy/Mullin (Hg.): Things, S. 229–247.

Swabe, Joanna: Animals, Disease, and Human Society. Human-Animal Relations and the Rise of Veterinary Medicine, London/New York: Routledge 1999.

–, Folklore, Perceptions, Science, and Rabies Prevention and Control, in: Arthur A. King (Hg.): Historical Perspective of Rabies in Europe and the Mediterranean Basin, Paris/Weybridge: World Organisation for Animal Health 2004, S. 311–323.

Swanson, Drew A., Mountain Meeting Ground. History at an Intersection of Species, in: Susan Nance (Hg.): The Historical Animal, Syracuse, NY: Syracuse University Press 2015, S. 240–258.

Swart, Sandra: Dogs and Dogma. A Discussion of the Socio-Political Construction of Southern African Dog »Breeds« as a Window on Social History, in: South African Historical Journal 48/1 (2003), S. 190–206.

–, »The World the Horses Made«. A South African Case Study of Writing Animals into Social History, in: International Review of Social History 55/2 (2010), S. 241–263.

Tacke, Charlotte: Die »Nobilitierung« von Rehbock und Fasan. Jagd, »Adel« und »Adligkeit« in Italien und Deutschland um 1900, in: Karsten Holste/Dietlind Hüchtker/Michael G. Müller (Hg.): Aufsteigen und Obenbleiben in europäischen Gesellschaften des 19. Jahrhunderts. Akteure-Arenen-Aushandlungsprozesse, Berlin: Akademie 2009, S. 223–247.

Tanner, Jakob: Modern Times. Industrialisierung und Ernährung in Europa und den USA im 19. und 20. Jahrhundert, in: Felix Escher/Claus Buddeberg (Hg.): Essen und Trinken zwischen Ernährung, Kult und Kultur, Zürich: Vdf Hochschulverlag AG an der ETH Zürich 2003, S. 27–52.

–, Eugenics before 1945, in: Journal of Modern European History 10/4 (2012), S. 458–479.

Tapper, Richard L.: Animality, Humanity, Morality, Society, in: Tim Ingold (Hg.): What is an Animal?, London/New York: Routledge 1994, S. 47–62.

Teicher, Amir: »Ahnenforschung macht frei«. On the Correlation between Research Strategies and Socio-Political Bias in German Genealogy, 1898–1935, in: Historische Anthropologie 22/1 (2014), S. 67–90.

Tenfelde, Klaus: Klassenspezifische Konsummuster im Deutschen Kaiserreich, in: Siegrist/Kaelble/Kocka (Hg.): Konsumgeschichte, S. 245–266.

Teuscher, Simon: Hunde am Fürstenhof. Köter und »edle wind« als Medien sozialer Beziehungen vom 14. bis 16. Jahrhundert, in: Historische Anthropologie 6/3 (1998), S. 347–369.

Teuteberg, Hans Jürgen: Der Fleischverzehr in Deutschland und seine strukturellen Veränderungen, in: ders./Günter Wiegelmann (Hg.): Unsere tägliche Kost. Geschichte und regionale Prägung, Münster: Coppenrath 1986, S. 63–73.

–, Der Verzehr von Nahrungsmitteln in Deutschland pro Kopf und Jahr seit Beginn der Industrialisierung (1850–1975). Versuch einer quantitativen Langzeitanalyse, in: ders./Wiegelmann (Hg.): Kost, S. 225–279.

–, Zum Problemfeld Urbanisierung und Ernährung im 19. Jahrhundert, in: ders. (Hg.): Durchbruch zum modernen Massenkonsum. Lebensmittelmärkte und Lebensmittelqualität im Städtewachstum des Industriezeitalters, Münster: Coppenrath 1987, S. 1–36.

Theilemann, Wolfram G.: Adel im grünen Rock. Adliges Jägertum, Großprivatwaldbesitz und die preußische Forstbeamtenschaft 1866–1914, Berlin: Akademie 2009.

Thomas, Keith: Man and the Natural World. Changing Attitudes in England 1500–1800, New York: Oxford University Press 1996.

Thompson, E. P.: Anthropology and the Discipline of Historical Context, in: Midland History 1/3 (1972), S. 41–55.

Torma, Franziska: Wissenschaft, Wirtschaft und Vorstellungskraft. Die »Entdeckung« der Meeresökologie im Deutschen Kaiserreich, in: Alexander Kraus/Martina Winkler (Hg.): Weltmeere. Wissen und Wahrnehmung im langen 19. Jahrhundert, Göttingen: Vandenhoeck & Ruprecht 2014, S. 25–45.

Torp, Cornelius/Müller, Sven Oliver: Das Bild des Deutschen Kaiserreichs im Wandel, in: dies. (Hg.): Kaiserreich, S. 9–27.

Tortorici, Zeb/Few, Martha: Introduction. Writing Animal Histories, in: dies. (Hg.): Centering Animals in Latin American History, Durham/London: Duke University Press 2013, S. 1–27.

Trepp, Anne-Charlott: Sanfte Männlichkeit und selbständige Weiblichkeit. Frauen und Männer im Hamburger Bürgertum zwischen 1770 und 1840, Göttingen: Vandenhoeck & Ruprecht 1996.

Treskow, Rüdiger von: Adel in Preußen. Anpassung und Kontinuität einer Familie 1800–1918, in: Geschichte und Gesellschaft 17/3 (1991), S. 344–369.

Trotha, Trutz von: Grausamkeit, in: Gudehus/Christ (Hg.): Gewalt, S. 221–226.

Tsing, Anna: Arts of Inclusion, or, How to Love a Mushroom, in: Australian Humanities Review 50 (2011), S. 5–21.

–, Unruly Edges. Mushrooms as Companion Species, in: Environmental Humanities 1 (2012), S. 141–154.

Tsovel, Ariel: Estranged Contact. Changes in the Attitude towards Animals in Britain and the United States from the Eighteenth to the Beginning of the Twentieth Century, in: Benjamin Arbel/Joseph Terkel/Sophia Menache (Hg.): Human Beings and Other Animals in Historical Perspective, Jerusalem: Carmel 2007, S. 333–387 (auf Hebräisch).

Tuan, Yi-Fu: Dominance and Affection. The Making of Pets, New Haven: Yale University Press 1984.

Twine, Richard: Revealing the »Animal-Industrial Complex«. A Concept & Method for Critical Animal Studies?, in: Journal for Critical Animal Studies 10/1 (2012), S. 12–39.

Uekötter, Frank: Die Chemie, der Humus und das Wissen der Bauern. Das frühe 20. Jahrhundert als Sattelzeit einer Umweltgeschichte der Landwirtschaft, in: Andreas Dix/Ernst Langthaler (Hg.): Grüne Revolutionen. Agrarsysteme und Umwelt im 19. und 20. Jahrhundert, Innsbruck: StudienVerlag 2006, S. 102–128.

–, Die Wahrheit ist auf dem Feld. Eine Wissensgeschichte der deutschen Landwirtschaft, Göttingen: Vandenhoeck & Ruprecht 2010.

–, The Greenest Nation? A New History of German Environmentalism, Cambridge, Mass. und London: MIT Press 2014.

–/Kirchhelle, Claas/Preuß, Eva: 100 Jahre Landesbund für Vogelschutz in Bayern, München 2015.

–/Zelinger, Amir: Die feinen Unterschiede. Die Tierschutzbewegung und die Gegenwart der Geschichte, in: Herwig Grimm/Carola Otterstedt (Hg.): Das Tier an sich. Disziplinenübergreifende Perspektiven für neue Wege im wissenschaftsbasierten Tierschutz, Göttingen: Vandenhoeck & Ruprecht 2012, S. 119–134.

Varner, Gary: Pets, Companion Animals, and Domesticated Partners, in: David Benatar (Hg.): Ethics for Everyday, Boston: McGraw-Hill 2002, S. 450–475.

Vennen, Mareike: Die Hygiene der Stadtfische und das wilde Leben in der Wasserleitung. Zum Verhältnis von Aquarium und Stadt im 19. Jahrhundert, in: Berichte zur Wissenschaftsgeschichte 36/2 (2013), S. 148–171.

–, »Echte Forscher« und »wahre Liebhaber«. Der Blick ins Meer durch das Aquarium im 19. Jahrhundert, in: Kraus/Winkler (Hg.): Weltmeere, S. 84–102.

Verk-Lindner, Sabine: Kleingärten und Selbstversorgung. Westfalen und das Ruhrgebiet im Kontext der Gesamtenwicklung des deutschen Kleingartenwesens, in: Westfälische Forschungen 61 (2011), S. 61–80.

Vierhaus, Rudolf: Bildung, in: Otto Brunner/Werner Conze/Reinhart Koselleck (Hg.): Geschichtliche Grundbegriffe. Historisches Lexikon zur politisch-sozialen Sprache in Deutschland. Bd. 1, Stuttgart: Ernst Klett, 1972, S. 508–551.

–, (Hg.): Deutsche Biographische Enzyklopädie (DBE). Bd. 2, München: Saur 2005.

Vögele, Jörg: Sozialgeschichte städtischer Gesundheitsverhältnisse während der Urbanisierung, Berlin: Duncker & Humblot 2001.

Vonderach, Gerd: Landarbeiterfrage im ostelbischen Deutschlands, in: ders. (Hg.): Landbewohner im Blick der Sozialforschung. Bemerkenswerte empirische Studien in der Geschichte der deutschen Land- und Agrarsoziologie, Münster: Lit 2001, S. 43–53.

Walker, Brett L.: Introduction. JAPANimals. Entering into Dialogue with Japan's Nonhuman Majority, in: ders./Gregory M. Pflugfelder (Hg.): JAPANimals. History and Culture in Japan's Animal Life, Ann Arbor: Center for Japanese Studies, University of Michigan 2005, S. 1–18.

–, Animals and the Intimacy of History, in: History and Theory 52/4 (2013), S. 45–67.

Walker-Meikle, Kathleen: Medieval Pets, Woodbridge/Rochester, NY: Boydell & Brewer 2012.

Wall, Rosemary: Bacteria in Britian, 1880–1939, London: Pickering & Chatto 2013.

Wallen, Martin: Foxhounds, Curs, and the Dawn of Breeding. The Discourse of Modern Human-Canine Relations, in: Cultural Critique 79 (2011), S. 125–151.

Walton, John K.: Mad Dogs and Englishmen. The Conflict over Rabies in Late Victorian England, in: Journal of Social History 13/2 (1979), S. 219–239.

Wang, Jessica: Dogs and the Making of the American State. Voluntary Association, State Power, and the Politics of Animal Control in New York City, 1850–1920, in: Journal of American History 98/4 (2012), S. 998–1024, hier S. 1009–1017.

Wapner, Paul: Living Through the End of Nature. The Future of American Environmentalism, Cambridge, MA: MIT Press 2010.

Watermann, Daniel: Städtischer Liberalismus im deutschen Kaiserreich 1871 bis 1914. Strukturen gesellschaftlicher und politischer Selbstorganisation, in: Jahrbuch zur Liberalismus-Forschung 28 (2016), S. 205–227.

Wehler, Hans-Ulrich: Sozialdarwinismus im expandierenden Industriestaat, in: Imanuel Geiss/Bernd Jürgen Wendt (Hg.): Deutschland in der Weltpolitik im 19 und 20 Jahrhundert. Fritz Fischer zum 65. Geburtstag, Düsseldort: Bertelsmann Universitätsverlag 1973, S. 133–142.

–, Deutsche Gesellschaftsgeschichte. Bd. 2: Von der Reformära bis zur industriellen und politischen »Deutschen Doppelrevolution« 1815–1845/49, München: Beck 1989.

–, Deutsche Gesellschaftsgeschichte. Bd. 3: Von der »Deutschen Doppelrevolution« bis zum Beginn des Ersten Weltkrieges 1849–1914, München: Beck 1995.

–, Das Deutsche Kaiserreich 1871–1918. Einleitung, in: Hitzer/Welskopp (Hg.): Sozialgeschichte, S. 255–262.

Weikart, Richard: From Darwin to Hitler. Evolutionary Ethics, Eugenics, and Racism in Germany, New York/Basingstoke: Palgrave Macmillan 2004.

Weil, Kari: Thinking Animals. Why Animal Studies Now?, New York: Columbia University Press 2012.

Weindling, Paul: Health, Race, and German Politics Between National Unification and Nazism, 1870–1945, Cambridge/New York: Cambridge University Press 1989.

–, German Eugenics and the Wider World. Beyond the Racial State, in: Bashford/Levine (Hg.): Handbook, S. 315–331.

Weingart, Peter/Kroll, Jürgen/Bayertz, Kurt: Rasse, Blut und Gene. Geschichte der Eugenik und Rassenhygiene in Deutschland, Frankfurt a.M.: Suhrkamp 1992.

Weiss, Sheila Faith: Race Hygiene and National Efficiency. The Eugenics of Wilhelm Schallmayer, Berkeley: University of California Press 1987.

–, The Race Hygiene Movement in Germany, 1904–1945, in: Mark B. Adams (Hg.): The Wellborn Science. Eugenics in Germany, France, Brazil, and Russia, New York/Oxford: Oxford University Press 1990, S. 8–68.

Werkmüller, Dieter: Tierhalterhaftung, in: ders./Adalbert Erler/Ekkehard Kaufmann (Hg.): Handwörterbuch zur deutschen Rechtsgeschichte. Bd. 5, Berlin: Erich Schmidt 1998, S. 231–237.

Wessely, Christina: Wässrige Milieus. Ökologische Perspektiven in Meeresbiologie und Aquarienkunde um 1900, in: Berichte zur Wissenschaftsgeschichte 36/2 (2013), S. 128–147.

White, Paul: Sympathy under the Knife. Experimentation and Emotion in Late Victorian Medicine, in: Fay Bound Alberti (Hg.): Medicine, Emotion and Disease, 1700–1950, Basingstoke: Palgrave Macmillan 2006, S. 100–124.

–, Darwin's Emotions. The Scientific Self and the Sentiment of Objectivity, in: Isis 100/4 (2009), S. 811–826.

Wiedenmann, Rainer E.: Tiere, Moral und Gesellschaft. Elemente und Ebenen humanimalischer Sozialität, Wiesbaden: VS 2009.

–, Soziologie. Humansoziologische Tiervergessenheit oder das Unbehagen an der Mensch-Tier-Sozialität, In: Spannring/Schachinger/Kompatscher/Boucabeille (Hg.): Tiere, 2015, S. 257–286.

Wienfort, Monika: Der Adel in der Moderne, Göttingen: Vandenhoeck & Ruprecht 2006.

Wilbert, Chris: Anti-This – Against-That. Resistances Along a Human-Non-Human Axis, in: Joanne P. Sharp/Routledge Paul/Chris Philo/Ronan Paddison (Hg.): Entanglements of Power. Geographies of Domination/Resistance, London/New York: Routledge 2000, S. 238–255.

Wilkinson, Lise: History, in: Alan C. Jackson/William H. Wunner (Hg.): Rabies, Amsterdam/Boston: Academic Press 2002, S. 1–22.

Windhorst, Hans-Wilhelm: Die sozialgeographische Analyse raum-zeitlicher Diffusionsprozesse auf der Basis der Adoptorkategorien von Innovationen. Die Ausbreitung der Käfighaltung von Hühnern in Südoldenburg, in: Zeitschrift für Agrargeschichte und Agrarsoziologie 27/2 (1979), S. 244–266.

Winkel, Harald: Wirtschaftliche Voraussetzungen der tierischen Produktion, in: Comberg: Tierzucht, S. 84–101.

Winkle, Stefan: Geisseln der Menschheit. Kulturgeschichte der Seuchen, Düsseldorf: Artemis & Winkler 1997.

Wippermann, Wolfgang: Was ist Rassismus? Ideologien, Theorien, Forschungen, in: Barbara Danckwortt/Thorsten Querg/Claudia Schöningh (Hg.): Historische Rassismusforschung. Ideologen, Täter, Opfer, Hamburg: Argument 1995, S. 9–33.

–, Der Hund als Propaganda- und Terrorinstrument im Nationalsozialismus, in: Fachgruppe »Geschichte der Veterinärmedizin« (Hg.): Veterinärmedizin im Dritten Reich. 5. Tagung am 14. und 15. November 1997 in Hannover, Gießen: Deutsche Veterinärmedizinische Gesellschaft 1998, S. 193–206.

–, Biche und Blondi, Tyras und Timmy. Repräsentation durch Hunde, in: Lutz Huth/Michael Krzeminski (Hg.): Repräsentation in Politik, Medien und Gesellschaft, Würzburg: Königshausen & Neumann 2007, S. 185–201.

Wischermann, Clemens: Einleitung. Der Kulturgeschichtliche Ort der Katze, in: ders. (Hg.): Katzen, S. 9–12.

Wöbse, Anna-Katharina: Lina Hähnle und der Reichsbund für Vogelschutz. Soziale Bewegung im Gleichschritt, in: Joachim Radkau/Frank Uekötter (Hg.): Naturschutz und Nationalsozialismus. Frankfurt a.M./New York: Campus 2003, S. 309–328.

Wolfe, Cary: What is Posthumanism?, Minneapolis: University of Minnesota Press 2010.

Worster, Donald: Nature's Economy. A History of Ecological Ideas, Cambridge/New York: Cambridge University Press 1994.

Wright, Kate: Becoming-With, in: Environmental Humanities 5 (2014), S. 277–281.

Wrye, Jen: Beyond Pets. Exploring Relational Perspectives of Petness, in: Canadian Journal of Sociology 34/4 (2009), S. 1033–1063.

Zehnle, Stephanie: Leoparden, Leopardenmänner. Grenzüberschreitungen im Raum und Spezies, in: dies./Speitkamp (Hg.): Tierräume, S. 91–111.

Zerbel, Miriam: Tierschutz im Kaiserreich. Ein Beitrag zur Geschichte des Vereinswesens, Frankfurt a.M.: Peter Lang 1993.

–, Tierschutz und Antivivisektion, in: Diethart Kerbs/Jürgen Reulecke (Hg.): Handbuch der deutschen Reformbewegungen 1880–1933, Wuppertal: Hammer 1998, S. 35–46.

Zeuner, Frederick E.: Geschichte der Haustiere, München: Bayerischer Landwirtschaftsverlag 1967.

Ziemann, Benjamin: Das Kaiserreich als Epoche der Polykontextualität, in Müller/Torp (Hg.): Kaiserreich, S. 51–65.

Zimmermann, Clemens: Arbeiterbauern. Die Gleichzeitigkeit von Feld und Fabrik (1890–1960), in: Sozialwissenschaftliche Informationen 27/3 (1998), S. 176–182.

–, Ländliche Gesellschaft und Agrarwirtschaft im 19. und 20. Jahrhundert. Transformationsprozesse als Thema der Agrargeschichte, in: ders./Werner Trossbach/Peter Blickle (Hg.): Agrargeschichte. Positionen und Perspektiven, Stuttgart: Lucius & Lucius 1998, S. 137–163.

–, Vom Nutzen und Schaden der Subsistenz. Fachdiskurse über »Arbeiterbauern« vom Kaiserreich zur Bundesrepublik, in: Westfälische Forschungen 61 (2011), S. 155–178.